Social Sustainability,
Past and Future
Undoing Unintended Consequences for the Earth's Survival

サンデル・ファン・
デル・レーウ
Sander van der Leeuw
著

嶋田奈穂子
編訳

複雑系
としての
社会史

社会・技術・環境の
共進化と未来

京都大学
学術出版会

発刊に寄せて
——複雑適応系、未来への視座、超長期的ダイナミズム

　サンデルさんのこの労作を通読して、ぼくは不思議な爽快感に似たものに満たされている。大著であり、内容は複雑で多岐にわたり、読破するのに一苦労したにも関わらず、何とも気持ちいい読後感。この爽快感は一体何なのだろうか。

　その源は、三つのメッセージが一貫して流れ、多岐にわたる論考がそれを効果的に伝えるために見事に整えられ、片時も揺らがないことにあるようだ。サンデルさんはまず複雑適応系アプローチの重要性を主張する。地球システムのダイナミズムは、多次元のさまざまな要素が複合的に相互作用する複雑系であり、そのふるまいを理解し制御することはとてつもなく難しい。複雑適応系が直面する「やっかいな問題」に対処するためには、自然と社会を総合的に扱う超学際科学が必要であり、複雑系の性質自体ではなく、その創発と非線形の発展が興味の対象となる。このダイナミックなプロセスへの関心が、サンデルさんの思索を未来へといざなう。

　サンデルさんは未来が存在論的に不確実であることを踏まえて、それでも敢えて無数にある未来の中からどの未来がふさわしいか検討することに挑み、その未来の実現のために何をすべきかを問い続ける。そのために、次元の数を減らして単純化するという私たちに深く染みついた思考形態を改め、考慮すべき次元の数をあえて増やし、未来のために学ぼうとする。サンデルさんは既成概念にとらわれず、未来を指向して複雑性に正面から向き合うことを提案し、実践している。

　そして、サンデルさんは人間社会の長期的な共進化ダイナミズムの重要性を主張する。未来のために超長期的なスパンで過去から学ぶことを徹底するのである。社会は集団的な情報処理組織であり、情報処理の進化が人類社会の長期進化を駆動してきた。それは非常に緩やかに変化し、認識するのに何千年もの時間がかかる。最近のデジタル革命がもたらす情報処理能力の急激な向上は未来をさらに混沌とさせ、われわれの過去の行動がもたらす予期せぬ結果が蓄積し、遠からず大規模なティッピング・ポイントを迎えることは確実に見える。しかし、サンデルさんは超長期的な視点に立ってこの危機を乗り越える本質的転換の道筋を探求し

続ける。「私の中の歴史家は、「歴史上、もっと劇的な変化を見てきた」と言っている。」この揺るがない確信、そしてそれが複雑適応系の強固な理論に基づく未来のあり方の探索を一貫して支えていることは、見事であり、気持ちよく、そして美しい。

　ぼくがサンデルさんに初めてお会いしたのは、2012 年 3 月にロンドンで開催された Planet Under Pressure 会議だった。ちょうど地球研の超学際プロジェクトを開始するタイミングでサンデルさんと出会い、その知の世界に触れ、世界の超学際研究コミュニティとつながって思考を深めることができたことは、とてつもない幸せだった。そして、サンデルさんの知の営みを照らし出すこの大著を、同時期に地球研でサンデルさんから刺激を受けた若い世代が大きな時間とエネルギーを費やして翻訳し、それが地球研から出版されることは、ある意味当然の成り行きかもしれない。それほどに、サンデルさんの幅広すぎる視野と深すぎる思考は、私たちに衝撃を与えるとともに、地球研のこれまでの歩みを照らしてきた。本書の翻訳出版は、地球研のみならず日本のアカデミズム内外に、幅広く深いインパクトを与えることだろう。読者のみなさんには、本書を通じてそれぞれの関心と視座から深遠なサンデルさんの世界を探索し、道に迷い、そのプロセスを楽しんでいただきたい。その思索の旅が、人類が直面する困難な課題への挑戦につながることを期待している。

愛媛大学 SDGs 推進室特命教授

佐藤　哲

序文

通常、本の序文はその本の著者以外が書くものである。ここで例外を認めるとすれば、本書の邦訳出版は、その冒険に参加したすべての人々にとって特別な出来事だからである。

この翻訳プロジェクトは、私たちの日本滞在中の良き友人であり、指導者であり、また日本を探索する多くの旅のガイドでもあった、京都にある総合地球環境学研究所（RIHN）の阿部健一さんが最初に発案したものである。彼は私と妻のアニックを日本中案内してくれ、（日本人でない私たちに可能な限り）日本についての理解を深めてくれた。彼は京都大学学術出版会と連絡を取り、著作権の譲渡を手配してくれた。しかし何よりも、彼はこの本のメッセージが日本語に翻訳するに値する重要なものだと信じていた。

こうして、RIHN ゆかりの若手研究者たちによる豪華な翻訳チームが結成された：王智弘（関西外国語大学）、熊澤輝一（大阪経済大学）、北村健二（追手門学院大学）、三木弘史（久留米工業高等専門学校）、嶋田奈穂子（RIHN）。彼らがそれぞれ、本書の複数の章を翻訳してくれた。

正直言って、最初は少し心配だった。日本語は話せないし、読めないし、書けない。だから、翻訳は私にとって未知の世界に飛び込むようなものだった。チームはそのことを理解し、私がそのプロセスの多くに関与しなくて済むような形で進めてくれた。皆さん、ありがとう！　その結果、本書は確かに私の 2020 年の著書（英語版）の翻訳ではあるが(Social Sustainability Past and Future : Undoing unintended consequences for the Earth's survival, Cambridge University Press, 2020)、彼らの本でもある。

日本語版が完成したのは、チームのコーディネートを引き受けてくれた「タマ」こと、嶋田奈穂子さんのおかげである。全員が約束通りに各章を提出したことを確認するのはもちろんのこと、最終原稿を準備するすべての活動において、彼女は根本的な役割を果たした。本書全体を通してさまざまな章で使用された幅広い用語の翻訳の均質化、参考文献や図表のチェック、京都大学学術出版会が依頼した査読者からの問題提起への対応、私への情報提供などである。彼女の揺るぎな

いサポートと、すべての人を巻き込むエレガントな方法なしには、このプロジェクトが成功したかどうかわからない。

　また、スケジュール通りに進めることが困難な状況にもかかわらず、このプロジェクトに粘り強く取り組み、最終的な校閲と出版を手配してくださった京都大学学術出版会の鈴木哲也さん、永野祥子さん、中村玲子さんに感謝する。また、佐藤哲さんが RIHN 在籍中に、私の考え方に理解を示してくださり、本書全体を批評してくださったことにも感謝している。RIHN 所長（当初は安成哲三さん、後任は山極壽一さん）には、長年にわたる組織的な歓待と友情に深く感謝している。あらためてお礼を申し上げる！

　本書は、考古学、持続可能性、長期的な歴史における問題を扱うために書かれたものであり、社会科学における複雑適応系アプローチで何ができるかについて考えているすべての研究者にとっても興味深いものであろう。この 10 年間、私は日本の研究者が社会環境の持続可能性に関する学際的な思考に多大な革新をもたらしたことを高く評価するようになった。従って、本書の日本語版が、この重要なトピックに関する日本人の考え方のさらなる独創的な進歩に貢献することが私の願いである！

2024 年 8 月 23 日
サンデル・ファン・デル・レーウ

目　　次

第1部

第3部

※第22章は本邦訳版のために書き下ろされたものである。

第 1 部

第 1 章　本書がどのようにして生まれ、何を語り、何を語らないのか

1 | はじめに

　私が書籍一冊分の原稿を書いたことはこれまでに二度しかない。本を出版するよりも学術ジャーナルに論文を発表する方が、研究業績として高く評価される時流のなかで、これが三度目となる。なぜいま、私は本を書くのか。引退が近づきつつある私には自分の業績を示すための本は必要ではない。これまで相当数の論文を発表してきたし、論文を書くことは一冊の本を書くよりもはるかに容易である。しかし、年齢のせいもあるのだろうが、自分が考えてきたことのさまざまなより糸をひとつにする衝動に駆られている。私は自分自身のために、これまでのアイデアを再検討し、個々のテーマを組み合わせ、学問的考察の各要素の関係性を示す機会として、この本を書いている。もちろん、これらのアイデアの創出に貢献してくれた多くの人たちと、また、それ以外の関心をもってくれている人たちと研究成果を共有することも恩返しであり、本書の目的である。

　この試みの土台を作るために、私の人生を要約することから本章を始めたい。スラロームのように急展開の連続で、10年以上滞在した国が4か国、そのほか多くの国々でフィールドワークをする機会を得ることができた。どの場所でも、温かく迎えられ多くの同僚と共同作業を行い、アイデアと経験を共有してきた人生であった。

　オランダで文化および環境を対象とした先史、考古学者、そして中世ヨーロッパ史の研究者としての教育を受けた後、タブカダム・プロジェクト（Tabqa dam project；1972～1974年）の一部として行われた、シリアのユーフラテス渓谷（Euphrates Valley）における発掘任務が私の研究者としての第一歩となった。このプロジェクトの目的のひとつは、人間と環境の動的な関係の長期的な展開を多少なりとも知ることであり、もうひとつは技術的な観点から陶器制作の発展を研究することだった。私は後者のトピックで博士論文に取り組んだのだが、その内容は本書（第12章、第13章）でふりかえることになるだろう。

　このシリアでのプロジェクトで、私にとって忘れがたい強烈な経験となったのは約15か月間のベドウィン（Beduin）の村の人びととの暮らしである。当時、この地の人びとは、都市部のシリア人ともほとんど交流がなく、この時初めてヨーロッパ人の訪問を受けたのであった。目から鱗が落ちる、とはこういうことをい

うのであろう。

　われわれは異なる文化、信条と宗教の人たちの中で暮らし、人びとが非常に乾いた土地で農業と牧畜によって生活を成り立たせる術を目にした。自動車や送水ポンプ、その他のさまざまな西洋の物質文化の「装備」による技術移行は進んでいたが、土壌は鍬を使って耕していた。この経験が、われわれ全員の後の生き方を変えたと思う。日々変動する村の生活の中で、われわれは、夫婦間のトラブル、病と西洋医学によらない治療法、隣人とのいさかい、持ち物すべてを常に濡れた状態にしてしまうほどの数週間続く雨、発掘プロジェクトの賃金で買った最初のサングラスとラジオが村に届いた瞬間などを共に経験した。

　発掘作業が中断した期間や発掘が終了した後、私は当時まだ平穏だった中近東をかなり広く旅することができ、シリア、ヨルダン、レバノンの遺跡や都市域を訪れた。私はこの地のコスモポリタンな文化と、目を見張る風景と遺跡（パルメラ［Palmyra］、ペトラ［Petra］、ワディ・ラム［Wadi Rum］保護地域など）に深く感銘を受け、どこに行っても —— アンマンに近いパレスチナ人難民キャンプの一つでさえ —— 友好的でオープンな人々に出会った。

　この本は、そうした私の人生における素晴らしい時期について書いたものではないが、こうした経験を通して、本書のテーマである「人が自然環境と向き合う方法の長期的な進化」への関心が高まったのだと思う。大学の事情によって中近東での活動が難しくなると、オランダでの考古学プロジェクトに参加することになった —— のだが、考古学では何が起こるかわからない！　その結果、西オランダ地域が海の中からどのように出現したのかを明らかにすることができたのである。海抜以下という特異的なこの地域は、二千年ほどの時間をかけて、人々が海から文字通り苦労して手に入れたのである。ここで見てとれるのも、人が与えられた環境にどのように対応するかの過程である。このプロジェクトの成果は本書第10章にまとめる。

　1985年にアムステルダム大学からケンブリッジ大学に移って後、フランス国立科学研究センター（Centre national de la recherche scientifique : CNRS）のフランス人の同僚からの招きで、今度は南フランスのモール山塊（Massifs des Maures）における、私にとって三度目の人と土地に焦点を合わせたプロジェクトに参加することになった。1990年、主要な発掘現場一帯の広範な面積の植生を焼き尽くす、大規模な野火に襲われた。幸運にもその日は金曜日で、中近東の習慣に習って学生

5

と研究員に休暇を与えていたため、誰も負傷することはなかったが、私の書斎にはその時に溶けた金属製の発掘道具がある。突如、私たちの目の前に、ガリッグ（*garrigue*）**[1] が長い年月をかけて生い茂る前の景観が現れ、私たちはそこかしこを歩き回って、人間活動の遺構を確認することができた。私たちはプロジェクトの戦略を変更し、前ローマ時代にさかのぼって、人間が景観に与えてきた影響を特定する調査活動を集中的に行った。数千年にわたる人類と環境の進化の実例をまた一つ明らかにすることができた。

　しかし、このプロジェクトの道半ばで、私は全く異なる研究分野に歩みを進めることになる。欧州委員会研究理事会から、当時としては非常に大きな額の助成を得て、「ヨーロッパにおける砂漠化」[1] 研究プログラムの一環として、地中海沿岸北部のすべての国の、近現代の人間と環境の関係を調査することになったのだ。その資金によって、理論物理学や複雑系科学、数学、自然科学、地球科学、地理科学、さらには歴史学、農村社会学、考古学を含む社会科学まで、考えうるあらゆる分野を網羅する 65 人の科学者をチームに招集することができた。そして重要だったのは、組織的な制約にいっさい縛られずに、ヨーロッパ中から科学者を選ぶ自由が私には与えられており、共に仕事をしたいと思う人たちでチームを作ることができたことだった。それは、私にとって第三の大学教育を受ける絶好の機会であり、今回は完全な学際研究だった。いろいろな形をとりながら、チームの主要メンバーは 10 年（1991〜2000 年）という時間を共にし、お互いから学び、それぞれの専門分野の垣根を超えた、集団としてのアイデンティティを育むことができた。ほどなく私たちの研究の焦点は、砂漠化から環境の劣化に、環境の研究から環境の中の人間の研究に、そして最終的には、人々が環境に関連してどのように意思決定するのかに移っていった。この ARCHAEOMEDES プロジェクトについては、本書の該当する箇所で触れるので、ここでは手短に紹介しておく。調査地は、ギリシャの 2 か所、クロアチアのダルマティア（Dalmatia）の 1 か所、イタリアの 1 か所、フランスは数え方によるが数か所、スペインの 3 か所、ポルトガルの 1 か所である。いくつかの地域では調査対象期間は 12,500 年に及び、他では数十年であった。調査対象の範囲は、場所によって数百平方キロから一万平方キロと様々で、調査の強度も違う。重要なイノベーションとは、私たちの考え方の大部分が複雑適応系（Complex Adaptive System：CAS）アプローチに基づいていたということである。当時は十分に自覚していなかったが、AR-

CHAEOMEDES プロジェクトは、その意味で時代のはるか先を行っていた。そして、本書を構成する重要な要素ともなっている。

　1990 年代の半ばに、私は個人的な理由から英国を離れフランスへ移り、本書の核でもある長期的視点を踏まえ、研究対象を長期的視点が現代の人々とその環境に与える影響とすることを決心した。私はそれまで継続していたさまざまな考古学分野の活動を手放し、実質的に、当時そうした言葉はまだなかったが、「サステナビリティ（持続可能性）」の研究者になった。

　1999 年から 2000 年に、いささかプロジェクトのマネージメントに疲れた私は、サンタフェ研究所(Santa Fe Institute : SFI)とアリゾナ州立大学(Arizona State University : ASU) での一年間のサバティカル（特別研究期間）を提案され、これがまた、人生を変える出来事になった。1970 年代半ばから知っていた北米の考古学の仲間たちとの再会はもちろん、CAS についてより深い洞察を得る機会にもなり、とりわけ ARCHAEOMEDES プロジェクトの経験に基づく、社会科学領域における CAS の考え方をさらに発展させることが出来た。

　その過程で、私がかつて注力した二つの研究分野、すなわち 1970 年代に学位論文で取り組んだ（陶工技術に代表される）技術の進化と、1980 年代はじめに抱いた人類進化における情報処理の役割を結び合わせた。陶磁器に対する関心は、高校時代に陶芸好きだったことと、学位論文のために、熟練の陶芸家で、陶芸家が考古学的な陶器の断片を見る視点を教えてくれたヤン・カルスベーク (Jan Kalsbeek) と一緒に仕事をしたことによる。創造的思考と科学的思考の差異について多くのことを学び、1980 年代に中近東とフィリピンで取り組んだ陶器制作に関する民族学的フィールドワークにつながっていった。しかし、それ以上に、その経験はテクニックとテクノロジーとその共進化について、全く新しい「内的な」視点を与えてくれた。このトピックへの私の関心は、1990 年代の初頭に、メキシコ自治大学(National Autonomous University of Mexico)の研究者仲間に招かれ、妻のアニック・クーダート（Anick Coudart）と、ディック・パプセック（Dick Papousek）とで行った、ミチョアカン (Michoacán) の陶器制作におけるイノベーションに関する民族学的フィールドワークにおいて頂点に達する。

　サンタフェ研究所での経験に触発された私は、テクニックとテクノロジーへの関心と私が早くから着目していた社会全体の進化の主要な駆動力としての情報処理の役割を結びつけようとした。この試みは、数年後に、再び欧州委員会からの、

しかし今度はその情報技術局（Information Technology Directorate）による助成プロジェクト「複雑系としての情報社会（Information Society as a Complex System：ISCOM）」につながった。ISCOM はイノベーション（革新）と都市のダイナミクスの関係をターゲットとしていて、私が今日まで積極的に取り組んでいる関心事であり、本書で詳しく述べる考えに多くの貢献をしている。私がサンタフェ研究所滞在中に取りかかり、デヴィッド・レーン（David Lane）、地理学者デニース・プマン（Denis Pumain）、理論物理学者ジェフリー・ウェスト（Geoffrey West）と共に、構想し率いたこのプロジェクトは、数年後、サンタフェ研究所とアリゾナ州立大学（Bettencourt et al. 2007）で共同開発された都市システムへの「アロメトリック・スケーリング（allometric scaling：相対成長率）」アプローチを産み出し、また、発明とイノベーションのダイナミクスを扱う一連のプロジェクトの誕生を導いた[*2]。このプロジェクトの成果のひとつが、本書の第 8 章に反映されている認識と各社会組織と環境の共進化へのアプローチである。その内容はもうひとつの活発なプロジェクト IHOPE（Costanza et al. 2007）で初めて報告され、ISCOM（Lane, Pumain, van der Leeuw & West 2009）の出版物にも掲載されている[*3]。

　2003 年から 2004 年にかけて、私はアリゾナ州立大学（ASU）に移った。ASUの学長の大学についての非常に革新的なビジョンと、2000 年に同大学の人類学部門で経験した上下関係に縛られない平等な雰囲気にひかれたからである。人類学部の管理職を引き受け、専門分野にとれわれない学術拠点を目指して、人間進化・社会変動研究科（School of Human Evolution and Social Change）を設立した。数年後の 2010 年には、2005 年にアリゾナ州立大学が設立したサステナビリティ学部（School of Sustainability）の学部長を務め、続いて ASU の複雑適応系イニシアティブ（Complex Adaptive Systems Initiative）の管理職に就いた。ここ 10 年の大部分を、ASU のエキサイティングでやりがいのある学風のなかで、大きな喜びを感じながら組織の構築に自らを捧げてきた。社会と環境の長期的な共進化についてのさまざまな私の考えは、多くの論文で発表してきたが、このような一冊の本を書く時間はほとんどなかった。それを今から始めようと思う。

2 ｜ 踏み石

　以下の章を書き進める間、私は中国の歴史変えようとした鄧小平が用いたとされる言葉をよく思い出していた。「川底の石を触わりながら川を渡れ」。人生の大半において私は自分がどこに向かっているのかを不思議に思い、驚いてきた。知的世界のそれぞれ非常に異なった分野について学びながら、さまざまな場所で多くの友人と議論をしているうちに、「これだ！」と思うものに、ここかしこで出会ってきた。しかしどのように「これだ！」と思うものに出会ったのだろうか。あまりパターンのようなものは意識したことがないが、「これは面白い」という直感のようなものには従ってきた。今になって思い返せば、ここ数十年ほどは一定のパターンがあることに気がついていたと思う。続く各章はしたがって、川を渡るための一歩を踏み出させてくれる、川底の石のようなものである。現実においては、快適なシニアライフに続く歩みであり、知的には古代の技術と社会の研究から、情報技術が現代社会に与えるインパクトへの関心へと至る歩みである。

　このように強調するのには次のような理由がある。第一に本書は、特定の問題群をあらゆる角度から検討し、文献を深く読み解くといった、緻密に構成されたものではないからである。むしろ本書は、川底の踏み石のように、一つ一つの内容はまとまっているが、それぞれは異なる内容を扱っており、その関連性は緩やかである。私は自分が進むべき方向に向かって、大きなジャンプをしたり、ほんの小さい書類上のジャンプ —— 特に ICT 革命がわれわれの未来に与える影響についての議論の際には —— をしたりしてきた。

　第二に私が探求しようとする領域は明確に定義されておらず、それを踏査するためのまとまりのある学術コミュニティは存在しない。それゆえ、私は、特定の問いに答えるために地図を描くというより、直観をコンパス代わりに持続可能性研究の新たな方向性を指し示してきた。特定の問いに答えるには時期尚早である。研究領域とそれに興味を抱くコミュニティの相互作用は未だに十分に成熟していないことに留意されたい。

　第三の理由は、本書が私の四十余年の知的、身体的な放浪について表現したものであるからである。踏み石の中には、他の石よりも古いものもある。そのことは特に私の議論の土台となる文献に現れている。私の作業容量を超えるので、こ

れらの参考文献のアップデートは行わなかった。また、基本的にプロセス的で歴史学的な、目新しい事柄の発生に焦点を合わせる研究アプローチを考案する歴史学者として、古代ギリシャの歴史家トゥキュディデス（Thucydides）のように、何度も書き直すことでプロセスを隠すのではなく、私がどのように旅をし、どの石を踏み、その石と石がどのように関連しているのかを読者に示すことに、私はある種の誇りを感じる。結局のところ、私はこれまで触れてきた多くのさまざまなテーマを極められていないし、極めることを期待されてもいないだろう。それぞれの踏み石は本質的にも性質的にもかなり異なっている。私が言及する多くのテーマは、何世紀とは言わないまでも、何十年にわたって議論されてきたものであり、それらを議論に取り込むために、比較的一般的な要約に頼らざるを得ないことを理解いただきたい。

　妻のアニックが見るところ、私はひとつの窓を開けて、その窓から外を眺めて目に映る景色を漠然と表現したに過ぎない。その景色を見て、挑戦したいと思う人がいることを願うばかりだ。もしそうでなかったとしても、この本を書くことはとても満足のいく航海であったということが私の慰めである。私は、人を説得することを信じていない。人は自分で自分を説得するものなのだ。

3 ｜ この本には何が書かれ、何が書かれていないのか

　では、本書は何についての、そして、何についての本ではないのか。誰に向かって語るのか。何を伝えたいのか。最初の問いに答えるために、エピソードを一つ紹介する。ARCHAEOMEDES プロジェクト発足当初の出来事である。私たちはギリシャ北部、アルバニアとの国境近く、イオニア海沿岸のエピルス（Epirus）地方にいて、プロジェクトの一環として環境劣化の調査を始めた。研究チームの一員で、ギリシャで生まれ育った人類学者サラ・グリーン（Sarah Green）[*4] が、人々が何を環境の劣化とみなしているのかを明らかにしようと、地域を歩き回っていた。数週間後、手ごたえを得られない彼女は落胆しつつ、現地のある一家を彼らの裏庭に連れ出した。そこには、地下の土壌流によってできた、（私の記憶では）直径 20 メートル、深さ 1 メートルほどの大きな穴が空いていたのである。彼女はその穴を指さして、「これは環境の劣化ではないの」とたずねた。その家族は

首を振って以下のようなことを話した。「いや。地面の穴はいつの時代にもあったし、私たちはずっと穴とともに暮らしてきた」と。「あなた方にとって何が環境劣化なの」とサラが問うと、少し笑って、カジディアリス（Kasidiares；ギリシャ語で禿げたものを意味する）と呼ばれる近くの山を指さし、「はげ山に髪が生えてきたこと」と言った。その家族にとって劣化とはずっと裸地だった山に木が生えていることなのだ！

　この考えが、私たちの環境劣化の概念を相対化させた。ここでは人々は木々の生長を劣化と捉える。そんなことがどうすればできるのか。この明らかな矛盾は、私たちの研究において非常に興味深いことを示していた。つまり、環境劣化という概念は文化的に定義されたものであり、住民や観察者の経験に直接関係するものであるということを私たちは理解したのである。この事例を深く掘り下げた私たちは、この地方のエピルス人にとって、木々の生長は、第二次世界大戦以降の社会発展が本質的に否定的なものとして認識されていることの表れであると確信した。このことは、本書の方向性をいろいろな意味で決定づけている。

　持続可能性は多くの異なる意味、使われ方、（誤った）解釈、感情、関連する論拠を有する言葉である。「持続可能性」をどのように定義できるか、その内容や時間次元、本書で扱う領域で使われる他の概念との関係については後述する。環境という観点でなく、主として社会的かつ社会構造的な観点から、持続可能性、気候変動、そして関連するすべての現象について議論をとりあげる[*5]。実際、学界においても、私たちが取り組んでいるのは社会と環境のダイナミクスであることが認識されるようになってきており、私もその考えに同意する。社会生態系のダイナミクスを探求する国際的な学際的研究組織であるレジリエンス・アライアンス（Resilience Alliance）をはじめ、公共財や共有資源の経済的ガバナンスを研究したエリノア・オストロム（Elinor Ostrom）や多くの研究者が説得力のある議論をしている。しかし、私はさらに一歩進んで、二次社会環境ダイナミクス —— 長い時間をかけて生じる社会環境ダイナミックスの変化 —— は、基本的に社会とその社会に内在する社会構造のダイナミズムによってもたらされると考える。結局、人間は環境とは何かを定義するだけではなく、何が環境課題（基本的には人間が環境とみなしているものに対する課題）であるかも定義する。ついには、社会は、これらの課題に対する解決策を考え出すのである。これらの解決策が、第10章で論じるように、意図せざる結果をもたらし、今度は別の課題を生み、その解決

策が必要になるのである。

この見解 —— 社会が環境、環境課題、潜在的な解決策をその文化によって定義する —— は、自然と文化が二項対立的であるという欧米の一般的な考え方とは相いれないかもしれない。したがってこの結論には考察が必要である。「自然」と「文化」という概念のより詳細な検討によって、例えば、18 世紀から 19 世紀において、「自然史」と社会的あるいは文化的な「歴史」との対比がどのように生まれたのかを調べることで、自然と自然史が実質的には文化的要素で構成されたものであることはっきりと分かる。西洋の文化的伝統において、自然は文化とは異なるものと定義されてきたということに過ぎない。つまり、アマゾン、日本、インドあるいは古代中国など、他の文化を見まわせば、人間社会と環境との関係の捉え方が違っていたとしても驚くことではない。

要約すると、持続可能性は、環境の問題というより、むしろ、社会と社会構造の問題である。それは、政治とガバナンス、制度、経済、集団的な認識と意思決定、社会的な相互作用など、社会のあらゆる分野と人間行動のダイナミクスを含む。持続可能性とは、二酸化炭素や他の温室効果ガスの排出についてではない —— たとえそれらがわれわれの気候に多大な影響を与えているとしても。本書では、このような温室効果ガスの排出は、現在の地球上での生活様式を継続させるための、より重大な脅威の一つに過ぎないことについて議論する。私が「意図しない結果の危機 (the crisis of unintended consequences)」と呼ぶものはさまざまな形でわれわれ生活様式に打撃を与えている。局所的な水不足や食糧安全保障、グローバル社会の不安定化などいくつかの問題は、気候変動や海面上昇よりも前に深刻化するかもしれない。

本書の核となるメッセージの一つはこういった問題を、回避すべき潜在的な危機と定義することを止めることによって初めて問題に対処できるということである。過去 30 年にわたって、人々に新たな課題に対応するよう警告していたのは恐怖であるが、長期的には、恐怖は社会に変化をもたらさない。それができるのは、希望である。われわれの社会が環境との関係においてティッピング・ポイント (tipping point) に近づいているかもしれないという事実に気づきつつあることは、前進するための今までとは違った方法を熟慮し、実行するよいきっかけにもなっている。例えば、グリーン成長 (green growth) とも呼ばれ、われわれの価値観の部分的な脱物質化をベースに、これまでとはまったく異なる経済やライフス

タイルを意図的に目指すことは、貧困を削減する方法である。結局、自分が掘った穴から抜け出したければ、まず穴を掘るのを止めなければならないということだ！

　われわれは、異なる時代の異なる地域において、今まさに向かえつつあるようなティッピング・ポイントに過去何度も直面してきたことを思い出さなければならない。持続可能性はいつの時代においても課題だったのだ。そして多くの場合、そのようなティッピング・ポイントが気候変動と直接的に関係していたと主張できる十分な証拠はない。実際、温室効果ガスの排出に焦点を合わせるのは、根本的な問題に正面から取り組むことを避けているといえる。

　本書において重要な考え方の一つは、一貫したアプローチで未来について考えるべきだということである。このアプローチは、現時点ではまだどのようなものであるかわからないが、過去を研究することで現在を説明する科学からさらに進んで、過去を研究することで現在を知り、その知識を使って未来への展望を向上させることを目指すアプローチであるべきである。第 6 章では、そのための暫定的な道筋を示しながら、さらに詳しく説明したい。

　また、本書では、情報処理の組織化と人類史におけるその進化が果たす役割に重点をおく。われわれは人類史上はじめてのこの領域における頭脳から電脳へと情報処理の大きな遷移に直面しているからである。私の意見では、この遷移が持続可能性のティッピング・ポイントの接近と並行して起こっていることは偶然の一致ではない。また、この遷移を具現化する情報通信技術（ICT）革命は、未来のかたちや、直面する課題にわれわれがどのように取り組むことができるかに大きな影響を及ぼすだろう[*6]。今日のビックデータ革命は、環境と持続可能性全般に関する大量のデータ処理によって、社会と環境に関係する様々なプロセスの理解に一役買っている。一方で、ICT 革命には、これまであまり考慮されてこなかった社会への影響があり、この点についても焦点をあてたい。

　私は誰に向かって語りかけるのか。私は核となるメッセージをできるだけ多くの読者に伝えたいと思っている。その対象は、あらゆる分野の科学者、そして教養のある広く一般の人々である。本書の一部は科学的な目的で科学者に直接向けて書かれている、というのは過去 2 世紀半から 3 世紀の間の科学活動が、われわれが直面している課題の一因になってきたと私が考えているからである。多くの科学は最近まで還元主義的であった —— 研究対象の規模と範囲を縮小し、また、

考慮する次元の数を減らすことで現象を明確にしてきた。また、科学は過去との関連で現在を説明することに重点を置いてきたため、結果として、将来起こりうる課題に備えるために必要な科学的な視線を未来に向けてこなかった。しかしここ 30 年から 40 年の間に、いくつかの分野で科学は発展を遂げた。特に複雑系の科学 —— 起源を説明するのではなく、目新しい事柄の出現に焦点を当てる —— には、目の前の課題に対処するための新しいアプローチを開発するために、さらに進化すべきであるし、進化するチャンスは大いにあると私はみている。

　しかしながら、科学界はもっと努力する必要がある。かつての科学者は、新たに発生した課題に対する解決策を社会に提供することによって信頼を得ていたが、この 40 年間で、科学者は少しずつ、しかし確実に、無意識のうちではあるが、この信頼を失ってきた。本書のもう一つの主要なメッセージは、科学がある領域では過剰に約束しすぎたのであり、一方、ある領域では意図しない、あるいは否定的に受け止められるような結果をもたらす解決策を実行してきたのではないかということである。しかし、何よりも科学は、17 世紀から 19 世紀にかけて、アマチュアが中心だった頃の科学が持っていた独立性を次第に失っていった。科学は、一方でイノベーションと金儲けの手段としてビジネスに取り込まれるようになり、他方で、社会が必ずしも受け入れる準備ができていない決定を正当化するために、あらゆるレベルのさまざまな統治機関によって使用されてきた。もし、科学が再び社会の軌道を変える助けになりたいのなら、信頼を回復しなければならない。しかしながら、科学者がどのように科学界を進化させるか、どのように科学界と科学的なプロセスを、透明性と独立性、そして多様性と超学際性を向上させながら再構築するのかはまだわからない。

　以上はいずれも科学界に向けられているが、科学の研究機関、実践と方向性に実際に影響を与える人々、同時に、科学と科学者に影響されている人すべてに向けられている。したがって私は科学界だけでなく、より広範な読者に本書を届けたいと思っている。私は既存の科学の立場に対比させて自分の意見を主張して、限られた範囲での一連の議論に加わるつもりはない。それよりも、俯瞰的な視点で、教育を受けた人なら誰でも理解できるように表現されている方が、私の目的にかなうと考えている。したがって、本書は、既存の理論を再検討して追加や変更を記す研究論文ではない。既存の枠にとらわれず、事例を引きながら主要なテーマを大胆に概説したい。

　本書は三部構成になっている。第 1 章から第 7 章までの第 1 部で、読者が持続可能性の問題を有益に捉えるための科学的背景についての私の見解を示す。第 8 章から第 14 章までの第 2 部では、今日の持続可能性の課題が認識されるようになった過程を情報処理の観点から描く。第 15 章から第 21 章までの第 3 部では、環境の課題、ICT 革命の課題、基本的なグローバルな社会経済システムと政治システムの課題が同時に加速していること考慮に入れながら、現在から未来への移行を円滑にするために、科学者がどのように貢献できる（と私は考えている）かについて多角的に検討する。

原著注

＊1　このプロジェクトは、欧州委員会総局 XII（研究）により、契約 EV5V-91-0021（AR-CHAEOMEDES I）、EV5V-0486（環境認識と政策立案）、ENV 4 CT 950159（AR-CHAEOMEDES II）、ENV5-CT97-0684（環境コミュニケーション）に基づく。

＊2　2001 年 11 月 20 日に IST-2001-35006 という番号で、欧州連合 ICT 理事会に Call IST-01-07-2A, Program 1.1.2（IST）, Priority VI.1.1（FET Open）の RTD Project として提案され、2003 年から契約 IST-2001-35505 として資金提供されていたプロジェクトである。その冒頭で「社会・政治・経済構造が、新しい情報・通信・制御技術の生成・使用方法とどのように関連しているかを調査する理論と方法論を開発することによって、『情報社会』の意味をより深く理解するために、情報処理と社会の組織との関係に焦点を当てることにより、発明と革新のダイナミクス、マルチレベルの異質な組織における発明と革新のダイナミクス、これらのダイナミクスの結果として現れる構造に注目する」としている。

＊3　この ARCHAEOMEDES と ISCOM の研究は、後に国連環境計画（UNEP）の「科学とイノベーションの地球のチャンピオン」賞を 2012 年に受賞した。

＊4　イギリス・マンチェスター大学人類学教授（執筆当時）。

＊5　本書を通じて、social dynamics と societal dynamics を以下のように区別する。前者を、個人の相互作用のダイナミクスとして「社会」的、「社会（内部）」的、後者を社会の構造に影響を及ぼす社会全体のダイナミクスとして、「社会構造」的、「社会全体」的あるいは「各社会」的と表現する。

＊6　本書では、「デジタル革命」や「第 4 次産業（技術）革命」も含め、ICT 革命という言葉を使う。これらはすべて同じ長期的なプロセスの一部であると私は考えているからである。

訳者注

＊＊1　地中海の森林、森林地帯、低木バイオームの低低木生態地域および植物群集の一種。

第 2 章　課題の定義

1 背景

　今世紀の初頭、ウィル・ステフェン（Will Steffen）らは、グローバルな変化について のわれわれの理解をとても効果的に要約する一連の説明図を発表し、1750 年以降、どのように地球システムにおける変化が急速に加速したのかを示した （Steffen et al. 2004, 2005））。そのために、彼は、CO_2 と NO_2 の排出量、生物多様性 の損失量、地球の表面温度の増加から、世界人口、国内総生産（gross domestic product : GDP）、そして水の使用量に至る、環境と社会のパラメータの変化を測定し、 二つの図にまとめた（図 2.1）。これらの図は多くの出版物に再掲されて、科学界 がさまざまな科学分野の文脈に基づいて地球変動を見ていた当時、非常に高い評 判と関心を集めた。

　数年後、同様に科学誌 *Nature* に掲載され、高い頻度で引用されるようになる 論文が、ストックホルム・レジリエンス・センター（Stockholm Resilience Centre） のヨハン・ロックストローム（Johan Rockström）に率いられた研究チーム（Rockström et al. 2009a）によって発表され、われわれの世界規模での環境マネジメントが、 地球環境ダイナミクスのいわゆる「安全に活動できる領域（safe operating space）」 を超えているという事実を初めて強く主張した。後に続いた議論のほとんどは、 そのような領域に対して、先験的（a priori）にグローバルな限界を設定できるの か、あるいは、そもそも、そのようなアプローチが概念的に妥当なのかという疑 問に集中した。また、地球の限界という考えそのものに疑問を投げかける議論も あった。しかしながら、重要なメッセージ —— もし、人間の活動が地球システム のダイナミクスを、例えば、CO_2 の排出量、生物多様性の損失、海洋の酸性化な ど、一つ以上の次元において限界を超えた場合、システム全体が完全に予測不可 能になり、カオス的な（あるいはカオスに近い）挙動に陥り、われわれの多様な 社会の環境基盤を急速に損なわせるという事実 —— にはそれほど関心が払われな かった。

　したがって、この論文と、再びウィル・ステフェン（Steffen 2015）を中心に行 われた後続研究によって、われわれの地球システムが多くの環境的、社会的側面 で急速な加速度的変化を遂げているという事実だけでなく、これらの多くの変化 が二次的変化、すなわち、完新世（Holocene）のほとんどの期間、狭い境界にと

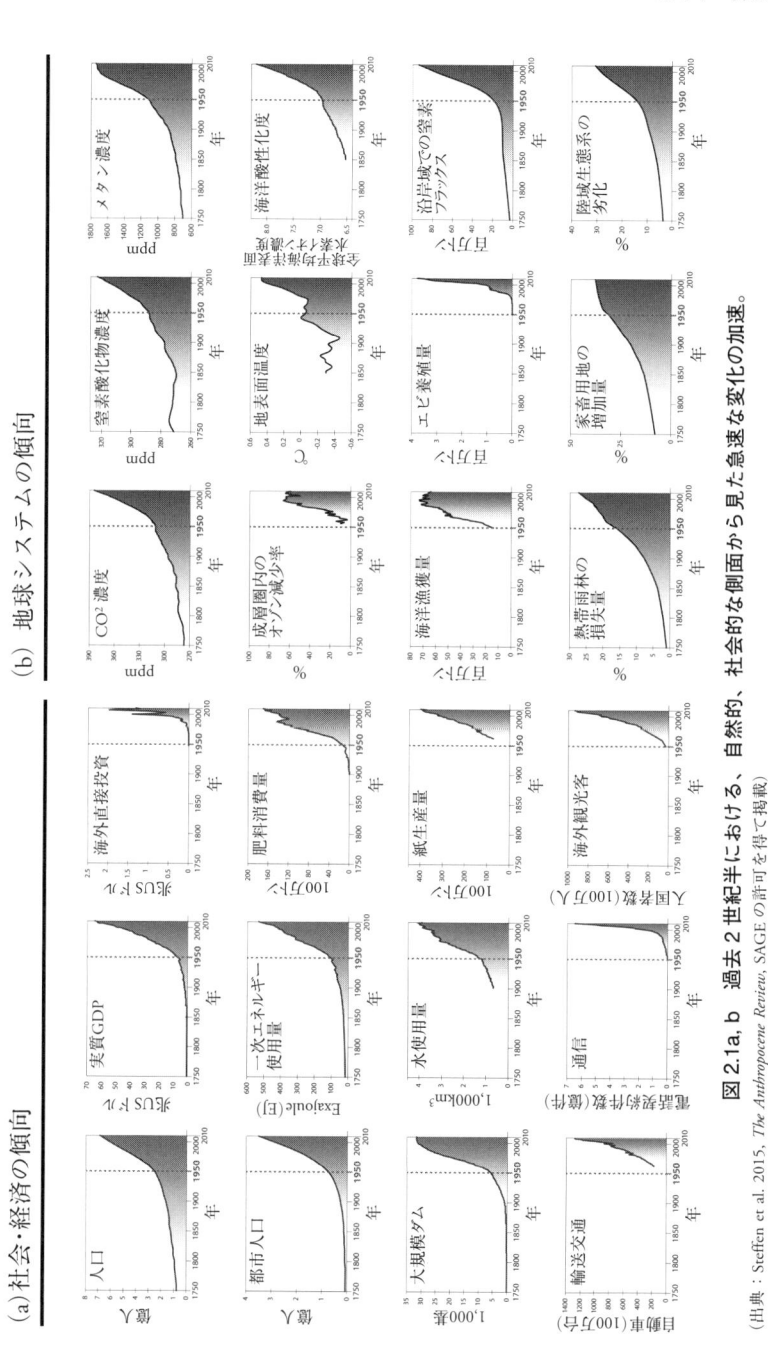

図 2.1a, b　過去 2 世紀半における、自然的、社会的な側面から見た急速な変化の加速。

(出典：Steffen et al. 2015, *The Anthropocene Review*, SAGE の許可を得て掲載)

19

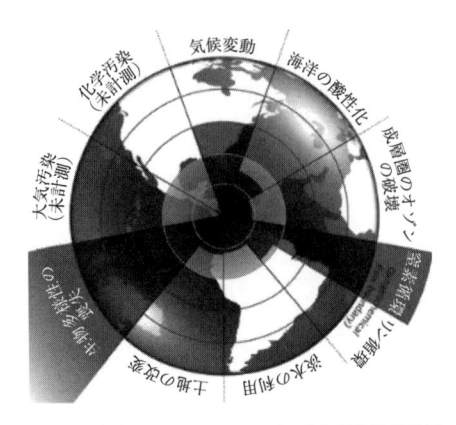

図 2.2　地球システムは、その「安全運転領域」を超えようとしている。

（出典：Rockström et al. 2009a, Nature の許可取得）

どまっていたダイナミクスそのものの性質の変化を生み出し、人間集団が何世紀にもわたって依存してきた（function）自然圏や社会圏に、急速に予測できない変容を引き起こす可能性にも関心が向け寄せられるようになった。これらの論文は、大気科学、化学、海洋学、地質学、生物学や他の学術領域を含む学際的なアプローチの必要性を主張した。しかし、社会科学はそこには、含まれていなかった。

　この研究対象とする学問分野の移行は、世界的な科学コミュニティの制度上の組織変化と並行して起こった。1980 年代と 1990 年代に、特定の学術領域をまとめたいくつかの「地球環境変化（Global Environmental Change）」研究学会が創設され、助成を受けた。例えば、1980 年に気候学と気象学をもとに設立された世界気候研究計画（World Climate Research Program）、1986 年に地球科学と生物科学をベースにした国際地圏・生物圏研究プログラム（International Geosphere-Biosphere Program）、1990 年に社会科学の諸学問領域として地球環境変化の人間的側面国際研究計画（International Human Dimensions of Global Environmental Change Program）、1991 年に生態学などを中心とした生物多様性に関わる生物多様性科学国際共同研究計画（DIVERSITAS）などが立ち上げられた。

　この状況において重要なのは、このような動向が地球科学研究界の上流（upstream）部だけを対象にしたことである。他の科学領域（物理学、化学、生物学など）においては、科学的に獲得した知識を技術的、工業的、農業的、医療的、あるいはその他の用途に適用できるようにする「応用科学」に取り組む大規模な大きな「中間（intermediate）」部に科学者コミュニティが存在するのが普通である。この中間部の欠落は、地球科学の研究者と持続可能性に関わる専門家集団たちとの間だけでなく、一般市民やエンジニア、政治家、専門家組織などの実践にたずさわる全ての人々との間で、大きな断絶を生み出した。後者（実践）の局面にお

いては、知識は直接「必要な行動」とその結果に結びついているため、科学的知識は、合理的に行動する方法の参照としてよりも、むしろ感性に訴えかけるやりかたをする。(溶けかけている氷山にいるホッキョクグマの映像を、われわれはどれだけ目にしてきたことだろう。) 行動は、目先の利益のみを追求するビジネス界の手に委ねられているものとして、批判的に受け止められることが多い。

2006 年の北京のある会合で、これらの異なる学術分野間のつながりを築く新たな組織として地球システム科学パートナーシップ（Earth System Science Partner-ship）が創設された。これが難しいとわかり、すぐにその取り組みは断念され、フューチャー・アース (Future Earth) と呼ばれる単一の組織に地球環境変動 (Global Environmental Change) に関する全ての専門分野を再編することになった。フューチャー・アースは 2012 年に活動を始め、原稿を書いている現時点では、活動が軌道にのってきた。この移行の一環として、フューチャー・アースのビジョンには、未来のための学習 (learning)、学際性、協働デザイン (co-design)、用途開発に重きをおくことが含まれているが、実際のところ、この組織は依然として学術コミュニティとその長年のアプローチに大きく影響されている。

したがって対象となる研究分野的にも組織的にも、21 世紀の最初の 10 年は、統合的かつ学際的な方法で地球規模の変化を調査する明白な動きが見られた。これは数十年前の 1980 年代に始まり、表 2.1 にまとめたような、人間と環境の関係をめぐるわれわれの認識理解 (conception) を変えた、根本的な概念 (conceptual) の変化を反映していると思われる。

過去数十年に、それぞれの社会とその環境との関係の理解に変遷が認められる。1980 年まで人間は自然に対して（対応的に）適応するのではないかとみられていた。環境保護運動の影響下で、1980 年代後半から 1990 年代に、人間の行為が環境に（多くの場合は負の）影響を及すという正反対の視点が現れた。それが、理想としての持続可能性の出現につながっていく。1990 年後半から 2000 年代に、社会と環境の関係を相互作用的と捉える、よりバランスのとれた視点が現れた。中核的な考え方は再び移行して、今度は継続性あるいは同一性を失うことなく変化に反応する能力 —— レジリエンス (resilience) になった。

しかしながら関係する科学コミュニティの多くにおいて、この移行は未だ完全ではない。気候においては、特に地球科学と生命科学では、社会が果たす役割が認められているが、これらの学術領域の多くでは、大気動力学、地質学的あるい

表 2.1　社会の自然との関係についての概念の変化

1980 年代以前	1980 年代–1990 年代	2000 年代
文化は自然的である	自然は文化的である	自然と文化は相互関係にある
人間は環境に再反応する	人間は環境に対して積極的である	人間は環境と相互作用する
環境は人間にとって危険である	人間は環境にとって危険である	注意深く扱えば、どちらも危険ではない。慎重に扱わなければどちらも危険である。
環境危機が人間を襲う	人間が環境危機を引き起こす	環境危機は社会と環境の相互作用によって引き起こされる
適応	**持続可能性**	レジリエンス
技術を応用する	新しい技術はない	最小限でバランスのとれた技術の使用
環境（Milieu）の視点が優勢	環境（Environment）の視点が優勢	両視点のバランスをとる試み

出典：ファン・デル・レーウ

は地形学的プロセス、生態系などが果たす役割によって定義されるもの、また多くの場合それらに付随するものであると未だにみなされている。したがってこれらの学術領域の専門家が、社会科学の専門家が答えを与えてくれるであろうと期待するような問いを策定する際には、当然のことながら各自の出自の学術領域に由来する方法で行う。

　本書の中心テーマは、いわゆる環境の課題は社会構造上の（もしくは、［集団としての］社会全体の：*societal*）課題だという事実であり、実際にはガバナンス、経済、文化、技術、制度、環境、資源などを含む、われわれの社会のあらゆる側面と関連がある。本書を通じて、私は社会構造上の／社会全体の（societal）という言葉を用い、純粋な（個人に対する）社会の（social）ダイナミクスと識別する。もっとも根本的なレベルでは、社会と自然の区別は社会集団的（societal）なものである。第 3 章で説明するように、「自然」という概念は、18 世紀から 19 世紀の西ヨーロッパにおける、自然史（生物学）を歴史（社会と個人の歴史）と対比させることによって定義しようとした試みによって、「文化」と対をなすものとして、現在の立ち位置を獲得している（van der Leeuw 1998a）。

　自然科学と生命科学の研究者が投げかける問いが、社会科学者たちの関心を集めることはほとんどない。社会環境的課題への対処の緊急性に鑑みれば、それらの問いに、根本的に、見合う研究努力の契機になることはない。関連する学術領域の間にまるでガラスの壁があるように、互いを見ることはできるが触れること

はできない。その歴史的な理由は第 3 章で議論する。

　ここでの私の関心は、その障壁を超えて手を差し伸べるという最初の枠組みを示すことであり、懸念されている課題の対処に必要なある種の知的融合（intellectual fusion）を実現することにある。その出発点として、われわれは社会科学が扱うタイプの科学的課題のほとんどは、自然科学や生命科学、地球科学が取り組む課題とかなり違っていることを認めなければならない。その違いをクリステリ（Matthieu Cristelli）らは、月面に立つアメリカの宇宙飛行士の一人と、ロンドンの交通渋滞の画像を同時に示して、「われわれは月に行けるのに空港に行けないのはなぜだ」と問うことによって説明している（Cristelli, Batty & Pietronero 2012）。

　これらが二つのかなり違った種類の問題であるというのがその答えである。月への到着は簡単ではないが、少なくともゴールは明確に定義でき、関係する次元の数は限られていて、かつ把握可能である。解決すべき課題とそれに作用するダイナミクスを分離することができ、課題全体は部分集合に分解され、それらの部分集合ごとに解決策を見つけることができる。一度、各部分の解決策が見つかれば、それらを組み合わせることで課題全体に対応できる。自然科学、地球科学、エンジニアリング科学における多くの問題はこのような特性を持つものである。一度解決した問題は、問題として再び生じることはない。それらは「厄介な（wicked）」問題に対して、「飼い慣らされた（tame）」問題とされる。

　クリステリらの示したもう一方の画像では、空港へ向かう道は渋滞でふさがれている。交通渋滞は厄介な問題の事例であり、決定的に（definitively）解決できない。関係する次元の数が非常に多く、把握することはできない。それゆえに課題を細分化できない。このような問題の特徴は、問題の定式化における不確定性 ── 満たすべき条件が一意的かつ決定的に決まっている問題として、邪悪な問題を正確に定式化することは事実上不可能であること ── であり、決定的な結果をもたらす明確で厳密な最終的な解決策が存在しないことである。この種の問題に対してできることは、せいぜい抑制、管理、あるいは繰り返し何度も解決を試みるだけである（Rittel & Webber 1973）。社会にかかわる課題のほとんどは、この種のものであり、多くの個人の行動が関わっているからにほかならない。他の厄介な問題の例として、「裏庭にはお断り（Not In My Back Yard : NIMBY）」問題、金融危機の再発、テロリズムがあげられる。

　研究対象の本質的な違いに加えて、関連する学術領域の歴史、研究の目標、パ

ラダイム、手法、研修の違いが、異なる認識論の影響下で、異なる手法と技術を用いてデータを収集し、調査結果の検証に異なる基準を設定する学術領域（の集団）を生み出してきた。このような理由で、それぞれの学術領域で収集され、使用されるデータと情報は、同一の様式で取り扱うことはできず、それが社会環境ダイナミクスを捉える統合的な視点の発展にとって、もう一つの根本的な障壁を構成する。これに、地球科学に関連する学術領域と、社会科学と人文科学の学術領域の多くの研究者、同様に政治家や実業家、ジャーナリストなども、それぞれの専門領域の背後にある根本的な認識論的、概念的な違いを部分的にしか認識していないという事実が追い打ちをかけている。そのため、多くの点で混乱を招き、収集されたデータの性質や価値に関する曖昧さが生じている。

　地球環境問題に対して、不完全な認識（semi-awareness）にとどまっている一つの原因は、われわれの教育システムの特質にある。教育システムは、非常に強く学術分野に基づいていて、その分野を中心に、独自の実践的専門家（practitioner-expert）のコミュニティ、独自の教育カリキュラム、独自の専門用語、独自の資金源に加え、そして何よりも特定の研究分野への入学基準を独自に作り上げている。これらの異なる研究分野は、特定の問題、問い、手法、技術に焦点を当てており、自分たちでは答えられない問いに答える役目を他の学者や科学者のコミュニティに委ねている。他に適切な言葉がないが、このような教育と社会が同調する過程において、多くの —— 専門分野ごとの —— 学会は、他の専門分野に属している科学者や学者からますます距離をおくようになっている。特定の学術分野における公認のエリートコース（anointed *cursus honorum*）を歩まなかった者にとって、その分野の専門研究者のような深層的理解に達することはますます困難になるからである。その結果として、かつて啓蒙主義の誇りであった科学の世界観は、たくさんの学術領域別の学術的世界観に分裂してしまい、そして、この状況は（ほとんど全ての）大学や研究組織の運営構造に反映されている。ただし、産業界やビジネス界が相当程度主導してきた、応用科学、工学、エンジニアリングや関連するコミュニティにおいては、この限りではないか、少なくとも同程度ではないということは指摘しておくべきである。

　十分な数の学者や研究者がこの問題を認識するようになると、逆の方向へと舵を切り、相次いで「多（multi-）」、「相互（inter-）」、「超（trans-）」、ごく最近では「非（un-）」学際性を強調するようになった。今、関の声があちこちで鳴り響い

ているが実際には、後に議論するような理由によって、持続可能性のような複雑な問いへの対処に求められる知的融合を実現することは、個人的にも制度的にもいまだ困難である。本書を通じて、われわれが直面している課題のビジョンに貢献し、私が必要な足場構造物（scaffolding structure）を提供することで、関係する学術領域間の知的融合を促進することができればと考えている。

　そのために、私は持続可能性をめぐる議論に関わる多くの人びととは大きく異なる出発点を選んできた。例えば、気候変動に関する政府間パネル（Intergovernmental Panel on Climate Change : IPCC）のように、われわれの現在の社会環境的なジレンマを自然科学と地球科学の視点から捉えるのではなく、私は、第 1 章で述べたように、社会構造的な視点でとらえたい。地球システムの社会環境ダイナミクスを「安全に活動できる領域」の限界の先へますます後押ししている二次的な要因は、本質的には、環境的なものではなく、社会構造的なものである。

　その論拠は単純である。人間の観察と行動は全て認知のフィルターを通る。このフィルターが、人間が同時に観測し、創造するすべてのカテゴリーを定義する。「自然」と「文化」のどちらも、自分を取り巻く世界を異なる視点で捉えることにした人間によって定義された、実質的には文化的なカテゴリーである。環境はそのように文化的に定義されたもう一つのカテゴリーである。人間は文化的環境と自然環境とみなすものを定義する。人間はまたこの環境において観測した課題とみなすものを定義し、そして、最終的に課題に対する「解決策」とみなすものを決定する。他の文化において、環境の定義は西洋のものとは違っている。文化的あるいは社会的領域を自然や環境的領域とまったく区別していない場合もあれば（アマゾンのアチュアル族［the Achuar］の例として、Descola 1994 参照）、これらの領域の違いを認めつつも、西洋とはまったく異なる方法で領域間の関係を捉えている場合もあり、その一例が日本である（Berque 1986）。しかしながら、ある集団が「自然」と「文化」の間を区別しないとしても、そのこと自体が本質的に社会文化的な選択である。したがって社会環境ダイナミクスを社会構造と関連して駆動されるものとして捉えるのは、妥当というだけではなく不可欠である。このことは社会構造上の大きな変化が起こると思われる今世紀の持続可能性の議論において、根本的な重要性をもつであろう。

　社会的な観点から、社会環境ダイナミクスについて統合的な（超学際的な）視点を構築しようとする選択は、新しい困難な挑戦をもたらす。それは、自然科学、

生命科学、地球科学、経済学と社会科学の専門家が参画する社会構造上のダイナミクスの視点を導入することであり、その結果、彼らすべてがその発展に貢献できるようになる。さらに、そのアプローチは、観測された現象に対する直接的な（proximate）説明だけではなく、社会、経済、環境という三つの、いわゆる持続可能性の柱すべてにおいて観測される、一次的、二次的な社会環境ダイナミクスの両方に対して根本的な（ultimate）説明を提供できるものでなければならない。

その出発点を見つけるために、私は以下のように論じてきた。ひとまず、人間をフォーリー（Richard Foley）の本のタイトルのように「単なるある固有種（just another unique species）」（Foley 1987）とみなすと、他のすべての生物と同じように、人間はエネルギーと物質と情報を処理することに同意できるであろう。人間は肉体を維持し、生き残る —— 食事をし、成長して、繁殖する —— ために、エネルギーと物質を使う。エネルギーの一部はそのままの形態で処理される。例えば、太陽光の熱はビタミン類に変換され、必要な体温の維持のために吸収される。体温の維持に必要なエネルギーの残りと、運動とその他の筋肉の活動に費されるエネルギーは物質の形態 —— 食物 —— で処理される。他の形態の物質は、これが人間と他の多くの動物とを区別する点でもあるが、防護物や道具、住まいなどを提供するために処理される。これらすべての場合において、処理は、消化（エントロピーの増大）であれ、機能的な物体の生成（エントロピーの減少）であれ、物質の情報の内容の変換を伴う。

したがって、他のすべての動物と同様に、人間もまた情報を処理しているのである。しかし人間について特殊なのは、人間が学ぶ（learn）こと（と学び方を学ぶこと、Bateson 1972 を参照）だけではなく、組織化（organize）（して実行）する点である（Lane, Maxfield, Read & van der Leeuw 2009）。組織化にあたって、人間は特定の目的のために物質とエネルギーの一方、あるいは双方を転換する際に、情報を加える。人間は自分の考え、欲求、行動、道具を組織化し、そして自分自身を ——コミュニティや社会に —— 組織化する。後者の組織化において、人間は情報に特有の側面、すなわち、保存則（law of conservation）に従わないという事実を利用する。エネルギーと物質は、保存則に従うために、共有不可能であるが、情報は共有可能であり、実際共有されている。社会は、その構成員がアイデアや予測、物事のやり方、特定の資源についての知識などを伝え、共有することで機能する。情報を共有することによって、社会がまとまり、文化が形成されるのである。情

報が個人的にまた（後の先史時代には）集団的に処理されていることが、それぞれの文化に言語、慣習、テクノロジーと物質文化、神話と伝説、芸術などが存在する理由である。これらすべては、共有され、伝えられてきた物事のやり方なのである。

　事実上、あらゆる個人も社会もエネルギーと物質を処理すると言えるが、個人と社会を区別するのは、その処理の形態（*form*）であり、ひいては集団とその集団の構成員である個人の情報処理に依存している。私の知る限りでは、この方向性を最初に示したのは、アンドレ・ルロア＝グーラン（André Leroi-Gourhan）であり、1940 年代中頃に発表された *Technique et Langage*（タイトル訳：技術と言語）に見られる。これは、長期的な歴史、原材料、認識、経済、伝統などを含む、技巧と技術（techniques and technology）に影響を与える多くの関連事項について論じている壮大な二巻本の一部である。

　上述の議論を、分断された社会科学と自然科学の両側の科学者を巻き込むことができる社会ダイナミクスの視点を模索する出発点として、私は、情報処理という観点から、多くの人間のダイナミクスを検討してきたが、それについては本書の第 8 章以下で紹介する。

2 ｜ 六つの重要ポイント

　持続可能性の問題に対する私の視点を形成し、本書の大部分を支える主要なポイントのいくつかについて、読者に総合的なイメージを想像してもらうために、極めて簡単に六つの重要なポイントを示したい[*1]。読者はそれらを本書の横糸の一端として繰り返し目にすることになる。

　第一に、すでに言及しているが、**われわれは環境的ではなく社会構造的な危機に直面している**。社会が、環境とみなすもの、環境の問題とみなすもの、環境の問題に対する潜在的な解決策とみなすものを定義する。あるいは、ルーマン（Niklas Luhmann 1989）が強調したように、社会は、環境とコミュニケーションを交わすのではなく、社会の中で環境についてコミュニケーションを交わす。そのようなコミュニケーションはそれぞれの文化において自己言及的である。われわれは、われわれを不安にさせる環境現象の原因がわれわれの社会にあるという事実から

逃れられず、われわれの集団的な行動を変えることによってのみ、その不安を根本的に解決することができない。

　そのプロセスの第一歩は環境危機の背後にある社会構造的ダイナミクスを理解することである。そこには、科学そのものが果たす役割、つまり、科学への過剰な期待、科学がもたらす予期せぬ結果とその悪影響、また同時に、人間の生活と社会の多くの側面における、科学の数えきれない積極的な貢献を含んでいる。例えば、ヨーロッパにおいて遺伝子組み換え生物（Genetically Modified Organisms：GMO's）に対する抗議は盛んであるが、核問題についてはそれほどでもないという事実において、われわれは科学の役割とは何かを問う必要がある。これはまた、5年や10年前には議題に上がっていなかった科学コミュニケーションの役割にも関連することでもある。

　第二に強調するポイントは、動的システム（*dynamic systems*）を長期的、時には数千年単位で、見ることの重要性である。そうすることで、以下のような短期的な視野では通常含まれないシステムダイナミクスの側面を見定めることができる。

- 環境と社会に確実に影響を与えるが、何世紀にもわたる時間尺度で辛うじて識別できるゆっくりとした変化
- 過去数世紀にシステムが直面してきたシステム状態よりも、より広範なシステム状態
- 通常、非常にゆっくり展開することが多い重要なダイナミクスを明らかにする二次的変化（「変化の進み方の変化」）

さらには、ここ2世紀ほどに限っては、すでに人為的（anthropogenic）ダイナミクスの影響を大きく受けた社会・自然システムが観測される。それは健康な人間を知らずに重病の患者を診察するようなものである。長期的視点に立つことで、自然のダイナミクスと人為的ダイナミクスをより明確に区別できるようになる。

　第三のポイントは、**人間の認知の限界**を考察する必要性である。人間の認知は、個人的であれ集団的であれ、自然界に生じているさまざまなプロセスのうち、比較的少数の次元に限定される。われわれの行動は、周囲で起こっているダイナミ

クスに対する部分的な、時には偏った認識に基づいているわけだが、われわれが
考え得る以上に環境に深刻な影響を及ぼしている。2016 年にストックホルムの
王立コロキアム（Royal Colloquium）で、タレブ（Nassim Nicholas Taleb 2017）はこれ
を「次元の呪い（the curse of dimensionality）」と呼んだ。時間の経過とともに、環
境について常に学び続けること、そして環境に干渉すること、の正味の効果は、
われわれが知っていると思えば思うほど、知っていることが少なくなっていくと
いうものである。なぜなら、われわれはわれわれの知識をはるかに超える変化を
環境にもたらしてきたからである。こうして、われわれの行動が予期せぬ、意図
しない結果を招くことになる。さらにわれわれは頻発する既知のリスクに「対処
する」のだが、こうした行動が時間とともに累積する未知のリスクを生み、その
結果、リスク・スペクトルは、長い目で見ると、未知の長期リスクが優位になる
ように変化する。

　この二次ダイナミクスは、われわれの思考が、現在の観測によって過小決定さ
れ（underdetermined）（Atlan 1992）、したがって、以前の出来事に対する既知の反応
によって過大（過剰）決定されている（overdetermined）という事実によって強化
される。つまり、われわれの思考は経路依存的であり、変化が難しいのである。
われわれが思いついて、実行する行動は、過去に決められた範囲内に収まるもの
であり、変化した状況に対処するには最適ではないことがほとんどである。

　リスク・スペクトルの変化と、未知のより長期的な意図せぬ結果の発生によっ
て、後者が時間の経過とともに蓄積して、社会がそれらすべてに同時に対処する
方法がわからなくなってしまうかもしれない。私の意見では、これが危機、ある
いは（より科学的な表現を用いれば）ティッピング・ポイント（tipping point）、社会
が自ら生じさせた変化に対応し続けるために必要な情報処理能力の一時的な喪失
を引き起こす原因である。したがってわれわれは、すべての個人的及び集団的な
決定と行動がもたらす意図せぬ結果を注意深く検討する必要がある。

　第四の要点は、上述の議論と直接的に関連をもつものだが、安定と変化に対す
る見方を逆転させなければならないということである。変化は永続的なものであ
り、人間は安定を作り出そうとするものであるとすれば、われわれは変化よりも
むしろ安定を説明すべきなのだ。これはわれわれの中核であるアリストテレス的
な科学的視点から、エフェソスのヘラクレイトス（Heraclitus of Ephesus）の視点へ
と向かう、極めて根本的な移行である。それは、何よりも、循環経済(circular econ-

omy）の提唱者がおずおずと提案しているような安定ではなく、変化のためのデザインを始めるべきだということを意味する。もう一つの含意は可能な限り予防原則に従い、「害を及ぼさない」を環境との相互作用の基本にすべきであるということである。

　第五のポイントは、サステナビリティ学界において現在協調されている「問題を解決するためのイノベーション」は、あらゆる領域で 250 年にわたって、不規則で爆発的なイノベーションを繰り返してきたことが環境問題を引き起こしているということを無視しているということである。このことは、クリメックとアトキソン（Axel Klimek & Alan AtKisson）の著作、*Parachuting Cats into Borneo* （2016）（タイトル訳：猫のボルネオ島へのパラシュート降下）において、見事に説明されている。現在の世界的な窮状に対処する可能性のためには、究極的にはイノベーションを前向きで有益な方向に集中させる方法を探さなくてはならない。しかし現状では、発明が機能する仕組みさえ科学的にはわかっておらず、発明が社会に導入される仕組みを部分的にしか理解していない（Lane & Maxfield 1997；2005）。われわれのイノベーション能力を持続可能性の問題に集中させるために、このことをさらに理解することが急務である。

　第六のポイントは、なぜわれわれは、絶えず環境に立ち向かってきたのか、少なくとも西洋社会においては環境を変えようとしてきたのか、と問うことである。われわれ人間と環境の関係は、社会と環境という二つの観点から見ることができる。ここでは、それぞれを、社会をとり巻く自然の状態としての自然環境（*environment*）と、自然の中心にある社会としての社会環境（*mileu*）と呼ぶ。カテゴリー形成に関する興味深い視点によると、これらの認識は相互に作用し合う（Tversky & Gati 1978；van der Leeuw 1990a）。ここでは、ある主体と比較される対象との比較の方向性によって、その比較において類似点が強調されるか相違点が強調されるかが決まる。したがって社会環境（*milieu*）の視点においては、人間（主体）が自然（対象）と比較され、自然の一体性 (cohesion) と強さ、人間の無秩序 (confusion) と不利な状況が際立つのに対して、環境（*environment*）の視点においては、自然が主体で人間が比較対象となり、逆のことが起こる。このように、表 2.2 に示す対立（opposition）が生じる。

　もしこれら二つの視点がどのように作用し合うのかを見てみると、二つの視点が一緒になると、環境の未知の危険性を誇張し、人間が環境に干渉する危険性を

表 2.2　人間と環境の関係についてのさまざまな視点

環境（Milieu）	環境（Environment）
人間は自然と比較される；	自然は人間と比較される；
自然のまとまり、未知の側面、奇妙さ、力強さが増幅される；	自然のまとまりと強さは弱まり、既知の側面が強調される；
人類の混乱とハンディキャップが強調されている；	まとまりと強さは人間性の中で強調される；
活発で攻撃的な自然環境の中で、人類は受動的である；	受動的な自然環境の中で、人類は能動的で攻撃的である；
変化は自然に起因するものであり、人は自然に適応するしかない；	人間はすべての変化の源である；人間は環境を創造する；多くの場合、自然に悪影響を及ぼす
自然の変化は人間の手に負えないため、危険視される傾向がある。	自然な変化はよりコントロールしやすくなり、危険な印象はなくなる。

出典：van der Leeuw（2017）.

軽視することになる。社会と環境の対立と社会の環境への継続的な干渉を説明していると私は考える。

　これは興味深い問いを提起する。まずどこ —— 状況あるいは主体、理想あるいは現実 —— に焦点を合わせるのか。何を主体とみなし、何を比較対象とするのか。

　この文脈において、西洋と東洋（道教）の視点には二つの興味深い違いがある（Sim & Vasbinder 2015）。第一に、東洋ではまず状況に、次に主体に焦点を当てるのに対して、西洋では逆のようである。仮に本当にそうであるなら、私はこういったことの専門家ではないが、道教のアプローチでは社会と環境の類似性が、対して西洋のアプローチでは相違性が強調されることになる。

　この違いはまた、少なくとも啓蒙主義以来の西洋のアプローチでは、理想を投影して可能な限りその理想に近づく努力をするのに対して、道教のアプローチでは、むしろ理想に向かって努力するのではなく、その時の状況において可能な最善の行動をとろうとするという事実とも関係するのだろうか。

原著注
＊1　本章の最後の議論は、van der Leeuw 2017 と密接に関連している。

第 3 章　科学と社会

1 はじめに

　本章では、私の議論を具体的に説明する。まず、現在生じているジレンマの知的要因を明らかにし、それらを過去数世紀、特に前世紀に起こったより広い社会構造的および知的変化の文脈において位置づける、という 3 万フィートの（大局的な）歴史的視角から始める。この歴史的視角は一見すると遠回りであり、科学史の専門家ではない人には必ずしも読みやすいものではないかもしれない。しかし、本書の主題である持続可能性に関する現代の西洋的な視点を形成する多くの側面の起源を理解することは不可欠である。

　中世初期の「生気論」から二つのルネサンス（dual Renaissance）の視点への移行から始め、過去六世紀においては本来人間の文化的カテゴリーであった「自然」と結びついていた視点が、どのようにわれわれの科学的な世界観において、今まさに人間の機能（たとえば脳機能）を「自然」現象として研究するに至り、また、本質的に人間に備わったものとしての人間の行動を、かなり深刻な程度まで、見失ってしまうくらい、支配的になったのか明らかにする。この過程によって科学、学術、学問の領域を超えて、多くの西洋的な考え方が広がり、気候や環境の変化に対する視点を支えている。

　ここでは、伝統的なアカデミズム科学に焦点を当てる。これこそが、私が取り組んでいる領域であり、本書が貢献するであろうと考える領域だからである。第 2 章ですでに述べたように、これらの科学を超えて、幅広い応用科学が存在しており、その役割は、「純粋な」科学を日常生活における実用に結びつける役割を果たし、多くの学問分野からの情報を組み合わせるという意味では、私がここで議論していることの多くは既に実践されている。

　過去 60 年から 100 年の間に、多くの科学分野で非常に重要で急速な進歩が見られた。自然科学では、加速器の大型化によって亜原子粒子に関する知識が深まり、原子力エネルギーの開発も進んだ。天文学と惑星科学は、多数の（電波）望遠鏡と衛星の建設により、急速に進歩し、その過程で GPS（全地球測位システム）が誕生した。DNA の二重らせん構造の発見とそれに続く遺伝子構造のマッピングは生物学、医学、そして生物進化についてのわれわれの考えを一変させた。材料科学では、シリコン、そして最近ではグラフェンとナノ素材のこれまでにない

特性の発見が巨大な新しい研究領域を開拓した。これらの発見のすべて、そしてその他の多くの発見が相まって、われわれの生活を完全に変えてしまった。食べるもの (農産業、加工食品や冷凍食品、ハンバーガー)、移動手段や移動距離 (ジェット機)、余暇の過ごし方 (テレビ、コンピューターゲーム)、友人とみなす人 (フェイスブック、ツイッター)、などである。しかしながら、コンピューター、情報学、インターネット、そして一般的に情報科学に関わる科学的発見ほど社会を変えたものはない。

　この変化の過程で、科学自体が変化した。1700 年代に、上流中産階級や貴族階級が自らの資金で行った、自発的で、規制のない、個人的な自然現象に対する探究として始まった科学が、過去 2 世紀半の間に、数百万人の科学者からなる世界的な集団に発展した。彼らは、厳格な規則 (査読、大学の運営組織、昇進および終身在職の手続き) が適用され、その活動がわれわれの生活を向上させ、好奇心を満たし、経済を活気づける発明や発見につながるという前提で、政府や産業界から報酬を受け取っている。特に、第二次世界大戦中に多くの新しいツール (たとえば、レーダー、核エネルギー、ジェットエンジン) が発見された後の約 30 年間 (1950～1980 年)、一般の人々の科学者に対する敬意は絶頂期にあった。科学者(とりわけ自然科学者) は、奇跡を実行し、政府を導き、産業界にこれまで以上の活動をするためのツールを提供し、生活をより快適で疲れにくくする方法を発明することを期待されていた。しかし、1980 年代から 1990 年代にかけて、科学に対する信頼は薄れ始め、西側諸国において科学に対してより批判的な人々の割合が増加した。

　科学の役割についての認識の変化は、われわれと本書の主題に直接に関連する。なぜなら、われわれが現在直面している持続可能性をめぐる挑戦は、解決策を見いだし、適用するための全面的な科学的取り組みを必要とするからであり、その取り組みが功を奏するためには科学者が広く社会の信頼を取り戻す必要があるからである。したがって、私はこの章を使って、科学の歴史を少しばかり深く掘り下げて、現代の科学研究の成功、方向性、そして課題を決定づけてきたダイナミクスを明らかにしたい。その際、もちろん全く新しい考えを導入するのではなく、科学史の専門家の考えを私の主な目的に合うように組み合わせたい。われわれの科学的アプローチがわれわれの世界によって形づくられた方法、またわれわれの世界を形づくってきた方法を大局的に捉え、根本的に異なるアプローチが必要と

される理由を指摘する。

2 | 二元論の高い壁

　まず、「自然」という言葉を考えてみよう。*Natura*（ナトゥーラ）はラテン語であり、古典ギリシャ語の φυσισ（フュシス）に相当し、ヨーロッパの諸言語において、physics（物理学）、physiology（生理学）、physician（医師）やその他多くの単語で用いられている[*1]。この言葉は「（架空のものの対語として）リアルなもの」、したがって、「（本質に従う）物事のあるべきあり方」を意味するだけではなく、人間以外の存在の世界に関連して「非人間（nonhuman）」も意味することから、ルイス（C. S. Lewis 1964）は古典ギリシャ語においてすでに曖昧さを抱えていたと主張する。この曖昧さは、ギリシャ人の世俗的な事象に関する心象地図（mental map）に人間を位置付けることの難しさをはっきりと表している。人間は、特定の条件下では自然の一部と見なされなければならないが、他の状況においては、自然から除外することが望ましい。この二元性はまた、自然を客観化するには必須の段階である。自然を、人間の行為を規定するものとは異なる、それ自身のダイナミクスや法則、振る舞いに従うものとして捉えているからである。そのような客観化は、認識されている自然のリスクを低減しようとするあらゆる試みにとって、実際に、人間と人間を取りまくものとの間に想定されるあらゆる相互作用の説明にとって、必須条件（*conditio sine qua non*）である。

　この概念が、中世初期に始まり、その後たどったいくつかの変遷について、エヴァンデン（Neil Evernden 1992）は、2 冊の非常に興味深い本において述べている。ここでは、ARCHAEOMEDES の出版物（van der Leeuw et al. 1998b）において私が述べたことを要約して紹介する。当時は、鉱物、植物、動物、人間にかかわらず、世の中のあらゆる側面に単一の「生気論」的世界観が付随していた。これらの領域はすべて、互いに密接なつながりを持ち、神や超自然の領域と密接なつながりを持つ、さまざまな種類の生き物が住んでいると考えられていた。事実上、これらの領域で生じていることはすべて、神の創造の表れと見なされ、この点において、人間と他のあらゆる自然との間に違いはなかった。

　14 世紀のペスト大流行（一部の都市部では人口が 50% 以上減少した）の直後に

続くルネサンスは次の重要な段階である。歴史家と美術史家は、長く、黒死病とルネサンスを関係づけて解釈してきた（例えば、Gombrich 1961, 1971 ; Hay 1966）。具体的には、死の舞踏（*danse macabre*）とその後の芸術の爆発的発展との対比だけでなく、個人という概念の導入（イギリスのリチャード二世の最初の正面を向いた肖像画に現れている）、商業における識別手段としての署名の出現（Cassirer 1972 を参照）、および機械式時計による初めての時間計測の試みにも注目している。生と死が共に終わりのないサイクルの一部であるという循環的な視点から、死が原則であり、生が例外だと捉える直線的な視点への転換が起きるこの時期の本質的な重要性に従って、エヴァンデンは、ヨナス（Hans Jonas 1982）の画期的な研究を引用している。これが、無生物の宇宙、生命のない「動作する物質」としての自然という概念の扉を開いた。この概念は、これ以降、機械物理学(いわゆるニュートン的なパラダイム）の出現と、生じつつあった科学と宗教の分離と密接に関連する動きのなかで発展してきた。

　この成長は、エヴァンデンが「二元論の高い壁」（1992, 90）と呼ぶものによって可能になった、というのが彼の主張である。「二元論の高い壁」は、（非人間の）自然は人間とは根本的に異なる法則に従うとすることによって、無生物世界の生命性のなさから人間の概念を守っている。そうすることによって、人間の自意識を損なうことなく自然の研究に関わることができ、したがって、非人間的な環境に対して人間を再配置することができるのである。

　結果として、ルネサンスに続く数世紀において、コペルニクス(Nicolaus Copernicus）は、人間は宇宙の中心体に生きているのではなく、太陽を周回する、程度の差はあるが一連の同じような惑星の一つに生きているという考えを導入することができた。こうして、人間の生命は付帯現象、すなわち、（実際に明らかになったのは何世紀も後のことだが）宇宙にあると想定される数百万の惑星のうちの一つに存在する単なる例外となったのである。

　ここでわれわれにとって直接重要なのは、自然の研究における客観性の追求であり、自然に対する人間の観察と行為は、人間が自然界の外側に存在しているため、本質的に自然のダイナミズムとそれに対するわれわれの認識を歪めてしまうだろうという考え方に起因する。シェイピンとシャッファーが述べるように、「事実に関する問題の堅実性と不変性は、その顕現における人間の営為の不在において存在する」（Shapin & Shaffer 1985, 17-18）。明らかに、この考えがこの時代の知

識概念に影響を及ぼし、知識は研究対象との同一化を通じて達成されるというものから、知識は研究対象から独立した頭の中にあり、対象についての批判的な観察と研究によって達成されるものへと変化した。

　エヴァンデンは、イタリアとオランダの絵画を例に、このゆっくりとした変化の初期段階が、どのようにヨーロッパの異なる地域で異なる仕方で生じたのかを示している（Evernden 1992, 78-79）。イタリア風景画にみられるステレオタイプ化は、そこでは自然が一貫性のあるシステムであると考えられていることを示しているようであり、一方、オランダ風景画においては、細部とリアリズムへのこだわりが、自然は網膜に映しだされる細部で構成されていることを示しているようである。イタリアの事例では、自然の描写がまるで特定の全体的概念からトップダウンでもたらされているのに対して、北ヨーロッパの事例ではまるで、自然が観察された細部の集合としてボトムアップで描かれている。同様の論旨で、アルパーズ（Svetlana Alpers 1983, xxv）は、オランダ社会は視覚的、物質的なものを指向し、イタリアの社会は言語的、概念的なものを指向していたと指摘する。いずれにしても、この時期以降、北西ヨーロッパと南ヨーロッパの発展には際立った差異が生じることは明らかである。その最も顕著なものが、フランスとイタリアで支配的だったデカルト的な合理主義的立場に対して、イギリスとオランダにおける（最終的には後の産業革命へと続く）経験主義の成長である。

　さらに議論を進めるために、この時代以降、人間と自然の分離の必然的な帰結としての、自然科学と人文科学の分離の拡大が観察されることを強調しておくことは重要である。人間性とは、自然界で支配的であると考えられているメカニズムとは対照的に、価値観、思想、精神性、新規性が支配する領域である。最近まで、ヨーロッパ大陸とアングロサクソン世界のほとんどの教育機関では、両方の領域で学生を教育することをその責務と見なしてきた。しかし現在、その目標は、学生へのプレッシャーの増大に苦慮している多くの機関において、学習時間を短縮し、将来の就職に焦点を当てることになっているというのが私の印象である。

3 ｜ 合理主義と経験主義

　現在の科学的能力と課題を形作った西洋の知的伝統の発展における次の段階は

18 世紀への移行であり、特に、一般に啓蒙主義といわれる知的運動の出現である。そこでは、上述の合理主義と経験主義の相違が固定化した。このことは理論と観察の間の科学的な接合を形作ったという点で重要である。アイデアの領域と観察の領域間の接合は二つの非常に異なるアプローチを科学にもたらし、それらは必要な変更を加えながら（*mutatis mutandis*）今日まで存続している。その違いを要約するには、フランスの哲学者デカルト（René Descartes）のアプローチとイギリスの哲学者であるベーコン（Francis Bacon）のアプローチを対比するのが最適である。

　デカルトの有名な格言「我思う、故に我あり（*Cogito ergo sum*）」は、経験よりも思考（thought）と理性（reason）の重要性を強調する姿勢を反映している。認知（cogitation）は、自分の周囲にある概念、つまり経験をあてはめることができる構成概念を採用しようとする。もし一見してこれらの経験があてはまらない場合には、採用した概念が経験によって肯定される、あるいは微妙な差異を与えられるまで、経験を異なる方法で検討する必要がある。哲学者・思想史家であるカッシーラー（Ernst Cassirer 1972, 154）は、もう一人の合理主義者の例としてレオナルド・ダ・ヴィンチ（Leonardo da Vinci）を挙げ、「抽象と具体の間、つまり『理性』と『経験』の間の二元論はもはや存在し得ない」と指摘している。いずれの場合にも、経験を概念にあてはめるアプローチに通じる。人間と「外の」世界との認知的結びつきにおいて、人間が知覚するものは、むしろ観察する現象よりも、世界観によって決定される。この世界観は、観察よりも、主として内省と認知の産物なのである。

　他方、イギリスとオランダにおいては、一般化しようとしたり、理性的な世界観を構築しようとしたりすることに嫌悪感があるようだ。そのようなシステムは、感覚ではわかりにくい、理性的なものであり、それゆえに自然を直接観察するのを妨げるものであると考えられている。したがって、自然を抽象概念に分解することは、自然をバラバラに分解することよりも意味がないというベーコンの見解が支配的なのである。理性は経験に一致しなければならず、そして経験は現前の自然の細部を扱うものであるという主張において、経験主義者は、既存の世界観を意図的に砕いて忘却の彼方へと追いやり、別の世界観の構築に取りかかるのである。知的および科学的学問分野の出現を議論する際に、改めてこのテーマに触れたい。

この経験主義的分解が、北ヨーロッパがその後の数世紀にわたって経済的および科学的に繁栄するにつれて、「世紀とともに、記述の対象は次々と客観の側から主観の側へと移され続けていく」(Lewis 1964, 214-215) ような、緩やかな転換への道を用意したことを強調しておく必要がある。それはあたかも自然科学の発展において、主体（われわれ自身、人々、社会）と客体（自然）の分離という避けられない初期段階に続いて、人間と社会の研究がますます「客観化(objectification)」され、最後には、人間であるわれわれ自身が自然の探究領域の一部になってしまったようである。社会科学が 19 世紀と 20 世紀に出現し、目下、認知と思考が、シナプスや人間の脳における化学的な情報伝達などの観点から、科学的研究と説明の対象となっているのには、こういう背景がある。「今や［…］主観そのものが単に主観的なものとして割り引かれる。われわれは自分たちが考えると考えているだけである」(Lewis 1964, 214-215) という事実に帰結する。ブランカールト (Steven Blanckaert 1998) は、これを「人間の自然化 (naturalization of Man)」と呼ぶ。こうして、二元論の「迂回 (detour)」を経由して、われわれはヨーロッパ中世初期の一元論的な生気論哲学から、今日では原子、分子、ホルモン、および遺伝子が主流を占めている唯物論的一元論へと、一元論的世界観への穏やかな回帰が見られる。

　これはわれわれの世界観に根本的な矛盾を生み出した。エヴァンデンは以下のような言葉で表現している。

　　われわれは実質的に、われわれ自身の創造（例えば、自然）によって飲み込まれ、われわれの対照的なカテゴリーに組み込まれてしまった。われわれは、われわれ自身さえも内包できる、あるいは否定することさえできるほど強力な抽象的概念を作り出したのである。当初、自然はわれわれのものであり、規制された他者という飼いならされたカテゴリーだった。今や、われわれは自然のものであり、他のあらゆるものの客体の一つであり最終的な説明を待っているのである。(Evernden 1992, 92-93)

4 ｜ 王立協会と学会

　1660 年にロンドンで王立協会が設立された。その創設に続いて、1666 年にフランス王立科学アカデミー、1739 年にスウェーデン王立科学アカデミー、1752 年にオランダ科学協会などの他のアカデミーが設立された。これらの機関は、科学者によって科学者のために、時に民間からの資金提供を受けて創設され、（非公式の）相互評価に基づいて現会員が新会員を選出した。もちろん全員ではないが、多くの科学者は、社会的に応用科学を通じて経済発展に深く関与するようになった社会階層（近代志向の貴族階級と中産階級）に属していた。

　時が経つにつれて、それらが「科学」アカデミーである限りにおいて、例えば、後に芸術や文学のアカデミーも出現したが、それらは、（経験主義的）科学とみなされるものをより厳格に定義すること、特に議論のあらゆる段階は証明、あるいは実証されるべきだという考え方に、大きく貢献した。科学の分野や知的傾向の違いによって、これが何を意味するかは大きく異なる。しかし、ひとつ確かなことは、未来を引き合いにだして物事を「証明」することはできないということである。したがって、今日に至るまで、科学は観察された現象をもたらすダイナミクスを引き合いにだして説明することに多大な重点を置いており、事実上、未来に言及することなく、過去と現在を関連付ける。しかし、科学と人文科学はこれをかなり異なる方法で行う。

　ニュートン物理学（前世紀の初めまでの支配的なパラダイム）は、経験的観察から世界観を構築した。この世界観においては、現象は互いに分離することができ、最も根本的なスケールで起こるプロセスは可逆的（例えば、蒸気、水、氷の状態変化）、周期的（例えば、天体力学）、または反復可能（可逆的ではないとしても、ほとんどの化学反応がこれに該当する）であると考えられていた。それは本質的に「死んだ」歴史性のない現象を対象とした世界観である。その現象とは、その性質が、存続中には根本的かつ不可逆的に変化せず、したがっていかなる（長期的な）歴史も持たないものである。

　一方、人文科学では、少なくともルネサンス以来、歴史を引き合いに出すことは説明的推論の主流であったと思われる（Girard 1990）。歴史解釈においては、時間は不可逆的であるという考え方が支配的であった。形式陶冶（formal discipline）

として（つまり、日常生活から切り離された領域として）歴史学が登場したのは、18世紀から19世紀にかけて台頭した自然科学によって、時間を不可逆的なものとして説明することに異議が唱えられたからである。歴史学は、一方で、経験主義の考えにしっかりと根ざしている（歴史家のフォン・ランケ（Leopold von Ranke）の「解釈は変わっても、事実は残る」という有名な言葉を参照）。しかし他方で、とりわけドイツの哲学者であり教育者でもあったディルタイ（Wilhelm Dilthey 1833〜1911）の影響の下で、その認識論的および存在論的前提において、イギリスの経験主義とは異なるアプローチへと発展した。

　ディルタイ（Dilthey 1883）は、自然科学では主流であった実証主義的な普遍主義を人文科学には適用できないことを認めていた。彼の学派によると、歴史学(そして後に人文科学全般)の主たる目標は、自然科学の主たる目標である知識ではなく、理解である。その理解を得るために、ディルタイは「解釈学的循環（hermeneutic circle）」、すなわち黙示と明示、個別と全体、核心と文脈、人間の思考の表出と思考そのものとの間で繰り返される運動、を提唱した。この立場を取ることで、解釈学の専門家たちは、人々を歴史的、地理的、文化的、社会的文脈に（再び）位置づけ、そうすることで、個人の、しばしば短期的な行動をより長期的な傾向に関連付けることが可能になった。そして最終的には、理解を得るには、人間の行動の表出の研究から、その意義の理解へと進む必要があることを強調することで、歴史学は人間と社会の研究に適応したある特定の経験主義を取り入れることになる。

5 ｜ 生命科学と生態学の出現

　生命科学は、19世紀から20世紀にかけて、新しい科学的試みとして、また長期的な不可逆性を強調する分野として登場した。生命科学は、人文科学と自然科学がもはや容易には交わらなくなった時代、つまり二元論の共存が、二つの領域の分離に伴う争いに取って代わられた時期、に生まれた学問群のひとつである。関係する学問領域は、地質学から古生物学、進化生物学、考古学を経て、倫理学や人類学へと連なっている。地質学は長期的な時間に対する基本的な態度において、本質的に機械論的である（類似の原因は類似の結果をもたらし、因果関係は不

可逆的に変化しない）。古生物学、進化生物学、考古学は長期的な不可逆的変化は認められるが、短期的な不可逆的変化は目に見えない、漸進的なもの、あるいは無関係なものとみなされる。行動生物学（ethology）や人類学においては、短期的な非可逆性は認められるが、長期的にはあまり重要とされない。

「新しい」学問分野は、意図的に曖昧な中間点、ぼやけた無人地帯（fuzzy no man's land）の境界を定めた。これは、観察期間中に根本的かつ不可逆的に質的に変化する現象（地質学、古生物学、植物学、動物学）を扱っていたから、あるいは生物（natural beings）の行動（行動生物学）と（人間の）行動の本質（人類学）という、もうひとつの明白な矛盾と関係していたからである。このような現象は、自然科学の「核心」である機械論的アプローチにはなじまなかった。というのも、自然科学が質的変化の研究を除外していたからであり、また人間の（非反復的な）行動の側面にほぼ独占的に焦点を当てた伝統的な歴史的アプローチにもあてはまらなかったからである。

現象には適合しなかったが、行動の人間的（反復しない）側面にもっぱら焦点を当てる伝統的な歴史的アプローチにも適合しなかった。

このような事態がどのように生じ、どのような影響があったのだろうか。ヨナスは、17 世紀の北西ヨーロッパにおいて、自然科学が「理神論の庇護から抜け出せる」（Jonas 1982, 39）ほど成熟するとすぐに、一般的な原理に基づいて観察される物理システムの機能を説明することは、そのようなシステムの先行状態が、ひいては物質の何らかの原初的な状態の想定から、起こりうる生成の再構成に取って代わられた、と論じている。そして、

> その近代物理学における提案は、これら両方の問い（すなわち、システムの機能と発生）に対する答えは同じ原理を用いなければならないということである。（中略）一般的な起源とその後の結果において（もし前者が後者よりも自己説明的であり、したがって説明の相対的な出発点として適している場合）、認められる唯一の質的な違いは、起源は、物事の始まりにおいて知能設計がない場合、ランダムな条件下でもっともらしく想定されうるような物質のより単純な状態を表していなければならない。（Jonas 1982, 39）

その当時主流であった機械論的なニュートン主義のアプローチの対象を生物に

まで広げてみると、ほとんどの生物の構造と機能はあまりにも完璧であり、より単純で未熟な前身を想像することは非常に困難であった。そのような完璧な生物が単なる偶然で生まれる確率は、「有名なサルが世界文学を偶然に創出する確率に劣らないくらい圧倒的に低い」(Jonas 1982, 42)。さらに、これらの完璧に近い存在は絶えず死滅し、そして再創造されてきた！ したがって、それらを何らか（神の）設計の結果として説明する方が簡単であったが、そのような理論は経験主義的思考とは相容れなかった。カント（Immanuel Kant）とラプラス（Pierre-Simon Laplace）による太陽系の起源の説明とダーウィン（Charles Darwin）の生物種の起源に関する考えとの間に2世紀もの時差があったのは、生物の研究が二元論的世界観の二つの支流の間にどれほど囚われていたかを示している。「進化」の概念そのものが機械論的な概念とは相反するものであり、以前として何らかの古典的存在論的解釈を暗示していた」(Jonas 1982, 42)。

　生命科学の実践者を伝統的な考えから解放するための苦闘は、当時自然史と呼ばれていた学問が生まれた過程を見れば明らかである。18世紀から19世紀にかけて、［社会全体のあるいは人間の］歴史と自然史という二つの新しい研究分野が互いに補完し合ったのである（詳しくは、van der Leeuw 1998a を参照）。双方とも、普遍的原理と個々の現象との関係、より短期的なダイナミクスに用いられたのと同じ視点で長期的なことを取り扱うという課題、主体と客体の関係など、同様の問題に取り組む必要があった。

　生命の起源に関するラマルク主義モデルとダーウィン主義モデルを対比すると、問題を解決するために何が必要であったかが垣間見える。ラマルクの生物世界についての説明は、生殖を複雑な生物の個々の世代が壮大な設計に従って同一の再創造を行うと見なしていたという意味において、完全に自然のものとして捉えていた。しかし同時に、彼は、設計は同じままだが、「環境」が異なる条件を課すときはいつでも変化を許容する十分な柔軟性があると主張することによって、彼の視点に歴史的要素を導入した。そのような変化が後の世代に引き継がれるかどうかについては疑問が残った。一世代内での歴史的説明は十分であったが、次世代以降の説明については（まだ）不十分であった。最初の存在が引き続き求められ、説明が待たれた。

　一方、ダーウィン以後のモデルは、最初の存在が現在の存在よりもはるかに単純であった可能性があると考えることで、起源の偶然性のありえなさをめぐる難

題を回避している。個体発生的進化と系統発生的進化の進化を区別することで、生物学者は生存種の過去と現在をさまざまな方法で説明することができる。過去と現在の説明をまとめる中心的で機械論的な理論の重要な役割は、これ以降、個体および／または単一世代ではなく、種の長期的存在のメタレベルで導入された、進化を説明するメカニズム（すなわち、変異と自然淘汰）によって果たされる。そして最後に、進化論が、遺伝は不変性にではなく変化に関連しているという考えを導入したことは、われわれのここでの議論において重要である (Jonas 1982, 44)。これによって、説明の可逆性および／または反復可能性という強い支配が解かれ、自然の領域において（進化論的ではない）歴史的説明の再導入の先触れとなった。この点において、この考え方は、地質学と先史考古学 ── 19 世紀に生まれた、世界と世界のすべてのものの年代を遡るのに役立つ ── 二つの学問と密接に結びついていた（例えば、Schnapp 1993）。

　本書の文脈においては、ラマルクが提唱した初期の環境という概念、そしてダーウィンが自然淘汰の条件として構成し直した環境概念に注目することも重要である。生物学者であり哲学者のヘッケル（Ernst Haeckel）は、新しい生態学と呼ばれる学問を発展させ、「最も広い意味での存在のすべての条件を含む、有機体 (organism) とその環境の関係についての科学」(1866, 286) と表現した。ダーウィンが「生命の網 (web of life)」に人類を含めたのに対して、ヘッケルはそうしなかった。ヘッケルは環境を、1000 年あるいは 2000 年前に自然が定義されていたのと同様に、つまり「非有機体 (nonorganism)」として定義したのである (Haeckel 1866, 286)。もちろん、そのような否定的な表現は何かを定義するものではないが、それにもかかわらず明らかにしていることもある。この場合、一方では時間（過去―現在の対立）についての、他方では内部―外部の対立についての視点の変化がある。遠い過去と環境は、同時に客観化可能で分離可能なものになり、厳密で「科学的」な学問分野としての歴史学と生態学が生まれた。

　次に注目するのは、1910 年頃、人類とその環境との関係を研究する人間生態学（human ecology）という概念が導入されたことである。それは特に一般システム理論（General Systems Theory）（例えば、von Bertalanffy 1968）と特に生態系 (ecosystem) の概念の台頭とともに加速する。19 世紀後半に人間と環境の区別が再度強調された時期を経て、人間と環境の二つは、各々の方法で、人間らしさ（humanness）をもう少し自然に近いものとして捉える二つの概念によって再び結びついた。

ダーウィンによって可能になった（しかし、ダーウィンが主導したわけではない）還元主義の段階を経て、人間を含む自然のさまざまな部分のより複雑な関係に向かって振り子が戻っていくのを目の当たりにする。人間は、単なる固有の種のひとつ（*just another unique species*）（Foley 1987）であり、生命の構造である複雑な種間関係が織りなす網（web）の一部になる。

6 | 近代的大学の創設と学問分野の出現

　中世から近世にかけて、大学は比較的組織化されておらず、自分の知識や経験を他者と共有することを使命と考える個人によるボトムアップ型の組織だった。学者や科学者のコミュニティが大きくなり、旅や書簡のやりとりを通じた交流がさかんになるにつれて、研究対象である現象の理解がある程度集約されていく過程が始まった。合意に至った視点もあれば、不合意の視点もあった。この傾向を図 3.1 に示す。

　これらの理解の要素を結びつける共有言語が生まれ、他のシグナルはノイズとして排除された。これによって、科学者と学者の集団は共有する知識に集中し、ある集団または次元においてシグナルであったものは他の集団ではノイズとなった。全体としては、他のシグナルを除外することによって、いくつかのシグナルを調和させるというプロセスであった。

　19 世紀半ばまでに、このプロセスは新しい段階に到達し、最初にヴィルヘルム・フォン・フンボルト（Wilhelm von Humboldt）の影響の下、ドイツで、少しばかり遅れてアメリカ大陸（「ハーバード・モデル」）を含む他の国々で、大学がより公的に組織化された。これには、関連するテーマを教える教授の集団で構成される組織化された学問分野と、長年にかけてさかんに行われてきた集約に基づく関連学問分野の集合である学問群（faculty）の創出を伴った。これらの 19 世紀における大学というイノベーションの主要な存在意義（*raisons d'être*）は、秩序と教育の創造であった。それは、産業やビジネスにおけるイノベーションを促進する手段として、つまり、産業革命当時の社会に貢献する手段として、また同時に、それは個人の充足感や名声を得る手段として、中産階級や当局から認知されるようになった。学部（department）や学問群の組織化によって、各分野や学門群のメ

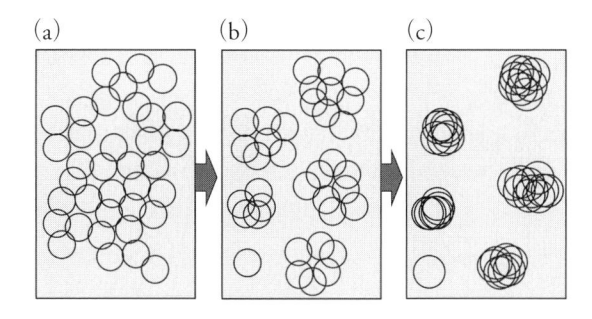

図 3.1　専門家集団とその問いや考え方の集約は、特定の
テーマについては凝集されていき、他のテーマについ
ては放置される。左から右へ：(a) 個々の研究者はそ
れぞれに異なる領域と問題を研究している。(b) 交流
を通じて、特定の種類の情報、特定の方法と技術、お
よび他の研究者に不利な問いに集中するようになる。
(c) 最終的に、ますます狭い領域に焦点を当てた、ま
とまったコミュニティを形成する。
（出典：ファン・デル・レーウ）

ンバーたちは、学生たちに共同で教えるべきことは何かについて議論するように
なった。その結果、ほとんどの学問分野において、知識と手法という二つの重要
な知識のカテゴリーが、カリキュラムの根幹をなすものとして現れた。

　そのような教育が行われるようになってしばらくすると、科学の概念と実践に
おける重要な意図せざる結果が表面化した。それまでは好奇心が研究の原動力で
あった。個人が面白いと思う問題や問いに取り組み、手法と技術は（重要ではあ
るが）その副産物であり、ツールだった。しかし、学生が特定の分野に特化し、
尋ねるべき「適切な」問いとそれに取り組むための「正しい」手法と技術を教え
られるようになると、それまで研究を駆り立ててきた好奇心ではなく、これらの
問い、手法、技術によって、研究が進められることが次第に増えていった。その
結果を図 3.2 に示す。

　特に、共通の好奇心とわれわれが生きる自然現象や社会現象をよりよく知ろう、
または理解しようとする意志によって推進される科学から、獲得された一連の問
い、前提、仮定、仮説、手法および技術によって推進される科学への移行は、17
世紀と 18 世紀の探求の多くを特徴づけていた不完全だが総体的な視点が、われ

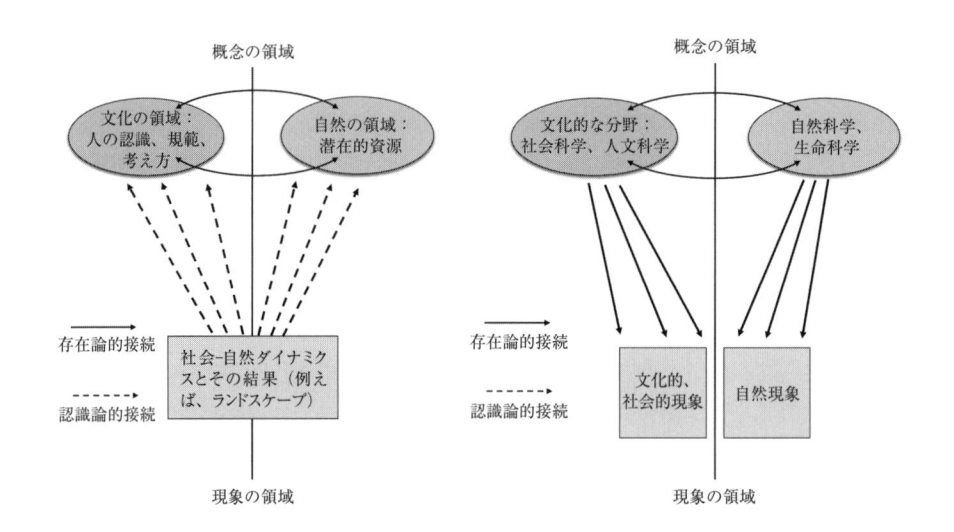

図3.2　学問分野の出現は科学の論理を反転させる。当初、現象の領域と概念の領域の結びつきは認識論的だが、手法と技術が学問分野の基礎を形成すると、これらの関係は存在論的になった。それ以降、徐々に、学習によって得られた手法と技術が研究すべき問題と課題の選択に影響を及ぼし始めた。このことが、専門性の細分化を促し、学問分野コミュニティの間の相互理解を困難にしたのである。

（出典：ファン・デル・レーウ）

われの世界について数多くの、それぞれはより一貫しているが断片的な視点に取って代わられたという重要な結果をもたらした。そしてとりわけ、一方の自然科学と他方の人文科学という違いを明確にしたのである。

　要約すると、この100年間で、説明として、そして産業革命と技術革命を経て、生活様式として、唯物論的一元論の影響が頂点に達したように見える。これまでの最高の成果の一つは、DNA と人間の脳に関する研究である。一方で物質から精神を導き出すこと（Delbrück 1986）、他方で人間の個性の本質を、すべての生き物の均一性と多様性を支配する非生物的物質から進化させることの狭間で、人間らしさ（humanness）は否応なしに罠にはめられているように見える。そうだろうか？

　われわれが問題にしている罠は本質的にもつれた階層構造であり（図3.3を参照）、二つの用語の間で揺れ動く状況である。この二つの用語は、複雑な結びつ

きを通じて、互いに動的でほぼ安定した均衡を保っており、二つの対立するものとは異なり、交互に短期間優位に立つが、それぞれが他方を完全に打ち負かすことはない、というようなものである（Dupuy 1990, 112–113）。上位レベルで優れているものは下位レベルでは劣る、つまり、デュピュイ（Jean-Pierre Dupuy）が提示する構図によれば、階層上の対極を内部で反転させるということである。しかし、もちろん、そのような反転は、ジレンマから抜け出す本当の方法ではない。なぜなら、それは、同様の階層構造と同様の障壁を、反対側から維持するだけだからである。

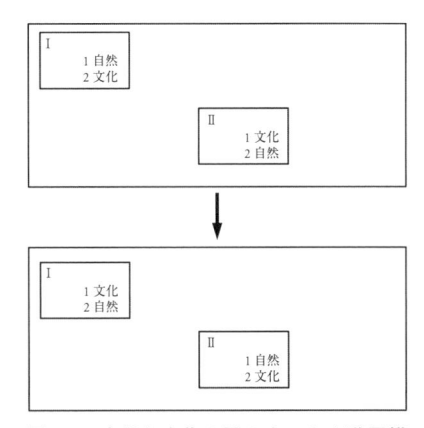

図 3.3　自然と文化の間のもつれた階層構造の二つの型。階層構造を（上から下の型に）反転させても、二つの概念の対立という問題を解決することにはならない。

（出典：van der Leeuw et al. 1998b）

　もちろん、唯一の解決策は、対立を解消し、この罠に陥らない科学を構築することである。これについては、第 4 章で、統一的で総体的な視点からの分析的アプローチと方法論の再考が必要であることを提示したい。

7 ｜ 手段化された科学

　しかし、このジレンマから抜け出す可能性を議論する前に、まず社会全体のなかで科学が、特に過去 80 年間に、どのように変化したのかを見ておかなければならない。その変化の一部は科学自体の進化によるものだが、他の発展は社会全体の変化に由来する。科学と社会の相互作用は双方に深遠な影響を与えてきた。

　これらの発展は二つの長期的な傾向を背景として見なければならない。一つ目は産業革命以来のイノベーションの加速であり、二つ目は社会的価値としての貨幣の優位性の増大である。

　産業革命と、特に化石エネルギー利用可能性と利用の増加によって、イノベーションのための費用は大幅に削減された。イノベーションに係る費用としては、

発明自体を生み出す費用よりも、発明を社会に融合する費用の方がはるかに大きいのである。これは、現代のイノベーション研究では通常十分に考慮されてこなかった重要な点である。考古学において、これは、例えば、小アジア(Asia Minor)における製鉄の発明（紀元前 1400 年頃）と、中央および西ヨーロッパにおける青銅器時代から鉄器時代への移行（紀元前 700 年頃）の間に七世紀の遅れがあることからも明らかである。青銅の製造は、必要な金属（銅と錫）の利用可能性に制約される。青銅製の器物は、これらの原料が見つかる限られた場所からヨーロッパ中で交換された。鉄の製造は、鉄が河川や沼地のいたるところにあるため、物資的な制約を受けない。しかし、ヨーロッパの社会は、青銅生産に関連した権力構造に基づいていたために、約 700 年もの間、社会的制約を受けていた。その制約を解くために、社会は、紀元前 600 年頃から始まった、既存の権力構造を破壊する広範囲にわたる社会構造の変化を経なければならなかった。これがはるかに困難だったスカンジナビアでは、鉄器時代の始まりは、バイキング時代(西暦 700 年頃）になってからであった。

　この点を非常に明瞭に示す現代の例としては、エシュロン（Echelon）社が自社の主要なイノベーションである分散型情報処理パッケージ、ロンワークス（Lon-Works）をいくつかの市場に開放させるのに費やさなければならなかった努力に関するレーンとマックスフィールド(Robert Maxfield) の研究がある (Lane & Maxfield 2005)。これには、ハネウェル（Honeywell）のような企業に支持された非常に大きな保守勢力に対抗する、イノベーションのダイナミクスを維持するための創造と維持 —— レーンとマックスフィールド (Lane & Maxfield 2005) が「足場構造物」と呼ぶもの —— が含まれる。エシュロンはアメリカでは成功せず、当初イノベーションをめぐる戦いに敗れたが、イタリアでは成功した。ロンワークスは現在もイタリアで採用されており、そのおかげで企業は存続し、後に、モノのインターネットに焦点を当てることでアメリカでのその存在感を増すことになった。

　イノベーションの加速に影響した第二のダイナミクスは、特に都市における人口の増加であり、教育の発展のみならず、衛生と健康の増進によって可能になった。この関係に相対成長率（allometric scaling）アプローチを適用すると、人口規模とイノベーションの速度の間には明らかな正の非線形性があり（例えば Weinberger, Quiñinao & Marquet 2017）、とりわけ都市において顕著である（Bettencourtetal et al. 2007；Bettencourt 2013）。この関係性の性質とそれが生み出す曲線の正確な形

状については議論があるが、この関係は、人が多く集まれば集まるほど、より多くのアイデアが生まれるという事実を表しているというのが私の考えである。第11章に示すように、この議論を一般化して、人的交流のレベル全般に適用できると考えている。もしそうであれば、中世以降、交換と商取引という形での限定的な人的交流によって、産業革命までイノベーションが加速しなかったと論じることができる。

　そのダイナミクスの一部として、過去数世紀にわたって、主に明示的、意識的で、広く経験されたニーズに応えるイノベーションから、スマートフォンの多様な使い方や新たに合成された膨大な数の化学物質の事例のように、（まだ）広く明言されていない、あるいは、将来のユーザーが気づいていない需要を満たす発明が応えるイノベーションへ、加速度的に移行も見られるということも指摘しておきたい。

　同時に、特に過去80年間で、生産性、そして、より一般的には富が、人々、共同体、および国家の幸福（wellbeing）の主要な指標としてますます重視されてきた。これは、多くの機関が経済学者によって掌握された結果の一つであり、それがわれわれの幸福を判断する価値空間を著しく縮小させた。これによって、ますますわれわれの社会の多くの側面が短期的かつ財政的に評価されるようになった。

　科学と社会におけるその役割の変化の概略を説明するための、多かれ少なかれ恣意的な起点として、19世紀の半ばに立ち戻ってみたい。1850年代以降、主要な科学的発見が、新たな主要産業の出現を可能にした（たとえば、1850年代にアニリン染料[aniline dyes]、1883年に安価な鋼の製造のためのベッセマー法[Bessemer process]、1897年にアスピリンの合成、1915年に軍需と肥料用アンモニア合成を可能にしたハーバー・ボッシュ法［Haber-Bosch process]）。これにより、自然科学とさまざまな産業が互いにとって大きな利益をもたらす協力関係を深化させる潮流を生み出した。それ以来、第二次世界大戦を契機とするイノベーションの波（レーダー、飛行機、テレビや電気通信、医学など）が押し寄せて以降は特に、科学は現在の社会の一部である広範な経済における多くの側面において、かつてないほどの覆瓦構造（インブリケーション）をもたらした。

　特にマンハッタン計画（最初の原子力爆弾の製造）と、それに密接に関連していた日本に対する勝利によって、科学の可能性に対する信念は1950年代から1970

年代に頂点に達した。その後、科学そのものへの信頼は多かれ少なかれ安定していたように見える（Funk & Kennedy 2017）が、おそらく現在の科学に対する理解の低下の結果として（Royal Society 1985）、あるいは社会政治システムにおける不安定性の増大による、より一般的な社会制度に対する信頼の低下（Turchin 2010, 2017；Jones & Saad 2016；Rosenberg 2016）の一部として、ゆっくりと、しかし確実に、より広く社会に貢献する科学に対してより批判的な態度が芽生えはじめた。

　政治との関連においては、マートン（Robert King Merton）流の科学倫理が、社会の信頼を維持するために、科学者は常に研究に基づいて公平な意見を述べるべきだと強調した（Merton 1973）。その信頼は、政治的討議における論拠として科学が利用されることが増え、最終的には、科学者と多くの社会的および政治的組織との間に緊密な関係をもたらしてきた。これらの組織は、特定の対策案の利点が広く一般に納得してもらえるような科学的知見を得るために、科学者に対価を支払ってきた。しかし、その緊密な紐帯は、時間の経過とともに、科学に対する不信の根源になっていった。なぜなら、科学者が、官僚的でトップダウンの既成秩序の代弁者として、また、多くの共同体が自ら築き上げてきたボトムアップな社会秩序を脅かす存在として、ますます見なされるようになったからである（例えば、Wynne 1993）。

　1990 年代以降、先進国の富はますますその社会的および物質的な基盤（教育、社会保障、軍隊、官僚組織を含む）の費用を賄えなくなっていることから、上述の事態は科学への資金助成に影響を及ぼしてきた。先進国においては、このような資金提供は性格を変え、政府資金による基礎研究から、より多くの産業界の資金による応用研究へと移行し、新しい科学的発見に基づく戦略的で長期的なイノベーションから、既存技術の組み換えに基づく戦術的なイノベーションへと移行した。これは、例えば、アメリカ特許庁（US Patent office）によって付与された特許から見て取れる。まったく新しい技術につながる可能性のある発明ではなく、既存の技術の組み合わせと精緻化にますます傾いている（Brynjolfsson & McAfee 2011；Strumsky & Lobo 2015）。この傾向は、科学者が社会のニーズに十分に応えていないと見なされ、政府による研究費拠出が減少するというフィードバックループをもたらし、その結果、資金提供は産業界が自らの利益のために行うことが増えていった。

8 ｜ 信頼を取り戻す

　21 世紀に人類が直面している山積した課題に対処する方法を見つけるために科学のリーダーシップが求められているとすれば、科学者はどのように社会の信頼を取り戻すことができるだろうか。前に進むための、ほとんど自明だが無視されがちな重要な要素の一つは、科学的な結果や意見が、あらゆる発言と同じように、単独で、利点だけが評価されるのではなく、それが形成され、受容される文脈において評価されるということを認識することである。科学的な客観性や中立性といったようなものは存在しない。科学的疑問に対する答えを得られる方法が客観的であったとしても、疑問それ自体は、社会構造的かつ文化的、あるいは個人的な、制度、規範、価値観に影響されることから、主観的なものである。同様に、科学的な意見は、それが表明される状況の背景として評価されるだけではなく、それを表明する人物の組織的および個人的な信頼性に照らして評価される。

　ルーマンは環境理解について、「社会はその環境とコミュニケーションすることはできず、社会は自らの内部で環境について自己言及的にコミュニケーションすることしかできない」（Luhmann 1985, 99）と論じている。彼は社会を、個人間の期待の相補性に基づいたコミュニケーションの自己組織化（社会）システムと捉えている。これらの期待は価値観と意味によって導かれ、次に、その価値観と意味は他の価値観と意味と排他的に関わり合い、それらの構造は更なるコミュニケーションの選択肢を用意する。ゆえに、コミュニケーションは情報の伝達ではなく、意味の共同実現と見なされる。その過程において、社会的相互作用に内在する複雑性が、行為主体の視点の調和あるいは整合によって軽減される。ある集団のコミュニケーション・システムの要素として機能するものはすべて、それ自体がそのシステムの産物である。この根源的な洞察には改めて立ち返るが、現段階では、絶対的な真実や現実が存在しないことを意味するということを指摘するだけで十分である。

　この明確な主張から、われわれは科学者として、われわれの考えが社会で機能する文脈との関係をもっと重要視すべきであることがわかる。その顕著な例が、現在の戦術的思考に内在する、直面している課題の解決策を見つけなければならないという考えである。これまで私が他でよく議論してきたように（van der Leeuw

2012、第 10 章も参照)、すべての解決策ではないにしても、多くの解決策は自ら（意図しない、予期せぬ）課題を生み出す。われわれがそのような解決策だと考えるものは社会の価値観によって規定されるため、われわれにはそれらの課題に対しても間接的に責任を負う。

　しかし、この再考は必然的に、われわれが研究を行う制度的背景、われわれが研究の結果を表現する方法、そしてわれわれが特定の問題について立場を表明するか否かも関わってくる。気候変動のような主要な将来の災難について、確かな科学的証拠と、それを回避するためのアイデアを持っているとして、自らを科学者として一般市民にジレンマを提示するにとどめるのか、あるいは他の問題とは対照的に、特定の解決策を主張するのか。

　科学の信頼性を高める方法を掘り下げることは、本章の、または本書の目的ではない。それは科学哲学と科学技術研究の研究者たちに任せたいと思う。しかし、科学が条件付きであると再帰的に認識する努力は不可欠であり、それによって、われわれのビジョンや科学知識と理解の特徴と内容を形作っている、根本的な、分析以前の前提を批判的に検証することにつながるのを期待したい。

　このような検証の根本的な側面の一つは、重力場や光速、あるいは同様の現象のように、人間の行動や影響とは無関係であるとわれわれの多くが考えている自然現象に関する知識が、実質的には、われわれの観測、したがってわれわれの認知能力に依存しているという事実である。これは比較的新しいが非常に重要な認識であり、ホーキング（Stephen Hawking）の *A Brief History of Time*（1998）（『ホーキング、宇宙を語る：ビッグバンからブラックホールまで』）やホイーラー（John Archibald Wheeler）の参加型人間原理（participatory anthropic principle）の導入（Wheeler 1990b を参照）などの著名な科学者の著述を通じて自然科学に浸透し始めている。自然法則の起源に関する最近の研究では、意識的な観測が一役買っている可能性を示している。つまり、物理学者であっても、彼らが見ているものを理解するには、認知科学と社会科学にもっと注意を払う必要があるかもしれないということである。

　その検討においては、われわれの科学的構造の社会的および社会構造的な背景をよりよく考慮するために、さまざまな科学者および科学者以外のコミュニティをより密接に結び付ける必要もある。科学的な推論と理解を科学的に制御することは確かに不可能である。しかし、そのような試みは科学の推論とアイデンティ

ティをある程度制御することを目指す近代科学の方向性に反していることから、このような再帰性が科学界に容易に取り入れられることも、人類の大多数がその「科学的知識と理解」を大幅に向上させることも期待できない。しかし、われわれは挑戦しなければならない。

原著注

*1　この節の前半は、ARCHAEOMEDES Report の第 2 章が初出である（van der Leeuw et al. 1998 b）。後半は本書のための書き下ろしである。

第 4 章　超学際性の是非

1 | はじめに

　還元主義的で、専門性の高い、「線形」科学は、長い間、成功を収めてきたが、簡単には解決できない高度に複雑な問題にますます直面するようになっている。その一因は、第 3 章で述べた科学の制度化に続いて知的あるいは科学的構造（land-scape）がますます細分化され、専門領域がより狭くなっているからである。これは、ある領域におけるわれわれの理解を大幅に増進させたが、同時にわれわれの理解に大きな、マッピングされていない未踏の空白を残した。

　このような状況をもたらしたもう一つの重要な要因は、それ以前の社会（全体としての）行動の意図しない、期せぬ結果の蓄積であるが、これについては本書の後半で詳しく議論する（本書第 10 章；van der Leeuw 2012）。これらの結果は、産業革命以来のイノベーションの加速によって、長らく観測されずにいたが、多くの領域で露わになりつつあり、われわれが扱っているシステムに内在する複雑性を明らかにしている。

　したがって、より多様で多次元的な科学が出現しており、これらは、現状を上手く取り入れ、学問的な科学分野が扱ってこなかった領域の調査に優れている。この発展を文脈の中で捉えるためには、近代的な大学の出現と、それに伴う学問分野の学部や学科への構造化に立ち戻らなければならない。前述のように、これはわれわれの科学的世界観の断片化を招き、依然として学術界と世界的研究コミュニティの主要な特徴である、科学と社会科学と人文学のもつれた（tangled）ヒエラルキー（階層）を生み出した。

　このようなもつれたヒエラルキーはどの任意の二つの学問分野間にも原理的には存在する。なぜなら、科学者が特定の学問分野の制約内で育成されると、他のすべての学問分野は、「他者」となり、他のどの学問分野とも異なる社会的、組織的、および管理運営上のダイナミクスに従うことになる。したがって内部の者は外部の者よりも「自分たちの」分野を高く価値し、外部の者は自分たちの学問分野をより高く評価する。

　そのようなヒエラルキーをわれわれはどのように解きほぐす（disentangle）ことができるだろうか。多くの方法があるわけではない（van der Leeuw 1995, 31–32）。デュピュイ（Jean-Pierre Dupuy 1990）にとっての解きほぐし（disentanglement）は、

それ自体の中に絡み合ったヒエラルキーの二重の反転で構成されていて（図 3.3 b）、自然が最も重要であったところでは文化が重要になり、文化が最も重要であったところでは自然が重要になる。しかし、第 3 章で述べたように、これでは単にもつれを逆にひねってしまうだけである。これは、「もし人間が単に自然の一部なのだとしたら、自然がわれわれに類似した性質をもっていないかもしれないと考えることは何を意味するのか」というジョナスの論点の一つ（Jonas 1982, 17）である。ジョナスの指摘は、動物行動学に多くの進展をもたらし、イルカには名前があり、チンパンジーには文化があり、オランウータンには方言があるなどというように、人間と自然との境界を徐々になくしてきた。これらの事例における根本的な問いは、対象とする種に人間の特性を投影するか否か、もし投影するならどの程度投影するか、である。結局のところ、われわれが外界を理解するには、人間の認知システムによってなされ、また制約もされる。

　アルド・レオポルド（Aldo Leopold 1949）が、彼の「土地倫理」という言葉が表現しているように、ある種の調停の役割を与えていると捉えることもできる。レオポルドの哲学の中心は「単に経済問題として適切な土地利用を考えるのをやめる」という主張である。経済が意思決定に与える影響を認めながらも、レオポルドは、究極的には、経済的な幸福と環境の幸福とを切り離すことができないことを理解していた。それゆえ、彼にとっては、人々が土地と密接な個人的な結びつきを持つことが重要だと考えた。「われわれは、見たり、感じたり、理解したり、愛したり、あるいは信じられるような何かとの関係においてのみ倫理的になりえる」。そのような「土地倫理は、ホモ・サピエンスの役割を、土地共同体の征服者から、その単なる構成員や一市民に変える（中略）それは［人間ではない］仲間に対する尊敬の念を示すものであり、またそのような共同体に対する尊敬の念を示すものでもある」（Leopold, 1949, 239）。

　しかし、この考えに伴う問題は、われわれは、例えば、理解すること、感じること、他のいかなる形の真の接触もなしに、「他者」として以外には経験できないため、人間は他の存在のための倫理を考案することができない（そして、すべきではない）ということである。したがって、この選択肢は自然の混沌を受け入れることにつながり、われわれは個々の生物に、そして自然の諸相に、ヒンドゥー教がインドで牛に認めているのと同様の完全で絶対的な自由を与えてしまうことになる。

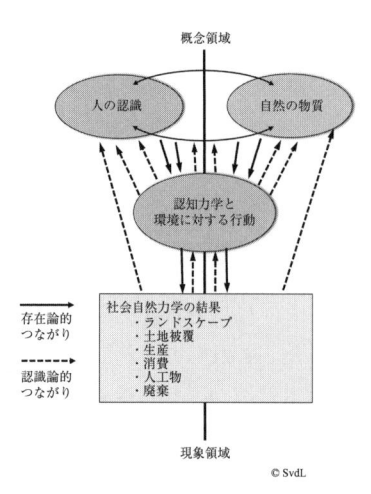

図 4.1　自然の下位組織および社会の　下位組織を排除する
（出典：ファン・デル・レーウ）

エヴァンデン（Evernden 1992, 94）は、この対立の虚構的な性質を根本的に認めることを提案している（図 4.1 を参照）。つまり、人間性や歴史の領域が自然の下位カテゴリーにならないようにするには、われわれは、自然が実際には文化の下位カテゴリーであること、つまり、結局のところ、われわれが、自然と呼ぶシステムの考案者であることを認める必要がある。さらに、われわれが人間と自然を別個の、そして質的に異なる実体として存在させる二元論の考案者であることも認める必要がある。われわれは現実の構成におけるわれわれ自身の役割を認める必要があるだろう。それは逆に、われわれの知ることの本質について、非常に基本的なことを認めること

を意味する（同じ結論に達する他の二つの議論については Luhmann 1989；van der Leeuw 1998b を参照）。つまり、知ることは極めて複雑な現象に対するかなり限定された認識に基づいて、社会によって自己言及的に構築される。そして、社会的な下位組織も環境的な下位組織も存在せず、人間の認知システムによって指向された、社会環境および自然環境に対する人間の知覚と行為のみが存在することを認識しつつ、社会環境ダイナミクスの研究にあらゆる学問分野を採り入れようとする（McGlade 1995）。これは必然的に、関連する複雑さの理解を向上させるために、あらゆる学問分野と学識を動員することになる。

　これは多くの点で最も明確な解決策のように思えるが、次の重要な問いを提起する。「生気論（vitalism）が支配的な教義として復活する無垢あるいは無邪気な状態に戻れないことを認めつつ、どのように文化の領域内で自然の再統合を実現できるだろうか」。異なる（組み合わせの）学問分野の多くの科学者が、過去一世紀ほどにわたって、この問題に取り組み、多くの学問分野を一つの包括的な視点にうまく統合させようと試みてきた。

　このような試みは、相互学際性（interdisciplinary）から多学際性（multidisciplinary）、超学際性（transdisciplinary）へ、直近では非学際的（undisciplined）な研究の提案に

至るさまざまな段階を経てきた。本章の目標は、超学際的科学が期待に応えるために取り組まなければならない課題について議論することである。まず、本書において、これらの用語の概念がどのように使われるのかを明確にするために、私がこれらの概念をどのように理解しているかについて簡単な説明から始める。

2 │ 相互学際性

相互学際性（interdisciplinarity）という言葉は、いくつかの確立された学問分野や伝統的な研究分野の手法や見識を、その科学分野自体では提起されない疑問に焦点を当てながら利用することを意味している。過去 2 世紀の間に、大学組織によってもたらされた科学研究の専門分野別の組織によって影を潜めたが、相互学際的な研究には長い歴史があり、古代ギリシャの哲学者にまで遡るという説もある（Gunn 1992）。

相互学際的研究とは、学問の境界を越えて、新しいアイデアやアプローチを生み出すことである。共通の課題（例えば、持続可能性の問題の調査）を追求するにあたり、異なる学派の考え方、職能、または技術を結びつけ、また、組み合わせるために、境界を越えて思考することである。相互学際的な戦略は、あるテーマが無視されていたり、研究機関の伝統的な学術分野構造において、あるテーマが軽視されたり、あるいは誤って捉えられたりして、われわれの知的地図に空白が生じていると思われる場合に適用されることが多い。また、関連するトピックが複雑すぎて単一の伝統的な学術分野で扱うことができない場合に、相互学際的なアプローチが適用されることもある（第 2 章で言及したいわゆる厄介な問題や困難な問題がこれに該当する）。

相互学際的研究における主要な知的課題は、関連するさまざまな学問分野が、それぞれに独自の視点、問い、方法、認識論、および情報源を持つということである。これらを実りあるかたちで組み合わせるには、関連する学問分野についての習熟と深い理解が必要であり、したがって、容易には達成できるものではない。関連分野の数が限られている場合に限り、一個人がこれを成し遂げることができるかもしれないが、次節でみるように、異なる学問分野の訓練を受けた科学者の集団が関わる場合、これを達成するのは、はるかに困難になる。

表 4.1　環境研究における自然的なアプローチと人間的なアプローチの違いの例としての自然史と人類史の違い、および社会環境ダイナミクスに対する包括的な統合アプローチの創造に向けた提案

	自然史	人類史	人新世のための統合された歴史
領域	自然	社会	環境（社会生態学的相互作用）
時間的尺度	より長期的	より短期的	統合された尺度
焦点	因果関係	人間の作用と不確実性	因果関係と作用の相互作用、不確実性の包含
目標	現在から過去を解釈する；自然法則の観点で起源を探求する	過去から現在を解釈する；因果の連鎖の観点で起源を探求する	現在の理解とより良い未来の創出を生み出すための（システムとしてという意味で）創発の探求
過程	観測、記述、実験が説明に導く	記述、批評、分析、解釈から洞察と理解を導く	記述は、社会生態システムの動態のモデル化と理解のための基盤
ツール	自然科学の言説 古環境科学 先史考古学 概念的枠組み	ナラティブと統計的言説 古典的・歴史考古学 文献史学 唯一の軌跡としての事例の研究	多角的なナラティブ 人間と環境の統合された歴史 概念枠組みに埋め込まれた事例を使用して一般化する

出典：van der Leeuw et al.（2011）.

　表 4.1 に、自然科学と社会科学の違いのいくつかと、それらを統合的に見ることができる方法を示す。

　明らかに、表 4.1 はごく限られた相違点のみを取りあげており、提案されている解決策はかなり暫定的なものである。これは、自然科学と社会科学の二つのアプローチを真に統合するために必要とされる複雑さについて、一般的な考えを示すことを目的としているに過ぎない。

　さらには、圧倒的多数の研究機関では、このような相互学際的研究活動を阻む数多くの管理運営上および組織上の障壁が存在するが、これらは多学際的研究と超学際的研究の双方にも当てはまるため、本章の後半で扱うことにする。

3 多学際性がもたらす蜂の視野

　ここでより幅広い学問分野の成果を緊密に束ねることによって得られる視野を見てみる。Wikipedia（2016 年 4 月 25 日閲覧）は、多学際的アプローチ（multidisciplinary approach）を相互学際的アプローチとほぼ同じ方法として定義している。「複雑な状況に対する新たな理解に基づき、通常の枠にとらわれずに問題を再定義し、解決策を導き出すために、複数の専門分野から適切な情報を引き出す」。両者の違いは関係する学術分野の数と統合の難しさにあると思われる。

　このアプローチが広く用いられている分野の一つが、医療（health care）であり、その現場では、複雑な臨床や看護のニーズへの対処を目的とする多分野の専門家集団によって、ケアすることが多い。そのような状況では、（患者を除く）すべての関係者は専門知識を持ち、それぞれに担当する任務がある。すべての担当任務は患者の患部を回復させるためになされ、患者の身体がそれらの取り組みを総合的なものに融合するため、連携作業は効果的である。これは、地球の健全性を研究する持続可能性の事例も同様であり、多くの学問分野が関わっていて、それぞれの分野が（よく言えば）プラスに作用するが、それぞれのアプローチの相乗効果は、社会環境システムによってもたらされる。どちらの場合においても、関係する専門科学者同士による知的融合はない。

　歴史的に、多学際的アプローチの最初の実用は、第二次世界大戦中の 1943 年に、わずか 143 日で XP-80 ジェット戦闘機を開発したロッキード航空機会社（Lockheed Aircraft Company）による、スカンクワークス（Skunk Works）のニックネームで知られる独自の特別プロジェクトの操業だった。1960 年代から 1970 年代にかけて、多学際的アプローチは学術界に広がり、当初は実用的な目的を持つ学問分野で広がった。例えば、主要な公共部門の建設プロジェクトで、プランナー、社会学者、地理学者、経済学者と共に働く建築家、エンジニア、建築積算士たちである。やや遅れて、特定のアプローチや一連の問いによってではなく、空間または時間のいずれかによって定義される地理学や考古学などの分野に先導されて、多学際的アプローチは他の多くの科学領域に急速に広がった。

　関係する各専門分野は、それぞれ微妙に異なる疑問や方法、技術を持ち込むため、研究対象について（ほんのわずかの場合もあるが）異なる見解を観測者に示す。

したがって、各分野で得られる情報、それ自体には一貫性があり、価値があり、特定の問いやトピックに焦点を当てたものであるが、異なる専門分野を担うコミュニティによって考案された用語で表現されているため、他の専門分野によって集められた情報と容易に融合することはできない。このような取り組みの成果を一つの視点にまとめることは、「最低の共通の分母という障壁を超えることが困難な場合が多く、期待していた以上に単純な（そしてしばしば機能主義的な）ものになる傾向がある。

　これは、一つにはそのような多学際的研究の実践者がしばしば誤った期待を抱いているためである。彼らは「知識」に期待し、異なる学問分野の成果が等価であるかのように、それらを継ぎ目なく統合する可能性に期待する。明瞭さを求めるあまり、そのようなアプローチは、ほとんどの複雑な現象が多面的で、情報に富んでいるために、一貫性のある一つの像（イメージ）はせいぜい非常に部分的な表象であるという事実を見失ってしまう。

　私の意見では、われわれが望みうるのは、「蜂の視野」とでも呼ぶべきもの、すなわち、諸様相間が分断されていることを認め、その分断を幾度も「確証がないまま飛び越える（leap of faith）」覚悟があれば、何らかの洞察を与えてくれる多面的な像である（van der Leeuw 1995, van der Leeuw & Audouze 2003）。これは、明確で単純な説明にこだわるわれわれの（文化的に決められた）傾向に反するが、そのような蜂の視野は、複雑な情報を扱う上で必ずしも不利ではない。複眼をもつ昆虫のほとんどはその視野でとても上手くやっている。しかしながら、それには参画する研究者たちが、対照的な、あるいは対立的な考え方を念頭におきながら、取り組むことが必要である。

　そのようなアプローチの成果を伝統的アプローチや相互学際的アプローチと区別するために、われわれが求めているのは複雑な現象に対処し始めることができる十分な（知識とは対立するものとしての）理解であると言えるかもしれない。この区別は、多学際的調査が、従来の学問分野の調査と同程度の一貫性を持った説明を目指していないという事実を強調するために用いられる。このような一貫性は非常に単純な現象（もし存在するならば）に対してのみ得られるものだと考えているため、その点に関しては、（本質的に複雑な）現実世界に対する理解の適用可能性を高めることによって補いたいと考えている。

4 超学際性、知的融合、科学と実践の結合

　超学際的（transdisciplinary）科学は、この発展における最新の、広く認められた段階であり、包括的なアプローチを創造するために多くの学問分野の境界を横断する研究戦略を明示的に意味する。これには「知的融合」（Crow 2010）が必要だとクロウは強調する。

　超学際性とは専門分野を超えた知識の統合を意味する。1970 年にジャン・ピアジェ（Jean Piaget）がこの言葉を最初に取り入れ、1987 年にトランスディシプリナリー研究国際センター（International Center for Transdisciplinary Research : CIRET）は、ポルトガルで開催された第一回のトランスディシプリナリティ世界会議（World Congress of Transdisciplinarity）でトランスディシプリナリティ憲章（Charter of Transdisciplinarity）を採択した。

　接頭辞の「trans（意味：〜を横切って、〜を越えて）」が示すように、超学際的科学とは、学問分野間にあるものと同時に、異なる学問分野を横断するもの、そして個別の学問分野を超えたものに関わるものである。その目標は現在の世界を理解することであり、そのために不可欠なことの一つが包括的な知識の統合である。したがって、そのアプローチにおいて、超学際的科学は相互学際的科学や多学際的科学とは根本的に異なる。後者の（二つの）アプローチは、ある分野から別の分野への手法の移行に関わるもので、研究が学問分野の境界を越えて波及することを可能にするが、学問分野研究の枠内に留まる。超学際的科学は、これらの境界を明確に超えて、さまざまな学問分野の専門家のアイデアや研究と実践の領域間における知的融合を目指す。

　それだけではない。超学際的アプローチは、研究によって生み出された学習の普及をよりよく組み込むために、研究の目的と戦略の定義に市民社会の利害関係者を含めることによって、概念と現象の領域間や、科学と社会の間にある境界を越える試みでもある。単に学術あるいは専門分野レベルにおいてだけでなく、研究によって影響を受ける人たちや地域社会に根ざした利害関係者との積極的な協働を通じた、利害関係者との協働や利害関係者間の協働は不可欠だと見なされる（Thompson-Klein et al. 2012）。このように超学際的な協働は、世界を知るさまざまな方法と関わること、新しい知識を生み出すこと、利害関係者が研究から学んだ

成果や教訓を理解し、取り入れるのを促すことができる唯一無二になると期待されている。

　このような超学際的アプローチは、三つのアプローチのうちで、第2章で紹介した「困難な（hairy）」または「厄介な（wicked）」問題に対処を試みることができる唯一のものである。それはどんな問題か。この概念は、1967年にチャーチマン（C. West Churchman）によって初めて提唱されたものであり、完全に解決できた問題とできなかった問題を区別するというものである。シアン（Wei-Ning Xiang）が定義しているように（私信　2015）、「厄介な問題は、抑制したり克服したりすることはできるが、取り除くことはできず、多くの場合、違ったより厄介な形で再発する。一般的に人間の活動システム、特に社会生態学的システムにおける問題の多くは、ほとんどではないにせよ、厄介である」。このような厄介な問題は非常に多次元的であり、問題の要因となるさまざまなダイナミクスは非常に不安定であるため、恒久的な解決策は存在しない。このような問題は何度も繰り返し起こり、しばしば政治的意思決定者にとっての主要課題となる。

　超学際性と複雑適応系アプローチ、そして厄介な問題の関係については、第5章でさらに議論するが、ここでは超学際的研究をめぐるいくつかの難点についての議論に移りたい。

5 ｜ 超学際的科学の実践における障壁

　もつれたヒエラルキーを克服して、多くの学問分野の貢献を知的融合に導く難しさとは別に、超学際的（transdisciplinary）科学の実践には、他にも認知的なものから心理的なもの、組織的なものに及ぶ多くの障壁が存在する。認知的な領域においては、すでに七つあるいは八つ以上の情報源を同時に処理する、人間の脳の短期作動記憶の限界について言及した（Read & van der Leeuw 2008）。このことは、より高次元の課題に対処することを、不可能ではないにしても、困難にしている。さらに、われわれの理論は観測によって過小決定される（Atlan 1992）ため、課題に対するわれわれの反応は、通常、過去の経験によって過大（過剰）決定される。ここでのもう一つの問題は、カーネマン（Daniel Kahneman）、トベルスキー（Amos Tversky）やそのほかの研究をもとに、第9章で言及する類似性か非類似性のいず

れかへの、カテゴリー形成におけるバイアスである（Tversky 1977；Tversky & Gati 1978；Kahneman, Slovic & Tversky 1982）。心理学領域の問題には、例えば、選択の決定が主に感情的に、あるいは合理的になされるかをめぐる重要な議論がある（Elster 2010）。組織的な観点では、チームの構造、特にチームのネットワークの構造が垂直方向と水平方向の意思疎通（コミュニケーション）の経路に沿ってどの程度組織化されているか、およびその重複の度合いが重要な問題の一つである。これらはすべて、超学際的なチームの基調となるダイナミクスについてよりよく理解することを目指す、目下の重要な研究主題である（Stokols 2006；Gray 2008 を参照）。

　しかし、一般的にはあまり注目を集めていない問題もいくつか存在する。その内のいくつかについて簡単に指摘してから、真の超学際的研究の取り組みに必要ないくつかの資質と、それらを高等教育でどのように促進できるのかについて説明する。その際には、まず個人的課題から始め、次に組織的および管理運営的な課題へと進める。

　個人のレベルでは、少なくとも二つの大きな課題が存在する。第一に、効果的かつ効率的な超学際性の実践に必要なスキルを多くの科学者が身につけていないことである。教育がこの点を克服するのに役立つだろう（van der Leeuw et al. 2012；Wiek et al. 2014 他多数）。しかし、少なくとも同じくらい重要だが、あまり議論されることのない根本的な問題がある。それはアイデンティティの変更という課題である。

　科学者になるということは、時間とお金だけでなく、自分自身の人的資本に対する重要な出資でもある。短くても 10 年間、しかし多くの場合はもっと長い期間、科学者は特定の学問分野のツールを学習し、その分野を実践し、またはその分野において研究発表し、おおよそ自分の考えと多かれ少なかれ一致する学者たちのますます広い学界で知られるようになるために、自分自身に投資する。その過程において、もしその科学者が有能であれば、科学者のキャリアの要件を構成する、知識、理解力、技能やその他の才能によって、その学界の尊敬を得る。実質的に、このような努力が、その当事者に、当該分野とその学界に密接に関連付けられた科学分野でのアイデンティティを与えている。その科学者がキャリアや学問分野を変更しない限り、時が経つにつれて、その科学者だけでなく学界の目から見ても、そのアイデンティティはますます強くなるだろう。

相互学際的、多学際的、または超学際的研究への移行は、科学者に、新たなアイデンティティを、ゆっくりとしかし確実に担うために、既得のアイデンティティの一部を放棄させる。多くの人にとってこれがとても難しい。その理由は、別の大きな投資を必要とするからだけでなく、その新たなアイデンティティが確固たるものになるまで、活動のためのしっかりと固定された足場を失うからである。そのような状況において、多くの人は不安になる。新たなゲームの不文律を知らず、新たな志を同じくする知的コミュニティの一員にもなっておらず、ましてや当初訓練を積んだ学問分野で彼らが得ていた尊敬は言うまでもない。これに、分野間の認識論的な相違点の多くが実践者にとっては明確ではないという事実を加えると、それらの相違が学問分野の考え方の核心に深く埋もれており、明示的に認識されていないために、なぜ多くの人々が心の底からこの種の移行にそれほど熱心でないか容易に理解できるようになる。その移行に口先だけで賛同し、超学際的なチームの一員になることさえあるが、その活動の目標である知的融合を達成するのは難しいのである。

　ほぼ2世紀にわたって、公式および非公式の科学組織、規則、および制度が、そのような学問分野のコミュニティの強化と制約を発展させてきたという事実もこのような状況をむしろ助長している。これらは、学問分野それぞれにおいて「どの問いを投げかけることができて、どの問いが範囲外か」「何が科学的な実験と結果を報告する正しい形式か」「どれが有効な仮説、立証、あるいは証拠か」といったことから、「その学問分野において名声を得るには、どこで発表すべきか？」といったことまで、しばしばかなり厳格なルールを課している（例えば、Ingerson 1994 を参照）。

　われわれに直接関係があり、このような制約で最近まで学問分野を明確な枠の中に強く閉じ込めてきた一例が（マクロ）経済学である。ゴーディら（Gowdy et al. 2016, 325-328）は次のように表現している。

　　（前略）その認識された科学的基盤は、一般的に（進化論的アプローチにおける多様な行動の集団に対して）代表的な主体または平均的な行動、(イノベーション、驚き、および選択と淘汰のダイナミクスに対して）均衡および（主体間の非市場的な相互作用の社会的ネットワークを無視する）市場という狭い概念に焦点を当てている。経済学者の研究は、制度、規範、文化は経済分析の範囲外

にあるとの仮定に基づいて、静的に割り振られた枠組み（static allocation frame-work）における効率性に焦点を当てることが多い。20 世紀の半ばまでには、経済学の一般的な定義は、異なる目的に対して、希少資源を割り振る科学になった（Robbins 1935）。形成の問題（すなわち、制度、規範、文化がどのように発展し、割り振りのメカニズムがそれらにどのようにフィードバックするか）は、いくぶんかは検討されたが、それらは概して分析の中心ではなく周辺に位置付けられた。こうした周縁化は、壊滅的な金融危機の可能性を考慮することはおろか、ましてや予測することもできないなど、経済モデルの極めて重大な欠点をもたらした。（Colander et al. 2009）

　しかし、このような制約の影響は経済学に限ったことではない。経済学は極端な事例かもしれないが、同様の制約は、物理学、気候科学、生態学、社会学、人類学を含むほとんどの学問分野で、程度の差こそあれ、影響を与えてきた。実際に、こういった制約は、自分たちが関わる専門領域のまわりに知的制約を創り出すことで、学問分野ごとの科学界が足並みを揃えるのに役立ってきたし、また、ある意味、学問分野とそのアイデンティティの形成するツールなのである。
　第二次世界大戦以降、そして戦後の先進国における科学への投資と取り組みの急速かつ巨大な拡大の波の一部として、科学はほとんど何でもできるという確信とともに、この動態は、科学研究の実践だけでなく、研究資金、キャリアの構造、科学者自身の評価に関しても、ますます厳格で形式的なトップダウンの管理規定によって強化されてきた。これらは、研究活動の急速な拡大、ひいては研究コミュニティの規模の拡大によって必要とされたが、同時に、既存の学問分野の管理運営をさらに強化し、特に多くの大学において、また研究助成機関においても、科学の実践を根本的に変えた。
　構造の核として考えだされたのは「査読（peer review）」であり、これについては既に多くのことが書かれている。したがってここでは短い段落にとどめておく。この遍く導入されている制度は、一方では、資金助成を得るべきまたは公開されるべき科学研究の質と、キャリアのさまざまな段階にいる科学者の質と生産性を保証することを目的にしており、一般的に機能している。しかし、それはまた、多くの場合、議論される科学的トピックの範囲や提起される問い、および適用される手法を厳しく制限している。科学の主たる目的が学問分野内における質の維

持である限り、これらの制約は合理的であり、許容できるものであった。しかし、より広範なトピックと学問分野間の協働（相互学際的であれ、多学際的であれ、超学際的であれ）が発展する中で、そのような査読は、斬新なアイデアの発展を多少なりとも妨げてきた。

　これには世代間問題という一面もある。査読委員会に招かれる者は、一般的に高名な年配の科学者であり、科学的な革新と新規性の推進者である若い世代の科学文化には与していない。さらに、助成金の削減、増え続けるジャーナルと助成団体間の競争、同時に高まる透明性と責任を求める声が高まっていることも、このシステムに負荷を与えている。

　多くの助成機関にとっては、政治的な監視により助成できる科学の種類が制限されている。さらに、特に公的資金で研究に助成をする場合にはリスクを回避する傾向があり、したがって、少なくとも一定程度、成果が予想できる研究を好む傾向がある。学術ジャーナルの場合、論文のテーマ、形式、言語のすべてが編集方針によって狭められてきた一方で、長文の論文掲載が難しくなってしまった（これについては電子出版の台頭によって変わりつつある）。

　研究者や大学教員の質と生産性の評価する査読の役割から、超学際的研究に対する管理運営面の障壁の領域に話題を移そう。まず、持続可能性科学の著名な教授が自身の所属する研究機関についての発言から始めたい。研究を立ち上げ、それを組織する新たな方法を導入する計画を前にして、彼は「これをぜひやりたいが、できない。私の研究機関は完璧だから。」と答えた。もちろん、これは彼自身のビジョンではなく、彼が所属する研究機関が持つイメージを表現したのである。

　そのような研究機関の自己イメージは、規則や規制によって、そして若手教員や学生の質と業績の評価によって維持される。これらには、あらかじめ決められた基準（出版物の数、関係する学術ジャーナルの権威、コンペで外部調達した研究費の総額、特許、学生の評価による教育指導力など）に基づく評価が含まれる。このシステムの難点の一つは、基準があらかじめ決められているため、人々はますますその基準に焦点をあてて活動するようになり、研究の多様性が実質的に減少する可能性があるということである。これは、例えば、イギリスの研究評価事業（Research Assessment Exercise）における根深い問題の一つである（Strathern, 2003, 私信）。一旦このような動きが始まると、ますます多くの人々がそれに投資するようにな

り、その基準を変更することは非常に困難になる。

　もう一つの問題は、こうした評価が、3 年または 4 年が任期の比較的小規模な委員会によって行われることが多いことである。その規模ゆえに、せいぜい自らの関心事の、よくて周辺か、詳しい知識を全く持っていない領域またはアプローチについて判断を下すように求められる可能性が実質的にはある。さらに、そのような委員会の委員たち自身も、評価するコミュニティの一員であるため、それぞれの思惑がある。私は、このような委員会の委員を中傷するつもりは毛頭ないし、彼らは間違いなく誠実かつ真摯に決断を下しているのだが、彼らが活動する制度的背景は早急に見直す必要があると思う。現在の状況は、新しい研究分野やトピック、問い、手法の探求を妨げているだけでなく、いくつかの既存の学問分野に関しては研究の価値をも損ない始めている。

6 ｜ 超学際的研究のためのコンピテンシー

　アメリカ・アリゾナ州立大学（Arizona State University）のウィーク（Arnim Wiek）と共同研究者ら、そしてドイツ・ロイファナ大学（Leuphana University）のランゲ（Lange）と共同研究者らは、持続可能性の分野で超学際的な教育と研鑽の優れたアプローチを開発している一部の大学（オランダ・マーストリヒト大学［Maastricht University］、スウェーデン・ルンド大学［Lund University］、南アフリカ共和国・ステレンボッシュ大学［Stellenbosch University］、スペイン・カタルーニャ工科大学［Technical University of Catalonia］、東京大学）にいる数を増やしつつある有力な若手研究者に数えられる。ここでは、効果的で創造的な超学際的な取り組みに必要な資質についての、彼らの考えをいくつか紹介する。

　持続可能性の問題と課題には、他の分野で扱われている問題とは異なる明確な特徴があるため、持続可能性の問題を分析し解決するには、特定の相互連結し、相互依存するキー・コンピテンシー（key competencies：主要な行動特性）が必要となる。持続可能性の場合、これらの資質は実際には「現実世界の持続可能性の問題、課題、および機会について、（中略）作業成果と問題解決を成功に導くことができる、機能的に結びついている知識、技能、態度の複合体」である（Wiek & Redman 2011, 204）。実際には、これらのコンピテンシーを持つということは、そ

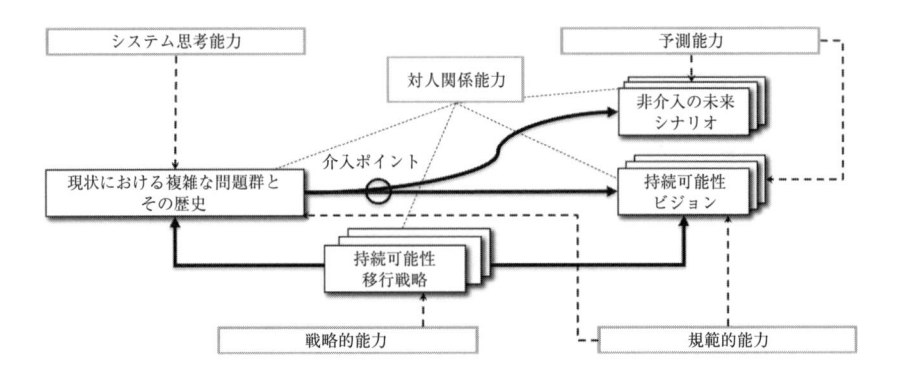

図 4.2　持続可能性研究と問題解決の枠組みに関連する、持続可能性の五つのキー・コンピテンシー（グレーの枠囲み）。破線の矢印は、研究および問題解決の枠組みの一つまたは複数の構成要素に対する個々のコンピテンシーの関連性を示す（例えば、規範コンピテンシーは、現状の持続可能性評価および持続可能性ビジョンの作成に関連する）。

（出典：Wiek & Redman 2011, 206 より、Springer の許可を得て転載。）

の人が「経済的、環境的、社会的行動における変化を、必ずしも既存の問題に対する単なる反応ではなく、実行に移すことができる」ことを意味する（de Haan 2006, 22）。

　ウィークら（Wiek et al. 2011, 205）は次の五つの異なるコンピテンシーを挙げている（図 4.2）。（1）システム思考コンピテンシー、（2）予測コンピテンシー、（3）規範コンピテンシー、（4）戦略コンピテンシー、および（5）対人コンピテンシー、である。これらにより、統合された（超学際的な）研究と問題解決の枠組みを発展させることができると考えられている。同論文から抜粋した以下の例は、これらのコンピテンシーがどのように相互作用して、現実世界における成果を生み出すことができるかを示している。

　　持続可能な活動の最終目標は持続可能な都市開発のための戦略の開発、検証であると仮定する。これには、十分な根拠のある戦略コンピテンシーが求められる。これらの戦略は、都市の社会・生態系を持続不可能な軌道から持続可能な未来の状態へと方向転換することを意図している。この目的のために、都市の現状、過去の開発、同様に将来の軌道を体系的に分析し、システムにおいて鍵になる梃子の支点あるいは介入のポイントを特定する。これにはシ

ステム思考コンピテンシーが必要であり、これらのポイントは、（重要な軌
道を特定し、トレードオフを検討するための）持続可能性の基準に照らして評
価されるが、そのためには規範コンピテンシーを必要とする。新たな知識と
学習に基づいて、その戦略は、都市の経路依存的な将来の軌道を持続可能な
未来のビジョンに方向転換するために、継続的に適応されるものとして概念
化されるが、そのためには予測コンピテンシーを必要とする。科学者、政策
立案者、管理者、計画立案者、市民を含む一連の都市の利害関係者間の協働
には、システムの複雑さを理解すること、将来の選択肢を模索すること、持
続可能性のビジョンを作成すること、そして科学的に信頼でき、共有の当事
者意識を醸成し、行動を促すような方法で強固な戦略を策定することが不可
欠である。そのすべてに、強力な対人コンピテンシーを必要とする。（Wiek
et al. 2011, 205-206）

　ここでは、各著者が、既存の文献の幅広い調査をもとに、それぞれのコンピテ
ンシーをどのように正当化しているのかを詳細に掘り下げる場ではない。本書の
目的としては、上述の説明で十分であり、関心のある読者は当該論文で詳細を確
認することができる。しかし、これまで十分に注目されてこなかった、超学際的
な研究と問題解決を達成するための、もう一つの重要な側面がある。それは、ど
のようにこれらの技能を育成し、世界中の持続可能性の課題に対処するための十
分な能力を構築するかということである。
　この目的のために、ヨーロッパの大学（特にマーストリヒト大学とデンマーク・
オールボー大学［Aalborg University］）で、医学と持続可能性科学において行われた
取り組みに基づいて、われわれアリゾナ州立大学では、そのようなコンピテンシー
を現実世界の状況で実施するために、具体的にはビジネス界や政府、NGO など
が直面する課題に対処するという形で、問題解決型学習と課題解決型学習（prob-
lem- and project-based learning : PPBL）を導入した（Brundiers, Wiek & Kay 2013）。この
アプローチの主たる特徴は、現実世界の問題に焦点を当て、利害関係者の参加も
伴う、学生中心の、自主的で協調的な学習を促進する点にある。異なる学問分野
の経歴を持つ学生の集団が、他の組織が明らかにした問題に直面するということ
である。そこで、学生たちはその問題を解きほぐし、その側面と要素を分析し、
利害関係者とグループの中でコミュニケーションを図り、上述の五つの各コンピ

テンシーを実践しながら、最終的には実施可能な解決策を見つけようとする。その過程で、大学の教員は助言と助力を行うが、作業の指揮と実行は学生が行なう。したがって、PPBL では、学習経験と戦略を振り返り、深めることを後押しする一方で、学生が積極的に自己の責任で知識、技能、姿勢を身につけることを求める。さらに、その成果には、認知的、手続き的、および感情的な知識領域に関与することによる、豊かな学習経験だけでなく、政策に関連する報告書、介入のマニュアル、および助成団体に提出するプロジェクト提案書の作成も含まれる（Brundiers, Wiek & Kay 2013）。

このような方法で、学生たちは批判的思考（critical thinking）が必要であるという事実にも直面する。もっと厳密に言えば、持続可能性の考え方が依拠する、広く認められたゆるぎない事実が存在するが、それらの事実の複雑な結びつきは常に特定の見方の一部であり、そこには常に他の見方があるという事実に直面することになる。一旦それを理解すると、学生たちは研究者によってなされるどのように選択にも常に代替案があることに気づくだろう。そのような代替案は、責任ある決定をするために、意図する結果と意図しない結果という視点から、相互に評価されなければならない。

そのようなアプローチが広く教授され実践されることで、科学界は踏み込んだ緊急措置、また私の意見では、超学際性から無学際性（nondisciplinary）、あるいは非学際的な（undisciplined）研究へと向かう、間違いなく重要な一歩を示すことができると期待している。そのような研究は、われわれの社会が直面する根本的な問題に関連する、学術的、応用的、非学術的なあらゆる領域の知識と技能を集約し、例えば厄介な問いに対する回答や深刻な問題の解決策をクラウドソーシングする（crowdsourcing）ことによって、利用可能なすべての人材を動員する。

こういった研究に最適な人材が、相応の給与で、ビジネス界に採用され、無学際性の（nondisciplinarity）実践が日々なされる上級管理職に就くことができればさらに望ましい。経済、金融、技術、法律、貿易、市場、産業、政府において、環境、人材、戦略、長期か短期かといった問題は、上級管理職が常に扱う事柄の一部である。そして、上級管理職がこれらのさまざまな側面を完全に調和させることができれば、ビジネスは長期的な成功を収めることができる。

第5章　長期的な視点の重要性

1 はるか過去を振り返る

　持続可能性のための科学における研究の多くは、50 年、100 年、あるいは 200 年といった、人類の歴史の中で比較的短い期間に焦点を当てている。それは一方では、この期間に、地球と地球上のあらゆるものが人為的で劇的な変化を遂げたため、それ以前の時代の状況とは一見無関係に見えるほど異なっているという点が理由とされる。また一方では、100 年、200 年以上前のことは、気候や海洋の循環など自然のダイナミクスに関する定量的なデータが十分でないため、定量化が進む現代科学においては、それ以前のことはあまり意味がない（考慮の対象にならない）ということもよく言われる理由である。

　しかし、過去になされた選択は、現在のダイナミクスの初期条件となる。人類はこの地球上に誕生して以来、狩猟民であれ、農耕民であれ、牧畜民、あるいは都市住民であれ、自然や社会の秩序を変え、再構築する活動を絶えず行ってきた。このプロセスの一部は、非常に長い時間をかけて生み出された人間と自然の間のダイナミクスの根本的な変化である（van der Leeuw 2007；本書第 8 章と第 10 章も参照のこと）。

　完新世（Holocene）の初め（紀元前 1 万年）、フランス・ローヌ渓谷（Rhône Valley）で見られるように、気候と人間が同じ方向に変化を求めた場合 ── 新石器時代も同様であるが ── にのみ、陸上環境に目に見える変化が生じることが分かっている（van der Leeuw 1998b；Berger, Nuninger & van der Leeuw 2007）。一方、現在では、社会環境システム全体が徹底的に統合され（'hyper-coherent'：「ハイパーコヒーレント」）、気候または人為的影響のどちらかのわずかな変化でも、それによって陸上生態系がバランスを崩す可能性がある。例えば、16 世紀から 19 世紀にかけての小氷期は、1650 年頃、1770 年頃と 1850 年の 3 回、特に寒い時期があり、その間にわずかに暖かくなる時期があった。これは、火山噴火によって大気中に大量のガスや塵の塊が放出され、地球に届く太陽放射の量が一時的に減少したためと考えられている。このような地球の相対的な冷却の影響は、多くの経済・社会指標で顕著に現れている（Le Roy Ladurie 1967；Behringer 1999；Cullen（2010））。

　同様の長期的な変化は、人間活動の空間的なパターン形成にも顕著に見られる。例えば、新石器時代（紀元前 1 万年頃）には、フランス・アルピーユ（Alpilles）地

方の集落の位置は環境に大きく依存していたが、時間の経過ともに、人間のコミュニケーションと情報処理の空間的側面が支配的になり始め、集落パターンはかなり大きく変化した。このことは、ヨーロッパの鉄器時代（紀元前 600 年頃）の集落パターンにはっきりと表れている。この時代には、農業と牧畜を基盤とした丘の上の伝統的な集落を補完するために、主として交易を基盤とする新しい集落が川沿いや川の横断地点に出現していたのである（Gazenbeek 1995）。

　現在、人間が自然に適応することは少なくなり、人間が生態系のダイナミクスをコントロールしている。つまり人間が自身の行為と自然環境の進化に責任を持つという共生関係が今やあちこちでみられるようになった。このように形成される景観（landscape）は「撹乱依存型（disturbance dependent）」になり、狭い範囲の状態を維持するために人間のコントロールに依存するようになったのである（Naveh & Lieberman 1984）。

　しかし、重要なのは、過去のダイナミクスの結果が現在も多くの場所で影響を及ぼしていることであり、それらを研究の対象に含める必要があるということである。ヘグモンら（Nelson & Hegmon 2001）は、例えば、アメリカ南西部のある地域で初期に行なわれた先住民の農業が、計画的に肥料を与えて黒土を作り、景観のパッチ（patch）を一変させたことを明らかにしている。何世紀も経った今日でも、これらの耕地は目に見える形で残っており、周辺の地域よりも農業に適した環境となっている。しかし、世界の多くの地域ではその逆もあり、例えば、中国北部の黄土では、現在、著しい浸食が見られる。

　要約すると、われわれが扱っているような複雑な現象は、数秒、数分から季節、数年、数十年、数世紀、数千年に至るまで、そして数ミクロンから数千マイルまで、非常に多くの異なる、そして相互作用する時間的リズムと空間的スケールで同時に作用していることを決して忘れてはならない（Allen & Starr 1982 ; Allen & Hoekstra 1992 ; Steffen, Sanderson & Tyson 2005 を参照）。しかし、ほとんどの研究は、基本的に非常に限られた数の相互作用するスケール、多くの場合、三つ（マクロ、メソ、ミクロ）のみを対象としている。そのため、関連するダイナミクスのほとんどは、我々の調査の範囲外となっている。さらに、スカラーレベルの選択は、進行中のプロセスの観点からはしばしば恣意的であったが、データや分析ツールの利用可能性によって決定され、研究の成果、ひいては社会環境ダイナミクスの理解に偏りが生じていた。

北極氷河のコアリング、加速器質量分析法による放射性炭素年代測定、洞窟生成物の同位体分析などの新しい技術によって、数万年前の気候や環境条件のより精密な測定が可能になり始めるなかで、短期的なダイナミクスを重視することの四つの大きな欠点が浮かび上がってきている。

2 ｜ スローダイナミクスの重要性

　過去数世紀に焦点を当ててしまうと、より短期的なプロセスの持つ重要な制約要因、あるいは推進要因となりうる非常にゆっくりとしたダイナミクスを見落としてしまうことがある。その一例が、ギリシャ北部のエピルス（Epirus）のような、数千年にわたる小さな地殻変動の蓄積が景観を形成する場合である。われわれは皆、大地震は認識しているが、地震が発生するエピルスのような地域では、毎年何千回もの微振動が発生しているという事実には注意を払わないことが多い。景観を形成しているのは、大きな稀に起こる地震よりも、このような小さな揺れの数千年にわたる累積的な影響の方かもしれないし、その結果、その環境下においての、あるいはその環境に対しての人間の行動を制約する。しかし、数年、数十年、あるいは 1 世紀、2 世紀という単位での影響を考えた場合、それは大きな力として認識されることはない。

　同様の長期的ダイナミクスは、河口の景観を含む河川の流路にも影響を与えている。年単位、10 年単位、あるいは 100 年単位ではほとんど気づかない、もう一つの数千年単位の現象は、海面の上昇や下降である。これは、沿岸地域、例えば、オランダ西部、北イタリア、アメリカのルイジアナ州、バングラデシュの大部分、河川デルタ地帯や、太平洋の多くの海抜の低い島々、に対して、甚大な影響を及ぼしている（いた）。

　しかし、千年単位の影響は自然環境だけにとどまらない。人間社会が長期的な進化を遂げるのは、環境の外生的変化と、社会そのものに内在する内生的変化のためである。科学者は、例えば技術や都市化など、過去数世紀に起こった大きな変化は見慣れている。しかし、システム的な観点から見れば、それ以前の時代にも、はるかに緩やかではあるが基本的に同じようなダイナミクスによって生み出された変化が見られる。共和制ローマ及びローマ帝国はその始まりから終わりま

で 1200 年以上をかけて、中華帝国はさらに長い年月をかけて発展してきた。そのような長い期間の中で、社会のダイナミクスは拡大から縮小、分裂から再構成、そして別の種類の組織に基づく新たな拡大へと、ゆっくり、しかし確実に変化していったのである。このことは、ガンダーソンとホリング（Lance Gunderson & C. S. Holling 2002）やレジリエンスの研究者が提唱しているアプローチの観点から考えることは有益である。彼らは、あらゆる社会環境システムを、ダイナミックな制度の入れ子構造として捉えている。彼らは、これらの制度のそれぞれが受けるダイナミクスは、潜在力と連結性によって制約されると考えている。この議論における潜在力とは、組織の範囲とエネルギーの流れを拡大することによって、システムがその構造を維持したままさらに拡大できる程度を意味している。また、連結性とは、ここで提案するフレームワークでは、情報の流れを構成する人、外部プロセス、ネットワーク、リソースの連携の度合を表している。

　レジリエンスの研究者は、さまざまなダイナミックなシステムが環境との関係の中でどのように変化するのか、その遷移に焦点を当ててきた。歴史は繰り返すと主張するつもりは毛頭ないが、最も抽象的なレベルでは、潜在力（＝エネルギー）と連結性（＝情報）の相互作用が、どのようなシステムも通過させる四つの段階を想定している。比喩として、彼らはこれらの段階を、システムが循環する四つの段階を組み合わせたレムニスケート（lemniscate：連珠系）[*1] として表現している。この比喩は実に便利な思考ツールであるため（図 5.1 参照）、あまりに単純化しすぎていることは十分承知しているのだが、ここで簡単に述べておきたい。

　四つの段階のうち、最初の段階である「開発」は、コミュニティが特定の組織形態に基づいて成長することを指し、この組織形態は、より一貫した制度組織と引き換えに、エネルギーの流れの増加を可能にし、時間とともに環境への影響を増大させる。資源が豊富であればあるほど、個人は自分の置かれた状況から何かを生み出す機会を得ることになり、トンプソン（Michael Thompson）らによれば、個人主義の文化が形成される（Thompson, Ellis & Wildavsky 1990）。共和制ローマの成長期（紀元前 200 年頃まで）と 1400 年から 1800 年のヨーロッパの成長期は、ある程度、このダイナミズムの例ということができるだろう。

　この段階の重要な点は、システムが構造革新や制度的変化を抑制することである。ここで支配的な構造があまりにも効果的である（後にそう思われた）ために、革新する必要がないと思われることである。どんな制度も限られた資源の利用に

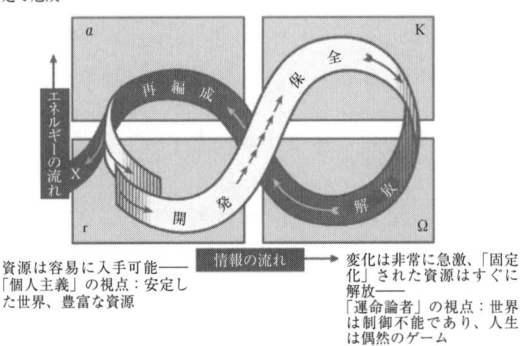

システムの境界はあいまい、イノベーションは可能――「平等主義」の視点は変わりやすく、再編の状況は不安定で危険

システムの変化は緩慢、資源は「固定化」――「階層主義」の視点：限られた資源、規制と管理の賦課

資源は容易に入手可能――「個人主義」の視点：安定した世界、豊富な資源

情報の流れ

変化は非常に急激、「固定化」された資源はすぐに解放――「運命論者」の視点：世界は制御不能であり、人生は偶然のゲーム

図5.1　レジリエンス・サイクルの模式図。レジリエンス・サイクルの模式図。赤い文字はシステムの生態学的要素の状態を表し（Holling 1973；1976；1986より）、青い文字は社会の支配的な視点を表す（Thompson, Ellis & Wildavsky 1990 より）。エネルギーと情報の流れという観点は私の解釈である。
（出典：ファン・デル・レーウ）

基づいているため、最終的には成長曲線が横ばいとなり、制度の有効性と成長性が低下するのである。

　次が「保全」の段階である。この段階では、拡大を続けることに限界が見え始め、資源をめぐる紛争に対処する必要が生じた結果、コミュニティはより規制され階層化することによって自己防衛するようになる（Thompson et al. 1990）。物事を達成するためのボトムアップの権力は、やがて人の行動を制御するためのトップダウンの権力（Foucault 1977 を参照）に取って代わられる。このことは、紀元後のローマに見られ、1600 年以降の近代ヨーロッパの政治史に始まり、1800 年頃に頂点に達した。特定の組織形態の限界が明らかになるにつれて、システム内の各要素は変化を企てるようになる。しかし、一般に、根本的な変化は起こらない。なぜなら、システム全体としては、依然として既存のダイナミクスに整合しているからである。

　次の段階である「解放」では、システムがティッピング・ポイント（tipping point）**2 に達し、既存構造のさらなる成長の可能性が崩壊し、イノベーション

が解放される。その結果、制度的な構造が完全に欠如した、真のカオスとなる。そこではシステムがさまざまに変容する可能性がありながら、そのどれもが方向性を示すのに十分なほど明確には姿を現さない。われわれが危機とみなしているのはこの段階である。既存の構造が崩壊することで、人々はその構造に対して不満を抱き、無理解になる。トンプソンらの *Cultural Theory*（Thompson et al. 1990）の観点で言えば、これは宿命論につながるのである。こうした崩壊は、実際に、ローマ帝国の終焉後、600 年から 1000 年の間にヨーロッパで見られた。そしてレジリエンスの研究者が区分する第四の段階は「再編成」である。これは非常にローカルな規模でさまざまな組織形態を試す段階である（Thompson et al. 1990）。この試みがいくつか成功すると、ボトムアップ型の新しい形態の制度的組織がゆっくりと、しかし、とめどなく成長していき、より多くの人々が連携していく。最終的に主流となる組織の輪郭が明らかになるにつれて、制度自体の可能性が高まり、強化され、安定化する。

　特にこの軌道の初期には、人々は地元の支援を求め、小規模で平等主義的なグループを形成する。時間の経過とともに、これらのグループは他のグループと連携して、その構造を大きくしたり、また、異なる世界観に根ざし、環境から異なる資源を抽出する新しい段階の「開発」の基礎を形成したりすることができるようになる。

　ここでは、長期的なコミュニティ進化の変遷を極めて図式的に表現した。これでは、特定の事例に適用するには詳細が不十分であることは明らかだが、現在を理解しようとするならば、非常に長期的な視点に立って考える必要があることを強調している。このような実例として、ギリシャのエピルス地方の過去数世紀にわたる歴史に関する ARCHAEOMEDES チームの研究（van der Leeuw 1998b, 2000a, 2012, 2016；van der Leeuw & Green 2004）があるが、他にも事例は多く、世界中で研究されている（www.resalliance.org/および www.stockholmresilience.org/を参照）[*1]。

3 ｜ 地球の健康状態を知る必要性

　短期的なダイナミクスに注目することのもう一つの問題は、1 世紀や 2 世紀を振り返るだけでは、地球の社会・自然システムの潜在的な状態に関する洞察が大

きな人為的影響を受けたものに限定されてしまい、それ以前の、あるいは人間の影響をほとんど受けていないシステムの状態が考慮されないことである。それはあたかも、重症の患者を診る医者が、健康な人がどのような状態なのかを知らずに診るようなものである。では、その患者、つまり地球にとって持続可能な未来とはどのようなものなのだろうか。

この 300 年ほどの間に、地球は人為的行為によって徹底的に変貌してしまった。例えば、2000 年前に生きていた人は現在の地球を認識できないだろう。しかし、2000 年前の地球システムの状態は、現在を形成している初期条件の蓄積の一段階である。われわれが現在起こっていることを十分理解するためには、このような過去の社会と環境間のダイナミクスを知り、理解することが必要である。なぜなら、このような過去のダイナミクスを知ることで、われわれは、現在ではもはや観測することができない地球システムのさまざまな状態にまで視野を広げることができ、その結果、その変化を引き起こしたダイナミクスに対する視点を変えることができるからである。

例えば、現在西側社会で主流となっている産業パラダイムが、農業システムをより広範な生態系から徐々に、しかし確実に切り離すこと —— 作物に栄養を与える、害虫に対処するといった生態学的プロセスを人工肥料や農薬に置き換える、いわゆる農業の工業化 —— によって、農業をどのように変化させたかを評価するためには、産業革命以前の社会生態学的相互作用の状態をよく知る必要がある。そして、そのプロセスは、農業の現場で起きていたことだけでなく、機械化や近代的なマーケティング、交通輸送、その他の社会的側面の出現にも関係していたのである。

4 二次的変化の重要性

短期的な視点だけでは、社会環境システムにおける二次的な変化、つまり変化の起こり方と変化を推し進めるダイナミクスの変化を無視することになる。この点は非常に重要であるにもかかわらず、ほとんど議論されず、考慮されることもない。長期間にわたって、推進要因が互いに影響し合うことで、変化のプロセス自体が変化することが非常に多い。このような二次的変化（変化の変化）は、特

定のダイナミクスの単純な加速や、一つ以上の新しいフィードバックループの出現に関係することもあるが、より重大な結果をもたらすこともある。例えば、いくつかの項目で地球の限界（planetary boundaries）を超えることが地球システム全体のダイナミクスを大きく変化させてしまう恐れがある（Rockström et al. 2009b）ように、同時発生した推進要因が一緒になってシステムのダイナミクスを全く異なる状態へと導く。第 3 章で取り上げた社会文化分野の例では、14 世紀に流行した黒死病が、人々が生きていた世界に対する知的観念の変容を引き起こした。それは、「二元論の高い壁（great wall of dualism）」へ至り、最終的には過去六世紀にわたる自然科学と生命科学の圧倒的な発展を可能にし、促進した（Evernden 1992）。

　通常、このような二次的変化はより長い期間にわたって起こるものであり、一次的なダイナミクスを長期的な視点で詳細に研究することによってしか見分けることができない。それは難しいことかもしれないが、だからといって躊躇してはいけない。二次的変化を理解することは、社会とその環境の軌跡を理解するための基本である。なぜなら、二次的変化は、しばしば社会の分岐点を反映するからである。

　バートンら（Barton et al. 2015）は興味深い研究を行った。北米におけるトウモロコシ生産と都市化のダイナミクスの構造変化を、先植民地時代（1550 年頃まで）から植民地時代（1550 年頃〜1850 年頃）、工業化時代（1850 年頃〜2000 年頃）を経て現在に至るまで、未来への外挿を交えてマッピングしたのである。

　その過程で、特にアメリカにおける都市人口の急増は、制度的、技術的、法的、健康、観念の変化を伴う農業システムの変化を必要とし、また、農業システムの変化によって可能になったことがわかる。この研究で強調しているのは、ほぼ五世紀にわたる全期間を通じて、フィードバックループがどのように進化してきたかということであり、その三つのレジーム内のダイナミクスだけでなく、レジーム間の二次的変化もマッピングしている。

　これらとその結果の経路依存性を説明するには、食料生産と都市化の間に最初のフィードバックループが確立された植民地時代以前にまで遡る必要がある。こうして特定の段階における圧力と制約を見ることによってのみ、次の段階の出現を理解することができるのである。先植民地時代から植民地時代への移行期にみられる現象としては、例えば、アシエンダ制度（hacienda system）の確立と、それ

に伴う変化によって、トウモロコシが換金作物として商品化され、取引量が増加したことがある。これは、先住民の人口（と彼らがもっていたノウハウ）が減少し、代わりにスペインの技術が導入され、先住民が見下され、彼らの健康が損なわれるというプロセスの一部である。

　次の段階は、北アメリカの工業化である。エヒード制度（*ejido*system）がアシエンダに取って代わり、農業の規模が機械化の進展もあって大幅に拡大した。在来知（local knowledge）は無視されるようになった。トウモロコシが世界共通の主食となり、健康問題は増えたが、（主に北アメリカの）都市で増大する人口を養うことが可能になった。その結果、都市に食物を供給する地方に住む人々よりも、多くの人が都市に住みだした。そして国際貿易と長距離交易（およびそれに伴う国家間の政治的・経済的依存関係）が出現し、発展していく。

　もちろん、基本的に似たようなプロセスは、複雑な社会が出現し崩壊するという多くの事例 —— 中国、メソポタミア、エジプト、メソアメリカなど —— の本質である。制度や制度間の関係は異なるが、根底にあるダイナミクスがシステムを複雑化させ、やがて崩壊へと向かわせる点では同じである。第 10 章では、このようなダイナミクスの歴史的事例を、より詳細に紹介する。本書の最後で示すように、同様の二次的ダイナミクスは、もちろん、現在にも関連している。

5 ｜ 意図せぬ結果の蓄積

　短期的なアプローチでは、たとえ 1 世紀や 2 世紀を含むものであったとしても、長期的な意図的ではない人間の行動がもたらした結果をうやむやにしてしまう。このような意図せざる結果の重要性については第 16 章から第 18 章で広く扱うが、ここでも簡単に説明しておこう。このような意図せざる結果は、われわれ人間が環境に対してごく一部の認識しか持っておらず、そのため、その行動の影響について偏った限定的な知識に基づいて行動していることが原因である。このような行動は、われわれが認識している以上に、環境の多くの側面に影響を与えている。このような意図しない、あるいは予期しない結果は、ずっと後になって始めて明らかになるものもある。例えば、ヘンリー・フォード（Henry Ford）が手ごろな価格の自動車を連続的に生産する方法を発明したとき、彼は、10 億台以

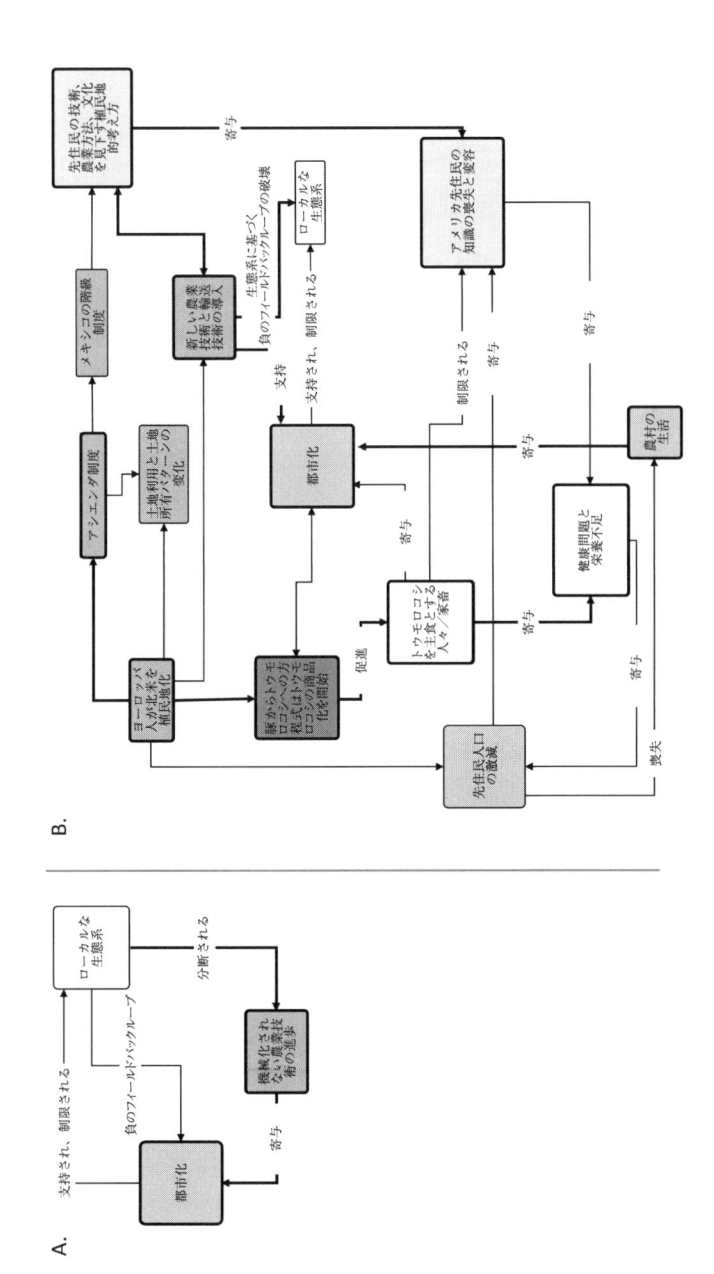

図 5.2a　先植民地時代のメキシコにおける食糧生産と都市化の関係。太い線は、その後に変容するフィードバックループを示している。
図 5.2b　植民地時代の北アメリカ（メキシコ）における食糧生産と都市化の関係。太い線は、先植民地時代に生じ、その後変容したフィードバックループを示している。（図 5.2a, b ともにバートンら [Barton et al. 2015] より、許可を得て掲載。）

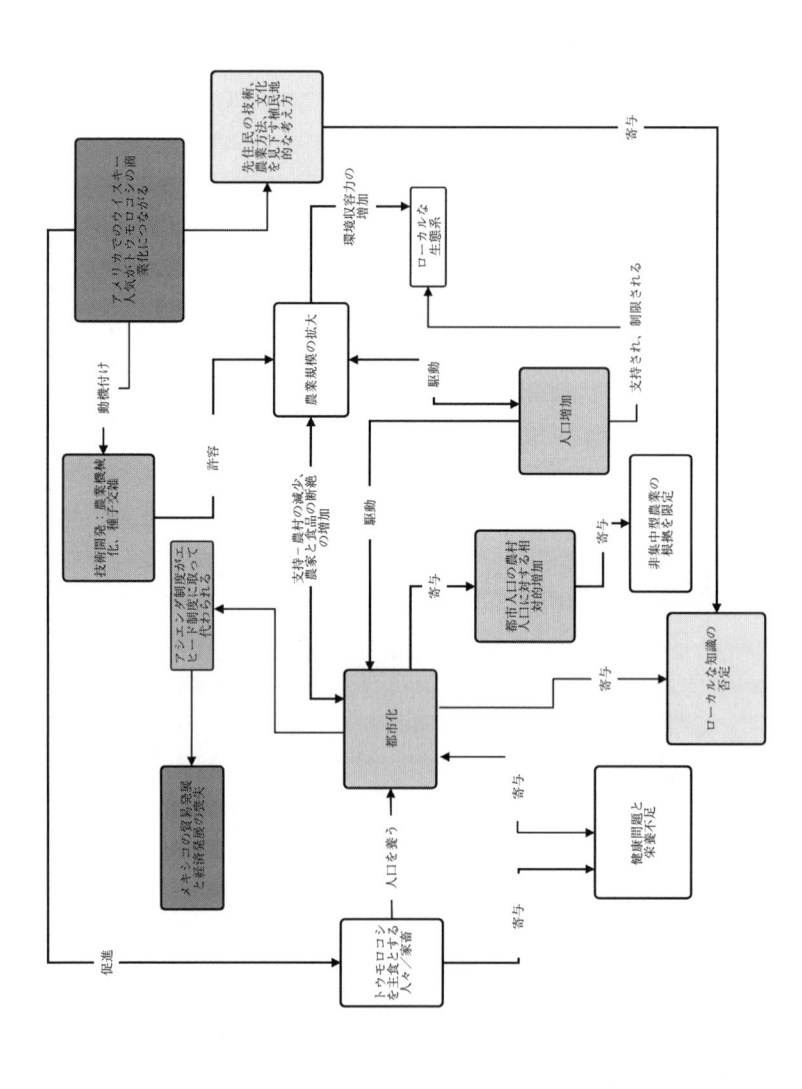

図5.3 北アメリカの産業化の影響をうけたメキシコにおける食糧生産と都市化の関係。太い線は、植民地時代に生じ、その後変容したフィードバックループを示している。(Barton et al. 2015 より、許可を得て掲載。)

上の自動車が世界中を走り回り、それが二酸化炭素 CO_2 や二酸化窒素 NO_2、そして他の温室効果ガスによる大気汚染の主要な原因となること、また、アメリカ西部のフェニックス（Phoenix）やラスベガス（Las Vegas）など、自動車やその他のモーター駆動の交通手段なしでは機能しない「新しい」都市の出現につながること、といった環境的、社会的影響には気づいていなかった。私は本書を通じて、社会の決定が意図しない結果をもたらすことに目を向けてこなかったことが、人類の歴史における危機の大きな原因であり、われわれが直面している危機の主たる原因であると主張している。このような意図しない結果の中には、その引き金となった出来事やプロセスの数世紀後、あるいは数千年後に現れるものもある。しかし、システムの長期的なダイナミクスを完全に理解するためには、このような意図せぬ結果を考慮することが不可欠である。調査を 1 世紀や 2 世紀に限定しても、せいぜい長期的なダイナミクスの一部しか捉えられないだろう。

6 ｜ 本章のまとめ

　地質学、考古学、歴史学は、現在より一貫的な長期的視点を開発するためのデータと情報を提供できるようになった。この長期的視点が、開発、保全、解放、再編成の四つの区分のいくつかの限界に打ち勝つことを可能にしている（例えば、Berger, Nuninger & van der Leeuw 2007）。これらの学問分野が提供する情報は、小規模な変化を扱うには断片的であったり、部分的であったりすることが多いが、現在の成り立ちを大まかに見るには十分詳しい長期的変容に関する洞察を提供することができる（van der Leeuw 1998 ; 2007）。したがって、このような長期的な骨格をもった視点と、最近の過去と現在に焦点を当てた研究から得られる短期的でより詳細な視点を組み合わせることで、骨に肉を付けるように、社会環境のダイナミクスをより正確に理解することができる。そうすれば、例えば、経路依存性のマッピングや、二つか三つ以上の時空間スケールを考慮に入れたりすることができるようになる。そして、これらすべてが、われわれが今日直面している課題を総合的に理解するために必要なことなのである。

原著注

＊1　ここで挙げた例やレジリエンス・アライアンス（Resilience Alliance）が提示した他の多く
の例は、社会が重要な推進力となっている比較的短期のダイナミクスのものであるが、こ
の考えはより長い時間性を持つダイナミクスにも有効である。例えば、チュー（Sing Chew）
は、森林や土壌の健全性と気候を組み込んで、より広範囲で超長期の「複数の悪い事が同
時に起こり破滅的な事態に至るパーフェクトストーム」型の循環を作る、発展的循環の長
いスケールを用いている（Chew 2007）。

訳者注

＊＊1　極座標の方程式を表す曲線の1つ。「連珠形」や数学者ヤコブ・ベルヌーイのレムニス
ケートとも呼ばれる（横倒しにした）8の字状の曲線。

＊＊2　ティッピング・ポイント（tipping point）とは、あるシステムや環境が特定の条件や要
因に達すると、それまでの状態から急激かつ不可逆的に変化する点のこと。分岐点や転
換点とも呼ばれる。

第6章　未来への展望

1 | はじめに

　持続可能性を実現するためには、過去と現在に至る過程を学ぶことは有益であるが、同時に未来そのものを見つめるためのツールを開発することも必要である。しかしこれにはまた別の、まったく異なる課題がある。

　第3章で述べたように、近代的な学術的な科学や学問の出現は、いかなる仮説も裏付けられねばならず、いかなる観測も正しいことを証明しなければならないという考えに基づいていて、現在もそれは変わっていない。そのため、現在と過去の関係において、科学的な視点は大きく偏ってしまっている。現在の観測につながると解釈できるような過去に対する視点を提供することにより、今日の現象を説明するようになっているからだ。このような過去に対する視点は、考古学的遺物、歴史的な文章、絶滅した動物の化石など、その過去に関わる記録によって得られるものである。しかし、当然ながら、それでは現在と未来の関係を精緻化することはできない。また、未来については何も記録が残るわけではないので、未来を展望しても、科学者としてのキャリアという意味では、あまり報われない。

　第1章で述べたように、未来を考えることは、たとえそのアプローチがどのようなものか現時点ではよくわからないとしても、一貫したアプローチとして発展させなければならないというのが本書の考え方の一つである。結局のところ、現在を過去に、過去を現在に関連付ける今日の科学的アプローチを開発するために、西洋科学は4世紀を要した。この過程の初期には、科学者たちは、自分たちの考えがどこに向かうのかよく分からないまま、あちこちをさまよっていたのだ。それは今日の、未来を見つめる科学者たちと同じである。したがって、私は未来を考えるための体系的かつ一貫したアプローチを開発できない理由はないと考える。さらに、この1世紀半ほどの間に、自然科学では多様な種類のプロセスに関する理論やモデルを開発し、その精度は非常に高く、さまざまなシステムの将来の挙動を（通常は短期的に）予測できるようになった。最近の例 —— 多くの人々にとってはかなり抽象的ではあるが —— としては、重力波の存在が証明されたことが挙げられる。このような例は多くある。例えば、物理学や力学の知識に基づいて、技術者はエンジンの性能、橋の強度、核爆弾の破壊力などを綿密に予測することができる。天文学者は、惑星や恒星の現在および将来の位置や多くの特徴

を予測することができる。医学では、新しいワクチンの有効性や、あらゆる種類の伝染病の流行過程、多くの病気の進行を予測することができる。これらすべての場合において、このような高い精度の予測は、関係するダイナミクスの（ほぼ）完全な理解に基づいている。

　科学の予測力には、宇宙物理学のような超長期（数十億年）に適用されるものもある。一方で、水爆の爆発を成功させる複雑な過程のように超短期（マイクロ秒）にも、光子と物質の相互作用のような超短時間（フェムト秒以下）にも、適用できる。このような予測が信頼できるかどうかは、当該の現象の複雑さに関係している。例えば、相転移や自己組織化（雪の結晶の出現は予測できるが、その構造は予測できない）のような複雑系や、第7章で扱うような物理学においては、予測はあまり効果的ではない。経済のような限られた領域であっても、科学的予測は現実よりも空想に近いことが多い。なぜなら、科学的予測は動的均衡モデル（dynamic equilibrium model）に基づいており、現状が変化する可能性はあるが、変化するとしてもそれは漸進的にしか変化しないと想定しているからである。

　人間の個人、社会、環境に関する非常に複雑な問題は、一般的に、上述のものよりも多くの次元とパラメータを含んでおり、これらの領域における説明はもちろん、予測となると非常に困難である。しかし、世界が現在経験している加速度を考慮すると、社会環境問題と社会で展開するダイナミクスに関して、われわれは、過去から現在を、そして未来のために学ぶという周到な戦略の策定を、もはや遅らせることはできない（Dearing et al. 2010；van der Leeuw et al. 2011；Costanza et al. 2012；van der Leeuw 2014）。では、われわれは、どうすればよいのだろうか。

2 ｜ 未来に対する過去の視点

　理解を求めて過去に目を向け、未来についての洞察を得たとしても、その結果得られた知識を最大限に活用したことはほとんどない。さまざまな（しばしば専門分野に依存した）原因と結果の連鎖を導き出し、それを（多かれ少なかれ直線的に）現在から未来へと直線的に外挿してきた。こうして未来は、過去と現在のさまざまな視点による不確実で部分的な外挿によってできており、これは、明らかに最適ではない。ひとつには、このアプローチでは、代替的な歴史的軌跡への扉

を開くことができない。さらに重要なのは、このアプローチでは、われわれの未来との関係を理解する役には立たないということだ。それは、過去と未来を、「異国の地」（Hartley 1953 を参照）としてみなしているのであって、現在とは異なる（時間的）方向への投影 —— われわれが社会生態学的な進化の過程を、自らの考えに従って、修正することができる点 —— として捉えていないのである。

このような状況から導き出される一つの結論は、われわれが構築する視点は総合的なものでなければならないということである。課題や研究テーマを個別の分野に分けるというような罠に陥ってはならない。このような総合的なアプローチを設計するためには、多次元的なパターンを同時に観測する方法を見つける必要があるが、これは従来の西洋科学があまり得意としてこなかった類の観測である。これはちょうど、ルービックキューブを解く難しさに似ている。ルービックキューブの場合、最初にある面を揃え、次に別の面を揃えて、その次、と「順番に」色を揃えていっても、各面が同一色になることはない。秩序に到達する唯一の方法は、いかなる時も特定の面を優先せず、すべての面を同時に見ることである。

3 過去と未来を理解するためのアナログ的アプローチと進化的アプローチ

デアリング（John Dearing）らとの共著論文（Dearing et al. 2010）において、私たちは過去と現在を関連づける二つの異なる方法を、アナログ的（類似的）アプローチと進化的アプローチに区別している。前者は、過去と現在を関係づけるために従来から用いられてきたものである（Meyer et al. 1998 ; Costanza et al. 2007）。過去と現在を異なるケーススタディとして比較し、現在をよりよく理解するのに役立ちそうな相違点や類似点を探す。具体的には、どのようにして過去が生じたのか、どのように過去が機能していたのか、過去のどこを観察すればわれわれの状況の教訓となるのか、その状況の好ましくない部分に対して何をすべきなのか、といったことである。

例えば、アシャン・レイゴニア（Christina Aschan-Leygonie）の研究（van der Leeuw & Aschan-Leygonie 2005）に基づく論文（van der Leeuw 2014）では、1860 年代と 1960 年代の南仏のコンタ・ヴネッサン（Comtat Venaissin）地域における二つの経済危

機を簡単に比較し、なぜ最初の危機はすぐに解決し、二番目の危機は解決しなかったのかを問うた。前者については危機が発生する前にすでに解決策の種が蒔かれており、危機が起こった際には直ちにそれを緊急かつ脅威と見なし、首尾一貫した行動がとられていた。一方、後者の危機はもっとゆっくりと進行したため、緊急とはみなされず、その地域はまったく新しい状況に適応せざるを得なく、最初の危機のときのような既存の危機対応策を用いることができなかった。その結果、第二の危機は長期化し、経済への影響が長引いた。

　このようにアナログ的にみることで、事例間の相違点や類似点について洞察を提供し、専門家たちに刺激を与えるが、特に過去 1 世紀ほどの間に、（多くの社会を含む）地球システムが経験した非常に急激な変化を考慮すると、本質的に、過去の事例は現在とは全く一致しない（Wescoat 1991；Meyer et al. 1998）。その結果、過去と現在の比較の多くは（全てではないにしても）、過去と現在の類似点を過度に強調し、相違点を過小評価して、潜在的な危険性を警告する「いかにも」なストーリーを生んできたのである。

　私の考えでは、システム的、進化的な観点から異なるケースを比較すること、そのような比較から、異なる条件下における地球システムの構造、ダイナミクス、進化に関する一般的な洞察を向上させることが、より生産的であるように思う。このようなアプローチを用いると、各事例研究は、あたかも過去の実験であるかのような役割を果たすだろう。つまり、新規性（新しい技術、新しいアイデア、新しい制度など）の出現に注目しながら、その軌跡の少なくとも一部を詳細に追跡すれば、異なる条件下におけるシステムの構成要素間の過去の動的相互作用の意図した（あるいは、意図しない）結果についての知識が得られるはずである。十分な数の事例が研究され、その文脈、境界条件、構造などが実際に観測されたダイナミクスに影響を与えるようになれば、この知識によってわれわれはシステムが受ける、より一般的な過程の相互作用のモデルの概要を描き始めることができるだろう。その好例が張ら（Zhang et al. 2007）の研究である。ここでは、経済の金融生産性を向上させるための措置（例えば、生産チェーンの合理化など）の積み重ねが、最終的には、そのチェーンにおける労働組織全体の根本的な変化の必要性に対する理解にどのようにつながるかを考察している。究極的には、このようなアプローチによって、想定される一般化された複雑系の振る舞いの体系的な評価を強化し、複雑系の将来的な状態についての洞察を深めるのに役立つと思われ

る（Hibbard et al. 2010）。

　また、説明を目的とするならば、生物学の進化論に目を向けることも有効である。生物学者は新しい種の出現を明確に予測することはできないが、ゲノム解析では、遺伝子改変の可能性とその影響を指摘することが可能であり、その結果、種の進化における可能性の高い未来と低い未来を区別することができる。このような過去の体系的な進化的視点は、現在が過去と連続的かつ強固に結びついたままであるという観点に主眼を置いている（Carpenter 2002）。しかし、このような観点の体系的性質ゆえに、これらの結びつきは、研究対象であるシステムの動的構造に重点が置かれているため、歴史学者が通常用いる結びつきとは異なる。歴史学者が扱うのは、ここで挙げた例よりも長い時間スケールで進行する過程であり、そこには、時間差、偶発性、創発的効果、そして現代および未来のシステムの機能にとって不可欠な遺産を含む。

　観察データ、記録データ、再構築データを統合することで、進化研究は、社会環境システムが活動する境界条件を継続的に修正している二次ダイナミクスを含む、現代のシステムダイナミクスのすべての要素を理解するために不可欠な、社会環境プロセスの発展的視点をもつことができる。このような長い時系列のデータと情報は、実世界のシステムにおける複雑なシステム挙動（例えば、代替定常状態、適応サイクル、偶発的で創発的な特性、フィードバック機構）を確認する唯一の方法かもしれない。そしてわれわれは、社会生態学系システムの管理に関連した以下のような基本的な問いを立てることができる。「どの生態系の過程や活動が明らかに安定していて回復力があるのか」「どれが有益な上昇傾向にあるのか」「どれが下降傾向にあるのか」「どの負荷の組み合わせが現在の環境悪化をもたらしたのか」「環境回復の目標を指し示すような撹乱前の特性は何か」。

　結局のところ、この進化アプローチは、地球上の人類とその社会の持続可能性に関して、現在われわれが直面している非アナログ的な状況に対処するのにより適している。

4 ｜ 事後の視点と事前の視点

　もちろん、未来を見通すことには、根本的に重要な認識論的問題がある。還元

主義的な科学が、現在観測されている現象の成り立ちを検証し、それらを限られた次元で —— 多くの場合、因果関係のナラティブや形式化という形で —— 行われ要約する事後的な視点を発展させてきた一方で、未来に対する視点を発展させたいとしても、当然ながらそれは不可能である。このような未来への視点は、可能性や確率の観点から定式化された新規性（新しいアイデア、技術、制度など）の出現の研究に焦点を当てた、事前の出発点から発展させなければならない。

　私は授業でこの特徴を説明するとき、学生たちには、初めて恋に落ちたときのことを思い出してもらうことにしている。恋に落ちたら、ほとんどの学生はこの恋がどのように発展していくかを考え（起こっていることについて事前の視点を開発している）、膨大な、そしてしばしば矛盾する、起こりうる未来を想像して、自分の気持ちをかき乱すのではないだろうか。しかし、数年後に（事後的な視点から）そのエピソードを振り返ってみると、その恋愛が成就したかどうかにかかわらず、そのエピソードに関する因果関係のナラティブは極めて限られたものになる。

　もちろん、これは他の出来事や状況にも起こることである。一般に、人間は未来については、たくさんの異なる未来を考えたり、思い浮かべたりするが、過去については一つか二つくらいしか思い浮かべない。また、人間は、可能性と確率、リスクと不確実性という観点から未来を考え、そこでは比較的多くの次元が含まれる。しかし、過去については、より少ない次元 —— 多くは一つか二つ —— で考え、原因と結果の連鎖に基づいたナラティブを構築する傾向がある。事前には何が起こるかを推測するが、事後には何が起こったかについて因果の連鎖を構築し、その時点での自分たちの状況の端緒を説明する。

　今のところ、このような事前の将来シナリオの相対的確率を評価する方法について、定まった考え方はない。しかし、フォンタナ（Walter Fontana 2012）のような科学者の研究のおかげで、われわれは目標に近づくためのロードマップを描き始めることができる。私も共同した白（Xuemei Bai）らの論文（Bai et al. 2015）では、現在に至る過去のダイナミクスの理解に適合する、現在から未来に至る可能性のある軌道をいくつか提示し、これらの未来のうちどれがもっともらしいかを問うことを提案している。これを判断するために、予測される未来のうち、実現や存続を期待することが現実的でないほど内的または外的な障害や矛盾、その他の課題にぶつかるのはどれかを分析する。要するに、持続不可能と思われるもの

を明確に避けようとしながら、内在するアフォーダンス（affordance）に目を向けるのである。ただし、このバランスを取ることは決して容易ではなく、常に不確実性と価値観の両方を伴うものであることを認識しなくてはならない。

次のステップでは、これらのうちどの未来が望ましいかを判断し、選択肢をさらに限定する。これは、われわれ自身と種にとってどのような未来があるのかという問いをめぐる、より広範な社会的・科学的な議論につながるはずである（Lévèque & van der Leeuw 2003 を参照）。この議論で必要とされるのは、関係する社会の基本的な価値観が明示されることと、それが選択された望ましい未来と結びつけられることである。このような議論によって、未来に向けた一連の具体的なシナリオに集中的に取り組めば、その未来を実現するために何をすべきかを問うことができるようになるのである。

このアプローチは意図的に解決策を重視したものであるが、現在の経路依存性を持続させるような即効性のある解決策を目指すものではない。なぜなら、人間のあらゆる行動やイノベーションが、意図しない、あるいは予期しない結果が、未来が存在論的に不確実であるほど、重要な役割を果たすというのが本書の核心的なテーゼだからである。本書の目的はむしろ、長期的に持続可能であり、もっともらしく、望ましいと思われる、既成概念にとらわれない可能性のある方法を見出すことなのである。

また別のアプローチとして、例えば西條辰義などが用いているものがある（Saijo et al. 2017）。可能な限り未来に自分を位置づけることによって望ましい未来を考察することから始め、その視点から望ましい未来の姿を生成し、次に、現在にバックキャスティング（back-casting）して、確度の高い軌道を採用することによって望ましい目標を達成しうるロードマップを設計するのである。これについては、後述のシナリオ構築の項でさらに詳しく説明する。

結局のところ、予測（フォアキャスティング：forecasting）とバックキャスティングという二つのアプローチをそれぞれ独自に開発し、その後に、それらの統合を図るような展開が続くのかもしれない。その際、エンジニアリングやビジネスなど、関連する分野で使われているアプローチが採用されるのだろう。

5 | モデリングの役割

　モデル（コンピュータやその他のモデル）は、思考と行動のための重要な全く新しいツールである（概念モデルについての読みやすい概説は、Apostel 1960 を参照）。モデルは、非常に複雑なダイナミクスを、事後的にも事前的にも考察できるような形で表現することができる。このようなツールは、現在、自然科学、生命科学、環境科学、経済科学などの幅広い分野で、一般的に使用されており、また、学術界だけでなくすべての主要な金融・経済機関（政府、中央銀行、国際通貨基金、経済協力開発機構など）、多くの国防機関に至るまで、幅広い文脈で使用されている。このような機関以外では、コンピュータゲームが知られており、何十万人もの人々が関与することもある。

　数学的、数値的、論理的であれ、進化の過程を一連の規則として表現することが可能であれば、管理ツールとして使用できるシミュレーションモデルを構築するチャンスがある。成長の限界（Limits to Growth）の研究（Meadows et al. 1974, 2005）で使用されたモデルは、エネルギー、物質、情報の流れを通じて、さまざまな社会・環境プロセスが相互に関連する世界という考えに基づいて開発された。ダイナミックな数理モデルを作成することで、彼らはエネルギー需要、資源利用、環境の質などにおける将来の成長と衰退のパターンをシミュレートすることができた。持続可能性についての問題意識（agenda）が強くなるにつれ、地域レベルで社会生態系システムの将来の代替状態をシミュレートできる同様のモデリング・ツールを求める声が高まり、その結果、このようなモデリングを行う業界が出現した。

　持続可能な管理のための重要な要件は、例えば、土壌浸食の暴走から地面を保護する植生被覆の最小密度などの閾値とティッピング・ポイントを調べることによって、代替戦略が主要な環境閾値を超える将来のリスクを測定できることである。したがって、モデリング・ツールは、少なくとも数十年以上にわたる運用が可能でなければならない（ただし、二次のダイナミクスを捉えるためには、数百年、あるいは数千年を対象とする必要があるかもしれない（van der Leeuw 2007 を参照）。さらに重要なことは、複雑系に内在する起こりそうな大きな衝撃（likely big surprise）を捕捉する必要性がある（Dearing et al. 2006a, b ; Nicholson et al. 2009）。

6 | なぜ、モデルなのか

　われわれは複雑な世界に生きており、そこでは人間の行動が予期せぬ望ましくない結果をもたらすことはよくあることだ。科学と政治の分野では、この複雑さに対処するために理論とコンピュータ・シミュレーションという二つの戦略が生み出された。理論とは、理解、選択、意思決定に用いられる因果関係に関する考え方である。どんなに優れた理論家でも演繹的推論には限界があるため、理論の複雑さにも必然的に限界がある。コンピュータ・シミュレーションもまた因果関係に関する考え方に基づくものであるが、非常に複雑であるため、高度な訓練を受けた専門家のチームでなければ行えない場合が多い。また、そのような専門家であっても、その論理的帰結をすべて理解しているとは言い難い。それらを理解するために、われわれはモデル化するのである。

　2004 年に発表した論文で、私はモデリングの重要性をいくつか挙げている。ひとつは、モデルによって、研究者はさまざまな関係をむだなく記述することができ、通常、われわれが持っている唯一の記述ツールである自然言語では到達できないほどの精度を持つ。それぞれの学問分野には独自の語彙やアプローチがあるため、学際的・複合的研究の大きな課題のひとつは、関係するすべての学問分野に受け入れられ、そのいずれか、あるいはすべての学問分野の意味合いから解放される表現方法を見つけることである。モデルは、自然科学、社会科学、人文学など、異なる分野の専門家が同じように厳密に理解できる方法で、現象や考えを表現できる。その一例が、第 11 章で私が情報処理ネットワーク間の遷移を調べるために用いた「パーコレーション（percolation）」モデル**[1] である。

　形式モデルのもう一つの重要な利点は、形式モデルの適用領域が無限であることである。モデルは、あらゆる学問分野のあらゆる側面を包含する。従って、モデルには、社会とそれを前提とする自然環境との間のダイナミクスの側面とともに、親族関係、儀式、選択、行動などが適用することもできるのである。

　さらに、形式モデルは、現実と混同されないよう十分に抽象的であると同時に、異なる背景を持つ人々に同じ関係性や行動上の問題に注目させるのには十分なほど詳細かつ厳密で、（いくつかのコンピュータモデルの場合には）「現実的」であるため、学際的または学際横断的な文脈において、特に有用であると私は考えてい

る。したがって、モデルは、モデルを実行した後に予測される現象と実際に観測された現象との間の一致が、近いか、存在しないか、あるいはその中間であることを示すことによって、学問分野間の閉塞や誤解を解消することができるのである。

　社会科学の文脈において同様に重要なのは、形式モデルが、モデル化される現象の記述とは異なる言語で定式化されるという事実である。これにはいくつかの利点があるが、最も有用なのは、われわれの意見に関連する特徴を強調するために、抽象化することができるということだ。例えば、「リンゴとオレンジを比較してはいけない」というのは一般的な前提である。しかし、なぜオレンジの方がリンゴよりも直線に転がるのが優れているのかを説明しようと思えば、抽象的な次元 (丸さ) を持ち出して、その次元で二種類の果物を比較すればよいのである。ある一連の現象に対する特定のモデルの適用性は、現象の性質から自然に導かれるものではなく、そのモデルを適用する人によって定義される。

　したがって、形式モデルは、少なくとも理論的には、ある現象に関する観測された挙動と、まだ特定されていない特性との間の関係を推論できることが重要であるような場合の問題解決に有用である。

　さらに、ある種の形式モデルは、複雑な関係性の中で起こっている変化を、非常に正確に、かつむだなく記述することができる。その例は第 14 章で紹介する。このような特性により、モデリングはある複雑な現象に関する動的理論を形式化するのに非常に適しているのである。動的なプロセスを静的な結果に結びつけることで、逐次的な静的データセットの骨組みに肉付けすることを可能にしている。しかし、これは、ある特定の分野では一般的であるモデルの使い方や位置づけとは、やや異なることを意味することに留意すべきである。

　そして最後に述べておきたい利点が、ある種の形式モデルによって、より低いレベルにおける個々の非同一的な実体間の相互作用が、より高いレベルにおけるパターンにどのように帰結するかを研究することができるということだ。これは特に、社会科学の主題である集団的な「困難な (hairy)」あるいは「厄介な (wicked)」現象の研究において重要である。そこでは、個人間の相互作用が社会を作り出し、その社会が関係する個人や集団の行動に影響を与えるからだ。このような性質ゆえに、自己組織化の観点から社会を研究するわれわれにとって、このようなモデルは特に興味深い。

7 | サポート・モデルとプロセス・モデル

　ここで、二つの異なる種類のモデルの役割について、より詳しくみてみよう（van der Leeuw 1998b, 14）。政治、産業、商業の分野では、コンピュータ・シミュレーションはサポート・モデルとしてよく使われる。これは、現実世界のような動的システムにおいて、ある行動によって最も起こりうる結果を推測するために使用されるモデルである。実際、コンピュータサイエンスやモデリングに関する文献では、サポート・モデルがコンピュータ・シミュレーションの唯一の合理的な使用方法であるとされることがほとんどである。コンピュータ化されたモデルは、具体的な（つまり、現実世界のような）動的システムを抽象的に表現したものである。また、システムとは「共通の目標に向かって機能する、一連の規則、物事の取り決め、または関連する物事の集まり」とされる（www.yourdictionary.com/system）。

　しかし、実際には、このようなモデルが長期にわたって、正しいということはほとんどない。このようなモデルは、現実世界に現れる因果関係を定量的にしか理解できないからである。例えば、通信事情が悪く食料生産が少ないことは、都市の中心部の成長を制限することは明らかであるが、似たような特徴を示す、同じくらいもっともらしい数学的関係をいくつも提示することができる。しかし残念ながら、これらのもっともらしいものの一つを、使用すべき決定的なモデルとして、採用する理論的根拠をわれわれが持ちあわせていることはほとんどない。

　モデルには、他の種類もある。プロセス・モデルは、認識はされているが完全には理解されていない動的システムについてのアイデアを調査するために使用される。モデルとそれが表現する理論との間の認識された対応付け（mapping）と一致する方法でモデルを分析することによって、従来の仮説演繹的手法では得難い論理的含意を探索することができる。モデルの基本構造が非常に単純で、そのモデルが発揮できる動作の範囲がかなり広い場合、そのモデルがどのように動作するかを研究することで、サポート・モデルよりも広く理解される結果を得られる。

　同じモデリング・ツールを、全く異なる二つの分析課題に使用できることもまた重要である。サポート・モデルの制作者は、コンピュータ・シミュレーションを方向性のたたき台（test bed）として使用し、プロセス・モデルの制作者は、理論のたたき台として、コンピュータ・シミュレーションを構築する。サポート・

モデルしか制作しない人が、システムは共通の目的を持った構成要素の集まりである、あるいは、モデルは具体的なシステムの抽象的な表現であるという概念を持っているかもしれないということは十分に考えられる。しかし、プロセス・モデルの制作者にとっては、これらの考え方は明らかにナンセンスである。彼らにとって、モデルとは、抽象的なシステム（理論）を具体的に表現したもの（方程式や紙の上のマーク、コンピュータの電源のオン・オフ状態など）なのだ。

　従来の具体的なシステムの抽象的な写像としてのモデルの使用と、ここで提案する抽象的なシステムの具体的な写像としてのモデルの使用との区別は、単なる修辞的なものではない。方法論的にも倫理的にも深い意味を持っている。方法論的には、モデルの主要な機能は理論を評価することであり、最終的には将来の評価のために新しい理論を提案することである。

　倫理的な面では、この区別によって、どのようなコンピュータ・シミュレーションの出力であっても、それが表現する理論及び入力に使用するデータと同じ信頼性しかないことを認めざるを得ない。だからといって、サポート・モデルの使用が本質的に非倫理的であるということではない。人類が地球規模の災害を避けるためには、現在の政策をより良い方向に変えなければならない世界にわれわれは生きている。このような世界において、サポート・モデルを制作することは、複雑な政治学、生態学、社会学の理論を利用し、実行に移すことができる唯一の手段かもしれない。しかし、われわれが責任を持って物事を把握しようとするならば、利用可能な最善のサポート・モデルが必要であると同時に、（それが何であれ）「現実世界」がモデルを支持しないかもしれないことを受け入れる必要がある。

　持続可能性科学（sustainability science）において、モデルは共通通貨であり、われわれを現在に導いた社会環境のダイナミクスを理解するのを可能にしてきた分析的視点を、未来へと拡張するために使用される。したがって、手続き上、モデルは通常、推論の連鎖の最後に挿入され、現在から未来へ外挿する役割を果たす。こうして、全体の構成は、何が過去を動かし、現在を動かしているのかという（通常、直線的な）科学的理解に大きく依存することになる。

8 | 社会環境ダイナミクスの統合モデリングの課題

　フェルブルフ（Peter Verburg）らが最近発表した論文（Verburg et al. 2016）では、現在使用されている主要なモデルの種類を、その特徴、利点、課題(表6.1 参照)、および各カテゴリーの例を挙げて概説している。まず、あまり触れられることが少ない事実であるが、多くのモデルでまとめられるデータは、関係する各分野内の異なる学派によって、あるいは異なる目的のために収集されたものである。それらは異なる問いを念頭に置き、異なる学問的認識論、異なる方法、異なる技術で収集されてきた。研究資金が常に限られているため、過去に収集されたデータにますます頼らざるを得なくなっており、これは現在の問題であると同時に、今後ますます深刻になる問題でもある。われわれは、データベースに一般的に含まれるメタデータを体系的に拡張することを、以下の点も考慮に入れながら、実践する必要がある。(1) データが答えようとした問い、(2) データの収集と分析に用いた方法と技術、(3) データに関するサンプリング、観察単位、分析単位、(4) 研究に関わる作業仮説、(5) データから得られた情報の認識論的状況。

・概念モデルを超えて

　社会生態学的システムを記述するための概念的枠組みには、異なるシステム構成要素間の相互作用を概念化した因果関係の枠組みやシステム図など、多くの例がある。それらの開発は、どのような研究アプローチにおいても不可欠なものであるが、システムがどのように機能するかを理解する上で、またモデリングの基礎を形成する上で、さらには研究ステップの順序を決定する上で、概念的枠組みの役割が重要視されすぎているという議論もある。現実世界を概念化することは重要であるが、多くの場合、重要な要素とその関連性のリストを作成しているに過ぎないことを忘れてはならないし、創発性は、これらすべてが時間の経過とともに変化する可能性があることをわれわれに教えてくれる。枠組みと概念モデルは、一連のツールや方法論によって検証されるであろう仮説を作成するための最初のステップとして扱われるべきである。目的を達成する手段である以上、それ自体には限られた価値しかないのである。これは、特に統合評価モデルの

表 6.1　さまざまなモデリング・アプローチとその特徴

一般的なモデルの区分	注目すべきモデルのタイプ	連結	スケール	データと計算	複雑なダイナミクス	政策ツール	検証とスキル
決定論的プロセスに基づく生物物理モデル	全球気候モデル、地球システムモデル	可能性は低い。社会的サブシステムは、多くの場合、もっともらしい経路と排出シナリオで表現される	主に全球（20〜200km）解像度、多くの場合、もっとも長い(10年単位)タイムスケール	大規模なデータと計算が必要	生物物理学的プロセスにおけるフィードバックと創発を理論的に捉えることができる。他の（社会生態学的）システム構成要素とのフィードバックが欠如している	複雑性が高いため、限界がある。シナリオの結果は政府間プロセスへの入力となる	検証が困難。過去のデータやモデル間の比較や比較が一般的の比較が一般的
決定論的経済モデル	一般均衡モデルと部分均衡モデル	生物物理学的サブシステムが農業部門への気候影響に還元されることが多い一方向連結	地域から地球規模まで。空間的な詳細さが限定されていることが多い（世界地域）。時間スケールは数十年に限定されることが多い	膨大なデータと計算が必要	フィードバックは市場メカニズムを通じてのみ考慮される	政策手段の事前評価での利用が主流	検証が困難。モデル間の比較はよく行われるが、過去のデータとの比較は滅多にない
複雑さを減らした社会生態モデル	総合評価モデル。中程度の複雑さを持つ地球システムモデル(EMIC)。システムダイナミクスモデル	可能性は中程度だが、生物物理学的サブモデルと社会的サブモデルは、統合モデル環境において単純に連結されることが多い	10年単位から10年未満の時間スケールを持つ、地域から地球規模までのスケール	必要なデータ量や計算量はやや少ない	通常はトップダウンで、フィードバックや創発はない（EMICの中には急激な変化をシミュレートできるものもある）。社会的サブシステムは、利益の最適化や単純なヒューリスティクス*4にとどまることが多い。	シナリオの結果は政策プロセスへのインプットを目的とする。モデルは事前評価に用いられる	限定的。EMICは、古気候記録（氷床コアなど）に対して試行される

一般的なモデルの区分	注目すべきモデルのタイプ	連結	スケール	データと計算	複雑なダイナミクス	政策ツール	検証とスキル
エージェントベースの社会（一生態）モデルおよびセルレベルによる（社会）生態モデル	エージェント・ベース・モデル（ABM）土地利用変化モデル	可能性は高いが、あまり実施されていない	一般に局所的地域的スケールで、比較的短い時間スケール（多くの場合、年分解能）。	ルールベース。データと計算の必要性に大きなばらつきがある。理論または経験的データを強く依存	システムレベルのダイナミクスは、低レベルの相互作用やフィードバックの結果として現れることが多い。	運用は限定的だが、参加型利用の例は存在する	パターンとダイナミクスを削減ナミクスを再現する能力か、特定の経験的データに基づく。システム挙動の検証への注力は高まっている。
単純なおもちゃの社会生態学的モデル	概念モデル、ゲーム	変動は大きいが、可能性は高い	規模は問わない	ほとんど低い。経験的データを使用しない。	複雑なダイナミクスをシミュレートできるが、仮定が単純化されすぎている	可能性は低い。学習ツール。	ほとんど適用できない。

場合に当てはまる。一般的な設定であっても、統合アセスメントモデルは、特定の問題や疑問に対応するにはあまり適していないことが多いからである。社会に疑問が生じたときに、その疑問に焦点を当てるべきであり、(概念) モデルの構造によって研究課題を定義することは避けなければならない。尻尾が犬を振り回すようなことがあってはならないのだ。いかなるモデルの構築や適用も、関心のある疑問や仮説に基づいて、特定のモデル・アプローチやシステムの概念化を選択するための明確な論理的根拠から始めるべきである。

・安全に活動できる領域のモデリング

最近の地球環境変動研究における重要な進展は、社会的な幸福を支える気候、生物圏、水文学システムを制御する主要な生物物理学的変数の許容限界や閾値を特定することに焦点を当てるために、地球の限界（planetary boundaries）と人類が安全に活動できる領域（safe operating spaces for humanity）という概念を導入したことである（Rockström et al. 2009a, b；Steffen et al. 2014）。安全に活動できる領域を、政策立案のために情報を提供できるレベルにおいてモデル化するには、さまざまな空間スケールにおいて、人類にとって望ましい、あるいは望ましくない発展の経路に関する情報が必要となる。ただし、地球規模での複雑な社会生態学的変化をシミュレートできる過度に単純化されたおもちゃのようなモデル（例えば、Motesharrei et al. 2014）と、複雑さを捉えることができるが気候系に限定される地球気候モデルの間には隔たりがある。安全に活動できる領域に情報を提供するためには、特定のシナリオに照らしてモデルを時間的に前進させるという従来のアプローチから離れ、代わりに代替的な開発経路に関連する安定したあるいは不安定な社会生態系のダイナミクスに焦点を当てた、新しいモデル群が必要である。そのようなアプローチの最近の例として、プロジェクト *The World in 2050*（Sachs et al. 2018）がある。

・フィードバックと創発的特性

関係する学問分野の多くが、長い間、比較的独立した道を歩んできたため、社会環境システムのさまざまな部分間のフィードバックに関する体系的に

統合された、超学際的で、総合的な、深い知識が不足している。フィード
バックに対処するための（概念的な）アプローチを設計する際には、スケー
ルの問題が表面化する。自然科学、地球科学、生命科学は、基本的には局
所的、地域的、地球規模での情報を集め、それを統合して地球規模でのパ
ターンを予測するモデルを開発してきた。一方、社会科学や人文科学は、
局所的なスケールで情報を収集し、それを統合してきた。そのため、環境
情報をダウンスケール（高解像度化）し、社会に関する情報をアップスケー
ルする方法が必要とされている。前者は非常に複雑であるが、きっかけを
つかみつつある。後者はもっと難しく、おそらく単純な統計的集計を超え
る実質的な方法論の開発が必要であろう。

・複数のスケールでダイナミクスを繋ぐ

異なる認識論に関する議論とフィードバックに関する考察の両方におい
て、異なるスケールとスカラーの相互作用が重要な役割を果たす。現在の
世界は、人間と環境との相互作用の局所的な変化から生じる、地球システ
ムダイナミクスの地球規模の変化によって特徴づけられる。新たに生じつ
つある地球規模の課題は、局所的な現実問題として影響を与えており、こ
れらに対処するためのほとんどの解決策は、局所的なスケールで実行され
なければならない。このため、モデリング・ツールで、このようなスケー
ル間（cross-scale）のダイナミクスを表現することが課題となっている。長
い間、温室効果ガスとその影響を地球レベルで研究する主要な学問分野は、
気候科学と地球科学であったため、国連の取り組みは、例えば1000億ド
ルの「緑の気候基金（Green Climate Fund）」の創設を提案するなど、これら
の課題に対する地球規模の解決策を見出すことに向けられてきた。しかし
その際には、異なる文化、異なる社会、異なる経済が関わっていることは
考慮されなかった。提案されたものは、画一的な解決策であり、環境に対
する取り返しのつかないダメージを避けるための負担の分担という共通の
取り組みであった。一方、この課題を環境問題ではなく各社会の問題とし
て捉えた場合、すべての社会が同じように対処できるわけではないことは
明らかである。その証拠に、「緑の気候基金」には、年間300億ドルしか
集まっていない。2015年の国連気候変動会議（United Nations Climate Change

Conference：COP21）に向けて導入された、さまざまな社会が気候変動緩和のために独自の貢献を定義するという方向性は、この観点からすれば、改善である。これらの課題に対する潜在的な解決策を探すためにモデルを利用するには、地球規模のプロセスに照らし合わせて、局所的社会のダイナミクスを表現する能力、そして、その逆の能力が必要なのである。

・モデルの協調設計

モデルは、システム機能を探求するために研究者の知的能力を拡張することを目的としたツールとして使われることがほとんどだが、モデルの利用者・作成者と社会全体との相互作用という観点から、モデリングに対する新しい視点と要求が生まれつつある。図 6.1 は、科学と社会がモデルの設計と利用という文脈で相互作用するさまざまな方法の概要を示している。このような研究における協調設計と共同制作は、地球変動研究において重要となっており（Cornell et al. 2013）、モデリングにも影響を及ぼしている。研究課題の協調化は、その課題の性質を変え、したがって、利用可能なモデリング・ツールの適合性に影響を与えるかもしれない。多くのモデリング・ツールは、システム機能を探求する観点から構築されているが、研究者と利害関係者の相互作用から生まれる疑問に答えることができなかったり、最適に設計されていなかったりする。研究モデルは運用モデルに変換される必要があるため、目の前の課題に適したモデルを選択することがより重要になる（Kelly et al. 2013）。社会構造的な課題によりよく対処するためのモデルを協調設計するのとは別に、モデルの協調設計には、データ収集者やモデル制作者でない人を設計過程に関与させるべきである。こうすることで、モデルの設計を利用可能なデータにより適合させ、データ収集をモデルのニーズにより適合させることができる。

・モジュラーアーキテクチャ

ほとんどのモデルは、単体で動作するように作成されている。その欠点は、すべてのモデル・コンポーネントを再設計するための費用負担が、新しいモデルの開発を非常に高額なものにしてしまうことである。本章で述べた課題に取り組むためには、多様なアプローチが必要となる。コンポーネン

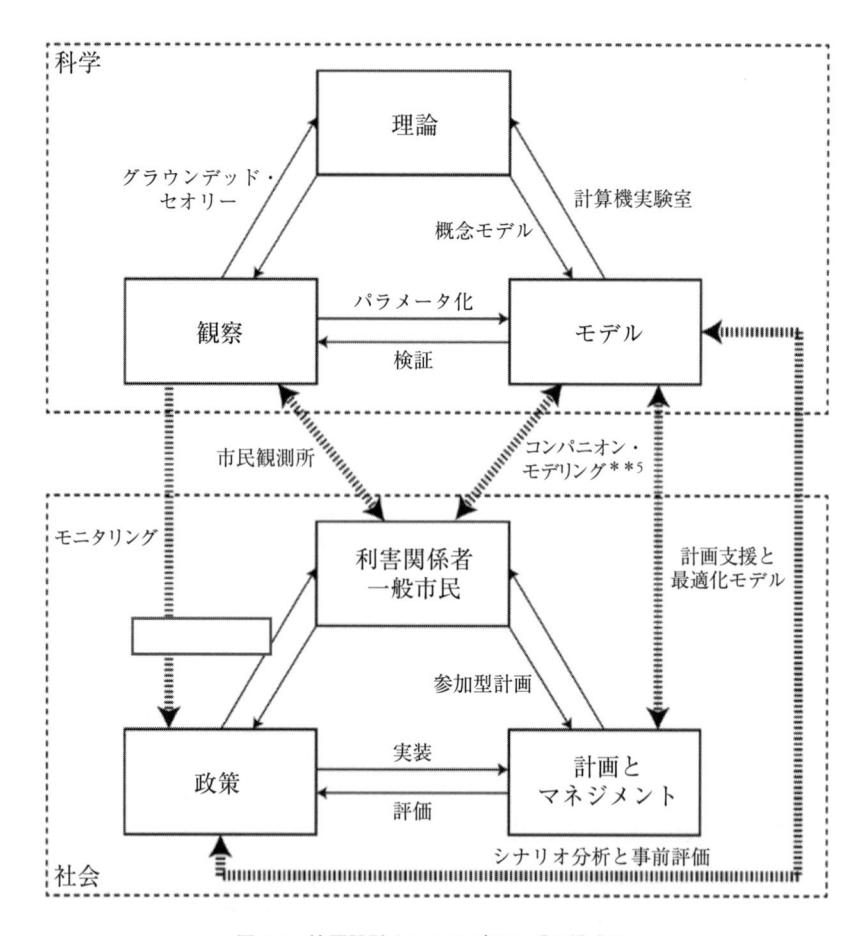

図 6.1 協調設計されたモデリングの模式図。
（出典：Verburg et al. 2015 より、CC-BY-4.0 の下で公開。）

　トベースのモデリングは、「プラグ・アンド・プレイ（plug and play）」[**2]
技術の利点をもたらす。コンポーネントとしてラップされたモデルは機能
的なユニットとなり、いったん特定のフレームワークに実装されると、他
のモデルと結合してアプリケーションを形成することができる。フレーム
ワークとアーキテクチャは、さらに、再グリッド化ツール[**3]、時間補間
ツール、ファイル書き込みツールなど、必要なサービスを提供する。モデ

ル・コンポーネントは、他のコンポーネントが異なるプログラミング言語
で書かれていても、通信することができる（Syvitski et al. 2013）。プラグ・
アンド・プレイ・コンポーネント・プログラミングは、モデルのプログラ
マーとユーザーの双方にメリットをもたらす。このフレームワークを使う
ことで、モデル開発者は、他のコンポーネントの詳細を知らなくても、そ
のコンポーネントの機能を使う新しいアプリケーションを作成することが
できる。同じ機能を提供するモデル同士は、あるモデルのコンポーネント
を外して別のコンポーネントを差し込むだけで、簡単に比較することがで
きる。ユーザーはより簡単にモデル同士を比較したり、新しい問題を解決
するために一連のコンポーネントからより大きなモデルを構築したりする
ことができる。あるモデルの出力変数が別のモデルの入力に使用するのに
適切であることを保証するためには、変数の正確な情報、その単位、およ
びその他の特定の属性が必要となる。

・最後に、ダイナミクスを理解するための行動の連鎖の中で、モデリングを
行う位置づけを考えたい。一般的に、つまりこれまでは、未来についての
予測を立てる際、モデルは、現存する状況と傾向の要因についての科学的
理解に基づく議論の末端に位置づけられてきた。しかし、先行モデルにつ
いて述べてきたことに倣って、モデルを議論の出発点としたらどうなるの
だろうか。そこでは、既存の軌道からの逸脱を提示するのではなく、潜在
的な未来と（潜在的な予期せぬ結果を含む）その意味合いをよりよく理解す
るための科学的研究を促すことができるだろう。これがシナリオ分析の領
域である。

9 シナリオの構築

　未来について考えるためのもうひとつの主要なツールは、「フューチャリング
（futuring：未来予測）」、つまりシナリオの構築である。これは、第一次石油危機の
時（1973 年）に、シェル（Shell）PLC が始めたアプローチである。それ以来、特
定の産業（エネルギー、再保険）の長期計画の必要性に後押しされて幅広い領域

で発展し、政府（シンガポールやドバイなど）や世界銀行のような超国家機関でも採用されている。またこれは、持続可能性について考える際にも、モデリングの発展と多少なりとも並行して重要な役割を果たしてきた。気候変動に関する政府間パネル（IPCC）の活動がその例である。IPCC のさまざまな報告書（例えば、Nakićenović & Swart 2000）や地球規模な研究プログラム *The World in 2050*（Sachs et al. 2018）、さらに、現在からより持続可能な未来への移行に関する様々なプロジェクト、例えば、ハモンド（Allen Hammond）の *Which World ?*（2000）（『未来の選択』）などを参照してほしい。フューチャリングは現在、学術界では限られた機関で学問として台頭しつつある。モデリングとシナリオ分析の手法を組み合わせて、未来に対する複数の視点を統一的に発展させていくものである。このように、未来を考える上で重要性を増しているシナリオ分析は注目に値するものである。

　シナリオ設計とシナリオ分析は、予期は見過ごされがち、あるいは無視されがちなものであるが、それを運用し、現状で活用する必要があるという前提に基づいている。結局のところ、われわれは常にフィードバックについては話すが、フィードフォワードについてはごく稀である（ニコリス［Gregoire Nicolis n.d.］は初期の議論を紹介している）。この点について、最近、ベッケルト（Jens Beckert 2016）が経済学において、非常に説得力のある指摘をしている。まず、前節の最後に提示した内容に沿って、いくつかの潜在的な未来を定性的に想像することから始め、既成概念にとらわれない思考の結果としての、現在から切り離された未来に焦点を当て、その妥当性を検討する。これらの潜在的な未来が分析され、詳細化されるにつれて、さまざまな骨格に次第に肉付けされていく。

　これは、代替可能な結果を想像し、その意味を論理的に分析する訓練であるといえる。ひとつの正確な未来像を示すのではなく、意図的に複数の代替未来とそこに至るロードマップを示すのである。予測とは対照的に、シナリオ構築とシナリオ分析では、意図的に過去を外挿することはしない。過去のデータに頼ることも、過去の観察が将来も有効であることを期待しない。その代わり、過去と緩やかに関連する可能性のある（ただし、関連する必要はない）、より広範な展開と転換点を考慮しようとする。つまり、シナリオ分析では、いくつかのシナリオを示し、追求すべき目標となりうる将来の結果を示すのである。少なくとも、楽観的なシナリオ、悲観的なシナリオ、最も可能性の高いシナリオを組み合わせて作成することが有用であるが、基本的、構造的に異なるシナリオをより幅広く作成す

ることも有効である。

　シナリオ分析はモデリングとは異なるが、モデルを多用する。モデルはシナリオを構築するために使われることが多いが、シナリオがモデル構築の過程を進めるために使われることも多い。前者の場合、モデルは現在と未来をつなぐものであり、予測シナリオはモデルから外挿されたものである。後者の場合、シナリオは既成概念にとらわれない未来設計のための演習であり、モデルはバックキャスティングによって未来と現在を結びつけるために使用される。

　では、分析のためのシナリオ開発とは、どのようなものだろうか。その概要については、前述の白ら（Bai et al. 2015）の論文に従う。シナリオ開発には認知科学の最近の進歩を含むべきであり、認知カテゴリーがどのように定式化されるのか、そして個人的および集団的に、意思決定がどのようになされるのかを問うものである。とりわけ、フィードバックとフィードフォワード（予期）の関係の疑問を投げかけることになるだろう。この関係は、人間の行動の基本（われわれは皆、過去と未来の狭間で生きている）でありながら、これまでのところ、シナリオのモデル化や構築の仕方において十分な考慮がされていなかった（Montanari et al. 2013；Sivapalan et al. 2014）。また、不確実性に対処する方法として、創造性、直感、想像力の役割を探ることも重要である。これまでのところ、還元主義的な科学は、一般的にこうした疑問を放置してきた、あるいは、少なくとも科学的に研究したり、世界の科学的な視点に統合する努力はしてこなかった。アーサー（W. Brian Arthur 2009）は、テクノロジーと経済学の接点でこの問題を取り上げているが、この問題は、これらの領域を超えて、あらゆる文化的・社会的制度に関するより広範な研究へと拡張することが可能である。では、これらの領域におけるイノベーションを促すのは何なのか。発明とイノベーションは、しばしば論じられるように、確率的なものなのだろうか、それともそうでないのか（Lane et al. 2009）。これらの疑問は、われわれがイノベーションを促進する可能性や、イノベーションが発生する空間について、理解が深まるまでは未解決の問題であり続ける（第12章を参照）。

　イノベーション空間の多次元性を探ることは、困難ではあるが不可欠である。先に述べたアプローチの一つは、一連の現象を、それを取り上げ高次元空間に投影し、それらの間の潜在的な関係を多数特定することである（Fontana 2012）。そして、これらの関係のどれが手元の現象を説明できないかを判断することで、空

間をより少ない次元に縮小する。これは、ビッグデータを収集し関連付ける能力向上と相まって、シナリオ開発の経路依存性を低減するための有益な道となるかもしれない。適切なソフトウェアが開発されれば、計算能力は原理的に、（統計的手法の場合のように）複雑さを減らすためだけでなく、複雑さを増やすためにも利用できる。シナリオの役割の再認識には、経済学分野の見直しも含まれる。経済学においては、既存の（技術的、社会的、制度的、環境的）構造内での資源配分についての議論が主流である。経済的な推論に予期を含める必要性についての優れた詳細な議論は、ベッケルト（Beckert 2016）を参照されたい。

　しかし、望ましい未来を実現するためには、より根本的な問題が問われる必要がある。その構造はどのようにして生まれたのか、そしてどのように変化するのか。どのような規制の仕組みがあるのか。既存の構造がより複雑になるとどうなるのか。より効率的で、かつ／あるいは回復力が増すのか。その場合、その適応性や変化に対する能力はどのような意味をもつのか。したがって、シナリオの設計と分析においては、進化論的思考と複雑系アプローチを行動経済学やその他の経済学や組織科学と結びつける試みが、有望な新たな研究分野である（Wilson & Kirman 2016 を参照）。

　残念ながら、オックスフォード（www.sbs.ox.ac.uk/faculty-research/strategyinnovation/oxford-scenarios-programme-0）やシンガポール（www.csf.gov.sg）のフューチャリング研究の拠点、あるいは、ビジネス、金融、非政府組織によって開発された多くのシナリオに見られるように、シナリオ構築やシナリオ分析には潜在的な力があるにもかかわらず、このアプローチは、複数の持続可能な未来について既成概念にとらわれずに考えるための最新のツールセットとして、中心的な役割を果たすに足る成熟度には、学術界においては、まだ達していない。

　ひとつには、公的な審議や集団的な意思決定においてシナリオをより幅広く活用することで、複数の利害関係者の状況に応じた知識を活用して、複数の潜在的な未来を探ることが可能になる（Wilson & Kirman 2016 を参照）。しかし、シナリオが使用されるコミュニティにおいては、多くのシナリオがあまりにも滑らかで、あまりにも定型的（型通り）で、あまりにも予測可能で、未来に進むための軌道の選択によって予想される結果と予想されない結果の全容を明らかにしていないことも、課題の一つであるように思われる。また、われわれの目の前にあるさまざまな領域の課題を真の複雑系としてとらえることの意味を十分に把握していな

いように思われ、存在論的な不確実性にさらされている。より高度なモデルの開発には、実社会での応用と直接的かつ即座に結びつかない、学術的な取り組みが有益であり、政治科学、社会科学、認知科学といった分野で、さらに深く掘り下げることができるだろう。そこには、われわれ個人の選択が、推論によってではなく、主として感情によって決定されるという考えや、集団的意思決定を担うダイナミクスの調査などが含まれる。

訳者注

＊＊1　パーコレーションモデルとは、ある確率で格子点（サイト）上やつなぎめ（ボンド）上に粒子を置き、クラスターをつくるモデルのことである。日本語に訳せば浸透という意味であり、最初は浸透現象を表すモデルとして考え出された。

＊＊2　ユーザーが周辺機器をコンピューターに接続（plug）した時にコンピューターの基本ソフトが自動的に設定を行い、すぐに使える（play）ようにしてくれる機能またはその規格。

＊＊3　再グリッド化とは、あるグリッド解像度から別のグリッド解像度に補間するプロセスのこと。これには、時間的、垂直、空間的（「水平」）な補間が含まれる。しかし、最も一般的には、空間補間のことを指す。

＊＊4　発見的手法。必ずしも正しい答えを導けるとは限らないが、ある程度のレベルで正解に近い解を得ることができる方法。答えの精度が保証されない代わりに、解答に至るまでの時間が短いという特徴がある。

＊＊5　モデルと現場の状況を繰り返し往復することに基づいたモデリングのアプローチ。

第 7 章　複雑（適応）系アプローチの役割

私が本書で提示している考え方は、ヨーロッパとアメリカの両方で過去40年以上にわたって発展してきた、いわゆる複雑適応系(Complex Adaptive Systems : CAS)アプローチによってしっかりと支えられている。このアプローチは、1990年代に私の指揮のもと、北部環地中海地域のすべての国における持続可能性の問題を幅広く検討する際に、多分野の専門家からなるARCHAEOMEDESチームが試したものである（van der Leeuw 1998b）。本章では、その実践的で世界初の実験を重点的に取り上げる。

1 │ システム科学

　CASアプローチとその背景——CASアプローチがどのように登場し、用いられてきたのか——は、科学の歴史を少し遡り、第二次世界大戦とその直後のころの非複雑系科学の発展について説明する必要がある。システム科学の基本的な考え方を誰か一人によるものとすることはできない。ソクラテス以前のギリシャ時代の先駆者たちや、エフェソスのヘラクレイトス（Heraclitus of Ephesus：紀元前535頃〜475頃）ではないかという議論はあるが、17世紀の早い時期には、この方向に考えを進めていた主要な科学者がいたことは明らかである。例えば、ライプニッツ（Gottfried Leibniz 1646〜1716）、ジュール（James Prescott Joule 1818〜89）、クラウジウス（Rudolf Clausius 1822〜88）、ギブス（Josiah Willard Gibbs 1839〜1903）などが挙げられる。

　CASアプローチの起源について語るときに、二人の研究者の名前を避けては通れないだろう。ノーバート・ウィーナー(Norbert Wiener)とルートヴィヒ・フォン・ベルタランフィ（Ludwig van Bertalanffy）である。応用数学者ウィーナーは1948年に Cybernetics or Control and Communication in the Animal and the Machine（『サイバネティックス：動物と機械における制御と通信』）を発表し、生物学者フォン・ベルタランフィは1946年に一般システム理論に着手し、1968年に General System Theory: Foundations, Development, Applications（『一般システム理論：その基礎・発展・応用』）としてまとめた。ほかにもニクラス・ルーマン（Niklas Luhmann 1989）、グレゴリー・ベイトソン(Gregory Bateson 1972 ; 1979)、精神科医のウィリアム・ロス・アシュビー（W. Ross Ashby 1956）、チャールズ・ウェスト・チャーチマン（C. West

Churchman 1968）、ウンベルト・マトゥラーナ（Humbert Maturana ; F. Varela との共著 1979）、ハーバート・サイモン（Herbert Simon 1969）、ジョン・フォン・ノイマン（John von Neumann 1966）らが大きな寄与をしている。このアプローチは、工学、物理学、生物学、心理学など多くの分野に急速に広がっていき、持続可能性の問題に応用したパイオニアとしてジルベール・ガロパン（Gilbert Gallopin 1980 ; 1994）とハルトムート・ボッセル（Hartmut Bossel 1976 は共著：1986）がいる。

　システム科学は、かつて啓蒙主義の時代に基礎が形成された機械論的科学に基づき、全体を構成する各部分の研究に重きをおいていた。各部分の相互作用はけっして静的で一定（構造的）ではなく、動的なものであることを認識することにより、それらの各部分がどのように相互作用し組織化するかの研究へと転じていった。システム科学の導入はこの点において、1850 年代の大学改革運動ののちに見られるようになった、細分化してしまった科学からの脱却の第一歩である。システム科学の研究者にはフォン・ベルタランフィ（von Bertalanffy 1949）やジェームズ・ミラー（James Grier Miller 1995）のように、各分野におけるシステムを理解するための普遍的なアプローチを目指したものもいた。

　社会科学におけるシステム思考の重要性を示す例として、第 5 章では、北米における都市人口の増加の影響による、メキシコの農業システムの状態変化を図解している。そのようなシステム思考はたがいに影響を及ぼしあうさまざまなアクティブな要素を結びつける組織に着目している。これらの要素はフィードバック・ループを通して結合しており、負のフィードバック・ループ（振動を減衰させてシステムが多かれ少なかれ均衡を保つ）と正の（振動の振幅と周波数を高める）フィードバック・ループがある。システム思考の発展の初期段階においては、平衡状態にあるシステム（いわゆるホメオスターシスな（恒常性）システム、例えばサーモスタットにより室温を安定に保つようなシステム）に焦点があてられ、すなわち負の（安定化をもたらす）フィードバック・ループに焦点があてられていた。しかし、1960 年以降、形態形成システム（フィードバックが増幅し、システムの動的構造に変化をもたらすシステム）の重要性が次第に認識されるようになった（例えば、Maruyama 1963 ; 1977）。このような正のフィードバックはすべての生命系に内蔵されている。この捉え方の変化はまた、システムを閉鎖系ではなく開放系としてみる必要があることを示している。システムを変化させたり成長させたりするには、外部から資源、とりわけエネルギー、物質、情報などを取り入れる必要

があるからである。開放系における正のフィードバックは、システムの成長や適応をもたらすが、同時に崩壊につながることもある。もし生命系が正のフィードバック・ループのみから構成されていたならば、たちどころに制御不能に陥るであろう。それゆえ、現実の系（システム）は常に正と負、両方のフィードバック・ループを備えているのである。

2 ｜ 複雑系

正のフィードバックと形態形成システムの導入はより広範な複雑系（Complex Systems：CS）アプローチの出現を明らかに予感させるものであった。それは 1970 年代後半から 80 年代前半にかけて、アメリカ（Gell-Mann 1995；Cowan 2010；Holland 1995；1998；2014；Arthur et al. 1997；Anderson, Arrow & Pines 1998）およびヨーロッパ（Morin 1977-2004；Prigogine 1980；Prigogine & Stengers 1984；Nicolis & Prigogine 1989）で生まれた一般システム理論の発展形であり、たとえば第 2 章において「厄介な（wicked）問題」と呼んだものを生み出すような、高度な複雑系における「創発」と「新規性」を説明することに焦点があてられている。また、事前的な（ex-ante）アプローチとしての特徴を多くもっており、それに加えて、システム（系）を還元主義的ではなく、存在論的な不確定性（システムダイナミクスの結果の予測不可能性、Lane et al. 2005 を参照）の影響を受ける（複雑で）開放的なものとして捉えている。それは「存在」から「生成」への移行である（Prigogine 1980）。そこでは、現在みている状況を説明するための過程、ダイナミクス、歴史的軌跡などが重要であり、多くの過程や現象は極めて高次元であることが強調される。

本書のように、統合的な社会環境システムや持続可能性に焦点を当てる際には、複雑系(CS)アプローチは社会とそれをとりまく環境の相互適応作用に着目する。したがって、複雑適応系（CAS）とよばれるのである。CAS アプローチにおいては、自然現象と社会現象の両方を包括する超学際的科学の重要性が強調され、異なる学問的アプローチが一つの統合的な手法となる。また、われわれの注目点を、実体や現象の定義から、文脈や関係性を重要視するアプローチへと移させる。本章ではまず、ニュートン的古典科学と CAS アプローチの最も重要な違いをさまざまな生活圏の例を用いて簡単に概説する。続いて、CAS アプローチがわれわ

れの視点をどのように変えるのかを例示する。

3 ｜ 流れとは構造である

CAS アプローチに関連した視点に関して、基本的な変化をもたらしたのは、イリヤ・プリゴジン（Ilya Prigogine 1980）である。彼は、水を張った水槽とその栓を抜いたときに生じる水の流れを、水槽は安定系であり、水の流れは攪乱であるという考えから、水槽は粒子のランダムな運動であり水の流れは（一時的、動的）構造であるという考えに転換させた。彼はそれを水や油が入った鍋を熱したとき生じるレイリー・ベナール対流(Rayleigh-Bénard convection)セルを例として示した。

流体にポテンシャルをかける（この場合は温度差をつくる）とすぐに、粒子がそのポテンシャル（この場合は加熱された鍋とその上の冷たい空気の間の温度差）の間を往復し始める。ポテンシャルによって流体中の高温の粒子は、底部から上部、対流セルの中央へと運ばれ、低温の粒子は上部から底部へ、対流セルの端へと降りてくる。このように密接に結びついた個々の対流セルの運動が構造化される。ランダムに運動していた粒子の流れが構造化された運動へと変わるのである。

しかし、この例から得られる重要な教訓は、何が構造的で何が構造的でないかという視点の単なる変化であり、その新たな視点によれば、流れは（静的構造でなく）電位に生成される動的構造だということが導かれるのである。したがって、無指向性や可逆性ではなく、不可逆的な方向（つまり変化）が焦点となるのである（Prigogine 1977 ; Prigogine & Nicolis 1977）。視点が変われば、問うべきことも、集めるべきデータや、興味を引く現象ですら変わる。第 9 章では、プリゴジンが注目した散逸の流れ（ランダム性やエントロピーを散逸させる流れ）を社会環境系の領域に転用すると、彼が「散逸的流動構造（dissipative flow structures）」と呼ぶ考え方が、人間の社会制度についての統一的な視点を発展させる非常に強力なツールとなることを明らかにする。例えば、銀行システムは貧しい者から富める者へ、あるいはその逆へと、富の流れにかかわる一連の制度とルールで構成されている。また、今日ヨーロッパでみられる多くの移住の流れは、戦争で荒廃した貧しい地域と平和で裕福な地域での暮らしやすさの大きな格差によって引き起こされる構造なのである。

4 | 構造変化

　第5章でみたように、状態変化する（自然・社会構造）システム（系）の長期的な挙動を理解することは、システムの起源や創発を問うことと深くかかわっている（van der Leeuw 1990）。より一般的かつ中立的には、構造変化（structural transformation）という見出しでくくることができるかもしれない。

　複雑系力学の議論においては、その存在ではなく創発が問題となる。創発現象の構造的発展を理解することによって、複雑系の特徴をよりよく理解できるだけでなく、秩序と無秩序の関係を理解する手がかりにもなる。秩序と無秩序は、例えば物理系においては容易に定義づけられ区別されるが、社会においては明白ではない。秩序のある社会、無秩序な社会、あるいは混乱した社会とは何だろうか。同じことは平衡の概念にもあてはまる。物理系においては平衡状態（非変化状態）も比較的容易に観測できるが、社会系においてはより困難である。とりわけ、平衡状態は観測の規模によって大きく異なるからである。

　このような動的システムはどのように発現するのか。複雑系の特徴的な現象として、システム内構成要素間の相互作用によって自己組織化すると考えられている。社会構造システムにおいては、個人がさまざまな方法で相互作用し、その相互作用の結果が社会の（動的な）構造であり、パターンとして観測される（図7.1参照）。このパターンは、次々に相互作用する個人やその他の構成要素に影響を与える。これらのプロセスはわれわれが目にしている空間的不均一性の構築と発展に大いに関わっているのである。

　私が提案する CAS の適用による再編成の最も重要な点は、進化論的な漸進的かつ段階的展開の考え方を積極的に排除し、構造の非線形的な動的側面を認識するモデルに切り替えることであり、社会の変革や進化の過程における不安定性や不連続性の重要性を強調することである。そのために、相転移（phase transition）という、このアプローチの発展において大きな役割を果たしているもう一つの本質的な概念を指摘しておく必要がある。この相転移という概念は、本書第3部において本格的に扱うが、自己組織化システムの基本的なダイナミクスが、ある状態に達すると、その挙動が根本的に変化するという考え方である。相転移がおこる条件は予測可能かもしれないが、変化の結果は予測できず、再構築されたシス

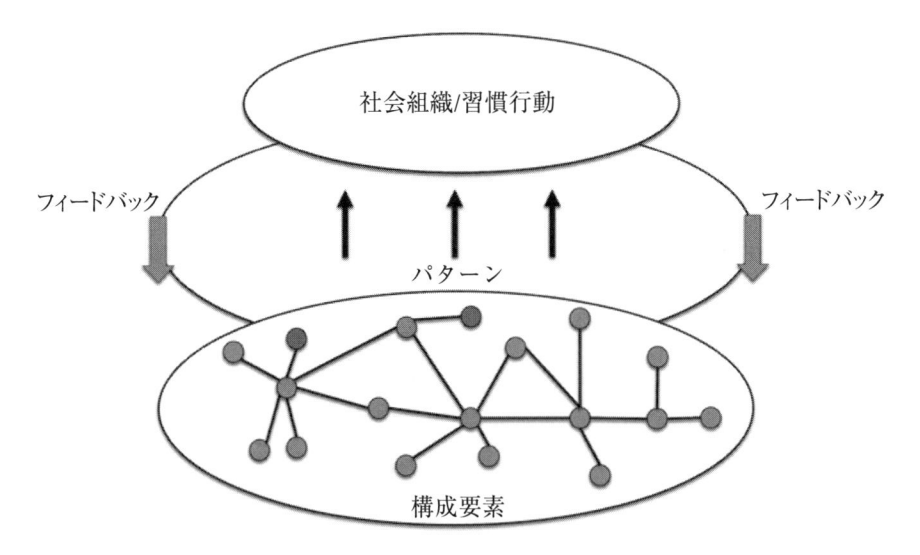

図7.1　低次レベルでの個々の構成要素間の相互作用が高次レベルで観測可能なパターンを作
　　　　り出し、次にそのパターンが個々の構成要素間の相互作用に影響を与える。

テムは異なる状態で現れることもある。例えば、雪の結晶ができる温度と湿度は
完全に予測可能だが、結晶の幾何学的性質についてはまったく予測できない。こ
のような相転移は、もちろん、人類史の初期から観察されてきたものである。し
かし、複雑系理論の研究者たちは、ダイナミクスの構造変化を理解するための興
味深く、これまでにない新しい方法を発展させ、予測可能な範囲と不可能な範囲
が共存しうることを明らかにしてきた。このような相転移は、社会科学では一般
にティッピング・ポイント（tipping point）と呼ぶ（これについての詳細は、例えば、
Scheffer 2009 を参照されたい）。

5 ｜ 歴史と予測不可能性

　創発現象への CAS アプローチの基本的な特性は、履歴と予測不可能性の両方
を重視することにある。マクロレベルで観測されるパターンは、それより下のレ
ベルの独立した構成要素間の相互作用の結果であると考えれば、観測されるパ

ターンを説明するために、これらの構成要素間の関係が基本的に重要であること
はすぐにわかる。また各構成要素は独立しているので、その集団の振る舞いを予
測することは不可能であり、複雑適応系の場合、観察されるパターンも予測不可
能となる。

　よい事例は第 2 章でふれた、空港への人の流れを妨げる大渋滞である。すべて
のドライバーは渋滞の構成要素であり、それぞれ車を運転している理由と計画し
たルートがある。彼らの道筋が交差、交錯するにつれて、互いの動きが影響をし
あって、互いの動きを止めてしまうポイントが存在する。このような状況を事後
的に説明することはできない。それらを理解する唯一の方法は、関係者個人のレ
ベルで、関連するダイナミクス（動き）の履歴を特定し、研究することである。
ヘルビング（Dirk Helbing 2015）はこのアプローチを歩行者の交通問題に適用して
大きな成功をおさめ、この方法をより一般的な社会構造的課題に適用しようとし
ている。

　これに近いもので、社会科学における理論的立場としては、ブルデュー（Pierre
Bourdieu 1977）とギデンズ（Anthony Giddens 1979 ; 1984）が最もよく知られている。
彼らは個人の行動と習慣や信条を通して社会に根付いている集団的行動様式（彼
らは習慣行動［habitus］ということばを用いている）との関係性を強調している。集
団の習慣行動を理解するためには、時間を遡ってその習慣行動のさまざまな構成
要素を生みだす要因となったダイナミクスを特定する必要がある。

　複雑系のアプローチは現象の出現を事前的に研究するものであるため、現象を
可能性、あるいは（よくても）確率を用いて表現するが、多くの未来と選択肢を
示すとも言える。それゆえに、（還元主義的な）原因と結果の連鎖を仮定した場合、
結果を、確信をもって予測をすることはできない。せいぜい、ある条件のもとで、
システムの軌道上で、変化が起こるかもしれない箇所を指すくらいである。

　このような視点の変化の根底には、次のような考察がある。動的システムの形
態形成的特性を取り扱おうとするならば、予期しない出来事が果たす重要な役割
と複数の行動の組み合わせが、秩序の自然発生的構造化と定義できるような現象
をしばしば生み出すという事実を認めざるを得ない。自発的（にみえる）時空間
パターン形成は平衡から遠く離れたシステム（系）において起こりうるという観
測は、ラシェフスキー（Nicolas Rashevsky 1940）やチューリング（Alan Turing 1952）
によって始められ、その後プリゴジンと共同研究者たちによって発展した。この

ような過程を表現するために、「ゆ
らぎを通した秩序（order through fluc-
tuation）」という用語を作りだした（例
えば、Nicolis & Prigogine 1977）。

　ここで理解すべき点は、自然界あ
るいは社会の多くのシステムにおけ
る固有特性である非平衡な挙動 ——
は自己組織化の源として機能するこ
とができ、それゆえにシステムがあ
る状態から別の状態へ進化する際
に、定性的再構成（状態変化）の駆
動力になり得る、ということである。

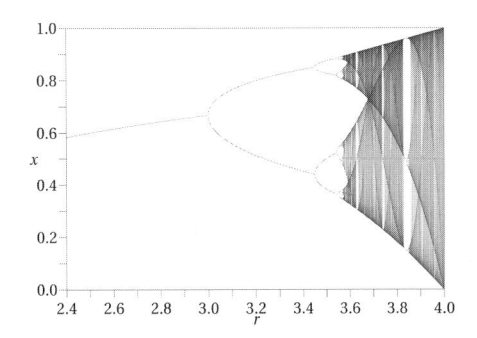

図7.2　ロジスティック集団動態の分岐図。詳
しい説明は https : //en.wikipedia.org/wik
i/Logistic_map を参照。
（出典：Wikimedia Commons。CC-0 の下で公開。）

これは、動的構造が、ゆらぎ —— ある臨界閾値以下では減衰してシステムにほと
んど影響を与えないが、臨界閾値を超えると増幅して新たなマクロ的な秩序を生
成する —— の作用に依存していることを前提としている（Prigogine 1977）。進化は
無秩序な状態と秩序ある状態の間の一連の相転移として、すなわち新しい秩序あ
る構造を生み出す連続した分岐として、起こると考えることができる（図 7.2）。
興味深い例の一つが、人口の再生産（現在の人口が少ない場合）と飢餓（（環境の
理論的な「環境収容力（carrying capacity）」から現在の人口を差し引いた値に比例して成
長が減少する場合）の間のダイナミクスをみるために開発されたロジスティック
マップである。

　この観点に立つと、不安定さは安定したシステム内の異変であるどころか、複
雑系におけるレジリエンス（回復力）を生み出す土台である[*1]。構造の長期的な
進化は、地理的（あるいは他の種類の）空間における不連続性の歴史とみなすこ
とができる。すなわち、歴史とは、精巧に紡がれた均質な織物としてではなく、
たとえばグールドとエルドリッジ（Stephen Jay Gould & Niles Eldredge 1977）が生物
進化について仮定したような、意図的と非意図的な行動の両方の結果として生じ
る一連の相転移によって区切られているものとみなすべきなのである。このよう
な不連続性は実際に変化の臨界閾値（最近の一般的な用語では「ティッピング・ポ
イント」）であり、そこでは主体（agency）と特異な振る舞いとのいずれか一方、
あるいは両方の役割が構造の生成や再生成において大きな重要性をもつ。

6 | カオス力学と創発現象

　生物学的、生態学的、ひいては社会全体のシステムにとって、自己誘導的な複雑系力学の発見は大きな重要性をもっている。というのは、いまでは創発的な挙動の強力な源を特定することができるからである。カオス力学に内在する非周期的振動は、病的な特性を促進するどころか、システムの進化を操る重要な役割を、おもにシステムが稼働する自由度を増加させることによって果たす。別の表現をすれば、これはカオスが柔軟性を促進し、さらに多様性を促進させるということである。

　また、このことは進化の研究において難解な概念である「適応の概念」に内在する問題を解明するのに役立つ。簡単に言うと、カオスの存在は、（人間や）生物集団の密度依存的成長といった概念に対して重大な疑問を呈するため、柔軟な適応領域を定義する多重アトラクタ（multiple attractors：説明は後述）の共存 —— 単一の状態ではなく —— に理論的な解を見つけることができるかもしれない。したがって、カオスと変化がシステムの頑健性（ロバストネス：robustness）と回復力（レジリエンス：resilience）を強化するというパラドックスに到ることになる。

　哲学的観点から、非線形、動的、複雑系の視点では、まず歴史的因果関係を直線的で漸進的な出来事の展開として捉えることを止めることだといえる。つまり、われわれは歴史を確定過程と確率過程の間の相互作用の結果としての一連の偶発的構造化として再認識すべきということである（Monod 1971 ［2014］を参照）。線形システム概念の明らかな平衡傾向は、非線形システムと対照をなす。非線形システムは、創発的なふるまいを生成する能力をもち、質的に異なっているように見えるかもしれない複数の安定領域をもちうる可能性があるからである。

　このように、非線形システムは、多重アトラクタ領域が存在する状態空間あるいは可能性空間を占めると表現することができる。社会全体のシステムにおいては、システムが正のフィードバックや自己強化プロセスに支配されていること、また確率的、あるいは周期的に駆動する環境的影響力と結合しているという事実の結果なのである。

7 | 多様性と自己強化メカニズム

　明らかに、システム構成が不安定になり、その結果、再編成や方向転換を行う場合の条件は、本来予測不可能なものである。すべての生物行動を特徴づける多様性がその証明である。この多様性こそが、システムの「進化的駆動力」を説明するため、進化の観点から決定的に重要である（Allen & McGlade 1987b, 726）。特異的で確率的な危険な行動はシステム内での進化的なゆとりを保つために作用し、間違うという戦略はそれゆえ極めて重要となる（Allen & McGlade 1987a）。実際、このような非最適で、不安定な挙動がなければ、システムの自由度は実質的に減少し、進化的変革のための創造的な可能性が著しく制限される。

　上記の方法によって切り離されてしまった長年の問題の一つは、アーサー（Arthur 1988, 10）が特徴づけた正のフィードバック、あるいは「自己強化メカニズム」の重要性である。個々のレベルと集団のレベルの境界で起こる増殖（reproduction）、協力、競争などの過程は、ある特定の強化条件のもとで、不安定で変わりやすい挙動を生み出す。不安定さは、一連の関連性のなかで、また共同体組織のより高い集約的なレベルにおいて機能する、自己強化的動的構造の産物であると考えられる。これは明らかに、個体群動態から、食物網や貿易網でよく起こるような複雑な交換と再分配の過程といった広範な現象についてあてはまることである。これらの問題を理解するうえで非常に重要なのは、関係のネットワークはいかなる外からの力、過程、情報の適用とは無関係に、崩壊または変容しやすいという事実である。不安定さはシステムの内部ダイナミクスに本来備わっているものなのである。

8 | 関係性とネットワークへの注目

　複雑系アプローチの関係的側面はそれ自体が大きなイノベーションの一つであるということである。西洋の思想のほとんどは本質的にカテゴリー化、つまり実体に基づいている。ボルヘス（Jorge Luis Borges）は、興味深いエッセイ "Tlön, Uqbar, Orbis Tertius"（タイトル訳：トレーン、ウクバール、オルビス・テルティウス）で、

名詞と実体(モノ)がどれほど西洋の思考に不可欠であるかを示した(Borges 1944)。名詞がない世界 —— あるいは名詞が、気まぐれに作られたり捨てられたりする、他の品詞と合成されたものである場合 —— は、すなわちモノがない世界であり、そこでは、ほとんどの西洋哲学の議論が成り立たないというのである。命題が述べるべき名詞がなければ、第一原理からの（原因から結果へという）アプリオリ（a priori）な演繹的推論はできない。歴史がなければ目的論（teleology）も存在しない。同じ対象を異なる時間で観測することがなければ、アポステリオリ（a posteriori）で帰納的な推論（inductive reasoning）（経験からの一般化）は不可能である。存在論（ontology）つまり「存在する（to *be*）とはどういうことか」という哲学はそこでは異質な概念となる。このような世界観においては、西洋社会の常識的な現実と通常考えられていることのほとんどが否定されてしまう。

　西洋の知的伝統に実体が不可欠であるということを受け入れることは、動詞についての問題を生じる。動詞のない言語では、実体間、異なる時間的瞬間、異なる空間的位置など関係性を定義したり、調べたり、考えたりさえもすることができない。動詞とこれらの関係性は、プロセス、相互作用、成長や衰退を考えるうえで不可欠である。「ある（being）」から「なる（becoming）」への移行において、構造が動的であることを強調しながら、複雑系アプローチはこの二つの見方を統合し、われわれの社会と同じように、科学においても、実体と関係性の両方の観点で考え、表現する必要性を際立たせる。

　このことは複雑系アプローチの大きなイノベーションの一つである、参加する主体をつなぐネットワークにおいて起こる過程という概念をもたらした。現在、社会科学研究の多くの領域で重要な革新的な手法となっているのが、ワッツ（Duncan Watts 2003）によって広められた最先端の複雑系アプローチの一つである。実体（ネットワーク科学では「ノード（node）」という）同士をつなぐリンク（ネットワーク科学では「エッジ（edge）」）をマッピングし、リンクの構造が参加主体によって駆動する過程に影響を与える方法について仮説を描くことに一定の重点を置いている（Hu et al. 2017）。これらのネットワークは相互作用の頻度の多少によってクラスタに分割されることが多く、相互作用のダイナミクスをそれらのクラスタの階層内で起こるものとして捉えることができる。

　自然科学や生命科学では、このようなクラスタ内の複雑系の組織化が系（システム）の軌道を決定づける主な要因であることが認識されているが、一部の社会

科学では、それほど受け入れられておらず、個々および集団全体（統計ツールを用いて）を捕捉できれば十分であるという考えが残っている。レーンら（Lane et al. 2009）は、社会科学において組織的視点を取り入れるべきだと考えている。というのは、社会は個人と社会の間の多くの異なるネットワークレベルによって構成されており、組織をレベルごとに見分けることは重要であると思われるからである。そのような各レベルにおいて、ネットワーク化された参加者は異なり、考え方、概念、言語も異なるのである。

9 ｜ 決定論的カオス

　動的システムの複雑性は、複数の動作モードが存在することによるところが大きい。例えば、交換システムに内在する不安定性の多くは、強い非線形相互作用の支配を反映している。生物集団の挙動（May & Oster 1976）や疫病のまん延（Schaffer & Kot 1985a, b）において、不規則で非周期的なゆらぎの出現を観測するのは、まさに、このような非線形性の役割である。これらの極めて不規則なゆらぎは、しばしば、外部環境による重要でないノイズ（noise）として片付けられてしまうが、決定論的カオスの現れである。この研究（Lorenz 1963 ; Li & Yorke 1975）の重要な貢献は、カオス的挙動が外部ノイズによって摂動されないシステムの特性であることを示したことである。のちの物理学、化学、生物学における観測の結果として、現在では非周期的でカオス的な軌道の種は、すべての自己複製システムに埋め込まれているとみなしている。これらのシステムには、固有の平衡が存在せず、多重平衡が存在すること、一連の共存するアトラクタが存在することが特徴である。システムはそれらのアトラクタに引き寄せられ、アトラクタ間で振動することもある。

　社会学的、生物学的、物理学的などにかかわらず、すべてのカオス系にみられるもう一つの重要な特徴は、任意の観測点において、その挙動の（従来の科学的な意味において）正確な長期予測が不可能ということである。この性質は「初期値鋭敏性（sensitivity to initial conditions）」（Ruelle 1979, 408）として知られるようになり、単に近接する軌道が指数関数的に発散することを意味する。一般的には、「バタフライ効果（butterfly effect）」——世界のどこかで蝶が羽ばたくとどこか別の場

所では大きな変化が起こりうる —— として知られている。または、有名な SF 作家、レイ・ブラッドベリ（Ray Bradbury 1952）の言葉を借りれば、「遠い昔に草を踏んだ誰かが、今日の大統領選挙に影響するかもしれない…」

10 | アトラクタ

　動的システムの作用はいわゆる位相空間（phase space）の中でみることができる。振り子運動という簡単な例を考えてみよう（図 7.3a, b）。一定の初期条件で振り子が前後に揺れ動くようにすると、その運動の状態は速度と位置によって表すことができる。速度と位置の初期値にかかわらず、振り子は重力や空気抵抗などのエネルギー散逸によって減衰しながら、最初の垂直状態に戻る。振り子運動がおこる位相空間は座標、変位、速度の組み合わせで定められる。すべての運動はポイントアトラクタ（point attractor）とよばれるある平衡状態に漸近的に収束する。位相空間のすべての軌道をその一点に「引きつける」ことにからポイント（点）アトラクタと呼ばれる。さらに、システムの長期的な予測可能性も保証されている。

　動的システムに共通する第二のアトラクタはリミットサイクル（limit cycle）である。これは、位相空間において、周期的な循環運動として表され（図 7.3c）、ポイントアトラクタと同様に安定で、長期的な予測可能性を保証する。

　しかし、ポイントアトラクタとは異なり、この周期運動はシステムが最終的に単一の動かない状態に移行するほどは減衰しない。その代わり、周期的な運動が続く。

　第三のアトラクタはトーラス（torus：環状体）である。トーラスはドーナツのような形をしている（図 7.3d）。トーラスによって支配されるシステムは準周期的である。すなわち、周期的な運動は異なる周波数で動作する別の運動によって変調される。このようなトーラスの特徴が組み合わさり、構造がはっきりしない時系列を生み出し、ある状況下では、トーラスは最終的に完全に予測可能なダイナミクスに支配されているにもかかわらず、カオスと間違えられることもある。トーラス状のアトラクタの重要な一面は、それ自体は特にありふれたものではないが、ある典型的な運動から別の運動への移行時に、準周期的な運動がしばしば

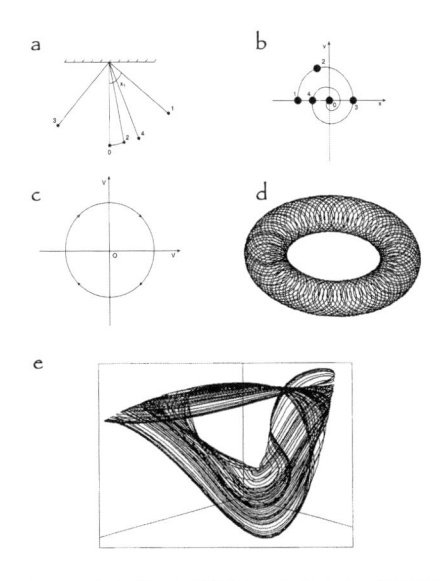

**図 7.3　さまざまな種類のアトラクタ。説明は
本文参照。**（ファン・デル・レーウ作成）

みられるということである。スチュアート（Ian Stewart 1989, 105）が指摘してい
るように、トーラス状のアトラクタはカオスのようなより複雑な非周期性を分析
するための出発点として有用である。

　システムの挙動を言い表すさまざまな周期性の組み合わせは他にもあるが、
もっとも複雑なアトラクタは、いわゆるストレンジアトラクタ（strange attractor）、
あるいはカオスアトラクタ（chaotic attractor）（図 7.3e）と呼ばれるものである。こ
れは周期的でも準周期的でもない、完全に非周期的な運動を特徴とし、時間発展
の長期的な挙動の予測は不可能である。にもかかわらず、長い時間をかけて規則
性が現れることもあり、それによって局所的には不安定であるものの、大域的に
はある程度の安定性をアトラクタに与える。加えて、カオスアトラクタのもう一
つの特性は非整数次元あるいはフラクタル次元によって特徴づけられるというこ
とである（Farmer et al. 1983）。位相空間の軌道を拡大すると、それぞれの軌道を
表す曲線は、相似の構造を持っている別の曲線で構成されていることがわかる。
この無限の（入れ子）構造が、マンデルブロ集合のようなフラクタル幾何学の特
徴である（Mandelbrot 1982）。

最後に、動的システムとアトラクタの分類において、低次元ストレンジアトラクタの複雑性のさらに先には、乱流によって特徴づけられる完全なカオスがあることを指摘したい。実際、典型的なカオス的挙動は液体や気体の乱流のなかに見られることが多い。このような極めて不規則な状態の例としては、立ちのぼる煙や、船や航空機の翼の後方にできる渦などがある。

11 ｜ 多重スケール性

　複雑系ネットワークのリンクは、大きく異なる時空スケールと組織スケールで発生する可能性があり、複雑系観点の多重スケール性はひとつの重要な特徴の一つである。従来は、二つか三つのスケール（マクロ、メゾ、ミクロのいずれか、あるいはいずれも）を選択して、関連する過程を分析調査してきた。しかし、多くの場合、実際に何が起こっているのかについて、限定的、恣意的な洞察しか得られない。そこで、多くの異なる時空スケール間の動的モデリングが CAS 研究では重要なツールとなっている。例えば、景観生態学において、アレンと共同研究者たち（Allen et al. 1982；1992）は、複雑系の動的要素をそのクロックタイムに基づいて分類し、時間的な階層を区別するアプローチを開発した。この時間の階層では、クロックタイムが速い要素は状況変化に迅速に反応できるが、クロックタイムが遅い要素はシステム全体を安定に保とうとする傾向がある。
　この 15 年で、多重スケール性を持つ複雑系のダイナミクスを理解するための新たなツールがさらに精密化された。そこでは、微分方程式を用いて、あるいは、エージェントが従うべき行動ルールを定めることによって構築されたエージェントベースモデルを用いて、動的レベルを明らかにするといった、さまざまなモデリング技術が駆使されている。

12 ｜ オッカムの剃刀

　複雑系アプローチのもう一つの重要な側面は、われわれはもはや「二つの異なる解を得たときにはより単純なほうを選ぶのがよい」という古い教訓に従うこと

ができないということである。実際、「倹約の原則（rule of parsimony）」 —— 中世のフランシスコ会修道士、スコラ哲学者、神学者であるオッカム（William of Ockham、1287〜1347）の名から「オッカムの剃刀（Occam's Razor）」とも呼ばれる —— は、還元主義的科学の重要な構成要素の一つである。この原則では、現象やプロセスの次元数を減らすことにより、関係はあるが重要でないと思われる情報を取り除くことによって、科学的な明快さを追求する。その結果、われわれを取り巻く世界を理解しようとする際に、ますます逆効果となるような、直線的な因果関係のナラティブ（言説）が生まれやすくなる。

　一方、複雑系アプローチは新規性の出現を探求し、調査対象となる過程の次元数を増やすことに着目する。それは伝統的な還元主義的アプローチと根本的に対照をなすものである。現象は単純であり、単純な仮説によって説明できると考えるのではなく、われわれが観ているものは複雑で多次元的な過程間の相互作用の結果であり、それゆえに相応の視点で理解する必要があると考えるのである。

13 ｜ 複雑系アプローチと認識論

　本章を終えるまえに、複雑系アプローチの認識論的な意味合いについて少しばかり述べておく必要がある。ひとつは、主体—客体関係の性質についてである。「本当の世界」を知ることはできないことが認識されているように、問題を調査する人が対処しなければならない対象はもはや実世界ではなく、その世界に対する自分自身の認知である。従って、科学者と研究対象の間、とりわけ、研究者と研究対象である現象に対する研究者自身の認識の間に、新しい関係が加えられることになる。そこに観察者の主観は存在し、用いられる方法（論）が科学的なものであるとしても、すべての理解の基礎とされるのである（van der Leeuw 1982）。

　この視点の変化は、用いられているモデルと観測される実世界との（暗黙の、そしてしばしば無意識の）結びつきを緩めてしまうので、極めて重要である。これは、われわれが（新）実証科学において長いあいだ目指してきた（あるひとつの）真実の探求に代わるものを示している。すべてのことが説明できるという希望のもとに過去をできる限り詳しく調べるのではなく、さまざまな結果を研究し、さまざまな原因を研究し、システムの挙動についてのさまざまなモデルを構築す

ることが、より価値のあることであると認識しなければならない。これらのモデルは理解できるかもしれないが、実際の現象を完全に理解することはできない。現象の次元の数が無限であるということは、すべての知見は不完全なものにならざるを得ないという理由からも明らかである。したがって、まさに直観的な洞察力で研究対象である現象を理解するのに役立つ複数のモデルを生成することに注力することになる。すると、モデルはわれわれが知覚する現実よりも、同時に多くもあり少なくもあるということが分かる。説明と予測とは図式的には対称であり、一部の実証主義的な科学哲学者は、論理的にも対称であると論じている（例えば、Salmon & Salmon 1984）が、一方は閉じたカテゴリーを使用し、他方は開いたカテゴリーを使用しているという事実は、両者が本質的にまったく非対称であることを示している。科学者として、われわれはこのことに同意せざるを得ない。それがわれわれにできることのすべてだからである。そして、このことは、これまで考えていたよりもはるかに多くのことができる可能性を広げている。

　その他の意味合いは、変化の本質に関わるものがある。すでに、伝統的なアプローチでは、変化によってもともとあったものが新しいものになったりならなかったりすると述べた。変化とは二つの安定した状態の間の移行である。ここで述べてきた CAS の観点では、変化とは根源的で、決して止まることがない（たとえその速度が遅くても）と仮定される。これはブローデル（Fernand Braudel e.g. 1949 ; 1979）の歴史的思想に近い。彼は変化とは根源的で、相対的で、異なる速度で起こるため、短期的な速度の変化に比べて、長期的な速度の変化は安定と同じようにみえると考えていた。このように、安定とは、実世界には存在しない研究装置なのである。安定を用いるということは、絶対的で非経験的な時間スケールを用いることに付随している。時間の認識は必然的に相対的であり、観測者の立ち位置に依存し、変化が起こる速度と関係している。これらはともに日常的な経験の一部であり、例えば、忙しいときに、立ち止まって考えることがほとんどないため、より多くの経験（思考や感情）が、その時点では非常に速く過ぎるように感じる期間枠に収まるという例外的な状況に要約される。逆に、何もすることがないときは、時間は際限なく伸びるようにも感じられる。しかし、振り返ってみると、ある種のドップラー効果の影響の下にあるようにも思える。日、月、年などが伸びたり縮んだりすることはないにもかかわらず、「多くのことが起こった期間」は「ほとんど何も起こらなかった時期」より長く感じられるからだ。したがっ

て、絶対的な安定状態を構築するには、経験とは無関係の中立的な時間、絶対時間を用いる必要がある。

　変化の本質はまた、驚くことではないが、二つのアプローチで異なる。伝統的システムのアプローチ（目標範囲内で揺れ動くような状況でない場合）では、発展は収束するため、結果、多様性は減少し、情報は消滅する。つまり、時間経過による発展は熱力学第二法則に合致していると考えられる。しかし、このアプローチは、閉じたシステムにおける不活性な現象の研究にしか適していない。一方で、動的システム（複雑適応系）のアプローチは、発散や成長に注目する。したがって、生態系の変化に影響を与える相互増幅メカニズムのような拡大するネットワークにおける変化の研究に最適である。遺伝暗号のような、確立された関係の構造の研究には、解析的アプローチが広く用いられている。

　最後に、一般論と詳細のレベルがどのように関係するかは、研究者それぞれが選んだ基本的なアプローチを示すものである。解析的なアプローチは、その事後的な視点のため、詳細を説明するために一般論をより強調する傾向にある。一方で、現象が現れているときにその現象を認識しているのか、あるいは現象のすべてを認識しているかどうかさえも定かではない視点では、特定の一般的要素を指摘しにくいが、関係するすべての（あるいはほとんどの）認識された詳細の相互作用を確認しやすくなる。そのような説明は個々の意思の相互作用、類似点や相違点、互いの関係性などから生じるパターンという観点によってなされるであろう。そのような説明は必然的に近接性をもつものとなる。

原著注
*1　この時点でレジリエンスについて長々と説明するのは避けたいので、メリアム・ウェブスター・ディクショナリーの説明を引用するに留めたい。レジリエンスとは「システムが災難や変化から回復したり、容易に適応したりする能力」。また、レジリエンスの概念については第 5 章で議論している。

第 **2** 部

第 8 章　人間の社会環境的共進化の輪郭

「結局のところ、歴史とは情報がそれ自体を認識するようになる物語なのである。」

(Gleick, 2012, 12)

1 はじめに

　本書の第1部では、特に第4章から第7章にかけて、「長期的な事前見通し」、「未来のために現在について過去から学ぶこと」、「複雑系思考を用いること」など、私のアプローチの特徴をいくつか紹介することによって、本書における議論の基礎を提示した。

　本章では、認知、技術、社会組織、社会と環境との相互作用に焦点を当てながら、人間社会の長期的な共進化の輪郭を描くことで、本書の中心となるテーマを提示し、議論を始めようと思う。続く六つの章では、異なる時空間スケールで、異なる視点から、その関連するダイナミクスについて説明する。

　第2部の二つの章では、同じ視点に立ちながらそれぞれ異なるスケールを用いてダイナミクスを詳しく述べている。そのうちの一つめである本章では、まず人間の認知（約250万年前から紀元0年頃まで）と技術、組織としての社会、環境との超長期的な共進化の側面について概説する。第3部のはじまりである第15章はこの話題の続きであり、ヨーロッパの世界システムがどのように出現し、紀元1000年頃から現在までにどのように発展してきたかに焦点を当てている。この章では、ウォーラーステイン（Immanuel Wallerstein）の（1974年から1989年までの）「近代世界システム（Modern World System）」についての視点を具体化し、ヨーロッパのスケールで、そのシステムを崩壊の淵に立たせた三つの大きなティッピング・ポイントと、それにもかかわらず、現在の世界システムを包含するまでに成長と進化を続けることを可能にした変化について述べる。

　第10章では、オランダ西部における8世紀にわたる社会環境の進化について詳細に考察し、その地域の技術、環境、経済、制度、地理を変えた自助努力(boot-strapping) の過程について重視する。その過程を、解決策と課題の継続的な相互作用という観点で捉え、その過程においては、以前の行動による予期せぬ結果が重要な役割を果たす。

　第9章では、これらの事例研究を情報処理組織における変容の事例として考察

することを可能にする理論的アプローチについて言及する。このアプローチでは、プリゴジンの「散逸的流動構造（dissipative flow structure）」という考え方を採用し、エネルギー、物質、情報の流れの相互作用が、より複雑な社会をどのように構成しているかを説明する。

　第 11 章では、情報処理をパーコレーション現象としてとらえることで、上述のアプローチをより理論的なレベルで議論する。パーコレーション現象においては、ネットワークの活性化と、ノードあたりの平均エッジ数というネットワークのサイズとの関係性が、システムの主な特徴を決定している。

　情報処理を私のアプローチの説明の核とし、それを創発の研究の必要性を強調する複雑（適応）系（CAS）の視点と組み合わせることで、発明（第 12 章と第 13 章）を、技術システムによって生み出される物質的ニッチと、その中の主体による知覚との相互作用の中で形作られるものとして捉えることができる。そして第 14 章では、本書の第 2 部の締めくくりとして、村から町へのシステム移行における変容のダイナミクスのモデルについて述べる。

2 ｜ 核心にあるのは人間の情報処理

　私の主張の核心は、社会は集団的な情報処理組織であり、したがって人間の情報処理の進化が人類社会の長期進化の中心にあるということである。人類の長期進化に関する多くの社会科学的アプローチ（ライト［Henry T Wright 1969］やジョンソン［Gregory A. Johnson 1982］のような少数の考古学者や、経済学者のアウアースバルト［Philip Auerswald 2017］を除く）とは異なるこのアプローチを、なぜ私が選んだのか？　その理由は、私がここで求めているのは、長期にわたる人間の行動の変化に関する一連の近接的な説明ではなく、一般的な説明だからである。言い換えれば、さまざまな状況下での人間の社会全体としての行動の出現を説明し、同時にその行動がどのように変化したかを説明できる動態を求めているからである。

　環境に対する人間の反応は、人間の技術や社会的・経済的行動と同じように、人間の認知と組織によって決定されることは明らかであると思われる（これらの関係については、ルロア＝グーランの基本的な取り扱いを参照：Leroi-Gourhan 1943；

1945；1993））。われわれの認知装置は、私たち一人ひとりと彼／彼女の環境との間の普遍的な境界面であり、その環境とわれわれが潜在的に取る行動の本質をどのように認識するかを形作っている。この装置は、個人の幼少期からの学習によって獲得されるものであり、その学習は、その学習が行われる社会文化的環境や自然環境によって形づくられる。その結果、人間の行動様式が形成されるのだ。個人は自分が生き残るために、すなわち生存を維持しそのほかのあらゆる欲求を満たすために、習得した思考と行動のためのツールを使う。このような思考と行動のためのツールを使うことこそが、私が情報処理と呼ぶものである。情報処理とは、個人や集団の状況に関する情報を収集し、その状況に適した行動を組織し実行することである。

　しかし、これは全体的な議論の一部に過ぎない。現代科学は、自然界には物質、エネルギー、情報という三つの基本的な構成要素（commodity）があるという前提に基づいている。このうち物質とエネルギーは、人間であれ人間以外の動物であれ、個体の肉体的生存に不可欠なものである。エネルギーは物質に変えることができ、またその逆も可能である。そして、そのどちらも物理学者が「保存の法則（law of conservation）」と呼ぶものに従っているが、それは共有することはできないが、伝達することはできるということである。物体を手渡したり、エネルギーに関連する作業を行う人は、一度使用されたり手渡されたりしたエネルギーや物質を再度所有したりコントロールしたりすることはできない。情報とその処理は、われわれが物質とエネルギーをどのように手に入れて、それを使って何をするかを決定づける。しかし、物質とエネルギーとは異なり、情報は実際に共有することができる。例えば、私が誰かに何かのやり方を教えたとしても、その後私はそのやり方がわからなくなるわけではない。思考と行動のためのツールは共有できるのである。

　もう一歩踏み込んだ議論をするならば、人間社会が、思考と行動のためのこれらのツールを共有することに依存していることは容易に理解できる。人々の集団や社会が共有するこのようなツール一式を、我々は一般に文化と呼んでいる。例えば、制度、物事の進め方、さまざまな環境で生き残るための知識、石器（artifacts）などである。つまり、人間社会は集合的情報処理組織なのである。

　したがって、人間社会の長期的な進化は、第一に、人間の情報処理（あるいは近年アウアースバルト［Auerswald 2017, 1］が現したように「コードの進歩（the advancement of code)」）の進化であり、本章では、ドワイト・リード（Dwight Read）と共同執筆した一連の論文（Read & van der Leeuw 2008；2009；2015）に基づく観点から、300 万年に及ぶ人類史の概観を読者に提示したい。

　その歴史は二つに分けることがでる。その一つめは本質的に生物学的なもの（脳の成長とその認知能力）であり、もう一つは本質的に社会文化的なもの（進化した脳の能力を最大限に活用するための学習）である。そこで、本章を大きく二つのパートに分け、それぞれで認知についての生物学的進化と文化的進化を紹介する。最後に両者を統合することのできる簡単なモデルについて述べ、本章をしめくくる。

　この二つの議論のそれぞれが、異なる学問分野やより細分化された分野からの洞察や知識に基づいていることを強調しておきたい。前半の議論は進化生物学と進化心理学の議論から派生したものであり、したがって本質的に生命科学の認識論と議論、そして動物行動学、古人類学、認知科学から派生したデータに基づいている。これは、現生霊長類の能力、さまざまな発達段階におけるヒト族（hominins）や現生人類の化石や彼らの手による人工物、現生人類の身体的・行動的特徴を比較することによって、現在に至るまでの人類種の認知能力の進化を再構築しようとするものである。そのため、多様なデータポイントやアイデアの寄せ集めとなっているが、これが一貫してまとまっている限りにおいて、その最大の目的は新たな疑問を提起し、後半の議論の土台を提供することにある。

　一方、後半の議論は考古学と歴史学から派生したもので、人文科学、つまり社会科学の認識論や考古学的、有史時代的、近代的な観察資料からのデータや洞察に基づいている。ここでは小規模な移動をする狩猟採集漁撈集団から、村落、都市システム、帝国を経て今日のグローバル社会へと至る集団としての社会組織の発展について、その発展においてエネルギーと情報処理が担う役割と形態に焦点を当てながら、概説を試みる。これらのアプローチを組み合わることで、私は、人類史において観察された現象を説明するために、われわれの種の生物社会的性質による制約と機会を利用することとし、また多くの考古学者やほとんどの歴史家にとって最初は認識するのが難しいかもしれないが、体系的な用語で表現することとする。これを行うことが正当であると私が考える理由は、すべてではないにせよ超学際的研究は、関連する学問分野の実践者を良い意味で動揺させる必要があり、これらの学問分野を実践するコミュニティによってだけでなく他の人々によっても、新たな疑問や課題を提起し、われわれの知識や洞察の（可能性の）

限界を広げることを目指さなければならないからである。私が試みたこの可能性を広げようとする方向性が、現在の持続可能性の議論に貢献できることを期待している。

3 | 人間の脳の生物学的進化

　共進化の過程における最初の部分は、人間の脳の機能的な発達と、同時に増大する情報源に対処する能力に関するものである。ここで最も重要な中心的概念は短期作動記憶（short-term working memory : STWM）の進化であり、それは特定の思考回路や行動指針に従うために、どれだけ多くの異なる情報源を相互作用的に処理できるかを決定するものである。

　この進化を再構築するには、さまざまな方法がある（Read & van der Leeuw 2008 ; 2009 ; 2015）。間接的には、チンパンジー（現生人類を生み出した進化系統の中で最も近い共通祖先）の STWM と現生人類の STWM を比較することで補間できる。ナッツを割るという行為において、チンパンジーの 75 パーセントは三つの要素（金床、ナッツ、石斧）を組み合わせることができることから、チンパンジーの STWM は 3±1 であると考えられる（25 パーセントはナッツの割り方を習得しないからである）。一方、情報源を組み合わせる人間の能力をさまざまな方法で計算した実験では、現代人の STWM は 7±2 であった。この差は、チンパンジーが 3 〜4 年で青年期を迎え、現代人は 13〜14 歳で青年期を迎えるという事実と見事に一致している。したがって、STWM の成長は両種とも青年期以前に起こり、青年期到達年齢の違いが STWM 能力の違いを説明すると推測される（図 8.1 ; Read & van der Leeuw 2008, 1960 参照）。

　STWM の成長を裏付けるもう一つのアプローチは、大脳化（現生人類の祖先の体重に対する脳の割合の経時変化）を測定することである。これらの割合の変化は、発掘された各亜種の骨格に基づいており、図 8.2 に示すように、これらの祖先が石器を成形する方法と程度に基づいて立証されている STWM の進化とうまく対応している（Read & van der Leeuw 2008, 1964 参照）。

　これらのアプローチはいずれも外挿に依存しているため、ここでの命題に対する直接的な証明にはならないが、現生人類に先行したさまざまな亜種や変種が石

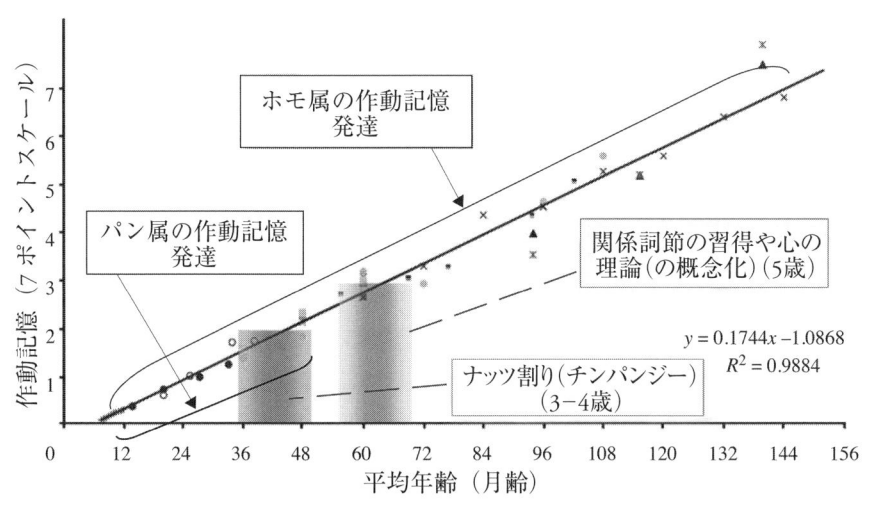

図 8.1　パン属（チンパンジー属）とホモ・サピエンスにおける認知能力と幼児成長の関係。傾向線は、時間遅延反応（Diamond and Doar, 1989）を乳児の年齢に回帰したものである。傾向線がそのデータセットの平均を通るように、データセットごとにスケールし直されている。作動記憶は 144 ヵ月で STWM=7 とスケーリングした。「不明瞭な」縦棒は、チンパンジーのナッツを割る年齢と、ヒトの関係詞節の習得や心の理論（theory of mind）の概念化ができる年齢を比較したものである。［STWM のデータは以下の記号で表される：・=模倣（Alp 1994）；＋=時間遅延（Diamond & Doar, 1989）；□=数想起（Siegel & Ryan 1989）；x=言語総得点（Johnson et al. 1989）；x=相対節（Corrêa 1995）；■=数ラベル、スパン（Carlson et al ;）；o=6 ヶ月再テスト（Alp 1989）；▲=世界想起（Siegel & Ryan 1989）；●=空間想起（Kemps et al. 2000）；◆ひし形=相対節（Kidd & Bavin 2002）；-=空間ワーキングメモリ（Luciana & Nelson 1998）；――=線形時間遅延（Diamond & Doar 1989）］

　器を形成する方法や程度を研究することで、いくつかの直接的な証拠が得られる。これをまとめたものが表 8.1 である。ここでは、石器製作行為の進化と、それらが定義する概念、製造行為に関わる次元の数、必要とされる STWM とを結びつけ、また、それぞれの段階の例となる石器を挙げている。この表から、人類のSTWM 能力が 7±2 に発達するのに、ケニア・ロカラレイ（Lokalalei）で見つかった石器から始まり、石刃を作る能力に至るまで、少なくとも約 200 万年かかったことがわかる。

　石器の三次元的な概念化の習得（図 8.3a-d 参照）（Pigeot 1991；van der Leeuw 2000

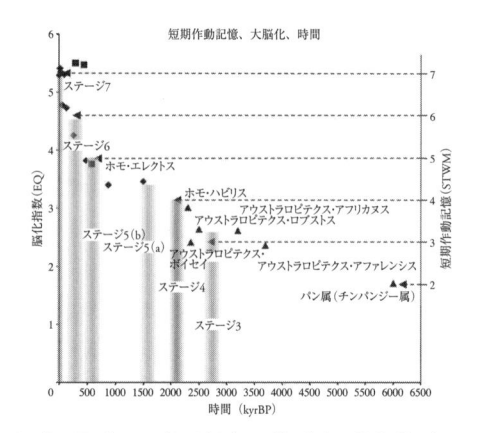

図8.2　ヒト科の化石とパン属（チンパンジー）に基づく脳化指数（encephalization quotient：EQ）の推定値グラフ。初期のヒト科化石は分類群ごとに同定されている。各データポイントはその時代のヒト科化石の平均値。「不明瞭な」縦棒の高さは、その縦棒で表されるステージの出現データに対応するヒト科動物のEQである。右縦軸はSTWM。データは以下より引用：▲：Epstein 2002；■：Rightmire 2004；◆：Ruff et al.：Ruff et al. 1997。EQ＝脳の重量÷（11.22×体重[0.76]）、Martin 1981 参照。

b）は、STMW がどのように機能したかを示す好例である。最初の道具は基本的に礫で、円周の一点（通常、礫が尖っている部分）から、より鋭い縁辺（edge）を作るために、石片が取り除かれている（図8.3a）。剥片を除去するには、三つの情報が必要である。剥片を除去した後の道具、剥片を除去するための石斧、そして打撃時に二つ石の角度を90度以下に保つ必要性である。ここでは STWM3 であることを証明しなければならない。次のステージでは、この動作（剥離）が礫の縁辺に沿って繰り返される。そのためには、上記の三つの変数と、四つ目の変数、つまり連続的に同一方向から加撃すること、を制御しなければならない。したがって、STWM4 となる（図8.3b）。次に、エッジ・ラインが複数つながり、最初と最後が交わって閉じられる。製作者は、最後の剥片が最初の剥片に接するまで、礫の周りを一周剥ぐ。これだけでは全く新しい段階ではないので、これはSTWM4.5 と呼ばれる。しかし、ひとたびエッジ・ラインがつながって出来た環状の線が面を形成すると認識されると、二つの選択肢が生じる。それは、面の周囲の縁辺を砕いて、中心部分を取り外して面の輪郭を示すか、あるいはその逆で、まず中心部分を取り出して、それから縁辺を整えるという方法である。この概念

144

表 8.1　最古の石器（ステージ 2、2600 万年以上前、ロカラレイ 1 で発見）から複雑な石刃技術（ステージ 7、5 万年前頃に世界のほとんどの地域で発見）までの石器製造の進化。表の上部項目、2～5 番目は特定の STWM 能力を想定するに至った観察結果を示している；8 番目（太字）は各ステージの STWM 能力を、9 番目は各ステージの開始時期のおおよその年代を示している。10 番目はステージの裏付けに関わる石器のカテゴリーを示す。より詳しい説明については、Read & van der Leeuw 2008 (1961-1964) を参照のこと。

ステージ	概念	行動	新規性	次元性	目標	**モード STWM**	時期（万年前）	出土例
1	オブジェクトの属性	反復可能	機能的な属性がある：強化できる	0	オブジェクトを使う	1		
1A	オブジェクト間の関係	反復可能	タスクを果すためにオブジェクトを使う 複数のオブジェクトを組み合わせる	0	オブジェクトを組み合わせる	2		
2	課せられた属性	反復可能	タスクの遂行のために変更されたオブジェクト	0	オブジェクトを改良する	2	>2.6 My	Lokalalei I
3	剥離	反復	全体的なデザインのない意図的な剥離	0：入射角 <90°	剥片を形づくる	3	2.6 My	Lokalalei 2C
4	縁	反復：各片が次の片を制御する	削片群：芯に縁を作るための剥離	1：稜線が部分的な境界を作る	コアを形づくる	4	2.0 My	Oldowan chopper
5	縁を閉じる	反復：各片が次の片を制御する	削片群：縁と面を作るための剥離	2：表面の生成要素としての縁	縁から両面を形成	4.5		
5A	表面	反復：各片が次の片を制御する	整形：形を作るための剥離	2：表面は意図された要素を互いに関連づけられている	表面から両面を形成	5	500Ky	Biface handaxes
6	表面	アルゴリズム：片の除去が次の片を準備する	成形面の位置と角度を制御	2：面は制御できたが、形状が制約される	工具の連続生産	6	300 Ky	Levallois
7	交差面	アルゴリズムの再帰的適用	細長い石製の道具（ブリュス、フレード）：単調な作業	3：薄片除去はコアの形を保つ：形状拘束なし	工具の連続生産	7	.50 Ky	Blade technologies

（出典：Read & van der Leeuw 2015。Cambridge University Press の許可を得て転載。）

145

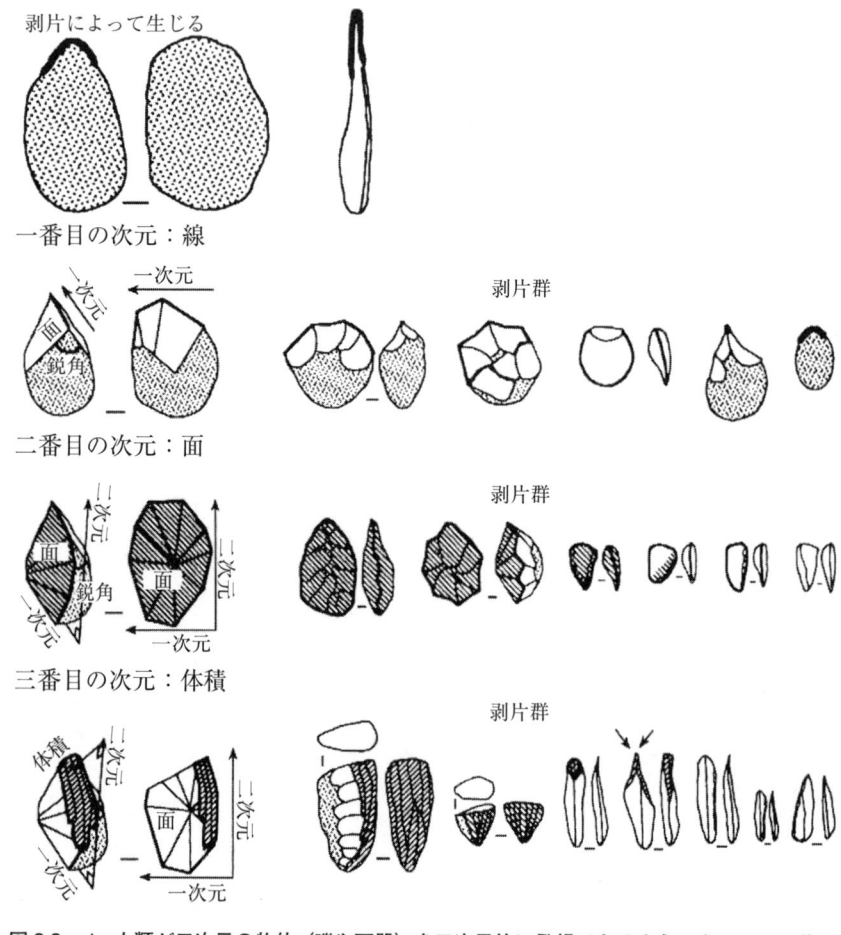

ゼロ次元：点

剥片によって生じる

一番目の次元：線

一次元

剥片群

二番目の次元：面

剥片群

三番目の次元：体積

剥片群

図 8.3a–d　人類が三次元の物体（礫や石器）を三次元的に発想できるようになるには、約二百
　　　　　万年かかる。(a) 礫の先端の剥片を取ることはゼロ次元の行動であり、STWM3 を要
　　　　　する；(b) 隣接する複数の剥片を連続して取り除くと（一次元の）線ができ、STWM
　　　　　4 が必要となる；線をその線自体に達するまで伸ばし、引かれた線によって面が定義
　　　　　される。これは STWM4.5 を表す；線とそれが囲む面を区別することは、完全に二次
　　　　　元で作業することを意味し、STWM5 が必要となる；(c) 三つ目の面から剥片を取り
　　　　　除くためにあらかじめ二つの面を整えることは、礫の三次元的な概念化を証明し、
　　　　　STWM7 が必要である。

（出典：van der Leeuw 2000b。編者の許可を得て掲載）

的な可逆性は、製作者が今や五つの作業を理解し、彼らは STWM5 に達していることを示している（図 8.c）。次の段階は再び連続的に発展するが、より複雑な方法である。

　いわゆるルヴァロワ技法（Levallois technique）では、礫をその縁に沿って二分割すること想定して剥離することによって、一つの石器を作ると同時に次の石器の準備も行うのである（STWM6）。そして最後に、製作者は完全に三次元の作業を行う。二つの面を準備してから、三つ目の面から剥片を切り出す。この STWM7（図 8.3d）段階で初めて、製作者たちは立体的な石器を加工できるだけでなく、石片を立体的なものとして考えることができたことがわかる。それに応じて作業技術を適応させ、ロスを大幅に減らし、効率を高めることができる。

　後期旧石器時代（今から約 5 万年前）の道具や人類が存在した痕跡をよく観察すると、約 200 万年後には、人類は次のことが可能になったことが分かる（van der Leeuw 2000b）。

- ・現実と観念の区別をつける
- ・類似点と相違点に基づいて分類する
- ・フィードバック、フィードフォワード、時間の逆算をする（例えば、どのような行動をとればその結果が得られるかを判断するために、観察された因果関係の順序を逆にする）
- ・制御ループを含む一連の動作を記憶し、表現する。また、製造工程の手順に取って代わるものとして組み込むことができる手順を考える
- ・点—線—面—体積のような基本的な階層や、サイズや包含の階層を作る
- ・包摂関係、つまり、全体とそれを構成する部分の関係（これらの関係を逆転させることも含む）を考える
- ・生産過程の各工程の違いなど、複雑な一連の動作を心に留める
- ・物体を縮小した寸法で表現する（例：実物そっくりに描かれた洞窟壁画）

4 | イノベーションの爆発：物質を使いこなし、脳の使い方を学ぶ

5 万年前[*1]、特に 1 万 5000 年前から後、地球上のあらゆる場所で真のイノベー

図 8.4　左上から下、さらに左から右へ、画像は、オルドワンの
　　　チョッパーから、アシュールの手斧、ムスティエの手斧、ル
　　　ヴァロワの道具、ソリュートレの刃物、新石器時代の手斧を
　　　経て、石器製作の技術的進歩を示している。最初の四つの画
　　　像は STWM7±2 以下の段階を指し、最後の二つは STWM7
　　　±2 に達している。
（出典：van der Leeuw 2000b。編者の許可を得て掲載）

ションの爆発が起こったのが見てとれる。あらゆる分野での膨大な数の発明は実
に驚くべきものであり、それは今日に至るまで加速してきた。人間の STWM が
これ以上発展すると考える理由はない。実験的証拠によれば、現生人類は現在、
最大で七つか八つ、時には九つの作業や情報源を同時に扱う能力を持つが、一方
で現代の技術、言語、その他の成果を簡単に精査するだけでも、7±2 の STWM
で達成できることは多種多様であることがわかる。したがって、約 5 万年前から
現在に至るこの次の段階においては、心の生物学的発達はもはや大きな制約を課
しておらず、STWM の能力を最大限に活用した可能な限りの技術を獲得するこ
とに重点が置かれていると主張したい。これはとりわけ、人間と環境との共進化
の性質に劇的な変化をもたらす（例えば、Henshilwood & Marean 2003；Hill & Hurtado

2009)。

　この過程にはいくつかの段階がある。第一段階では、全世界的に道具類が爆発的に普及するが、採集・狩猟・漁撈を行いながら移動するというライフスタイルは変わらないままである。そのとき出現した技術革新の一環として、それまでは生存を可能にする道具がなかったために立ち入ることができなかった環境に、人々が移動していく。この時期に、例えば、人々はより寒冷な気候の高緯度地域や砂漠地帯などに移り住むようになり、まったく新しい技術的・社会的適応を必要とするようになった。これを説明する一つの方法は、人々が遭遇する様々な問題を解決するために、より集団的に行動するようになったと仮定することである。これは、STWM 能力のプールと同様に、情報伝達の重要性とその手段の増加を意味する。

　このような変化には情報処理が不可欠であるという私の基本的な考え方に沿うと、これから人類の歴史に起こる変化は、新しい力学に起因するものだと私は考えている。

問題解決によって知識が構造化する→知識が増えることで情報処理能力が高まる→その結果、新たな問題の認知が可能になる→新しい知識が生まれる→知識の創造はより多くの人々を対象とする→関係する集団の規模が大きくなり、その集約度が高まる→より多くの問題が生まれる→問題解決の必要性が高まる→問題解決によってより多くの知識が構造化する…など

　その過程で、学習は個人から集団へと移行した。なぜなら対処すべき課題の次元が高くなり、個人の対応能力を超えたからである。これには、上記のようなフィードバックループの出現が関係している（van der Leeuw 2007）。

　こうした発展の結果、約 3 万 5000 年後、ヨーロッパでは上部旧石器時代後期と中石器時代と呼ばれる時代に、その他の多くの認知機能が確認されるようになった（van der Leeuw 2000b）。これらには次のようなものがある。

　・まったく新しいトポロジー（位相）の使用（例えば、鍋や小屋、籠のように、
　　空間を囲む固体のトポロジー）
　・道具を作るために多くの新しい物質が使われるようになった。これらの物

資がそれ以前に使われていなかったことを証明するのは難しいが、それにもかかわらず、この時代以降、木や他の腐りやすい物質と同様に、骨で作られたものが頻繁に確認されるようになる。

- 異なる物質を組み合わせて一つにし、同じ道具を作ること（例えば、小さな尖った石器に木や骨の柄を取り付ける）。
- 製造工程の手順を還元的なものから加法的なものへと逆転させること。この時代まで主流だった前者のやり方は、道具は、まず石の塊のような大きなもので作り始め、そこからどんどん小さな欠片を切り出すことによって、形状を制御していた。一方、加法的アプローチでは、繊維のような小さな粒子が、より大きな線状の物体、つまり糸、に結合され、二次元の物体（織布など）になり、最終的に三次元の物体（人間など）にフィットするように（縫製によって）形が与えられる。これは、より広い範囲のスケールを認識することを意味しており、製造中に修正ができるという利点がある。このような修正を還元的な製造工程で行うことはより困難である。
- 頭の中にある一連の作業を細分化したり、あるいは、一体化したりする。これによって、（複雑な）準備段階（例えば、原材料の収集と準備、概形の作成、成形、仕上げ）を、区別しながらも、異なる製造段階をまたいで論理的に結びつけることができる（原材料の選択をその後の製造工程のすべての段階に適応させるなど）。

その結果、新しい道具の発明が、（東アジアでは）約1万3000年前または（近東では）1万年前までの期間を特徴づけている。それまでのほとんどの自給自足様式の特徴は、その環境に自生するさまざまな食料を収穫するという多資源戦略であったが、この頃になると、新しい道具類によってより広い領域を対象とすることが可能になり、その環境容量を常に下回るように、移動距離はますます限られるようになった。事実、人々は環境と相互作用するためのノウハウを持っておらず、環境に反応することしかできなかった。彼らは（長期滞在用のシェルターの建設、森林の伐採、土地の耕作、家畜の飼育など）環境に投資することはなかった。それゆえ、誰もが制御不能な変化に日々対処しながらも、リスクはたいして重要ではなかった。リスクは、人間が何かを達成するために費やした努力や（人的、自然的、金銭的）資本が、その後破壊されたときに生じるものだからである（van der Leeuw 2000b 参照）。

5 ｜ 最初の村落、農業と牧畜

　次の段階となる約 1 万 3000 年〜1 万年前には、継続的なイノベーションの爆発が多くの人類の生活様式を一変させた。その加速度は圧倒的で、数千年の間に地球上のほとんどの人類の生活様式を変容させた。人々は小さな集団で移動しながら生活するのではなく、より小さな領域での活動に専念し、さまざまな自給自足戦略を考案し、場合によっては、文字通り、小さな村落に定住した(van der Leeuw, 2000b, 2007, およびそれらの参考文献)。しかし、個人の情報処理能力は向上していないため、こうした発展は、より多くの人々の相互作用がますます緊密になること、意思疎通と協調の改善が情報処理能力の密度を高めたためであるという、多くの研究者の考えに私も同意する。これらの進歩が相まって、環境がもたらす課題に取り組むために人々が用いることができる手段が大幅に増加した。われわれの種はさまざまな領域で発明や革新を行う能力を急速に高め、より複雑な課題により短時間で対応できるようになった。その結果、人類の適応能力が大幅に向上したのである。しかし逆の見方をすれば、こうした解決策は、より多くの人々を、今や自分たちが部分的に支配している物質世界の操作に関わらせることによって、結局のところ、新しい、しばしば予期せぬ社会構造上の課題を引き起こした。このような課題はしかるべき時期までに克服するには多大な努力を必要とした。

　その過程の一環として、多くの根本的な変化が起こった。まず、社会とその環境との関係が相互的になった。これ以降、地球環境が社会に影響を与えるだけでなく、社会も地球環境に影響を与えるようになったのである。その結果、定住社会は環境に介入することで環境リスクを制御しようとした。特に、（1）（単一または数種の作物を栽培することにより）環境に依存する範囲を狭めて最適化すること、（2）（環境本来の多様性を局所的に取り除き、単一、あるいは数種の植物に置き換えることにより）環境（の一部）を単純化、あるいは均質化すること、（3）（特定の空間を特定の活動に割り当て、これらの活動のための特定の道具を開発することにより）空間的かつ技術的に多様化、専門化することが顕著である（van der Leeuw 2000 a 参照）。

栽培や農業、牧畜など、新たな自給自足の技術が導入されたことで、人々が、自給自足のために、拠り所とする領域は狭まった。その過程で、(周辺) 環境の特定の地域が開墾され、特定の種類の植物を栽培するという特定の目的に利用された。これには環境の特定の地域に投資する必要があり、その地域を特定の活動に充て、その活動の成果は少し先になった。例えば、森林を伐採して種を播くと、収穫があるのは数ヶ月後というようなことである。結果として増加した環境に対する投資によって、さまざまなコミュニティが、自分たちが住むことを選んだ地域とより密接に結びつくことになった。人々は、新しいトポロジー (上下逆の器) を使って恒久的な住居を建て、彼らの環境で実践可能な新しい自給自足戦略を促進するために、多くの新しい種類の道具や道具製作技術を考案した (例えば、掘り棒や犂、動物の家畜化、貯蔵用の籠や陶器、煮沸用の皮袋や陶器と熱くなった石など)。(専業の) 職人とまでは言わなくても、村落のある特定の人たちは、たとえば機織りや陶器作りに多くの時間を割くようになり、その成果物を他の人たちに提供し、引き換えに他の人が作ったものを手に入れるようになった。こうして、資源の入手可能性や技術的ノウハウの違いが経済の多様化をもたらし、すべての人に必要なものを提供するために、交換や貿易が行われるようになった。

　さまざまな景観と、その景観に対処するために人間集団が発明し構築した生活様式との間にこうして生まれた共生によって、当該の個々の社会は選ぶことができる適応的選択肢の範囲が狭められ、また、それぞれの社会がより複雑な解決策を考案し、それに伴って、より予期せぬ結果に対処せざるを得ないようになった。

　より大きな集団間での集合的な情報処理は、知識の継続的な蓄積を可能にし、その結果情報処理能力の増大をもたらした。その結果として、社会を流れる物質、エネルギー、情報が同時に増加し、ひいては相互作用的な集団の成長を可能にした。

　しかし、このような集団の成長は常に、集団のメンバー間で伝達できる情報量に制限されていた。誤った情報伝達は誤解や対立を生み、関係するコミュニティの結束を損なうからだ。意思伝達における負荷が、情報伝達手段の改善 (例えば、考えを伝えるための、新しい、より正確な概念の考案、van der Leeuw 1981；1986 を参照) や、連絡を取り合うべき人々を見つけるのに必要な探索時間の短縮 (定住的な集団生活の採用) の動機になったと私は考えている。

　ついには、社会システムが多様化し、人々が互いにより依存し合うようになる

と、リスクの範囲の中に、誤解や情報伝達の行き違いによって生じる社会的な負荷がますます含まれるようになった。そのため、リスクへの対処はますます社会的スキルと社会の結束を維持するための組織的かつその他のツールの集団的発明と受容にますます依存するようになった。

6 ｜ 最初の町

　これ以降は、人間社会の規模が大きくなり、地球上に広がっていくにつれて生まれた新しい認知操作については指摘しない。なぜなら、あまりにも数が多すぎるからだ。その代わりに、社会全体としての成長とイノベーションによる物質世界の征服を推進したフィードバックシステムが、大きな課題をどのように突きつけたかに焦点を当てたい。これらの課題を最終的に克服することで、近世初期の植民地帝国（Wallerstein 1974; van der Leeuw 2007）や現在のグローバル化した世界（第 15 章参照）といった真の世界システムの出現が可能になった。

　約 7000 年前からごく最近まで続く第三段階を通じて、情報伝達は依然として大きな制約であった。というのも、集落の規模が現在のような「町」にまで拡大すると、より多くの人々が互いに交流するようになったからだ。したがって、この段階では、文字、定期市、行政、法律、官僚制、特定の活動に従事する専業コミュニティ（司祭、書記、兵士、さまざまな業種の職人や女性など）といった、多くの新しいイノベーションが出現する。これらの多くは、情報伝達の改善（文字や書記など）、社会的規制（行政、官僚制、法律）、より多くの資源の利用（採掘）、またはモノや資材の交換を、一部ではより遠距離で行うこと（市場、遠距離商人、輸送手段の革新）のいずれかに関連していた。より大きな集団が集まるにつれて、彼らが物質的・エネルギー的な必要（今日の用語でいう、フットプリント [footprint]）を満たすために依存していた領域は急速に拡大し、食料品やその他の物資を輸送するのに必要な労力も増大し、また、集落間や集団間での紛争が発生する確率も高くなった。

　その結果、エネルギーが、数千年にわたり都市社会の進化を制限する大きな制約となった。この制約に対処するために、拡大し続けるフットプリントを利用した興味深い中核—周辺（core—periphery）の動態（ダイナミクス）、つまりエネルギー

と組織の交換、が登場してくる。町の周辺では、動態的な流動構造 (flow structure) が出現し、そこでは町の中で生み出された組織能力が町の周辺に広がり、町が管理する領域がますます広がっていった。その見返りとして、拡大する領域に集められる大量のエネルギー（食料品やその他の天然資源）は、増え続ける人口に供給され、着実なイノベーション（新しい技術、制度、情報処理能力の創造）を保証することで、流動構造を維持した。このような流動構造が、より規模の大きな人々の集団とそれに伴う領域を生み出すことを促す原動力 (bootstrapping drivers) となった。

　このような流動構造の出現には、他の町や地域のネットワークからそれぞれの町にもたらされる、より長距離の交易が常に関係していた。これは、より大きな集団が互いの価値観を一致させることに関心を持ち続けるために、そのようなシステムは、もはや集団の当面のニーズ（食糧やその他のどこにでもある物質や活動）にだけに基づくものではない、新たな価値を提供しなければならないという事実の本質的な側面であった (van der Leeuw 2014)。

　都市の住民がイノベーションを続け、価値空間を拡大し（第15章から第16章を参照）、それによって流動構造を維持することができたのは、繰り返しになるが、考えを相互作用させる能力が高くなったからであり、それによって新しいニーズ、新しい機能、新しいカテゴリー、そして新しい人工物や課題を見極めることができた。文字は、時空を超えた情報伝達を可能にすることで、その能力に貢献した。つまり、文字によって、個々人が他の人の努力や洞察の情報を得られるようになった。

　このダイナミズムを支えているものは、現代世界でもよく知られていることである。発明とは通常（そして先史時代や有史時代初期においても）、個々人かごく小規模集団 (team) が関与するものである。したがって、初期段階では、発明は比較的少数の認知的次元に関連するものであり、ほとんどの人が認識していない課題を解決するものである（この過程の詳細については第12章を参照）。町中など、発明がより多くの人々の注目を集めるようになると、それは同時により多くの次元で理解されるようになる（人々は、より多くの用途や若干の改良方法などを見出すようになる）。そして場合によっては、これが発明のカスケード反応 (invention cascade)（新しい人工物、既存の人工物の新しい用途、新しい行動様式、新しい社会的・制度的組織などを含む、一連の新たな発明）を引き起こす。この過程においては、

明らかに、地方よりも町や都市の方が成功する。というのも、人々の集住地では相互作用的な個人の数が多いからである。このことは、人口、エネルギーの流動、イノベーション能力の指標に対して、さまざまな規模の都市システムの相対成長率（allometric scaling）を適用すると、人口は線形に、エネルギー流動は劣線形に、イノベーション能力は超線型に増加するという事実からも裏付けられる（Bettencourt et al. 2007）。これについては第 16 章で再び取り上げる。

7 ｜ 最初の帝国

　上記のような流動構造は（浮き沈みを繰り返しながらも）成長を続け、数千年後（旧世界では紀元前 2500 年頃から、新世界では紀元前 500 年頃から）には、先史時代や有史時代初期の帝国（例えば、東半球では中国歴代王朝、アケメネス朝、マケドニア帝国、ローマ帝国、西半球ではマヤ帝国、インカ帝国、そして後に世界中に広がるヨーロッパ植民地帝国）のように、非常に広大な地域をカバーすることができるようになった。これらの帝国では、国の中心に大勢の人々を集めた（さらに、彼らを養うために、後背地から財物、原材料、農作物、その他多くの商品を集めた）のである。この時代を通じて、情報伝達とエネルギーは主要な制約であり続け、都市、国家、帝国に影響を与えた。

　このように、人的エネルギーの利用（奴隷制を含む）、風力（帆船での輸送や風車の駆動用）、落水による水力（粉砕機用）などの進歩が見られるだけでなく、情報伝達の円滑化（例えば、国内を陸路で結ぶローマ帝国やインカ帝国の長距離「高速道路(highway)」、海上での航海を容易にする六分儀とコンパス）にも進歩が見られる。その結果、社会は富を生み出し、集中させることができるようになり、社会の緊張を管理するためのコスト（行政や軍隊の維持、紛争を仲裁するための司法やその他の機関の設立など）を賄うことができるようになった。

8 ｜ 共和政ローマと帝政ローマ

　この長期的視点がどのように機能するかを説明するために、この観点からロー

マ帝国の歴史（van der Leeuw & de Vries 2002）を簡単に見てみる。

　ローマ共和国の拡大が可能であったのは、何世紀にもわたって古代ギリシャ・ローマ文化が地中海から北に広がっていたからである。この文化が、実質的に、（現在の）イタリア、フランス、スペインなどにおいて、実用的な発明（例えば、貨幣、新しい作物、耕運機など）や、インフラストラクチャー（町、道路、水道橋）の建設、行政機関の設立、富の収集といった手段によって、社会を構造化したこうした状況に利を得て、ローマ人は、勢力圏の周辺部の組織を自らの文化と整合させる流動構造を確立し、物質とエネルギーが帝国の中核部へと流入する経路を作り出した。これを達成するために、彼らは都市を拠点とする土着の政治主体を段階的に同化し、組織化するという巧妙な政策を用い（Meyer 1964）、征服された領土からローマへの富、原材料、食料品、奴隷の流れが途切れることなく伸びるように従属させた。帝国全体の都市を結ぶこの流動構造は、征服すべきより前時代的な社会と集めるべき富がある限り機能した（Tainter 1988）。しかし、ローマ軍がライン川、ドナウ川、サハラ砂漠に到達すると、もはやこれに当てはまらなくなり、征服は止まった。そして、この流動構造を維持するために、征服した領土内に大規模な内部投資を行う段階に移り、より多くの資源をローマのために利用すべく、帝国内のインフラ（高速道路、別荘、産業）を拡大した。

　こうして広大な領土が「ローマ化（Romanized)」され、技術や制度的な解決策が広まるにつれ、彼らは富のためにローマの技術革新に依存しなくなり、帝国に期待することも少なくなっていった。西暦 250 年頃になると、中核部におけるイノベーションと価値創造のシステムは行き詰まった。中央と周縁の間の情報勾配は平準化し、周縁と中央の間の価値勾配も平準化した[*2]。このため、物質とエネルギーを帝国の中核部に確実に送り届けることがますます困難になった。

　（軍事及び行政体制に関する）相対的な費用が増大するにつれて、ローマ皇帝は非常に広大な地域を掌握し続けることがますます困難になった。紀元後 5 世紀には、帝国西部の一体性は、あらゆる意味において帝国が消滅するほどに低下した。人々は、中央のシステムを維持することよりも、自分たち自身や近隣の人々、周囲の環境に目を向け始めた。他の、より小さな構造体がその周縁部に出現し、そこでは、中核から拡張するときと同じ過程が、はるかに小さなスケールで、異なる種類の情報処理に基づいて、新たに始まった。言い換えれば、システム全体のさまざまな部分の間の整合性が崩れ、地域でのみ必要とされる新たな整合性が生

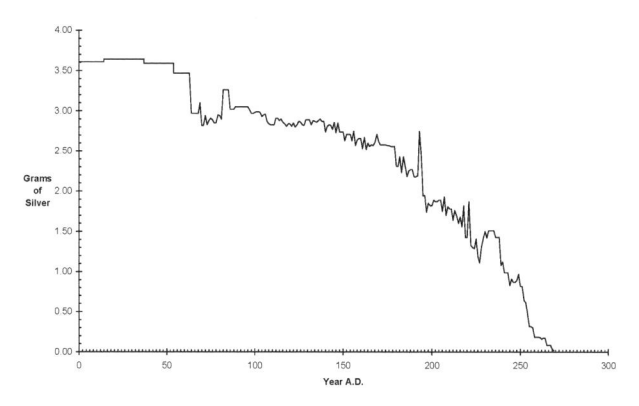

**図 8.5　紀元 100 年頃のローマ帝国による征服の終了後、ローマ
帝国の貨幣価値の下落を示すグラフ。**
（出典：Tainter 2000。著者の許可を得て転載。）

まれたのである。

　ローマ帝国の崩壊を説明するために、テインター（Joseph Tainter 1988）は、ロー
マが帝国を維持するために必要な大規模な軍隊と官僚機構を維持することができ
たのは、ローマが征服する前の数世紀間に国境の外に蓄えられた富を手に入れる
ことによってのみ可能だったと説得力をもって論じている。征服によって得られ
る富がなくなるとすぐに、帝国は自力で、つまり、循環エネルギー（要するに太
陽エネルギー）でやるしかなくなったが、それは流動構造を維持するには不十分
だった。この難局に対処するため、皇帝たちは通貨をどんどん切り下げ、ほとん
ど価値を失うことになった（図 8.5）。

　一方では、帝国の一員であることの利点が減少し、他方では、広い領土に対す
る皇帝の支配力が低下したため、人々はますます小規模な、地域的あるいは地方
的なネットワークに頼るようになった。もともと帝国の一貫した社会経済構造を
生み出していた流れが止まると、住民の離反や離散さえ引き起こした。

　大規模な人口集中の仕組みが崩壊するにつれ、技術革新も止まり、その後、さ
まざまな技術の知識基盤が失われた。第 15 章では、この点について再び取り上
げ、ヨーロッパがいかにして、非常に低いところから、海外の多くの地域を征服
する政治的・経済的な主要勢力として再浮上することができたかについて述べ
る。

9 | 本章の結び

　われわれは、最初に、人間の情報処理が、さまざまな情報源を同時に処理する脳の生物学的能力によってどのように制限されているのかを見た。人間のSTWMが7±2の情報源を処理できるように限界が押し上げられると、技術革新がさまざまな形で始まった。次第に情報処理は集団的なプロセスとなり、それぞれの特定の環境に対処するグループにより多くの人々が集まり、その結果、人類は北極のような非常に住みにくい過酷な環境の地域にも進出できるようになった。思考と行動のためのツールが増えるにつれ、人間は情報伝達と相互作用にますます依存するようになった。情報伝達のための探索時間を短縮するために、安定した移動と定住のパターンが導入された。それは、多かれ少なかれ安定した集団生活を目的として、環境に投資したり、利用したりする技術によって可能になった。相互作用的な集団とその中での相互作用が小さな町の規模にまで成長するにつれ、最終的にはエネルギーと資源が重大な制約となり、社会全体としてのダイナミクスが重要性を増し、情報伝達様式と社会的ネットワーク構造の調整が必要となった。その結果としてもたらされた流動構造においては、情報処理能力の拡散と引き換えに、生存に必要なエネルギーや資源の流入の増加が図られた。このような流動構造体が占める領域が大きくなるにつれて、最終的には広大な領土を連合して帝国となった。しかし、帝国の規制に関する諸経費がかさむにつれて、エネルギーの制約によって帝国の規模が制限されるようになった。その結果、最終的に帝国は解体され、より小さな単位に戻ることになった。

　もちろん、このように数千年にわたって概観することによって、一般的な傾向、つまり人間の情報処理における散逸的情報流動能力が時間とともに向上することを示しているに過ぎず、非常に複雑なプロセスを単純化している。この章は、本書で採られたアプローチを証明することを意図したものではなく、むしろ、このアプローチがどのように展開されたかという思考を刺激し、このアプローチが提起する新たな研究課題を促すための例示である。

　第9章と第11章では、この長期的なプロセスのダイナミクスを理論的な観点から詳しく述べる。第10章では、再びある事例をとり上げるが、ここではより詳細に、この共進化の過程が社会のあらゆる側面にどのような影響を及ぼすかを

論じる。そして第 15 章では、ローマ帝国から現在に至るヨーロッパの歴史に、どのようにこの過程がより具体的に表れているか、そして 1750 年頃以降、化石エネルギーの充当によって、どのようにエネルギー制約が解かれ、情報処理が、再び、主要な制約となったのか、ということを示したい。

原著注

＊1　本章で言及した年代はすべておおよそであり、世界の地域ごとに異なるだけでなく、考古学的研究の進展に伴い、常に修正される可能性がある。

＊2　情報勾配が意味するところは、中心部（ほとんどの情報が処理される）と周辺部（情報処理能力が遅れている）の情報処理能力の差であると私は理解している。価値勾配とは、周辺部（イノベーションがまれでコストが高い）と中心部（イノベーションが頻繁でコストが低い）の差である。散逸的な流動構造が崩壊するにつれて、これらの潜在力は平準化され、中心部の魅力は低下し、より小さな散逸的な流動構造がその端に沿って渦として現れる。

第9章　自己組織化する、散逸的な情報流動構造としての社会システム

「理論によって、意識は『自らの影を飛び越え』、与えられたものを後にし、超越的なものを表現することができるが、それは記号においてのみであるのは自明のことである。」

（ヘルマン・ワイル［Hermann Weyl］、Gleick 2012. 6 より）

1 はじめに

　第 8 章では、人間の認知、社会環境の相互作用、組織進化の共進化を概説したが、この見方を支える概念や考え方をより詳しく、そして批判的に見る必要がある。それは、「何をもって情報とするか」「情報処理とは何か」「社会における情報の伝達はどのように行われるか」という三つの基本的な問いを提起するものである。これらの問いが本章の主題であり、本書の土台を固めるために、これまでの章よりも、少し専門的な内容になっている。

　都市社会であれ、小集団社会や階層的部族といった他の形態の社会組織であれ、社会は、自己組織化した人間のコミュニケーション構造の一例として見ることができるというのが、本書の主要なテーゼである。その違いは、単に組織的なものでしかない。人間の問題解決が、より多くの知識を生み出し、それに伴う人口増加が、より多くの食料やその他の資源を必要とするにつれて、より大きな情報負荷とエネルギーの流れに対処する必要があることに起因する。

　本書の基本的なテーゼは、（1）社会システムの構造は人間の情報処理の特殊性に起因する、（2）社会システムを見る最良の方法は散逸的な流動構造のパラダイムからである、というものであるが、「情報」と「流動構造」という二つの中核概念の使い方が先行研究とは異なる。

　例えば、ウェバー（Matthew J. Webber 1977）が示した情報アプローチとの違いは、私が社会システムを開放系と見なしている点である。そのため、統計力学的なエントロピー（entropy）の概念も、シャノン（Claude Elwood Shannon）の相対エントロピーの概念も、エントロピーが散逸しない閉鎖系にしか適用できないため、用いることができないのである。チャップマン（Chapman 1970）が正しく論じているように、町の存在は人間システムがエントロピーの法則に反していることの証明であり、それは本質的に構造の崩壊の尺度としてしか使えないのである[*1]。

したがって、そのアプローチはほとんど役に立たないように思うのである。

P. M. アレン（P. M. Allen）（Allen & Sanglier 1979 ; Allen & Engelen 1985）やハーグとヴァイトリッヒ（Gunter Haag & Wolfgang Weidlich 1984, 1986）のような「流動構造」アプローチの初期における適用との違いは、社会理論（アレン）や人の移動（ハーグとヴァイトリッヒ）の観点において定式化された社会ダイナミクスのモデルを諦めざるをえないような、社会の起源に関する理論を打ち立てたいと私が考えていることである。というのも、彼らは、社会システムの成り立ちを検証することができないという想定をしているからだ。

デイとウォルター（Richard H. Day & Jean-Luc Walter 1989）が（エネルギーと物質の生産における）長期的な経済動向をモデル化する試みにおいて、人口に立ち戻らなければならなかったように、パターン化における長期的な動向をモデル化しようとするならば、情報と組織に立ち戻らなければならない（Lane et al. 2009）。

2 | 散逸構造としての社会システム

そこで私は、人間の制度を、物質とエネルギー、そして情報が流れるチャネルの自己組織化網として、非常に抽象的に捉え、文化システムのダイナミクスを、あたかも散逸的な流動構造のダイナミクスと似ているかのようにモデル化する。この考え方は本書の論旨の根幹をなすものであるため、ここではより詳しく説明する。

散逸構造の単純なモデルとして、開放系における自己触媒的な化学反応がある。例えば、最初は四つの物質を合わせた色をしている液体の中に、二つの色の試薬が生成されるようなものである[*2]。平衡状態では、そこに空間的・時間的構造は存在しない。反応が平衡から遠ざかると、液体の中に対照的な色の時空間的な構成が生じる。これを一枚の写真で表現するのは難しいので、いわゆるベロウソフ・ジャボチンスキー（Belousov-Zhabotinsky reaction）反応の歴史とダイナミクスの両方を説明している短い YouTube 動画 www.youtube.com/watch?v=nEncoHs6ads を参照してほしい。

構造化は比較的長い時間にわたって継続するが、これは、その期間中、システムが、少なくとも局所的には色が再び混ざり合おうとする（専門用語では、エン

トロピーを散逸させる）のを押し止められることを意味する。また、その構造は、反応速度や散逸速度と同様に、発生した不安定性の正確な履歴に依存する。

したがって、散逸構造の考え方が人間の制度に適用できるかどうかは、次の二つの質問それぞれに肯定的に答えられるかどうかにかかっている。

- ・人間のシステムにおける一貫した構造化を担える、先ほど示した自己触媒反応に相当するようなものが、少なくともひとつは存在するのだろうか。
- ・そのシステムは開放系なのだろうか。つまり、他の生命システムと同じように、物質、エネルギー、情報は環境と自由に交換しているのだろうか。

人間の学習には、それが観察と知識の創造との間の自己触媒反応であるとみなすことができるような特性がたくさんあるように私は思う。また、社会システムが誕生し、衰退するどころか拡大し続けているという観測は、第二の質問に対する肯定的な答えを示しているように思われる。

本章では、これらの問いをさらに掘り下げていくことにする。まず、人間個人を扱い、知識、情報、観察の間の動的相互作用としての学習過程を考察する。次に、個人と集団の動的相互作用を扱い、知識の共有と情報伝達について考えてみる。そして最後に、システムの境界と散逸について考察する。

3 | 知覚、認知、学習

知覚、認知、学習の間の絶え間ないフィードバックは、あらゆる人間活動の基本的な特性である。その相互作用は、未知の環境という見かけのカオスを、管理可能な割合にまで縮小する役割を果たす。われわれを取り巻く世界は、無限の現象を含んでいるとみることができるかもしれない。その現象のそれぞれが知覚可能で、潜在的に無限の次元を持っている。このカオス（χαοσ［ギリシャ語］：創造を養う無限）に意味を与えるために、人間は知覚の特定の次元（シグナル［signal］）を選択しているようである。変動性が持つ潜在的に無限の次元のうち、その他の次元の多くにおいて知覚を抑制し、これらを「ノイズ（noise）」の地位に追いやっている。実験心理学に基づき、トヴェルスキー（Amos Tverski）と彼の共同研究者

たち（Tverski 1977 ; Tverski & Gati 1978 ; Kahnemann & Tverski 1982）は、人間の心の
パターン認識とカテゴリー形成について研究し、次のように結論づけた。

- 類似性と非類似性を、絶対的なものとして捉えるべきではない。
- カテゴリー化（ある現象がどのクラスに属するかを判断すること）は、主体
  （subject）と指示対象（referent）を比較することによって行われる。一般的
  に、主体は指示対象よりも注目される。
- 判断は文脈（対象者を取り囲む他の主体や他の指示対象）によって直接的に
  制約される。
- 類似性や非類似性の判断は、比較の目的によっても制約を受ける。たとえ
  ば、同じようなオッズでも、賭けをすることで得をすると言われるか損を
  すると言われるかによって、有利に判断されるか不利に判断されるが変わ
  る。

これらの観察から、次のような知覚のモデルを導き出すことができる。

1. 知覚は、知覚されたパターンの比較に基づいている。最初の比較は、常
   に適用可能な文脈の外で行われる（現象が発生する次元は未知である）た
   め、指示対象も特定の目的も存在しない。したがって、類似性や非類似
   性に対する特定のバイアスも存在しない。もしバイアスがあるとすれば、
   それは直感か過去の経験によるものであり、必ずしも目下のケースに当
   てはめることはできない。
2. 最初の比較によって指示対象（関連する文脈、あるいは類似性と非類似のパ
   ターン）が確立されると、この文脈は、他の現象に照らして検証するこ
   とによって、その妥当性を確立する。このような検証においては、確立
   されたパターンが主体であり、現象が指示対象となる。したがって、（ト
   ヴェルスキーの二つ目の結論に倣って）類似性を支持する明確なバイアス
   が存在するのである。
3. 文脈がしっかり確立され、もはや精査されなくなると、新たな現象がさ
   らなる比較の対象となり、文脈が指示対象となる。したがって、比較は
   現象の個別性、非類似性に偏る。

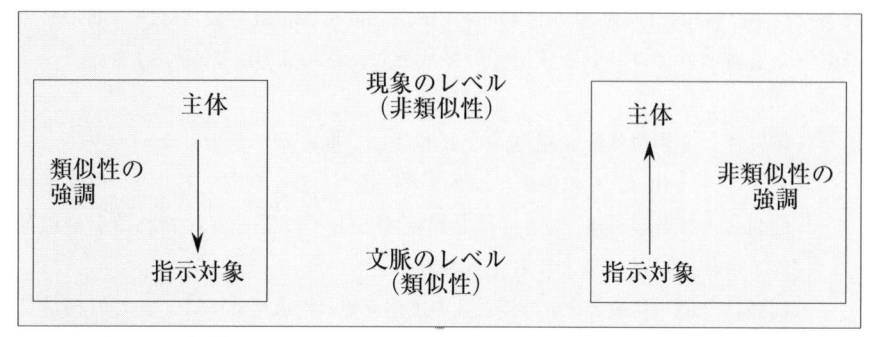

カテゴリーの解放 カテゴリーの閉鎖

図 9.1　トヴェルスキーとゲティ（Tversky and Gati 1978）によるカテゴリー形成のダイナミクス。説明については本文を参照。

（出典：van der Leeuw 1990a）

4. このようにして多くの現象が判断されると、最初のバイアスは中和され、文脈はもはや関係のないものとみなされ、サイクルが再び始まり、さらなる比較は別の文脈を確立する。
5. 最終的には、この過程によって、多くの現象が同じレベルのいくつかのカテゴリーにまとめられ、それらは一般的に相互に排他的である（次元とそれに沿ったカテゴリーが確立される）。ある時点で、カテゴリーの数が非常に多くなり過ぎると、同様の比較過程がより高いレベルで再び始まり、グループを現象として扱い、より高いレベルの一般化をもたらす。

　したがって、知覚と認知は、このように生成された概念（カテゴリー化）、その物質的な表出、および、その物質的な表出から派生、かつ／あるいは、表出によって制約された（変換された）概念の三つの間のフィードバック・サイクルとして見ることができるだろう。このサイクルを図 9.1 に示す。

　この学習過程は無限であると同時に継続的であり、知識と情報との相互作用として見ることもできる。知識とは、個人の認知システムを構成する実体的で相関的な分類の定式化されたものであり、情報とは、これらの分類からの反応を引き起こすという事実からその存在理由（*raison d'être*）と意味を導き出すメッセージである。その意味で、情報は潜在的な意味と見なすことができるのである。

　メッセージが既存のカテゴリーにぴったりと当てはまる可能性は限りなく低いため、メッセージは絶えず知に挑戦し、形を変えていく。この意味で、情報とは知識の（流動）構造を作る変化である。ローゼン（Robert Rosen）の言葉を借りれば、情報とは、違いを生み出す（あるいは疑問に答える）ありとあらゆるものと言えるかもしれない[3]。しかし、いかなる情報も、新しい問いを投げかけるものである。

4 ｜ 情報伝達：知識の普及

　人間は社会的な存在であるため、さまざまなモノを共有し、当然ながら交換する。これは、知覚や認識、学習と同様に、人間の生活の基本的な側面である。

　これらのモノのなかには、一見したところ、完全に物質的なものもある。食料、原材料、工芸品、彫像などである。その他に交換の対象となるものは、（人が作業することで消費される）エネルギーにまつわるものである。狩猟、耕作、あるいは家を建てることにおける共同作業や賃金奴隷、賃金労働などである。そして三つめのカテゴリーが、情報に関するものである。ゴシップ、意見、その他様々な口頭でのやりとりだけでなく、他には粘土板、手紙、電子メッセージも含む、文字によるやりとりもある。

　しかし、実際には、すべてのモノの交換には、物質、エネルギー、情報の側面が関わっている。例えば、原材料や食料をどこで見つけるかという知識があり、それを抽出したり、生産したりするための人間のエネルギーがある。工芸品や彫像を生産するために必要とされる知識とエネルギー、これらは最終製品に反映される。また、誰かに援助を求めて発生した負債の知識があり、それはその援助と引き換えに、後から引き出されたり弁済されたりする。さらに、その助けによって変換された物質、言葉を話すエネルギー、記号が運ばれるために託された物質がある。こうした例は文字通り無限にある。

　知識は、それが交換されるかどうかにかかわらず、人間が選択し、かつ／あるいは、生産するすべてのモノの性質と形態を決定する。それは文字通り、物質を形成する。あるいは、ロイ・ラパポート（Roy Rappaport）がよく言っていたように、「創造とは、物質の情報化であり、形の実質化である」ということである[4]。

それは、工芸品の製造のような、特定の目的を持った特定の一連の動作を生み出す知識において、容易に理解できる。しかし、それは食料であれ、原材料であれ、単純な素材の選択にも当てはまる。人間による変換や選択は知識に基づくものであり、結果として情報を付与する。つまり、人間同士のあらゆる交換には、物質的、エネルギー的、そして情報的側面が備わっている。しかし、第8章で見たように、物質、エネルギー、情報は同じように交換されるわけではなく、システムの構造に同じように影響を与えるわけでもない[*5]。

　われわれが今議論しているようなレベルでは、物質はある個人から次の個人へ直接渡すことができるし、ある個人が物質を得ると、他の個人がそれを失うということになる。しかし、人間のエネルギーは、譲り渡されるものではない。なぜなら、エネルギーを消費する能力は、それを消費する生物から譲り受けることができないからである。燃料、動物、奴隷は、引き渡されるエネルギーと考えることが出来るかもしれない。しかし、それらが引き渡される時は、物質として引き渡されるのである。交換においては、エネルギーは利用されるだけであり、誰かのために使われるのである。知識も同様に受け渡すことはできず、個人が情報を処理することで蓄積していくしかない。しかし、知識は情報を生成するために使われることがあり、その情報は、多かれ少なかれ効果的に伝達され、別の個人が高度に類似した知識を蓄積するために利用することができる。その結果、個人は知識を共有することができる。この文脈では、知識は情報処理システムに内在するストックであり、情報は情報処理システムを通過するフローであることは明らかである。

　つまり、社会の一貫性を担っているのは、社会を流れるエネルギーや物質ではなく、情報、エネルギー、物質の交換をコントロールする知識であるということだ。社会やその他の制度に参加する人々は、その社会や制度がどのように運営されているかを知っていて、その知識を利用して自分のニーズや欲求を満たすことができるため、社会の一員である（しあり続ける）のだ。私がこの点を強調するのは、考古学や地理学、生態学や経済学では、しばしばエネルギーや物質の流れが社会を統合しているとみなされることが多いからである。

　この論拠によって情報の流れが人間社会の構造的な形態を担っていると主張したとしても、それは、物質とエネルギー両方の利用可能性と所在が人間システムの存続に関与していることを否定するものではない。そうではなく、物質的、エ

ネルギー的な制約は原則的に一時的なものであり、人間社会の組織ダイナミクスとその資源基盤との間に十分な緊張関係があれば、人々はやがて、資源基盤を別の方法で利用する全く新しい手段を生み出すことによって（例えば、新しい技術の発明、他の資源や他の場所の選択などを通じて）この緊張関係を解決しようとすると私は言いたいのである。

　したがって、短い時間スケールでは、物質、エネルギー、情報がシステムを通じて拡散するさまざまな方法の相互作用が重要となるが、人間社会の長期的ダイナミクスはエネルギーや物質から比較的独立しており、むしろ学習、イノベーション、情報伝達のダイナミクスに支配されているように思う。これらのダイナミクスは、社会における個人の相互作用と社会構造のパターン形成を担っているようである。これによって、人々は、理想的領域と物質的／エネルギー的領域のそれぞれにある、二つの絶好の機会が合致するような物質的形態を実現することができる。

　超長期的なことに関心を持つ私にとって、本章における第一の目的は、人間社会における情報の伝達、つまりコミュニケーションの統語論的な側面について考察することである。情報科学の研究者たちは、情報の定量化可能な統語論を提示することに多大な努力を払ってきた[6]。私の当面の目的は定量化までは及ばないが、こうしたアプローチの背後にあるいくつかの概念は、考えをまとめるのに役立つかもしれない。

　情報理論の核となる考え方は、情報は不確実性の低減や可能性の排除とみなすことができる、というものである。

> ある行為（観察、読書、メッセージの受信など）によって、ある状態に関する無知や不確実性が減少するとき、その行為は、検討中の状態に関する情報源とみなすことができる。（中略）行為による不確実性の低減は、その行為の前に可能であると考えられていたいくつかの選択肢が、その行為によって排除されたときにのみ達成される。（中略）そして、行為によって得られた情報の量は、行為の前後における不確実性の差によって測ることができる。(Klir & Folger 1988, 188)[7]

しかし、情報理論的なアプローチの適用には明確な限界がある。これらのアプ

ローチが、不確実性と情報の概念の定量化と一般化に成功したのは、ある重要な意味において、その適用性を制限することによって達成された。これらのアプローチは、厳密に情報を無知という観点からとらえている。特定の適用ごとに固定されていると仮定される、構文的で意味論的な与えられた枠組み内での不確実性の軽減である（Klir & Folger 1988, 189）。本質的に、形式的な情報理論は、すべての確率が既知の閉鎖系に適用される。そのため、量的概念としての情報は不確実性の反対であり、エントロピーの増大は情報の喪失を意味し、その逆もまた同様である。

考古学や歴史学では開放された（社会全体としての）系（システム）を扱っているが、研究対象のシステムについて不完全な知識しか持ち合わせていない。したがって、定義された構文的で意味論的な枠組みの中 —— 例えば、記号や意味が既に知られていて変化しない場合 —— で機能する、特定の情報伝達経路を研究する場合を除いては、このような定量化可能情報概念を考古学や歴史学にうまく適用することは決してできないのかもしれない。

とはいえ、情報理論の少なくとも一つの重要な結論は、（ある不変の構文的で意味論的な枠組みの中で）情報伝達経路は単位時間当たりの伝送容量が限られており、情報がチャネルに挿入される速度がその容量を超えない限り、任意の高い忠実度で受信者に届くように情報を符号化することが可能である、という考え方に関連していると思われる[8]。つまり、経路を通じて伝達すべき情報量が増加すれば、システムは経路の容量を向上させるか、他の経路を導入するか、あるいは知識と情報の間の意味論的関係を変更しなければならない時が訪れる[9]。

5 | 開放系としての社会システム

次に、本章の冒頭で問われた二つの質問のうち、二つ目の質問である「社会システムにおいて、物質、エネルギー、情報は環境と自由な交換を行っているのか」に対して答えなければならない。物質とエネルギーについては、答えは明らかに肯定的である。人類が生存できるのは、食料、燃料、その他の物質やエネルギーを人間以外の環境から摂取し、これらの物資の多くを廃棄物や熱などとして外部環境に戻しているからである。

　しかし、情報とシステムの環境との交換については、もう少し詳しく説明する必要があるだろう。ここで用いている「情報」とは、物質とエネルギーという「現実」の領域において観測されるものと、脳の中の観念の領域におけるパターンとを結びつける関係概念である。先述のとおり、人間は脳の中で知覚的観察と認知的選択を通じて、社会システムの中の集団レベルで知識を生み出す。知識はシステムの境界を直接超えることはない。しかし、知覚と認知は、人間／社会システムの外部にある現象の観察から知識を抽出する。したがって、それらの現象は、いわば、システムにとっての潜在的な情報なのである。システム内の知識は、そのような潜在的な情報を外部からシステム内に伝達することによって、増大すると結論づけられる。一方、逆方向の伝達には、個人的あるいは集合的な記憶の喪失、あるいは個人の死によって、知識が直接的に失われる場合がある。しかし、言葉が吹き飛ばされ、書物が破壊され、人工物が踏みつけられて塵に帰することによっても、情報は人間のシステムから抹消される。そして、人工物に残された情報が破壊されないとしても、その情報が特定の知識の文脈から切り離された時点で、その情報は機能を停止する。例えば、後者はさらなる情報処理によって変化するからである。

6 ｜ 散逸構造としての社会システムの遷移

　集団のメンバー間で伝達される情報が増加すると、二つの結果が現れるように思われる。まず、個人のレベルでは、人間の情報処理における構文的側面と意味的側面の関係が変化し、抽象化レベルが高まることによって、不確実性が減少する（Dretske 1981）。社会構造のレベルにおいては、参加と一貫性が高まることで組織化の度合いが高まり、エントロピーが解消される。

　考古学の文脈では、後者がより顕著である。例えば、ある文化的システムが、（恐らくは、ゆっくりとした）社会の統合過程において、その自然資源を破壊したり、奪ったりすることによって、ますます広い空間を利用する、あるいは同じ大きさの空間をより集中的に利用するときにみられる（Ingold 1987 を参照）。

　簡単な例は、「焼畑」農業（"slash-and-burn" agriculture）である。例えば、バケルス（Corrie Bakels）は、ドナウ人（the Danubians）として知られる中央ヨーロッパと

北西ヨーロッパの新石器時代初期の住民（紀元前 5000 年）が、必要な食料品と原材料を調達するために、どのようにますます広範囲にわたる周辺の土地を疲弊させたかを詳細に示している（Bakels 1978）。これが急速に起こったことが、この人々の急速な拡散の要因の一つであることは間違いない（Ammerman & Cavalli-Sforza 1973 を参照）。

　私は、青銅器時代と鉄器時代（紀元前 1200 年～紀元後 250 年）、オランダの海岸近くの湿地帯の地域住民について論じたことがある（van der Leeuw 1987b；1990b）。彼らは、手つかずの、非常に変化に富んだ豊かな環境を、そこにある資源の選択的利用によって繰り返し変化させ、その結果、均質で貧しい環境へと変化させた。このように、構造化がある臨界閾値に達すると、住民はその地域を離れ、隣接する地域へ移動せざるを得なかった。

　いずれの場合も、ある地域（エリア）が持つ（自然に関する）情報 —— 集団の知識構造に反応を引き起こしたその地域の特徴 —— は、「既知の環境」がもはや集団を維持できなくなる瞬間まで、その地域の開発のために利用された。その過程で、集団とその自然環境との間の共生関係はともに変化し、最終的には、少なくともそれまでと同じ知識では共生が不可能になった。利用可能な知識と環境における生存の関係の重要性を示す一例として、グリーンランドにおけるヴァイキング（the Vikings）とイヌイット（the Inuit）の利用な可能な知識の比較がある。ヴァイキングが利用できる知識の蓄積では、1100 年以降の気候の寒冷化を生き延びるのに、わずかな部分を除いて、とても十分でなかったのに対し、イヌイットの利用可能な知識ならば、今日まで、より容易に、生き延びることを可能にした。このダイナミクスについては、第 13 章でさらに詳しく説明する。

　同じようなことは、異なる社会集団間の関係でも起こる。ウルク（Uruk：紀元前 4000 年頃）のような都市は、周辺の村々の人々を吸収することによって、ゆっくりと街を取り囲む広い周囲の景観をゆっくり「空っぽ」にしていった（Johnson 1975）。おそらく、物流上の理由からと思われるが、それができなくなると、さまざまな集団が遠く離れた場所に植民地を築いた。植民地は、その地域でかつての村々と同じ機能を果たし、多くの場合は川沿いの商業者やその他の交流によって中心地とつながっていた[*10]。古典期（紀元前 6～5 世紀）のギリシャでも同じようなことが行われていた。コミュニティの中で（意図的かどうかにかかわらず、情報伝達の誤りや解釈の違いによって）対立が生じるとすぐに、（通常は若い）反体制

派の集団がエーゲ海の他の地域に送り出され、新しい土地を植民地化した。そして、これらの土地は、一定程度、ギリシャ文化圏に統合された。この過程は、16世紀から19世紀にかけて、ヨーロッパ諸国が世界の大部分に植民地を築いたのと何ら変わりはない。

　前章で見てきたように、ローマ帝国は地中海沿岸の大部分にゆっくりと広がり、特殊な形式の知識や組織（「ローマ文化」）を導入し、精神を統一していった。そうすることで、ローマ帝国は、より多くの食料、原材料、エネルギー原料、とりわけ財宝や奴隷を手に入れることができた。拡大の速度が増すにつれ、共和政時代には当初、拡大よりも、国境外での文化変容の過程が急速に進んでいたが、やがて（紀元後数世紀には）拡大の方に「追い越された」。そのため拡大は行き詰まり、帝国の一体性は失われた（そして、最終的には滅亡に至る）。

　これらのケースではいずれも、何らかの形で拡大が可能である限り、構造化は維持されていた。拡大は問題を回避するのである。先ほど散逸性の例として示した化学反応においても、その構造が、液体が本来持っている、色を混ぜ合わせるという性質を外に出すことでしか、構造化を維持することができないのと同じである。社会構造のシステムがこのような側面を持っているため、社会構造のシステムは散逸的な情報流動構造であるとするのが妥当である、と私には思える。

　その一つの帰結として、いかなる文化的実体であれ、その存在そのものが、エントロピーを抑えこむために、新たな構造化が、絶えず、その内部のどこかで生み出され、他の部分（そしてそれ以上）へと広がっていく速度で、イノベーションし、イノベーションし続けられる能力に依存している、ということができる（Allen 1985 ; van der Leeuw 1987a ; van der Leeuw 1989 ; van der Leeuw 1990a ; McGlade & McGlade 1989 を参照）。イノベーションが拡大に追いつかなくなったまさにその瞬間から、それに関係する実体は消える運命にある。オランダ西部の青銅器時代の集落の事例で見てきたように、その瞬間は、関係する実体の存在を担う認知ダイナミクスの本質的な部分なのである。ローマ帝国についても、他の例と同じように、その規模が指数関数的に拡大したことに基づいて、同様に説明することができる。このような観点からみると、あらゆる文化現象の存在は、正のフィードバック、負のフィードバック、ノイズ、イノベーションと散逸の時間差の組み合わせによるものであると結論づけられるかもしれない。

7 │ 本章の結び

　これまで社会現象を散逸的な流動構造として捉えることの根拠を論じ、そのような概念化における重要な要素について概説してきた。最初に、情報という概念の根底にある混同を解きほぐし、この言葉の使い方を概説した。特に注目すべきなのは、情報と知識の間の認知的フィードバックが、個々の人間がその社会的、自然的環境に課すパターン形成の発展の根底にある自己触媒反応であるという指摘である。また、人と人との間に考えうるあらゆる種類の交流が情報交換の側面をもっているという理由、さらに、あらゆるレベルの社会制度の一体性を支えているのは情報交換であることについて、私の意見を概説した。また、与えられた固定的、意味的、構文的な枠組みの中で経路の容量という概念を導入するために、私はシャノン情報理論を援用した。この理論は閉鎖系に適用されるので、私が選んだ一般的アプローチとは互換性がないことを明らかにした。

　少し視点を変えて、人間の制度を開放系としてモデル化する事例を論じ、そのようなシステムが本当に内と外の双方向に自由に情報を伝達するのかどうかを考察してみた。最後に、社会制度がエントロピーを散逸させるという事実を示す歴史的、考古学的事例をいくつか簡単に紹介した。しかしながら、人間のシステムにおけるエントロピーの散逸について特定の理論を提示することは控えた。

原著注

*1　エントロピーの増大は情報の喪失を意味し、その逆もまた然りである。

*2　ベロウソフ・ジャボチンスキー反応（Belousov-Zhabotinsky reaction）（「ブルッセレーター（Brusselator）」とも呼ばれる）は、以下のようなものである。

　　A・F_{1+} and F_{1-}・, X

　　B + X・F_{2+} and F_{2-}, Y + D,

　　$_2$X + Y・F_{3+} and F_{3-}, $_3$X

　　X・F_{4+} and F_{4-}, E

*3　1990 年 12 月、生物学者のロバート・ローゼン（Robert Rosen）は、ケンブリッジ・コンファレンス（Cambridge Conference）主催の「動的モデリングと人間システム（Dynamical Modeling and Human Systems）」での講演で、締めくくりの言葉として、「（言語学上の意味として）情報とは、質問に答えるものすべてである」という定義を示した。

*4　1976 年秋、ミシガン大学アナーバー校、人類学部、個人授業ノートより。

*5　これは、エネルギーと物質には保存の法則（law of conservation）が適用されるが、情報に

は適用されないという事実に表れている。

*6　これはまず古典的な集合論（Hartley 1928）の観点から試みられ、後に確率論（Shannon 1948）、ファジィ集合論（DeLuca & Termini 1972, 1974）、数学的証拠理論（Shafer 1976）の観点から試みられてきた。クリル（George J. Klir）とフォルガー（Tina A. Folger）の図（Klir & Folger 1988, fig. 5.6）を参照。

*7　文献に見られる不確実性の様々な命名方法や定義方法はすべて、この情報の反対側を定義するために使用される特定の形式的パラダイムに関連している。統計力学からのアプローチを用いるシャノンはエントロピーという言葉を用いているが、これは同じ形式的アプローチを用いた熱力学におけるクラウジウスとボルツマン（Bolzmann）の研究を想起させる。例えば、定義の枠組としてファジィ集合論が導入されたことで、不確実性にはファジーさや曖昧さ、不協和、混乱、非特異性など、さまざまな種類があるという認識が組み込まれ、数学的証拠理論から導き出された信念と信憑性の尺度を適用することで得られる、より一般的な数学的定義が導き出された（Klir & Folger 1988, 169-188）。

*8　シャノンの定式化では、C が経路の容量（単位：ビット／秒）、H が送信元で生成される情報量（単位：同じくビット／秒）であるとき、適切な符号化手順を考案することによって、ほぼ C/H であるが、どんなに巧妙な符号化を行っても C/H を超えることはない平均レートで、経路上に記号を送信することが可能である（Shannon 1948, 59；Weaver 1969a も参照）。ドレツキ（Fred Dretske）は、シャノンが適用するのは平均的な情報伝達のみであるため、これは特定の信号から経路上で学習できることを制限するものではないと指摘している（Dretske 1981, 51）。

*9　例えば、簡略化された表現を導入したり、複雑なシステム表現を適切なサブシステムに分割したり、不正確な記述を許容したりするなど、意味論的関係を変化させるさまざまな方法がある（Klir & Folger 1988, 192-211）。こういったことは、人間の伝達方法の進化や社会システムの構造の時代的変遷を説明する上で極めて重要であることは明らかだが、本書のテーマではない。

*10　この章が着想されて以来、ウルク現象（Uruk phenomenon）の起源がウルク周辺にあるのか、それとも私がフィールドワークを行った地域（第 1 章）のユーフラテス川（the Euphrates）上流にあるのかという議論が始まった。しかし、それはダイナミクスそのものには関係ない。上流が起源でも同じような過程が同じような結果を生んだだろう。

第 10 章　解決策は常に問題を引き起こす

1 はじめに

本章の目的は、情報処理の進化に重点をおきながら、人間が社会環境を大きく変化させる、あらゆる相互作用において機能する長期的な流動構造 (long-term flow structure) のダイナミクスの詳細を、例を挙げて、一階層掘り下げることにある。本章を正しく理解するためには、思考や行動のための制度やツールのような技術もまた、人間が外界との相互作用において創造する情報処理装置の一部であることを理解することが重要である。これらすべてが相互作用の過程で獲得される知識の総体の一部分であり、したがって、処理システムの経路依存性を決定する (co-determine) 一因となる。ツールは、意思決定プロセスを能率化する役割を果たす。ある特定のやり方を可能にし、その他のやり方を制約する物質的な基盤に意思決定を固定することによって、ツールはその意思決定の一部を自動化するからである。

技術システムは、われわれの環境を扱う上で非常に特別な位置を占めており、環境を扱うわれわれの研究においても特別な位置を占めるべきである。技術システムは、それらが組み込まれている社会構造システムの論理にも、それらが作用する環境システムの論理にも従わない。実際のところ、技術システムには独自の論理があり、本書第 12 章と第 13 章で詳しく考察する。さらに、技術システムは、それ自体が特定の情報処理作業のために実体化したツール、すなわち人工物をもたらす。それゆえに、第 8 章と第 9 章で要約した情報処理の進化の原動力の一部なのである。

2 ラインデルタの先史時代史と原史時代史

今日、オランダのラインラント (Rijnland) とよばれている地域は、ライン川の古くからの二つの支流に挟まれたオランダの海岸線からすぐの内陸部、河口近くに位置する。ラインラントは、この地域の水管理を管轄する行政機関の名称としても使われている。本章では、そのような一致 (conjunction) が偶然ではないことを示す[*1]。実際、環境の管理は、新しい技術（風車、干拓地、水門、堤防など）

を生み出しただけでなく、オランダの制度的発展と社会構造的ダイナミクス多くの様相を形作ってきた。そのために、私は紀元前 2000 年頃から現在に至る、この地域の起源と進化について述べる。この間に、この地域の自然のダイナミクスは完全に人間の制御下に置かれた。イギリスの社会人類学者であるティム・インゴルド（Tim Ingold 1987）は「自然の占有（The Appropriation of Nature）」について語っている。

　どの河川もそうであるように、ライン川も何千年もの間、大量の礫や砂を、その北海に注ぐ河口の手前に、堆積させてきた。非人為的な気候変動の影響で海面が上昇し、同時に堆積物が積み重なると、河川の流れは緩やかになり、水面と陸地の高低差は減り、多くの場所では、ほんの数フィートにまで減少した。海と川が絶えず覇権を争う真のデルタが出現したのである。時に水の上に現れ、時に水中に隠れる自然堤防（尾根）には植物が根づくようになったが、冬の嵐で海水が定期的に流れ込み、堤防に大量の砂を堆積させる限り、植生が真に定着することはなかった。

　紀元前 2000 年頃に北海の海流が変化したことにより、堤防がゆっくりと築かれ、そのすぐ内側を海から守った（van der Leeuw 1987b；Brandt & van der Leeuw 1988）。ライン川の最大の河口は北に移動し、はるか南の堤防の内側には淡水が溜まるようになり、海から守られた一帯で植生が繁茂して、泥炭湿地になった。

　やがて人々はその湿地帯に入植し、初期には周囲の地形よりも少しだけ高い小さな泥炭地や、湿原の排水を担う小川の端に住みつくようになった。これらの初期の集落は（通常一から四棟の）ほんの数棟の家屋で構成されていた。人々は、数種類の穀物やその他の食用植物を植えたり、家畜の牛や羊をそこで放牧したりして土地を利用した（Brandt, van Wijngaarden-Bakker & van der Leeuw 1984）。しかし、水との戦いが人々の生活を支配した。個々の家屋の周囲には排水溝があり、時代とともに、個々の家屋は、北海の嵐や高潮がライン川の河口を塞ぎ、砂丘（dunes）の内側に淡水が溜まる増水期でも浸水しないように、小さな盛り土（オランダ語では terpen）に建てられた（Brandt, Groenman-van Waateringe & van der Leeuw. 1987）。

　作物を栽培するために人々は泥炭地の排水をしなければならなかった。しかし、地下水面が低下するとすぐに、（乾いた）泥炭が酸化するか飛散して、土地の高さは低くなった。これが正のフィードバックループを生み、排水はますます困難になり、氾濫の危険性が高まった。排水溝はますます長くなり、ついには複雑な

ネットワークを形成した。これらの側溝の長さは、人々が水との戦いにおいて協力し、組織化し始めた最初の兆候である。

　西暦 900 年頃までには、住民たちの水に対応する戦略が変化した。各自が盛り土を築くよりも、彼らは協力して、高さ数メートルの人工的な防御システム（堤防はオランダ語では *dikes* あるいは *dijken*、アメリカ英語では levee）によって特定の（最初は小さな）面を囲うようになった。われわれはこれを、地域社会の組織が新たなレベルに到達したことを示すものであると解釈できる。

3 中世：土地を乾燥状態に保つことがラインラント水管理委員会の成立を導く

　西暦 1000 年頃になると、別の要因、この地域の政治組織が影響力を及ぼすようになった（van Tielhof & van Dam 2006 を参照。ラインラントの歴史についての最新の信頼できる研究であり、図版を含め、本章の内容の多くを依拠している）。封建領主が、現在のオランダの西部で台頭し始めた。地方小領主間の終わりのない小競り合いが、最終的には政治的階層を作り出した。当然のことながら、このプロセスは、海岸に近い湿潤な地域よりも、デルタ地帯の乾燥した地域においてより進んでいた。特に、ユトレヒトの司教区（bishopric of Utrecht）は高地（最終氷期が残した砂質堆積物）に位置し、砂丘のすぐ後ろにある低地、総称してホルトラント（Holtland：英語では woodland にあたる。Holtland が現在の Holland の由来とされる）よりも、政治実行組織としての長い歴史を持っていた。ホラントとユトレヒトは、中世のほとんどの期間、政治的に区別されたままであり、公式な統治者であるホラント伯とユトレヒト司教の間、同様に封建的な臣下の間で、政治的および軍事的対立が絶えなかった。

　当時、ホラントは行政的にいくつかの行政単位（baljuwschappen：管区）に分割されていた。その内の二つ、ライデン(Leiden)を中心とするラインラント(Rijnland)とハーレム（Haarlem）を中心とするケネマーラント（Kennemerland）が、ここでは特に重要である（図10.1）。両地域の中心地はいずれも海から土地を守る自然堤防の最東端に位置していたため、浸水からは比較的安全だった。

　1150 年頃、ライデンの西にある（古い）ライン川の河口は、海岸沿いの北向き

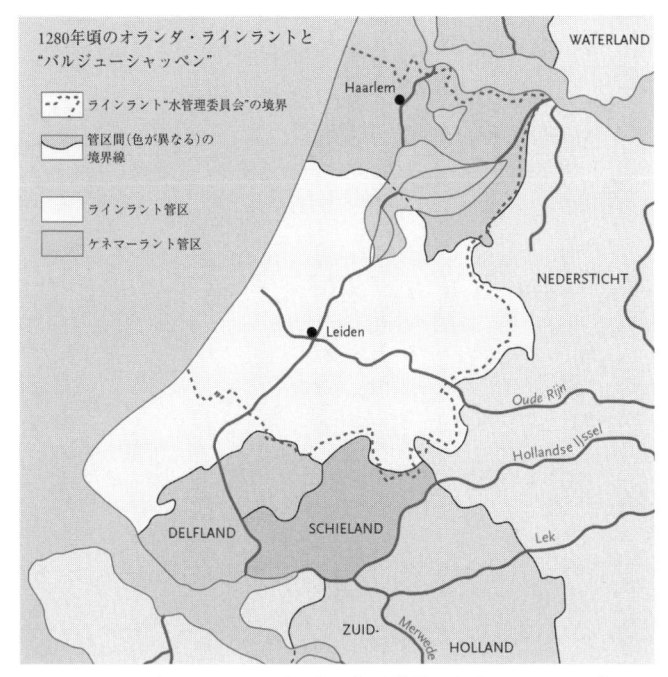

**図 10.1　1280 年頃のオランダ西部の行政単位。ケネマーラントとライ
ンラントは、後に水に関わるあらゆる問題においてラインラン
ト水管理委員会の権限下に置かれた。**

（出典：van Tielhof & van Dam, 2006, *Waterstaat in Stedenland*。Het hoogheemraadschap van
Rijnland voor 1857, Utrecht 2006, Stichting Matrijs の許可を得て掲載。）。

の海流に乗って大量の砂が移動したため、完全に閉鎖された。そのせいで砂丘
（dunes）の内側はより頻繁に川の氾濫に苦しめられるようになり、1280 年までに
は大規模な集団的行動が必要になった。当然のことながら、最初の主要な集団的
介入 ── ラインラントの住民を川の氾濫から守るためにライン川上流を堰き止め
ること ── は、ユトレヒトとホラントの境界で行われた。そうして、ライデンか
ら北と南に運河が掘られ、この地域の地表水をラインラントの住民に危険を及ぼ
すことなく排出できるようにした。しかしながら、運河には、水位が逆転した場
合に氾濫の原因にもなりえるという不幸な性質がある。それゆえ、運河の両方の
入口に水門を建設しなければならなかった（図 10.2 を参照）。
　こうした努力にもかかわらず、ラインラントは、特にライデンの北部にある二

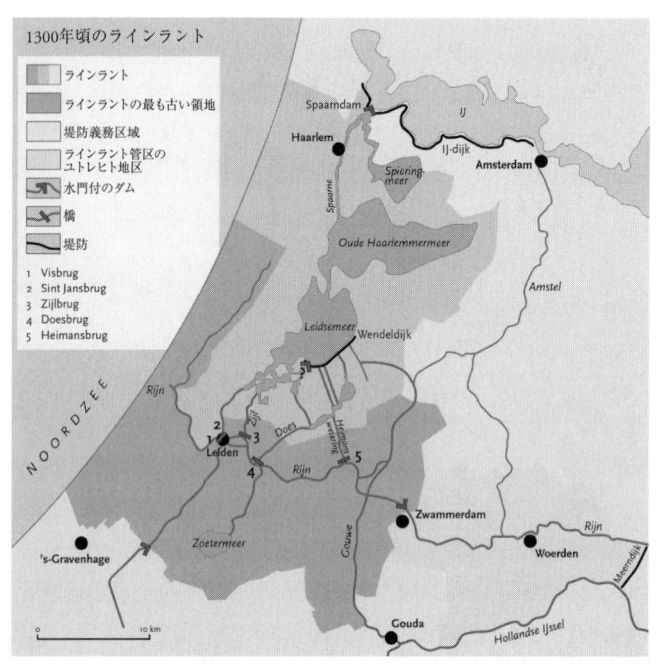

**図 10.2　1300 年頃の状況。ラインラントが異なる色合いの緑で示され
ている。この地域の北と南でライン川の水を溜めたり、逃がし
たりする土木工事（堤防、水門、ダム）に注目。**

（出典：van Tielhof & van Dam, 2006, *Waterstaat in Stedenland*。Het hoogheemraadschap van
Rijnland voor 1857, Utrecht 2006, Stichting Matrijs の許可を得て掲載。）

つの大きな湖（ライデン湖とハーレム湖）からの氾濫による、洪水に対して非常に
脆弱であり続けた。この危険からラインラントを守るためには、水文学的にもっ
とも適した場所、すなわち、ライン川の開いている河口の端からハーレムの北に
沿って、ダムと水路（門）を築くために、ラインラントの北にあるケネマーラン
トの陸地当局との協力が必要であることがすぐに明白になった。この協力は、水
管理が独自のルールと地理的条件があり、それが必ずしも政治や行政のルールや
地形に従うわけではないことを示す、最初の具体的な兆候である。統一した管理
がなければ洪水を防ぐことはできない。洪水のリスクは非常に大きいため、意見
の相違が災害につながる。それゆえ、水管理を目的として、むしろ水管理のみを
目的として、ケネマーラントの南部は、やがてラインラントの一部になった。オ
ランダの典型的な解決策は、専門の「水の当局（water authority）」、水管理委員会

（*Hoogheemraadschap*）を設立することであった。水管理委員会は、水問題に関する限りにおいて、領域内の他のすべての政治・行政当局（最高位を含む）に対して権力を行使することができた。この時点から、それぞれ執行官（*baljuw*：伯爵を代表する最高位の行政官）と堤防管理官（*dijkgraaf*：「堤防伯爵」と誤って呼ばれていたわけではない）が管轄する二つのラインラントが存在した（後者の管轄領域［図 10.1 において点線で示されている］は前者のそれを上回っていた。）。

4 ｜ 近世：陸地が水域へと転じる

　排水された泥炭地はもっぱら腐敗しかけた、あるいは腐敗した有機物であるため、驚くほど肥沃である。したがって、中世の水問題が地域規模での解決を見ると、その地域は瞬く間に豊かで、集約的な農耕が行われる農業地帯になった。しかしながら、農業の強度を維持するには、継続的に土地を排水する能力が不可欠だった。耕作地の区画の間に、狭い溝（*sloten*）を掘って排水した。これらの排水溝の終点はより大きな人工または自然の水路であり、過剰な水をラインラントの領土を流れる主要な川や運河に排出した。

　このような水分の減少と集約的耕作による有機物の酸化によって泥炭が収縮した結果、泥炭地の表面は 1 世紀あたり約 1 メートル下がり、地下水位に近づいていった。土地が湿潤になるにつれ、土地の肥沃度は低下し、耕作する農家の収穫量も同様に減少した。最終的には土地の表面が水面よりも低くなるというプロセスの始まりであった。緊急の解決策が求められ、再び大きな投資が必要となったのである。

　結果として、洪水から土地を守るために排水用の水路の両端に堤防（levees）が築かれた。しかし、過剰な水を取り除くために、水を、下方にではなく、上方に移動させなければならなかった。この問題を解決するために、1408 年に馬あるいは風力の水車が導入され、排水溝から主要な水路に水を汲み上げた。その結果、膨大な数の風車が各地に点在するようになった。

　地下水面に対する地表の低下は、その地域の経済の変化ももたらした。穀物の収穫量の局所的な減少が起こったのは、バルト海周辺では穀物が安価で手に入りやすい時期であった。これは、それまで漁業に大きく依存していた小さな町の貿

易に刺激を与えた。つまり、土地を（今ではしばしばぬかるんでいるが）牛や羊を放牧するための牧草地に戻すことがより魅力的になったのである。肉だけでなく、牛乳やバターも成長著しいこの地域の町では高値で取引され、また必要とする労力は穀物栽培よりもはるかに少なかった。一方で、多くの貧農は他の生計手段を探すことを余儀なくされた。農村に残り、漁業など他の職業に就く者もいたが、多くは貿易や工業といった典型的な都市活動において、安価な労働力の需要がある街に移り住んだ。また、商業の実質的な発展を可能にした船舶に都市から乗り組んだ者もいた。

　14世紀から16世紀にかけて、急速に成長する長距離貿易と貿易品の工業生産の影響の下で、この地域の都市化は非常に重要な発展を遂げた。農村地域では困窮が続いたことで、貧農の都市への流入は止まらず、労働力の価格も低く抑えられたため、造船、その他の手工業や産業を活性化した。それが急速な都市の成長を促した。特に、13世紀のオランダ沿岸の町は、バルト海沿岸諸国、イギリス、フランスの大西洋岸との貿易に関わるようになった。彼らは魚の干物、毛皮、その他の北欧の産物をイギリスとフランスに運び、イギリスの羊毛をフランドル（Flanders）地方に、フランドル地方の（羊毛の）生地をフランスとバルト諸国に、また、ワインをアキテーヌ（Aquitaine）地方のガロンヌ（Garonne）地域からイギリスとバルト海沿岸諸国に輸出した。貿易が増大するにつれて、オランダの沿岸の町のライデン、ハーレム、そして特にアムステルダム（Amsterdam）が急速に成長し、自前の貿易品の生産を増加させた。

　このようにして勃興した産業は燃料を必要とし、この時すでに元来のホルトラントには元々あった森林はほとんど残されていなかった。実際、地元で採れる唯一の豊富な燃料は（乾燥した）泥炭であり、暖房用や陶器製造といった工業生産用にターフ状で販売されていた。結果、泥炭の価格は大幅に上昇し、土地を掘り起こし、燃料として売ることを再開する農家がますます増加した。この結果、比較的短期間に開水面が形成されることなり、残っている土地の安定性が損なわれ、荒天時に洪水に見舞われる危険な状態になった（図10.3）。

　近世末期には、水管理の諸問題を取り扱う主な集合的活動が関係者によるボランティア活動によって行なわれていたが、その後、現在のラインラント水管理委員会（Hoogheemraadschap Rijnland）にあたる当局によって課された土地税で賄われる賃金労働に取って代わられた。

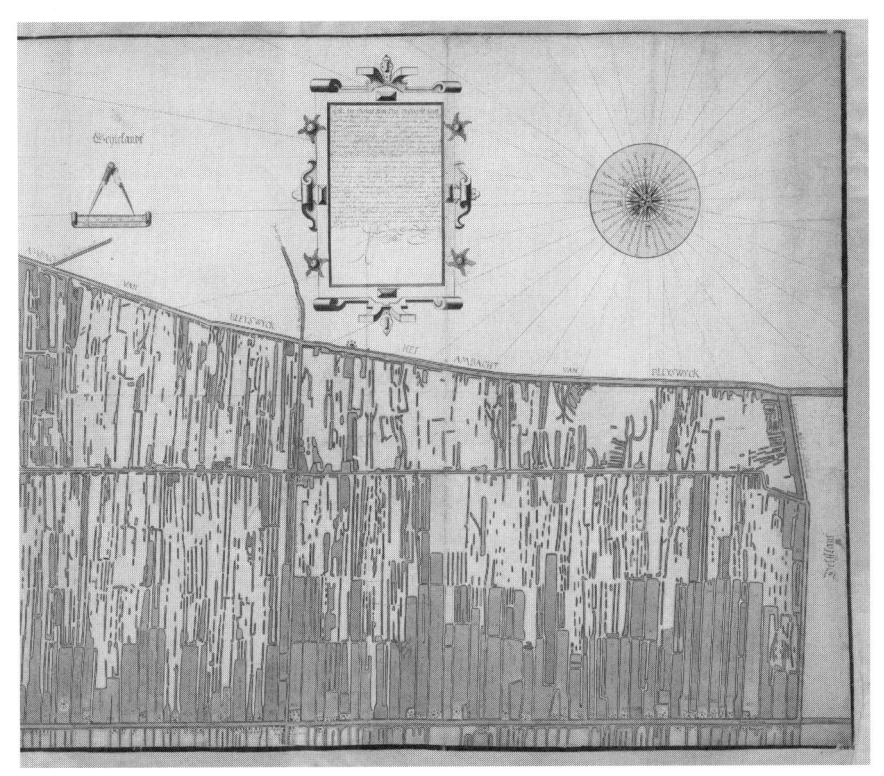

図 10.3　ゼグワード（Zegwaard）の泥炭開発地域の地図の詳細。作者と年代は不詳。この地図は地表がどのように開発されているか、そして、特定の地域においてより大きな水面が出現している様子を示している。

（出典：Number A-1310, Archive of the Hoogheemraadschap Rijnland ［NL-LdnHHR, Collection cards, A-1310］。CC-BY-SA に基づき複製。）

　土地がだんだんと掘削されるにしたがって、当然ながら、水を管理するためのダム、運河、水門の維持に必要な税収が減少していった。これを理由に、水管理当局は泥炭の採掘を制限し、課税による収入を増やそうとした。土地が掘削されて水浸しになった際の収入減を補うために、泥炭採取をする人々に課税可能な他の土地を購入させたのである。この過程において、水管理当局は土地管理の面でも主導権を握るようになった。

　緊急の課題とされたのは、開水域の増加による、水管理の再編成であった。ラインラントの北端に沿って改良された水門が設置され、干潮時には陸地から排水

するために開かれ、満潮時には陸地を守るために閉じられた（図10.4）。こうした改良を実現するために、水管理委員会は、その地域のすべてのダムと関連する土木事業にまでその権限を拡げた。

5 | 「黄金時代」：水域が再び陸地へと転じる

　オランダにおいて、1550〜1650年は一般に黄金の世紀と称される。それは、オランダが80年続いた戦争（1568年〜1648年）によってスペインからの自由を勝ち取った時代であり、他方で、オランダの商船隊が海の支配権をめぐってイギリスと争い、オランダ商人、特に国の西部（ホラント[Holland]とゼーラント[Zeeland]）の商人が、世界中（オランダ領東インド、南部アフリカ、ブラジル、北アメリカ東部など）に交易所と植民地を築いた。オランダの沿岸都市は指数関数的に成長し、アムステルダムは世界の主要都市の一つになった。多くの都市の人々は、農地、草地、あるいは泥炭地を買い取り、困窮する農村の人々から利益を得た。この時点から以降、町は地方に対して直接的な経済的関心を持ち、その管理権をめぐって水管理委員会と争うようになった。そんな中、水管理委員会自体が財政問題に直面した。17世紀前半の農業恐慌が、利用可能な泥炭の減少と並行して起こった。泥炭が主要な収入源になっていたために、次の予想される措置は、土地ではなく泥炭に税金を課すことだった。17世紀における都市の富が増加と急増する都市人口を養う必要性によって、1660年代に穀物価格が急騰し、再び農業と牧畜のバランスが崩れた。約30年間、農業は再び利益を生むようになった。こうした理由から、ラインラントやホラントの他の地域にある幾つかの（人工）湖では、水が抜かれた。まず、湖の周りに運河を掘り、次にその縁にずらりと風車を設置し、それぞれの風車が、水を取り除いた区域の周囲に巡らせた運河に排水できる高さまで水を汲み上げた（図10.5a、b）。その区域が乾いた後、地下水面を確実に低く維持するために、排水溝が区域一帯に長方形のパターンで掘られた。こうして露わになった肥沃な粘土層は、たちまち豊かな穀物畑へと姿を変えた。

　しかしながら、この全てを行うために必要な投資は、貧しい農村の住民の手には負えないものであり、水管理委員会が、主な収入源が泥炭税である限り、資金を提供することもできなかった。都市の富裕な出資者たちが、この目的のために

図 10.4　スパールンダムメルダイク（Spaarndammerdijk）のハルフウェフ（Halfweg）にある西側水門を上から見た図。コルネリス・コルネリス・フレデリクソン（Cornelis Cornelis Frederixzoon 1556）による。排水されるエリアは水門の北側（図の上部）。南側が干潮になると、水門が自動的に開き、水を排水する干潮になると、水門は自動的に閉まり、水が流れ込むのを防ぐ。

図 10.5a　2015 年のオランダのベームスター（Beemster）干拓地の地形図。排水の役割を果た
　　　　　した（そして現在も干拓地を浸水から防いでいる）干拓地を取り囲む運河と、周囲の
　　　　　運河につながる排水溝の長方形の空間構成がはっきりとわかる。図 10.5b に示すよう
　　　　　に、排水には風車が利用されたが、現在はポンプが用いられている。
（出典：CC-BY に基づくオープンアクセス。）

図 10.5b　レーウェイク（Reeuwijk）近くの三基の風車。作者と年代は不詳。干拓地から周囲
　　　　の排水路に水を汲み上げるには三基の風車が必要であった。

特別な共同組合（ad hoc partnerships）を組織して、民間投資を行うことで財政的負担を肩代わりした。これにより、都市が農村の土地を管理できるようになった。

　1675年、オランダ（より厳密にはホラント）とイギリス、フランス、そして二つのドイツ公国との間の大規模な戦争（1672〜1674）の直後に、洪水からラインラントを守る主要なダムが二度にわたり決壊した。同様の出来事が次の世紀にも再び起こった。ダムのメンテナンスの遅れが一因となったのは、水管理委員会にはもはや資金的余力がなかったからもしれない。

　1675年の災害の被害は甚大であったため、（アムステルダム、ハーレム、ライデンが主導する）町が水管理委員会に必要な資金を貸し付け、修理と改良を行った。その後、水管理委員会は、泥炭税からの将来の収入を担保に債券を発行することにより、メンテナンスと投資のための資金を調達し始めた。

　都市の住民は、その多くがすでにラインラントに土地を所有しており、これらの債券のほとんどを引き受けた。この融資は、都市とその住民が最終的に水管理委員会と彼らを取り囲む農村環境に対する管理を確立するプロセスの始まりであった。

6 ｜ 失われた土地を取り戻す

　1700年頃以降、18世紀の後半まで、農業が大きく利益を上げる状況に戻ることはなかった。同時に、水中にある泥炭の採掘は、当時利用可能であった技術的手段では限界に近づいていた。泥炭からの収入（と泥炭税）は減少し、湖岸の保護はますます緊急かつ費用のかかるものになった。したがって、住民と当局はこの地域の開発を継続する価値があるかという問いに直面したのである。

　それを放棄すれば、大規模な氾濫やその他の問題を引き起こしたであろう。選択された解決策は水域をさらに土地に変えることだった。17世紀に何例か行われた小さな人工湖から排水するという試みは、湖底の豊かな土壌が、穀物、肉、牛乳、乳製品の生産に有効利用できることを証明した。そこで、ラインラントとその他の当局は、多くの湖の排水と干拓の資金を調達する計画を考案し、将来の免税を担保に資金を借り入れたり、自分たちの資金の一部を投資したりした。この事業が成果を上げたことにより、ラインラント全域、事実上ホラント全土の、

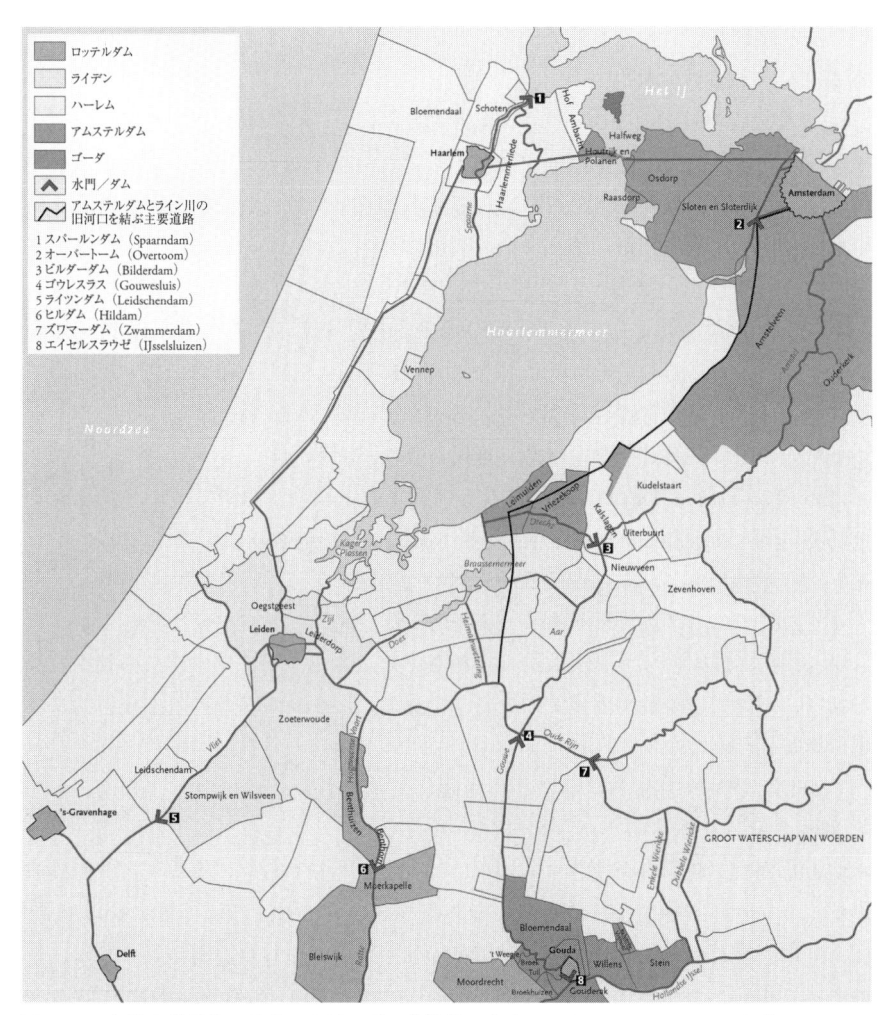

図10.6　水管理委員会の破産により、ダムを修復できなかった。ハーレム、ライデン、アムステルダムの各都市が地域全体を管理した。

（出典：van Tielhof & van Dam, 2006, *Waterstaat in Stedenland*。Het hoogheemraadschap van Rijnland voor 1857, Utrecht 2006, Stichting Matrijs の許可を得て掲載。）

それほど深くなく、かつ規模の大きくない湖沼を対象とする大規模な干拓の時代の幕があけたのである。

18 世紀には、（広大な）ハーレム湖（Haarlemmermeer）を排水する計画が幾度か検討された。この広い開水面は交通網の重要な一部であったが、その大きさと浅い水深のために、強風や嵐のたびに、船舶の往来は非常に危険なものとなり、沿岸部は定期的に氾濫した。特に、強い西風においては、湖の東端は実際に船の墓場であった（図 10.7）。こうした理由で、アムステルダムの空港の名称であるスキポール（Schiphol）は文字通り「船の地獄」を意味する。しかし、18 世紀はオランダにとって、その前の時代よりもはるかに豊かではない時代であったため、その莫大な費用を水管理委員会や他の地方や広域の当局が負担することができなかったのである。幾度となく計画は延期された。

1795 年から 1814 年にかけてのフランスによる占領後、かつてネーデルラント連邦共和国（Republiek der Zeven Verenigde Nederlanden）を構成していた州は、ホラント、ゼーラント、および他の五州を含めた王国に置き換えられた。同時に、東インド諸島では（プランテーションの形をとった）新しい土地所有と搾取のシステムが、国民と国家の収入を実質的に増加させた。今や国家には事業に必要な資源があり、ポンプを駆動する蒸気エンジンの発明はハーレム湖の排水を技術的に実現可能にさせた。

しかし、国民の関心が真剣にこの問題に向けられるようになったのは、1836年 11 月に猛威を振るったハリケーンによって、アムステルダムでは城門まで海水が押し寄せ、同年のクリスマスの日には、別のハリケーンによる反対方向の波がライデンの通りを水没させたからである。1837 年 8 月 1 日に、ウィレム 11 世は王立調査委員会を任命し、翌 5 月にその仕事が開始された。湖の周りには、その形状に相応しくリングヴァールト（Ringvaart：環状運河）と称される 61 キロメートルの運河が掘られ、排水と、以前は湖を横断していた船の航行を可能にした。掘り出された土は、湖の周囲に幅 30～50 メートルの堤防を建設するのに用いられた。堤防に囲われた区域は 180 平方キロメートル以上、湖の平均水深は 4 メートルだった。

この区域には自然の排水路がなかったため、土地に変えるために約 8 億トンの水を機械を用いてリングヴァールトに汲み出す必要があった。歴史的に行われてきた風車による干拓地からの排水とは異なり、初めて蒸気で駆動する排水施設が

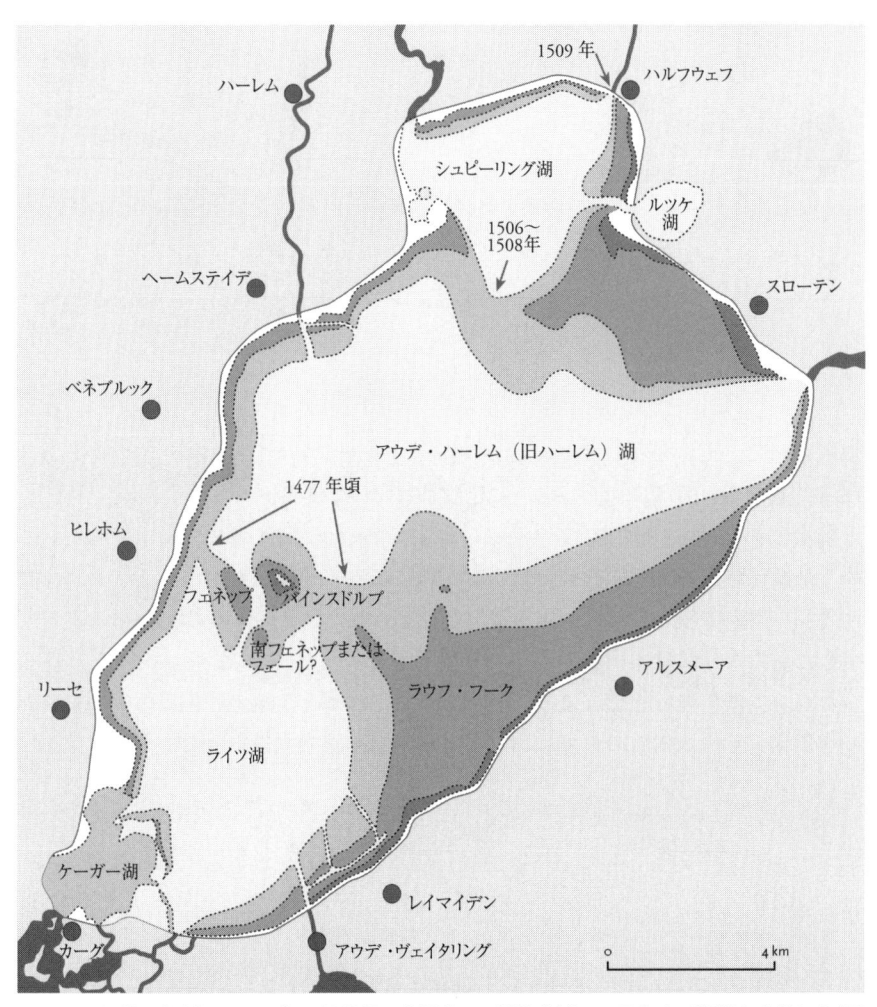

図 10.7　泥炭の掘削によって湖の沿岸部は軟弱化し、開放水域では風と水が湖岸を直撃した（図
10.7a）。湖の大きさは 1250 年から 1848 年の間に倍増し、一方向からの強風により、
対岸の水位が一メートルほど上昇し、陸地が浸水することもあった（図 10.7b）。

（出典：van Tielhof & van Dam, 2006, *Waterstaat in Stedenland*。Het hoogheemraadschap van Rijnland voor 1857, Utrecht 2006, Stichting Matrijs の許可を得て掲載。）

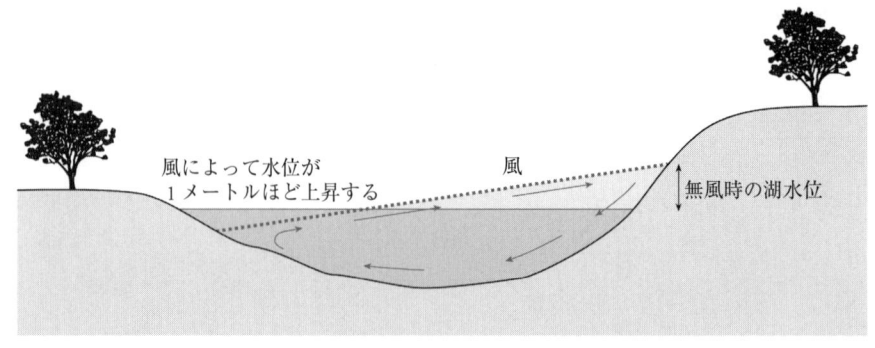

風によって水位が
1メートルほど上昇する　　　　　　　　風　　　　　　　無風時の湖水位

図 10.7b

使用された。三つの蒸気ポンプ場が、レーフワーテル（Leeghwater）、クルキエス（Cruquius）、レインデン（Lijnden）に建設されたのである。

　排水は 1848 年に開始され、ハーレム湖は 1852 年 7 月 1 日までに干陸した。この土地は、特定の既存の行政組織に組み込まれるのではなく、北ホラント（Noord-Holland）州内の独立した自治体の地位が与えられた。このように、干拓によってできた新たな領域は、国家の直接の管理下におかれた。

　ハーレム湖の埋め立てにより、ラインラントの水と土地の歴史は暫定的に終わりを迎え、その後にこの地域において大規模な土地の水没や新たな干拓は起こっていない。

7 ｜ 余波

　しかしながら、オランダの他の地域で、20 世紀に入ってから、この事業に続いてより壮大な事業が始まった。当初、これらの干拓事業は、国の中心部にある大きな開放水域、いわゆるゾイデル海（Zuiderzee）の大部分をその対象としていた。1929 年に、それはノールトホラント州（Noord-Holland）とフリースラント州（Friesland）をつなぐダムによって外洋から遮断された。現在はエイセル湖（IJssel-meer：旧ゾイデル海）と呼ばれている地域での最初の干拓地で、ヴィーリングメール干拓地（Wieringermeerpolder）の排水は 1930 年に完了した。これに続いて、第二次世界大戦中の 1942 年に、北東干拓地（Noord-Oost Polder）が完成した。戦後、

それぞれ東フレヴォラント（Oost Flevoland）と南フレヴォラント（Zuid Flevoland）と呼ばれる二つの巨大な新しい干拓地も埋め立てられた。1950 年代から 1980 年代にかけて、合計で 1650 平方キロメートルの土地が埋め立てられた。

　最後の大きな洪水が起きたのは 1953 年で、大潮と西風を伴う嵐によって、ゼーラントとブラバント（Brabant）の大部分が浸水した。第二次世界大戦とその余波で、これらの地域を守るダムが、メンテナンス不足によって老朽化した時期にこの洪水は起こった。

　それが、現在この地域を守っている大規模なプロジェクト（いわゆるデルタ計画［Delta-werken］）に発展したが、欧州連合（EU）の誕生を背景に、オランダがヨーロッパ各地からの農産物に輸入の門戸を開いたために、さらに土地を埋め立てるという考えは放棄された（図 10.8）。

　エイセル湖の干拓事業の事例も、デルタ計画の干拓事業の事例も、中央政府だけがそれらを実施する手段を有し、それゆえ、政府のみがその権限を行使した。事実上、最初に海から姿を現してから 1986 年まで、フレヴォラント全域とその住民は、政府によって任命されたただ一人の人物 —— ランドロスト（*Landdrost*）！ —— の権限に従っていた。

8 ｜ 本章のまとめと結び

　ここまで詳しく述べてきたことはよく知られている。オランダ西部は、住民が住んでいるだけなく、その住民によって造られた。当初、水は逃れるべき脅威であり、後に封じ込められるべきものになった。土地そのものだけでなく、新しい技術、制度、新たな空間的組織、そしてオランダ文化の多くが、人と水の相互作用から生まれたということが重要である。

　排水と封じ込めの必要性によって、まず人々は協力するようになり、また、短期的な洪水と長期的な地上資源の劣化の両方の危険に対処するために、新たな技術の開発をするようになった。環境の制約と社会的な取り組みが結びついたダイナミクスは、意見の違いに対処し、解決し、また強力な制度を創出する新たな管理手法を生み出すことになった。こうして、最初の超地域的な機関、水管理委員会（Hoogheemraadschap）が、その長である堤防管理官（dijkgraaf）の下に、水管理

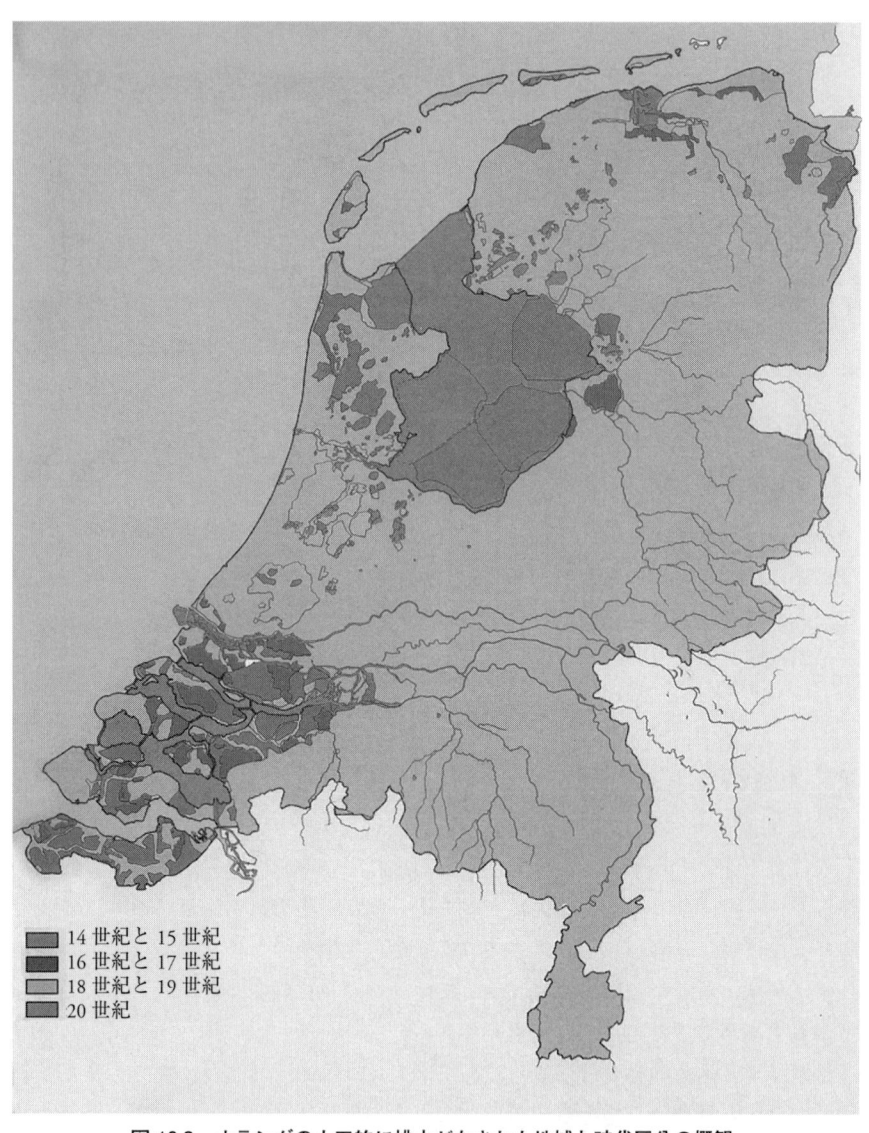

図 10.8　オランダの人工的に排水がなされた地域と時代区分の概観。

（出典：van der Leeuw）

の問題 —— より小さな地域ごとの政治指導者の手に委ねられない問題 —— に対応すべく創設された。

　水との闘いの中で、水域は耕作と放牧のための土地へと変貌し、その後、この土地は家庭用の暖炉や工業用の燃料としてターフの形状で売られたため、湖中へと姿を変えた。最終的に、これらの湖は、需要に応じて、水を抜かれ、再び農地となった。

　その結果、オランダ西部の大部分の地表面は海水面より 1～6 メートル低くなり、気候変動によって起こりうる海面上昇に対して極めて脆弱な状況となった。

　ここでの重要な教訓の一つは、一種の周期的な「コモンズの悲劇 (Tragedy of the Commons)」が起こっているということである。それは、個人と個人、水を封じ込めることで個人にチャンスを与える制度、水にまつわる新たな脅威を生み出す個人、制度の強化を求める声などであることは明らかであり、それらが現在進行中の闘いであることは明らかである。

　人々は始めにデルタの低地の部分に入植した。耕作のために排水したり、洪水時に家屋や動物が濡れないようにするために小さな人工の盛り土を築いたりしていたが、個人では対処できない他の長期的な脅威が出現した。大規模な排水システムが掘削され、個別に人工の盛り土を築く代わりに、集団で堤防を築いて、洪水から土地を守るようになった。その過程において、人々は自らの集団的利益を守るために水管理委員会のような機関を創設した。そうして耕作が可能になり、人々が十分な生計を立てられるようになると、土地は荒廃していく一方で、経済観念は芽生え、経済活動は放牧に移行した。放牧は、農業よりも土地と排水設備への負荷が少ない。土地がそのような形態の利用にも適さなくなると、同様の個人的利益が土地を燃料に変えた。このようにして、開放水域を生み出し、集団の安全を水から守るために設置された制度を損なうことになったのである。

　別の見方をすれば、それはすべて空間的および時間的スケールに関することである。最終的に、水が繰り返し局地的な、あるいは地域の脅威となり、食糧を供給する土地が不足した際、その状況は、水域を土地に共同で変えることに利益を見いだし、その手段を提供した農村部以外の人々によって覆された。これらの手段は別の地域 —— 最初は、地域経済におけるさまざまな都市部門 (順に、漁業、地域貿易、工業、そして銀行業)、後に公海 (長距離貿易と海賊行為)、あるいは 1815 年以降のオランダの植民地 —— での活動に由来する。この過程で、この地域は世

界の他の地域、他の資源、または他のフィードバックサイクルにますます依存するようになった。（災害に脅かされたり襲われたりするたびに、このシステムの空間スケールは増大した。）例えば、ハーレム湖の干拓は、オランダ領東インドの恩恵を受けている。そこでは、ヨーロッパ市場向けの集約的なプランテーション農業システムが確立されており、また、そこで得られた増大する富の流入が、部分的に資金源となったからである。同様に、フレヴォラントの干拓は、EU の誕生と成長にも密接に関連している第二次世界大戦後の好景気が可能にした。最後には、EU の統合により、そこで栽培できる農産物が他所からより安価で入手できるようになったため、これ以上干拓を行うことは経済的でなくなった。

　局地的及び地域的な周期的な低調期が一致しない限り、高度に人工的で多額の費用がかかるシステムを維持することはできる。他所で得た資金の投資のおかげで、地域の利益を生み出すことができる。ラインラントでは、都市の住民または都市が組織として共同で水から土地を保護するための資金を供給するという形で介在したのがこの事例にあたる。それでもなお、18 世紀と 19 世紀の前半のように、地域とよりグローバルな周期の双方で低調期が一時的に重なった場合、問題がなお一層の深刻さをもって直撃する。その場合は、災害はシステムの空間的および時間的スケールをさらに拡大することでしか回避できなかった。例えば、ハーレム湖の排水のために中央政府の助力を得ることにより、問題が起こる頻度は劇的に減少し、干拓地を定常状態に維持するための物質的および制度的基盤の両方が強化された。その過程において、脅威と制度の範囲と規模が自ずと拡大していき、最終的にすべての低地の諸地域（Low Countries）を包む、今日に至るオランダ社会の多くを形成している。

　この事例は、社会による環境管理において、意図しない結果を生むことに対するリスク認識の重要性を見事に示している。人間と環境との相互作用において高い頻度で起こる事象（例えば、人々が人工の盛り土を考案するきっかけとなった季節性の洪水など）に対処しようとする場合は、人間の介入は新たな視点と新たな行動（例えば、人工堤防による区域全体の包囲など）をもたらす。ただし、これらの変化はしばしば、性質も頻度も知られていない新しいリスクを生んだ。これらのリスクが顕在化した際に（例えば、数十年に一度または 100 年に一度の洪水という形で）、それに対処するための別の手段が模索され、そうして環境にもたらされた変化が、さらに多くの、またしても性質と頻度が不明のリスクを引き起こした。

これらの解決策を維持するための投資は、地域住民にとってあまりにも負担が大きくなってしまい、当該地域が他の地域経済の周期に依存するというリスクが加わる結果となった。

　いずれの場合も、差し迫った課題の解決策は、環境上の、また社会構造上の双方で、別の課題を将来的に誘発する環境への介入に基づいていた。後者は頻度がより低く、より長いタイムスケールを伴った。その結果、時間の経過とともに、リスクのスペクトル（分布）は、相対的に頻度の高い、空間的に限定されたリスクから、頻度は低いがより重要なリスクに移行した。最終的に、未知の、より長い、一時的なリスクの蓄積が、同時に突発する可能性のある別の一連のリスク──現在の環境危機のような、時限爆弾あるいは危機──をもたらした。

　概念的に類似した事例として、ルネサンス期のフィレンツェにおける近代金融と長距離貿易の出現がある。パジェット (John F. Padgett) らが当時のフィレンツェの人々、五万人の生活分析に基づき詳しく述べている（Padgett & Ansell 1993；McLean & Padgett 1977；Padgett 1997, 2000；Padgett & Powell 2012）。それは、最初は都市の広場（squares and plazas）を中心に成り立っていた社会的関係が、どのように金融取引、より多額の資本の利用可能、（複式簿記に至る）より良い会計の必要性、より距離のある長距離貿易、そして、金融と権力の双方の関係における他の多くの事柄に結びついていったのかを見事に示している。これはまた、社会全体としてのダイナミクスを理解しようとするのに、複雑系アプローチ(complex systems approach) が有効であることも示している。

　加えて、ARCHAEOMEDES プロジェクトの一環として、クリスティーナ・アシャン-レイゴニー(Christina Aschan-Leygonie)は、なぜフランスのオー・コンタ(Haut Comtat。コンタはコンタ・ヴェネッサン。旧教皇領）で 1860 年代の危機がすぐに解決され、一世紀後の別の危機がそうならなかったのかについての興味深い研究を行った（van der Leeuw & Aschan-Leygonie 2005）。これについては第 6 章で触れている。

　イノベーションの過程において現れる変化の正確な性質は予想できないかもしれないが、変化が現れるという事実は決して予想ではない。同様の状況と出来事の連鎖は、環境がもたらす課題に人々が特定の解決策を押し付けようとするといつでもどこでも発生してきた。それらは人間と環境との相互作用に深く内在しているように見える。というのも、環境はわれわれの所有の対象ではなく、われわ

れの解決策を押し付ける対象でもないにもかかわらず、それらの相互作用は、大抵、われわれとわれわれの環境を区別するということに基づいているからである。それは、第3章で概説したとおり、現在の極端な形で、14世紀以降ますます広まった西洋文化の特殊性である。

　われわれは、人間と環境をマニ教的に区別しないアチュア族（the Achuar）の社会のような世界観をより詳しく見て（Descola 2005）、そこから、われわれの現在の世界観が、彼らのような立場から見れば、どのように発展してきたのかを再構成してみるべきかもしれない。結論として、これらのダイナミクスをよりよく把握するために、われわれは実際にどのように視点を変えることができるのかを、もう少し時間をかけて考えてみたい。

　第一に、複雑適応系システム（Complex Adaptive Systems）の視点に固有のものであるが、われわれが選択する視点は、はるかに一般的である事後的（ex-post）視点であるよりも、事前的（ex-ante）視点であるべきだ。新しい現象を理解するために、われわれは現在の状況の起源を研究するのではなく、現象の出現の過程をたどるべきである。時間の矢に逆らうのではなく、時間の矢に沿った視点を養う必要がある。この立場の必然的な帰結として、われわれのアプローチは、（科学の多くがまだそうしているように）理解を生み出すために考慮する次元の数を減らすべきではなく、考慮する次元の数を増やすべきであるということになる。過去から学ぶために研究する一方で、未来のために学ぶために、われわれはそうすべきなのである。これは本質的に不確実性を増大させ、受け入れる方法論を提唱するものであり、不確実性を肯定的に前進として捉え直すものである。言うまでもなく、実際には、学術領域と応用分野でも、この考え方に対する抵抗は根強いものがある。

　その理由の一端は、現在を説明するために一つか二つの因果の連鎖を用いることから脱却し、一般的には複数の選択可能なシナリオで考えるようにしなければならないという事実である（Bai et al. 2015）。これらを評価することにより、特に（個人またはシステムによって行われた）選択の意図しない結果と、別の選択肢が選ばれた場合に起こったであろう結果とを比較することにより、われわれは選択と意図しない結果との関係をよりよく把握し、未来に向かって（認識されていない）リスクを低減できる。

　これらすべてにおいて重要なのは、今日に至るまでこれらのすべてを行うこと

ができなかったという事実である。実際、数世紀に及ぶ知的伝統、情報処理に特有の制限、およびその他の要因もそのようなアプローチの妨げとなる。しかし、情報化時代を迎え、多くの障壁が取り除かれるか、あるいは、少なくとも軽減されようとしている。一つには、現代のテラバイト（terabyte）単位のデータ密度のモニタリングは、少なくともある程度はわれわれの観測に基づくアイデアの不確実性を克服するかもしれない。第二に、コンピューティングを、これまでよりも、社会的な情報処理に（はるかに）緊密に統合することにより、意思決定においてわれわれが扱う現象やプロセスのより多くの次元を考慮に入れることができるかもしれない。しかし、それを実現するには、コンピューティングを異なる方法で活用し始めなければならい。（今、われわれが行っているように）逆方向だけでなく、低次元から高次元へと進む機能を重視する必要があるからである。これは、過去から未来へ、同様に逆方向に進むためのツールの創造を意味する。この機能の開発に必要不可欠なのは、より広範囲なモデリング、特に個人の行動の組み合わせがどのように集合的なパターンとプロセスを生み出すのかを理解させてくれるエージェント・ベース・モデリング（agent-based modeling）を用いることである（van der Leeuw et al. 2011）。少なくともある程度それを実現できれば、不確実性の増大に対する不安を和らげるのに役立つだろう。もし、あなたが百通りもの不確かだが起こりうる結果を乗り越えなえればならないこと確実に知っていれば、自分の未来における不確実性のスケールを知らないよりもましである。さらにもしあなたが、起こりうる結果が三つか四つの結果しかないという幻想的な思い込みからくる安心感から脱しようとしているのであれば、特に重要なことである。

原著注

＊1　本章の事例研究は *Danish Journal of Geography* 112（2）に掲載の著者論文（van der Leeuw 2012）であり、Taylor & Francis の許可を得てここに再掲している。

第 11 章　人間社会の組織の変遷

1 はじめに

　第8章では、生物学的制約のある認知進化から社会的制約のある認知進化への移行に重点を置いて、人類社会の長期的進化についての私のビジョンを概観した。第9章では、情報の流れが認知、環境、社会の共進化を促していることを理解するために役立つ概念として、散逸的流動構造を紹介した。第10章では歴史を掘り下げ、ある地域における技術の進歩は、その環境の状況によって、また経済との相互作用において必要不可欠なものであり、解決策とそれが提起する課題との間を絶えず行き来しながら、社会とその制度をどのように変えていったかを示した。それらは最終的には、現在の西オランダの景観、技術、経済、政治組織へとつながっていくのである。本章では再び一般的な視点に立ち返り、第8章で概説した長期的な軌跡のうち、第二の社会文化的な部分で起こった主要な、異なるシステム状態の性質を浮き彫りにしたい。このことによって、このような変遷の原因となる情報処理構造の変化の役割を明らかにしたい。

　1960年代に出されたサーリンズとサーヴィス（Marshall Sahlins & Elman Service 1960）による社会組織の進化に関する一連の古典的な提言以来、社会が大きく、複雑になるにつれて、社会構造に多くの変遷があったことは一般的に認められているが、これらの変遷の詳細については、多くの議論の余地がある。本書において私が展開する観点では、こうした社会構造の変遷は、本質的に情報処理装置の構造の変容である。本章では、組織の観点から、社会構造について、詳細に見ていく。

2 情報処理と社会統制

　情報処理、情報伝達、制御構造については、さまざまな領域で幅広い内容の文献があるが、（今のところ）この3種類が基本的な構造であるとされている。これらの構造の違いは、情報処理に影響を与える制御の形態に顕著に現れる。誰が情報にアクセスでき、誰がアクセスできないかを規制するだけでなく、情報処理において、また、ネットワークの成長といった状況の変化に対する適応、あるいは、

さまざまな種類の外部の妨害に対する適応において、これらの構造の効率性をかなりの程度決定する。また、このような違いは、それぞれの情報伝達構造が最適に動作する条件に対しても多くの影響を与える。まず、それぞれの制御構造について、それがもたらす影響について説明する。

普遍的制御下の処理

　参加するメンバー全員が互いを知っているほど範囲が小さい場合、すべてのメンバーは互いに伝達が可能である。必然的に、社会の一部のメンバーは、他のメンバーよりも、やりとりに多くかかわることになるが、個々のメンバー間の接触は非常に頻繁であるため、情報は彼らの間で無数の方法で広がっていく。したがって、情報伝達は、特殊な状況を除いては、特定の伝達経路に依らない。また、たくさんの経路がメンバー間を結んでいるため、ある個人から別の個人への情報伝達に大きな遅れが生じることはない。ある経路が一時的に遮断されたとしても、近くにある経路 ── より長い経路ではない ── が即座に情報を伝える（図11.1）。

　さらに、情報の制御もできない。集団の各メンバーはさまざまな方向から情報を受け取ることができ、さまざまな方向に情報を発信するため、話の内容を比較する機会は十分にあるし、偏りや誤りを修正することもできる。そのためこのような状況にある集団は、たいていの場合、時間はかかっても最終的には集合的な意思決定の基礎となる極めて均質な「情報プール（information pool）」を持つことができるのである。

　これは、メイヒューとレヴィンジャー（Bruce H. Mayhew & Roger L. Levinger 1976；1977）が、情報の流れ、集団の規模、集団内の個人の優位性の観点から説明した小集団の相互作用の状況である。これは、平等主義的な社会に当てはまり、そこでは、情報の制御は、非常に短い間であるが、特定の種類の状況に対処するのに適した機能として、特定の個人に委ねられる。なぜなら、これらの個人は、直面する問題の種類に関する特定のノウハウを持っているからである。その結果、一個人や一集団がこのような社会を長く支配することはできない。このような状況において、情報プール（information pool）の均質性（homogeneity）は、対面での接触によってさらに助長される。このような接触している状況では、メッセージの送り手と受け手が、言葉、声の調子、身振り、目、ボディランゲージなど、多くの伝達回路を使って意思疎通をはかることができるからだ。したがって、コミュ

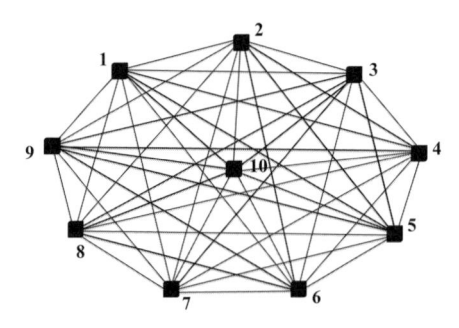

図 11.1　普遍的制御による平等主義的情報処理
　　　図：すべての個人がすべての他者と通信
　　　している。

（出典：ファン・デル・レーウ）

ニケーションは非常に完全で、詳細で、繊細になる可能性がある。相互理解とは、たとえそれが比較的あいまいな定義にとどまっていたとしても、とても繊細なものであり、かつ多くの認知的次元を結びつけることができるものなのである。

　メイヒューとレヴィンジャー（Mayhew & Levinger 1976, 1977）は、メンバー間の相互作用に必要とされる時間の長さが、その集団の規模を、事実上、制限すると指摘している。

小さな集団の情報の流れを表す（ロジスティック）曲線は、メンバーが増えるにつれて指数関数的に上昇し、ついには、情報プールを均質に保つために全員と十分な会話をもつ時間が一日では足りなくなる。しかし、その均質性は争いの発生率を抑えるので、集団の存続には不可欠なものである。情報プールの異質性 (heterogeneity) が高まると、集団はすぐに分裂を始め、そして、再び持続可能な最大規模の集団になる。ジョンソン（Johnson 1982）は、このような線に沿って組織された社会の事例を数多く紹介しているが、この種の情報伝達モデルは、非常に小規模な社会に限定されることに注意すべきである。情報伝達は集団内のすべての個人が習得できるものに限定され、より複雑な社会で見られるような専門的知識の出現が回避されるので、共有できる知識・情報全体も限定される。こうしたダイナミクスを浮き彫りにした民族誌的研究としては、私が用いている表現を使っていないが、バードセル（Joseph Birdsell 1973）がある。

部分的制御下の処理

　一部の参加メンバーは他のメンバー全員のことを知っているが、他のメンバーは全員を知らない場合、その一部のメンバーは関係者全員に直接メッセージを伝えることができるが、その他のメンバーにはそれができない。このような非対称的な状況は、関係する集団が大きすぎて平等主義的な情報伝達システムや均質な情報プールを維持できない場合に生じる。民族誌や歴史から、このような方法で

情報伝達や意思決定を行っているさまざまな社会を知ることができる。これらの社会は、全体的な規模だけでなく、構成単位の規模、情報伝達、情報処理の構造なども、極めて多様である。

　部分的な制御下での処理は、普遍的な制御下における情報伝達と意思決定とは根本的に異なる。メンバー間の情報伝達と非情報伝達の両方に依存しているからである。集団のメンバーは通常、他の何人かのメンバーとはやりとりをするが、集団の残りのメンバーとはやりとりしない。こうした社会におけるコミュニケーション構造の形態はヒエラルキー（階層）的なものである（図 11.2）。なぜなら、その形態が、中心から集団全体へと情報を広めるために必要な伝達の回数を減らす最も効率的な方法だからである（Mayhew & Levinger 1976, fig. 8）。

　このような情報伝達構造が、情報プールにかなりの異質性を生み出すことは明らかである。話は、伝達されるにつれて、必然的に変化するが、社会のほとんどのメンバーにとっては、異なる情報源から伝達されてきたそれぞれの話を比較して、話を正す方法はない。

　しかし、日常的な情報経路を横断する情報伝達は比較的少ないため、その異質性に気がつく人はほとんどいない。このことが潜在的な問題を引き起こすのである。つまり、情報が通常とは異なる方法で拡散すると、その異質性が突如として浮き彫りになり、爆発的な対立の激化や分裂傾向が強くなってしまう。したがって、情報の抑制と制御は、ヒエラルキー型システムの本質的な特性といえるのだ。

　社会がそのヒエラルキー的な統制構造の情報伝達能力を維持する必要がある限り、その構造は許容される。しかし、流れる情報量が低下したり、通信路容量を超えたりすると、そのヒエラルキー構造には負荷がかかる。言い換えれば、それが有効な機能として認識されている限り、個人の責任を制御している人たちに委任することは容認されるということである。しかし、このヒエラルキー構造が制約として認識されるやいなや、集団のメンバーは、確立された伝達経路を迂回するリンクを作り出そうとする。このため、ヒエラルキー構造は重要な情報と切り離され、その能力と効率を低下させる。したがって、システムに対する負荷が頻発するとヒエラルキー的な構造での情報のフロー (流れ) の遂行には有利に働く。そのようなヒエラルキー構造によって、こうした負荷を維持するだけでなく、社会構造を引き裂くような一定のレベルを超えないようにすることにおいても利害関係がもたらされる。

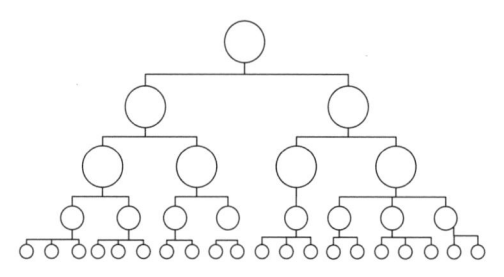

**図 11.2　部分的制御のヒエラルキー的組織のグラ
フ：ある人たちは他の人たちより自由に使え
る情報が多い。**
(出典：ファン・デル・レーウ)

　ヒエラルキー型システムにおける多くの重要な情報伝達経路は、平等主義的な
ものよりも長いため、シグナル（signal）が失われるリスクが高まる。情報伝達に
は、より強いシグナル対ノイズ比が必要である。ある認知次元ではシグナルであっ
ても、他のほとんどの次元との関係ではノイズである可能性がある。そのため、
より強いシグナルを生み出す一つの方法は、シグナルが示す認知次元の数を減ら
すことである。これは、例えばタブーや儀式的な制裁を課すことによって、解釈
の文脈を厳密に定義することで達成される。このような次元を減らした認知構造
の確立は、集団における専門的知識の出現という形で現れ、技術的、商業的、宗
教的、あるいはその他の知識のスペクトルを広げることになる。

中央制御のない処理

　参加メンバーの誰もが他のメンバー全員を知らない場合、誰一人として関係者
全員に直接メッセージを送ることができない（図11.3）。さらに重要なことは、
そのような状況では、必然的に、誰に届くのか、どのような効果があるのかを知
らずにメッセージを発信する。最初の例では全員が情報に通じていて、二番目の
例では一部の人は情報があり、一部の人は知らされていないという状態だったが、
この場合は、全員が部分的に情報に通じている状態である。人々はこの部分的な
情報に全面的に依存していて、その情報を完全なものにすることはできない。彼
らの情報プールは、比較的異質であるが、その異質性が均質であるため、状況は
比較的安定している。

　この状況では、決まった情報伝達経路は存在しない。その代わり、複数の代替の経路が存在しており、どこかで情報が滞ったり、文字化けしたりした場合に備えている。そのため、システムはより柔軟で、外部からの妨害に強くなる。その結果、より規模の大きな集団での相互作用が可能になり、処理される情報の総量も飛躍的に増加する。同じ意味で、特定の個人が情報の流れ全体を制御することがない。そのため、ヒエラルキー型システムで定期的に発生するような個人的な問題（incident）の影響を受けにくい。

図 11.3　制御を伴わないランダムな情報伝達網のグラフ：すべての個人が部分的な知識を持つ。
（出典：ファン・デル・レーウ）

　しかしその一方で、情報伝達手段にはより多くのことが求められる。より多くの情報を、より効率的に、より頻繁に、より直接的に接触することのない個人と個人の間で伝達する必要がある。逆説的ではあるが、情報伝達が対面式に依存しなくなり、さまざまなメディアや経路を通じて行われるようになると、それが促進される。文字による情報伝達は、空間や時間を超越することができ、また、シグナルを物質的な基板上に不変に固定することにより、シグナルの完全な損失や変形を減らすので、重要度を増す。また、書面による情報伝達は、対面では伝わる可能性がある、あるいは伝えている特定の次元の伝達を回避することができ、その結果、コミュニケーションはより正確になり、矛盾するシグナルの同時伝達を避けることができる。

　この第三の情報伝達様式は、（原初的な）都市状況において一般的に存在するものである。しかし、そこでは常に、普遍的に統制されたネットワーク（家族やその他の対面グループ）と並行して発生し、多くの場合、ヒエラルキー（階層的）な情報伝達網とともに発生する。別の情報伝達網とは、複数のネットワークで活動する個人を介してつながる。このような混合ネットワークやヘテラルキー（heterarchical：異質で階層的）なネットワークについては、本章の後半で触れることにする。

3 ｜ 情報伝達組織における相転移

　このようなさまざまな社会的組織の違いをもたらす情報処理の動態における違いを理解するためには、拡散活性化ネットワークの観点から見るのが有効である。それによって、次の二つの問いに答えることができるだろう。

　　・これらの異なる情報伝達構造は、どのようにして生じたのだろうか。
　　・集団の規模や処理される情報の量が変わると、情報伝達構造はどのように
　　　影響されるのだろうか。

このような拡散活性化ネットは、さまざまな潜在的活性（情報伝達可能な）状態（μ：一つのノードから出る平均接続数）を持つランダムに配置されたノード（個人を表す）の集合とそれらの間の重み付きリンクからなる（Huberman & Hogg 1986）。その重みは、あるノードの活性化（α）が他のノードにどれだけ直接影響を与えるかを決定する（メッセージが伝わる度合い、人々がメッセージをさらに拡散する度合いなど）。一定の時間が経過すると、行動は一巡し、ノード間の接続は「緩和」（γ）状態に至る。

　このように、ネットワークの挙動は、その形状やトポロジー（接続形態）を規定するパラメータ（μ）と、処理される情報の量を推定する局所的な相互作用（α/γ：activation over relaxation［緩和を超える活性化］）を記述する二つのパラメータによって制御されている。システムの可視化は、その統計力学を理解するために、トポロジーの変形的なねじれや、次元的な非線形性の曲線的な形態に依存している。

　そのダイナミクスを評価する上で、このようなモデルでは、相互作用性（α/γで表される）とシステムとの接続性（μ）が独立変数であることを意識することが重要である。α/γ と μ の二次元グラフ（図11.4）では、二つの変数の異なる値を組み合わせることで、異なるタイプの情報処理システムの特徴として識別できる

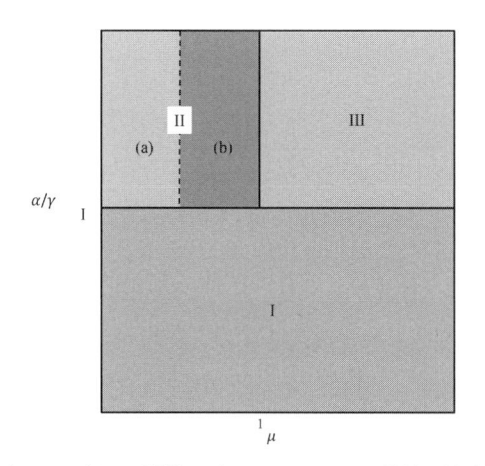

図 11.4　拡散活性化ネットの相図。縦軸はパラメータ α / γ、横軸は接続性パラメータ μ を表す。相空間 I は空間と時間の局所的な活性化、相空間 II は局所的だが連続的な活性化、相空間 III は無限の活性化を表す。

（出典：Huberman & Hogg 1986 に基づいて、ファン・デル・レーウ作成）

様々な領域が現れる。

　情報処理システムの各状態の性質を、この 2 つのパラメータの相互作用の結果は的確に示している。このことは、このモデルが含意することをより強固に裏付けている。

　このようなシステムの無限と有限の場合の挙動を図 11.4 に示す。基本的に、二つの変数 μ と α/γ に対して、システムには三つの状態が存在する。最初の状態（状態 I）では、どちらも小さく、活性化は時間的にも空間的にも局所的である。このような活性化は、時間的連続性がほとんどない有限のクラスターの中で行われていると考えることができる。これはある種の均衡状態になる。したがって、異なる発生源の活性化間隔が全体の緩和時間 τ に対してあまり変化しない間は、異なるノードが異なる活性化インパルスを与えるネットは、ほとんど常に活性化を開始した点付近にとどまる（図 11.4 の状態 I）。さらに、有限の場合、この安定状態は、α/γ が非常に小さい場合、μ の値に関係なく、左右の全スペクトルに渡って成立することが注目される。後述するように、これはこのモデルについての重要な知見の一つである。

　μ が小さいうち（1 に近い状態 II；つまり、各ノードが平均して一つのノードにし

か接続されていない状態）は α/γ が増加するにつれて、緩和はますますゆっくりとしたものになる。これにより、事象の範囲は時間的には拡大するが、空間的には局在化する。つまり、相互作用するクラスターは小さいままだが、時間的な連続性を獲得する（図 11.4 の状態 II）。第二段階として、μ を同様に小さくし、α/γ をさらに大きくすると、相互作用するノードも空間的に拡大し、クラスターがより多くのノードを取り込むようになる（図 10.4 の状態 III）。このような条件下では、「どのノードの活性化を決定するにも古くからの歴史が重要であり、（中略）活性は増加し続けるので、ネットと発生源の時間変化との間の均衡という仮定はもはや成立しない」（Huberman & Hogg 1986, 27）。状態 II と状態 III の間の遷移のさらなる特徴は、μ が 1 に近い場合、関与するクラスターのサイズが非常に大きな揺らぎを持つことである。

　さらに α/γ が大きく、μ が高くなると、拡散量は空間的にも時間的にも無限に増大するため、ネットの遠方領域同士が大きく影響し合うようになることも別の重要な知見である。この状態（図 11.4 の状態 III）への遷移は急激で、この活性化閾値以上の値を持つノード数が爆発的に増加するため、多数の有限クラスターが突然単一の巨大クラスターに変化するのである。

　この結果は、社会全体のダイナミクスに対する情報処理アプローチとして、多くの興味深い示唆を与えてくれる。当面の関心事としては、特に次のようなことが挙げられる。

　・異なるノードの α/γ が全体の緩和時間 t よりはるかに長い間は、このようなネットのすべての相互作用は局在化したままであり、システム全体は安定した状態（状態 I）を保つ。さらに、上記は各個人が交流する人数（ネットワークの接続性 μ）に関係なく成立する。これは、「なぜ、解剖学的・認知学的に現代人の（にとって）最初の 6 万年間は、特に変化がないのか」という、最も切実な疑問の一つに対する答えかもしれない。その答えは、まばらな集団のメンバー間に情報処理や情報伝達を飛躍させるだけの相互作用がなかったからだ。処理すべき情報が少なければ、そのタスクを共有する人々の相互作用の程度は問題ではないようだ。
　・μ が 1 付近のまま α/γ が大きくなると、最初は小さなクラスターが連続性を持つようになるだけであり（状態 IIa）、さらに α/γ が大きくなると空間

的に広がっていく（状態 IIb）ことが分かる。したがって、処理される情報量が適度に増加するだけでは、集団の規模は小さいままだが、個々の集団はグラフを移動するという点ではより長く存在することになる。より大きな集団をネットワークに引き込むには、処理する情報量を大幅に増やす必要がある。これは、どちらかというと不安定で短命な小集団から、より安定で長命な（小さな）部族のような集団への移行だと私は解釈している。

・安定性と規模において非常に大きな揺らぎが（μ が 1 に近い場合）、状態 II と III の間の遷移において、すなわち活性化ネットワークの空間的広がりが大きくなるにつれて生じるという事実である。このモデルによれば、情報の流れが非常に大きくなっても、ネットワークに引き込まれる人々の相互作用が限定的であれば、集団の規模の範囲と永続性の程度の両方が大きく変化することになる。このことは、発展のこの時点では、同じような密度や相互作用性を持ち、同程度の一人当たりの情報を処理する集団が、その規模において劇的な違いを見せる可能性があり、その相互作用は永続的とはほど遠いことを示唆している。このことは、首長制（chiefdom）が不安定な過渡的組織であるという見方を支持することになる。また、部族や分節化されたリネージ（segmented lineage）の規模の違いについての理解にも当てはまる。

　・この不安定な時期が終わると、大小さまざまな規模の集団（状態 IIb）から連続的な情報伝達網（状態 III）へと、突然 3 回目の遷移が起こる。この遷移は、α/γ と μ の両方を同時に増加させることによって達成される。事実上、情報の流通量と人口の接続性が高まれば、一つの無限のネットワークに参加することは必然である。しかし、この変遷には次のような特殊性があり、興味深い示唆を与えている。

　・モデルに物理的な情報伝達距離の尺度を導入し、強く相互作用する部分の個体が物理的に近接していなければならないという制約を課すと、パーコレーションモデルは状態 II において相互作用の空間分布に「塊り（clumpiness）」を生じさせる。このことは、理論的には非常に大規模な農村社会システムが可能であるが、現実的な制約から、インターネットのようなものが存在しない場合、村や街といった空間的な中心が出現する可能性が高いことを示唆している。

・このような急激な変化は、人口密度の増加に伴い、相互作用性と情報の流れが指数関数的に増加することで説明される。これは、大規模な情報伝達システムは、一つの中心から徐々に広がっていくのではなく、いくつもの中心が実質的に同時に生まれるというテーゼと相通じるものである。これは都市システムにも言えることで、都市は常に単一の街ではなく、街の集合体として形成される。

・状態 III では長距離の相互作用が出現する。システム全体が実質的に相互作用するようになると、当然ながら、システムの非常に離れた部分のノードを結ぶ相互作用が発生する可能性がある。この変遷は、長距離交易という形で考古学的記録に反映されている。

・このモデルは、処理する情報量の増加だけでは、ネットワークが実際に長距離接続を発展させるには十分でないことを示しているように思われる。つまり、必要条件ではあるが十分条件ではないということである。少なくとも、参加ユニット（集団）間の相互作用性を高めることが重要である。実際、相互作用性が低い場合、情報量が 1 単位増加しても活性化に対する効果はせいぜい線形であるのに対し、相互作用性が 1 単位増加すると、情報量と活性化の両方に対して指数関数的な効果がある[*1]。

4 初期社会における情報伝達様式

　この節では、観測されたさまざまな社会組織の形態とその間の変化に適用できるメタファーとして、上記のパーコレーションモデルを暫定的に適用している。このメタファーは、パーコレーションネットワークのいくつかの異なる状態と、少なくとも四つの重要な遷移を区別するものである。

　最初の状態は、全体としては非常に安定した状態だが、その中の個々の相互作用集団は小さく、非常に流動的で一時的なものである。他のノードと直接接触しているノードの数は変化する可能性がある。人類学者ならば、旧石器時代を通じて、採集・狩猟・漁労社会がうまく維持してきたような、流動的で移動可能な小集団の社会組織を当然思い起こすだろう。このような集団は、一般的に、数家族

から最大 50 人程度で構成されていたと推定される。オーストラリアのアボリジニー（the Australian Aborigines）、イヌイット（the Inuit）、クン（the !Kung）のような社会では、個々のメンバーがバンド（band）＊＊1 からバンドへと頻繁に移動し、そのバンド自体も頻繁に融合や分裂を繰り返す。

　パーコレーションモデルでは、α/γ が大きくなるにつれて、この状態からの最初の遷移が見られるようになり、小規模で一時的な集団（状態 I）から、ほぼ同じ規模の集団でありながら、ある程度長い期間安定した情報伝達経路を持つ集団（状態 IIa）へと変化する。これらの集団は、「グレートマン（great man）」社会と「ビッグマン（big man）」社会の両方＊＊2 を代表していると考えられる（Godelier 1982 ; Godelier & Strathern 1991）。一般的な「グレートマン」社会は数百人から構成され、特定の個人が特定の（一連の）問題について、優位に立つようになる。これを達成する個人は、ある状況に対処するための特別な知識や能力を持ち合わせているので、一般的にその地位を与えられる。このように、彼らの影響力は社会から委ねられたものである。「ビッグマン」社会の場合、指導者的立場に立った個人は、その富と、集団のメンバー間で富を再分配する役割によって、その地位を得たのである。一般的に、両社会の集団は、ほぼ同じ大きさである。どちらの場合も権力の世襲はないが、父親がそうであればグレートマン、あるいはビックマンになることは比較的容易である。このモデルに関する限り、このシステムの状態は、移住性の集団と定住性の集団の両方を含むと思われる。

　α/γ がさらに成長すると、パーコレーションモデルは、このような小規模でかつ周期的に安定を繰り返すような集団から、より長期間にわたって安定し、空間的な存在感が増大する集団への第二の移行を予測する（状態 IIb）。私は、このモデルの状態から、部族社会のような数百から 1000 人規模の定住型社会を連想する。その社会では、メンバーすべてが何らかのボスのような存在を認めている。α/γ が大きくなるにつれて、これらの集団はより大きく、より永続的な社会となる。その過程で、μ もまた、よりゆっくりとではあるが増加している。このような大規模な集団は、Service（1962 ; 1975）などの人類学者が一時期「分節リネージ（segmentary lineages）」や「首長制」と呼んでいたものであり、最大で数万人を含む多かれ少なかれ安定した社会形成である＊2。

　もしこの解釈が正しければ、状態 I の小規模で移動性のある一時的な集団は概して平等主義的であり、状態 IIa の集団は平等主義的情報処理と特にストレス時

に時折起こるヒエラルキー的組織化を交互に行い、状態 IIb の大規模集団は通常はヒエラルキー的に組織化されていると考えられる。多くの場合、横断的な関係は、分節リネージや首長制間にあるヒエラルキー的な組織の弊害をある程度緩和する。

　上に概説したような小さなヒエラルキーの特性（Huberman & Hogg 1987）と経験的観察を詳細に比較すると、民族誌学者（Johnson 1982 など）によって記録された社会システムの観察行動のいくつかの側面に対する（トポロジカル［位相的］な）回答を示すことができる。まず、ランダムに相互作用するグラフ構造のメンバー間の協力が、そのような集団の安定性を低下させることは興味深いことである。このことは、「何もない空間（empty space）」における対面式の小集団（Service の 1962 年の用語では「バンド（band）」）間の分裂が実に高い発生率を持っていたことを示しており、このような集団が人類の社会組織を支配していた絶対的な時間的スパンが長かったのは、間違いなくこのおかげである。

　次に、対面する小集団では支配関係が非常に高い頻度で発生することを考慮すれば（Mayhew & Levinger, 1976 ; 1977）、ホッグ（Tad Hogg 1989）らの研究から、ヒエラルキーの出現は広いトポロジカルな条件の下で統計的にあり得ると結論づけることができる。つまり、ヒエラルキーは何らかの圧力によって出現するものではないということだ。ということは、人類の歴史においてヒエラルキーはどのように形成されたのかという疑問よりも、なぜもっと早い時期にヒエラルキーが形成されなかったのかと問うべきだろう。考え得る答えの一つは、（はるかに効率的な）ヒエラルキー的なネットワークを維持するための情報が十分でなかったということだろう。このような状況下においては、均質な情報プールの利点が、ヒエラルキーと安定性がもたらす効率的な利点を十分に上回っていた可能性があるのだ。一方で、このようなヒエラルキーは、民族誌の記録にあるよりもはるかに頻繁に出現していた可能性を考えなければならない。階層数が直線的に増加するヒエラルキーでは、情報の拡散速度が指数関数的に増加する。ヒューバーマン（Bernardo Huberman）とケルツベルグ（Michel Kerszberg）はこの効果を「超拡散（ultradiffusion）」と呼んでいる（Huberman & Kerzberg 1985）（以下の段落と付録 A で議論）。スカラー・ストレスが大きさの関数として増加する場合、ストレスに対する反応の増分が集団規模の増加に伴って減少するのはこのためである（Johnson 1982, 413 を参照）。

　実際に、超拡散は、あるヒエラルキーの階層数が直線的に増加すると、そのヒエラルキーを利用してコミュニケーションをとる集団の規模が指数関数的に増大することを意味している。したがって、超拡散は、ヒエラルキーに沿って組織化された集団のサイズが幅広い（$10^2 \sim 10^4$ 以上）ことを説明することができる。このことは、サーヴィス（Service 1975）に倣って考古学者や人類学者が首長制と呼ぶ集団の研究において、長い間指摘されてきた事実である。

　パーコレーションモデルは、空間的に局在化したシステム（状態 IIb）から、情報伝達網が（ほぼ）無限数の個体へと拡張され、著しい長距離相互作用が生じることによって、無限数のシステム（状態 III）へと、突然に第三の移行が起こることを予測している。これは本質的には、考古学や人類学において、国家や帝国への移行として知られているものである。そして、その中には、広範な地域に住む数百万人の人々が含まれる可能性がある。ウォーラーステイン（Wallerstein 1974）が示したように、このような国家や帝国は、その境界の外においても多数の人々を活性化させるものであり、そのネットワークに関わる人々の総数は、見かけよりもはるかに多い可能性があるのだ[*3]。

　非常に大規模で純粋なヒエラルキー型システムが永続することは知られていないので、この変遷は、複雑で大規模なヒエラルキー的組織とともに、分散型情報処理の導入につながると解釈できる。長いヒエラルキー経路を介した情報伝達に特有の歪みや遅延が、異なるヒエラルキーに属する個人の物理的な近接と相まって、最終的には各階層内や階層間の相互リンク（cross-link）の形成につながったのだろう。これによって、関係する個人が多くの経路を通じて受け取った情報を収集することができるのである。

　平均的な経路容量が処理すべき情報量に対応できなくなった時点で、当該のヒエラルキーの維持は他の情報処理手段と組み合わされることになる。国家であろうと帝国であろうと、情報の流れはヒエラルキー型（行政）と分散型（市場）の両方のシステムによって維持されているのである。このような「複雑社会（complex societies）」については後に取り上げる。

5 | ヒエラルキー型システム、分散型システム、ヘテラルキー型システム

　本章の残りの部分では、様々な形態の情報処理組織の動態特性に関する問いに対して論じようと思う。そのためには組織のトポロジーの伸縮と変換の能力に注目しなければならないが、これらの組織の挙動の数学的基盤（裏付け）に関するかなり専門的な議論が必要であり、その詳細は多くの読者にとって大きな関心事ではないはずだ。そこで、本章ではその主な特性の要約を試み、付録Aで数学的根拠のいくつかを紹介する。

　私はまず、サイモン（Simon 1962 ; 1969）に倣い、複雑系において構造を生み出す二つの基本的なプロセス、すなわちヒエラルキー型システムと市場型システムを区別することからこの探究を始めることにする。図11.2ではヒエラルキー構造の単純な概要を示したが、この構造について忘れてはならない本質的なことは、この構造には中央の権威があるということである。ヒエラルキー構造の頂点に立つ人物または（小さな）集団は、下位の人々から入手可能なすべての情報を集め、下位の人々に決定と指示を下す。一方、市場は水平分散型の組織であり、中央が情報処理をコントロールすることはない。その一例は図11.3に示されている。その集団行動は、異なる目標の追求に関与する個々の、一般に独立した要素の相互作用から生じる。そこに参加するすべての個人は、部分的な情報には平等にアクセスできるが、各個人が自由に使える知識は異なっている。このような市場システムの例は、生物学的、生態学的、物理学的なシステムに多く見られ、社会的なものとしては、証券取引所、グローバルな貿易システム、地方や地域の市場などが挙げられる。

　この二つの情報処理様式はそれぞれ異なる長所と短所を持っており、複雑社会における情報処理の進化を理解する上で基本的なものである。なぜならそのような社会は、これら二種類の動態構造の特徴を併せ持っているからである。これらの違いは、システムの安定性や不安定性、効率性、振動性、ある状態から別の状態への遷移の可能性などに関係する。

　ヒエラルキー構造と市場型システムの違いは、まず、情報処理効率にある。多層から成るヒエラルキー構造では、各層は限られた自律性を持つユニットで構成

され、最上部の全体的な統制によって内部的な一貫性が保たれている。層数が直線的に増加すると、下位に位置する要素（専門用語では葉［リーフ：leaf］と呼ぶ）の数は幾何学的に増加する（この現象の説明は次節のポイント 1 および付録 A を参照）。理想的な条件下では、ヒエラルキー構造の目標追求戦略は与えられた資源を最大化または最適化し、市場組織よりも大量の一人当たりの物質、エネルギー、情報を利用し処理することが可能となる。

　市場型システムの重要な特徴は、本質的に非最適化行動をとる点である。これには二つの基本的な理由がある。一つ目の理由は、このような構造における最適化には、各アクターが完全な情報を持っていることが前提となることだ。しかし、サイモン（Simon 1969）が指摘するように、我々は不完備で誤った情報の世界に住んでいるため、これは不可能である。その結果、分散システムの運用形態は最適化よりもむしろ満足化として定義するのが適切だろう。二つ目の理由は、市場型システムにおける行動は、ヒエラルキー的な制御というよりも、むしろその非線形構造によって制約されることである。例えば、既存の構造の強さは、その近傍の環境における競合構造がより効率的であったとしても、それらの新しい構造の出現を妨げることがある。その例として、アメリカの自動車産業が挙げられる。小型車の方が、燃費がよく、環境汚染も少ないことが明らかになった後でも、エネルギー効率の悪い大型車の生産が続けられた。このように、市場型システムは物質、エネルギー、情報の処理において、ヒエラルキー的システムよりも効率が悪い。フクヤマ（Francis Fukuyama 2015）が検討したように、現代の政治体制においてさえ政府の最適な選択がこの両者の混在である理由は、おそらく市場型システムとヒエラルキー型システムの違いにあるのだろう（次節のポイント 1 も参照）。

　次に、この二種類の情報処理構造の組織的安定性についての違いを説明しよう。市場型システムは、競争利得と自己利益の原則に基づいて運営されているため、柔軟性と多様性に富んでいる。このようなシステムでは、現在の民主主義に見られるように、政治や立法がコントロールすることは非常に困難である。なぜなら、このような分散システムでは、人々は部分的で異なる情報に基づいて行動し、異なる視点を育む自由度が高いからである。それゆえこのようなシステムの挙動は、比較的容易に混乱を招いたり、社会の組織的安定性を破壊したりする可能性さえあるのだ。

　もちろん、ヒエラルキー構造の場合はそうではない。その主な存在意義は、意

思決定に対する権威あるコントロールをトップで効率的に行うことにある。しかし、このことは、階層の下位に位置する人々が、システムの利益のために個人的な欲望や願望の多くを昇華させなければならないことを意味する。独裁的で権威主義的な支配体制は、社会の底辺がそれを拒否するまで、ヒエラルキーからなるピラミッド型構造とその組織目標を維持するのである。

　これらの特徴を考えると、完全なヒエラルキー型システムも完全な市場型システムも、大規模な社会システムに対して耐久性のある一貫した構造的組織を提供することができたとはとても考えにくい。しかし、ヒエラルキー型組織と市場型組織の両者が補完的に結合すれば、その限界を回避することができる（Simon 1969）[*4]。こうしたヒエラルキー型処理と分散型処理を組み合わせた社会構造を、ここではヘテラルキー[**3]と呼ぶ[*5]。このハイブリッドな性質は、暴走するカオス的な行動の可能性を減少させ、システムの情報処理能力を向上させる。そこで、次の課題は、ヒエラルキー型システムと市場型システムの構造と情報処理のダイナミクスの関係をより詳細に分析し、ヘテラルキーにおいてそれらがどのように相互作用しうるかを明らかにすることである。

　最初の課題は、ヒエラルキー型システムと市場型システムそれぞれの情報拡散のスピードである。

6 ｜ 複雑なヒエラルキーと分散システムにおける情報拡散

複雑なヒエラルキー

　残念ながら、大きなヒエラルキーは、小さなシステムだったらできるような部分的な挙動を観察して研究することはできないし、個々の構成要素が無限の自由度をもって振る舞うかのようで、統計的に扱うこともできないのである。これは本質的にミクロレベルとマクロレベルのハイブリッド構造であるため、独自のアプローチが必要なのである[*6]。そのためには、ヒエラルキー構造の最下層にある個々の葉（リーフ）を統計的に扱い、その領域上でまとめる一方、最上層にある葉（リーフ）は静的なものとして考え、ヒエラルキーの各層をどこでも同じように制約する（Huberman & Kerzberg 1985；Bachas & Huberman 1987）。これを出発点として、ヒューバーマン（Huberman）のチームはヒエラルキーの情報処理特性に関

するいくつかの考えを展開し、以下のようにまとめている（付録 A を参照）。

1. ヒエラルキーが統合する母集団の大きさとは無関係に、情報を全体に拡散させるのにかかる時間には上限がある。例えば、5 階層から 6 階層に拡張する場合、情報の拡散に必要な追加時間は、4 階層から 5 階層に拡張する際に追加される時間の累乗根（root）となる。このように、情報の拡散速度と階層数の関係には、べき乗則（power-law）[**4] が存在する。したがって、ヒエラルキーはシステム全体に情報を伝達する上で非常に効率的であり、やや直感に反するが、階層が多くなればなるほど、情報は（平均して）速く拡散されることになる。

2. 例えば、子孫の数が片方のノードで 3 人、もう片方のノードで 2 人のように、階層ツリー（hierarchical tree）が縦軸に対して非対称である場合、片方では情報が拡散するのに時間がかかるため、全体として拡散が遅くなる。また、すべての伝達が同じチャンネルを通るため、干渉やシグナルの損失が起こり、情報が混乱する可能性もある。このような制約を見ると、制約のない環境では、太くて対称的なツリーが育つと予測されるかもしれない。したがって、左右非対称のツリーや、特に細いツリーは、このような制約を示す指標となり得るのである。

3. これは、歪みのない情報を安定的に伝達するというヒエラルキーの能力に対する大きな制約かもしれない。これを定量化するためには、ツリーの全体的な複雑さを見る必要がある（ここでも、数学的な詳細は付録 A を参照）。大規模なヒエラルキーでは、非常に複雑なツリーは、最大でも、その階層の数に対して線形に増加する程度の複雑さしか持たないことが判明している。その複雑さは、ツリーの情報拡散能力に反比例する。

4. しかし、階層の数は無制限なのだろうか。理論的には、階層を一つ追加すると、その階層が接続する個体数は指数関数的に増加する。ヒエラルキーの底辺にある葉（リーフ）のシグナル放出率を一定とすると、底辺にある個体が出すシグナルの数も指数関数的に増加することになる。しかし、この指数関数的な増加を可能にするシステム全体への情報の拡散（ポイント 1 参照）は、流通する情報量の増加を直線的なものに抑えることでしか実現されない。これは、シグナルが次の階層に上がるたびに細

部を抑制する「粗視化（coarse-graining）**5」によって実現される。このように、情報の拡散スピードが上がる一方で、流通する情報の精度は低下する。

5. 適応性とは、最小限の構造の変化で制約の変化に応じる能力と定義されるが、ヒューバーマンとホッグ（Huberman & Hogg 1986, 381）は次のように論じている。最も適応性の高いシステム（the most adaptable system）は、最も複雑であるが、それはそのようなシステムが最も多様性に富んでいるからである。一方で、最も適応したシステム（the most adapted system）は、適応性があるシステムよりも、複雑性が低い傾向があるが、これは状況特有の繋がりが生じると、構造の多様性が低下するからである。複雑さは、システムがより静的な制約に適応するときに低下するようであり、その結果、適応性と潜在的な進化速度が低下する。

これらの結果は、ヒエラルキーの数学的・位相的性質によるものであり、ノードやノード間の接続の性質に依存しないことから、計算システムだけでなく、ヒエラルキーが重要な役割を果たす社会システムにも広く示唆を与えるものである。

分散システム

分散システムは、個々の参加者の独立性の度合い、競争または協力の度合い、システムの残りの部分で何が起こっているかについての知識が不完全であるという事実、かつ／あるいは個々のアクターがかなりの遅延で情報を与えられるという事実、そして最後に、システム内の有限な資源の割り当て方法などの構造変数によって特徴付けられる。秩序だった情報処理構造がないにもかかわらず、分散システムはある面ではかなり規則正しく振る舞うが、他の面ではその振る舞いは基本的に不安定で不規則である。この規則性は全体的なレベルでも明らかであり、いわゆる学習のべき乗則（Power-law of Learning）**6（Anderson 1982；Huberman 2001）に代表されるように、あるタスクを最初に実行し始めたシステムの部分が、そのタスクにおいてより効率的であるというものである。その結果、分散システムは普遍的にパレート分布（Pareto distribution）**7にしたがって構成されることになる*7。

　ヒューバーマンとホッグ（Huberman & Hogg 1988）は、このような分散システムの挙動を、次のようなモデルを用いて研究している。

> このモデルは、様々なタスクに従事する多数のエージェントから成り、認識されたペイオフ（利得）に従って、いくつかの戦略の中から自由に選択することができる。中央制御がないため、エージェントは非同期的にこれらの選択を行う。不完全な知識は、知覚されたペイオフが実際のペイオフよりも少し不正確なバージョンであると仮定することによってモデル化されている。最後に、ペイオフが他のエージェントの行動に依存する場合、各エージェントはシステムの該当する状態にアクセスできるのはそれ以前の時間だけであると仮定することで、ペイオフの評価に遅れを導入することができる。(1988, 80)

　上記のようないくつかの変数の影響を一つずつ分析して導き出された彼らの結論によって、分散システムの挙動を次のように考えることができる。

1. まず、どの時点でも、異なる戦略に従事しているエージェントの数を計算する。これらの戦略は、それぞれ効率の度合いが異なる。行動が完全に独立しており、かつ、すべてのアクターが完全な知識をもつ場合のみ、全体として最適な効率性をもつ。現実の社会では、分散システムは最適化されるというより、むしろ満足させるものである。
2. 行動が他のエージェントの行動に部分的に依存する場合、各アクターのペイオフは、他の何人が同じ戦略を選択し、同じ資源に値を付けているかにも依存する。選択された初期値とは無関係に、完全な知識があれば、システムは同じ準最適ポイントアトラクタ[**8]に収束するが、そのアトラクタは、関係する制約条件下において、利用可能な最高のものである。それは明らかに完全に安定した状況である。しかし、不完全な知識では、最適性のギャップが、関係する不確実性に依存した大きさで生じる。この結果は、競争戦略でも協力戦略でも同じである。
3. 時間的な遅れは、分散システムに振動をもたらすこともある。仮にペイオフの評価をシステムの緩和率よりも短い期間遅らせた場合、システムは明らかに安定を保つことができる。しかし、評価のより長い遅延は、

最適効率のオーバーシュートとアンダーシュート[**9]が、最初に交互に起こることを意味する減衰振動を生じさせ、本当に長い遅延は、システムの非線形性によって制限されるまで大きくなる持続的振動を生じさせる。振動はペイオフの評価における不確実性の程度に依存する。不確実性が大きいことは、遅延がシステムを安定から遠ざける可能性が低くなることを意味する。

4. 自由にエージェントを選択できるシステムでは、資源をめぐる競争によるペイオフの減少と、協力による効率の向上は、システムを相反する方向へ押しやることになる。そのような状況では、パラメータ値の範囲が広いと、規則性を示す間もなく、カオス的であり、本質的に予測不可能なシステムの挙動が発生する。初期条件が非常に僅差で異なると、大きく異なる展開になり、一方、適用するエージェントの数が急激かつランダムに変化すると、戦略の最適な組み合わせを決定することは不可能になる。ある状況下では、規則的な行動とカオス的な行動が周期的に交互に現れるため、観測（状況）の性質は、その持続時間によって端的に判断される。

5. 開放型の分散システムは、長距離の相互作用を含むと最適化されない傾向がある。かなり一般的な条件下では、システムが最適でない局所的な定点から最適な大域的な定点にクロスオーバーするのにかかる時間は、システム内のエージェントの数によって指数関数的に増大することがある。このようなクロスオーバーが起こる場合、それは非常に速く起こり、生物学における断続平衡[**10]に類似した現象を引き起こす。

6. これらの結果の帰結として、準安定な戦略を持つ開放系は変化する制約に自発的に適応することができず、そのために「グローバルに調整するエージェントを導入する必要がある」（Huberman & Hogg 1988, 147, 斜体は引用者による）。この点については、ハイブリッドな情報処理システムを論じる際に、再度触れる。

不安定と分化（差別化）

システムが非線形で望ましくないカオス領域へ遷移する可能性がある場合、強い摂動[**11]があったとしても望ましい制約のもとで動作し続けることができる

条件は何だろうか。グランス（Natalie Glance）とヒューバーマン（Glance & Huberman 1997）は次のように実証している（数学的導出は Glance & Huberman 1997, 120-130 を参照されたい）。

1. 純粋に競争的な環境では、それを利用するエージェントが増えるほどペイオフは減少する傾向にあるが、（部分的に）協力的な環境（エージェントが情報を交換する）では、ある戦略を利用するエージェントの数によってペイオフはあるポイントまで増加する。それ以上の増加は期待できない。

2. 協力的ペイオフと競争的ペイオフが混在する場合、遅延が制限されている限り、システムは中央制御者が情報を失うことなく得られる最適値に近い平衡に収束する。しかし、遅延の増大、および不確実性の増大により、特定の資源を利用するエージェント数が変化し続け、全体のパフォーマンスは最適とは程遠くなる。実際のパフォーマンスに合致するように差分ペイオフがアクターに与えられない限り、システムは最終的に不安定になり、振動と潜在的なカオスにつながる可能性がある。

3. したがって、このような差分ペイオフは、成功するエージェントの割合を増やし、成功しないエージェントの数を減らすという正味の効果を持ち、その結果、各アクターの選択が修正されることになる。ある時点では報酬を得るに値する選択も、後の時点ではもはや報酬を得る必要がなくなり、進化的な多様性が生まれるのである。これには次の二つの効果がある（Glance & Huberman 1997）。(a) 本来均質なものから多様なエージェントのコミュニティが出現する、(b) 一連の分岐がカオスを一過性の現象にする（より詳細な説明は付録 A を参照）。

われわれが扱っている問題に対するこの研究の関連性を評価する上で、まず注意しなければならないのは、私の知る限り、この結論を一般化できる可能性がまだ証明されていないことである。しかし、もし本当に一般化できるのであれば、その結果は社会システムに直接関連するものになるだろう。それは、分散システムの安定性には多様性が必要不可欠であるという事実を示す。都市システムにおいてこれは明らかであり、例えば行政の差別化と同様に、どのようなケースにおいてもかなりの技能の専門化がみられる。

ヘテラルキー型システム

　上述の通り、私は、都市システムとは、平等主義的な集団と小規模なヒエラルキー、そして複雑なヒエラルキーと分散システムから構成される、ハイブリッドシステムあるいは混合システムである可能性が高いと主張した。私はこのような混合システムをヘテラルキーと呼ぶ[*8]。残念ながら、このようなヘテラルキー型のシステムについては、分散型やヒエラルキー型のシステムよりもさらにわかっていることが少ない。ヒューバーマンとホッグが複雑なヒエラルキーと分散システムに対して開発したような、ハイブリッドシステムに対する全体的なアプローチがないため、特に関係する変数の値を定量化するために、この分野の研究が非常に必要とされている。したがって、今の私にできることは、これまで述べてきたような情報処理システムに関する断片的な情報から複合的なイメージを作り出し、いくつかの問いを投げかけることくらいである。

　まずは、平等主義的な情報伝達網と小規模なヒエラルキー的情報伝達網の混合から始めてみよう。メイヒューとレヴィンジャー（Mayhew & Levinger 1976, 1977）とジョンソン（Johnson 1982）の議論から、ユニットのサイズが4、5人を超えた場合、ヒエラルキー的な情報伝達構造には実質的な利点があると考えることができる。これは、最も低いレベルでは、5人以上が同じ意思決定に共通に関与する場合の階層化を意味するが、より高いレベルでは、下位レベルのユニットの階層化にも当てはまる。これはおそらく、大規模で複雑な組織において、小中規模の階層化を求めるボトムアップの圧力を示しているのであろう。

　ライト（Wright 1977）やジョンソン（Johnson 1978；1981；1983）が提起した小集団の階層化の起源に関する初期の疑問への興味深い答えとして、レイノルズ（Robert G Reynolds）は、問題解決課題を、一単位として扱うのではなく、細分化することによって得られる効率の向上を研究している（Reynolds 1984）。ある問題の規模が大きくなるのか、その頻度が高くなるのかに応じて、彼が「分割統治（divide and rule：D & R）」戦略や「パイプライニング（pipe-lining：P）」戦略と呼ぶものによって、より大きな効率向上が達成される（Reynolds 1984, 180-182）。分割統治（D & R）戦略では、下位レベルのユニットは独立したままであり、タスクの統合的な部分は、独立したサブプロセスのシーケンスの中で、下位レベルのユニット同士に委ねられ、それぞれのサブプロセスは、上位の階層レベルからの全体的なプロセス制御の下で、別々のユニットによって実行される[*9]。

　パイプライニング (P) は、ヒエラルキーにおける水平移動と垂直移動の両方を伴うハイブリッド戦略である。問題解決タスクの規模と頻度の両方が増加すると、参加する各ユニットを流れる情報量が最適化されるため、より効率的になると考えられる。これは、定型活動（routine operation）と非定型活動（nonroutine operation）のバランスを調整することで実現される。

　しかし、システムが複雑になると、一般化するのが難しくなる。というのも、それぞれのシステムがそれぞれに異なる種類の動作を示す可能性があるからだ。複雑なハイブリッドシステムにおいて、一般的に重要だと思われる側面の一つは、パイプライニングであろう。このようなシステムでは、多くの干渉し合う通信が長い通信回線を通過し、その周波数も異なるため、エラーの発生を減らす必要がある。このようなエラーの発生を減らすために、上位レベルのユニットが、自分と同レベルの異なる情報源から集めた情報と、階層の下位の情報源から来た情報とを比較し、上位のノードに情報を渡すときにエラーを修正することがある。しかし、この場合にも粗視化を伴うというのが欠点であり、階層を伝わってくる情報全体の一部を無視して一般化が行われる。

　ヘテラルキー型システムを支持する論拠は、ほとんどの場合、その効率性と安定性にある。チェッカートとヒューバーマン（Ceccato & Huberman 1988）が、初期段階が過ぎた後、ヒエラルキー的自己組織化システムの複雑性が低下し、それに伴って進化の速度や適応性が低下すると主張していることを本章で紹介した。システムは、それらが動作している特定の環境に適応するようになる。その結果、あるリンクは継続的に活性化されるが、他のリンクは活性化されない。活性化されない、あるいは最適でないリンクは消滅するので、状況が変わればまた新しいリンクを構築する必要があり、それには時間とエネルギーがかかる。

　一方、分散型システムでは、非最適戦略（nonoptimal strategy）が残っていて（Ceccato & Huberman 1988）、これは大規模な市場型システムに影響するようである。したがって、これらも適応が困難である。この二種類のシステムを組み合わせてハイブリッドシステムとすることには、二つの利点がある。第一に、分散型システムにグローバルに制御された（ヒエラルキー的な）情報伝達手段を導入することによって、後者（分散型システム）は非最適戦略を保とうとする性質を失うのである。第二に、システム内に分散接続が存在することで、ハイブリッド構造の適応性が向上する。

次に考えるべきは、ヘテラルキーシステムの効率性である。ハイブリッド戦略を採用した場合、システムはたくさんの新しい課題に対処する必要がでてくる。理想的には、ヒエラルキー型システムの最適な効率性と、分散型システム特有の最適な適応性が必要となる。実際には、ハイブリッド構造は、関係する特定の状況において最適なものとなる。それが特定の問題に対する解決策を開発するにつれて、ヒエラルキー的に組織化された経路は単純化され、全体的な適応性が低下し、元のランダムな階層がより多様化するにつれて効率も低下する可能性がある。一方、分散した相互作用は、より良い情報を得ることができるようになり、かつ／あるいは、意思決定の効率性が向上し、その適応性は必ずしも低下しない。

　イノベーションはシステムに新しい資源を導入するため、競争を抑制するか、少なくともその悪影響を緩和することになる。イノベーションによって、分散したアクターの効率性は高まり、その結果、より多くのアクターが協力するようになって、資源をめぐる競争が再び支配的になるまでの限られた期間ではあるが、効率性がさらに向上する。システムの市場的な側面が持つこの本質的な変動は、ヒエラルキー構造のより安定した効率性によって軽減される。

　同様に、市場型システムにおいては、時間の遅れと振動の両方が、アクターの数の増加に伴って急激に増加するが、ヒエラルキー型システムでは、時間の遅れは参加者の数が増えるごとに比例して減少し、振動はほとんど生じない。ここでも、やはりヘテラルキー型システムの方が有利なようである。

7 ｜ 本章の結び

　本章の要点は、考古学、歴史学、人類学からわかっている社会の大きな変容を、知識と理解の増大、ひいては人間社会の情報処理能力の増大によるものと考えるための一貫した議論が実際にできることを論証することである。これを散逸的な流動構造ダイナミクスの一部と見なすと、知識と理解の増加に必然的に伴う数の増加に、人間集団の情報伝達構造が適応できるようにする必要が生じたために、こうした移行が引き起こされるものと理解することができる。したがって、それは、われわれが現実の世界で遭遇するさまざまな社会的組織形態と、それらの間の変遷についての究極的な説明をわれわれに提示するものであり、他のいかなる

パラメータ（気候圧力など）も必要としない説明である。そして、これらはすべて、「情報処理能力（information-processing capacity）」という変数に包含される。

原著注

*1　ある匿名の評者は、このことが、紀元前 1500 年ごろ以降、複雑な社会組織の第二の波において、第一の波（紀元前 4000 年〜2000 年）では発達しなかった「文明」が突然爆発的に発展した理由を説明しているのではないかと論じている。（Day et al. 2012 ; Gunn et al. 2014）

*2　ここでは詳細な例をではなく、Earle & Preucel 1987 ; Price & Feinman 1995, Pauketat 2007 他の論文を参考にして要約する：議論の本質は、実際の社会組織を形成する外的、内的条件が数多く存在するため、明確なカテゴリーを定義することは非常に難しいということである。しかし、社会にはその規模や永続性に関連する政治的、組織的特性があるという全体的な考え方は受け入れられている。したがって、私がここで述べているように、これらを連続体上の現れとみなすのが便宜的である。

*3　要するに、現在のグローバリゼーションもその一環なのだ。これまでは、文化的、社会経済的、政治的な障壁と、遠距離の情報伝達にかかる比較的高いコストとが相まって、相互作用領域の世界規模での拡大が困難であった。しかし、通信技術革命は、この 50 年間でこの状況を大きく変えた。情報通信技術革命は、この 50 年間で、通信コストをほぼゼロにまで削減した。

*4　これは、組織におけるある程度のヘテラルキーが、近代世界システムの発生と存続に不可欠であったというウォーラーステインの考え（1974〜1989 年）と一致している。

*5　このセクションを読んでいる考古学者は、私が使っているヘテラルキーの概念はサイモン（Simon）に倣ったものであり、むしろ考古学でよく知られているクラムリー（Crumley 1995）ものとは異なる概念であることに注意してほしい。

*6　この問題は、システムのヒエラルキー的性質に内在するものではなく、ウィーバー（Warren Weaver 1969b）が「組織化された単純性」、「無秩序化された複雑性」、「組織化された複雑性」として区別したような、複雑さの度合いが異なる問題によって必要とされる数学的処理の違いにある。

*7　実際、シュレーガー（Jeff Shrager）ら（Shrager, Hogg & Huberman 1988）は、ヒエラルキー的情報処理構造に用いたのと同じグラフ理論の原理から、この「法則」の説得力のある一般的な導出を提示している。

*8　ブリタニカ百科事典（*Encyclopedia Britannica*）はヘテラルキー（heterarchy）を次のように定義している。（www.britannica.com/topic/heterarchy 2018 年 1 月 7 日閲覧。）ヘテラルキーとはどの単位も状況に応じて他の単位を支配したり支配されたりすることができ、したがって、どの単位も他の単位を支配することができない管理または支配の形態。ヘテラルキー内の権限は分散される。ヘテラルキーは相互依存的なユニットで構成される柔軟な構造を持ち、それらのユニット間の関係は、ヒエラルキー的なものではなく循環的な経路を生み出す複数の複雑な連結によって特徴付けられる。ヘテラルキーは、さまざまな指標に従ってさまざまにランク付けされたアクター（それぞれが一つまたは複数の階層で構成さ

れている場合もある）のネットワークとして説明するのが最も適切である。

*9　これはとりわけ、真に並列処理システムの場合のように、下位ユニットが実行するタスク
やその方法を自由に選択できないことを意味する。

訳者注

＊＊1　人類が最初に作ったと考えられる、共通の目的を持って行動する小さな集団。

＊＊2　ビッグマン社会は、おもにオセアニアのメラネシア地域（ニューギニア、ソロモン諸島
など）に多く分布する社会で、ビッグマンと呼ばれるリーダーが存在する。その地位は
世襲ではなく、もっぱら個人の才覚や気前のよさ、威信にかかっている。すなわち、人
一倍働いたり、交易や親族の力を通じて多くの物品や食料（特にブタやヤムイモ）を集
めたりし、それを気前良く集団内の成員に再分配することで、自らの支持者を確保する
必要がある。
　　　グレートマン社会とは、ニューギニアのバルヤ族を調査した M. コドリエによって指
摘された社会体制。社会階層化の度合いなどはビッグマン社会と似ており、グレートマ
ンと呼ばれるリーダーが存在するが、それは「偉大な戦士」「シャーマン」「ヒクイドリ
の狩猟者」といった能力の持ち主のことであり、特定のクラン（血筋）から出現すると
みなされている。彼の名声は広く知れわたり、その分野においてはリーダーとして振舞
うが、それ以外の権力においては他の一般的成員となんら変わるところがない。基本的
にグレートマンの権力は世襲によって継承されるが、その権力の源泉は聖物もしくは祭
祀物とされるモノにあると信じられている。（石村智「首長制とは何か」、考古学研究会
リポジトリを元に記載）

＊＊3　ヘテラルキーとは、組織の各要素がランク付けされていない（非階層的な）、あるいは
さまざまな方法でランク付けされる可能性を持つ組織システムのこと。この用語の定義
は分野によって異なる。社会科学や情報科学では、ヘテラルキーは各要素が同じ「水平
的な」権力と権威の位置を共有し、それぞれが理論上平等な役割を果たす要素のネット
ワークである。
　　　ヘテラルキーはヒエラルキーと直交する場合もあれば、ヒエラルキーに包含される場
合もあり、またヒエラルキーを含む場合もある。実際、ヒエラルキー型システムの各階
層は、その構成要素を含む潜在的にヘテラルキーなグループで構成されている。

＊＊4　同じ文字や数を何回も掛け合わせる場合には、$a \times a = a^2$ のように右上に掛け合わせる回
数を書き表す。このとき、右上の数字を a^2 の指数（index）という。べき乗とは、ある
数を指数に従って掛ける操作を表す概念。べき乗の指数は、自然数を含む任意の数。例
えば、a^3、a^0、7^{-2}、$5^{4.23}$ はすべてべき乗である。

＊＊5　粗視化は統計力学の専門用語であり、ある変数空間で定義された連続的な物理量を、そ
の変数を任意の単位スケールで離散化し、単位スケール内の物理量の平均を取ることで、
その物理量そのものを離散化し情報量を減らす手法。ある解像度における記述をより解
像度の粗い記述に集約することを表す。

＊＊6　学習のべき乗則とは、（1）タスクを実行するのにかかる時間は、そのタスクの反復回数
とともに減少する、（2）その減少はべき乗則の形に従う、というもの。

＊＊7　パレート分布は 19 世紀のイタリアの経済学者ヴィルフレド・パレートによって考案さ

れた連続型の確率分布である。元々は高額所得者の所得分布を示す分布として提案された。実際の当てはまりも良く、富の 8 割は人口の 2 割によって支配されるという 80：20 の法則、またはパレートの法則として知られる法則を良く表現している。

パレート分布の確率密度関数の形状は、右側に長く裾を引き、右に歪んでいる。

＊＊8　アトラクターとは、力学系においては、時間発展する軌道を引き付ける性質を持った相空間上の領域である。相空間上の 1 つの点へ収束するアトラクタを、点アトラクタ（ポイントアトラクタ）という。アトラクタの中でもっとも単純なもの。

＊＊9　アンダーシュートとは、短形波（方形波）の立ち上がり部分において、波形が定常値となる基線を下回ることである。または、それによって下に突出した波形の部分のことである。

　　　アンダーシュートに対して、短形波の立ち上がり部分で上方向に突出した波形の乱れは、オーバーシュートと呼ばれる。オーバーシュートやアンダーシュートは、短形波を扱う電気回路では非常に発生しやすい。

＊＊10　断続平衡説とは、S. J. グールドと N. エルドリッジが唱えた進化理論で、化石資料などのデータから、進化は均一な速度で進むのではなく、環境変異などに際して比較的短期間に爆発的な種分化が起こり、それ以外のかなり長い期間は種は安定期（平衡状態）にあるという説。自然淘汰による漸進的な進化を主張する正統派進化論とは対立する。

＊＊11　力学系における主要な力の作用によって生じる運動が他の副次的な力の影響によって攪乱（かくらん）されることをいう。

●付録 A●

　数学的背景を持たない一般の読者にも本章を読みやすいものにするために、また、本書全体を支える基本的な章の一つとしてふさわしい、確かな根拠を備えるために、本章から大きく二つの部分を抜き出し、ここに紹介する。

複雑な階層構造における超拡散

　ヒューバーマン（Huberman）たちは、ヒエラルキーにおける情報伝達の速度の計算について、次のようなアプローチを開発した。彼らは、最下層にいる個人を統計的に扱い、つまり彼らをまとめる一方、最上層にいる個人を静的に考え、ヒエラルキー構造の各層をどこでも同じように制約したのである（Huberman & Kerzberg 1985 ; Bachas & Huberman 1987）。ヒューバーマンとケルツベルグ（Huberman & Kerzberg 1985）は、まずヒエラルキーを、ツリーから離れることなく最下部の枝にある二点間を移動するには、点を隔てる超長距離に等しいレベル数だけ上がらなければならない構造に変換した（図 11.5a）。次に、これらの構造は確率的な構造に変換され、ある単位（彼らの場合はエネルギー単位だが、我々の場合は情報単位）があるセルから別のセルに移動する単位時間当たりの確率（ε_i）を表す（図 11.5b）。障壁が高ければ高いほど、確率は低くなる（情報はより多くのノードを通過する必要があるため）。そして、最も直接的にリンクしているセル間を通過するのに必要な時間は、一段上／下の階層にリンクしているセル間を通過するのに必要な時間よりもかなり短く、拡散時間の階層がうまく定義されると仮定した。

　2 つのノード間でメッセージを伝達するのに必要な相互作用時間がほぼ等しいと仮定すると、階層を 1 つ上／下に進むと、メッセージを伝達するのに少なくとも 2 倍の時間が必要になる。$1/\varepsilon o$ までの時間が経過すると、最も低い障壁の両側の統計的分布はほぼ等しくなり（すべての情報が拡散され）、これらの障壁は無視できるようになる。しかし、図 11.5b. に見られるように、これによって次に高い障壁の間の関係が変わるため、今度はそれらを再正規化する必要がでてくる[*1]。同じことがさらに上の段にも当てはまり、また同じような時間間隔が経過すると、この現象が繰り返される。あるレベルの障壁が克服されると、

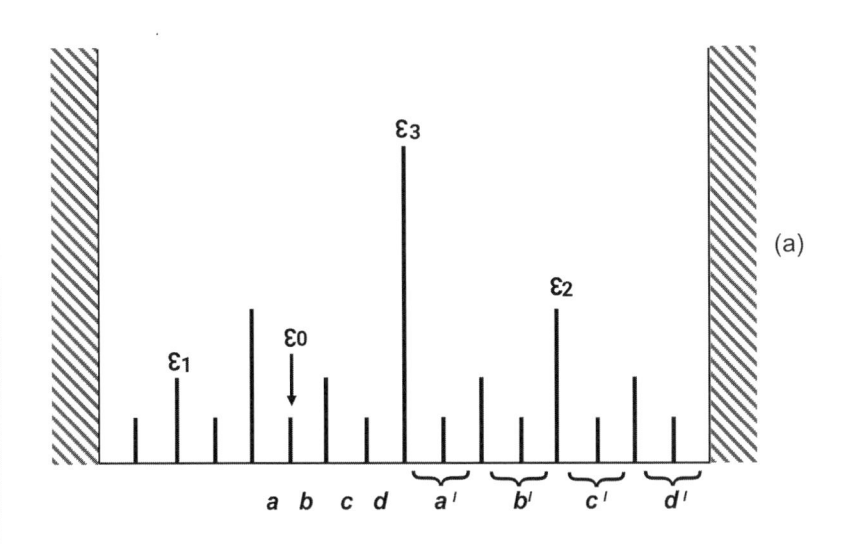

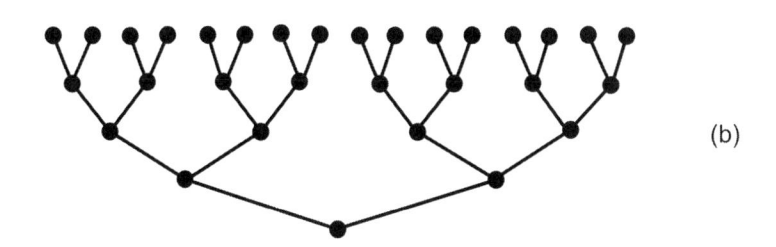

図 11.5　(a) 粒子が拡散する障壁のヒエラルキー的配列。バリアは ε でラベル付けされて
　　　　　おり、単位時間当たりにバリアが越える確率である。ε は背の高い障壁では
　　　　　小さい。階層は無限に広がることもあれば、広がらないこともある。

　　　　(b) 超メトリック構造：ツリーを離れることなくツリーの上の枝の二点間を移
　　　　　動するには、その点を隔てる超メトリック距離に等しいレベル数だけ下が
　　　　　らなければならない。

（出典：Huber-man & Kerzberg 1985 に基づいて、ファン・デル・レーウ作成）

どのような情報ビットでも次の障壁を越えなければならない領域は、実質的に2のべき乗で拡大され（図11.5a参照）、より多くの情報が転送されるようになる。同様に、各時間間隔の後、特定の情報ビットを発見する確率は、元の領域の2倍の大きさで有効になる。この研究の成果は次のように要約できる。階層が統合する母集団の大きさとは無関係に、階層全体に情報を拡散するのにかかる時間には上限がある。その上限は階層内のレベル数に関係するが、その数を増やしても、かかる時間は線形には増加しない。階層を5階層から6階層に拡張するとき、追加時間は4階層から5階層に拡張するときに追加される時間の累乗根である。そこにはべき乗則が関係しており、拡散は階層内のレベル数に関係している。ヒューバーマンとケルツベルグ（Huberman and Kerzberg 1985）はこの効果を超拡散（ultradiffusion）と呼んでいる[*2]。

情報伝達におけるヒエラルキー構造と妨害

　どのようなヒエラルキー構造においても、局所的な移動の頻度は、より遠距離の移動の頻度よりもはるかに高くなる。したがって、拡散が起こる速度を反映したタイムスケールのヒエラルキーが形成される。すべての移動が同じ経路を通るため、干渉やシグナルの損失が起こる。これが大きな制約となる。その結果、拡散は一様なツリーまたはランダムなツリーにおいて最も速くなるが、非常に多様なツリーでは遅くなる[*3]。

　この側面を定量化するために、ヒューバーマンとホッグ（Huberman & Hogg 1986）はヒエラルキーの「ツリーのシルエット（tree silhouette）」を以下のように定義した。高さ $h = m.\Delta h$ で発生するすべての枝の第m世代が、枝の総数 $n(h)$ を持つように、最小高さ間隔（Δh）の整数倍で分岐が発生するとする。すると、シルエットの傾きは次のように定義できる：

$$s(h) = -\Delta \log n(h) = 1 \log n(h), \Delta h \Delta h \, n(h + \Delta h) \qquad (11.1)$$

$$\text{and its asymptotic value}: \quad s = \lim s(h). \quad h fi \infty \qquad (11.2)$$

sの値が大きさは、ツリーの太さに対応することになる。その結果、一様に均一な系統樹（multifurcating tree）の拡散を支配する動的臨界指数 n は s に等しく、1−s はその木のシルエットだけに依存することがわかった。実際、このような拡散が安定なのは、$0 < s < 1$ の場合だけである。$s > 1$ になると、拡散は不安

定になり、したがって遅くなる。同じ結果は、多重分岐がランダムな場合、つまり各ノードの枝の数が独立した確率変数によって決定される場合にも得られる。十分な大きさがあれば、そのようなツリーも本質的にバランスが取れていることになるからだ。しかしツリーが縦軸を中心に非対称である場合、例えば子孫の数が片方のノードに 3 個、もう片方のノードに 1 個の場合、臨界指数 n は s に等しく、拡散は最も遅くなる。したがって、ツリーの拡散能力を特徴づけるためには、階層の多様性や複雑性を測る尺度を考案する必要がある（Huberman & Hogg 1986）。平均して、階層の各レベルは、非同型のツリーを生成する枝の割合が複雑さに寄与する。葉（リーフ）1 枚あたりの平均複雑度は以下の式で与えられる。

$$Ch = \Sigma \; NIm, \; N \; levels \; NBm \qquad (11.3)$$

この式において、NIm はレベル m > 1 における非同型樹の数である（m = 0 の場合はその累乗根）、そして NBm はこのレベルの枝の数である。一方、大きなサンプルでは、n と n + 1（n = 0, 1,…）の間の複雑さを持つツリーの相対的出現頻度は正規分布を持ち、最大値は 5 と 6 の間である。したがって、大きな階層では、非常に複雑なツリーは、最大でも階層数に対して線形に増加する複雑度を持つ。

分散型情報処理

分散システムは、次のような構造変数によって特徴づけられる。
- ・個々の参加者の独立性の度合い
- ・参加者の競争または協力の程度
- ・システムの残りの部分で起こっていることに関する知識が不完全であること、および／または個々のアクターにかなりの遅れを伴って情報が伝達されること
- ・システム内で有限の資源が配分される方法

ヒューバーマンとホッグ（Huberman & Hogg 1988）は、先に述べた多くの変数の影響を一つずつ分析することにより、分散システムの挙動を研究している。そのために、彼らは 223 頁に記述されているモデルを構築している。最初のシミュレーションの動作条件は以下の通りである。

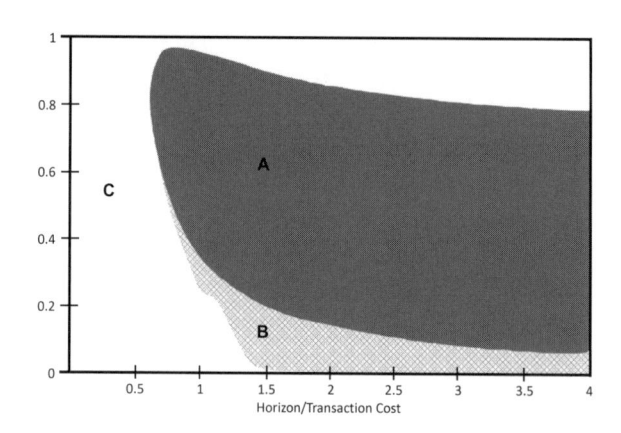

図 11.6 ペイオフの固定セットに対するアクターのペイオフの時間地平（H）、取引コスト（T）、システムの安定性（σ）の相互作用を明確にした相空間の安定性ポートレート。$G_1 = 4 + 7f - 5.333f^2$, $G_2 = 4 + 3f$, $\alpha = 1$, $\tau = 6$. システムは、領域 C では常に安定で、領域 A では常に不安定であり、領域 B では、初期条件に応じて、固定点に緩和するか、極限サイクルに入る（Glance & Huberman 1997, 125 を参照）。
（出典：van der Leeuw & McGlade 1977 Routledge の許可を得て掲載）

- 知覚されたペイオフは正規分布とされ、正しい値の周りに標準偏差がある
- 正しい値と知覚される値の差は、エージェントが利用可能な情報の不確実性の大きさに応じて増加する
- 情報の遅れにより、各エージェントの情報は若干古くなる

（1）二つの資源、（2）多数のエージェント、（3）協力的ペイオフと競争的ペイオフの混合、（4）すべてのエージェントが同じ有効遅延、不確実性、資源利用の選好を受ける場合、そのダイナミクスは図 11.6 のように表される。

　遅延が制限されている限り、システムは中央制御装置が情報を失うことなく得られる最適に近い均衡に収束する。しかし、情報の信頼性が低下すると、均衡は最適性から遠ざかる。遅延が大きくなると、最終的には不安定になり、振動や潜在的なカオスにつながる。このような条件下では、特定のリソースを使用するエージェントの数は変化し続け、全体的なパフォーマンスは最適から遠く離れてしまう。このような行動は、一般化されたペイオフの範囲ではなく、個々のエージェントの実際のパフォーマンスに関連する差分ペイオフを適用す

ることで、効果的に回避できる。差分ペイオフによって、各アクターが行う選択を修正しつつ、成功するエージェントの割合を増やし、そうでないエージェントの数を減らすという正味の効果が得られる。その結果、基本的に均質なエージェントから多様なエージェントのコミュニティが生まれる。

グランスとヒューバーマン（Glance & Huberman 1997）は、非常に興味深く複雑なモデルで、これらのダイナミクスがアクターの期待によってどのような影響を受けるかを考察している。（欠陥があったり未完成だったりといった）不完全な情報から外挿する際に、異なる期待を持ち、結果として異なるパフォーマンス特性を持つエージェントを作り出すことで、彼らの意思決定の遅れをシステムのダイナミクスの周期性に関連付けることができる。

振動が固定されている場合、その周期性を発見できたエージェントはより良い報酬を得ることができるが、その発見によって振動の頻度が変化する可能性があるため、この優位性は持続しない。推定の違いは、システムの挙動を分析するために使用される手順に起因する可能性がある。このような条件下では、潜在的にカオス的な振動はすぐにいくつかの分岐と減衰を引き起こす。性能の多様性が急速に高まるにつれて、システムは摂動を受けても安定であることが判明する（図 11.6）。

私は、非常に異質なパフォーマンスをするエージェントの集合は、同質なグループよりも効果的な分散処理システムを作り出すと結論づける。このことは、多様性が分散システムの安定性の原因であり条件であるという考えを裏付けるだけでなく、そのシステムに必要な最小多様性の定量化を可能にする。

図 11.7[**1] は、システムの振る舞いを評価する（そしてそこから結果を導き出す）際のエージェントの遅延の範囲が非常に異なる場合のシステムの安定領域を示している。二つの図の類似性から、グランスとヒューバーマン（Glance & Huberman 1997）は、範囲に関係なく、常に安定性を生み出す組み合わせを見つけることができることを示唆している[*4]。したがって、ペイオフのメカニズムはシステムの挙動にとって重要であり、特にペイオフの遅延がシステム内の情報の遅延とどのように関係しているかが重要であることがわかる。

グランスとヒューバーマンが提示したすべての例において、遅延はシステムの遅延よりも短かった。もしペイオフの遅れが過去の平均的な成績に基づくものであり、したがってもっと長いタイムラグの後に発生するのであれば、これ

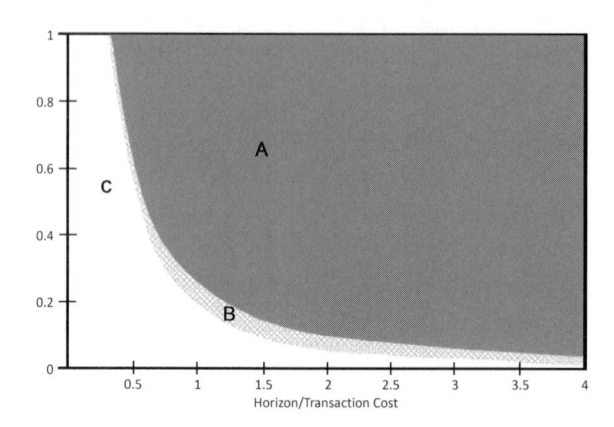

図 11.7　ペイオフの固定セットに対するアクターのペイオフの時間地平（H）、取引コスト（T）、システムの安定性（σ）の相互作用を明確にした相空間の安定性ポートレート。$G_1 = 4 + 7f - 5.333f^2$ と $G_2 = 4 + 3f$, $\alpha = 1$, $\tau = 6$ σ $= 0.5$, $T = 1$ システムは、領域 C では常に安定であり、領域 A では常に不安定であり、領域 B では、初期条件に応じて、固定点に緩和するか、極限サイクルに入る（Glance & Huberman 1997, 125 参照）。

（出典：van der Glance & Huberman 1997；Routledge の許可を得て掲載）

はおそらくまったく異なる行動をもたらすであろう。しかし、ペイオフの配分も重要である。例えば、実際の成績の 2 乗に比例して報酬を与えれば、安定に達するスピードが速くなる。一方、すべてのペイオフをトップ・パフォーマーに与えると、システムは安定した行動にまったく達しない。

原著注
* ＊1　数学的な導出を確認したい方は、原著論文（Huberman & Kerzberg 1985）を参照されたい。
* ＊2　彼らは主に物理システムを扱っているため、自己相関関数、つまりどの粒子も出発点に戻る確率を計算することで効果を定量化している。この確率は幾何学的にゼロに近づく。このべき乗則は物理系を扱っているため、明らかに温度に、すなわち、階層間のポテンシャルにも依存する。今のところ、情報の場合にこのようなポテンシャルを定義することは難しいが、一つの可能性として、情報が定式化される抽象度の違いに関連して定義することができる。これは、組織形態が抽象的であればあるほど、それが適用される情報伝達の次元が増え、その結果、二人の個人間で伝達

される可能性が高まるという考え方に基づいている。

*3 この問題についての長い数学的な扱いについては、原著論文を参照されたい。

*4 学習や突然変異の結果かもしれない。しかし、ヒューバーマンはそのメカニズムの詳細については論じておらず、既存のタイプのエージェントのみが報酬を与えられるようにモデルを構築している。

訳者注

**1 図 11.7 は、図 11.6 と同じ資源ペイオフとパラメータについて、トランザクションコストが固定の場合である。

第12章　新規性、発明、変化

1 | はじめに

　今日、持続可能性と環境変化のジレンマに関して、政界やビジネス界では「我々は課題を解決する方法を革新しなければならない」という言葉をよく耳にする。しかし、これを誤解してはならない。なぜなら、今、われわれが直面している課題の多くは、産業革命が始まって以来、250 年にわたる抑制のない、そして方向性のないイノベーションが、現在われわれが直面している予期せぬ結果の多くを招いているということを指摘しなければ、誤解を招きかねないし、少なくとも不十分である。この 2 世紀半の間に、現在の社会・文化・環境システムの価値空間において、考えうるあらゆる次元で無差別に近い革新が行われた結果、発明と革新の頻度と範囲の急速な加速と同時に、環境に関する深刻な課題を生み出したのである。温室効果ガスの排出はその始まりに過ぎない。カールソン（Rachel Carson 1962）やヘーゼマンとヘーゼマン（Michael Huesemann & Joyce Huesemann 2011）、その他多くの研究者たちが指摘しているように、社会環境における大きな課題を回避するためには、われわれが技術やイノベーションの役割をよりよく理解する必要がある。そうすることによって、われわれが向かっている方向よりも賢明な方向に発明とイノベーションを導く可能性が高くなる。

　第 8 章から第 10 章で概説した（物質的、制度的、社会的な）共進化の視点においては、技術は、人間の精神とそれを取り巻く物質的世界との間を媒介するものであるため、特別な役割を果たす。これまで技術は物質的論理か社会（構造）的論理のどちらかに従うものと見なされてきたが、本章では、技術ダイナミクスは技術そのもの（それ自体）であり、社会環境との接点や経済の文脈を構造化するものであると考える。そのうえで、まずは新規性の出現について論じたい。われわれは狩猟採集民の小集団から国民国家の世界的ネットワークへと世界を変貌させ、人口は 70 億人以上となり、より多くの天然資源と人的資源を利用し、数えきれない斬新な道具を発明したが、それは、地球を完全な環境破壊へ近づけるプロセスである。

　第 9 章では、散逸流動構造（dissipative flow structure）の観点から、継続的なイノベーションが、実質的に、社会全体の一貫性と変化の背後にある究極の原動力であることを論じた。というのも、それは、人間の組織が存続し、成長するために

必要なカオス（未知なるもの）のさらなる散逸を確実にするものだからである。
第 10 章では、絶え間ないイノベーションのプロセスが、社会の技術、経済、制
度、地理など、さまざまなものの共進化にどのような影響を与え、どのように課
題と解決策との間のフィードバックサイクルを生み出すのかについて説明した。
しかし、今こそ発明とイノベーションの過程そのものについて、より詳細に論じ
る時であろう。

　重要なことは、本章と第 13 章で技術的発明の背景として概説する共進化ダイ
ナミクスのモデルは、非技術的領域（non-technological sphere）にも適用できるとい
うことである。それは、人間社会のあらゆる形態の変化に適用でき、また、人間
以外の生物の進化的変化にも準用できる（Laubichler & Renn 2015）。

2 ┃ 「道具と方法」としての技術

　人類学者や考古学者がもつ長期的な視点に立てば、現代社会で一般的な方法、
つまり現在われわれが使用している物質的な道具や発明品に関する知識の総体、
あるいは特定の技術の場合は後者の部分集合として技術を捉えることは、過度に
限定的なものである。この視点を過去や他の文化に適用するときの視点は、私が
「望遠鏡を逆さまに見ている（接眼レンズからではなく、対物レンズから覗きこむこ
と）」と呼ぶ例の典型であり、近代西洋の概念を取り上げ、その概念や物事のや
り方、道具や技術の起源を見つけることを期待して、それを過去や他の文化に投
影するものである（van der Leeuw 2014）。ほとんどの概念やカテゴリー、技術は時
代とともに変化しているため、新しいものとして出現してから現在の形になるま
での間に、その起源を正確に特定することは通常不可能である。第 6 章で論じた
ように、このような事後的な（ex-post）視点に立ってイノベーションの起源を探
るのではなく、事前的な（ex-ante）視点に立って新規性の創発を探る必要がある
（van der Leeuw 2014）。

　このように考えると、技術は、もっと広い意味の「物事を行う方法」と定義す
ると、より有効であろう。古くは、これらのほとんどは、個人的であれ集団的で
あれ、行動的なものであり、物質的な道具は存在しないか非常に単純なものであっ
た。時間の経過とともに、そのバランスは社会組織や物質文化が複雑化する方向

に変化していったのである。

　第8章と第10章で見てきたように、非物質的な領域は常に重要な役割を果たしてきた。非物質的な領域には、人々が思考や行動を組織化する方法、人と人、あるいは人と環境とが相互作用する方法、原材料を道具に変える方法、そしてその過程で道具を効果的に使うために行動を適応させる方法などが含まれる。しかし、私の考えでは、社会がどのように組織化され、制度や規則、法律、慣習を考え、実行に移すかという、より広い領域も含まれているように思う。

　このように考えると、技術（物事を行う方法という広い意味での）の物質的側面と非物質的な側面は、時代を通じて常に密接に絡み合い、共進化してきたのである。実際に、たとえ火の使用のような単純なものであっても、技術は社会行動に重要な変化、例えば、さまざまな食料の消費、夜に火を囲んでの語らい、寒冷地での生活能力などをもたらすことなしに導入されることは考えられない。農業の導入についても同じことが言える。これまでとは異なる食料、居住形式や生計活動、分業などをもたらした。また、情報通信技術の導入や携帯電話など、ごく最近の発明についても同様である。今日、会議の段取りに関して、あまりきちんと決めることがないという事実を考えれば明らかである。携帯電話で、いつでも計画を変更したり、微調整したりできるからだ。

3 ｜ モノとアイデア

　まず、発明とイノベーションを区別する必要がある。発明とは、創造の本質である物質の変換と形の実体化のプロセスである。この過程には、一人または数人、あるいはチーム全体が関与することもあり、物質的な発明だけでなく、手続き的、概念的（Schlanger & Stengers 1991）、さらには文学的（Schlanger 1991）な発明にも適用できる。

　しかし、それはイノベーションとは異なるものであり、社会に新しい要素を導入し、採用するプロセスである。新しい発明であれ、その社会にとって重要となったために新たに導入される古い発明であれ、それとは区別される。イノベーションは、一般的には行動の修正を、場合によっては慣習、制度、その他の社会の組織的側面の修正をもたらす。

　技術的発明とイノベーションは、現象の領域とアイデアの領域の接点で生まれる。アイデアは、何らかの物質的あるいは組織的な形でインスタンス化され、その形で社会に導入されることで、新しいアイデアや新しいインスタンス化を生み出す。したがって、ここでモノとアイデアのそれぞれの領域間の関係についての私の見解を概説しておかねばならない。

　啓蒙主義以来、西洋の知的伝統において、われわれは、ほとんどの場合、現象や対象（事実）を、われわれの認識能力とは無関係であるとしてきた。これは、アムステルダム大学の私の歴史学の教授によれば、19 世紀の歴史家、ルートヴィヒ・フォン・ランケ（Ludwig von Ranke）の言葉、「意見は変わっても、事実は変わらない(Opinions may change, but facts remain.)」によって表現できる。　この立場は、認知科学からも精査の対象であり、認知科学は、現象の理解の仕方は文化的、感情的、社会的に影響され、個人によって大きく異なる可能性があることを強調している。しかし、例えば、物理学や自然科学の分野では、ほとんどの現象やプロセスはいまだにわれわれの認識とは独立した存在であると考えられており、これらの分野の研究は一般に、それらを「発見」することを目的としていると考えられている。このような視点は、多くの場合、技術の研究にも及んでいる。物事を行う様々な方法の物質的な側面は、現代のわれわれの意識の中では事実としての地位を得ているが、その一方で、その実現に至ったアイデアはあまり注目されていない。

　同様に、経済学においても、資源は本質的に自然なものであり、社会的領域の外に存在するものと見なされることが多い。それとは逆に、資源は、識別され、社会のやり方の中に統合されない限り —— それらが価値あるものとして認識され、社会化するための過程や手続きが開発され、社会の流動構造や価値空間の不可欠な一部となるまで —— は、資源として存在することはないと私は考えている。それらはその統合から価値を得て、社会における役割を与えられ、統合された方法で社会を（再）形成するのである。

　いずれの場合も、われわれと環境との関係を具体化する上で、アイデアの領域（価値観や規範を含む、第 17 章参照）が果たす役割は、物質的領域のそれよりも影が薄くなっている。このことは、われわれのアイデアがどこまで観測された現象によって形成されているのか、あるいは逆に、現実（そこにある世界）に対するわれわれの概念がどのようにわれわれのアイデアによって形成されているのかと

いう問題を提起する。しかし、これはニワトリが先か卵が先かという問題と同様で、答えがないのは明らかである。ここでは、現象やアイデアの相対的な有効期間という一面を除いては、あまり重要ではない。伝統的な実証主義的アプローチでは、ランケからの引用、「事実はアイデアよりも長く残る（facts outlive ideas）」、によって表されてきた。しかし、本書の観点においては、それは逆であり、思考と行動のための道具、ひいては物事を行う方法の基本的な概念構造は、たとえそれらが細部において変更されたとしても、モノや技術よりも長く存続するのである。アイデアは、われわれが物事をどう見るか、何を見るか、そして何を見ないかを決定する。現象は多面的に解釈可能であり、その多くの次元のうちどれがわれわれの認知装置によって観測されるかによる。この認知装置は、第 8 章で見たように、その次元性においては非常に限定的であり、また、個人、集団、文化によって、つまり、彼らが受けてきた社会化や学習の過程によって大きく異なる。

　ルーマン（Luhmann 1989）が主張したように、人間の知覚は、ひとつの社会や文化の中で自己言及的な情報処理によって形成され、知覚のさまざまな側面が互いに補強し合って一貫したシステムになる。この一貫性は、われわれの知見が過去の経験によって重複的に決定されることによって強化され（Luhmann 1989, 35；Atlan 1992）、既成概念にとらわれない変化を抑制する傾向があり、反対に、社会や文化を特徴づける価値観や視点を長く存続させる。

4 | 変化の有無

　まったく新しい創造の過程そのものを掘り下げる前に、西洋の知的伝統における変化とその欠如との関係を考える必要がある。ジラール（René Girard）は、過去三世紀にわたり、西洋（ヨーロッパを指す）文化の焦点が、現在を過去の文脈で見ることから、未来の文脈で見ることへの転換の一環として、安定性から革新性へといかに移行してきたかを巧く描写している（Girard 1990）。その結果、現在、われわれの知的焦点は、安定性（変化がないこと）についての説明よりも、新規性や変化についての説明に向けられることが多い。この暗黙の前提である安定性と変化を説明する必要性を疑う価値はあると私は思う。エフェソスのヘラクレイトス（Heraclitus of Ephesus）と同じように、開かれた、生きているシステムには変

化が常に存在しており、そのために安定性を説明する必要があると主張すること
もできる。そして生きている、開かれた、社会環境のダイナミクスに変化がない
のはなぜか、と問うことになるだろう。安定性なしには新しさは知覚できないの
で、この二つの概念は密接に絡み合っており、その相互作用に注目しなければな
らないと私は結論づける。

　変化の原因となる同じ調節機構（regulatory mechanism）が、ある条件下では変化
のない状態にも関与するというのは、ゲノミクス（genomics）の興味深い進歩の
一つである。それと同じような調節機構が社会にもあると考えられるだろうか。
もっと技術的な言い方をすれば、技術的な伝統を維持することと、そこに新しさ
を導入することの両方に必要なものは何だろうか。この問いに答えるには、技術
的伝統が、その実践者のアイデアや実践と、物理的、化学的、機械的、その他の
自然界の特性との間で動的に連結される方法についてのモデルを採用する必要が
ある。そして、この動的な連結を理解するためには、物理的世界の実態に関する
客観的な視点と、発明者がそれらに対処する方法に関する認知的な視点を組み合
わせて適用しなければならない。

5 ｜ 発明に対する視点

　発明の研究は、発明の過程を外から眺める科学者の視点と、その過程に関与す
る行為者の視点との混同によって妨げられてきたと私は考えている。これらの視
点は、根本的に異なるものであり、区別され、互いに連動して適用されなければ
ならない。科学的実践においては、もちろん両者は相互作用しており、発明はそ
の相互作用の中で生じるものだからである。ここで私が科学者と呼ぶ人は、通常、
現象や手順、行動の条件や結果を因果関係で説明する傾向があるのに対して、私
がここで発明者とするのは、行動の複数の選択肢とそれらの意図する結果、意図
しない結果という観点から考える人である。前者が事実上事後的な視点を実践し、
結果を説明しているのに対して、後者の視点は事前的であり、まったく新しい創
造に関わる多くのパラメータを建設的にうまく調整するという課題に焦点を当て
ている。

　科学者が通常行うように、目の前の課題にもたらされる次元の数を減らすこと

で明確さと確実さを達成しようとするのではなく、行為者は曖昧さ、不確実性、可能性、確率、実験の観点から考え、その過程で考慮する次元の数を増やす。ある現象を説明するよう求められたとき、行為者は、問題となっている現象に関連する複雑なシステムの全体、あるいは少なくとも関連する部分を念頭に置いて説明する。そのため、科学者が一つの説明だけに集中しがちであるのとは違い、行為者は問題となっている現象が生じる可能性のある原因と結果の連鎖をいくつか特定することができる。

6 | 経済学における発明

　われわれの共進化的アプローチの重要な焦点は、社会におけるイノベーションの役割であり、経済は多くの点で連結が起こる場であるため、まず、発明とイノベーションに関する経済学的研究について、シュンペーター (Joseph Schumpeter)からアッシャー (Abbott Usher)、ローゼンバーグ (Nathan Rosenberg) を経て現在に至るまで、いくつかの歴史的変遷をごく簡単に振り返ってみたい[*1]。

シュンペーターの外生的技術変化の影響への注目
　20 世紀初頭、経済理論の主流は、技術変化が経済システムにとって外生的な (exogenous) ものであり、したがって経済分析の対象にはならないという考えであった。
　一方、シュンペーターの経済発展理論 (Schumpeter 1934) は、発明とイノベーションを企業家的活動としてとらえ、イノベーションを信用機関による決済手段の新しい (ex novo) 創出が必要な投資行為として注目する。企業家は、利益を生み出す機会を提供する革新的なプロジェクトを選択し (Schumpeter 1939)[*2]、それによって金融機関から資金を得ることができる。しかし、イノベーションが他者によって採用されると、利益はすぐに消えてしまう。シュンペーターは、イノベーションは集団 (cluster) で現れると述べている (1934; 1939)。シュンペーターによれば、これは群れをなした企業家がイノベーションを関連産業に広げるために起こるという。これは経済システムの循環的な振る舞いそのものである。なぜなら、新しい領域への関心によって、現在進行中のプロジェクトが新しいプロジェ

クトによって押しのけられる可能性があるからである。

アッシャーの累積と再結合による統合

　しかし、技術そのものを根本的に理解することなく、またその技術が運用される実態を成している経済的、社会的ダイナミクスを理解することなく、イノベーションを理解することはできない。状況に応じて、イノベーション研究の範囲を広げることが不可欠である。アッシャーはその方向に重要な一歩を踏み出した。アッシャー（Usher 1929）によれば、新規性は個人の創造性の産物ではなく、一定の歴史的、社会的、制度的文脈の中で、利用可能な一定の知識の蓄積をもとに活動する多くの個人の行動の積み重ねの産物である[*3]。発明は四つの段階を経て展開する。

　　・第一に、問題を認識。一般に受け入れられているある枠組みが不完全で満
　　　足のいくものではないと認識されている。
　　・第二に、舞台の設定。問題の輪郭を明らかにし、試行錯誤のアプローチ（trial-
　　　and-error approach）によってさまざまな次元を探求する。
　　・第三に、洞察行為。問題に対する解決策を生み出す。
　　・第四に、受け入れられている枠組みの根本的見直しによって、イノベーショ
　　　ンが採用される。

　極めて重要な段階は、洞察（行為）であろう。アッシャーは、洞察は、直感や創造性からではなく、解決策が探求される範囲に内在する本質的な特性によって決定されるプロセスから生じると考える。これは、このプロセスは必然性によって推進されるということを意味しない。知覚も一役買うし、予期しない、予測不可能な要素を取り入れることによって起こる偶然もまた一役買うのである。したがって発明は、システムの新しい状態への移行において極めて重要な不連続性と、ある段階を次の段階につなげる漸進的な統合性によって特徴づけられる。洞察は、さまざまな行動マトリックスが関連づけられたときに生まれる（Koestler 1964）。ひとたび解決策が見つかると、われわれは、もはや結合したものを分離することはなく、その結果は関係する前提の論理的帰結であるかのように思える。実際のところ、どの事柄が論理的帰結に至らなかったかは不明のままである。

ローゼンバーグと技術収束の原動力

人類学者のルロア＝グーラン（André Leroi-Gourhan 1943；1945）や哲学者のシモンドン（Gilbert Simondon 1958）など、さまざまな学者は、技術の変化はランダムなものではなく、その進化には固有の傾向があることを指摘してきた。経済学者は当初、このような技術変化の傾向は生産経済によってもたらされると考えていたが、それではイノベーションの具体的な順序やタイミングを説明することはできない。ローゼンバーグ（Rosenberg 1963；1969）は、ハーシュマン（Albert O. Hirschman 1958）に触発され、「複雑な技術は内部で衝動や圧力を生み出し、それが特定の方向への探索的活動を引き起こす」と考えた（1969, 111）。イノベーション過程における、二つの重要な特徴は、技術的不均衡（technological imbalance）と衝動の連鎖（compulsive sequence）である。技術的不均衡（今日では、ボトルネック［bottleneck］と呼ぶこともある）は、個人企業や垂直統合型産業の生産過程でしばしば発生する。最初のイノベーションが、生産過程のある一つの工程だけに影響を及ぼすだけでなく、他の（先行するあるいは後続する）工程に対しても修正が必要になる場合、彼らはイノベーションを好む。

このような技術的不均衡は、ある産業から他の産業への技術移転（波及［spillover］）において、特に頻繁に発生する。これには三つの理由が考えられる。技術的不均衡を克服する必要性から研究が特定の方向に誘導されること[4]、技術的不均衡は、しばしば特定の製品に特化した新しい生産ツールの創造につながること、また、技術的不均衡は、多くの新しい特定の技術知識を広く普及させることである。したがって、技術的不均衡は、技術的収束（technological convergence）につながる可能性がある。

不確実性はイノベーションの引き金になることもあるが（例えば、利用可能性が予測不可能な変動の影響を受けるインプットを回避するためにイノベーションが採用される場合など）、新しい技術の開発や普及を遅らせることもある（Rosenberg 1983, 1994）。それゆえ、不確実性はイノベーションの過程の分析において重要な要素となる。中心的な役割を果たすのは、イノベーションが生まれる社会的プロセスと認知領域であり、不確実性が、行為者の行動様式とイノベーションの過程における方向性とタイミングの両方に影響を与えるプロセスである。

アーサー：観測者の視点

　発明やイノベーションを研究するには、生成的なアプローチ（generative approach）を採用しなければならない。時間の流れに逆らって上流へと進む視点から、時間の流れとともに下流へと進む視点へと移行しなければならないということである。創発を重視する複雑系アプローチ（Complex Systems approach）は、ある程度それを実践している。そのため、イノベーションを研究する最近の非常に優れた試みのうちの二つが、このアプローチを原点としていることは驚くべきことではない。エンジニアであり経済学者でもあるアーサー（Arthur 2009）は、技術とは、一つ以上の目的のために、自然現象、行動現象、社会現象、組織現象、その他の現象を捉えるための構成物であるとみなしている。これには、伝統的な意味での技術だけでなく、企業組織、法律や通貨制度、契約などのプロセスも含まれる。技術は独立して存在するもの（standalone object）ではなく、組み合わせたり、再編成したりすることができる、組織や変革のより一般的なパターンのインスタンス化（instantiation）である。第一に、どの技術も、ある（一連の）機能を実現するためのある現象を利用する中心的な概念や原理を中心に組織化されている。第二に、その原理は、技術の中央アセンブリ（central assembly）をまとまって構成する（物理的または社会的な）構成要素の形でインスタンス化される。第三に、その中央アセンブリは、通常、アセンブリが適切に機能できるようにする役割を持つ他の技術によって支えられている。第四に、すべての技術は、多層的な再帰的構造の一部であり、その最も基本的な部分に至るまですべて、技術で構成される。そして、技術が適切に機能するのを助ける、社会的、制度的、経済的な性質の組織のいずれか、あるいはいずれもの階層に組み込まれている。

　アーサーは、技術の長期的な進化を、少数の単純な技術（石器など）から多数の複雑な技術（原子炉やインターネットなど）への一種の自助努力（bootstrapping）のようなものであり、新しい技術に活用できる未知の現象の捕捉と、既存の単純な技術のより複雑な技術への再結合によって駆動されると考えている。未知の現象の捕捉は、一方では新たな科学的発見の連鎖をもたらし、他方では特定の領域（自ずと連動する技術群）内でのイノベーションをより急速に飛躍させる。

　アーサー（Arthur 2009）は、イノベーションを四つに区別している。（1）既存技術範囲内での新しいソリューション、（2）まったく新しい技術、（3）新しい技術領域、（4）社会における全般的な技術、である。

1. 既存技術の範囲内での新しいソリューション

　　あらゆる技術的な実現は、問題解決、組織化、行動を伴う人間の創造であり、創造のさまざまな構成要素（アイデア、ツールなどを含む）を、それぞれの長所を生かし、欠点を回避または最小化するようにうまく調整することによってなされる。これは、デザインのプロセスであり、アイデアの領域と、デザインされたモノを生み出す物質的かつ／または社会的現実との関係を反映する一連の選択を必然的に伴う。その関係を理解するためには、創造的過程のあらゆる段階で、選択された選択肢と選択されなかった選択肢を比較評価しなければならない。理論的には、ほとんどのデザインにおいて、選択肢の数は膨大であるが、実際には、選択肢の多くが物理的あるいはその他の制約によって除外される。インスタンス化された、理論的に可能な新規オプションのうち、（ほんの）一部が累積することによって、技術を一定の方向に進める。そのような整合性をもってなされた選択の一式は、標準的な構成要素（building block）となる可能性があり、時代のニーズに合わなくなった古いモジュールと置き換えられてしまうかもしれない。標準的な構成要素がどのように出現するかは、さまざまな偶然の出来事と過程の組み合わせによる経路依存であるため、実行されたソリューションが必ずしも最適とは限らない。

2. 新しい技術

　　まったく新しい技術とは、目の前の問題に対処するために、これまでとは異なる原理を用いる技術である。その出現は、社会的ニーズ、通常適用される技術領域外での経験、リスクテイクを好む条件、個人間のアイデアや知識の交換などの組み合わせによって形作られる。そして、需要が新しい、利用可能な（一連の）原理とその効果に概念的かつ物理的に結びついたとき、新しい技術が誕生する。科学においてであれ技術においてであれ、イノベーションの核心は、問題と原理を結びつけるこのプロセスである。それは、両者の機能性を相互に投影しあうことによって、両者を精神的に結びつけることになる。

　　アーサーは、技術の寿命について三段階に区別する。(1)「内部置換」（借用した、あるいは最適でない技術の部分を、より適したものに置き換えること）、(2)「構造的深化」（その性能を集中させ、安定化させ、かつ／あるい

は向上させるために、あるいはその制御を強化するために、システムにサブシステムを追加すること)、(3)「固定 (lock-in) と適応的拡張 (adaptive stretch)」(技術の性能がすっかり定着し、根本的な変化がもはや起きそうになくなった後に、その性能を伸ばすこと) である。すでに高度に精緻化されたその原理は、やがて限界を超えて負担がかかるようになり、最初は単純だがやがて精緻化される新しい原理に道を譲り、その結果、また新たなサイクルが始まる。全体的な過程は *Structure of Scientific Revolutions*（『科学革命の構造』）(Kuhn, 1962) と似ていなくもない。

3. 新しい技術領域

　　多くの場合、技術領域は、別の確立された領域で既に開発された主要な原理やツールを軸にまとまる。この段階では、新しいツールボックスの大部分（実現可能な技術、いくらかのダイナミクスの理解）がまだ欠けている。それが発展するにつれて、欠けている部分に対する認識も高まり、研究が足りない部分を埋めていくだろう。それが十分に発達すれば、小規模な企業に端を発して、産業が成長し始めるだろう。彼らにとっての課題は、新製品の開発よりも、この領域を社会構造に浸透させるために必要な文化的かつ社会的再構築の引き金となることである。それが成功すれば、そのドメインは新たな下位領域 (subdomain) を生み出し、新たなサイクルを始めることができる。新しい領域が拡大する機会を得たときには、新しい領域自体と社会の関連する部分の両方を、新しい機能性に適応させなければならない。われわれはこれを、異なる文化が相互作用するときに起こる相互学習（文化変容：acculturation）とみなすことができる。

　　技術の進化のペースを決めるのは、新しい原理の特定よりもむしろ、この集団的な学習と実行の過程である。その過程を妨げる多くのものの中には、新しい技術に対するのと同じように、古い技術に対する投資の性質と寿命がある。さらに、（技術領域の）代替わりには、新しい技術を考慮に入れて経済が変化することが必要である。その意味で、技術領域が経済の時代 (epoch) を決定し、経済構造の変化はそれに伴う時間 (time) を決定する。このため、これは非常に時間のかかる過程となる。

4. 社会における全般的な技術

　自助努力（bootstrapping）の過程では、時間の経過とともに、さまざまな機能とそれに対するさまざまな対処法の間で、より細かい区別がなされる。技術の数が増えるにつれて、それらの間で可能な組み合わせの数も増える。技術が社会に出現するにつれて、原理、実装、機能、人工物（組織を含む）、材料、知的かつ物質的なツールを、その社会の構成員の生活様式や世界観に適応した形で、結びついたクモの巣状の技術のネットワークを作り出す。このプロセスの経済性は、最終的な経済の構造に大きな影響を与える。このプロセスでは、個別の（必ずしも連続的ではない）段階を次のように区別することができる。(1) その技術が、使用中の技術群に新たなノード（node：結節点）として加わる。(2) その技術が、既存の技術やコンポーネントと置き換え可能になる。(3) その技術が、支援技術や組織改革のための新たな特定の分野を作り出すきっかけとなる。(4) 古い技術が（使用中の技術）群から消え去り、そのニーズがなくなる。(5) その新しい技術が、さらに進歩した技術の潜在的構成要素として利用可能になる。(6) 経済、つまり生産される財やサービスのパターンが、コスト、価格、技術を含めて、これに適応する。

　場合によっては、ひとたび臨界閾値を超えると、破壊と創造の連鎖が起こる[*5]。この進化は完全にランダムなものでも、あらかじめ決められたものでもないことを認識することが重要である。進化する技術が「選択する」瞬間もあれば、単にその道を進むだけの場合もある。このことは、技術進化の方向性を決める上で重要な意味を持つ。（少なくとも限られた時間軸においては）ある程度予測できる展開もあれば、予測できない瞬間もあるはずだ。

このすべての段階において、経済が重要であることから、アーサーは非常に興味深い方法で、経済の役割と構造を再定義している。財やサービスの生産、分配、消費のシステムとして経済をとらえるのではなく、「社会がそのニーズを満たすための取り決めや活動の資産」（Arthur 2009, 230）であると、彼はより広い範囲を視野に入れている。経済を技術の背景あるいは技術を内包するものとして見るのではなく、経済は技術で構成されるものとする。これは、イノベーションを理解

する上で、経済学と技術研究のバランスを根本的に変える。技術は経済の構造を構成し、形成する。経済は技術から生まれ、その技術の変化に伴って絶えず形成され、改革される。技術が確立されるにつれて、経済フローと意思決定の構造が変化し、変化した経済構造が技術の変化を可能にする。つまり、これまで見てきたように技術の自助努力（bootstrapping）は、実際に経済も変化させるということである。そしてその過程において、この技術の自助努力は社会の構造、少なくとも多くの制度（銀行だけでなく、倫理、法律、ガバナンスなど）の構造に変化を及ぼす（Padgett 1997, 2001 参照）。

　結論として、アーサーは、（まだ）イノベーションの指標を導き出すものではないものの、初めて説得力のある技術に関する理論を示した。この理論の重要な点は、研究対象となるほとんどのイノベーションが埋め込まれている二次ダイナミクスを実際に扱っていることである。つまり、この理論は、技術と経済の両方における変化の変化を扱っているのだ。また彼は、技術と経済の関係を逆転させ、それによってイノベーションに関する研究の焦点を逆転させた。イノベーションを改善するための政策や対策を経済データから導き出すのではなく、その逆を主張しているのである。そして、それが最終的に正しいかどうかということよりも重要なことは、われわれが、アーサーの研究を土台として、イノベーションの理論を構築し始めることができる、ということである。このイノベーションの理論は、技術的なダイナミクスと経済的なダイナミクスを一つに融合し、人間が作り出したあらゆる形態の組織を包含するために、その両方のダイナミクスを拡張するものである。

レーンとマックスフィールド：イノベーターの視点

　レーン（David A. Lane）、マックスフィールド（Robert Maxfield）とその共同研究者たち（1997、2005）は、人々が既知の過去と未知の未来との間で反射的に、どのように捉え、概念化し、行動するかに焦点を当てる。その相互作用においては、存在論的不確実性が重要な役割を果たす。この不確実性とは、未来がどのようなもので、どのような結果をもたらすのかがわからないということである。当事者である個人のレベルでは、（自分たちの世界に存在する実体の種類や、それらの間の相互作用、そしてこれらの相互作用がどのように変化するかについて、行為者の考え方に依存する）不確実性を、硬直した特定の方法で減らすことは間違ったことであ

る。しかし、うわべの秩序を作り出し、しかも変化しやすいナラティブにおいて、過去、現在、未来を関連づけることで、未来への探求が可能になると同時に、ある程度制御可能になる。このようなナラティブは、行為者が未来に戻ることを可能にする。存在論的な不確実性（が減ること）により、発明が可能になると同時に、発明が出現する可能性がある許容範囲を限定する。こうして、ナラティブは発明のための一種の経路依存を生み出すのである。興味深い点は、行為者の記憶における過去が、固定されているのではなく、流動的である度合い（これが、ナラティブの可変性を促すかもしれない）と、行為者が新しいアイデアを探求できる能力との間には関係があるかもしれないということである。

　局地的なエージェント・ネットワークのレベルでは、行為者をネットワーク内の他のエージェントとして帰属させることによって、同様の役割が果たされる。それはそれぞれの行為者の資質、機能、関連する属性、そして関連あるとみなされる関係は何であり、これらは互いにどのように関連しているのか、である。発明とは、本質的には、新しい帰属を生み出すことである。（人工物あるいはプロセスに対して新しい別の見方をする、例えば、新たな機能を付与したり、別の使用方法やそれまで見落としていた側面に突然気づいたりすることである。）このような帰属は、エージェント間の生成的関係において生じるものである。

　出現するかもしれない新しい帰属を特定することは不可能であるが、レーンおよびマックスフィールドによれば、五つの特徴を考慮することで、関係の生成可能性を評価することができる。(1) 一致した方向性（特定の目的に向けたエージェント集団の一致の度合い）、(2) エージェント間の異質性、(3) 相互指向性（エージェント間の相互関係に焦点が当てられている度合い）、(4) 適切な許可（エージェント間のコミュニケーションの適切な機会）、(5) 行動の機会、である。これらは、エージェント間の相互作用による発明的かつ革新的な潜在能力に関する指標の基礎とみなすことができる。

　最後に、レーンとマックスフィールドが、発明が生まれる可能性のある世界的ネットワークの局所的な一角から、ネットワーク全体へと視点を移すと、彼らの関心は再び変化する（そして関係する概念も変化する）。ネットワークは、確立されたコンピテンス・ネットワークと、新たなコンピテンス・ネットワークを構築するために設置された足場構造物（scaffolding structure）から構成されていると考えられる。後者は、明示的なもの（専門学会の会員であること）と暗黙的なもの（表

現や略語の使い方を共有していること）の両方の慣習に準拠するものである。これら二つの間のダイナミクスは、足場構造物に潜在する連携可能なメンバーを特定するために、（足場構造物内ネットワークのある一点から）関連する可能性のあるさまざまなコンピテンス・ネットワークへの探索、（潜在的な新メンバーへの）情報発信、（新メンバーによる）解釈、およびチャネリング（足場構造物を強化、拡大するような活動を導くために足場構造物を利用すること）を行う。

　全体として、レーンとマックスフィールドの研究は、未来に関する存在論的不確実性の概念を軸に、発明とイノベーションの過程の現象論を提示した。このような不確実性が特定の地域に限られているのは、イノベーションによってもたらされる変革が、個々のエージェントの意図に対応しない（あるいは極めて部分的にしか対応しない）からである。ナラティブ、生成関係、足場構造物はすべて、エージェントが存在論的不確実性に対処できるように機能している。それは、一部では（ナラティブの中で）不確実性を一時的に寄せ付けないようにすることによって、また一部では、不確実性を解放し、分離し、相互作用が高度に制御される特別な目的の場に導くことによって、エージェントが存在論的不確実性に対処できるようにしている。同時に、存在論的不確実性は、エージェント間の特別な関係の中で発見され、探求され、利用される。

　しかし、この著作では、発明とイノベーション研究に関連する三つの理論、すなわち、行動のナラティブ理論、生成可能性の理論、足場構造物の理論も紹介されている。これらを組み合わせることで、発明とイノベーションによって引き起こされる組織変化の過程を研究するための、非常に適切かつ効果的なツールキットが得られると考えられている。ここでは詳細を述べることはできないが、言及した文献を参照してほしい。

7 ｜ 未解決の問題

　このアプローチを適用することで、これまで未解決であったどの疑問に答えることができるだろうか。前述したように、発明、創意工夫、イノベーション、および関連現象を特定するために経済学で使用される評価基準は、主に事後的な指標である。これらの統計的相関関係を研究することは、発明とイノベーションの

背景や、どの変数の組み合わせが発明とイノベーションの過程に影響を与えるか
を理解するのに役立つが、発明やイノベーションがどのように生じるのかを理解
するのには役立たない。アーサーのアプローチとレーンとマックスフィールドの
アプローチを組み合わせると、まさにそれを研究するための基礎が築かれる。そ
うすれば、変化を評価するための正しい測定基準の開発を始めることができ、さ
らに過程そのものに影響を与えることができる。

　模倣的企業家精神（replicative entrepreneurship）と革新的企業家精神（innovative entre-
preneurship）の区別は、文献では完全に確立されている。しかし、われわれが関
心を抱いているのは、非発明的な企業家がどのようにして発明的な企業家になる
のかということである。それが理解できれば、例えば、革新的企業家精神をより
効果的に奨励したり、より有益な社会的、法的、経済的状況を生み出したり、ま
た、教育戦略を適応させることもできる。一段階上のコミュニティに目を移すと、
イノベーションの研究によって、あるコミュニティを革新的にするものは何なの
かについて、少なくとも大まかな特徴はつかめるようになった（Florida 2002 を参
照）。しかし、そのコミュニティがそのような革新的な文化を獲得した過程を理
解することはできない。このことは、現在の西側の経済を理解する上で特に重要
であるが、その一部（例えば金融や情報技術の領域）において、（単純な貪欲さ以外
の）行き過ぎた行為がどのように引き起こされているのかを理解する上でも重要
である。

　この三つのレベル（レベル 1 は個人、レベル 2 は共同体、レベル 3 は西洋の文化や
経済全体）すべてにおいて、われわれにとって重要な側面のひとつは、（繰り返し
になるが）、選ばれた選択肢を、選ばれなかった選択肢に対して評価しようとす
ることである。ある発明の開発において、特定の技術的選択が持つ重さはどれく
らいか。特定の目的のためには開発を行い、別の目的のために開発は行わないと
いう選択は、どのような影響を与えるか。足場構造物を作るために、数多くある
選択肢の中から一つを選ぶというのはどうだろうか。革新的なコミュニティを発
展させる上で決定的な要因は何であったか。また、その（それらの）要因が、コ
ミュニティがとる形態にどのような影響を与えるのか。

　これらのアイデアを組み合わせることで、発明を生み出すアイデアや決断の出
現から、発明がより広い世界へと普及する役割を担うネットワーク・ダイナミク
スを経て、さまざまな状況での実装、そして最終的に持続可能性に対する予期せ

ぬ結果や、それらがもたらす課題へと至る過程の一部を描きだすことができるだろう。

　過程と出来事の連鎖をよりよく理解することで、技術や経済、そしてより広く社会環境システムの持続可能性を向上させるために、初期の課題にもっと効果的に対処し、予期せぬ結果を最小限に抑えるか、あるいは緩和する方法で、最終的には、その連鎖を修正することができるはずである。次節では、このような考え方が実際にどのように使われる可能性があるのかを説明する。

8 ｜ 発明家とコンテクスト：ニッチ構築

　マテリアル（材料、素材）のイノベーションは、社会と自然環境との接点で展開される。その接点において、技術は社会の論理にも環境の論理にも従わない。技術は、両者に関連しているとはいえ、どちらかによって決定されるわけではない。この論理を理解するためには、非決定論的なアプローチ（non-determinist approach）を採用する必要がある。このアプローチでは、作り手／発明者のアイデアと選択の役割が推論の核となり、それが外部の、物質的な、世界とどのように結びついているかに焦点を当てる。第 10 章で見たように、その関係は解決策と課題との接点で展開される。

　フランスの人類学者や考古学者によって最初に導入されたシェーン・オペラトワール（chaîne opératoire）のアプローチは、人工物が作られる手順についての理解を大きく前進させ（van der Leeuw 1976, 1993；Lemonnier 1992, 2012；Boëda 1994, 2013 など）、創造の文化的背景に注目させた。このアプローチそれは、モノに残された作り手の行為痕跡から、その痕跡の原因となった行為に至るまで、制作の過程を再構築することを目的としている。職人（およびユーザー）が直面する課題に対処するために、モノの生産（および消費）において物質に働きかける一連の行為を再構築することで、この方法は素材と人工物に対する徹底した相対的かつ体系的な見方を促す。すべてのモノは、例えば原材料の選択だけでなく、その原材料がどのように準備され、どのように人工物が形成され、仕上げられたか、そして、その一連の流れの中で、ある一つの選択が他の選択にどのような影響を与えるか、ということの結果でもある。それゆえ、完成した人工物は、ある定まっ

た実体としてではなく、互いに緊張関係にあるさまざまな力の領域から生じた、ある種安定化したものとして見ることができる。つまり、陶器の焼成技術を変えれば、粘土を変えなければならないかもしれないし、装飾モチーフを変えれば、別の顔料が必要になるかもしれない、ということである。

　しかし、シェーン・オペラトワールのアプローチでは、この過程を特定の製造業の伝統においてどのように変化が起こるかを理解するのに役立つような、より広範で同様に動的な文脈において、捉えることはできない。そのためには、ナペット（Knappett et al. in press）が述べているように、存在論（ontology）から個体発生論（ontogeny）へと移行する必要がある。行動と、その行動を行う人間について考えるとき、次のステップは、以下について熟考することである。

1. どのようなダイナミクスが、技術的伝統のインスタンス化においてばらつき生み出し、そのような伝統内で発明とイノベーションにつながるのだろうか。
2. このようなばらつきがあるなかで、社会はどのようにして特定の製造業の伝統を維持しているのか？

しかし、この二つの問いは、複雑に絡み合ったヒエラルキーである（Dupuy 1990）ので、両者を逆にして問うこともできる。

1. 社会はどのようにして特定の製造業の変遷を動的に維持しているのか？
2. 伝統を維持することに関わるダイナミクスは、それにもかかわらず、どのようにして新規性の出現を可能にするのか。

生物学における新規性の出現と社会における新規性の出現を比較することで得られる概念の中に、ニッチ構築（niche construction）（Odling-Smee et al. 2003）がある。ラウビヒュラーとレン（Jürgen Renn）（Laubichler & Renn 2015）は、システムの内部ダイナミクスとその環境を作り出し、両者をつなぐダイナミクスとの結びつきを強調する拡張進化モデルに、この概念を取り入れている。これは、発明やイノベーションがその文脈の中で起こり、その文脈を部分的に形作り、また、その文脈によって形作られるという事実を考慮に入れることなしに、発明やイノベー

ションを現実的に表現したり研究したりすることはできないという考えを反映している。その過程で、発明とイノベーションは、より広い文脈におけるニッチ分野との依存関係を作り出し、何らかの理由でその文脈が変化すれば、発明は消滅するか、あるいは変質してしまうかもしれない。逆に、イノベーションが生み出されなくなれば、そのニッチ分野は消滅する。

　このニッチ構築の概念を技術的な発明の研究、特に発明の行為者と発明が起こる文脈との関係に適用する場合、われわれは、外の世界におけるその文脈を構成するさまざまな機能、材料、技術などについての私たちの認識 —— それは、可能な限り完全で偏りのないものであるべきであるが —— を、発明行為者の主観的な視点を表す文脈に対する視点と明確に結びつける必要がある。その視点は、常に部分的であり、偏りがあり、イノベーションの物質的文脈の外部にある社会的、文化的、その他の要因によって部分的に支配されるものであり、その研究対象は、作り手の認識がこれらの要因を製造上の物質的条件とどのように明確に結びつけるかということである。

　この明確な結びつきが見られるのは、製造という客観的な文脈と、発明者が持つ主観的なイメージ（map）との相互作用においてである。その過程で、外的（自然的・社会的）世界と行為者の内的（知覚的）世界が（部分的に）互いに形成される。長い時間をかけて、これは共進化を引き起こし、その結果、技術的伝統と呼ばれる、発明とイノベーションのより広い文脈が形成される。この共進化では、あらゆる技術的選択が、一旦なされると、将来で選べるであろう選択肢の総数を制限し、それ自体が意図しない結果を生み出し、最終的には新たな解決策を導く。どのような社会的、組織的、制度的な選択も同様のことが言える。

　物質的かつ手順に関する発明が行われる領域は、テクノスフィア（technosphere）と呼ぶことのできるが、それ自体に論理があり、その論理は、部分的には進化するテクノロジーをめぐる社会の経路依存性を形作り、進化するテクノロジーをめぐる社会の経路依存性によって形作られる。

　その共進化の形成に関連する知識には、（少なくとも）三つのレベルがある。

1. 最も変化が遅いのは、関係するコミュニティのメンバー間で共有される集合知（collective knowledge）である。このレベルでの変化には、コミュニティの世界観、習慣的な行動（habitus）、技術へのアプローチの変化が含

まれる。このような変化に対する主な障壁は、コミュニティがこれまで考えたこともなく、したがって描写、分析、概念化する方法がなかったものによって、コミュニティの視点が制限されてしまうことである。この障壁を突破すること自体が、大きな発明／イノベーションである。しかし、例えば知的財産権の保護など、意識的な社会的障壁が存在することもある。

2. 個人のレベルでは、暗黙知（tacit knowledge；「ノウハウ」）を考慮に入れなければならない。暗黙知は、より意識的な概念的知識や習慣に組み込まれているか、あるいは人体の身体的な、神経と筋肉の動作に備わっているかのどちらかである。暗黙知は習得が難しく、実質的で長い修行（見習い）期間を必要とするが、意識的な記憶に組み込まれているわけではなく、日常的な動作や行動として行使されているため、変更することも難しい。

3. しかし、個人は意識的な知識（conscious knowledge；「それを知っている」）も持っており、これは意識的な学習の対象となるため、最も簡単かつ迅速に変化させることができる。それは能動的に意識に働きかけ、行動を計画したり、変化させたりする。しかし、そのような意識的な知識もまた、未知のもの、つまり自分が考えたこともないような過程や疑問、課題との境界によって制限されていることを忘れてはならない。発明が最も生まれやすいのはこの領域である。

このように天然資源や技術的環境に制約されるのではなく、心の中に固定されたものとして、技術の概念的側面を見れば、伝統が概念的かつ実践的に固定されている方法によって、新規性が制限されているという事実をもっともらしく論証することができる。しかし、同じ概念のダイナミクスがどのように変化をもたらすのか。その問いに答えるには、技術の実践者が外界との関係を明確に結びつける方法を調べる必要があり、特に、選択することに重要な役割を与える必要がある。人間は、最も質素な人工物であっても、その製造のあらゆる段階で選択を行っている。つまり、技術とは思慮深く、意図に満ちているということである。（そして、前述の通り、これらの選択は一般的に相互依存的でもある。）このような選択の認識において、技術的アプローチが本質的に認知的（既定の認知主義ではないが）

であることは、唯物論的あるいは生物学的な展望とはまったく異なるものであるため、強調する価値がある。

9 ｜ 創造、知覚、認知、カテゴリー識別

　私は、すでに著名な人類学者ロイ・ラパポート（Roy Rappaport）の言葉を本書で引用したが、1977 年にミシガン大学アナーバー校で行なわれた一連の講義で、ラパポートは、こう述べた。「創造とは、形と実体情報を同時に実体化することである」。それは、形（アイデア）が物質界において形を与えられるという、思考と物質の間の行き来を伴うものである。そのプロセスは二つのレベルで繰り返される。ここからよく分かることは、作り手が何を作ろうとしているのかというおおよそのアイデアから出発し、製造中にそのアイデアを修正し、作られた製品を微調整するという事実である。しかし、創造の過程が繰り返される更なる深層レベルも存在する。そこでは、制作の過程で作り手によって識別されるべきカテゴリーを定めるそのレベルでは、その反復が、作り手の思考内の知覚と認知の相互作用を生む。現代の認知科学は、これが思考の中でどのように作用するかを学んでいる過程にあるが、非認知科学者である私は、そのレベルでこのプロセスを見ることができるふりはしない。むしろ、私は図 9.1 に要約されているカテゴリー創造の単純化されたモデルを使いたい。その基本的な考え方は、カテゴリーを観測に関連付けるプロセスは、二つのうちどちらが指示対象（referent）になるかによって決まるというものである。

　要約すると、概念が生成されるとき、これは探求の対象であるアイデアと、指示対象となる現象を比較するプロセスである。このような比較では、類似性が重視される。しばらくすると、概念は確立される。というのは、そのカテゴリーに属する可能性がある現象についてはわかりやすく、最終的にそのカテゴリーに属しそうにない現象については、わかりにくいからである。後者の洞察を得るためには、比較の方向が逆転する。つまり、カテゴリーが指示対象となり、現象がそれと比較される。その過程で、思考は現象と概念の間の相違点を強調し、最終的に何がカテゴリーに属し、何が属さないかを理解するのである。

　カテゴリー化のプロセスをこのように説明することで、開いたカテゴリー（open

category：どの現象が属する可能性があるかは知っているが、どの現象が属さないかは
まだ知らない）と閉じたカテゴリー（closed category：どの現象が属し、どの現象が属
さないかは知っている）を区別することができるかを見てきた。この説明は、創
造的なプロセスで何が起こっているのかについて、われわれの目的のために要約
されたものであるかのようであり、製造過程について考える際に、作り手が実際
に理解し、積極的に活用する、多くの候補の中から、採用されるカテゴリーに導
く。しかしもちろん、カテゴリー形成や意思決定において重要であると認識され
つつある感情的な要素など、他の多くの要素については考慮していない。

　このスキームに基づくと、製造中に作り手の思考の中に同時に存在する三つの
異なる認知圏、あるいは認知空間を区別することができる。

- 完全に認知された特定の領域。（物質的なものだけでなく）人工物の作り手
  の思考の中にある閉じたカテゴリーで構成されている。作り手は、何が何
  であるかを正確に把握しており、進め方について定まった考えをもってい
  る。
- 可能性の領域。作り手の思考にある開いたカテゴリーから構成されている。
  作り手は、物質との相互作用において、まだ一定程度未確定であり、した
  がって柔軟である。
- 問題領域。カテゴリーが（まだ）存在しない領域で構成されている。それ
  ゆえ、未知の、おぼろげには認識されているが未解決の課題のことである。
  作り手は課題の解決法について見当もつかない、

次に、問題領域に対して作り手がどのように対処しているかをもう少し詳しく見
てみると、人間の現在に対する認識は、想定される過去と個人的な経験とを反復
的に関連づけ、その結果として生じるベクトルを未来に投影することを考慮に入
れる必要がある。言い換えれば、先験的な視点からの知覚はバリエーションを生
み出す機会を広げ、後験的な視点からの知覚はバリエーションを制限するという
相互作用がある。前者は創発、斬新さ、可能性と確率に焦点を当て（開かれたカ
テゴリー）、後者は起源、伝統、因果関係に焦点を当てる（閉じられたカテゴリー）。
その相互作用の中で発明が生まれてくるのである。

10 ｜ 技術的伝統はどのように定着しているのか

　次に、この相互作用がどのように安定と変化の両方を生み出しているのかを見てみたい。私は、以前の研究（van der Leeuw 1993）で、非常に類似した球形の陶器を生産する、世界各地の過去と現在の幅広い陶器製造の伝統の比較および詳細な研究に基づいて、製造を含む創造を研究する上で、選択の重要性に焦点を当てた。その結果、テクニックを行使するためのいかなるアプローチも、柔軟性と変化の機会の高い順に、最低三つの異なるレベルにおかれることが分かった。

1. 第一に、作り手側の思考の中に定着している、作られるモノの時間的、空間的、機能的な概念がある。これらは、作られるオブジェクトのトポロジー（topology）、パートノミー（partonomy：オブジェクト全体とそのパーツとの関係）、そして作り手が製品を作る順序を方向づける。ほとんどの技術的伝統では、これら三つすべて、関係する個人の（暗黙的で意識的な）知識と同様に、集団の中に深く定着しており、変更される可能性は低いだろう。これらは、閉じたカテゴリーの領域を構成しており、そのため個々の技術的伝統を独自の方法でしっかりと定着させている。新しく導入される手順は、一般に、トポロジー（空間）、順序（時間）、パートノミー、機能といった既存の概念を考慮に入れたものである。そうしなければ、イノベーションは極めて困難になる。

2. 私の全体構想では、次は、実行機能である。つまり既存のトポロジー、パルトノミー、機能、製造順序を満たすモノをインスタンス化するために獲得したツールや技術である。重要なのは、これらの実行機能にはツールとそのツールの使用方法が含まれることである。実行機能は、作り手の思考にある可能性空間の一部である。それらは一般的に、その技術を実践する人の無意識と意識の両方に固定されている。これらの実行機能の変更は、最初は、変更の効果を実験する作り手の意識的な知識が関与するが、実行機能の特定の変更の有用性が確立されると、時間とともに、暗黙の知識ベースも関与するようになる。関係する行為を長期間実践することで、実践者の筋骨格の記憶（musculo-skeletal memory）に定着する。

3. 第三のレベルは、原材料や技術を構成するその他の要素（その性質、量、準備など）の選択である。この領域もまた、作り手の可能性空間の一部である。非常に制約の多い限定的な環境を除けば、これらは簡単に変更することができ、実行機能の変更に適応させることができる。多くの場合、その採用は、他の技術の部品や材料などの入手可能性に依存する。しかし、その選択は、ある技術の実践者が、彼らが採用する実行機能によって、それを彼らの概念とどのように結びつけるかによってなされる。その結びつけ自体が相互作用的なプロセスなのである。

発明とは、確実性領域（certainty sphere；閉じたカテゴリー）、可能性領域（possibility sphere；開いたカテゴリー）、問題領域（problem sphere；潜在的なカテゴリー）の間で起こる、知識とデータ（閉じたカテゴリーと開いたカテゴリー）の相互作用の中で、新しいカテゴリーを生み出す過程の一部であり、新規性の度合いは、これらの各空間がどの程度関与しているかに依存すると私は考えている。

11 | 発明の源泉

　実際には、この相互作用は、社会文化的要素（慣習、制度、経済など）と物質的要素（資源、既存の部品や技術など）の両方を包含する製造プロセスの（外的に定義された）状況（発明が生じるニッチ）と、作り手がそれらの要素に対して持つ（内面的に定義された）認識との間で起こるものである。この二つの間の結びつきは常に選択の問題であるが、その選択は（内部で起きているダイナミクスを見ずにインプットとアウトプットを関連付ける、新規創造のブラックボックス・モデルでしばしば想定されるように）ランダムでも無制限でもない。選択は常に、その選択が関係するニッチの現実と認識によって制限される。

　われわれは、出発点として、ある技術の実践者が活動するニッチと、その個人が行うことのできる選択、それが発明的であるか否かにかかわらず、に影響を与える可能性のある状況における変数の総体を特徴付けることを試みなければならない。それができた後、その変数の集合の中から、技術を実践するための実践者のアプローチにおいて考慮されるべき、十分に重要であると実際に認識されてい

る変数を特定できるかどうかを確認しなければならない。

　第 13 章では、発明の動態を説明するために、手作業による陶器製造という（自他共に認める比較的単純な）例を選んだ。それは、前近代の陶芸家たちがその工芸において実践してきた状況の外的かつ内的の視点、両方についての私の知識に基づくものである（van der Leeuw 1976, 1991, 1993, 1994a, 1994b；van der Leeuw & Pritchard 1984；van der Leeuw & Torrence 1989；van der Leeuw & Papousek 1992；van der Leeuw, Papousek & Coudart 1992）。

原著注

*1　この考察の最初の部分は、マルゲリータ・ルッソ（Margherita Russo；イタリア・モデナ大学）の非常に寛大な、未発表の寄稿に基づいている。これは、2007 年から 2011 年にかけて私が ASU で指揮を執ったカウフマン財団（Kaufmann Foundation）の資金提供による、発明とイノベーションに関する研究によるものである。もし誤りがあれば、もちろんそれは私の責任である。

*2　シュンペーターの分析における個人と制度の相互作用の役割については、デ・ヴェッキ（Nicolò De Vecchi 1993）を参照。

*3　アッシャーは、発明を社会的プロセスとしてとらえるにあたって、ゲシュタルト心理学（Gestalt psychology）からインスピレーションを得た。ゲシュタルト心理学は、もともとドイツで考案されたもので、1940 年代にアメリカで盛んになった。

*4　ローゼンバーグ（Rosenberg 1963）は、自転車の車輪のハブ製造に使われるプロフィリングドリルの例を挙げている。ここでは、ハブの内側と外側を加工する速度が異なっていたため、工具の摩耗が激しかったことが、特殊鋼の使用についての研究を促した、としている。

*5　「新しい」「古い」は混乱を招く可能性がある。私がここで述べているのは、システムの特定の部分において、既存のものに対して新しい技術が導入されることである。そのような技術は、システムの別の部分やまったく別のシステムにおいて、以前から存在していた可能性もある。

第 13 章　発明過程の例証と
　　　　　その社会情報処理に対する意味

1 はじめに

　本章は、非常に長い論述を二つに分割しており、第 12 章の続きである。本章のねらいは次の二点である。第一に第 12 章で行った議論を現実の事例研究によって例証すること、第二に社会と社会全体としてのダイナミズムを理解する上で、発明とイノベーションに関するこのビジョンがもたらす結果のいくつかを検討することである。その例証のために、私は、陶器製作を事例に選んだ。これは内的（制作者の）視点と外的（科学的な）視点の両方から、私が陶芸に精通していることである（van der Leeuw 1976；1984；1993）。

2 陶工が活動するニッチ

　少なくとも原理的には、職人が働く世界的なニッチについて、一般化可能な外部モデルを概説することができる。それは、すべてではないにせよ、ほとんどの伝統的な手工業的陶器製造に有効なものである。そのモデルは、陶工が活動する自然的かつ社会的背景に始まり、使用される原材料や技術とそれらのアフォーダンス（affordance）や制約、仕事の組織化、そして最後に、成果物の使用可能な各種機能の範囲と、その形状やその他の特性が持つ意味までを含んでいなければならない。陶工が製造工程のさまざまな段階において、その行動は、関係する多様な変数の間の相互作用の結果がもたらす多岐にわたる課題に対処することに集中されている。事実上、陶工の視点に立てば、陶工が活動するニッチは、陶工の可能性と問題の空間と見なすことができる。そのニッチにどのように取り組んでいるかは、もちろん、陶工個人の特定の視点に依存し、その視点は陶工が活動する社会と文化によって（部分的に）形作られる。

　図 13.1-13.7 において、陶工が製作のさまざまな段階を経る際に考慮しなければならない変数のいくつかを示すことによって、陶工が活動するニッチのイメージを —— 必然的に不完全でやや単純化されているが —— 示した。ここで強調すべき重要な点は、陶工が製作の全工程を通して、これらの変数すべてを意識的に考慮に入れているわけではないことである。製作の重要な側面は、（図 13.2-13.7 に

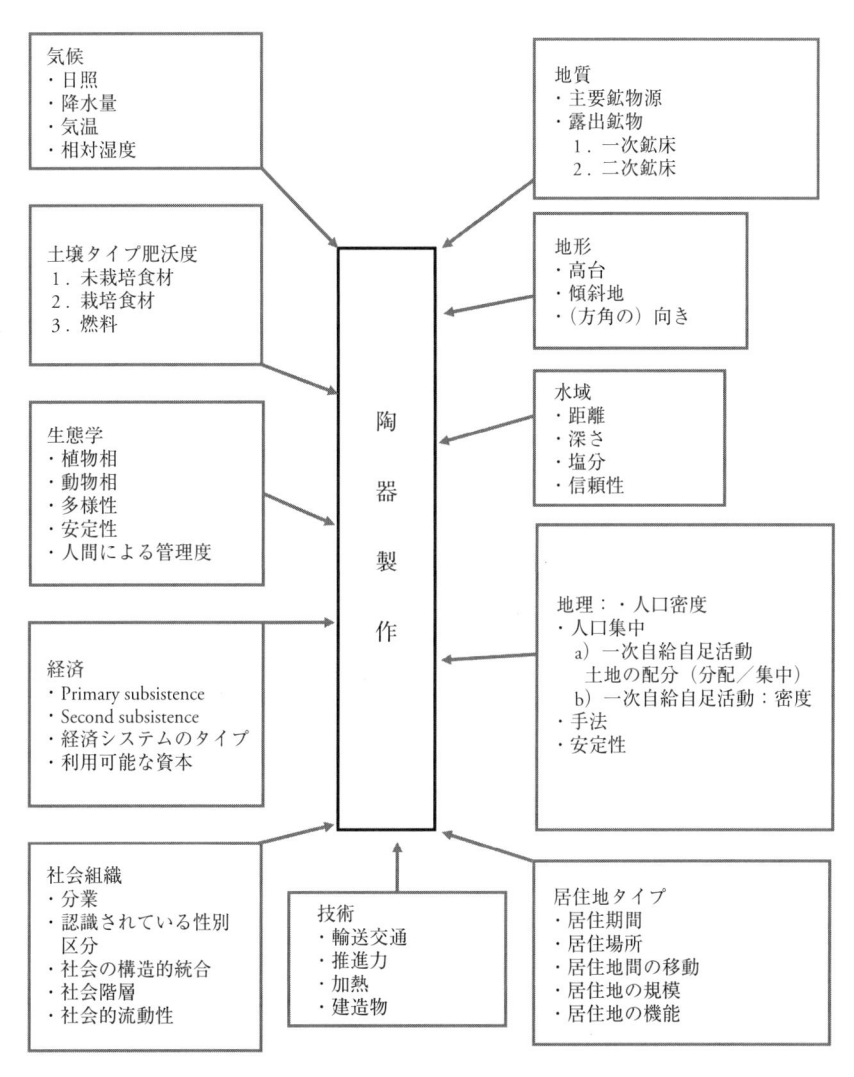

図13.1　陶器製造を取り巻く広範な背景には、陶工が働く物理的、地理的、技術的、社会的、および経済的環境を含む。各見出しの下には、各カテゴリーが表す内容がわかるように実際の変数の一部のみを示す。これらの変数は事例ごとに異なる。

（出典：van der Leeuw）

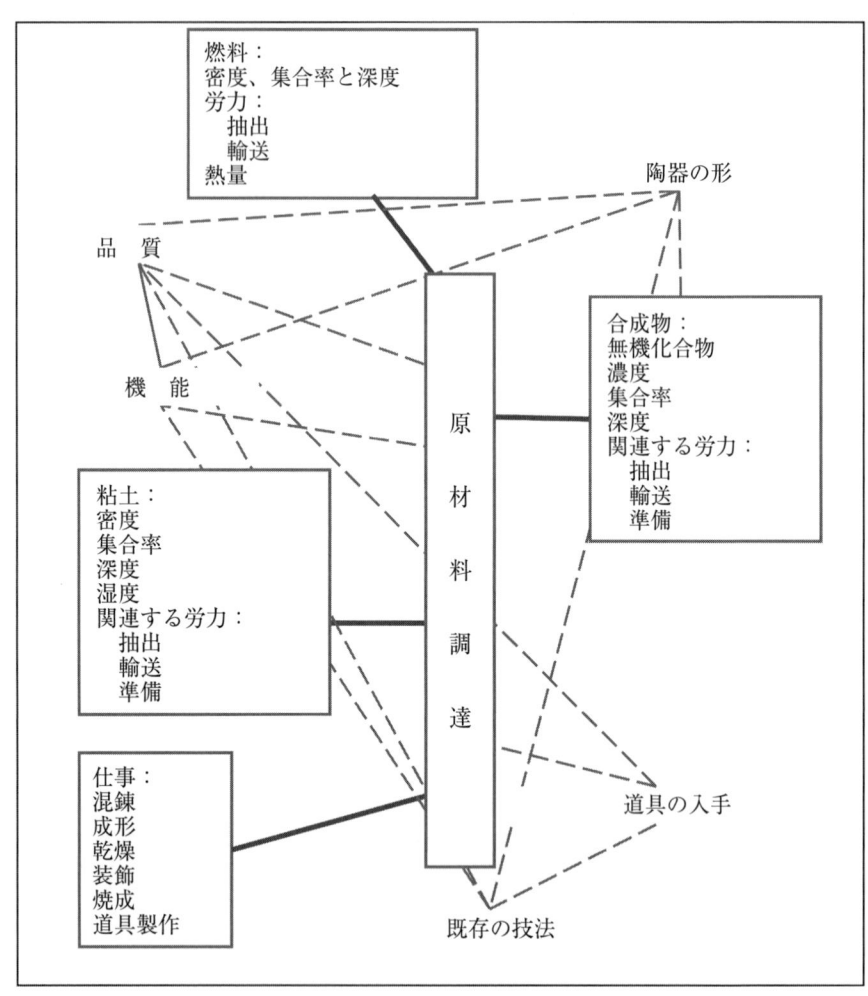

図13.2 陶工が原材料の収集を始めると、この図にあるさまざまなカテゴリーの多くの変数を念頭に置く。例えば、調理用陶器を作るつもりなら、陶器の側面は多孔質である必要がある。なぜなら、熱は側面を通り抜けた水を通して陶器の中に伝わるからだ。したがって、陶工は比較的大きな非可塑性粒子を含む粘土を探すか、それが利用できない場合はそのような粒子を足す。しかし、使用する材料を決定する際には、労力も考慮に入れる（粘土を採取するための土の深さ、粘土の採取地までの距離、混合に伴う労力）。

（出典：van der Leeuw）

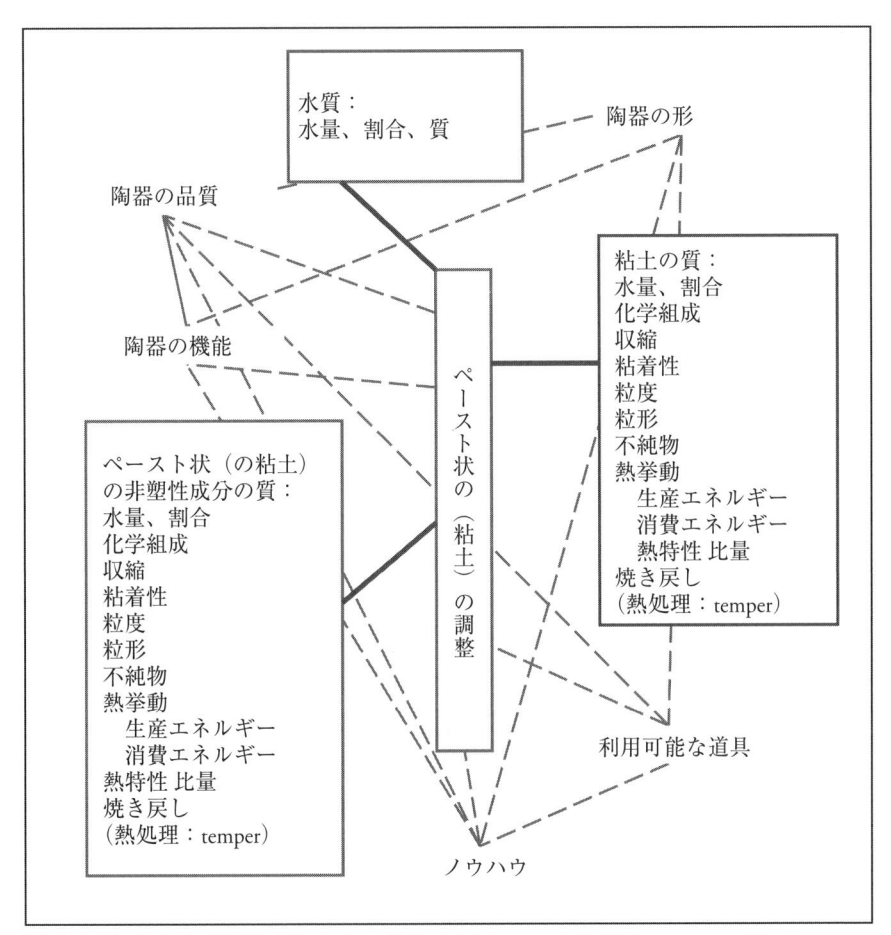

図 13.3　(ペースト状の) 粘土の準備は、プラスチックと非プラスチックの成分と水の分量と混合の問題である。これら三つのそれぞれの特性を考慮して、混ぜる割合を決める。水が多いと粘土の成形が容易になるが、多すぎると粘土はまとまりを失う。水の正確な投入量は、粘土と混ぜる非可塑性材料の割合と性質によって大きく異なる。それは、図 13.2 に示すように、同様に陶器の機能によっても異なる。

(出典：van der Leeuw)

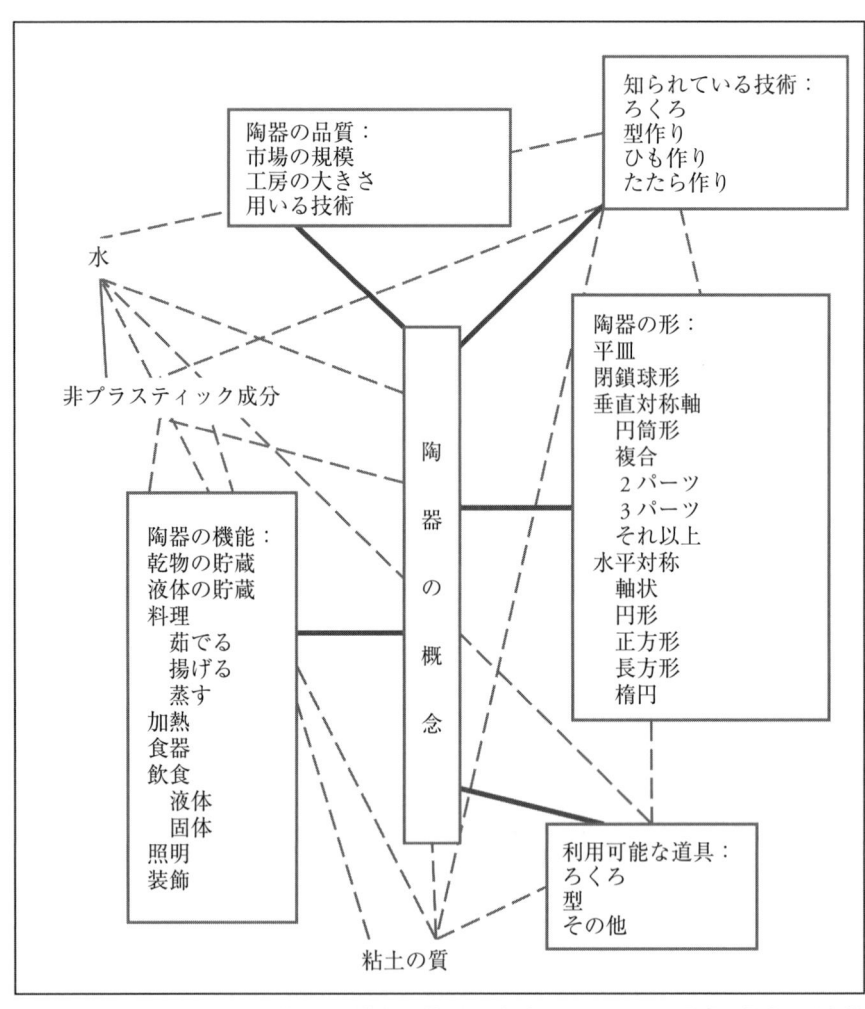

図 13.4　製作される陶器の形状やその他の品質を思い描くことは、陶工の陶器の概念の位相性（topology）、包摂関係（partonomy）、連続性、選んだ技法を使いこなす能力の評価、製作される陶器の機能、自由に使える道具の性質と質、および使用する粘土の性質を統合する（図 13.3 を参照）。しかし、それは製作される量、ひいては市場の規模、工房の製造能力などにも関係する。例えば、大量生産の場合、鋳造成形やろくろ成形は紐作りで作製するよりも効率的である。

（出典：van der Leeuw）

274

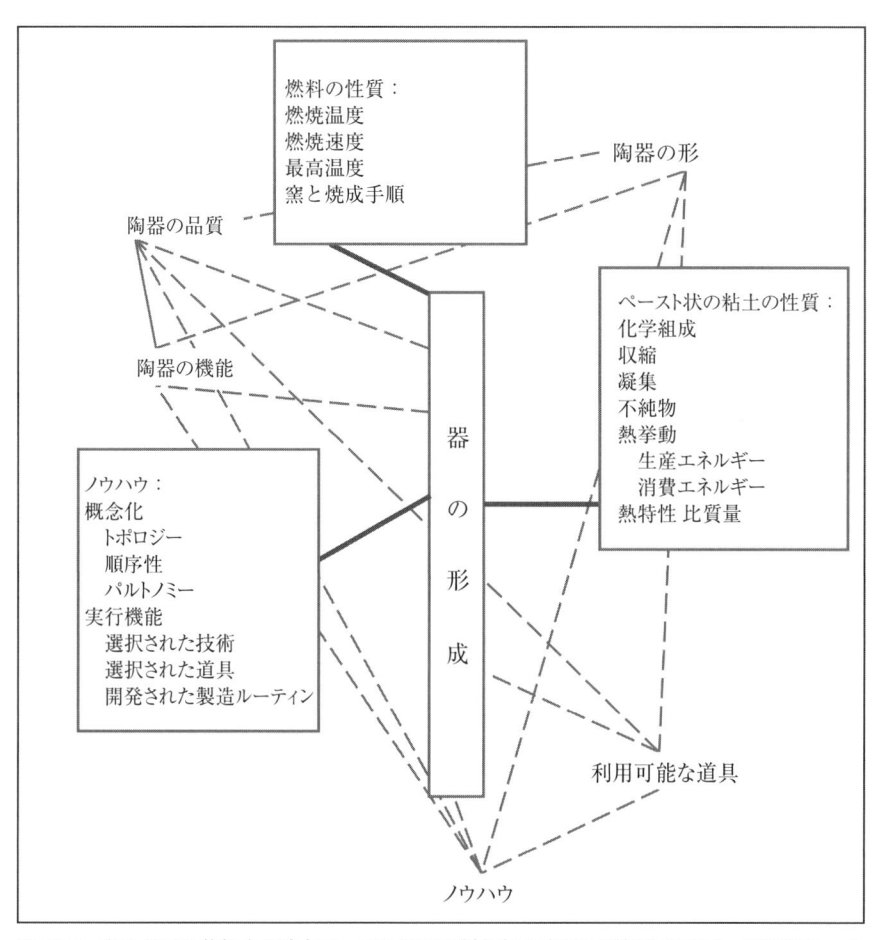

図 13.5　陶工が器を着想する時点で、同じ要因が製作物の成形に影響を及ぼす。実際には、その成形は、（1）成形、（2）乾燥、および（3）焼成の二つまたは三つの段階で行われる。この時、成形の大部分は、陶工の意識的な記憶ではなく、ここでは「開発された製造ルーティン（manufacturing routines developed）」としてまとめることができる、ノウハウ、筋骨格に刻まれた記憶、神経系の記憶の問題になる。第二段階の乾燥は、陶器のまわりの空気の状態と乾燥に充てる時間のみが制御される段階である。陶器の形状を少し変えたり装飾を施したりする場合もあるが、大がかりな作業は必要ない。第三段階の焼成では、ペースト（状の粘土）と燃料のカテゴリーが重要な役割を果すが、これらは陶器を着想過程に統合されている。「燃料品質」と「ペースト（状の粘土）品質」のカテゴリーは、スペースの都合でこの図に加えたが、最後の図の一部と見なすべきである。

（出典：van der Leeuw）

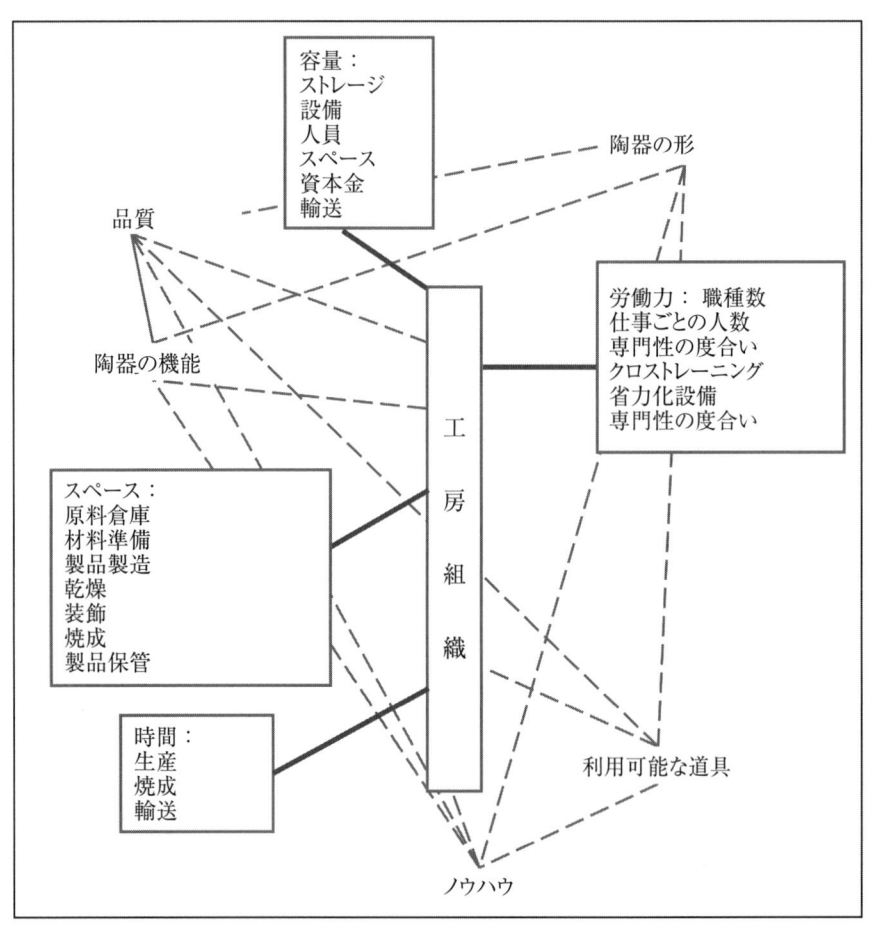

図 13.6　工房組織は全体の生産能力を決定するが、それ自体が果たすべき機能の専門化の程度、それに伴う工房に関わる人数などの要素で構成される。それは次に、家族構成と外部から手伝いの人を雇うか否かの問題に関係してくる。しかし、それはまた、工房の構成員の能力、その空間的構成、および、たとえば選択された焼成の手段や製品に必要な長さの焼成時間にも関係する。もちろん、究極的には、工房の能力は、生産される陶器の量にしたがって、生産現場における陶器製造の経済性に大きく影響する。

（出典：van der Leeuw）

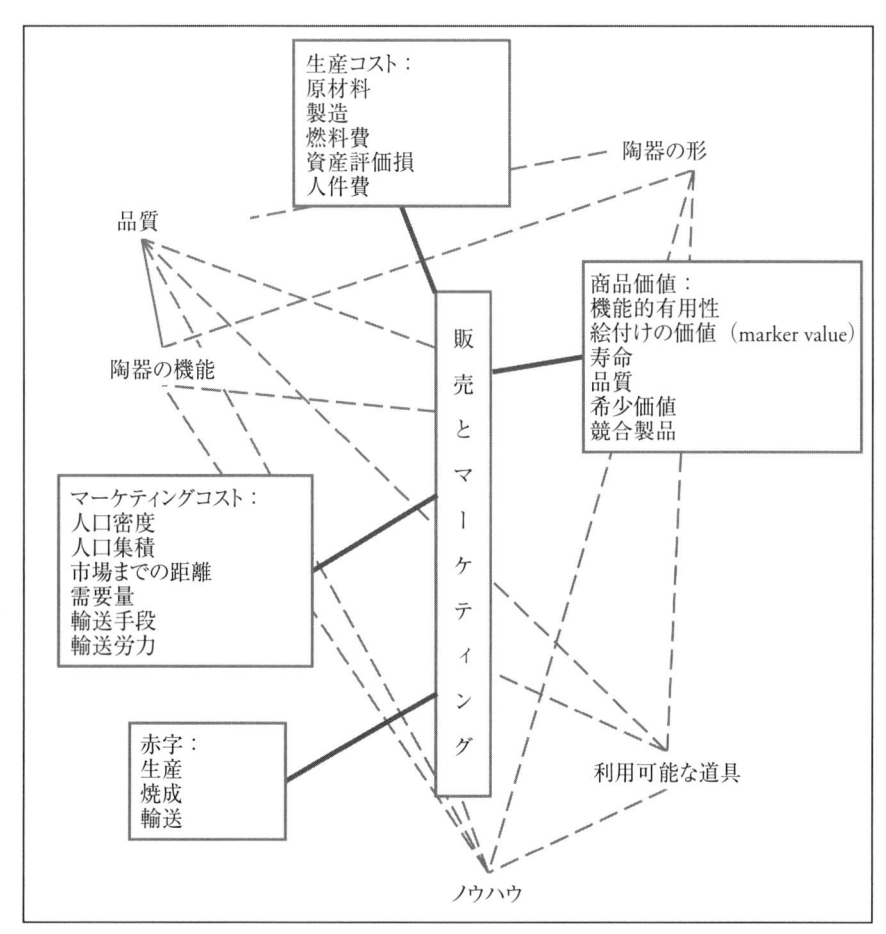

**図 13.7　製造過程全体を通じて、陶工が器を着想し、それを具体化する方法を選択するすべて
の段階で、陶器の販売と工房の組織編成（図 13.6）が、製造される製品の量と質を決定
するため、体系的に考慮される領域である。**

（出典：van der Leeuw）

よって表されているように）連続する各段階において、陶工は製作に含まれる変数
の全体のうち、一部分に特に気を配るという意味において、製作は段階的あるい
は、塊として分けられていることである。部分集合である変数は詳細に考慮され
る。しかしながら、陶工は続く段階の条件を満たすために、各段階の最終生成物
がどのようであるべきかというイメージも持っており、他の段階に関わる変数は

背景で確かな役割を果たす。その結果、（それが生産される）コミュニティの期待を満たす製品になるのである。表 13.1 は、陶工が関わる可能性がある多様な社会的状況に応じた、陶工の技術的、組織的、および経済的対応をまとめたものである。これは、体系的な視点と、個人差はあるものの、この領域ではある種の一般性が認められるという仮定に基づいている。

これまで、発明者が取りえた選択肢や、それらの選択肢の中から実際に選択されたことの意味について、徹底的な議論はあまりなされてこなかった（Pritchard & van der Leeuw 1984, 11–12）。むしろ、ほとんどの人はそのような選択を前提としており、なぜそのような選択がなされ、他の選択がなされなかったのかを調査するよりも、物事がどのように行われたかを説明することを主眼としている。

第 12 章では、なされた選択だけではなく、なされた選択となされなかった選択を一緒に研究する必要があることを確認した。選択は製作の様式にあてはまるが、思い描く一連の選択肢は、陶工の認知と概念化というより広い領域、陶工の世界観（*mappa mundi*）に根ざしている（Renfrew 1982）。その地図上の領域内であれば、陶工は物質とエネルギーの要件に容易に適応するが、その領域の境界が陶工の能力の本当の限界である。それゆえ、アプローチの転換案は、認知の変化に関する研究への（潜在的に実りのある、まったくと言っていいほど活用されていない）道を開く。われわれは人々がどのように選択するかを解明する必要がある。何が彼らの認識や偏見、推論を決定しているのか。これらの問いには極めて文化的な側面もあれば、人間の生物学的メカニズムにより密接に関連する他の側面があることはほぼ間違いない。

そのような研究の主導権を握ることができる科学は、特に文化人類学と社会人類学である。もしかすると、より洗練された種類の民族考古学を求める需要があるのかもしれない。ある陶工がどのように特定の技術を用いて識別可能な形式にたどり着いたかについては、民族誌の文献に多くの記述があるにもかかわらず、技法と形式の関係についての比較研究はほとんどなされておらず、このトピックに関する概念化された、総合的な記述は事実上存在しない[*1]。このような方向での研究の基礎を築いたのは、クラウス（Richard Krause）であり、彼の著書 *The Clay Sleeps*（1985）や論稿（1984 など）において、世界の全く異なる三つの地域における陶器製作の形式論理を厳密に描写している。

表13.1　陶器制作の経済、技術、および工房組織はここで示すようにまとめられる。簡略化のために、これらの変数を組み合わせた六つの異なるシステム状態に分けた。明らかなように、これらの状態は、特定の材料の使用や特定の種類の製品の製造を課すものではないが、製造および販売される製品の量に応じて、使用される製造および焼成技術の範囲と工房の編成を制限する。一般に作られる器の数が多いほど、変化の許容範囲は狭くなり、したがって、異なる変数間の相互依存性が大きくなる。

変数	家内製造	家内産業	個人産業	工房産業	村落産業	大規模産業
時間	臨時	パートタイム	フルタイム	フルタイム	パート／フルタイム	フルタイム
数	1人	複数人	1人	複数人	複数人	多数
組織	なし	なし	なし	(ギルド)	あり	あり
所在地	定住または移動	定住または移動	移動	定住型	定住型	定住型
雇い人	なし	なし	なし	一部	一部	労働力
市場	自家用	集団利用	地球	村／町	地球（広域）	地域と輸出
原材料						
粘土	地元	地元	地元	近隣	近隣	近隣
熱処理	地元	地元	地元	近隣	近隣	近隣／遠方
水	地元	地元	地元	近隣など	近隣など	地元
燃料	地元	地元	地元			近隣／遠方
投資	なし	なし	わずか			資本金
季節性	必要に応じて生産	季節ごと	年中（冬を除く）	年中・天気の良いとき	年中（天気の良いとき）	年中
労働区分	なし	なし	なし	それなり	それなり	詳細
1つにかかる時間	長い	長い	そこそこ	そこそこか短い	そこそこか短い	短い
熟練度	未熟	なかばスペシャリスト	スペシャリスト	スペシャリスト	スペシャリスト	狭い部分での専門家

変数	家内製造	家内産業	個人産業	工房産業	村落産業	大規模産業
製造道具	手工具	手工具	手工具	金型ろくろ	金型ろくろ	ろくろ／鋳造
たらい	なし	なし	なし	必要なとき	必要なとき	必要
ろくろ	なし	なし	ターンテーブル	いろいろな種類	いろいろな種類	あしふみろくろ
乾燥小屋	なし	なし	なし	必要	必要	必要
窯	開放窯	開放窯		ほぼ常設	ほぼ常設	常設
原材料						
粘土	広範囲	広範囲	広範囲	せまい範囲	せまい範囲	せまい範囲
熱処理	広範囲	広範囲	広範囲	せまい範囲	せまい範囲	せまい範囲
水	任意	任意	任意	任意	任意	任意
燃料	広い範囲	広い範囲	広い範囲	せまい範囲	せまい範囲	せまい範囲
土器の範囲	せまい	せまい	広い	両方	両方	両方
土器の機能	広い範囲	広い範囲	広い範囲	せまい範囲	よりせまい	よりせまい

(出典：van der Leeuw 1977。©van der Leeuw)

3 ｜ 課題が製品を制限する

　動作連鎖（*chaines opératoires*）における選択肢と代替案、そして変形例を調べたいのならば、モノ作りをする人に理論的に選ぶことができる多くの選択肢の中で、いくつかの選択肢がどのようにして、具体的な、物質的な、技術的な、あるいはその他の理由のために、選択肢の範囲から外れるのかも調査しなければならない。

　陶磁器の成形技法が制約される場合に、形状が果たす役割を見てみよう。どの形状もそれぞれの技法に対して、成形上の問題があるが、それはさまざまな方法で解決することができる。そこで、短く外反する口縁部を持つ球形やそれに近い形の陶器を作る技法に焦点を当てて、技法と選択を比較検討してみたい。そのような形状がもたらす主な成形における問題は、一部では、すべての陶器が抱える問題であり、一部では、特殊な形状あるいは特殊な技法に関連する問題である。ここでの議論に関連するものとしては、以下のようなものがある。

1. 器の形状を制御する方法。製作は陶工と素材の間の動的な平衡であることから、形状の制御は自明ではない。形状の制御は、特に何のコツもない場合、実際のところ陶工にとって実現が最も難しいことの一つである（van der Leeuw 1975；1976）。
2. 製作中に器が崩れたり変形したりしないようにする方法（van der Leeuw 1976）。この問題は、特に底部が関係する事案である。なぜなら丸い底部にかかる圧力は非常に小さな面積に集中するため、底部が平らな場合よりも変形させずに扱うのが難しいからである。
3. 製造中に器を定位置に保持する方法。これは特に丸い底部をもつ容器が関係するもうひとつの問題である。これらの器を、底部で支えることは容易ではない。
4. 成形の際に器のさまざまな部位に確実に手が届くようにする方法。この側面は動作に対する文化的制約だけでなく人体の構造にも明らかに関係している。
5. 器が作られる速さと作業のリズム。たとえば、成形中に何度も作業を中断する必要がある場合、陶工の一日は、そうではない場合と比べて、か

なり異なるものになるだろう。

6. 陶工が持つ技術によって異なる（器の）形状の多様さ。陶工が最小限の技法の適応で、さまざまな形や大きさを作ることができるアプローチもあれば、そうでないものもある。

　これらはすべて可変性の非物質的な次元と見なすことができ、それらに対する異なる技術を使って異なる状況で作業する陶工によってなされた選択を評価する側面だと捉えられる[*2]。陶工のノウハウが、これらの課題にどのように異なる影響を与えるのか、本章では、陶工が基本的に同じ形状の（球状の）壺をどのように完成させるかについて、異なる文化圏の二つの例を取り上げて例示する。

4 ｜ 2種類の陶器製作の伝統を比較する

　以下の事例では、二つの異なる作陶の伝統に見られる、基本的に同じ形状の、単純な球形の壺を、異なる方法を比較する。この比較において興味深いのは、双方の伝統において、また私が見つけたすべての事例において、（概説したような）同様の一連の課題が陶工の壺を作る方法をいかに制約してきたかを示している点である。したがって、製造方法の違いは、本質的に「回避策」の違いである。

5 ｜ フィリピン・ネグロスオリエンタル（におけるへらと当て具の使用）

　1981年にフィリピンのネグロスオリエンタル（東ネグロス［Negros Oriental］）州で行なったフィールドワークで、球形の壺を製作する多くのバリエーションを観察し、これらについては他で詳しく述べている（van der Leeuw 1983；1984）。ここでは、実際の器の成形に関する記述に止めておく。

事例 1：タンジャイ（Tanjay）、フィリピン・ネグロスオリエンタル州、1981年、
　　　　写真 13.8（©van der Leeuw）

写真 13.8　フィリピン・ネグロスオリエンタル州タンジャイの女性陶工は、小さな回転台で粘
土の塊を回わしながら器を作る。まず球状の粘土を広げて口縁部を作り、壺の残りの
部分は形を整えていない（作業をしていない二つの器に注目）。次に、片方の手で外
側を支え、もう片方の手で内側の形を整えながら、壁を薄くしてく。ある程度乾燥さ
せた後、槌と当て具による叩き技法で器の底部を成作し、さらに乾燥させ焼成する。

　これらの中で最も伝統的な（実地調査の時点でほとんど衰退していた）方法は、
まず陶工が球状の粘土を手に取り、ゆっくり回すことができる簡単な木製の補助
具の上に置き、親指で粘土を開く一方で、片方の手で補助具の回転を維持する。
そして親指と第一指と第二指の間で容器の口縁部だけをつくる。
　壺の胴部と底部は翌日、口縁部の上に置かれた厚く形のない粘土の塊から、壺
の内側の球形のアンビルを軸とするへらと当て具の技法を使って作られる。中心
軸で器を回転させながら、最大直径部分が最初に、次に肩部が、最後に底部が作
られる。乾燥期間の後、やすりで壺を磨いて、焼成の準備ができるまで乾燥させ
る。

事例 2：ザンボアンギータ（Zamboanguita）、フィリピン・ネグロスオリエンタル
　　　　州、1981 年、写真 13.9（©van der Leeuw）
　少し異なる方法として、らせん状の湿った粘土から口縁部を作り、平らなとこ
ろに上下逆さまにした（すなわち、口縁部を下にした）焼成後の器の下部に置く。
これは回すことができるため（旋回軸で固定されてはいない）片手で壺を回し、も
う片方の濡れた布を載せた人差し指と親指で口縁部が成形される。それから、口
縁部を乾燥させるために置いておく。その後、陶工は平な「ピザ（pizza）」状の

写真 13.9　フィリピン・ネグロスオリエンタル州ザンボアンギータの別の女性陶工は、上下逆さまに置かれた焼成後の壺を型として用い、それを目の粗い布で覆い、その上でらせん状の粘土を成形している。このらせん状の粘土は器の口縁部と肩部の上部に成形される。布は、濡れた粘土が逆さまにした壺にくっつかないようにしている。陶工の後ろには完成した壺があり、器を最終的な形に整えるのに使われるへらが置かれている。

粘土を口縁部の裏側に固定し、この一体化したものをさらに乾燥させるために再び太陽の下に戻す。翌日、「ピザ」から壺の残りの部分が、同様にヘラと当て具を使って、成形される。さらに乾燥させた後、磨かれ、焼成を待つ。

事例3：ザンボアンギータ、フィリピン・ネグロスオリエンタル州、1981年、写真 13.10（©van der Leeuw）

　この事例では、上方と下方の両部分が、先の事例のように、旋回しないが回転させることができる上下が逆さまの焼成した器の上に別々に作られる。上部は口縁部だけで構成されている場合もあるが、多くの場合、最大直径より上の全部分からなる。上部と下方部の両方とも、型を覆うプラスチックのシート上にらせん

写真 13.10a　同じ陶工が、次に、逆さまにした壺の上で器の底部を成形する。しばらく乾燥させた後、手前に置かれているあらかじめ成形された口縁部の一つと接合され、天日で乾燥させる。

写真 13.10b　この写真のように、二つの部分が接合され、しばしの乾燥時間を経て、陶工は（写真 13.9 に見られるような）へらと当て具として機能する丸い石または木片で器の壁を挟んで、薄くすることによって、最終的な形を整える。それが終われば、器を乾燥させて焼成できる。

写真 13.11a　フィリピン・ネグロスオクシデンタル州、サンカルロス市に住む（例外的に男性の）陶工は、回転台の上で粘土の塊を広げて口縁部を作り、続いて残りの塊を両手で挟んで幾分薄くして、器を成形する。

写真 13.11b　次に器を回転台から外し、布で覆われたかごに置いて、器の底部の作業に取りかかる。最終的にへらと当て具で器の壁は薄く、球状に整えられる。

状のパテを一つ以上重ねることで成形される。粘土は型の上で手とへらの両方を使って滑らかにされる（そのため、時として型は文字通り大きな当て具として機能する）。両方をしばらく乾燥させてから接合する。接合部は適当な（小さな）当て具の上でへらで叩くことによって強化される。その後、器は、焼成できるまで乾燥させる。

事例 4：サンカルロス市（San Carlos City）、フィリピン・ネグロスオクシデンタル州、1981 年、写真 13.11（©van der Leeuw）

　この製造方法を構成する一連の工程は、基本的には事例 1 と同じだが、単位時間あたりに製造される器の数はより多く、そのサイズもはるかに大きい。いくつかの事例では、補助具は、13 世紀のオランダでろくろ成形に使用されたものと大差ない、大きな（台車の車輪を転用した）ろくろである場合もある。ただし、この場合、ろくろ（車輪）は、本来のろくろというより、回転台として使用されている。これは、壺がろくろ成形されているのを（日本の）映画で見た陶工によって設置された。しかし、尋ねてみると、彼は本来の目的で、その車輪を使用できたことは一度もないと認めた。結局、彼はあきらめて、一番大きな器を作るための回転台としてのみ、その車輪を使った。

事例 5：ドゥマゲッティ（Dumaguete）、フィリピン・ネグロスオリエンタル州、1981 年、写真 13.12（©van der Leeuw）

　この事例は事例 3 に似ているが、型の機能を果たす壺が、竹筒の中に立てられた旋回軸の上に（ここでも）上下逆さまに取り付けられており、型がより効果的に回転できるという点で異なる。作られる器はより大きく、生産量もはるかに多い。器の上半分と下半分は別々に、型の上でへらを用いて平にした数本の太いらせん状のものを細かく連続させて作られる。次に、再びへらと（小さな）当て具を挟んで、上下を最大直径部で接合する。その後に、それらを焼成ができるまで乾燥させる。

比較

　これらの事例を比較すると、いくつかの興味深い類似点と相違点が浮かんでくる。すべてにおいて基本的な手順は同じである。縁（または上部）が最初に（常

写真 13.12　フィリピン・ネグロスオリエンタル州ドゥマゲッティの別の女性陶工は、焼成され、逆さまに棒に固定された器にらせん状の粘土を置いて、大きな器を半分ずつ成形している。この棒は中が空洞の直立した竹の中に設置されているので、前掲の写真の回転台よりも装置全体がより自由に回転できる。三つのらせん状の粘土で器の底部が作られ、次いでさらに三つのらせん状の粘土で同じ型を用いて肩部と口縁部を（写真のように）成形する。最後に、しばらく乾燥させた後、二つの部分を接合し、焼成できるまで乾燥させる。

に同じ方法で）作られ、下部は後から作られる。いずれにおいても、固定された垂直軸を中心とした回転の利用が見られるが、その利用の程度は異なる。事例1、2、および4では、回転は連続的な動きで口縁部を成形しやすくするためにのみ利用されるが、器の他の部分は、厳密に言えば、垂直軸を中心としない（槌と当て具による）不連続な動作によって成形される。しかし、事例3と5では器の他の部分の成形にも回転が利用される。事例3では、へらで粘土を叩く一連の絶え間のない一撃一撃によって器の壁を成形する間、壺を回転させる一方、事例5では、容器の壁を成形する手の動きは回転装置に対して連続的である。

　すべての事例において、最終的な（丸みを帯びた）形状を決定するために道具が使用されていることもわかった。それは、型（事例2、3、および5）または当て具（事例1および4）である。前者の三つの事例のうちの二つ（事例3と5）では、成形に使われる道具は製造中の補助具としても機能するが、事例1、2、および4では、そのような機能を果たすものは存在しない。事例1と4では、補助具が平らであり、壺全体が一つの粘土の塊から作られ、その塊が二段階で加工さ

れる。まず、補助具を回転させながら、その上で口縁部を作り、次に胴部分をへらと当て具の技術で作る。事例 3 と 5 では、補助具が逆さまに置かれた壺であり、器は数の異なるらせん状の粘土から上下半分ずつ作られる。その後に、この半分同士を接合する。事例 2 では、まず口縁部が逆さまにした壺の上で作られ、別途、作られた胴部（ピザ）は、へらと当て具の間で全体が一気に成形される前に口縁部に接合される。

　したがって、製造における不変の要素は、(a) 手順、(b) ゆっくりとした回転の利用、(c) 口縁部の成形、および (d) 胴部の成形（すべての事例でへらが使われ、一方、型が使用される場合は、大きな当て具のみである）。さまざまなバリエーションが可能なのは、(e) 回転及びその速度の利用、(f) 自然環境、および (g) 器の製造に合わせて補助具を使用するタイミング、(h) 一つの粘土の塊から作成するか、複数の粘土片から作成するか、(i) 器の異なる部分を一つにまとめる順番、最後に (j) 必要な乾燥期間、である。これらの要素は、単位時間あたりに生産される器の数によって変わると考えられる（van der Leeuw 1983 ; 1984 を参照）。

　不変の要素は、一つの伝統が時間の経過とともにどのように発展するかを決定する要素である。例えばこの場合、ろくろに非常によく似た形で回転が導入されている（事例 4）。しかし、フィリピンの手順が口縁部の製作から始まるという事実が、実際には、器全体を車輪（ろくろ）の上で非常に迅速に作ることができるという発見を妨げている。この選択が可能になるのは、陶工が手順として器の底部または中間部から製造を始める場合のみである。この事例で陶工は車輪（ろくろ）を持っていたが、この用途での使い方を知らなかったのだ。

6 ｜ メキシコ・ミチョアカンの鋳型成形

　メキシコのミチョアカン州（Michoacán）では[*3]、私たちが知る限り、旧世界において開発されたことのない技法 —— 壺の縦半分あるいは横半分の鋳型を用いて —— 陶工が壺を成形する[*4]。

事例 6：パタンバン（Patamban）、ミチョアカン州・メキシコ、1989 年、写真 13.13

写真 13.13　メキシコ・ミチョアカン州では器が鋳型で成形される。ここでは、深型の器（胴
（部）よりも口（部）が狭い）は、半割の鋳型にパンケーキ状の粘土を入れ、もう半
分の鋳型にも同じことをして成形する。それから両半分を器の内側から接合する。
器を乾燥させ、しばらく経つと鋳型の半分を（写真のように）取り外すことができ
る。しばし後、残りの半分の鋳型を外して、縁を下にして壺を逆さまに置き、接合
部の外側をナイフで取り除く。次に、焼成ができるまで壺を乾燥させる。

（©Coudart-van der Leeuw）

　粘土をボール状に練り、平らな「トルティーヤ」状にする。そのトルティーヤ
状の粘土の一つを、焼成した陶器の鋳型に置く。それら鋳型の内側は、下半分と
上半分ではなく、直立した壺の全体の右側または左側に相当する。こうして、そ
れら二つで、底部、肩、および縁の形状が決定される。二つの鋳型が接合された
後、陶工はワイヤーを使い、接合された鋳型の外側に沿って動かすことで、縁に
なる部分から余分な粘土を切り取る。それから陶工は接合部の内側をこすって滑
らかにし、鋳型の中で数時間ほど乾かす。次に鋳型が外され、完全な壺が現れる。
接合部は外側に粘土の隆起部が残っているので、刃物で削り取り、次に湿った布
で滑らかにする。こうして、さまざまな形が同じ方法で作られる。

事例7：パタンバン（Patamban）、ミチョアカン州・メキシコ、写真 13.14（©Coudart-
van der Leeuw）

　例えば、平皿の製造は水平面（非対称な）に基づく成形技術に従う。ここでは

写真 13.14　メキシコ・ミチョアカン州では（ボウル、プレートなど）底の浅い器を、焼成し
たボウルを逆さまにして取っ手を付けた、マッシュルーム形の鋳型に、パンケーキ
状の粘土を置いて水平に成形する。陶工は手で鋳型に押しつけて容器の形を作り、
次に鋳型を回転させながら歯と片手で張ったワイヤーで余分な粘土を取り除いて縁
を成形する。写真は、出来上がった器の上に、底の浅い器の鋳型が二つ、垂直型の
半割の鋳型に入った深型の器が写っている。

トルティーヤ状の粘土は、柄が付いたマッシュルームのような鋳型に広げられる。
鋳型に押し当て、濡れた布で滑らかにすると、陶工はもう一方の手で鋳型を回転
させながら、トルティーヤ状の粘土の端にある余分なパテを歯と片方の手で張っ
たワイヤーで切り取る。必要であれば、器が平面で直立できるようにらせん状の
粘土を底部に付け足す。もう一度、濡れた布で滑らかにする。それから、壺を鋳
型から外し、乾燥させる。

事例 8：ウアンシト（Huancito）、ミチョアカン州・メキシコ、（出典：van der Leeuw
　　　　& Papousek 1992；van der Leeuw, Papousek & Coudart 1992）
　大きな器の場合、手順は同じだが、手で持って操作できるマッシュルーム形の
鋳型は、空洞の竹の中で旋回する回転体（tournette）に取り替えられる。その上
に、手持ちの場合と同じように、陶工はピザ状の粘土を鋳型に広げて形を整える。

比較

　このアプローチでは、鋳型の形状、ひいては鋳造によって得られる壺の形状はかなり異なるが、製造方法は基本的に同一である[*5]。不変なのは、(a) 粘土で平らなピザを作り、鋳型にはめ、乾燥させてから、取り外し、器を自立させる、という手順、——これは、どの部分も先に形を作ることがないため、器の形状とは無関係の手順となる——(b) 成形における連続または不連続な動作という通常の区別が実際には当てはまらないということ、(c) 成形器具として、かつ粘土が湿っている間の支えとしての鋳型の利用、(d) 他の成形用の道具は細いナイロンワイヤーと壺を滑らかにするための小さな布きれだけであるということ、である。

　バリエーションは (d) 使用する鋳型が一つか、それ以上か、(e) ピザ状の粘土を鋳型の中に置くか、あるいは上に置くか、(f) 鋳型を垂直軸を中心に回転させるか否か、(g) 鋳型の形状、において生じる。ミチョアカン州の事例では、陶器製造の概念化は、これまでのすべての事例に見られたように、底部、上部、あるいは肩部や中央部から作り始めるといった連続性とは無縁である。陶工は、器の本体を水平の鋳型の上で一度につくる（開口器）か、または、（器の本体を）そのようなパルトノミー（包摂関係）とは何の関係もない、水平ではなく垂直に接合し、それ自体が垂直に非対称な、二つから四つの部分に分けて作るのである。実際のところ、この伝統において、垂直と水平の区別は無意味なものとなっている。この区別は、トポロジー的に（変形した）球体の半分か、あるいは球体全体かという区別に置き換えられる（van der Leeuw & Papousek 1992 ; van der Leeuw, Papousek & Coudart 1992）。

7 | 学ぶべきこと

　ここで例示したアプローチを、近代的な技術に適用するのは、非常に困難であることは明らかである。ここでは、比較的単純な事例を、また、世界中の多くの場所で陶器の製造を観察してきた一人の陶芸家として熟知している事例を挙げる必要があった。この事例によって、情報処理の細部がどのように特定の情報処理構造（伝統）の形成に寄与しうるかを、読者がよりよく理解してくれたことを願う。

　特に第 12 章と本章で、新たな課題に対処する新しい方法を考案することによって、発明が情報処理装置を変化させる方法にどのように生産的に取り組むことができるのかを示すことを試みた。このような場合、われわれは知的アプローチを変える必要があるというのが私の結論である。われわれは、同様の調節機構（regulatory mechanisms）が変化することと変化しないことの両方に関わっており、ゆえに双方をまとめて研究する必要を受け入れなければならない。

　とりわけ、一方でわれわれの思考におけるモノとデータの関係、他方でそれらの解釈を逆転させる必要がある。モノとデータは多義的に解釈可能であるが、われわれの解釈はそうではない。われわれの解釈は観測されるものの次元性を著しく低下させるからである。さらに、物事の見方ややり方の方（伝統）が、特定の課題に対する物質的な解決策といった個別の場合よりも、長く残ると考えるのには十分な理由がある。

　さらに、われわれは発明のプロセスを、発明が起こるニッチ（環境要因）に対する外的な視点と内的な視点との間の相互作用として捉える必要がある。前者は、生産とイノベーションに対する潜在的な影響となるさまざまな要因の物理的な領域で構成されているが、後者は部分的であり、発明者の先入観と選択を反映する。これに関連して、近年生物学で導入されたニッチ（環境要因）の創造の概念は非常に重要である。いったんニッチが構築されると、今度はそれが認知と選択を形づくる。

　このように発明のプロセスを内側から見ることが、対象とするダイナミクスについてより深い洞察を与え、したがって、他の領域に適用する際に、イノベーションの舵取りに役立ち、それによってわれわれの発明の（なされた選択となされなかった選択を比較することによって）意図せざる結果の熟考に貢献し、したがって、望まれているように、われわれにより賢明な選択を可能にさせると私は信じる。

　しかし、これらすべてに不可欠な要素は、陶工や他のすべての発明家がどのように決定を下すかということである。このトピックについては現在、認知科学と心理学の両方から、また経済学や他の分野からの幅広いアプローチが存在するが、要約するにはあまりにも多岐にわたるため、ここでは詳しく触れないことにする。しかし、それらの議論の本質は、そのような決定が、生物学的および物理的（physical）制約と、決定者が機能を果たす社会的ネットワークによってなされるということである。それらのネットワークは、地理、社会的親和性、職業、および関わ

る人間の価値体系を共に形成する他の多くの要因によって決定される。いずれの場合も、記憶に止めておくべき重要なことは、システム内のダイナミクス —— それが個々の人間のであれ、社会的集団のであれ —— の相互作用と、そのシステムが作動する文脈におけるダイナミクスの相互作用が、社会構造上の変化を促進し、システムがどう変化するかを決定する。価値と価値空間の概念をより詳しく検討する第16章で、この議論を続けたい。

8 │ 社会における人工物と技術の役割

　これまで新しい人工物やルーティン、制度などの創造における情報処理の役割を検討してきた。しかし、これらがいったん創られると、それらは社会の情報処理のツールキット全体に統合される。見てきたように、発明とイノベーションは、人間社会を構成する流動構造を維持する上で不可欠な要素である。しかし、それらの正確な役割は何だろうか。

　人工物が情報処理のためのツール、環境との共進化において社会が創出し使用する、思考と行動のための一連のツールの一部、として見なされることはめったにない。けれども、それが発明の重要な理由の一つであるのは、実質的に、人工物が社会の情報処理の一部のルーティン化を可能にするからである。かなり単純で汎用的な道具を用いて相対的にかなりの情報処理が必要な特定の作業、例えば石斧で木を伐採すること、を行なうために、この作業に必要とされる正確な動作に、より特化した特別な道具、例えば鋸を発明することは、その作業を行う人の情報処理の負荷を軽減する。というのは、道具が行動をルーティン化するからである。振り下ろす斧が毎回正しい角度で正しい箇所に当たることを確実にするのではなく、鋸を用いさえすれば方向と角度は固定され、それ以上の情報処理は必要なくなる。前後の往復運動のみが求められる。

　このように見ると、多くの文化で時間の経過とともに増加してきた人工物が普及しているのは、相互作用的な集団、社会、およびネットワークに関与する人々の数が増えた結果生じる情報処理負荷の増加を相殺するために、負荷を軽減する必要が生じたためである。このように、人工物の普及は、特定の分類と物事を実際に行う方法を固定化し、社会が受け入れやすい選択肢の幅を狭める役割も担っ

ている。

　これが、選ばれた選択肢が選ばれなかった選択肢に対して評価されなければならないもう一つのレベルである。私の妻と私が 1990 年に経験したパプアニューギニアの東高地の事例がこの例証になるだろう。ある村で、住民が細長く割いた竹を曲げる方法を発明して、われわれの台所にある道具と大して違わない、物を掴むのに役立つピンセットのようなものを製作した。村ではその道具は、調理したサツマイモや他の塊茎を囲炉裏から取り出すために使われる。しかし、徒歩で半日もかからない隣の村では、この道具を持っていないため、朝食を火から下ろしたり、(日常茶飯事として) 指をやけどしたりするために他の、より複雑な方法を見つけなければならない。残念ながら、この違いの理由を幾つかの可能性から判断できるほどの十分なデータはないが、一つの解釈は、(異なる言語を話す) 二つの村の人々は異なる技術的な世界観を持っているということである。現代世界の国家間には、そのような文化的、伝統的な違いの例が多く存在する。たとえば、オランダ人 (と南アフリカ人) は、フランス人とは非常に異なるチーズナイフでチーズをスライスする。その理由の一部はチーズの堅さの違いだが、オランダのチーズにフランスのナイフを使用しても、切り出されたピースの形が変わるだけで、物事がどのように行われるべきかという世界観の違いという文脈を除けば、それほど根本的な違いはない。

　物事が行われる方法は、ある社会によって使用される人工物を含め、その社会を結合するものの一部である。社会における個人は、ある種の知識に沿った習慣を発展させる。人々が使用するモノよりもむしろ、どこで原材料を見つけるか、どのように人工物を作り、どのようにそれらを使うのかなどに関する知識こそが、文化を定義するのである。

　社会が使用する人工物の一式は、特定の方法で行動を構造化するため、実にかなり本質的な範囲において、その社会と物質世界との相互作用を決定づける。この点について、よく研究されている民族学的事例が、米や穀類を粉にする二つ方法である。東アジアの多くの地域では、(木製またはその他の) ボウルに入れて棒で叩く方法と、ほとんどのラテンアメリカで行われているような、二つの石ですりつぶす方法である。この二つの異なる身体的動作は、それぞれの文化の他の部分に幅広い影響を及ぼす。

　時に直ちには観測できないものもある。ジョン・オシェイ (John O'Shea) は、(1987

年に）博士号取得のために研究した非常に小さなコミュニティの埋葬習慣について、長期間にわたって埋葬がほとんど行なわれなかったにもかかわらず、非常に安定していたと私に話してくれたことがある。それから彼は「人々がこんなに長い間、儀式を覚えているのはどうして可能なのか」と尋ねた。その理由は、その文化や活動の他の側面が、その文化の空間的および儀式的側面といった社会の世界観の多くの側面をさまざまな方法とレベルで固定し、埋葬の儀式を想起する際には、人々はこれらの選択に導かれたのではないかと私は考えている。

したがって、私は特定の集団または社会の技術、特にその背後にある、関わっている人々には部分的にしか明らかではない考えが、社会の行動選択の骨格を構成し、その経路に依存する発展を決定する重要な要素だと主張したい。これを視覚化する方法の一つが、都市に注目することである。例えば、フィレンツェについてのパジェット（Padgett 2000）の優れた研究のくだりで述べたように、多くの小さな広場（piazza）がある都市の空間構造は、広場の周りで隣人同士での金融取引が生まれ、さらに会計、銀行、および貿易の分野において、新しい発明が生まれるきっかけとなった。

アメリカでは、初期の（沿岸部の）都市の地理的条件により、人々は徒歩で、長距離ならば公共交通機関で移動することができた。通りは直角である場合もあるが、必ずしもそうである必要はない。中西部と西部では、（後期の）都市同士が離れているため、移動は自動車に依存している。そのような都市に住むわれわれは皆、都市計画や装備が実際にわれわれの生活を実に多方面にわたってどれほど構造化しているかを十分に認識している。都市インフラの物質的寿命は個人や世代の寿命を超えるため、そのような行動の骨格は、多様な住民の行動を長期にわたって制約する。

そしてこれが、社会の技術が多くの点で、社会と経済の両方が機能するインフラであるという、第12章で言及したアーサーの経済と技術の役割の逆転と私の議論を結び付ける。彼が（経済を技術（および社会）の推進力として）修正した見地は、1830年代から1850年代にかけて西洋社会が社会と経済のそれぞれの役割を逆転させ、ほとんどの前近代社会がそうであったように、経済が社会に貢献する社会から、社会が経済に貢献する社会へ転換し、それによって現在の市場主導資本主義（より最近では金融）システムの出現への道を開いたという事実と結びつけることができる（Polanyi 1944を参照）。この移行とその帰結については第18

章で詳しく述べる。

原著注

＊1　陶磁器の研究では、ろくろ成形技法（throwing techniques）と紐作り技法（coiling techniques）のそれぞれから生まれる形状を一般的な用語で比較対照している文献（Balfet 1984）を一つしか私は知らない。しかし、この間にも他の研究者が発表しているかもしれない。ご教示いただけると幸いである。特定の回転成形技法（rotative shaping techniques）と結果生じる形状との同様の比較がメリー（Sophie Méry）ら（Méry, Dupont-Delaleuf & van der Leeuw 2010）によってなされている。

＊2　もちろん、これらは、器を完成させるにあたり、粘土、道具、および焼成環境といった特定の物質的な制約に即している。とはいえ、私が選択、概説した立場にもとづき、多くの「ノイズ」となるであろうものを考慮しなくてよいように、ここでは意図的に物質的な制約について論じないことにする。

＊3　1989 年から 1991 年にかけての私とディック・パプーセク（Dick Papousek）、アニック・クーダート（Anick Coudart）の観察による。

＊4　これは、ヨーロッパの工業用陶器鋳造と同じ鋳型の使用方法である。16 世紀以降、メキシコとヨーロッパの陶器作りが互いに影響を与えあってきたことは明確である。しかしながら、これに関する直接的な関連性を私は未だに見つけられないでいる。

＊5　van der Leeuw & Papousek 1992 ; van der Leeuw, Papousek & Coudart 1992 を参照。

第 14 章　社会環境転移ダイナミクスの モデリング

「モデルは数学に埋め込まれた意見である」

── キャシー・オニール（Cathy O'Neil）、*Weapons of Math Destruction*（2016）

1 はじめに

第 11 章ではそれぞれ、普遍的制御、部分的制御、さらには無制御のそれぞれの条件下での、さまざまな社会構造における情報処理の性質と限界を示し、簡単なパーコレーションモデルを用いて、活性化拡散網としての社会構造システムの全体的な発展をまとめた。第 11 章の後半では、ヘテラルキーシステム（heterarchical system：異質なものが並列的に存在するシステム）のさまざまな面、およびどのように階層的かつ分散型の情報処理網が相互作用するかについて論じた。その効果には議論の余地があるが、そのようなヘテラルキーシステムにおいては、活動の多様化がシステムの安定性に大きく寄与するという結論に達した。

本章では、農村と都市（rural—urban）の文脈のあいだに生じ、それぞれのシステム状態の間の転移を生じさせるダイナミクスと過程について述べる。より多くの人々を活性化拡散網に巻き込むという連結性（connectivity）の向上は、それに関わる情報処理網の構造に大きな影響を与えるので、その影響について検討すべきであろう。議論は情報処理ダイナミクスに適用される複雑系モデルに基づく。したがって、本章は数学用語で定式化されたかなり専門的な構成概念に基づくことになるが、最初はできるだけ非専門用語で議論をしたい。数学的な詳細に興味がある読者は、付録 B を参照してほしい。このモデリング・アプローチの可能性と妥当性を示すため、数学的用語で議論の重要な要素を再掲している。また、数学的要素に関心がない読者も本書の全体的な議論の方向性は理解できるであろう。

2 二次的ダイナミクス

まず、都市化過程で生じる変化のダイナミクス ── 私は二次的変化ダイナミクスと呼んでいる ── の長期的変化を明らかにすることによって、アーバニズムの出

現に関わる複雑系力学に触れておきたい。このためには、関係するさまざまな過程のリズムが手がかりとなる。どのような社会構造の組織形態であれ、人間と環境のダイナミクスは互いに相互作用する形で連動している。

　農村においては、環境のダイナミクスのほうが（人間のダイナミクスより）複雑で多層的であり、それゆえにゆっくりと変化する。一方、人間のダイナミクスは比較的リズムの重なりが少なく、人間は学習するので、比較的変化が速い。その結果、より速い人間のダイナミクスがより遅い環境のダイナミクスに基本的に捕捉される。すなわち、人間は環境に適応し、環境はゆっくり変化するので、この二つから成る社会環境システム全体としてはかなり安定している。

　都市では、これら二つのダイナミクスのリズムが逆転する。社会全体のダイナミクスはいっそう複雑化し、変化は難しくまた遅いものとなる。一方、環境ダイナミクスは、社会システムに直接関わるものについてのみ、単純化される。人間が局所的に環境の複雑性と多様性を減らしてしまうからである。環境は社会の必要に応じて適応することができる。より速いダイナミクスが支配的になるにつれて、社会環境システム全体の安定性は低下してくる。ナヴェとリーバーマン（Zev Naveh & Arthur S. Lieberman 1984）がいうように、「環境は（社会の）乱れに依存するようになった」のである。

　上記の逆転現象は、われわれの社会を現在の持続不可能な社会に追いやった本質的要因であり、社会環境的な相互作用を構成するリズムの時間的次元が、ここで議論している共進化的な転移において、極めて重要であるという事実に注目すべきである。本章後半において、この時間的な差異が都市と農村の相互作用にどのように影響するかを示すモデルを用いて再考する。

3 ｜ 移住社会と初期の定住社会

　さて、社会の最初の主要な組織転換である移動性採集・狩猟・漁撈社会から定住社会（アメリカ太平洋岸北西部のサケのような安定した自然資源に基づくか、近東、東アジア、メキシコ盆地の初期農耕共同体のような栽培に基づくか）への変化を見てみると、われわれがここで展開しようとしている視点から、もちろん注目されてはいるが、十分に強調されていない（と私が思っている）ある相違点を重視しな

ければならない。それは、資源の使い方の変化である。移動型の採集・狩猟・漁撈社会では、自然が提供するものを採集した。自然のリズムに完全に依存する多資源生存戦略をとり、困難に適応する唯一の方法は、自然のリズムが異なる他の場所に移動することであった。彼らは、収穫はしても、環境に投資することはなかった。個々の（移動する）狩猟・採集集団が存続期間中に、一旦環境のダイナミクスについて十分に知識を得てしまえば、資源から資源へと渡り歩くことによって、日々の、あるいは季節といった、時間的尺度の変化に効果的に対処した。しかし、おそらく採餌の成功率は非常に変動しやすいものであった。そのため、規模においては、非常に高い不確実性であったが、環境に対して実質的に投資していなかったので、ほとんどリスクを負っていなかったと思われる。

　一方、定住社会では、環境との互恵的、双方向的な関係が発展した。土地を開墾し、耕し、種をまき、収穫を待つことにより環境に投資したのである。この過程において、特定のいくつかの資源に労力を集中させることで、資源の範囲を狭めた。彼らは、ある程度（ごく限られた範囲内ではあるが）、環境のいくつかの面を制御しようとし、またその投資はいくらかのリスクを負うことにもなった。これは明らかに人間が環境と関わるダイナミクスであり、しかしながら依然本質的に、気候、土壌、植生などといった環境の気まぐれに左右されるものでもあった。牧畜社会も、環境との相互関係を発展させた。家畜の繁殖という自然のダイナミクスを管理しながらも、（われわれの知る限り）特定の場所に投資するのではなく、家畜の群れとその資源の環境リズムに従った。

　これらすべての事例（狩猟・採集・漁撈社会、初期農村社会、牧畜社会のほとんどは平等主義であったし、今でもそうである）において、情報処理は事実上全員で制御されていたが、自然でゆっくりした（環境の）リズムに支配された社会から、より速い人間社会のリズムによって修正された環境へと、転移が始まった。当初、人間集団は小さく、技術もまだ十分洗練されていなかったので、自然のリズムへの人間の影響は限られており、また複雑な環境ダイナミクスが、この社会組織と情報処理の状態を長期的に安定させることを可能にしていた。

　しかし、一旦人間の動的リズムが、環境のリズムと並行したシステムに持ち込まれると、人間はすばやく適応できたため、人口の増加や社会システムの複雑化や技術的能力の向上と歩調を合わせるように、人間のリズムはその重要性を増した。最終的に、人間が地球のシステムのほとんどを支配した。現在では、地球史

における、人間が地球上の社会環境ダイナミクスの大部分をコントロールしている時代を「人新世（anthropocene）」と呼んでいる。以下の節では、この過程がどのような道のりをたどり、最終的に、ここ 150 年間でみられる都市社会の急速な拡大に到ったのかを概観する。

4 ヒエラルキーの発生

　そのような社会で、どのようにヒエラルキー（階層）が生まれたのだろうか。パプアニューギニア東部高地のウィオボ村（Wiobo village）で 1990 年に私が観察した例が参考になるだろう。そこは非常に孤立した地域で、1950 年代に西洋の観察に開放された最後の地域の一つであった。そこは園耕（horticultural）社会で、生活は、食料を栽培する小さな庭を利用して、地域内で成り立っている。新婚夫婦の住居を皆で建てているとき、村の多くの人が（ポリネシアでは一般的な）かまどで調理した食事をとるために集まった。突然、数人の男たちのあいだで、村のある仕事、近くの滑走路を（草刈りなど）使用可能な状態に保っておくこと、をどのように行うかについての議論が始まった。その問題について、いろいろな人からさまざまな解決案が出されたが、しばらくしてある人の提案が最良であるとの合意がなされ、その案を出した人が滑走路の管理者に選ばれた。

　情報処理の観点から見ると、この議論で起こっていたことは二つの異なる側面がある。まず、このプロセスは、同じテーマに言及する他の多くのシグナル（signal）よりも、ある一連のシグナルを優先する特定の経路（channel）を選択し、他のシグナルをノイズ（noise）の状態に追いやったことである。もう一つは、社会における情報の流れの特定の部分を一人の人物に制御させ、それによってその人物に責任と威信、およびこの任務のために他の人を動員する権限を与えることで、この集団に一定程度の垂直統合をもたらしたことである。この二つの側面が明らかに示しているように、この行為は、関連する人々の情報処理を一致させることにより、この任務の遂行をより効率的にしているのである。

　したがって、集団が直面する課題に最適と思われる解決案を提示する候補者を「選ぶ」ことで、集団はその集団の情報処理を実質的に改善するような多くの領域特化型の（短い）階層を作り出す。もちろん最終的には、どんどん増えるその

ような階層間、すなわち多くの業務担当者間の調整が必要になり、かなりの確率
で、調整役のような任務をこなすために、また別の個人が選ばれる。注目すべき
重要な点は、このような発展の初期段階においては、これらの責任はその人個人
に与えられるもので、継承（相続）できるものではなく、また在職中に解任され
ることもあったということである。

5 | 第一の分岐

　次の転移はこれらの小規模な定住（または牧畜型）集団が拡大するときにみら
れる。これらの集団は地域内で手に入れられるエネルギーと資源に依存しており、
情報処理網はコミュニティ内で階層化されている。この時点では、これらの階層
はより安定化していて、偉大な人物（great men）、大物（big men）という地位をつ
くりだす。これらの地位は、時を経て、継承されるものもあった。集団が成長す
るにつれて、異なる機能を持つ階層的情報処理網が部分的に制御されることで、
情報プール（information pool）における不均質が生じる。階層を支配する人々は、
他の人よりも多くの情報を処理することになり、リーダーとなるが、誤解や対立
を招くこともある。このような事態に対処する方法の一つは、集団が臨時、ある
いは定期的に会議を開催し、集団の構成員全員の直接的な意思疎通を促すことで
ある。このことにより、情報プールを再均質化し、状況の変化 ── 人間の搾取に
よって環境に生じたもの、あるいは外的要因による社会環境、あるいは自然環境
の変動によるものかどうかにかかわらず ── に応じて、再調整することができる。
このようなリセットは、環境の状態と環境情報処理の不適応の度合いが大きくな
るにつれてより頻繁に発生するようになるとと予測できる。
　情報処理の動的モデルの観点から、このようなシステムは固定されたポイント
アトラクタの周りの振動として特徴づけることができる。完全に共有された情報
プールに基づく安定性は卓越している。しかし、社会システムは、加速・構築の
段階と減速・破壊の段階の間を揺れ動くことになる。前者ではシステムはより決
定論的であり、後者ではより確率論的である。より分かりやすいことばで言えば、
人々は、一連の核となる考え、習慣、制度に関するシステムを強化することと、
反対に、考えや行動の幅を広げることを交互に繰り返すということである。

　集団内の非階層的な分散型接続は、接触が強くなるにつれ、結婚のネットワークを通して維持される家族関係によって強化される。階層的な情報処理網と分散的な情報処理網の組み合わせによって、情報はすみやかに行きわたり、情報プールにおける不均衡が是正される。しかし、このような社会は、ゆっくりとした環境の動的リズムに大きく制約されており、また（多様性に富んだ）意思決定者がほとんどいないため、まだ素早い適応ができない。

6 ｜ 第二の分岐

　社会の規模が拡大するにつれて、情報処理の階層的な面も、より多くの人々がかかわるようになり、深さ、大きさともに増す。第 11 章の終わりでみたように、目の前の課題により集中するにつれて、情報処理の階層は多くの枝を失っていき、より具体的したものとなり、そのため適応力が低下する。社会に分散した情報処理網は、より適応力があるため、その重要性を増す。従って、ある時点において、階層的情報伝達モードと分散的な情報伝達モードの間に、二つめの分岐が出現する可能性があることは想像できる。この第二の分岐においては、二つの情報伝達モードは空間的に分離される。このような分岐が生じる例としては、あるところでは、社会環境システムが環境のダイナミクスよりも人間のダイナミクスにより依存しているため、社会環境システムの適応が他の場所よりも早く必要であり、また他のあるところでは、逆の状況であるような場合が考えられる。貧しい環境、あるいは特定の環境ダイナミクス（気候、水、土壌侵食など）によって不利益をこうむりやすい環境によって、より速い適応が促進され、分散型の情報処理が支持されるのかもしれない。

　当初、このような分岐は、例えば交換や商取引といった場面での他者とのコミュニケーションに特化しはじめた集落の特定の人たちによって担われる一方で、他の人たちは引き続き、目先の生計活動に集中し、階層的な情報処理システムとつながっている。これは威信財経済（prestige goods economy）の考え方の一つであり（例えば、Frankenstein & Rowlands 1978）、このような分岐は、あるところでは、都心の原型の発生と時を同じくして現れ、局所的に集落規模の階層を生み出す。

　物理的には、分散型情報伝達網と階層的情報伝達網の接続点が必要になる。そ

こは、新しい考え方や価値観が導入される場所であるため、すぐに地域階層の頂点となる。

　時間の経過とともに、分散型情報伝達網につながる人々のコミュニティが大きくなると、ヘーゼビュー（Hedeby）[*1]やドレスタット（Dorestat）[*2]などに代表される、初期中世の北ヨーロッパの商取引の中心地（emporium）のような、特殊な定期交易の集積地が出現する。これらは、地理的に情報伝達に特に適した場所、例えば川沿い（浅瀬や分岐点）、海岸沿い、その他の好条件が揃っている場所、に位置していた。

　モデリング用語では、これは、空間的に分離した階層的なアイランドの間に、分散型情報処理に基づくより恒常的で空間的により広い通信のための回廊（corridor）が形成される情報処理システムであり、また構造化された振動と非構造化された振動が干渉のパターンを形成する、確率的な情報網として構成されている（Chernikov et al. 1987）。定性的には、これらの情報網には村の階層から独立した行商人など、異なる階層で組織された村々の間を行き来する情報仲介者（broker）が含まれる。古典ギリシャ期以前では、デルフィー（Delphi）[*3]のような限られた場所にある聖域の聖職者がそのような仲介者の一例であると解釈することができる。現在でも、開発途上国の多くの場所で、そういった人々を見かけることがある。

7 ｜ 第三の分岐

　三番目の分岐は、都市化直前のくすぶり（preurban smouldering）と呼ばれる。地域レベルで、期間限定の、より複雑な構造化があちこちで起こり、しばらくして消滅し、また別のところで再燃する。長く伸びた情報処理の回廊 —— 長期にわたって比較的安定しており、関連する情報の流れを維持するのに十分な容量（帯域幅）の経路があるため、頻繁に使用される —— が、ある階層的に組織された特定の集団をより大きなシステムに統合することを可能にする。このことは、複数の共生する階層的なシステムの結合が、空間的に拡張することによって、強化されるため、局所的には不安定な状態をもたらす（White 2009 を参照）。このような事態に対処するには、分散型情報処理への信頼を増すことと、よそからエネルギーを得

ることが求められるが、おそらく最終的にはこれらのシステムを不安定にしてしまうだろう。付録 B で、これらの相互作用の一連の動的モデルを構築して議論する。

そのような流動的で本質的に不連続な構築と再構築の過程は、社会が組織化していくことの説明としては、単一空間的、包括的、幾何学的な構造を用いても、不完全にしか捉えられない。例えば、ここで想定されるタイプの動的進化の下では、社会における領土や社会の境界は常に再定義されることになる：交通輸送網と情報伝達網の内側と外側の両方において、交換関係にある支配と覇権をめぐって、競合する、隣接した政治組織間の政治的綱引きが行われている。そのような状況下では、単一の社会集団による突出した社会の支配は、短期的なものを除いて、あり得ない。

そのような本質的に不安定なシステムは、われわれのモデルの基になったヨーロッパ、ラ・テーヌ時代（La Tène period）に限られたものではない。ヨーロッパでは、ローマ帝国崩壊以降の 7 世紀から 11 世紀にかけて、同じような不安定なシステムがみられる。ティカル（Tikal）とカラコル（Caracol）が覇権を握る以前のマヤ先古典期（紀元前 900〜300）、中国史のある時期、例えば、戦国時代紀元前 475〜紀元前 221、近東のウルク期（紀元前 4000〜紀元前 3100 頃）なども同様であると考えられる。

このような長距離分散型情報伝達網の出現の重要な一面は、局地的な階層システムに新しい価値（原材料、モノ、技術、考え方など）を吹き込むことである。それによって関係するコミュニティの価値体系は広がり、時間をかけて、異なる地域のシステムに属する多くの人々をある一つの価値体系の中で扱うことができるようになる[*4]。この点については第 16 章で再考する。

8 第四の分岐

世界の多くの地域で、最初の実際の街は、同等な政治組織体間の相互作用（peer-polity interaction）と呼ばれる、多かれ少なかれ同等の小さな都市国家のネットワークとして出現し、一種の相互起動を引き起こす（Renfrew & Cherry 1987, Peer Polity Interaction and Socio-political Change）この現象は多くの点で対流と類似しており、ベ

ナール的対流（第7章：Nicolis & Prigogine 1977；Prigogine & Stengers 1984 を参照）の例としてモデル化できるかもしれない。この同等の政治組織体・対流セルのモデルは本質的には局所的な回路における情報の流れの増加である。増加した情報の流れは、セルの住民を、例えば、「中央—周縁」「街—後背地」といったように、差別化し、構造化する効果をもつ。地域的、あるいは地域横断的な情報交換が行われるかどうかは、最初は（完全に）事実上確率論的なものである。

　これらのセルが成長すると、コア**[1] どうしがより密接に相互作用するようになり、境界現象が優勢になる。つまり、隣接するコアが定期的に、もはや確率的にではなく方向性をもって情報の交換を始めるのである。この中間的な段階においては、長距離の情報交換はハイブリッドなものとなる。すなわち、セルとセルの間では確率的に動くが、一旦ユニットの境界に到達すると、ユニットの中心部に向かわざるを得なくなる。これによって、偶然的な通信が大幅に減少し、同時にセルの解放が始まる。いったん情報の流れに方向性が出てくると、セルはその流れに従うようになる。情報伝達の遅延は激減するため、お互いのニーズに応じて動けるようになる。

　より多くの人が（現在のように）ヘテラルキー的（heterarchical：異質で並列的な）経路に関与するようになると、長距離の情報伝達はますます方向性を持ち、より多くのニーズを満たすようになり、最終的には、中心地が商取引網に依存する程度にまで、大きな複数の空間を結合するようになる。重要なのは、それぞれの中心地がどのように発展したかは初期条件のほんの小さな差異と発展の経過に大きく依存するということである。ゲラン・ペース（France Guérin-Pace）は、成熟した都市構造内における、この非常に変化の大きいダイナミクスを地域レベルで、描きだしている（Guérin-Pace 1993）。この転移における決定的な変数は長距離の相補性の程度のようである。

　最終的に、これらの大きなヘテラルキーシステムの成長は安定性を脅かし、変化への適応性を不活性性化する。相互作用が及ぶ領域が一定程度分離するのは、内部での階層化（例えば、専制と民主制の間で揺れ動いたギリシャ都市国家の初期の発展）と同様に、応答のひとつ（が都市国家か？）なのかもしれない。最終的には、街は恒久的なヘテラルキーなシステムとなる。

9 ｜ 本章のまとめと結語

　本章では、初期の平等主義社会からヘテラルキー的都市社会への道筋を述べた。そのなかで、状態の異なる情報処理システム間で生じるいくつかの重要な分岐点（転移、ティッピング・ポイント）を想定し、都市へと発展する中間段階としてよく知られている事柄を関連付ける概念モデルを用いた。しかし、この発展の最終段階については議論しなかった。それは、現在の試練である持続可能性の窮地へとつながるものであり、第15〜第18章で取り扱う。要するに強調すべき本章の意図は、先験的（a priori）な視点で、既存の事後的（a posteriori）な視点ではなく、社会の進化を捉えるための別の方法を提案するということである。このようなアプローチが長期的に多くの問題に対処するのに役立つかどうかはまだ不明である。

原著注

*1　ハイタブ（Haithabu）としても知られ、ユトランド半島南部、バルト海に注ぐシュライ川の河口付近に位置し、8世紀から11世紀にかけて中世デンマークにおける交易の中心地であった。現在はドイツ領。

*2　初期中世に栄えた、ネーデルラントの商業中心地。ユトレヒトの南東方、ライン、レック両川の分流点に位置する。北西ヨーロッパ商業の要衝として7世紀前半に成立し、8世紀中ごろから9世紀後半にかけて繁栄した。

*3　デルフォイ（Delphoi）としても知られる、ギリシャ中部のパルナッソス山の南麓にあるアポロンの聖地、神託地。紀元前8〜前6年ごろは全世界の中心と呼ばれ、宗教の中心として栄えた。

*4　ある社会の価値空間の大きさは、何らかの形で、連携しようとする集団全体の大きさに見合ったものでなければならないというのが私の導いた結論である。この仮説は、現在、そしてグローバリゼーションとそれに関して直面する数々の困難に対して重要な示唆を与える。この点は、第17章で説明する。

訳者注

**1　ここでは、セルが小さな都市国家、政治組織体を、コアはその中心地を指していると考えられる。

●付録 B●

都市と農村の相互作用のモデリング

　この付録は第 14 章と関連して、読者への任意の研究課題として提示する。必要に応じて読み飛ばしても構わない。本付録はジェイムズ・マクグレイド（James McGlade）と私がヨーロッパ鉄器時代における地域的な情報処理構造の本質的なダイナミクスの準安定性を解明するために考案したものである（van der Leeuw & McGlade 1997）[*1]が、（このモデルによって）それから後に行った近代エピルス（Epirus）地方（van der Leeuw 2000a）および古代マヤ（van der Leeuw 2014a）における都市と農村のダイナミクスの研究では、エピルスの農村集落の変遷とマヤの大規模な中心地の発生にも関連していることを裏付けたし、世界の他の地域における都市の出現について考えるのも面白いと思う。しかし、それはまだ検証の余地がある。（都市形成の）複雑な道筋を考えるのにこのモデルがいかに役立つのかを示すために、要点をまとめる。

　まず、農村環境が自己組織化する、また以下の式（Gallopin 1980, 240）に従ってシグモイド型の成長過程として記述することができると仮定して、都市が農村環境に与える影響の一般的な動態を調査した。

$$\frac{dR}{dt} = B(R-T)(K-R)\ ;\ R>0 \qquad\qquad (14.1)$$

このような農村生産の重要な特性をまとめると次のようになる（図 14.1 参照）：

- R（農村の環境生産、図では実線で表記）が例えば図の E のように上部漸近値 K を超えると減少してその漸近値 K に近づく。
- R が K より小さい（消滅閾値 T よりは大きい）と、シグモイド的、ロジスティック的に K へと収束する。
- R が T より小さいと 0 へと減少する（(14.1) 式は R が正の値に制限されているので、R は 0 で止まる。）

このような農村の生産のパターンのもとで、農村の経済への都市の影響はどうなるだろうか？　都市の発展度 U と成長率（dU/dt あるいは U^*）を組み入れる

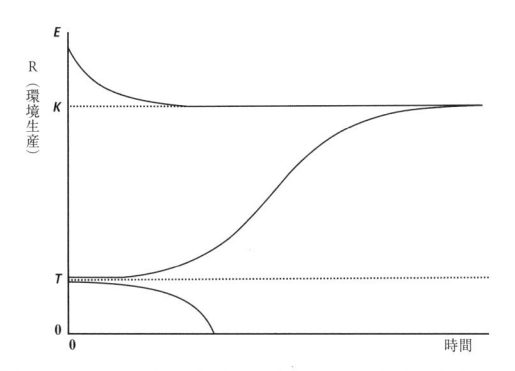

図 14.1　関係式 $dR/dt = B(R-T)(K-R)$；$R>0$ による一般的な農村の生産
の時間変化。R は農村の環境生産（図の実線）、T は下部閾値、K は上
部漸近値、B は（正の）成長関数。
（出典：van der Leeuw & McGlade 1997、Routledge の許可を得て転載。）

ことでそれをみることができる。都市の成長の農村の環境への影響は次のよう
に書ける：

$$\frac{dR}{dt}\ (= U^*) = B(R-T)(K-R) + mU + n\frac{dU}{dT}\ ;\ R>0 \tag{14.2}$$

ここで、U、U^* はともに農村にとっては外因的なものである。この段階では
U と U^* の関係については考えない。係数 m、n は都市の発展及び成長率の農
村の環境への正味の影響と大きさを表し、負の値をとる抑制的な効果を表すも
のと、正の値をとる増幅的な効果を表すものの二つの因子からなっていると考
えられる。したがってそれらの和が正味の影響となる：$m = (y-g)$, $n = (e-v)$。
このとき、農村へのアーバニズムの多くの影響を区別することができる：

- m かつ／または $n=0$：R への U と U^* の正味の影響はない。
- m かつ／または $n<0$：アーバニズム（および／またはその成長）の正味の
  影響は有害であり、農村の環境に負の影響を与える。
- m かつ／または $n>0$：都市の発展（および／またはその成長）の正味の影
  響は農村にとって有益である。

この方程式の平衡値は一定値ではなく、$\phi = mU + nU^*$ の値によって変わる。

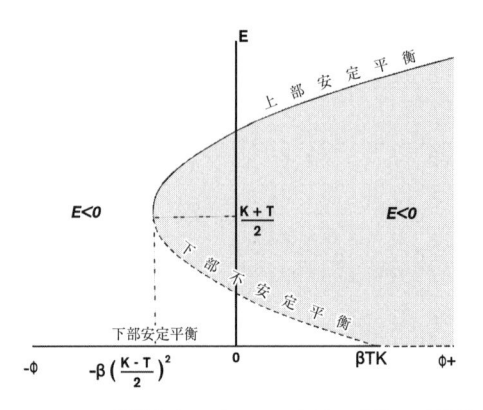

図 14.2 $f = mU + nU^*$ の関数として表される農村の環境の平衡値。説明は本文を見よ。

（出典：van der Leeuw & McGlade 1997、Routledge の許可を得て転載。）

ϕ の異なる定数値に対して、平衡は動く（図 14.2 参照）。ϕ^+ と ϕ^- は ϕ が正の値、負の値をそれぞれとることを表している。

さらに、$\phi^+ > \beta TK$ のとき、平衡値 $R = 0$ は不安定である（$dR/dt > 0$ となって R が増大する）。ϕ^+ と ϕ^- の両方に対して、もし平衡値 R（R^*）が $(K+T)/2$ より大きければ、上部平衡は安定で下部平衡は不安定である。$\phi = -[(K-T)/2]^2\beta$ において 2 つの平衡は 1 点となり、$R > R^*$ であれば R は R^* に近づき、$R < R^*$ であれば R は R^* から遠ざかる。したがって実際的にはこの点は不安定である。$-[(K-T)/2]^2\beta$ の左側には平衡はなく、R の変化率は常に負となる（この値より小さいすべての ϕ^- に対して、R は 0 へと収束する）。

特に、都会化の効果（ϕ）が農村の生産量変数（R）の変化に比べてゆっくりと変化すると考えられるとき、システムのふるまいはトム（Thom 1989）の折目カタストロフ（fold catastrophe：Zeeman 1979 を参照）の一例であるとみなせる。このカタストロフは三つの基本的な性質を示す：二重モード性（二重の安定平衡による）、不連続性（カタストロフ的なとび）、ヒステリシス（変化の方向によって経路が異なる）。

これまで、われわれの分析は、都市の発展の農村の環境への影響は農村の生活生産への負の効果のみを考えてきた。このことは、モデルにおいては農村の変数の上部平衡値は都市の発展（の因子）がなければ有意に高くなるというこ

とで表される。しかし、(都市と農村という) 二つのセクターは、たいがいは共生しているのだから、都市の影響は必ずしも有害なものでなければならないということはない。特に、先史時代後期、農村の生産がまた都市の生産に影響を与えていた。

このことを調べるために、都市の発展の農村のシステムの下部不安定閾値 T への潜在的な影響に目を向けてみる。以前述べたように、T はもし $R>T$ ならば R は上部安定平衡値に、$R<0$ ならば 0 にそれぞれ収束することになるような R の値のことである。もし T が非常に高ければ、それは農村の生産が高いレベルで維持されなければならず、崩壊が避けられないことを意味している(T の可能な最大値は $T=K$ であるが、そのときはシステムが崩壊する)。$T=0$ は農村の生活生産が、R が 0 のすぐ近くまで押し下げられたとしても、再生可能であることを意味している。最後に、T が負の大きな数になることは、$R=0$ における初期の成長率に影響を与える。

このモデルでは、異なる農村集落システムは異なる T の値によって特徴づけられると考えることは妥当であろう。植民地化の初期段階で比較的早く成長する集落のように、撹乱からの迅速な回復能力を持つ農村システムは T の値が低いはずである。対照的に、その持続性が経営 (農業) に依存するような、高い T の値をもつシステムは、おそらく高度な複雑性を特徴とし、比較的もろく壊れやすい。

アーバニズムが農村の存続に影響を与えるもうひとつは、上部安定平衡値 K の変化をもたらすことである。K が最大値をとるとき、農村の生産システムは都市と強く相互作用し続けながら高い成長率を保つ、もっとも持続可能性のある状態が維持される。K を変化させる方法は、作物の遺伝的改良 (K を増加させる) や、濫用による農業用土の劣化のように、農村の環境の最大容量に影響を与えることである。

最後に、都市の発展は農村の生産 (速度) をコントロールするパラメータ β に影響することで、農村の環境システムを変化させることがある。β が増加することは都市の発展のすべてのレベルにおいてより速い成長 (あるいは崩壊) をもたらす。より高い ϕ の値をもつシステムはより大規模な採取や採掘を行うことができる。

ここまで、都市の発展を一つのパラメータ ϕ としてとりあつかってきた。

しかし、(実際のところは) $\phi = (y-g)U + (e-v)U^*$ であったことから、都市の発展の度合 U とその成長速度 U^* との区別は、農村の過剰搾取や潜在的崩壊への対応の実行力に関するうえで重要である。

まとめると、このモデルは中心地支配的なあるいは農村支配的な状態から、混在型集落構造への突然の変化を時間の関数として表している。このアプローチでは、長距離の交易が不安定な形態形成的移行を引き起こす要因である。そのダイナミクスを詳しくみることにしよう。

地域システムにおける都市と農村の相互作用のモデリング

ここでのわれわれの仮定は、接続性 (例えば、交通輸送ネットワークのような) の遅くゆるやかな発展は不連続な効果をもつということである (Mess 1975)。そのことをモデル化するため、局所化された状況での、開放的で小規模な農村集落から始めることにする。この区域の人口は、はじめは一定で、農村集落(割合 P_r) と集積集落 (割合 P_a) に分けられるとする。U_r, U_a をそれぞれ農村人口と集積地人口の効用水準とし、t を取引商品の長距離輸送コストで、情報伝達の代用になるものとする。t のレベルは取引商品と情報伝達の流れの大きさを決定する。それがある閾値より高ければすべての商取引と情報伝達はおこらない。しかしその閾値より下では、コストが下がれば下がるほど交易量は大きくなる。この人口動態は効用最大化人口移動関数 (utility maximizing migration function) によって、

$$\frac{dp_r}{dt} = p_r p_a \ (U_r - U_a) = - \frac{dp_a}{dt} \tag{14.3}$$

と表わされる。このシステムのふるまいを図 14.3 に示した。商取引や情報伝達が (t が高いため) ないとき、E_m が唯一の安定平衡であり、農村と集積地の人口が混合した状況を表す (図 14.3a)。商取引と情報伝達のコストが下がるにつれて、システムのダイナミクスは全体の人口密度、地域全体の平均生産性、農村と集積地のあいだの生産性の差によって二つの形をとると考えられる (図 14.3b と c)。

人口密度が高く、集積地の生産性が高くまたその農村との差が大きいとき、集積地の平衡値 E_a が安定平衡であり、人々は長距離の交易のために集積地で生産された製品に完全に依存することになる。生産性が農村のほうが大きけれ

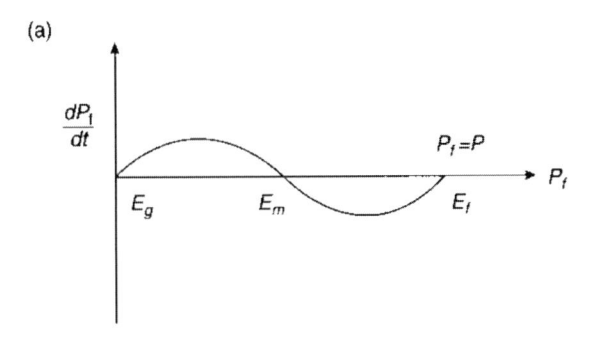

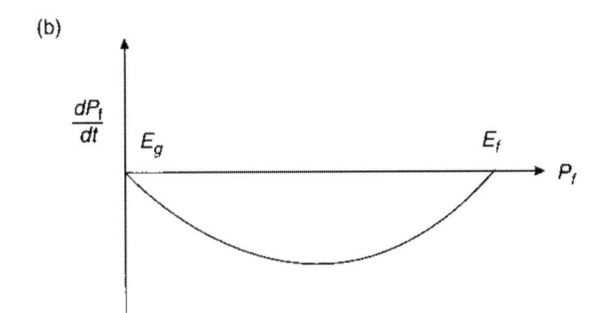

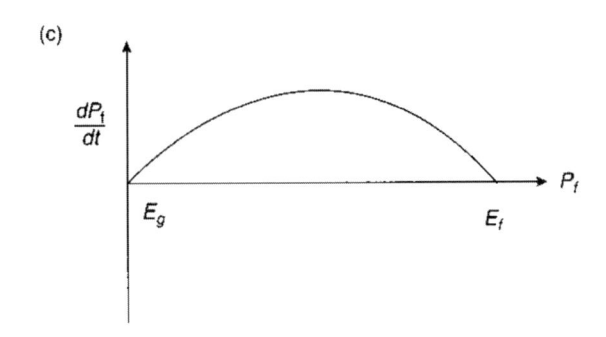

図14.3 （a）長距離取引がないときの農村／都市の平衡；（b）長距離取引に特化した中心；
（c）農村における長距離取引。P_t：都市人口、P_f：農村人口；U_t：都市の利便性レ
ベル、U_f：農村の利便性レベル；t：長距離輸送コスト。tがある値を超えると取引
は行われない（また、情報の流れはあったとしてもわずか）。tが減少すると物量
と情報の流れは増える。Eは平衡値。

（出典：van der Leeuw & McGlade 1997、Routledge の許可を得て転載。）

ば、農村の平衡値 E_t が平衡点となり、農村の生産物が取引されることになる。このモデルは集積地が支配的なあるいは農村が支配的な状況から混在集落への突然の転換の可能性を t のレベルと関連付けていると結論づけなければならない。

t が高いとき、唯一の安定平衡は E_m だけであり、都市と農村の相互作用の混合である。t が減少するにつれて、相互作用は図 14.3b と c で示した二つの形をとりうるが、(1) 地域全体の人口密度、(2) 平均生産性、(3) 都市部と農村部の生産性の差に依存する。図 14.3b の場合、人口密度が高く、生産性の差が大きいことによって E_g が唯一の安定平衡となる。長距離の交易によって農村の生産が支配的になるとき、E_f が安定平衡となる。

この定性的な分析を結論づけると、ある程度の確信をもって、不連続で突発的な都市あるいは農村のどちらかが支配的な体制から混合体制への転換は、交易の総量の関数ということができる。というのは、それは接続性が有効となるような物流ネットワークにおける変化を反映しているからである。

さらに一歩進んで、複数の中心集落全体の増加におけるゆらぎがどのように速いダイナミクスと遅いダイナミクスのあいだの相互作用と関係しているかをみると、(アンデション［Andersson 1986］と同じように) 速いダイナミクス変数 Y の 3 次の項を含む微分方程式

$$\frac{dY}{dt} = -T \left(\frac{Y^3}{3} - rY - X \right) \tag{14.4}$$

および、遅いダイナミクス変数 X についての微分方程式

$$\frac{dX}{dt} = -\frac{1}{T} Y \tag{14.5}$$

を考えることができる。ここで、r はコントロールパラメータ、T は速度調整係数である。Y は中心部の生産能力、X は中心部の交通輸送網や情報伝達網へのアクセスレベルである。このモデルによって交通輸送網と情報伝達網のアクセスの関数としての中心部の生産の不連続変化を調べることができる。図 14.4 はこの 2 つの量の関係を示しており、都市の生産 (Y) の値の不連続な変化が X (交通輸送・情報へのアクセス) の関数としてみられる。情報へのアクセスを通してシステムの知識ベースが成長するにつれて、システムは L–ゾーンのなかの軌跡を辿っていく。

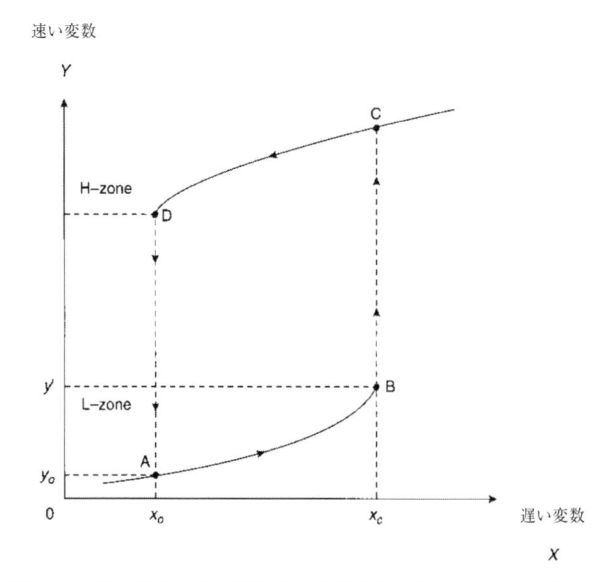

速い変数

図 14.4　速い変数と遅い変数の一般的なサイクル。*A*：システムの
初期状態。*X*：相互作用性と知識を表す遅い変数。*Y*：シス
テムの時間変化を表す速い変数。L-ゾーンでは構造は安定。
B：都市の生産活動における変化の閾値（分岐点）。H-ゾー
ンでは不安定構造が出現。*D* においてシステムは *A* に戻る。
（出典：van der Leeuw & McGlade 1997、Routledge の許可を得て転載。）

　不安定な社会政治的構造のため個々の中心による優位性に急な変化が生じる
と仮定すると、その急変は地域資源へのアクセス能力の変化と関係していると
いえる。遅い変数（生産性）が支配的であっても、速い変数は現行の統治体制
を別のものに変えてしまいうる。

　情報伝達、商取引、同盟、さらには支配を通じたネットワークの拡大という
形態により、中心地の一部となった重要拠点から制御される仕組みが徐々に拡
大していったというのが合理的な仮説だろう。以下では、このようなネットワー
クを情報処理システムの代用とみなす。図 14.4 から、このネットワーク基盤
と、その結果としての、システムの知識ベース（*X*）がゆるやかに成長するに
つれて、L-ゾーンにおける軌跡がなぞられていくことがわかる。システムの

初期条件は A で与えられる。X が変化していき、最終的には B に至る。点 B はそれ以上になると都会の生産能力が著しく変化する閾値である。この分岐点において平衡は安定性を失い、相転移がおこる。この平衡から遠く離れた相（H-ゾーン）においては、変化の速度は環境（自然資源）、生産技術、人口（労働力）の制限によって決まる。この種の非線形解析の著しい特徴は巡回性である。例えば、システムが H-ゾーンにいるときに、中心地を結んでいる交通輸送網、情報伝達網が他の競合する同盟や戦乱によって断絶させられると、不安定な同盟構造が形成され、システムは H-ゾーンにおいて図示された軌跡を辿って D における初期状態に戻り、最終的に L-ゾーンに戻ってくる。

　臨界点 B と D が担う役割については、モデルのダイナミクスをより把握しやすくするために、さらに詳しく説明する必要がある。本質的にプロセスの根本をなしているのは一種の発散である。というのは、交通輸送網と情報伝達網のインフラストラクチャーにおける滑らかだがわずかな変化が、ある場所における生産の平衡値において、突然、予想できないような大きなゆらぎをひきおこす可能性があるからである。この（比較的急な）相転移は全体のネットワーク容量の増加がどれほどゆっくりであったとしてもおこる。それは、中心地の拡大は、ネットワーク内に小さいが重要なリンクが一つ追加されただけで引き起こされうるということを暗に示している。例えば、同盟構造の変化の結果生じるような、交通輸送と情報伝達におけるわずかな違いが、もしその「中央」の成長パラメータが臨界点に達していれば、生産能力に大きな違いをもたらすかもしれない。

地域間交易の不安定性のモデリング

　このことは、例えば、原始都市の中心地が H-ゾーンの相にいるときの通信や商取引のパターンにおける固有の不安定性は、おおむね速いダイナミクスと遅いダイナミクスの相互作用の帰結であることを示している。この不安定性は、農村の環境における中心地の出現や、出現後の農村の中心地と農村の環境との相互作用にも大きな影響を与える。このことをモデリング用語で手短に述べて締めくくりとしよう。

　このモデル（McGlade 1990, 158 に基づく）は個々の中心地がどうなるかに関するものではなく、全体としての地域ダイナミクスに関するものである。特別に

高価値商品の限られた輸出入を行う二つの地域システム、X と Y において、当初はそれらの中心地の間に限定的な相互作用があるものとする。この動的システムは次のように表される:

$$\frac{dX}{dt} = F(X) - H(X) - X, \tag{14.6}$$

$$\frac{dY}{dt} = F(Y) + H(X) \tag{14.7}$$

ここで、

$$F\ (X) = rX\ (1 - \frac{X}{N}) + X^2 Y, \tag{14.8}$$

$$F\ (Y) = -X^2 Y, \tag{14.9}$$

$$H\ (X) = Q\ (K, L) - mK - C = Q_0 K^m L^n \tag{14.10}$$

である。したがって、

$$\frac{dX}{dt} = rX\ (1 - \frac{X}{N}) + X^2 Y - X\ (Q_0 K^m L^n - mK - C) - X, \tag{14.11}$$

$$\frac{dY}{dt} = -X^2 Y + X\ (Q_0 K^m L^n - mK - C) \tag{14.12}$$

となる。ここで、r は商品生産の内的成長率、N は生産の飽和レベル、Q は経済的アウトプットの尺度、Q_0 は Q の初期値、K は商品ストック、L は労働力、m は商品ストックの減価償却率、C は消費量である。

　生産関数 $H(X)$ は非線形のコブ・ダグラス関数（Cobb-Douglas function）としてモデル化した。m は資本成長指数、n は労働力成長指数である。$H(X)$ はシステムにおいて自己触媒的な要素としてはたらき、モデルの反応拡散構造を実質的に作り出している。

　まず、地域 Y は高品質商品の輸入先として現れる。交易ルートはほとんどコントロールされていない。$X^2 Y$ の項は本質的にそれによって発生する地位収入であり、地域の商取引のコントロールをしだいに独占していくため、強い自己強化性を示す。$(-X^2 Y)$ の項は全体の独占を阻むように作用する制限を表す。また、Y 地域が別の交換システムに参入する力をもつ結果としての収益の損失を表している。さらに、モデルでは X の豊かさ——商取引において卓越していることによる——の現状が維持される限り時間のロジスティック関数と

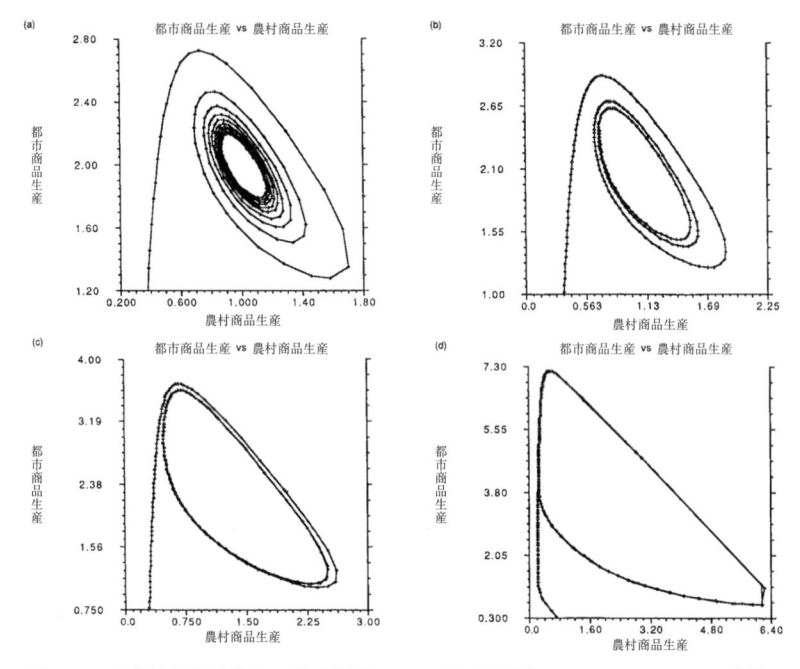

図14.5 中心地と農村環境の相互作用モデル（本文参照）のシミュレーション結果。
（出典：van der Leeuw & McGlade 1997、Routledge の許可を得て転載。）

して成長するが、地域 Y からの競争の流入によって減少する。

　このシステムの定常状態：$dX/dt = dY/dt = 0$ となる状態は臨界状態 X_0 であり、$Y_0 = F(X)\diagup H(X) = (Q_0 K^m L^n - mK - C)\diagup rX\ (1 - X/N)$ となる。

　臨界転移点はシステムが不安定となる点で、$H(X) > (1 + F(X))^2,$ すなわち、

$$Q_0 K^m L^n - mK - C > 1 + (rX\ (1 - X/N))^2 \qquad (14.13)$$

で与えられる。例えば、$F(X) = 1$ であれば、$H(X) > 2$ で臨界点は不安定となる。$H(X)$ が増大すると、ホップ分岐（Hopf bifurcation）がおこり、システムはリミットサイクル軌道に引き寄せられることになる。図 14.5a–d は $H(X)$ がしだいに増加した時のシステムのふるまいを示しており、交易システムの反応拡散性をコントロールしているのは $H(X)$ であることがわかる。

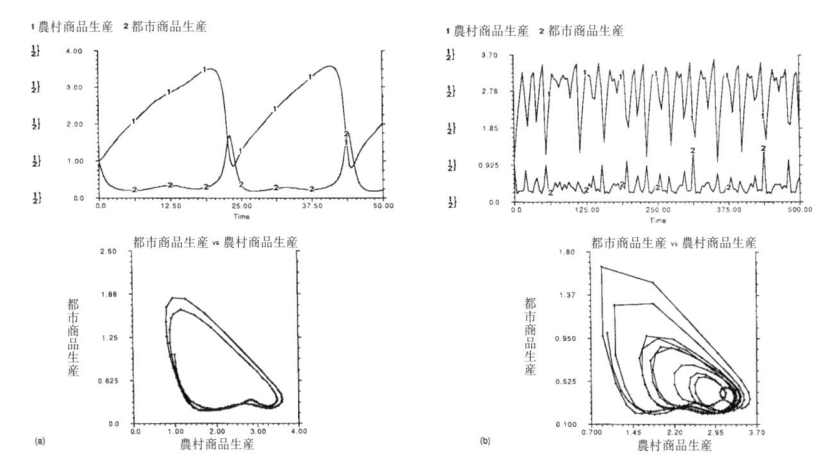

図 14.6 別のシミュレーション結果。システムがゆっくりとカオス的ふるまいへと移ってゆく様子が示されている。

(出典：van der Leeuw & McGlade 1997、Routledge の許可を得て転載。)

　不安定性は純粋に内在性の因子である、すなわち、システムの非線形性と交易あるいは交換のダイナミクスに埋め込まれた正のフィードバックメカニズムによって発生する。

　取引システムは、例えば 1 年のある時期における周期的な交易あるいは交換の量的な増加のような外からのゆらぎの影響も受けやすい。それでは、振幅 a、周波数 f の正弦項を取り入れて考えてみることにしよう（Tomita & Kai 1978 を参照）。方程式（14.11）は

$$\frac{dX}{dt} = rX\left(1 - \frac{X}{N}\right) + X^2Y - X\left(Q_0 K^m L^n - mK - C\right) - X + a\cos ft,$$

となる。図 14.6a–d では、そのような摂動によってシステムはカオスへの道である周期倍化分岐のくり返しを通して不安定軌道に向かうことが示されている。

結び

　これらのモデルは、われわれが非線形性と準安定性、およびそれらが特に物流ネットワークにおいて不連続な発展を生み出す役割があることを強調したう

えで、主にそのようなシステムには多くの潜在的な進化の道筋があるという重要な点を示すために提案された。

　これらのように開かれた、散逸的なアイデアにもとづくモデリング・アプローチは、都市や原始都市の定住システムの中で構造的な形態形成を示すような新しい時空ダイナミクスのプログラムへと統合されうる。より一般的には、私が本章で示そうとしたことは、都市の発展という疑問に対する考古学的アプローチは、力学的システムの概念との整合性 —— 比喩的な意味を超えた整合性 —— から多くのものを得ることができるということである。実際、都市と農村のダイナミクスの、開放的で散逸的な性質および不連続な転移を経て発展するという性質は、規範的なモデルによってでは十分に理解することができないのは明らかである。モデリングには創造的な洞察と実験的な定性的手法の組合せが必要であり、それこそが非線型ダイナミクスならではの貢献なのである。社会システムにおける多くの主要な転移のモデリングにより、このアプローチをさらに推し進める興味深い試みの一つがサンダース（Sanders 2017）によって編集された近刊である。そこでは、この手法で旧石器時代から現代までのダイナミクスの転移を考察している。

　最後にもう一度強調しておきたいのは、これらのモデルは現実を（忠実に）再現するものではなく、ある特定の問題に注意を向けるという役割を果たすものであるということである。もしそのような表現が理論的に可能だったとしても（私はそうは思わないが）、それを採用するには早すぎる。今のところ、われわれは仮説を試すという楽しい段階にいるのである。私は世のなかには全く別のゲームがあることを示そうとしたのであり、われわれの理解を深めるような洞察のひらめきをもたらしてくれるのである。

原著注

*1　私はモデリング研究者ではないので、ジェイムズ・マクグレイド（James McGlade）の原著論文への貢献と原著論文からの抜粋に大変感謝している。Routledge の許可を得て転載。

第 **3** 部

第 15 章　グローバルな流動構造として台頭した西洋

1 はじめに

本書の第 1 部（第 3 章から第 7 章）では、人間の長期的な環境との共進化のダイナミクスに対する私の視点とアプローチについて、人間の認知の進化に基づいて論じた。第 8 章では、このアプローチが導く人間と環境の共進化の歴史に対する視点を示すナラティブを提示し、第 9 章では散逸的流動構造という観点から社会と環境の相互作用についての考え方を述べた。第 10 章では社会環境システムの長期進化のダイナミクスについて、より詳細な事例研究を紹介した。第 11 章ではその視点に理論的裏付けを加え、第 12 章と第 13 章では、社会と技術の変化の中核となる発明のプロセスに対する私のアプローチを紹介した。第 14 章では動的システムのモデル化が都市化の発生の理解に役立つことを述べた。

これらの章は、本書のもう一つの主要テーマである、「現在と未来とのつながり」に焦点を当てるための道筋をつけようとしたものである。ここからは、遠い過去から最近の過去、現在、そして未来へと焦点を移してみたい。第 16 章から第 18 章では、情報通信技術革命が持続可能性の課題を加速させる要因として過小評価されていることについて論じる。第 19 章から第 21 章では、起こりうる未来について議論する。

2 西ヨーロッパの勃興：600 年〜1900 年

まず準備として、西ヨーロッパの過去 1500 年ほどの歴史を散逸的な流動構造の観点から述べてみたい。この 1500 年の間に都市型（集合型）の生活様式が徐々に強化されてきたが、その傾向には浮き沈みがあり、それらはさまざまな形で現れている。二次的な長期的な動態は、ヨーロッパの拡大と後退である。このどちらも、ヨーロッパの社会経済システムが直面した外部のダイナミクスに対抗して自らを強化してきたさまざまな経緯を反映している。これらの特徴を定量化するためには以下の指標の変化を重視すべきだろう。

・当該地域の人口統計学：相対的な人口の増減

- ヨーロッパの領域単位（territorial units）の空間的広がり：ひとつの体制が一貫性をもって組織できる領域の尺度として
- 商取引の流れの空間的な広がりと性質：中央と周縁の間の情報処理の可能性を測る尺度として、ひいては原材料が持ち込まれる地域からその体制までを測る尺度、マテリアル・フットプリント（material footprint）として
- 交通輸送（道路、鉄道、水路）および情報伝達（電話など）システムの密度と範囲：情報密度の代わりとして
- 体制内の富の蓄積の度合いと格差：イノベーションの指標、そして中央と周縁間の価値の差の指標として
- 特定の街、地域、時代の革新性

これらの指標の多くは、それぞれを比較したり時代や地域ごとに比較、測定したりすることが難しい。しかも、これらは異なる変化率で作用している。しかしながら、全時代をカバーするためには、これらの指標を用いるしかないのである。その一部分ではあるが、ピケティ（Thomas Piketty 2013）だけでなく、ル＝ロワ＝ラデュリ（Emmanuel Le Roy-Ladurie 1966［1974］；1967［1988］）、スリッヘル・ファン・バート（Slicher van Bath 1963）や、その他多くの農業史研究者、特にフランスのジャーナル *Annales : Économies, Sociétés, Civilisations* 誌に代表される研究者による一連のデータが興味深い。

暗黒の時代

ローマ帝国の終焉後、ヨーロッパ全域において社会の構造と一貫性が弱まったことがわかっている（Lopez 1967）。西暦 600 年から 1000 年にかけて、西ヨーロッパでは社会の構造が高度のエントロピー（無秩序化の増大という意味でも、動態を支配する流動構造の散逸の減少という意味でも）に達し、古代ギリシャ・ローマの都市文化の伝統は最低限しか保存されていなかった。一方、南東ヨーロッパでは歴代のビザンツ皇帝（Byzantine emperors）のもとで適切な分権化が行われ、その後千年をかけて多くの文化が発展した。

本章では、主に西ヨーロッパを取り上げる。この時代には、例えば工芸や商取引などの知識の莫大な喪失やインフラの放棄がみられた。エネルギーや物質と組織を交換する流動構造は、身近な環境に限られたものであった。交易や遠距離の

連絡はほとんどなくなり、街の人口は減少し（アルル［city of Arles］はしばらくロー
マ時代の闘技場の周囲に縮小していた）、多くの村が放棄された。社会は地域の生
存戦略に依存し、ローマ文化の多くは失われた。教会だけが、これまで受け継い
できた情報処理技術、特に文字と簿記を維持し、遠距離交流の面影を残していた。

胎動：1000 年〜1200 年

　この時代は、さまざまな小さなシステムの間で揺れ動き、最も低いレベルでも
結合とエントロピーが交互に繰り返されていた。北ヨーロッパでは、1000 年以
上前のヴァイキング時代に築かれた交易関係によって特定の町が商業の中心地と
なり、後のハンザ同盟（the Hanseatic League）へと緩やかに統合されていった。し
かし、これらの町は、沿岸の海上交通で結ばれた田舎の孤島に過ぎなかった。デュ
ビーの古典的な研究（Georges Duby）は、1000 年頃から南フランスの社会がいか
にしてボトムアップで再構築を始めたかを示している（Duby 1953）。ローマ帝国
の都市の骨格は暗黒期を乗り切って存続していたが、地中海に比較的近いところ
でも、まったく新しい農村の空間構造が出現した。そこでは、資源へのアクセス
をめぐる数世紀にわたる地域的な競争の中で、さまざまな小領主が近隣の資源や
潜在的な権力を及ぼしうる地位を手に入れることによって社会的地位を高め、新
しい（封建的）社会階層構造を出現させていた。最高の（情報処理と軍事）技術を
持つ地方の指導者は、封建制度に組み込まれた農民を保護することで支持者を集
めた。それに対して農民は、小さな軍隊と宮廷を支えるために、余剰物質とエネ
ルギーを提供した。その過程でより多くの富が特権階級の手に渡り、南フランス
とその隣接地域では、いわゆる「12 世紀のルネサンス（Renaissance of the twelfth cen-
tury）」——騎士道物語、吟遊詩人、その他の（主に宗教的な）芸術表現を含む
——という時代において、宮廷文化を伴う（ごく小規模で局所的な）上流階級の
復活がみられた。ライン地方（Rhineland）でも同様のプロセスが起こり、川の両
岸に独立した文化圏（ロタリンギア［Lotharingia］、カール大帝の息子ロタリウスが父
の帝国のこの部分を受け継いだことにちなんで名付けられた）が発展した。ドイツの
さらに東側では、神聖ローマ帝国の権威が衰退し、東ヨーロッパの農村が植民地
化される時代となった。この時期、ヨーロッパの一部は外に目を向け始めていた。
1204 年のコンスタンティノープル（Constantinople）の占領で最高潮に達する（し
かし、創設されたラテン帝国は短命に終わった）、イスラム教に対する十字軍（crusades

against Islam）の時代（1095〜1272）であり、当時としては非常に効率的なやり方で大量の情報が西ヨーロッパにもたらされたのである。

ルネサンス：1200 年〜1400 年

　以下の三つの事象が次の時代を特徴づけた。(1) 南北の文化・経済圏の永続的なつながりの確立、(2) 14 世紀のペストによる人口減少、(3) イタリア・ルネサンスの始まり、である。南北のつながりは、11 世紀から 12 世紀にかけて、陸路でイタリアからシャンパーニュ（Champagne）地方を経由して北海沿岸の低地帯諸国に渡り、さらに海路でイギリスとハンザ同盟の交易システムとつながることで確立された。13 世紀には、このつながりが大陸全体の交易と富を生み出すネットワークの主軸となり、 都市と農村の人口増加を可能にした（Spufford 2002）。最終的には多くの地域で環境収容力（carrying capacity）の限界まで農村開発するとともに、より遠く、肥沃でない、あるいは不便な地域にまで農業は押し広げられていった。腺ペストの影響は非常に不均一であった。ペストが大流行した地域では、都市とその周辺の田園地帯の両方に深刻な影響を及ぼし、周辺地域から（ペストの被害を最も受けてしまった）もともと人口密度の高い都市部に人々が流入した。その結果、人口の集約度と平均の一人当たり資産が増加した（Abel 1966 を参照）。その他にも、文化的な領域においても、宗教の役割、生と死、社会と個人のあり方が見直され、社会の伝統的な考え方や行動様式を刷新するほどの大きな変化が起きた。（そのいくつかは第 3 章で触れた。）これらの現象は、北イタリアの都市に局地的な好機をもたらした。文化的、制度的、技術的、経済的な発明の相互作用によって、都市の中心部と大陸の他の地域との間の情報処理勾配が、他に類を見ないほど急速に拡大した。このルネサンス期には、建築や芸術が花開き、近代的な商取引や銀行システムの基礎が築かれた。例えば、パジェット（Padgett 1997）は、金融と社会のイノベーションが手を携えて、どのようにフィレンツェの銀行システムを変えていったのかを見事に描写している。より多くの資源を引き寄せ、その資源をこれまで以上に幅広い商業・産業事業に投資し、その結果、これらの領域における慣行を一変させたのである。ヴェネツィアとレヴァント（Levant）地方を結ぶ長距離交易は、発展ための大きな原動力として再び注目を集めた。例えばルブルックのウィリアム（William of Rubruck）、モンテコルヴィーノのジョン（John of Montecorvino）、ジョヴァンニ・エド・マグノリア（Giovanni ed'

Magnolia）の旅は、13 世紀半ばから 14 世紀初頭にかけてのこうした交流の一例である。北イタリアで生み出された多くのアイデアは、イングランドとの羊毛や布の貿易を基盤として富と権力を得たゲント（Ghent）やブルージュ（Bruges）といった低地帯諸国の交易拠点で比較的早く取り入れられた。そして、これらの地域での中産階級の出現が、体制変革のきっかけとなったのである。これ以降、影響力を持つのは、限られた地理的地域であった。それは都市化によってより多くの（そしてより多様な）資源が集中する地域であり、より効果的な情報処理が可能な地域 —— 街と街は、ヨーロッパ全域の情報の流れで結ばれていたため —— であった。

近代世界システムの誕生：1400 年〜1600 年

　この時期は農村内の、しばしば閉鎖的な、物々交換の経済から街が主導する貨幣経済へとヨーロッパ大陸全体が移行する重要な段階であり、手工業の専業化と交易が盛んになった（Wallerstein 1974-1989）。この移行は根本的に異なるシステムダイナミクスを生み出した。支配的な都市は、農村の景観が平等主義的でヒエラルキー（hierarchical：階層的な）構造であるとは対照的に、ますます市場と交易に基づくヘテラルキー（heterarchical：異質なものが並列的存在する）構造になっていく。サイモン（Simon 1969）はこのような構造を、階層や全体的な統制がない中で、個別の目標を追求することや（不完全な）情報に平等にアクセスすることに関連する、個人的な要素と一般的に依存関係のない要素の相互作用から生まれるものであると定義した。たとえば資源獲得の競争はその特徴的なものである。第 11 章でみたように、階層的なシステムとは逆に、ヘテラルキーシステムは行動を最適化しようとするものではなく、特にノード（node）を持つネットワークとして組織されている場合は、より多くの人々を結びつけることができ、より柔軟である。

　この都市支配の最初の段階において、商業と銀行業の世界は、異なる政治体制や文化、大陸を越えて拡大した。イギリス、スカンジナビア、バルト海沿岸諸国を含む南・北ヨーロッパの大部分がヨーロッパの世界システムに統合された。農村は街との交流が盛んになった。政治的対立を紛争化してしまう軍隊に困らされ続けていた人口過密の田舎の農民にとっては、都市が魅力的に映るようになった。このため、農村から町への移住が相次ぎ、農村の人口圧迫が緩和され、都市の労

働力が安価に維持されるようになった。それが工業の発展を可能にしたのである。

　この時代に、都市の力は絶頂となる。イギリス（ロンドン）やオランダ（アムステルダム）のように、都市の中心部は政治的な支配者ではなく、むしろ支配者の財布の紐を握っていたのだ。都市のエリートたちは、ルネサンス期に培われた情報処理能力の飛躍的な向上を実用化した。比較的規制の緩やかな商工業によって商人（例えば、南ドイツの豪商フッガー家［the Fuggers］）は莫大な富を築き、その富で大陸を混乱させた政治的対立や戦争の資金を調達し、大陸の大部分を経済的・政治的に支配するようになった。このような趣旨で、商業、金融、政治の各重要拠点を結ぶ広範な情報収集ネットワークが構築されたのである[*1]。

　また、他の大陸への最初の航海が行われたのもこの時期である。ヨーロッパの商人たちは、遠く離れた地域に投資することで情報処理勾配に沿った新しい領域を追加した。ヨーロッパではありふれた製品（ガラスビーズなど）が遠く離れた地域では絶大な価値を持ち、その地域の産品（香辛料など）が商人たちの故郷で高い価値を持ったのである。莫大で即効性のある利益はリスクを補うものであり、この長距離貿易は、商社（trading house）が、重要性を増しつつある世界の重要な資源地帯を何世紀にもわたって支配するきっかけになった。その結果、この時代はヨーロッパ世界システムの中心から周辺への情報勾配が最も急であり、その逆方向への価値勾配も最も急であった。しかしこの時代の終わり頃には、ヨーロッパの中心部ではこの勾配が横ばいになり始め、やがては後背地の都市、実際にはその土地の権力者たちが、同じゲームを真剣にするようになっていった。

領土国家と貿易帝国：1600 年～1800 年

　ヨーロッパの支配者たちは、ローマ帝国から統治者たる正統性、あるいはそれに近いものを受け継いだが、それだけでは賄えなかった。一定の地位を維持することが財政的な負担でなくなるのは、その正統性が財政支援 —— 主要な収入源である税で借り入れをする —— に対して活用できるようになってからである。1600 年までに多くの地域である程度の領土の統合と統一がなされ[*2]、街とその後背地の両方を含めて、ヘテラルキー的であった都市システムがヘテラルキーとヒエラルキーのハイブリッド型に変化した。

　これを最初に実現した地域（オランダ、イングランド、スペイン）は、最も広範な長距離交易網を持ち、統治者の軍隊や官僚組織を維持するのに必要な安定収入

を得ていた。その結果、都市を基盤とする経済システムは、新興国家の領土全域を対象とするものへと変化していった。植民地のヨーロッパ人が土着の知識を吸収し、逆に自らの知識を現地の人々と共有するにつれ、必然的に価値勾配は平準化されたが、しばらくの間は、新しい領土の発見、ヨーロッパにおける新製品の導入、貿易と輸送の改善、貿易帝国の範囲拡大によって相殺された。最終的に、情報勾配が平準化することによって、例えばアメリカは独立へと向かったし、東インドやアフリカは交易網の一部から軍事支配される植民地へと変化していった。このような植民地では、植民地に必要なさまざまな生活必需品が現地生産されるとともに、ヨーロッパで必要とされる製品にはヨーロッパの管理下におかれた生産体制がとられ、ヨーロッパからの移民もある程度見受けられた。その結果、ヨーロッパの中心部と植民地は経済的に互いに依存し合うようになった。

　ヨーロッパ内においてもこれまで以上に多くの人々が富の生産とその恩恵を共有するようになり、同じような平準化が起こった。そして、多くの(貧しい)人々を商品の生産と加工に従事させることで長距離貿易は利益を上げ、これがヨーロッパ主要国の産業基盤の拡大につながった。商業や工業の影響力は、道路網の整備も手伝って、地方のさらに奥地へと広がっていった。こうして両方のシステムが変化した結果、ヨーロッパの拡大を牽引してきた流動構造は、貧富の差の拡大によって分断された富裕層と貧困層の間の変動に対して脆弱になってしまったのである。

　この過程については第18章で考察するが、節目となったのは、ウェストファリア(ヴェストファーレン)条約(1648年:Treaty of Westphalia)である。ごく最近まで数世紀にわたって、ヨーロッパの国際関係の枠組みを構築してきたこの条約は、国家の支配者は他国の支配者の領土に干渉しないという原則に基づいており、それゆえ、「困難な時代」の安定に役立つものであった。

　第7章で紹介した表現を用いれば、この出来事によって、ヨーロッパ諸国はベナール細胞(Bénard cells)、つまりエネルギーと情報の散逸的流れによって駆動される、独立した共時的な構成単位として固まったと言える。

産業革命とその余波:1750年〜2000年

　しかし、ヨーロッパシステムの全体構造が端の方から綻び始めると、資源としての化石エネルギーの大規模導入とそれに伴う産業革命により、ヨーロッパ帝国

世界の一人当たりエネルギー消費量

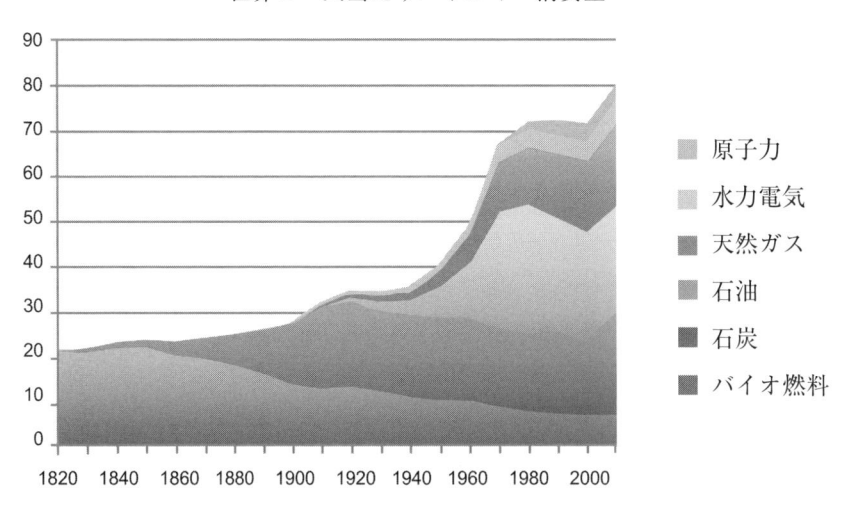

図 15.1　化石エネルギーの発見と利用、それに続く産業革命により、世界のエネルギー消費量
は爆発的に増加した。現在、人間が生物学的機能を維持するために必要なエネルギーは
約 100Wh であるのに対し、アメリカの一人当たりのエネルギー使用量は約 11,000Wh
である。現在、平均的な北米の人々の一人当たりのエネルギー消費量は、平均的なフラ
ンス人の 1.5 倍、日本人やイギリス人の 2.2 倍、ドイツ人の 2.6 倍、南アフリカ人の 5
倍、中国人の 10 倍となっている。

（出典：Tverberg, Our Finite World, licensed under CC BY-SA 3.0. ; CC-BY-NC 4.0 に基づき TWI が発行）

間の情報勾配と植民地・宗主国間の価値勾配が再構築された。その結果深刻な変
化が生じた（図 15.1）。それはヨーロッパの支配に新たな息吹を与えたが、その
代償は重大な変化であった。ヨーロッパは、かつては他所から輸入された高価値
商品を国内で消費することで富の大半を生み出していたが、今ではさまざまな商
品を大量生産し、世界に輸出するようになったのである。

　このシステムを維持するには、植民地の人々がヨーロッパの商品を手に入れら
れるように周辺部に富を生み出す必要があった。そのためには、植民地に大規模
な原材料生産システムを構築し、それをヨーロッパで製品に加工して植民地に販
売する必要があった。こうして植民地の位置づけが変化した。かつて、現地は比
較的価値が低いがヨーロッパでは価値の高い商品の生産地であったが、ヨーロッ
パに輸出する価値の低い商品を大量生産すると同時に価値の低いヨーロッパ製品

の市場になったのである。このシステムを維持するためには、多くの植民地の人々を低賃金の労働力としてこのシステムに組み込みながら、彼らに対する政治的統制を強化する必要があった。

　ヨーロッパでは、中央と周縁の両方で新しい技術が発明され、多くの富を生み出したが、最終的には多くの人々の権利を奪うことで流動構造を弱体化させた。工業化によって、多くの労働者階級は低賃金で、往々にして危険で、かつ満足感の少ない（機械化された）生産に縛りつけられた[*3]。1848 年以降第二次世界大戦に至るまで、社会運動が中心部で急速に広まった。初期の流動構造に属していなかった国々も、同様のダイナミクスを生み出そうとした。こうしてフランスは、アフリカと東南アジアを占領したのである。19 世紀後半に国家として誕生したイタリア、ドイツ、日本、ベルギーは、植民地というご馳走の残り物で満足せざるを得なかった。このことが二つの世界大戦の原因となった。これらの国々はヨーロッパ（日本の場合はアジア）での拡大を目指したが、他では拒否されたからである。

　1940 年から 2019 年にかけて、ヨーロッパがこれまで享受してきた世界の大部分に対する支配が、ついに北米、オーストラリア、日本、南アフリカ、そして最近では東南アジア、中国、インドへと広がっていった。ヨーロッパとアメリカは、もはや世界システムの継続的な富の創造、革新、集約を担う情報勾配を一手に掌握しているわけでなく、これらの他の地域と競争しなければならない。世界は多極化しているのである。

歴史を概観する

　ヨーロッパのシステムの歴史を四つの段階に分けることにより、今日まで三つの大きな変容を遂げてきたと私は考えている。第一段階では、どのような流動構造であれ、本質的には個人、家族、村落の自給自足戦略の規模で起こっていた主に平坦でエントロピーな期間（800〜1000 年頃）を経て、およそ 1000〜1300 年頃には、これまでよりも大きい（が、まだ小規模な）地域単位による情報処理の構造が現れる。このような小規模の農村侯国の多くは南ヨーロッパで出現したが、北ヨーロッパでは都市公国（ハンザ同盟都市）も形成された。その後、このような農村の流動構造はより大きな流動構造の下に組み込まれ、封建的なヒエラルキー（階層）構造を持つようになった。しかし、情報網のヒエラルキー構造によっ

て、情報網の拡大の機会は構造的に制限された（van der Leeuw & McGlade 1997 を参照）。

　第二段階（1200〜1400 年頃）は、ペストの結果、死による人口の激減とその後の人口集中 —— 旧市街と新市街の両方で —— が大きな影響を及ぼした。その結果、飛躍的なイノベーションが起こり、長距離の交易や情報伝達を通じて、都市の相互作用圏を急速に拡大させる原動力となった。その結果として 1400 年頃から出現してくる都市ネットワークは、農村の領主たちには依存しない、おそらくこれまでにない、ヘテラルキー（異質で並列的）な情報処理構造を持っており（van der Leeuw & McGlade 1997 を参照）、相互作用的な集団の成長とシステムの適応性を促進した。次の 200 年間には、これらの都市が植民地貿易網の確立を推進することになる。

　しかし、16 世紀になると、このダイナミズムは第二のティッピング・ポイントを迎え、第三の段階、ヨーロッパ世界システムが始まる。その始まりは、ヨーロッパの船乗りたちによる他の大陸の発見である。新たな資源が遠く離れた場所で発見され、これが富の蓄積につながった。1600 年頃〜1800 年頃にかけて、都市と農村のシステムは、領土の支配力を高めるための資金を街で獲得する必要があった農村の支配者によって、合併を余儀なくされた。これによって、（システム的にハイブリッドな）国家が形成され、都市の交易網が植民地を搾取するシステムへと変化していった。この時期の終わりにかけて（1800 年頃）、これらの流動構造は限界に達したと思われた。イノベーションは都市で停滞し、植民地からのエネルギーと物質の流れは、その搾取システムの構造によって制限された。ヨーロッパは第三のティッピング・ポイントを迎えていたのである。

　そのころ（1800 年頃）、新しい技術 —— 蒸気機関を駆動するための化石燃料の使用 —— で第四段階が幕を開けた。これまで西洋社会の可能性を制限していたエネルギーの制約が解消されたのである。その後に起こった無数のイノベーションは、ヨーロッパの生産システムのあらゆるレベルでの変革を可能にし、ヨーロッパ帝国全体の情報処理と価値の勾配を再び急速に増大させた。ジラール（Girard 1990）は、上述の過程において「イノベーション（innovation）」という言葉が、無視されるべきもの、あるいは軽蔑されるべきものから、我々の社会の究極の目標へと、その価値を変えていったことを概説している。この過程の一環として、われわれの社会はイノベーションに依存するようになり、現在では、流動構造を

損なわないようにイノベーションを加速度的に起こさなければならないという、出資金詐欺（Ponzi scheme）にも似た常習性のあるものとして扱われることもある。

　私はこの歴史から学んだ二つの教訓を強調したい。第一に、貧富の格差は、ロックストロームら（Rockström et al. 2009）の論文で取り上げられた環境的な地球の限界（planetary boundaries）と社会全体として対をなすと思われる。なぜなら、ヨーロッパの歴史における三つの大きな転換（ペスト、「新しい」世界の発見、産業革命）の直前に貧富の差が最も大きくなっていたように思われるからである。

　第二に、今にして思えば、中世の農耕社会から近世の貿易帝国、そして最終的には前世紀の工業経済、ポスト工業経済への流れは必然的であるかのように見えるかもしれないが、どんな物語や歴史もそうであるように、それは事実上、後付けされた物語に過ぎず、実際に起こったことの次元と複雑さを単純化している。

　ここで紹介する事前予見（ex-ante）の視点に立てば、ヨーロッパ社会は前述の三つの転換期のそれぞれにおいて、異なる軌道をたどる可能性があったし、これは現在についても同様である。例えばローマは、理論上、紀元2世紀には異なる軌道をとっていた可能性があるのだ。歴史は必然ではない。強力な推進力によって支配されたプロセスが変化を起こりにくくすることもあれば、予期せぬ出来事や人々が歴史の流れを変えてしまうこともある。われわれは現在、世界が変わるチャンスの窓を開く歴史の瞬間を生きているように思われる、というのが本書の趣旨である。だからこそ、なすべき選択がある。そのような選択をするためには、個人として、社会として、集団としての未来に責任を持つことが必要なのであり、その責任を、故意かどうか分からないが、現在、誤用している一部の人々に任せていてはならないのである。

　このことから結論づけられるもう一つの重要なことは、グローバリゼーションは決して新しいものではなく、16世紀からずっと続いているということだ。われわれが現在について考え、行動する際には、この事実を考慮する必要がある。実際には、われわれはグローバリゼーションの新しい段階に入ったということである。この状況は16世紀から18世紀にかけて世界各地で見られた植民地化と興味深い類似点がある。ヨーロッパの政治構造が極めて脆弱であったため、貿易が拡大したのである。オランダやイギリスの西インド会社や東インド会社といった新興の貿易組織がヨーロッパの思想を世界に広める原動力となった。国家は、例えば敵国の海賊船に許可を与えるなどして、自国の財源を増やすためにこうした

貿易組織に便乗した面もある。

3 ｜ 政府とビジネス界の役割の変化

　ここでは現在のグローバリゼーションの現状を、特に政府とビジネス界の役割に重点をおいて、歴史的な観点からより詳しく（ただし一般論として）見ていきたい。これまで見てきたように、1800 年頃に起こった化石エネルギーを大量に使用する方法が導入され、それによって産業革命が起こったことで、ヨーロッパ諸国とその植民地の経済が大きく変化した。一言でいえば、ヨーロッパ諸国は工業の機械化の進展にともない、統治、プランテーションの開発、ヨーロッパ製品の市場開発など、植民地との関係を変化させたのである。

　つまり、1800 年頃までは、植民地からヨーロッパへの流れは、ビジネス界主導による、少量だが高い価値が付加されたものであったが、一方で植民地への流れには、組織的能力や情報処理能力はほとんどなかった。1800 年以降は、その流動構造に各国の行政機関が関与するようになり、植民地に対する組織や情報処理の流れがより重要になるきっかけとなった。西洋で教育を受けた男女が流入することによって植民地は西洋の管理、運営する領土へと変化した。

　このシステムは、石油の発見、電気の普及、新しい輸送交通手段（鉄道、蒸気船、後に石油船、飛行機など）や情報伝達手段（郵便、電信、電話、テレックス）の発明によって促進され、19 世紀から 20 世紀前半にかけて基本的に継続、拡大した。ヨーロッパ諸国とその植民地間の情報の流れは、より大きく、より速くなったことにより、やがて植民地は徐々に宗主国の情報処理組織の一部として組み込まれていった。重要なのは、19 世紀から第二次世界大戦まで、植民地では、ビジネス界と政府が協力し、互いのバランスを保っていたということである。

　脱植民地化は 19 世紀末から 20 世紀前半にかけてラテンアメリカで始まり、第二次世界大戦後の 40 年間で、東南アジアやアフリカに広がった。これによってヨーロッパ諸国とその植民地との政治的なつながりが断たれ、それまで元植民地を植民地として「組織化」していた情報の流れから切り離されたのである。しかし、ヨーロッパ諸国とその旧植民地との間の貿易の流れが止まったわけではなかった。政治領域と商業領域を（再度）分離し、独立後の各国の統治が未熟なう

ちは、より自由にビジネスを展開したに過ぎない。

　同時にアメリカは世界の大部分を軍事的、政治的に支配するようになり、その自由主義的な理念を（奨励はしないまでも）利用することによって、経済力を民間の手に集中させた。20世紀後半のいわゆるパクス・アメリカーナ（Pax Americana）は、多くの国家の経済規模に匹敵する企業が工業生産、貿易、通信を支配することを可能にし、徐々にほとんどの国と同等かそれ以上の力を持つに至ったのである。その過程で、富と経済力を飛躍的な向上を達成するためになんとか体制を整えた国もあった。ドイツ、日本、韓国、そして後に中国とBRICS諸国（ブラジル、ロシア、インド、南アフリカ）がこれにあたる。これらの国では多くの場合、政府支援の大規模な産業や企業クラスターへの参入をきっかけに、初期の頃はヨーロッパやアメリカよりもはるかに低い給与水準によって、市場を獲得した。こうして、世界は多極化したコミュニケーションと情報の流動構造へと進んできたのである。

　今のところ、この簡潔で表面的な歴史から得られる教訓は、国家間のパワーバランスが変化しただけでなく、レーガン（Ronald Reagan）とサッチャー（Margaret Thatcher）の時代（1980年代初頭）以降、政府とビジネス界の間のパワーバランスが繰り返し変化し、ビジネス界と金融業界に有利になったということである。その結果、最近ピケティ（Piketty 2013）が注意を喚起したように、システムの中心部と周辺（持つ者と持たざる者）の間の価値と富の格差が拡大している。それによってアウトサイダーがインサイダーになる機会を減らし、（原材料だけでなく人的資本の面でも）採掘から廃棄までの経済（extraction-to-waste economy）が生まれ、地球がもはやそれに対処できないという意味で、限界に近づいている（あるいは達してしまっている）。

　統治には領域的な限界があるため、このシステムが世界中に広がることで多国籍大企業の成長が可能となったが、多国籍企業の成長がシステムの拡散を後押ししたともみることができる。西側世界の中心部以外でのこれらの多国籍企業の影響は、過去100年ほどにわたって、ゆっくりと、しかし確実に、文化的・社会的に根本的に異なる地域を採掘から廃棄までの経済に組み込み、経済を真にグローバルなものにした。個人、グループ、そして家が、都市と富に依存した論理を支持する考え方や行動、制度を徐々に採用するようになった。この30年間でこのプロセスは加速し、今や中国、インドネシア、インド、その他の国々の都市部に

まで及んでいる。

4 ｜ 20 世紀の危機

　この過程でさまざまな緊張の場が生まれ、最終的には大きな危機を招いた。20
世紀の西洋社会を襲った最初の危機は第一次世界大戦であった。王侯貴族の暗殺
が相次いだ後に起こった、サラエボで起きたオーストリア皇太子フェルディナン
ド大公の暗殺（assassination of Archduke Ferdinand）という一見些細な出来事がこの
大戦のきっかけになったのは周知の通りである。オーストリア・ハンガリー帝国、
フランス帝国、ドイツ帝国、イギリス帝国というヨーロッパの四つの大きな社会
構造間と、そしてこれらの帝国内部での貧富の差の間に蓄積された緊張が解き放
たれたのであった。この戦争によって人的、物的資本は大きく破壊され、しばら
くの間こうした緊張を緩和した。次の危機はその後間もなく、1929 年に金融界
で始まった。アメリカを中心とするごく少数の人間による金融市場の支配が原因
であった。この危機は富の大破壊を引き起こし、関係各国の社会的緊張を高め、
アメリカでは大規模な環境破壊（いわゆるダストボウル［dust bowl］）とも重なった。
失われた金融資本は第二次世界大戦の直前まで持ち直すことはなかった。第二次
世界大戦は、特にドイツにおいて、第一次世界大戦を引き起こしたのと同じ社会
的緊張によって（報復主義的［revanchist］に）引き起こされた。
　第二次世界大戦後、西側世界の大規模な再編が行われ、新たな金融構造（ブレ
トンウッズ協定、国際通貨基金、世界銀行）、グローバルな政治構造の新たな試み(国
際連合)、新たな軍事構造（北大西洋条約機構とワルシャワ条約機構、東南アジア諸
国連合など）、世界的な貿易ルートの開放（関税と貿易に関する一般協定や世界貿易
機関、最近では北米自由貿易協定や欧州連合などの地域関税同盟、そのほか統合度合は
低いが類似の地域協定）が実行された。重要であり、あまり目立たないが、この
ことはまた、社会構造の緊張の核心を西側世界から世界の他の地域に持ち出す、
物質的豊かさを追求するモデルへの移行を引き起こした。それは、周辺部の人的・
資源的資本を利用して、西側システムの中心部に富を蓄積するというものであり、
そうすることで、西側民主主義諸国の緊張を最小限に抑えるというものであった。
この発展の原動力となったのは、化石エネルギー（後に限定的に原子力エネルギー）

の豊富な利用によって促進された技術革新であった。こうした発展は、結果的に現在の消費社会につながり、先進諸国に相対的な社会平和の時代を築くのに貢献した。

　戦争で破壊されたところを 20 年ほどかけて再建した後、1970 年代から 1980 年代にかけて、植民地帝国の解体など新秩序の予期せぬ結果が、西側だけでなく他の地域でも表面化し始めた。金融の分野では、金融システムの急激な成長に対応するために金本位制度（gold standard）が廃止（1976 年）され、それに続く「ビッグバン（big bang）」（1986 年）によって、特にアメリカやイギリスではこれまで金融市場を抑制してきた（国家）政策の制約が取り払われた。レーガン政権とサッチャー政権は、ロシアとロシア帝国の西側周縁部の一部で、共産主義的経営哲学が意図しない結果によって弱体化した国々の崩壊と政権交代（1989 年）に加担した。多くの旧植民地では期待の高まりによる革命が起こり、先住民（の中の小さな集団）に有利になる、重大な政権交代につながった。（インドネシア、インド、パキスタン、ジンバブエ、その他多くの国々、かなり経ってからであるが南アフリカ共和国が例としてあげられる。）

　これらすべての根底には、特に 1980 年代以降に表面化した、この過程の主要な推進力であるグローバリゼーションがあった。一方では貿易を拡大し、中核国の富を増大させ、地域的なリスクをグローバルなリスクの下に置くことで軽減した。しかし、一方では、世界のさまざまな地域間の依存関係が強まり、その結果、ある場所で起こった小さな出来事が世界システム全体に大きな影響を及ぼす可能性が高まった。これが「バタフライ」効果である。

5 ｜ 本章の結び

　情報処理の散逸的な流れという観点から見ると、グローバリゼーションとは、グローバル社会の、エネルギーや物質的な資源を処理する能力と、情報を処理する能力との間の不均衡によって生み出されたプロセスの最新の段階である。時間の経過とともに情報処理のニーズが高まり、より多くの人々が集まるようになり、それにともなって、より多くの資源が必要になった。この過程で、成長するコミュニティの情報処理能力は、人間の短期作動記憶（short-term working memory）の限

界と、連携と情報伝達の非効率性により、人口増加に対して非線形的な伸びしか示さない。この物質的・エネルギー的な流れは、最初は人の数に応じて直線的に増加していたが、その後、集団の規模が大きくなってインフラへの投資が必要になると、今度は幾何級数的に増加した。その結果、西洋社会は資源の必要性に迫られ、世界中に資源採掘網を広げることになったが、情報処理ツールの次元を広げることはなかった。採掘する地域を広げながら、その土地の習慣、環境、課題、解決策、価値観に関連するさまざまな次元の情報処理を無視して、西洋的な手法で世界中を開発していった。19 世紀（石炭）と 20 世紀（石油、後にガス）の化石エネルギーの発見と利用が、イノベーションと西洋の価値空間を促進して以来、各地のさまざまな情報処理を統合することは西洋社会の情報処理能力を超えていたため、グローバル化は富を中心にますます狭い次元で進行した。この拡大は、以前西洋の情報処理を制御したのと同じ一連の中心的な次元の精巧な再現に基づいていた。

　西洋的な情報処理を強制的に広い地域に適用するだけでは、非西洋の人々が情報を処理するさまざまな方法に内在する多くの異なる次元を統合することができなかった。西洋の流動構造は、独自の情報処理の方法を維持しながら、世界共通のいくつかの言語 —— 英語、スペイン語、フランス語 —— によって、世界中に広がった。このため、支配的な（西洋的）情報処理システムと、そのシステムが直面する文化や環境とのギャップが急速に拡大し、その結果、利用可能な情報処理と、その地域の（自然および人間の）資源利用を最適化するような情報処理との間に急速に緊張が高まり、最終的には一連の危機（今後も頻度と振幅を増して発生するであろうと私は考えている）を引き起こした、意図しない、予期せぬ結果の爆発的な発生につながった。

　もちろん、この緊張は、システムのさまざまなスケールにおける脆弱性、レジリエンス（回復力）、適応性に個別の影響を与えるだろう（Young et al. 2006）。しかし、西洋の情報処理システムの拡大は、社会の多様性と、これまで地球上のさまざまな文化を特徴づけ、その過度な一体化（hyper-connectedness）に対するバッファー（buffer：緩衝）として機能してきた思考と行動の多様性をますます損なわせることになるであろう。そして最終的には、第 16 章で論じる価値空間の拡大を、不可能にしないまでも、制限することになると思うのである。

　このようなダイナミクスが十分に解明されていないのは、国家や企業の視点か

ら見た場合、拡大することこそが、金融や経済の流れや価値を増大するため、有利であると考えられてきた、というのが私の主張である[*4]。このようなダイナミクスを正しく解明するためには、グローバルで全体的な視点が不可欠であり、競争関係にある各国や各企業にとってグローバル化のメリットに注目するのではなく、グローバル化の原因と影響を現象ごとに着目する「グローバルシステム科学（Global Systems Science）」の発展が必要であろう。

第18章で概説するが、ビッグデータ収集の時代において、このようなアプローチに必要な情報は、われわれの社会が存続していくためにはなくてはならものであり、その重要性はいかなる国益をも超えるものである。しかし、そのような情報の収集は基本的に（グーグル、フェイスブック、テンセントなどの）民間の手に委ねられている。各国政府は（主に防衛・軍事目的で収集している超大国は別として）依然として国家的視点を維持しているため、（民間業者と）同じ規模での情報収集はそもそもできないと思われる。

原著注
- [*1] 多くの統治者や商社が独自の諜報と伝書システムを持つようになったが、その最たるものがカトリック教会であった。
- [*2] ドイツ、ロシア、イタリアではこのプロセスはもっと長く時間がかかり、われわれが議論している期間内には完成しなかった。
- [*3] 新技術の一つを使いこなすことで、大きなチャンスを得ることができた。多くの人にとって、教育は不幸から抜け出すための手段であり、このことはイノベーションと社会的結束を維持するために情報処理の改善が必要であったことを反映している。このような背景から、20世紀初頭には多くの国で教育革命が起こった。
- [*4] そこで私を含む関連する領域の科学者グループは、地球システム（社会経済的な要素も含む）を統合システムとして捉え、その背後にあるダイナミクスと地球への影響を明らかにし、浮彫にしようとするグローバルシステム科学という新しいイニシアティブを立ち上げたのである。この詳細については、イェーガー（Carlo Jaeger）ら（Jaeger et al. 2013）を参照してほしい。

第16章　グローバル社会は「ティッピング・ポイント」を迎えているのか？

1 | 現代の難題

　本書の中心的なテーマは現在と未来の関係である。特に、グローバル化を続け
る世界における環境と今日の生活様式の存続（か否か）に関して、今の世界に生
きるわれわれが知らないうちに直面している難題についてである。そこで、現在
の社会をグローバルに特徴づける傾向をいくつか見てみたい。そうすることで、
温室効果ガスの排出が環境破壊との戦いの焦点として国際政治で扱われている
が、これは問題の根源を無視し、課題を単純化しているために極めて不十分であ
り、実際に誤解を招くものであることがすぐに分かると思う[*1]。

　現在の課題を環境的なものというよりも社会構造的なものとして捉えるなら
ば、本質的に社会的なダイナミクスであるもののうち、人口動態、食糧安全保障、
金融の安定性、富の分配、都市化など、それぞれの安全に活動できる領域を超え
る恐れがあるダイナミクスが数多くある。幸い、2015 年に国連が持続可能な開
発目標（sustainable development goals : SDGs）を定め、その目標達成のための検討課
題を提案する取り組みの一環として、科学界では、まさに課題の大部分は社会構
造的なものであるという認識が急速に高まっている（SDGs 研究への取り組みにつ
いては、第 19 章を参照）。また、近年の SDGs の注目点は、多次元的な体系的なア
プローチというレンズを通して、持続可能性の中核となる課題を捉える取り組み
へと移行してきている。このことは各国政府にも影響を及ぼし始めており、現在
では財務省、企画省、首相官邸などの中央政府機能も含めた省庁間の調整にも及
んでいる。しかし、自然科学や生命科学に比べれば、社会科学界の取り組みはま
だまだ未熟である。理由のひとつは、当初、社会科学は自然科学が定義した問題
への対応を求められたが、それは社会科学の主要なテーマである「社会のダイナ
ミクス」をまるで押し付けられたようであったことである。その結果、社会科学
者は気候や社会、水や人間のニーズ、食料安全保障などについて研究することに
労力を費やし、現在の状況をもたらした社会内部のダイナミクスを研究すること
に重点を置いてこなかった。さらに、さまざまな社会的領域におけるダイナミク
スに対するさまざまな分野の研究成果を学際的に融合し、より全体的で科学的に
首尾一貫したものに発展させるための協調的努力が今日まで十分ではなかったの
である。つまり科学界と経済、金融、政治は、以前に行なった選択が意図しない、

予期せぬ結果をもたらす点について精査してこなかった。

　本章では、先に述べた持続可能性の主な課題のいくつかについて簡単に説明し、現在の多次元的な苦境をどの程度まで分析しなければならないかを探る。この課題の複雑さと、複雑系（complex systems）の視点からこの課題を捉える必要性を論じたい。最後に、現在のわれわれの状況は、西側社会がこれまで行った選択による予期せぬ、予想外の結果であることを強調し、これが歴史上のティッピング・ポイントの根本原因であるという私の考えを述べたい。このような観点から、「危機」や「ティッピング・ポイント」とは、ある社会の情報処理能力が、時間の経過に伴うリスクスペクトルの変化によって、システムがいつの間にか非常に複雑になったダイナミクスに対処できなくなる（通常は一時的な）状況のことである。

環境

　何世紀にもわたるわれわれの行動は最終的にわれわれの環境を一変させ、われわれ人間が約 1 万年にわたって享受してきた地球システムのダイナミクスの相対的な安定性が今世紀中に失われるかもしれないという点にまで達してしまっている。過去 100 年ほどの間に社会経済システムの拡大を示す多くの指標は、世界的にも局地的にも指数関数的に増加し、環境への影響を示す指標も同様である。ステッフェンら（Steffen et al. 2005, 2014）はその変容を一つの図式で表している（図 2.1）。さらに、この 30 年間で、われわれの今日の社会が一連の（惑星としての）地球環境リスクの限界を超えそうになっている、あるいは実際に超えてしまったという兆候が数多くみられる（Rockström et al. 2009a）（図 2.2）。約 30 年にわたる環境の変化に関する研究の結果、課題の本質は環境的なものであるという従来の認識から、実際の課題は社会構造的なものだという認識が高まっている。結局のところ、社会が環境を定義し、環境課題を特定してそれに対する解決策を提案するのだ。したがって、社会全体としての行動こそが、これから潮流を引き起こす、あるいは変える可能性を持っているのである。

　私たち科学者は、つい最近まで、街灯の届かない暗闇のどこかで失くした鍵を見つけるために、街灯の下を探していたのではないだろうか。なぜこのようなことが起こったのかを明らかにすることは、それ自体が非常に興味深く、重要な研究テーマとなるだろう。社会環境ダイナミクスに主に注目して、現在の西洋的なライフスタイルが維持できるように、どこに危険が潜んでいて、どうすればそれ

を軽減できるのかを調べるのではなく、現在の難題を生み出した社会構造的なダイナミクスをもっと詳しく検討し、どうすればそのライフスタイルを変えることができるかを考えるべきだったのである。

　ステッフェンが集めた複数の兆候は、われわれが社会全体としての地球の限界（societal planetary boundaries）を越えつつある、あるいは少なくともそれに近づきつつあることを示しているのだろうか。本章ではその問いについて考えてみたい。われわれの社会が、自分たちが安全に活動できる領域（safe operating space）を脅かしている事柄をいくつか簡単に列挙してみよう。全てではないにせよ、ほとんどはよく知られた事柄であるが、われわれの世界観や科学は学問的、分野的に細分されているため、多くのことが、われわれの未来にとって本当にどのような意味があるのかを全体的な視点から、十分に関連付けられてこなかった。他方で、われわれの文化における基本的な価値観や前提、すなわち聖域に由来するものであるという理由で議論されてこなかった事柄もある。

世界の人口動態と健康

　図 16.1 は、現在世界で観測されている人口動態の傾向について、三種類の異なる予測を示したものである。100 年にわたる人口動態の変化を予測することは困難であるが、この予測は最も確実なものの一つである。過去においては、実際の人口増加がしばしば予測よりも多くなりがちであったとしても、である。この予測では、平均寿命が富と医療に比例して延びることや、豊かになるにつれて出生率が低下することを考慮している。しかし、がんの治癒や幹細胞治療の可能性など、医療における飛躍的な進歩が生み出すかもしれない非線形性は考慮されていない。

　図 16.1 の各シナリオ間の大きな乖離は、遠い未来を予測することの難しさを明確に物語っている。これらの人口数値は、全体像の一部分に過ぎない。健康状態の分布における大きな格差がもう一つの特徴である。図 16.2 に示すように、出生時の平均寿命で表される健康は、世界中で（地域ごとに）非常に不均等であり、その分布は富の分布と似ているように見える。

　このことは、世界全体の人口増加にも直接的な影響を及ぼし、今後数十年の間に、主にアフリカで増加すると予想されている（図 16.3）。

　一般的に、開発途上国が豊かになるにつれて平均寿命が延び、出生率は低下す

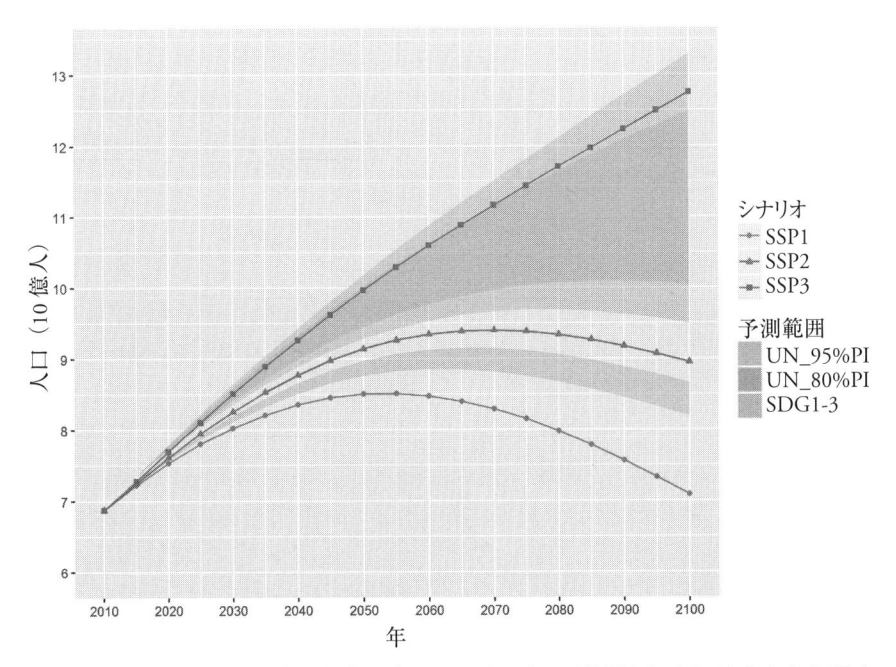

図 16.1　三つの共通社会経済経路（SSP）シナリオによって予測される 2000 年から 2100 年の世界人口増加予測と国連が示した確率的範囲。
（出典：Abel et al. 2016 をもとに、WI 2050 が CC-BY-NC 4.0 の下で公開。）

ると予想されている。2018 年現在、世界の人口は年平均 1.1% 増加している。この増加率は、約 2.1% でピークに達し、1965～1970 年以降、低下傾向にある。世界の人口が減少する傾向にあることは、「人口転換理論（Demographic Transition Theory）」（Notestein 1954）によって説明することができる。この理論によれば、すべての社会は、出生率と死亡率がともに抑制されずに高い、つまり人口増加率が低い、転換前の状況（ステージ 1）から、出生率と死亡率がともに低いレベルに達する定常の状態（ステージ 4）へ至る。このパターンはかなり確立されており、これまでのところ例外は一時的なものであった。

　しかし、重要な問題は、富の増大と出生率の低下が、多少なりとも、同じ割合で現れるのかどうかということである。もう一つの問題は、これらの（人口転換）プロセスが世界のさまざまな地域でどのように進展するかということである。どちらにせよ、200 年にわたる西洋の産業経済が、世界の持続可能性に影響を及ぼ

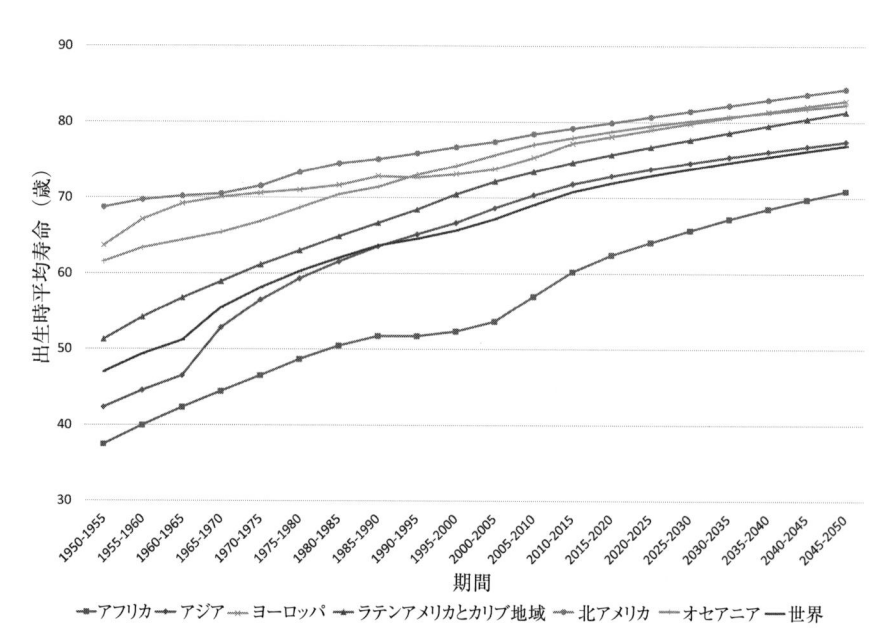

図 16.2　地域別出生時平均寿命（歳）：1975〜2015 年の推定値と 2015〜2050 年の予測値。
（出典：UNDESA［2017］。図は TWI 2050 が CC-BY-NC 4.0 の下で公開。）

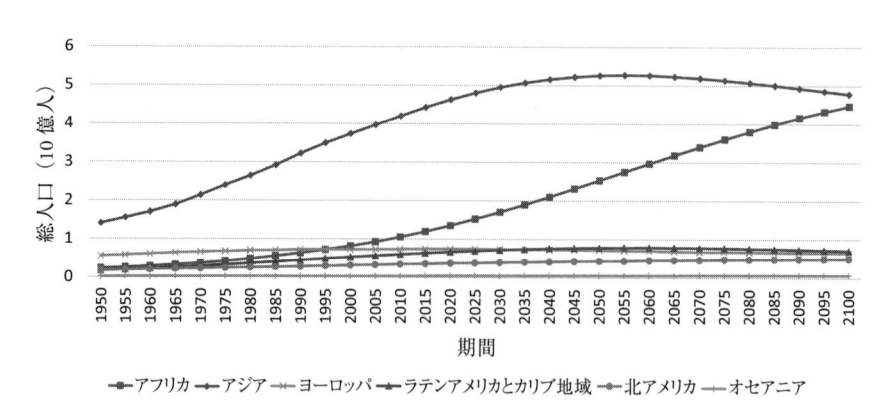

図 16.3　マクロ地域別の人口増加。最も人口増加が予測されているのはアフリカである。
（出典：UNDESA［2017］のデータ。図は、TWI 2050 が CC-BY-NC 4.0 の下で公開。）

す可能性のある重要な人口の不均衡を生み出していることは明らかである。

高齢化

このような世界的な統計の背景には、高齢化という大きな課題が潜んでいる。一般的に、経済が成長するには、生産年齢人口が増加することが必要だと考えられている。しかし現在、多くの先進国では、高齢化と少子化が相まって、生産年齢人口が減少している。日本、中国、ドイツなどである。また、アメリカ、カナダ、オーストラリアなど、移民の受け入れなどで人口が増加している国もあるが、概して移民が外国人排斥の対象となるような政治情勢では、移民の流入は減少する可能性がある。これは、（オートメーション（自動化）によって人が取って代わられる可能性がある）供給面からではなく、需要面において、これらの経済規模に影響を与えるだろう。

逆のケースは東南アジアとアフリカであり、出生率がまだ高く、生産年齢人口もしばらくは増加すると思われる。そこでは経済成長が続いていくだろうが、そこで生じる興味深い疑問の一つは、世界のパワーバランスも途上国にシフトしていくか、ということである。それは、これらの国々が技術や経済だけでなく、制度や法制度を発展させることができるかどうか、また、どこまで発展させることができるかにかかっている。中国は過去数十年にわたって、それがどのように可能であるかを示してきた。

国際移住

現在の世界のもう一つの基本的特徴は、とはいってもその起源は古いが、大規模な移住である。その人数を定量的に把握することは非常に困難であり、純粋にナラティブな（言葉による）説明だけで十分であろう。

最近の調査によると、世界規模での移民は最近では実質的に増加していないが、地方や地域のレベルでは人口動態が変化している。国連によると、2005 年から 2050 年の間に、より発展した地域への国境を越える移民の純増数は 9800 万人と予測されている（UNDESA 2017）。こうした地域間移動は、例えば気候変動や海面上昇、食糧と水の確保などの理由から、予見可能な未来においてさらに加速する可能性がある。しかし、戦乱、国家破綻、ポピュリズム、民族浄化、犯罪的暴力など、社会全体としての要因によって、移住への圧力が高まる可能性もある。

また、口コミ、テレビ、インターネットを通じた情報の急速な広がりも、移住に大きな影響を与えている。それは発展途上国において広範囲にわたる「プッシュ (push)」反応を引き起こし、危険な、あるいは経済的に困難な状況にある人々を、アメリカ、カナダ、EU、その他の（主に先進国への）移住へと駆り立てている。

　これらのことから、移民の増加は当面さらに加速される可能性が高い。一方、先進国では、現地のポピュリズムやアイデンティティの問題から防衛反応が起こり、現在南ヨーロッパやアメリカで起こっているような移民やグローバリゼーションに対する障壁がさらに生じるかもしれない。しかし、先進国の人口減少や経済衰退は、そのような感情を打ち消すかもしれない。また、大きな環境災害や民族浄化 (ethnic cleansing) が起こった場合には、事態はさらに複雑になるだろう。先進国と途上国の両方において、国家が大量移住に対応する意思や能力がない場合には、移住に伴う文化的、社会的、経済的な面での大きな課題が予想されるのである。

食料安全保障

　こうした人口動向の重要性は、世界人口としてのわれわれが資源にかける負荷 (resource footprint) の推移と比較すれば明らかである。医療における大きな革新と、人間をより健康にする技術が世界的に普及した結果、ティム・フラナリー (Tim Flannery 2002, n.p.) が言うように、われわれは「未来を食べる (eating our future)」ことになったのである。世界人口に対する水と食糧の供給は、極めて容易に大きな紛争の火種となりうる潜在的な危機に直面している。投機的な取引による近年の食料価格の上昇は、遠くない将来、食料安全保障が世界的に大きな課題となる可能性を示す初期兆候である（図 16.4）。それゆえ、このテーマが過去五年間に科学的にも政治的にも大きな関心事として浮上したことは、驚くには当たらない。

　個々の国々は、食糧や水の不安が自国民を脅かす可能性に備えて、アフリカの広大な土地を購入するなどしてリスク回避に努めている。しかし、アフリカの人口は他のどの地域よりも急速に増加しており、この戦略が最終的に持続可能であるかどうか疑問である。

化石エネルギー

　エネルギーは、人類という種が存続するようになってから長きにわたり、人間

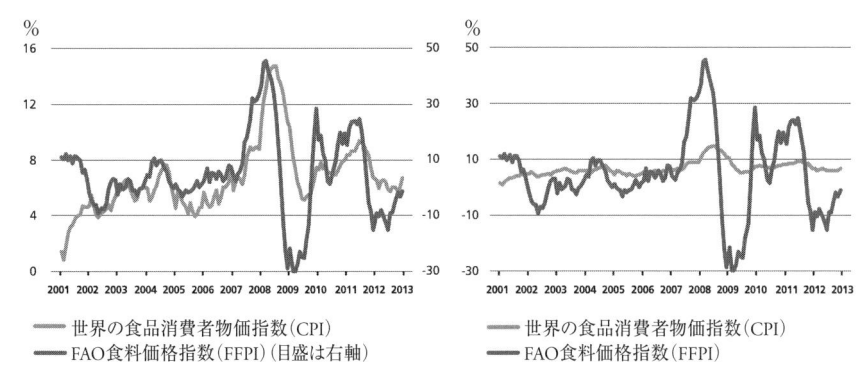

世界の食品消費者物価指数（CPI）
FAO食料価格指数（FFPI）（目盛は右軸）

世界の食品消費者物価指数（CPI）
FAO食料価格指数（FFPI）

**図 16.4　1980 年代から 2005 年までの食料価格は、農業技術の改良による穀物の増産を可能に
した緑の革命（green revolution）のおかげで、比較的安定していたが、投機取引とエタ
ノール生産の影響もあり、最近では高騰している。**

（出典：FAO www.fao.org/worldfoodsituation/foodpricesindex/ja/, downloaded 01/09/2018。TWI 2050 が CC-BY-NC 4.0 の
下で公開）

社会としての進化を制約するものであったが、1800 年代に化石エネルギーを利
用することで、その制約が解かれた。それ以来、エネルギー使用量は急速に増加
した（図 15.1）。基本的には、われわれの社会構造を動かしているダイナミクス
によって、世界の平均エネルギー消費量は、産業革命の初期には一人当たり年間
約 20GJ だったのが、現在は一人当たり年間約 80GJ にまで増加している。これ
には、先進国と途上国の間で大きな偏りがあることは明らかである。2013 年の
アメリカでは、一人当たりの平均消費量が年間 290GJ 相当であるのに対し、イ
ンドでは約 25GJ に過ぎなかった。その消費量の差のほとんどは、物理的、制度
的なインフラの構築、維持と管理に費やされている。エネルギー需要の増大は、
現在の世界の動向にとって必須であり、政治的、経済的、そして社会構造的な理
由からエネルギー消費は当面減少する見込みはないであろう。
　しかし、地球上で採掘可能な化石エネルギーの総量は限られており、1970 年
代以降、安価な資源である石油は将来のある時点で枯渇するという結論に至った。
最近では、新たな石油ガス鉱床の開発（Day & Hall 2016 を参照）、大量の天然ガス
の発見、再生可能エネルギーの利用拡大により、石油枯渇の時期は先に延びたか
もしれないが、従来のガスや石油の探査と採掘は、アクセス可能な地域の地下表
層部の資源はすでに枯渇しており、より深部の資源（ブラジルではプレソルト［*pre-*

sal]）や過酷な気候（北極）からの化石燃料がその代替となっているため、ますます高価になってきている。石炭は、まだ何年も枯渇することはないが、温室効果ガスや地球温暖化の観点から燃やすことは非常に好ましくないという事実により、世界的に使用量を減らさざるを得なくなっている。

　世界的な CO_2 排出量削減の取り組みにおいて、エネルギーは早くから対象とされており、化石燃料の使用量と CO_2 排出量の削減は大々的に行われてきた。これまで、さまざまなアプローチが検討され、そのうちいくつかは実行されてきた。送電網（グリッド）にデジタル情報処理を応用するなど、技術の発明や改良が行われてきた。特に、CO_2 排出量の削減（石炭から石油、そしてガス、さらに再生可能エネルギーへの転換）と（発電や建物の断熱、交通輸送などにおける）エネルギー利用の効率向上のために、実質的な対策が講じられてきた。しかし、図 16.5 が示すように、これはまだ極めて不十分なものであり、その理由の一つは、全エネルギーのほんの一部しか実用化されていないことである（図 16.6）。

　現在、世界全体で年 2% 程度の効率化を達成している。しかし、The World in 2050 チーム（TWI 2050, 62）が結論づけたように、これらのすべての努力をもってしても、温室効果ガスの排出を実質的に削減するにはまだ不十分である。国際エネルギー機関は、次のように述べている（2017）。

　　近年、炭素排出量は横ばいになってきているが、今回の報告書によれば、世界のエネルギー関連の CO_2 排出量は 2040 年までにわずかに増加する。これは、昨年の予測よりも、（増加）ペースが緩やかになるとの見通しである。それでも、まだ十分とは言い難い。

　この憂慮すべき状況をさらに悪化させているのは、従来のエネルギー獲得への投資収益率の低下によって理論上入手可能な（特定されている）資源のうち、かなりの割合が地中に残される危険性があり、それらの回収不能な資産に対して融資した金融機関が大きな財務的責任を負う可能性、いわゆる座礁資産問題（stranded assets problem）である。これは、石油価格の変動に伴う地政学的リスクと同様に、現在のグローバルな金融システムに対する脅威となる。化石燃料で十分に稼ぐことができない国々は、その政治構造が不安定になる。2016 年から 2019 年にかけてのベネズエラがその例である。また、世界の貧困を減らせば、石油の需要は増

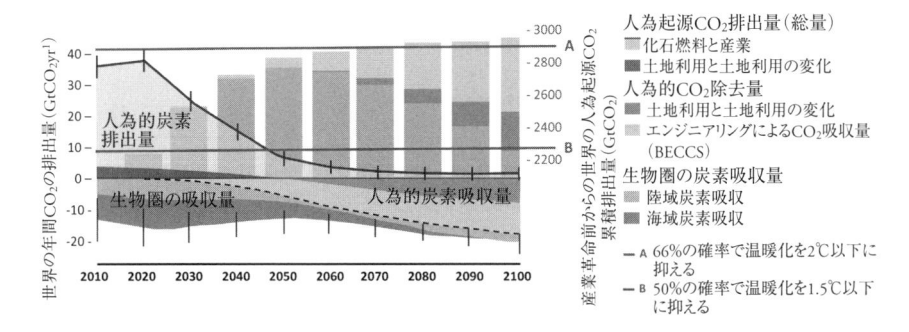

図 16.5　地球の気候を 2℃ 以下と 1.5℃ 以下で安定させるための CO_2 の排出量と吸収量をそ
れぞれ累積と年間で示す。灰色で示された炭素排出のほとんどはエネルギー関連である。
土地利用による排出と合わせて、今世紀半ばまでにゼロにする必要がある。この図は、
半導体に関するムーアの法則（Moore's Law）── チップあたりのトランジスタ数が 2
年半ごとに 2 倍になる ── になぞらえて、炭素の法則（Carbon Law）と呼ばれている。
炭素の法則は、世界の排出量を 10 年ごとに半減させる必要があることを示している。
さらに、人間の炭素吸収量を現在の排出量のほぼ半分まで増やす必要があるが、非常に
困難な課題である。ここでは、バイオマスからの炭素回収（炭素回収・貯留を伴うバイ
オエネルギー利用［bio-energy use with carbon capture and storage：BECCS］）と土
地利用の変化が鍵となる。第三に、大気中の濃度が低下する中で、生物圏の炭素吸収量
を維持する必要がある。グレーの縦棒は、産業革命が始まってからの累積排出量を示し
ており、約 2000 億トン CO_2 である。われわれは依然として年間約 400 億トンの CO_2
を排出しているにもかかわらず、1.5℃ 以下での安定化を達成するための排出量の余裕
は実質的にゼロであるため、収支、つまり人類に与えられた炭素賦与量は間もなく使い
果たされる。この収支のバランスをとるためには、排出量がマイナスになることが必要で
ある。2℃ の安定化のための収支はもう少し余裕があり、排出量をマイナスにする必要
性が激減する。炭素の法則は、パリ協定（Paris Agreement）と SDGs の実現に向けた
ロードマップとみなすことができる。1.5℃ 以下に焦点を当てた SSP1 バリエーション
や代替シナリオなど、本レポートで示された経路は、同様の動態を示す一方、2℃ 以下
は、最終消費（end-use）技術と行動の積極的な変化により、排出量がマイナスである
必要がないという、唯一の安定化経路である。

（出典：Rockström et al. 2017。図は、TWI 2050 が CC-BY-NC 4.0 の下で公開。）

大し続けると考えるのが妥当であろう。例えばサウジアラビアでは、2032 年ま
でに石油の純輸出国でなくなる可能性があるほど、国民のエネルギー使用量が増
えている（Leggett 2014）。もし、世界のすべての人の生活水準を快適な生活（現在
の欧米のような行き過ぎた生活水準ではないにしても）を保証できるレベルまで引

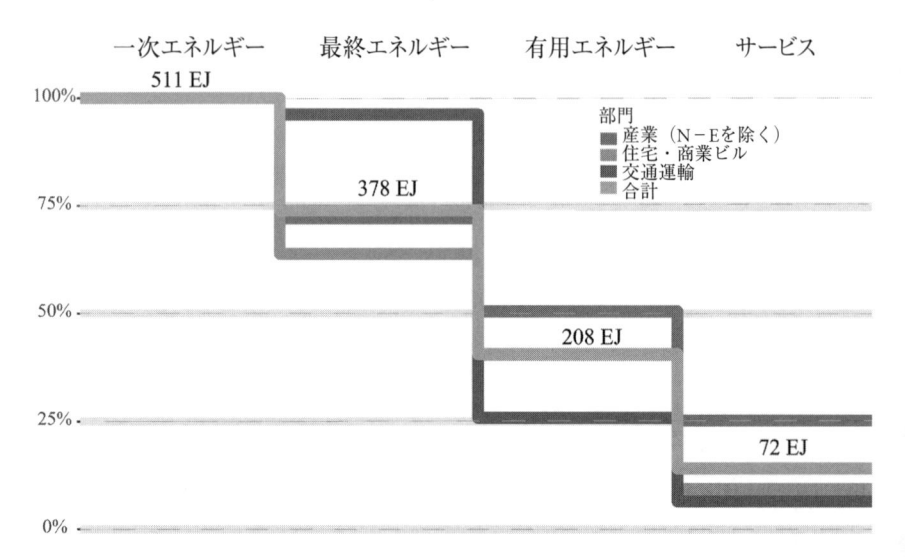

図16.6 世界のエネルギーシステムにおけるエネルギー変換カスケード。**各線は、三つの最終**
用途部門（産業、住宅・商業ビル、交通運輸）について、最終エネルギー、有用エネル
ギー、サービスのそれぞれに供給された抽出一次エネルギーの割合と2020年のエネル
ギーシステム全体の合計を示す。エネルギーの流れは、エネルギーの非エネルギー原料
利用（N–Eと表示）を含まない。エネルギーの流れの合計（EJ）は、エネルギー変換
カスケードの各段階で示されている。サービス効率は、ナキセノビッチら（Nakićenović
et al. 1990とNakićenović et al. 1993）に基づく（控え目な）一次推定値である。
（出典：図はアーヌルフ・グリューブラー［Arnulf Grubler］とベニグナ・ボサ＝キス［Benigna Boza-Kiss］の好意によ
りTWI 2050に提供され、TWI 2050がCC-BY-NC 4.0の下で公開。）

き上げるために必要なエネルギーを計算に入れるとしたら、化石エネルギーの使
用は、大気汚染という観点では、はるかに許容レベルを超えてしまう。なぜなら、
ほぼ確実に石炭の大量使用が考えられるからである。石炭は、現在（そして今後
も大きな技術革新によって状況が変わらない限り）化石エネルギーの中で最悪の汚
染物質なのである。このエネルギーの逼迫を回避できるのは、再生可能エネルギー
だけである。その導入量は指数関数的に増加している（現在は世界のエネルギーの
約20%を生産している）ものの、化石燃料による排出量の増加を補うにはまだ十
分な速度ではないし、言うまでもなく、土地の開発、飽和状態の海洋のCO_2吸
収能力、メタン放出をもたらすツンドラの融解などによる排出量の増加を補うこ
とはできない。

金融

　近年、金融資本全体のうち、ますます大きな割合を占めているのは、商品生産やサービス業に関わるものではなく、完全に投機的なものであることがよくわかる。図 16.7 は、アメリカにおいて、キャピタルゲイン課税（capital gains tax）の対象となり、生産的に投資されない利用可能な資本の割合が 1940 年代後半から増加し、最近では金融資本全体の 40 ％ 近くを占める年もあることを示している。このような投機的資本は、例えば先進国と途上国間だけでなく、セクター間、機関同士、そして投資形態間においても、憂慮すべきスピード —— しかも加速しながら —— で動いているため、グローバルな金融システムの基盤は実質的に、しかも不安定さを増している。

　投機資本の移動が、ごく限られた少数の人々（「富の格差」については後述）や機関（その一部は今や「大きすぎて潰せない（too big to fail）」と考えられている）によって、コントロールされているという事実が、過去 60 年間に起こった絶え間ない金融危機をもたらす不安定な状況を生み出している（2014 年の *The Economist* 誌は "The History of Finance in Five Crises（五つの危機で見る金融の歴史)" という見出しを掲げた）。この傾向には様々な側面があるが、われわれが未来を考える上で必ず検討すべき、非常に危険なものがいくつかある。

貿易、保護主義、投資の流れ

　現在、先進国の中には、雇用の保護、二国間貿易の不均衡の是正、あるいは国家の安全保障を口実に経済が保護主義へ移行している国がある。これは、中間財貿易や価値連鎖の隙間市場を阻害するため、長期的には経済成長を抑制することになる。また、複雑に絡み合う世界経済における既存のサプライチェーンを脅かすものでもある。さらに、保護主義の脅威が生み出す不確実性は、将来の経済成長に関する不確実性を生み出すため、グローバル化した資本市場における投資の流れを鈍化させることにもなる（Erokhin 2017）。これは、国際援助や移民、気候変動、地政学の動向によってさらに悪化する。保護主義は食の持続可能性をも脅かす。価値連鎖を大幅にシフトさせ、主食やその他の食品を持続可能性の低い品種に置き換えることを余儀なくさせるからだ。貿易は、食料価格を安定させるだけでなく、環境リスクの高い地域からリスクの低い地域へと生産をシフトさせるという重要な役割を担っている（IFPRI 2018）。先進国における保護主義の影響は、

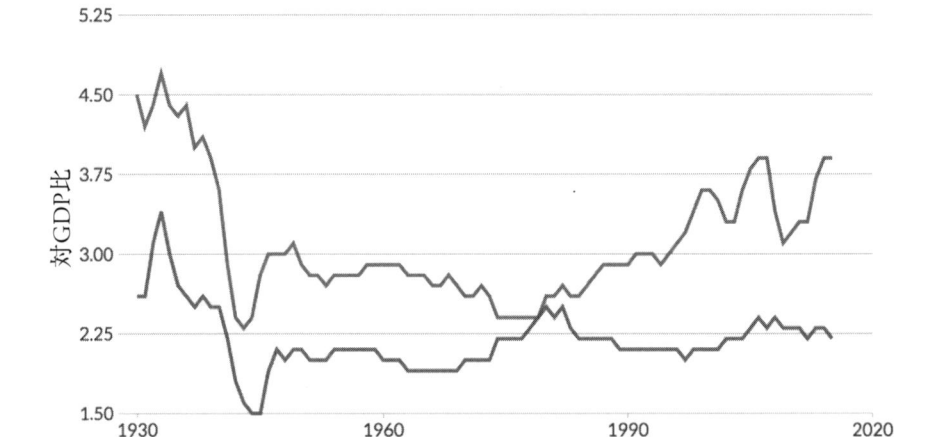

図 16.7　アメリカの国内総生産（GDP）のうち、生産（黒線、キャピタルゲイン課税なし）と
　　　　投機（灰線、キャピタルゲイン課税あり）に投資された割合。2008 年の世界同時不況
　　　　により、生産、投機ともに低下しているが、その関係は変わっていない。

後発開発途上国（the least-developed countries : LDCs）で最も痛切に感じとれるだろ
う（UNDESA et al. 2018）。多くの LDCs は、商品輸出の外需や、予算支援のため
の海外援助に依存している（Timmer et al. 2011）。閉鎖的な世界経済においては、
多くの LDCs は先進国に遅れをとり続けるであろうし、他の分野においても重要
な影響を及ぼすだろう。LDCs は大きな投資がなければ、持続可能な開発に必要
な経済成長を達成することはできないからだ。しかし、これらの国の多くが、制
度の不備や価格変動の影響を受けやすい商品への過度の依存、生まれたばかりの
産業を支える基本的なインフラの不足のために、必要なレベルの投資を呼び込む
ことができないでいる。

負債

　世界的に債務が急増しており（図 16.8 を参照）、これは金融・経済全体の安定
を直接的に脅かしている。名目上の世界の負債は現在、国内総生産（GDP）の約
250％ である。これには政府債務と民間債務の両方が含まれ、この割合は第二次
世界大戦直後の大規模なレバレッジ解消局面を経て、過去 50 年のほとんどの期

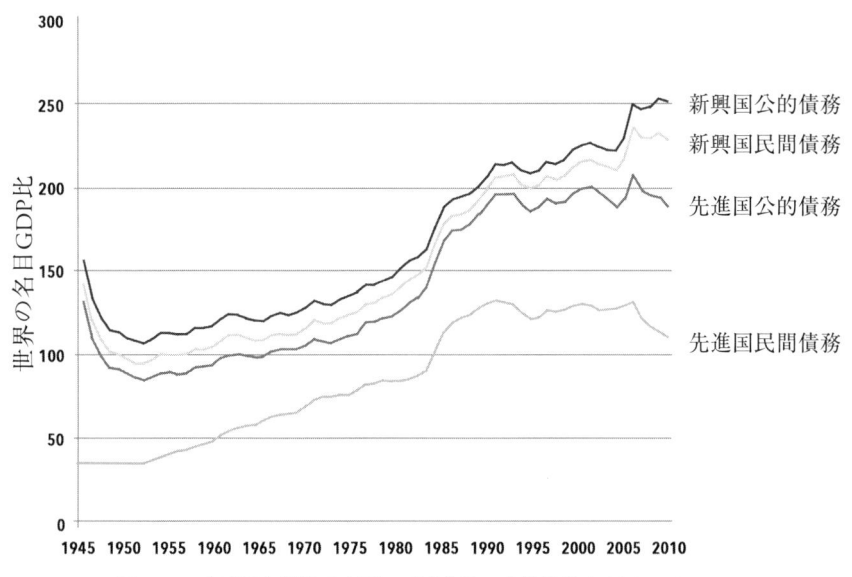

図 16.8　先進国と開発途上国の民間債務は公的債務を上回っている。
（出典：図は、Hugman & Magnus 2015 をもとに、TWI 2050 が CC-BY-NC 4.0 の下で公開。）

間で上昇し続けている。この債務は、各国間で不均等に分布しており、公的債務と民間債務の間でも偏在していて、一般的には、民間債務が公的債務よりも速く増加している。世界が、つまりほとんどの国家が、成長軌道にある限り、債務は必ずしも財政問題ではない。というのも人々が債務の多くは最終的に償還されるという十分な確信を共有していて、また、インフレが実質的な債務負荷を軽減するからである。

　しかし、このシステム全体が「信用に基づいたもの（fiduciary）」であり、何らかの理由でその信頼が損なわれると、いとも簡単に崩壊し、大きな社会不安につながる可能性があることを我々は忘れてはならない。2007〜2008 年に起こった大不況（Great Recession）がそうであったように、このような崩壊を引き起こす鋭敏な因子はたくさんある。そして、危機のたびに各国中央銀行は債務残高を増やして対抗するため、そのたびに根本的な不安定さが増すのである（図16.9）。近年では、アルゼンチン、ギリシャ、アイルランド、トルコなどにおいて、金融システムの信頼性が、管理不行き届きや実際の不正行為などによって、崩壊するの

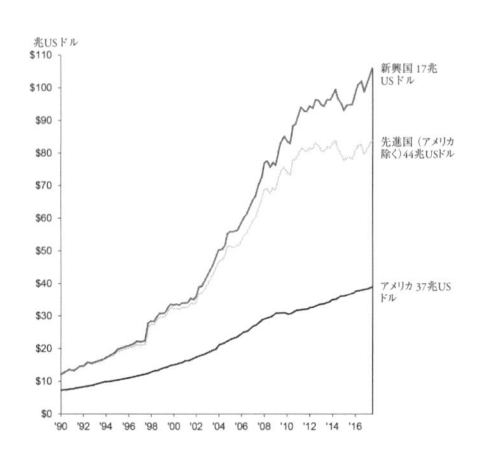

兆USドル

$110
$100
$90
$80
$70
$60
$50
$40
$30
$20
$10
$0

新興国 17兆
USドル

先進国（アメリカ
除く）44兆USドル

アメリカ 37兆US
ドル

'90 '92 '94 '96 '98 '00 '02 '04 '06 '08 '10 '12 '14 '16

図16.9　アメリカ、他の先進国、新興国の公的債務。2007年の債務危機以降、公的債務は急速に増加し、2010年以降は（アメリカを除いて）横ばいとなった。
（出典：図は、Durden 2017 をもとに、TWI 2050 が CC–BY–NC 4.0 下で公開。）

を目の当たりにした。最後の貸し手として機能する経済大国が存在している限り、一国の金融システムの崩壊が世界金融の安定に影響を与えることはない。ただし、大国も小国も全体的に債務残高が増加しているため、このメカニズム自体が危機に瀕している可能性はある。

　また、債務が多いということは、政府も個人も GDP に占める利払いの割合が大きくなっているということでもある。これは、支出に充てられる GDP の割合が減少していることを意味する。そのため、必要な支出と利子の支払いの両方を行うために負債を増やすというフィードバックスパイラル（feedback spiral）を促す要因となる。最終的には、（現在、多くの先進国で起きているが）投資可能な資金の総額が影響を受けて減少し、特にインフラ整備の縮小につながる可能性がある。場合によっては、この問題によって生産能力の拡大に向けたさらなる投資の可能性が制限されることさえある。

　情報革命によって、取引時間はミリ秒にまで短縮され、すべての金融市場が一つの大きな網の目のようにつながったことは、グローバルシステム全体の潜在的な不安定性をさらにさらに増幅させていることは容易に理解できる。

高齢化社会、生産性、貯蓄、負債、年金制度

　人口動態の大きな傾向として、高齢化が挙げられることは既に述べたとおりだ。これは先進国、発展途上国を問わず、福祉制度の持続可能性に対する挑戦であり、多大な経済的影響をももたらす。これには、貯蓄や投資の減少の可能性に加え、年金制度や医療制度も含まれる（Bosworth et al. 2004）。先進国では、年金受給者の増加と課税基盤の縮小が同時に進行しているため、公的給付制度への負担が増加することになる。しかし、60歳以上の人口増加の大部分はグローバルサウスで起こり（UNDESA 2017）、そこでは高齢者が退職貯蓄制度を持ったり公的福祉制度に支えられたりすることは少なく、代わりに資産や労働収入に依存している。退職後を自活する手段を持たないこれらの人々の多くは貧困に陥りやすいのだ。また、世界人口の高齢化は世界の疾病負担に占める非伝染性疾患の割合が大きくなることを意味し、各国の医療費を圧迫し、政府の財政負担を増加させる。

　近年の先進国経済における生産性の低迷は、労働力の高齢化、情報通信技術（ICT）部門の全要素生産性の鈍化、経済成長に対する貿易の貢献度の低下、教育達成度の停滞によって説明がつく（Adler et al. 2017）。中国とインドの経済発展によって、この10年間で世界の不平等が減少している。これらの市場やその他の新興市場が成長を続けるにつれて、インド、中国、インドネシア、ブラジルが金融サービス、製造、イノベーションの重要な経済拠点となり、やがてアメリカとその西側同盟国の経済覇権は多極化した世界経済に取って代わられるだろう（Timmer et al. 2011）。

　ただしこれは、経済が均等に成長するということではない。多くのLDCsは、先に述べた理由により、経済的ショックに対して引き続き脆弱であるというリスクにさらされているからだ。経済的脆弱性は、LDCsの多くが、気候変動による不釣り合いなほど大きな脅威に直面していること、人口が急速に増加していること、さらに弱体化した政府と、不安定な安全保障状況であることによって、より深刻なものとなる。こうしたことによって、LDCsが彼ら自身と新興国や先進国とのギャップを埋めることを妨げている。適切な経済成長と投資がなければ、LDCsの人口は持続不可能な速度で増え続け、青少年に適切な教育を提供することができず、保健サービスの適用範囲は不完全なままとなり、予防可能な罹患率と死亡率の原因に取り組むことができないであろう（UNDESA 2018）。

イノベーションと社会全体としての一貫性

イノベーションという課題の社会全体に対する意味は、大きなものであるがあまり明確に認識されておらず、それはおそらく文化や社会によって異なっている。西洋の場合、17 世紀から 20 世紀にかけて、社会の視点は、過去に向いていた、つまり安定を促すもの（「未来はむしろ現在である」）から、変化と革新を好むものへと変化したことをジラール（Girard 1990）が説得力をもって論じていることは、第 12 章で述べたとおりである。これは、西洋の価値観における根本的な変化であるが、多くの社会にとって変化は基本的な価値観ではなかったかもしれないという事実から目を逸らすべきではない。

とはいえ、どのような社会においても、その構成員が社会の一員であることにメリットを感じ続けなければ、最終的には一貫性を失ってしまうだろう（van der Leeuw 2007）。つまり、社会は構成員に対して快適さを与え続けなければならないのだ。長期的に見れば、たとえ頻度は低くても、ある程度のイノベーションは必要であると私は主張したい。なぜなら、社会がそのダイナミクスのティッピング・ポイントに達したとき、イノベーションが求められるからである。

あらゆるイノベーションは、物質的・技術的な領域であれ、社会経済的な領域であれ、制度の構造を変えたり、集団行動を変えたり、あるいはインフラを構築、変更するといった実行のためのエネルギーを必要とする。1750 年以降、化石エネルギーを利用するようになってから、相当な期間、イノベーションは、エネルギー的には比較的安価に行えるようになった。その結果、過去 250 年の間に物質的・技術的な領域において加速度的に技術革新が進み、それに伴って世界的に人口が増加し（特に過去 70 年間）、「進歩」が重視され、多くの場所で寿命が延び、グローバル化に導く貿易が大幅に増加した。この非常に複雑な共進化の具体的な単一の原因を指摘することは難しい。ただ、これらの現象は、資本主義（最初は工業、最近は金融）が成長を通じて利益を確保するために発展させたイデオロギーの一部であるという議論にはある種の説得力がある。この話題は第 18 章で再び取り上げる。

このプロセスが、現行の社会制度をそのまま維持するのに十分な規模で続くかどうかは、もちろん、われわれが社会の増大するイノベーションの必要性に応え続けるかどうかにかかっている部分もある。しかし、このことは、一部の人が考えるほど自明ではないことを示す兆候もいくつかある。

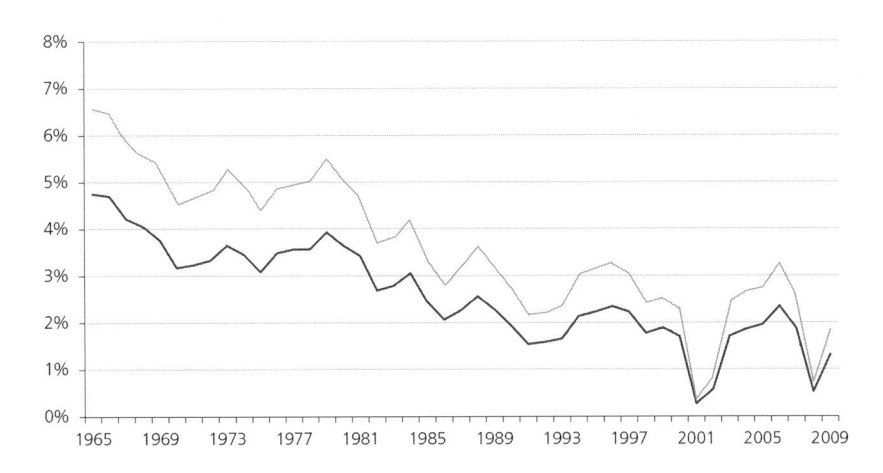

図 16.10　米国の投下資本利益率の推移（1965～2011 年）。黒線は総資産利益率の推移、灰線は総投資利益率の推移。
（出典：図は、Hagel et al. 2010 をもとに、TWI 2050 が CC-BY-NC 4.0 の下で公開。）

　米国では、投下資本利益率の全体的な低下（図 16.10）や起業家精神の低下（図 16.11）が見られ、これは主要なイノベーションの頻度が全体的に低下していることと関連しているのかもしれない。

　イノベーター一人当たりの特許取得件数をイノベーションに関わるチームの規模を照合してみると、イノベーションはますます多くの領域を巻き込み、より困難でコストのかかるものになっていることがわかる。アメリカ特許商標庁(US Patent and Trademark Office) に登録されたイノベーションによって生み出された富に関する研究は、そのようなイノベーションの投資利益率という観点から、経済へのインパクトが鈍化している事実を指摘している（Strumsky & Lobo 2015）。これは、過去 50 年間の特許の爆発的な増加によって、現在の技術範囲の内外でイノベーションの連鎖を起こすような新しいものを考え出すことがより難しくなっているためと思われる。また、多くの産業で短期主義に移行しているため、長期戦略に基づく採算を度外視した製品（long loss leaders）を生み出すイノベーションの開発が難しくなっていることも一因と考えられる。しかし、もっと根本的な理由は、われわれの価値空間（われわれが経済的価値を認めている範囲全体）が限界に達しているのではないかということだ。この点については、第 17 章で詳しく述

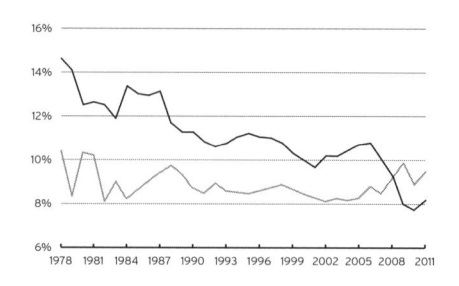

図 16.11　年間新規雇用創出数（黒線）と既存雇用死亡数（灰線）。
（出典：図は、Hathaway and Litan 2014 をもとに、TWI 2050 が CC–BY–NC 4.0 の下で公開。）

べたい。

貧富の不均衡

　グローバル経済は、物質的な富のほとんどを、先進国のほぼ全人口、つまり、増えているとはいえ、世界人口のうち比較的少ない割合の人々に集中させることで、過剰な物質的貧富の差を生み出してきた（図 16.12）。過剰な富の集中は、最近のシャイデル（Walter Scheidel 2017）の分析が示しているように、各国内および国家間の富の不均衡を急峻化させている。さらにその傾向は、彼の多くの事例研究によれば、長期的かつ深刻なものであり、逆転させることは非常に困難である。

　最近ではこのダイナミクスに相反する二つの傾向が見られるようになった。先進国と開発途上国の間の貧富の格差が平準化していること、そして多くの国で(国内の) 格差が拡大していることである。これは、途上国（特に BRICS 諸国）において富める者がより富み、先進国と同様にこれらの国内の貧富の差がより鮮明になっている。

　最近の研究成果、例えばピケティ（Piketty 2013）[*2]、は、この現象に世界の関心を向けさせた。この現象は、先進国では中産階級の圧迫に対する抗議として、また発展途上国では人口のごく一部が（非常に）豊かになっているという事実に端を発した期待の高まりによる革命として、主要な社会の修正を求める初期兆候であると見るむきもある。

　今日、学問の世界でも政治の世界でも議論されているように、貧富の差の拡大は、われわれが近づきつつある、あるいはすでに越えてしまった社会全体として

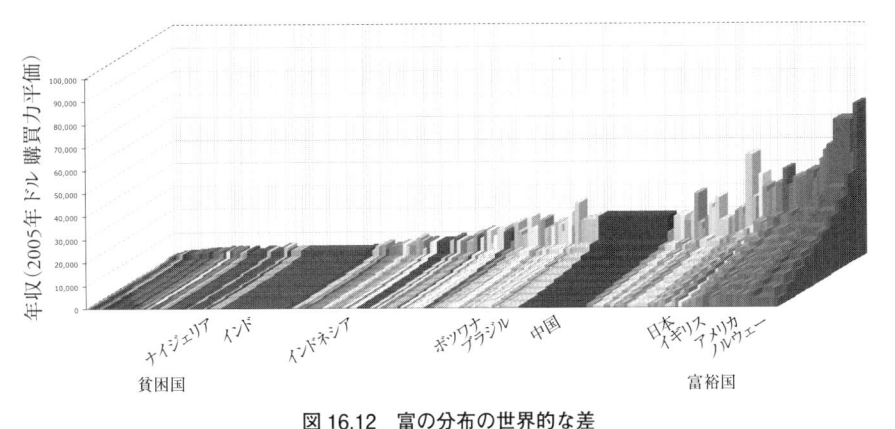

図 16.12　富の分布の世界的な差

（出典：Blundell 2018, Sutcliffe 2004 をもとにブランデル［Blundell 2018］が作成。図は、TWI 2050 が CC-BY-NC 4.0 の下で公開。）

の地球の限界（societal planetary boundary）の顕在化であるように思われる。そこで、この節ではこれについてもう少し詳しく述べてみようと思う。この現象の範囲を明らかにするために、いくつかの統計を紹介しよう[*3]。アメリカとヨーロッパを例に挙げるのは、貧富の差に関するデータが他の多くの国よりもずっと充実しているからである。特に 1940 年代以降、アメリカの所得格差は目を見張るほど拡大し、人口の 9 割が総所得の 66％ を占め、残りの 1 割が 33％ を占めるという状況であった。1980 年代初頭、この傾向は劇的に反転したが、そのタイミングは、レーガン政権下で行われたニューヨーク証券取引所の「ビッグバン（big bang）」── 大規模な規制緩和 ── と完全に一致していた。そして 2012 年には、人口の 1 割の人々の所得がアメリカの総所得の約半分を占めた。

図 16.13 は、アングロサクソンの国々とヨーロッパ大陸の国々を比較したもので、1980 年代の「ビッグバン」は英語圏の貧富の格差を拡大させたが、ヨーロッパ大陸ではそれほどでもなかったことを示している。ヨーロッパ大陸とアングロサクソンの政策の違いから学ぶべき最も重要な教訓は、確かに政府は市場を形成しているが（Mazzucato 2015）、社会の平和を維持したいのであれば、市場を規制すべきであるという事実である。もし政府がその役割を放棄し、国民にとっての重要な部分がバラバラになってしまうようなことになれば、政府は大変なことに

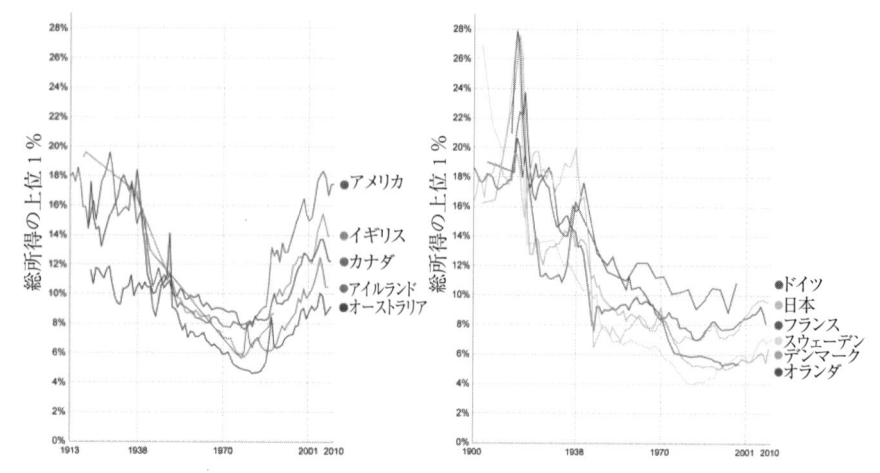

図 16.13　1980 年代の金融規制の「大ブーム」は、英語圏では不平等の縮小を逆行させたが、少なくとも 2010 年までは欧州の他の地域ではそうではなかった。
（出典：CC–BY–SA ライセンス供与されている Roser 2018。図は、TWI 2050 が CC–BY–NC 4.0 の下で公開。）

なる。しかし、もちろん、そのようにバラバラになることの責任の一端は、有権者にあることは間違いない。

　文献によれば、アメリカにおける貧富の格差の拡大は、発展途上国におけるオートメーションやアウトソーシングによって、工場で働く生産労働者の給与が相対的に低下したことと関連している。しかし、産業やサービスが自動化や ICT に依存するようになるにつれ、先進国ではより複雑な業務に対処するために、より高いレベルの教育を必要としていることも事実である。これは劇的な展開であり、やがてすべての政府に大きな課題を突きつけることになるだろう。

　政府は、今後数十年の間にこの傾向が生み出すであろう、低学歴で雇用されない大量の人々に対する解決策を見つけなければならない。初等・中等教育から大学までの一般教育の改善は、ICT による教育コストの削減で可能になるが、内容やスキル、その習得方法の見直しは急務である。最近の研究では、学生の主体的な学習を促進するために大幅な見直しが必要だと言われている（Ito and Howe 2016；本書第 4 章も参照）。

　生産性の向上は、一般的にこれらの国の平均的な世帯には還元されてこなかった。オートメーション、賃金水準の低い外国へのオフショアリング、そして 2008

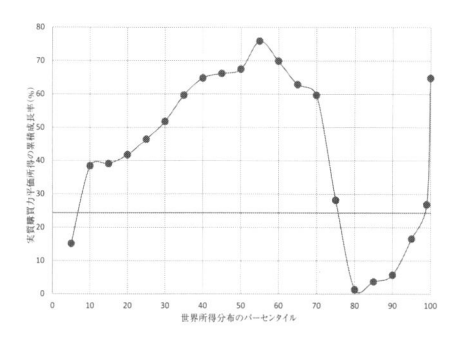

図 16.14　1988～2008 年の世界の成長率曲線。第 10 パーセンタイル（百分位）以下の所得は
非常に力強く成長し、第 10 パーセンタイルから第 50 パーセンタイルまでの所得は大
幅に成長したが、第 50 パーセンタイルから第 80 パーセンタイルまでの所得は大幅に
減少した。第 80 パーセンタイルから第 95 パーセンタイルまでは多少伸びており、第
95 パーセンタイルを超えると指数関数的に伸びている。

(出典：CC BY 3.0 IGO ライセンス供与されている Lakner & Milanovic 2013 による。図は、TWI 2050 が CC-BY-NC
4.0 の下で公開。)

年から 2010 年にかけての経済危機がその要因の一つである。余剰利益は概して
大企業や富裕層、超富裕層にもたらされる。アメリカでは税制の偏りから、ウォー
レン・バフェット（Warren Buffett：最も裕福なアメリカ人の一人）が、収入に占め
る税金の割合が、自分の秘書（35.8％）よりも自分（17.4％）の方が少ないと発言
したこと（2012 年）は有名である。労働市場の緊張により、アメリカ企業がより
高い賃金の支払いを余儀なくされ始めたのは 2018 年に入ってからのことだ。
　1988 年から 2008 年にかけての世界の各パーセンタイル（百分位）・グループの
平均家計所得の伸びを表す、いわゆるエレファントカーブ（elephant curve）（Lakner
& Milanovic 2013）と呼ばれる富の変遷（図 16.14 参照）を見てみると、三つの傾向
が複合的に作用していることが分かる。（1）世界人口の最貧困層、特に一部の開
発途上国において、非常に低い水準からの始まりであったが、急速かつ実質的な
所得増加を果たした、（2）先進国の中間層の所得増加は、伸びていない、あるい
はわずかである、低い、（3）先進国と一部の開発途上国（特に中国）の最富裕層
が急成長した。コーレット（J. Angelo Corlett 2003）は、各国の人口増加率の違い
や統計にどの国を加えるか（特にロシア、日本、中国）によって際立つ違いがある
ものの、先進国の中間層がこの間、実質所得を増加させていないという図式は根
本的に変わらない。

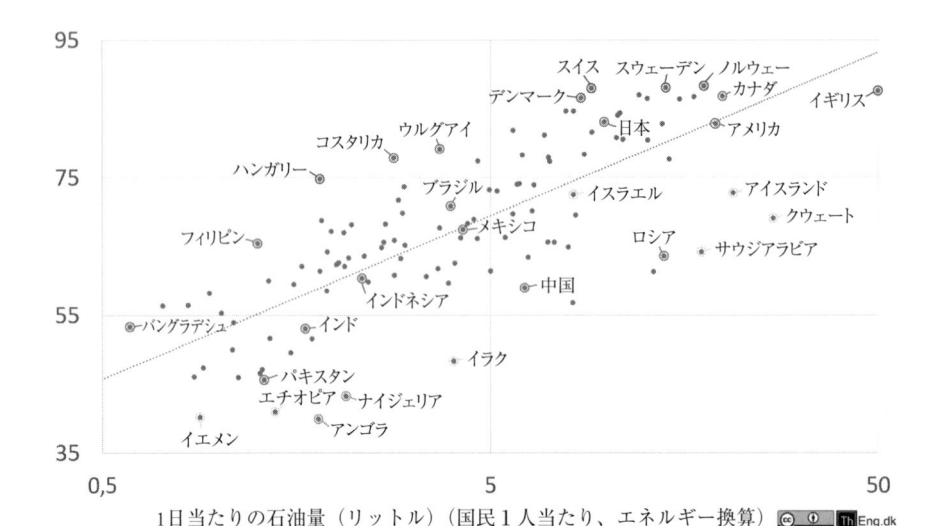

図16.15　社会進歩指標と国別エネルギーの比較。

(出典：CC BY-SA 4.0でライセンス供与されているウィキペディア（2018）。TWI-2050がCC-BYNC4.0の下で公開。)

　ここで、現象やその原因から、さらに結果に目をむけてみたい。図16.15は、多くの国々における（富の代理としての）エネルギー使用量と複合指標である社会進歩の関係を示している。この社会指標は、平均寿命、教育（数学と識字能力の習熟度で測定）、乳児死亡率、殺人、投獄、10代の出産、肥満、精神疾患、社会移動、薬物とアルコール依存症を組み合わせたものである。エネルギー使用量と社会進歩の関係性は非常に説得力がある。

　最後に、富の不均衡の拡大は我々が近づきつつある、あるいは既に越えてしまった、社会的な地球の限界の顕在化であるとことを再度述べておきたい。先進国では中産階級の圧迫に対する抗議として、また発展途上国では人口のごく一部が非常に豊かになっているという事実によって端を発した期待の高まりによる革命として、主要な社会の修正を求める初期兆候であると見るむきもある。

都市化

　現在のグローバル社会がさらされている一連のストレスに、急激に進む都市化を含めるべきだろう。都市化は社会と環境の変化の主要な要因の一つであり、持

続可能性の文脈においても主要なテーマである（Seto et al. 2012；2017）。都市化は、事実上、われわれが知る限り最も長い間、物質的に観察可能な社会構造的な変容であり、その起源は約 6000 年前である。都市化の拡大に関する現在の予測では、2050 年までに世界人口の 68％ が都市に住むようになるとされている（UNDESA 2018）。しかし、このような直線的な予測が信用できるかは定かではない。都市化を別の方向に向かわせる要因（制度的脆弱性の高さ、気候変動による輸送コストの上昇、食料安全保障、統治構造の変化の可能性）が多数存在するからである。

　街の存在に関する説明は街の数だけあると考えられるが（Jacobs 1961）、最近のアプローチとしては、ベッテンコートら（Bettencourt et al. 2007）やベッテンコート（Bettencourt 2013）によって提案された、その存在と特徴の多くを社会全体の情報処理に関連付けるものがある。これは、同尺度分析（allometric scaling analyses）に基づいており、イノベーションと都市規模の間には直接的な関係があるとするものである。都市規模（人口で表される）の拡大に伴い、イノベーション活動は超線形的に増加する一方で、エネルギー使用量は非線形的に増加するという事実を示している（表 16.1 参照）。

　人口とサービスはもちろん直線的に拡大する。著者らはこれに基づいて、都市化の成長においては、エネルギーが制約となる一方で、情報処理、特にイノベーションはその推進力であると主張している（Florida 2014 も参照）。これによって、都市化の急拡大と物質的イノベーションの急増が手を取り合って、消費社会を現在の高みにまで押し上げた理由を説明している。

　そのため、世界のシステムダイナミクスにおける都市の構成要素に多くの大きな負荷が生じている（UNDESA 2018）。都市システムは、コストが高く、社会的にも環境的にも、非常に脆弱である。世界の多くの開発途上地域に見られるように、非常にコストのかかる社会的、インフラ的な対策が講じられない限り、都市システムには、経済的不平等、犯罪、食糧不安、不衛生さのすべてが溢れている。都市システムの成長は、食糧や水、さらにはさまざまな世界中の製品を含む、（エネルギーコストのかかる）世界的な商品の流通を大幅に増加させた。その結果、世界中の都市人口の増加による負担（footprint）が爆発的に拡大した。また、都市化の進展は、世界の多くの地域で、現在起きている、あるいは最近起きた、農村の過疎化という観点からも捉える必要がある。過疎化は、先進国でも途上国でも、コミュニティを根こそぎ破壊し、景観を一変させ、農業の生産手法の工業化

表 16.1　イノベーションの過程（研究およびその成果、赤）、人口規模（緑）、エネルギー使用量（青）の間の同尺度分析の関係。創造的職業に関する指標はすべて超線形スケール（約 1.25）、人口規模に関する指標は線形スケール（約 1.00）、エネルギー消費に関する指標は非線形スケール（約 0.80）である。その他は、合計（賃金、銀行預金、GDP、電力消費など）、あるいは、これら上記三つのカテゴリーのいずれにも依存しない（エイズ、犯罪）ものである。

Y	Beta	95% CI	Adj-R2	Observations	Country-Year
新規特許	1.27	1.25, 1.29	0.72	331	アメリカ；2001 年
発明者数	1.25	1.22；1.27	0.76	331	アメリカ；2001 年
民間研究開発雇用	1.34	1.29；1.29	0.92	266	アメリカ；2002 年
超創造的雇用	1.15	1.11；1.18	0.89	287	アメリカ；2003 年
研究開発施設	1.19	1.14；1.22	0.77	287	アメリカ；1997 年
研究開発雇用	1.26	1.18；1.43	0.93	295	中国　2002 年
賃金総額	1.12	1.09；1.13	0.96	361	アメリカ 2002 年
銀行預金残高	1.08	1.03；1.11	0.91	267	アメリカ；1996 年
GDP	1.15	1.06；1.23	0.96	295	中国　2002 年
GDP	1.26	1.09；1.46	0.64	196	EU　1999〜2003 年
GDP	1.13	1.03；1.23	0.94	37	ドイツ　2003 年
総電力消費量消費	1.07	1.03；1.11	0.88	392	ドイツ　2002 年
新規エイズ患者数	1.23	1.18；1.29	0.76	93	アメリカ　2002〜2003 年
重大犯罪	1.16	1.11；1.18	0.89	287	アメリカ　2003 年
総住宅数	1	0.99；1.01	0.99	316	アメリカ　1990 年
総雇用	1.01	0.99；1.02	0.98	331	アメリカ　2001 年
家庭の電力消費量	1	0.94；1.06	0.88	377	ドイツ　2002 年
家庭電力消費量	1.05	0.89；1.22	0.91	295	中国　2002 年
家庭水消費量	1.01	0.89；1.11	0.96	295	中国　2002 年
ガソリンスタンド	0.77	0.74；0.81	0.93	318	アメリカ　2001 年
ガソリン販売量	0.79	0.73；0.80	0.94	318	アメリカ　2001 年
電気ケーブルの長さ	0.87	0.82；0.92	0.75	380	ドイツ　2002 年
路面	0.83	0.74；0.92	0.87	29	ドイツ　2002 年

をもたらす。

　人類の努力のあらゆる領域における持続可能性にとって極めて重要な基本的な問題の一つは、現在の「旧態依然の（business-as-usual）シナリオ通りの線形予測で想定されているように、更なる都市化への傾向が今後も続くかどうかということである。長期的には、情報伝達を増やす必要性が都市化の主要な原動力であるというわれわれの仮定を踏まえると、ICT 革命がもたらす変化が世界の都市化にどのような影響を及ぼすのか、特に興味深い。都市化こそが世界が直面している緊張の核心であると示唆する人もいるかもしれない。しかし、私には、現在の（特

に先進国における）生活様式が地球の社会的限界（planetary social boundaries）に突き当たっているという事実の表れのひとつに過ぎないように思える。

グローバリゼーション

　もう一つのわれわれが考慮に入れるべき長期的な傾向は、グローバリゼーションそのものである。五世紀にわたって、ヨーロッパ（後に西側）の社会経済システムは世界に広がってきた。当初は貿易によって（1500〜1800）、次に軍事的・行政的搾取によって（1800〜1945）、そして第二次世界大戦以降は経済的植民地化という形で行われた。しかし、第二次世界大戦以降は、反対の傾向もみられるようになった。植民地が独立を果たし、経済的基盤を確立し、（先進国から学んだこともあり）自信を持つようになったのである。そして今、ヨーロッパ・アメリカ圏は、政治的、経済的な圧力にさらされている。BRICS諸国の重要性の高まりは、その表れであり、世界が新しい政治的な仕組みを模索する中で、今後数十年間は不確実性の源となるに違いない。この変化におけるICTの役割については第17章で述べる。

　ある重要な根本にある傾向は、人間の幸福（human wellbeing）の測定基準（と意識）の次元性が低下していることである。異なる文化や人々が、自分自身を比較し、交換取引を行う測定基準である富（GDP）という次元を基準としてきた。

　宗教、コミュニティの連帯、芸術、文化といった他の次元は、一部の限られた社会を除いて、意思決定の原動力としての重要性が低下している。その結果、富、生産性、成長が重視されるようになり、多くの地域で自然資本や社会資本が乱開発されるようになった。

　現在のポピュリズム運動は、その起源を少なくとも部分的には、そうした多次元的な共同体の価値観を再発見する必要性に見出すことができる。カール・ポランニー（Karl Polanyi 1944）と人類学の彼の学派のメンバー（例えば、Graeber 2001 ; Munck 2004）が精緻に分析した通りである。エリートたちはグローバル化社会へ移行することができたが、一方、世界中の大多数の市民は取り残され、地域コミュニティに目を向け、アイデンティティの空間的領域を拡大することに抵抗してきた。これは、今後数十年にわたって、われわれの世界を構成する上で大きな役割を果たすことが避けなれない、もうひとつの深い（二次的な）緊張の場を形作っている。

まとめ

　まとめると、過去数世紀にわたって西洋の社会と経済の基盤であった天然資源と人的資源のなかには、もはや十分に利用できないものがあること、そしてそのことが、地球の社会システムに負荷を与えている、あるいは近いうちに与えるであろうという事実を示す指標が数多く存在するということである。われわれの社会は今、好むと好まざるとにかかわらず、社会を組織する手法において、大きな構造変化をせざるを得ないようなティッピング・ポイントに向かっているのだろうか。われわれの社会が社会全体として安全に活動できる領域の境界（boundaries of a societal safe operating space）を超えようとしているために、かつてないほどの規模や範囲での変化が起きているのだろうか。

　本章では、こういった方向性を示す現象をいくつも述べた。環境に関する地球の限界（environmental planetary boundaries）の場合と同様に、これまで述べてきたさまざまな種類の社会的なダイナミクスが最終的には現在の国際秩序を不安定にするような形で相互作用するようになるというのが、大きなリスクとして内在している。したがってわれわれは、現在の状況のさまざまな側面を個別に見るのではなく、相互に関連する要因の複合体として見なければならない。

　そういう意味では、これまで世界の関心が CO_2 排出量や温室効果ガス、気候変動に集中しがちであったことは非常に残念なことだと思う。それらは確かに地球システムで起こっている重要な一側面であるが、それは一側面でしかなく、それらを個別に対処することは、それがいかに困難なことであとうとも、われわれが地球規模で直面している社会環境のダイナミクスを根本的に変えることはできない。

　人類がこのような課題に直面したのは、今回が初めてではない。1万年ほど前、（比較的）最近の人類史においてこのような極めて根本的な転換が起こった瞬間が少なくとも2回あった。約9000年前の定住耕作社会の出現と、約5000年前の都市社会の出現である。したがって、原理的には、人類はこのような社会組織の大きな構造変化を集団的に起こすことが可能である。しかし、いずれの場合も地球規模での安定に対する脅威がない中で起こり、かなりの（1000年とは言わないまでも、数百年の）時間をかけた変化であった。化石エネルギー開発を契機としたイノベーションの加速は、ICT革命の加速効果とともに、われわれが破綻を回避できる程度の構造的社会変革のために必要な時間を短縮してくれるのだろう

か。この問いに答えるためには、まず起こりつつある危機の原因について、私の
見解を述べなくてはならない。

2 | 「危機」に対する複雑適応系の視点

　ここで、重要な動態として取り上げた「危機」の概念を整理してみたい。危機
の研究は、ギボン（Edward Gibbon 1776-1788）やシュペングラー（Oswald Spengler 1918）
からダイアモンド（Jared Diamond 2005）に至るまで、多くの描写的な刊行物や事
例研究、終末論的仮説を生み出してきたが、社会的危機や社会的崩壊を含む一般
的な社会環境ダイナミクスの科学的理論の要素が、四つの研究領域からの洞察を
組み合わせながら出現しつつあるのは最近のことだ。自然科学は、第 7 章で紹介
する複雑系の科学（または理論）と呼ばれる一連の考え方に貢献してきた（例え
ば、Prigogine 1977；Kauffman 1993；Bak 1996；Levin 1999；Mitchell 2011）。社 会 人 類
学は、レジリエンス・ダイナミクス（第 5 章を参照）のさまざまな段階に対する
社会としての反応の理解の根幹をなす文化理論（Thompson et al. 1989）の分野で
貢献している。また、組織と情報の科学は、第 11 章で広範に論じた社会構造に
おける組織化のダイナミクスに対する理解に貢献している（例えば、Pattee 1973；
Simon 1969；Huberman 1988）。組織の本質に関するこれらの考え方の中には、生
態学者によって取り入れられ、適応されてきた（例えば、Allen & Starr 1982；O'Neill
et al. 1986；Allen & Hoekstra 1992）。そしてついに生態学者と社会科学者の共同作
業によって、これらの異なる考え方の統合という初めての試みがなされた（Holling
2001；Gunderson & Holling 2002；Walker & Salt 2006）。本節では、このような社会
的危機を引き起こす要因についてその概要を述べたいと思う。
　われわれが現在直面しているような、そしてすべての社会が歴史上のある時点
で遭遇してきたような大きな転換点（「ティッピング・ポイント」）の原因を探るた
めには、気候変動、疫病、政治の（誤った）対応といった特定の外的・内的原因
から離れなければならない。もちろん、これらはある特定の事例で起きているこ
とではあるが、近接原因から究極原因へ移行しようとするならば、異なる言語で
ダイナミクスを定式化しながら、それとは異なる一般性のレベルで探求しなけれ
ばならない。そのようなティッピング・ポイントをまさに考慮した原因は、自然

環境や特定の内部ダイナミクスそして外部摂動が何であれ、それぞれの社会の進化において発生する。

次節で述べるように、われわれが経験している危機（ティッピング・ポイント、相転移）は、（1）われわれの過去の行動がもたらす予期せぬ結果の蓄積、（2）われわれの価値空間の縮小という、われわれの社会的ダイナミクスをますます制約するように組み合わされている二つの同時に存在する、関連したダイナミクスによるものかもしれないと私は思っている。これらのダイナミクスは、それ自体の将来の可能性を狭めると同時に、現在の管理をより困難にしている。本章の残りで前者を扱い、後者については第 17 章で取り上げる。

3 │ 予期せぬ結果の蓄積

地球システムあるいはそのサブシステムの複雑さは周知のとおりであり、もはや証明する必要はないだろう。したがって、地球システムとその（自然、社会、社会自然の）サブシステムを、理論的な意味での複雑適応系（CAS）として考える必要があると、私は（第 7 章で）述べた。つまり能動的な主体（agent）からなる基本的に不安定なシステムであり、それらの主体もプロセスも、そのような(開放的な）システムの他の多くの構成要素に相互に影響を与えるものだということである。このような CAS についての研究では、これらの主体の相互作用に起因するシステムの複雑で、創発的で、巨視的な特性に焦点を当てている。実際には、あらゆるスケールにおいて、相互作用するアクターとプロセスの数は無限大に近づいている。

こうした観点から見ると、地球システムの無限大の複雑さは、人間の知覚の限界と非常に対照的である。第 8 章において、実験的研究と考古資料のモニタリングから、現代人の短期作動記憶（short-term working memory）では、生物学的に最大でも 7±2 の情報源しか同時に認知できないと結論づけた（Read & van der Leeuw 2008；2009）。人類の完新世の歴史の中で、人類はこのハンディキャップを克服するために、より多くの次元に象徴的に言及するナラティブ（言説）の導入から、より多くの次元を捉える抽象概念の導入、そして同時に認知できる次元の数を増やすための集団での共同作業まで、驚くべき技術の数々を開発してきたにもかか

わらず、人間の知覚は、個人的であれ集団的であれ、地球システムのダイナミクスを構成する事実上無限の次元を捉えられていない。

　特に第 2 章と第 5 章で指摘したことであるが、この人間の認知上の制約の結果、環境に対する人間の介入は、複雑な環境システムで実際に起こっているプロセスに対する非常に単純化された視点に基づいているのである。一方、人間が環境に与える影響は非常に多次元的である。なぜなら人間の行動は直接的または間接的に、関係する社会環境システムの多くの次元に影響しており、その影響は、認知されているよりもはるかに大きい。その結果、環境に対する人間の行動は、多くの予期せぬ結果をもたらす（Nowotny 2015）。長期的に見れば、あるシステムに関する知識は（直線的に、あるいは幾何級数的に）増えていくかもしれないが、一方ではわれわれの（個人的・集団的）認知空間と、他方ではわれわれが属しているシステムの複雑さとの次元の違いによって、われわれの行動の予期せぬ結果は指数関数的に増えていく。もっと簡単に言えば、われわれは環境システムについて（正しく）多くのこと知っている（ので、より多くのことに介入し、制御することができる）と思うかもしれないが、実際にはわれわれが扱っている環境システムについて知っていることはますます少なくなっているのである。なぜなら、環境システムについて知り、環境システムと相互作用する過程において、われわれは自分たちが認識している以上に多くの次元で環境システムを大きく変化させてしまっているからである。それゆえ、現実には、われわれは制御不能になっているのだ。

　そのため、あらゆる社会環境システムにおいて、事前に予測することはできないが、人間と環境の相互作用そのものに内在する、多くのティッピング・ポイントに遭遇することになる。多くの場合、このような危機は、社会環境システムの内外を問わず、人為的あるいは予期せぬ混乱によってもたらされる出来事とみなされる。しかし、このような危機（唐突なティッピング・ポイント、あるいはルネ・トム［René Thom 1989］の言葉を借りればカタストロフィ［catastrophe］）は、実は人間の環境に対する介入の必然的な結果であり、社会環境システムが過去の行為の予期せぬ結果に圧倒されるたびに起こるものだと、私は主張したい。したがって危機の定義を、「あるシステム自身の先の行動の結果として、そのシステムが、自身が置かれている状況と共進し続けるために必要な情報を処理する能力が一時的に失われること」と言い換えることができるだろう。

このような予期せぬ結果は、幾度となく、人間社会が環境に対処する方法をリセットし（本書第 10 章；van der Leeuw 2012 を参照）、より具体的にはラオビッヒラーとレン（Laubichler & Renn 2015）が定式化したように、人間社会の内部ダイナミクスと環境コンテクスト（ニッチ）の内部ダイナミクスとの関係をどのように扱うかといった、その関係性における根本的な変化の必要性につながる。この相互作用を考える一つの方法が図 16.16a–c に示されている。これらの図では、太線が人間システムの環境の軌跡を、細線が人間システムの情報処理の軌跡を定型化した形で表している。基本的な考え方は、予期せぬ結果の原則に従うと、環境と人間の相互作用はその環境を変容させ、その環境と相互作用する社会の能力を低下させるというものである。そのため、しばらくすると社会は環境との関係を「リセット」して、環境と効率的に相互作用する能力を取り戻す必要があるのだ。三つの図はそれぞれ以下のことを示している。図 16.16a は、リセットをしないこと、あるいは時間内にリセットをしないことが、いかに社会が環境と相互作用する能力を決定的に失うか、ということ、図 16.16b は、定期的なリセットが社会と環境との相互作用をより長く維持するのに役立つが、ある時点でより劇的なリセットという代償を払うこと、そして図 16.16c は、不定期で頻繁なリセットが、社会が環境とのより緊密で効果的な相互作用を維持すること、である。

　相互作用する人間の集団が成長し、その社会構造がますます複雑になるにつれて、必要とされるリセットの性質が変化することを付け加えておく。最初、単純で小さな社会（孤立した村など）においては、リセットは主に社会全体の要素を自然の要素の変化に適応させるという問題であったが、集団が成長し、社会構造上の複雑さがそれに伴って超直線的に増すにつれて、リセットのスペクトルは社会的領域へとシフトし、それが環境を支配するようになる。

　また、このシフトは社会と環境との関係のつながりを維持するために、リセットが起こる頻度やそのスピードにも影響を及ぼす。当初の単純な社会状況では、環境ダイナミクスの方が、社会全体のダイナミクスよりもはるかに次元が高く、したがってより複雑で変化が遅い（第 14 章を参照）。人間のダイナミクスは、（人間は学習することができるため、）より速くなる可能性があり、より遅い環境のダイナミクスに適応することができる。社会全体のダイナミクスがより複雑になり、人間の環境への介入によって、その複雑さが軽減されると、社会全体のダイナミクスが相互作用を支配するようになり、社会主導の適応がますます加速すること

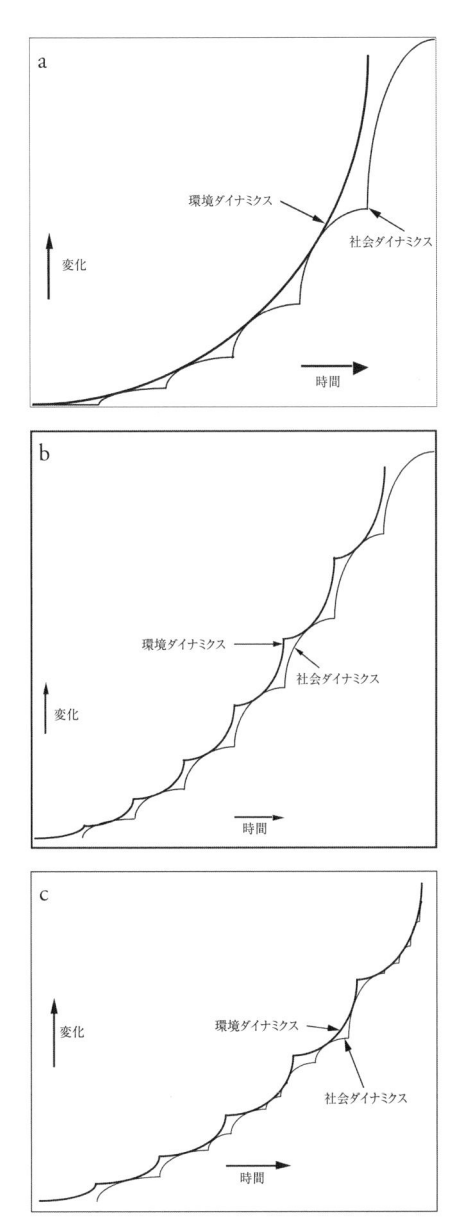

図 16.16　環境のダイナミクスに調和するには、情報処理をリセットする頻度とタイミングが重要である。

（出典：van der Leeuw & Aschan-Leygonie 2001 より。Copyrighted by van der Leeuw。）

になる。これが人新世の現状である。

　最後に、このような二次ダイナミクスは、社会全体と自然環境の相互作用だけに関わるものではないことを強調したい。なぜなら人間同士はもちろんのこと、思想、物質、制度、その他あらゆるものとの相互作用は、人間の認知の次元的限界と、より高次元のシステムに基づく行動とを結びつけているため、人間の相互作用は、実際のところ、純粋に集団としての社会全体と、個人によって構成される社会的な、技術的な、そして経済的なの領域で展開されるものを含む、あらゆる人間の認知と行動のループに関わっている。世界システムの現状に言及すると、上記のようなプロセスの中で、われわれは今、社会全体と地球の社会および自然環境との間の隔たりが、特に先進国においてかなり大きくなり、極めて重要なリセットが必要なところまで来ていると私は考えている。産業革命はこういったリセットの好例である。ヨーロッパ社会の全体的な成長は大きな社会的緊張をもたらしたが、（かなりの適応期間を経て）現在の西側世界にある社会構造 ── 新しい制度、新しい（特に植民地での）環境利用法、新しい技術、一般教育の大きな進歩など ── によって解消されていった。しかし、そうした 19 世紀や 20 世紀のイノベーションは、今やその役目を終え、再び調整が必要な不適応なものとっている（van der Leeuw 2016）。われわれの社会は、これまでの行動がもたらした予期せぬ結果の蓄積に対処する情報処理能力をもはや（あるいは一時的に？）持ち合わせておらず、環境との間に効果的で耐久性のある関係を構築することができないでいる。これが、グローバル社会としてのわれわれの現在と未来の発展を制約しているダイナミクスのひとつである。われわれは早急に、これまでの行動による予期せぬ結果に支配されないアトラクタの引力圏（basin of attraction）へと移行する必要があるのだ。

原著注

*1　本章を執筆した後、私は、ストックホルム・レジリエンス・センター（Stockholm Resilience Centre）、国際応用システム分析研究所（International Institute for Applied Systems Analysis）、コロンビア大学（Columbia University）の後援の下、2050 年の世界イニシアティブが作成した報告書 *Transformations to achieve the sustainable development goals*（タイトル訳：持続可能な開発目標を達成するための変革）（TWI 2050）の第 2 章を執筆する実質的なチームの筆頭著者として要請された。その際に得られた研究成果を、本章の内容を改訂し、より充実させるために、活用させてもらったことに感謝の意を表したい。また、このチームのすべて

のメンバーの貢献に感謝する。

＊2　ピケティの研究、特に彼の政策に関する結論についてはかなりの批判があるが、私には、
　　彼が示した主な現象、つまり貧富の差の拡大は現実のものであるように思われる。

＊3　私は経済学者でないので、これらの統計の質を保証することはできないし、その背後にあ
　　るダイナミクスの詳細に立ち入ることもできないが、どの統計も非常に強く一致しており、
　　その原因となっている現象について疑う余地はないと考える。

第 17 章　これまでにない　ティッピング・ポイント

1 はじめに

　われわれがティッピング・ポイントを迎えていることは明らかであるが、それはこれまでの転換点とは異なるものである。本章では、現在の危機は超大規模なティッピング・ポイント（mega-mega-tipping point）であることを論じたい。事実、長期的な視点において、これは人類史上における三大ティッピング・ポイントの一つなのである。他の二つは、物質の支配（第8章で見たように、達成には数百万年かかった）と化石エネルギーの利用（約2世紀かかった）である。このことは、予期せぬ結果や極端な非線形事象がますます頻繁に起こるシステムにおいて、リーダーたちはどのように計画を立てればよいのかという問題を提起している。

　本書のテーマの一つは、人間社会の組織と機能が、常に情報処理の課題によって形成されてきたことを示すことである。この過程で興味深い役割を果たしたのが、ヨーロッパでは紀元前300年頃、中国ではおそらくそれよりも早い時期に現れたトークンや（後の）コインや貨幣である。これによって、価格というメカニズムを通じて情報が伝達され、価値の組み合わせが示された。これらはヨーロッパでさまざまな金融商品が開発されたルネサンス期に、特に重要な意味を持つようになった。金融価値は、個人だけでなく王侯や国家の幸福度、商品の望ましさ、その取得に伴うリスクなどを測る重要な指標となった。また、ヨーロッパと中国において、この過程に大きな役割を果たしたもう一つの重要な初期の現象は、印刷の導入である。これによって情報がより広範囲に届くようになるという大きな変革がもたらされた（Bonifati 2008 を参照）。

　しかし、ごく最近まで人間社会は、（物質、エネルギーと並ぶ）生命の三つの基本物資の一つである情報の単独化に直面したことがなかった。また、社会は、情報が伝達される、物質やエネルギーの基盤や経路のほとんどから情報を切り離す方法を見出してこなかった。この情報の単独化の過程は19世紀後半に始まり（Gleick 2011 を参照）、ここ60年ほどで加速しているが、大規模で世界的な現象としてはまだ25年ほどしか経っていない。これは、これまでのように多かれ少なかれ組織化されたままで、個人として、あるいは社会全体としてよりレジリエントになることだけで対処できるような類の移行ではない。もし、そう思わないのであれば、より詳細についてはトーマス・フリードマン（Thomas Friedman 2016）

による現在進行中の変化の概要を参照してほしい。この本で、彼は複数の領域で現在加速度的に起こっている変化を描いている。このうち、最もよく知られているのが、環境領域である。他の領域の加速度も同じプロセスを辿っており、それらが一体となって、厳密で科学的な意味でのカオス —— 社会的（ひいては社会環境的）システムの挙動が完全に予測不可能になる方向へ向かうこと —— に導く可能性がある社会の不安定化を引き起こしている。フリードマンが述べる主な推進要因は、私が第 16 章で述べたもののうち、特に人口動態、技術、金融、環境である。これらに、ガバナンスも加えるべきだろう (Haass 2017 を参照)。本章では、これらを順に取り上げる。しかし、これが全てではない。事実、これらの領域における加速度的な相互作用はまだ認識され始めたばかりであり、われわれの集団的な制御が及ばないものである。それらが引き起こすかもしれない二次的な変化にどう対処すればよいのか見当もつかないのが現状である。

　もちろん、これらの変化は密接に関連しており、手に負えなくなりつつあるように見える同じ動態の一部であることを私が強調しても驚くにあたらないだろう。これまでの行動や決断の意図しない結果は情報処理の加速によって促進されている。この加速は、思考と行動のために、より複雑で効果的なツールをより多くの人が手にいれることにより、人々の相互作用がさらに増加することによって起こる。数世紀にわたる還元主義的な思考（reductionist thought）は、複雑な現象をよりわかりやすくするために直線化し、知識を学問体系に区分けしてきた。その結果、このような複雑で非線形のシステムに対して直感的に洞察する頻度が減ってしまった。より多くの知識を得たと思っているが、社会環境システムの一部を制御するために改変してしまった社会環境システムに対する理解を失っている。これらの変化について、詳細に述べる前に、まず大局的な視点から見ておきたい。

2 ｜ 発明とイノベーションの加速

　人類史のほとんどにおいて、個人による発明は、意識的であれ無意識的であれ、ニーズがあり、それを実現するのに十分な自由なエネルギーと物質（人的、社会的、自然的資本という意味においての富）が利用可能である場合にのみ、社会レベ

ルでのイノベーションへと変化した。(発明に対するニーズは、必ずしも課題による
ものである必要はなく、宝石やそれに類するものの場合のように、感情的なニーズであ
る可能性もある。)社会全体の変化のペースは、この二つの社会的革新の要件によっ
て制限され、また、革新的なコミュニティの一員である社会の「インサイダー」
と、そうでない「アウトサイダー」の価値観の差の変化によっても制限された。

　この状況が、化石エネルギーを大規模に利用する方法が導入され、産業革命が
起こった 1800 年頃から変化したことを見てきた。エネルギーの制約が緩和され、
人間の集団的情報処理が (交通輸送、情報伝達、金融、都市化においてみられるよう
な) 新たなイノベーションによって促進された。その結果、ここ 200 年の間に、
情報処理がエネルギーに代わって主要な制約となり、マーケティングによってイ
ノベーターが製品の需要を創出することができるようになった。その過程で、貧
富の差の拡大、都市の急激な成長、化石エネルギー産業への依存、消費社会によ
るグローバリゼーションが著しく増した。一方で、教育の充実が、社会の基本的
なニーズとしてもたらされた。情報処理の加速化は、少なくとも現時点では、こ
うした傾向をさらに強めている。この変化は、アウトサイダーがインサイダーに
なる機会を大幅に減らすことになり、(「自然の環境限界」の観点から) 採掘から廃
棄までの経済 (extraction-to-waste economy) を生み出した (Steffen et al. 2015)。

　国家統治には領域的な制約があるため、このシステムが世界中に広まることで
多国籍大企業の成長が可能になり、また多国籍大企業の成長がこのシステムを世
界中に広めたことを第 15 章で述べた。1950 年以降、この影響は西側世界を飛び
出し、文化的・社会的にも根本的に異なる地域をゆっくりと、しかし確実に採掘
から廃棄までの経済 (extraction-to-waste economy) に取り込み、まさしくグローバ
ルなものとなった。経済と社会の両分野で一定の判断基準をもちいて、個人、集
団、そして各国が、地球規模での富に基づく都市の論理に適合する、富を志向す
る考え方、活動、制度を徐々に取り入れるようになったのである。

　この 30 年間にこのプロセスは加速し、例えば中国、インドネシア、インド、
ナイジェリアなどの都市部にも及んでいる。これは、地球温暖化、資源不足、そ
して世界の社会システムの物質的基盤化を加速させるだけでなく、相互接続され
るシステムのダイナミクスが多くなればなるほど、最終的には過密接続(hypercon-
nectivity) 状態に至るため、ある場所やある分野の些細な混乱に対して過度に敏感
になり、ますます事故が起こりやすくなる (Helbing 2013)。これはシステムのさ

まざまなスケールの脆弱性、レジリエンス、適応性に（必然的に、またそれぞれに異なる）影響を与えることになった（Young et al. 2006）。

3 ｜ 情報処理の加速

　私は、知覚、知識、情報処理、コミュニティの成長、エネルギー使用の増大、そして予期せぬ結果の蓄積の間のフィードバック（feedback）とフィードフォワード（feedforward）のループに基づく散逸的流動構造モデルを用いて、時間経過に伴う社会構造の進化を動的な観点から記述してきた。このような長期的な発展の中で、人間の情報処理能力の向上が中枢を占めてきた。

　19 世紀半ばまで、物質、エネルギー、そして情報は、口頭で、言語で、文字で、人工物の形や質で、さらには組織や制度の構造によって伝達されながら、互いに密接に絡み合っていた。人と人との口頭でのコミュニケーションでは、言葉や身振り手振り、瞬きや笑顔の中に情報が埋め込まれた。人工物は実体を情報化し、同時に情報を行動するための道具として実体化し、社会全体の情報処理システムに不可欠な存在となった。

　文字は、情報的な意味を持つ記号をさまざまな物質的な基材に実体化することによって、情報を切り離す大きな一歩となり、それによって人々の直接的な相互作用を超え、時間と空間の一体性をも超えた情報伝達を可能にし、印刷はこの伝達手段を普及させた。この情報伝達の発展の軌跡に新たな方向性を示したのは、電信と電話であり、情報を純粋な（電気）エネルギーの形で伝達し、通信コストを大幅に削減した。しかし、この電化は情報を処理するには至らなかった。

　最新のティッピング・ポイントの根底にあるのは、目下、情報が電気回路の 1 か 0（オンかオフ）というデジタル形式で処理されているという事実である。デジタル形式が、コンピューティング、インターネット、人工知能、そしてそれに付随するすべてのものを生み出したため、これまでのティッピング・ポイントとは、根本的に極めて大きな違いがある。

　この情報処理の切り離しは、社会全体としての情報処理のストーリーの（現時点での）最終段階である。地球上の人間社会の発展において初めて、機械による（半）独立した情報処理が可能になり、それが現在の人間社会が直面している転

換の大きな原動力になっている。このように情報処理のデジタル化が世界を変えたことは周知の事実であるが、それがどのように世界を変えたのかをより詳しく見ていくのは有意義であると考える。

4 情報の爆発的増加

サステナビリティ学（sustainability science）において、「大加速（the great acceleration）」という言葉は、18 世紀初頭から地球システムの資源利用と汚染が爆発的に増加したという事実をうまく捉えている。ここでの文脈で私が注目したいのは、この大加速が 1970 年以降、電子情報処理によってさらに加速されたという事実である。

社会のダイナミクスとその変容を促している情報処理のフィードバック・ループを思い出してほしい（第 8 章参照）。

> 問題解決によって知識が構造化する→知識が増えることで情報処理能力が高まる→その結果、新たな問題の認知が可能になる→新しい知識が生まれる→知識の創造はより多くの人々を対象とする→関係する集団の規模が大きくなり、その集約度が高まる→より多くの問題が生まれる→問題解決の必要性が高まる→問題解決によってより多くの知識が構造化する…など

情報通信技術（information and communications technology : ICT）革命が起こるまでは、このフィードバックは比較的緩やかだった。最初は物質の加工を習得するのに非常に長い時間がかかったが、次に化石エネルギーの使用を習得するのにはそれほど時間はかからなかった。ついには、電気通信システム、さらには電子通信システムの開発により、情報処理の諸側面を習得するまでの時間はさらに短くなった。しかし、人間の情報処理が社会全体の変化に適応する速度に制限を設けてきたのは、こうしたティッピング・ポイントへの対応のためだけではない。制度、経済、言語、生活様式など、われわれの情報処理手段はすべて、かなり長い期間、情報処理と共進化してきた。この期間においては、人間は、イノベーションとこれまでにない新しい状況に適応して、自らの行動を変えることできた。こ

の相互作用において、情報の流れと情報処理は、最近まで、共進化の速度を制約する主な要因であった。情報処理とコミュニケーションが人間の認知によって制約されている限り、人間の個人的学習、特にグループでの集団的学習はゆっくりとしか加速しなかった。また、より大規模な集団が相互作用できるように、資源の国産化、イノベーション、文化の整合、制度の構築、教育、その他多くのことが必要であった。興味深いことに、情報処理の高速化の重要性を概してより早く理解していたのは、教会と一部の国民国家、金融業界、そして軍隊であった。ローマ・カトリック教会はヨーロッパで最初の効率的な情報収集伝達網を持ち、ヨーロッパの王侯貴族たちを顧客とする主要な金融業者たち（例えば、フーガー家［the Fuggers］や後のロスチャイルド家［the Rothschilds］である。後者は、ナポレオンがワーテルローで敗れたというニュースをいち早くロンドンに伝えて富を築いた）がそれに続いた。

　しかし、今やテクノロジーは、（デジタル）情報処理の時間的次元を、人間から切り離して機械に委ね、また情報処理のゆっくりとした長期的プロセスをほぼ瞬時のプロセスへと激変することで、デジタル情報処理の時間的次元をゼロにしつつある。これが加速度的に変化する可能性を生み出した。そしてより多くの情報が処理されるようになるため、全体として情報の多様性が増し、その結果、さらなる変化をもたらすかもしれない。これは、ムーアの法則（Moore's law）に要約されるように、四十数年にわたって情報処理技術の指数関数的な加速がもたらした影響の一部である。ムーアの法則によれば、コンピューターの情報処理能力は平均して 18 ヵ月ごとに 2 倍になる（図 17.1）。

　その結果、線形スケールで見れば明らかなように、電子処理能力は爆発的に向上した（図 17.2、詳しくは Brynjolfsson & McAfee 2011 を参照）。

　しかし、この加速するハードウェアの進化にとどまらず、過去 40 年ほどの間に、アルゴリズムによるソフトウェアの進化も急速に加速し、情報処理能力はさらに加速している。人間の情報処理は、もはやこの加速に対応できない。フリードマン（Friedman 2016）の概算によれば、技術の一世代（大きな変化の間の比較的安定した期間）は 5〜6 年程度であるのに対して、人間の情報処理は、このような大きな変化に対応するのに 15 年程度かかる。情報処理技術の急速な加速とこの加速に対応する非常に大多数（99% 以上）の人間の能力との間の乖離が急速に拡大するという結果を招いている。結合情報処理システムに直接関与している人間

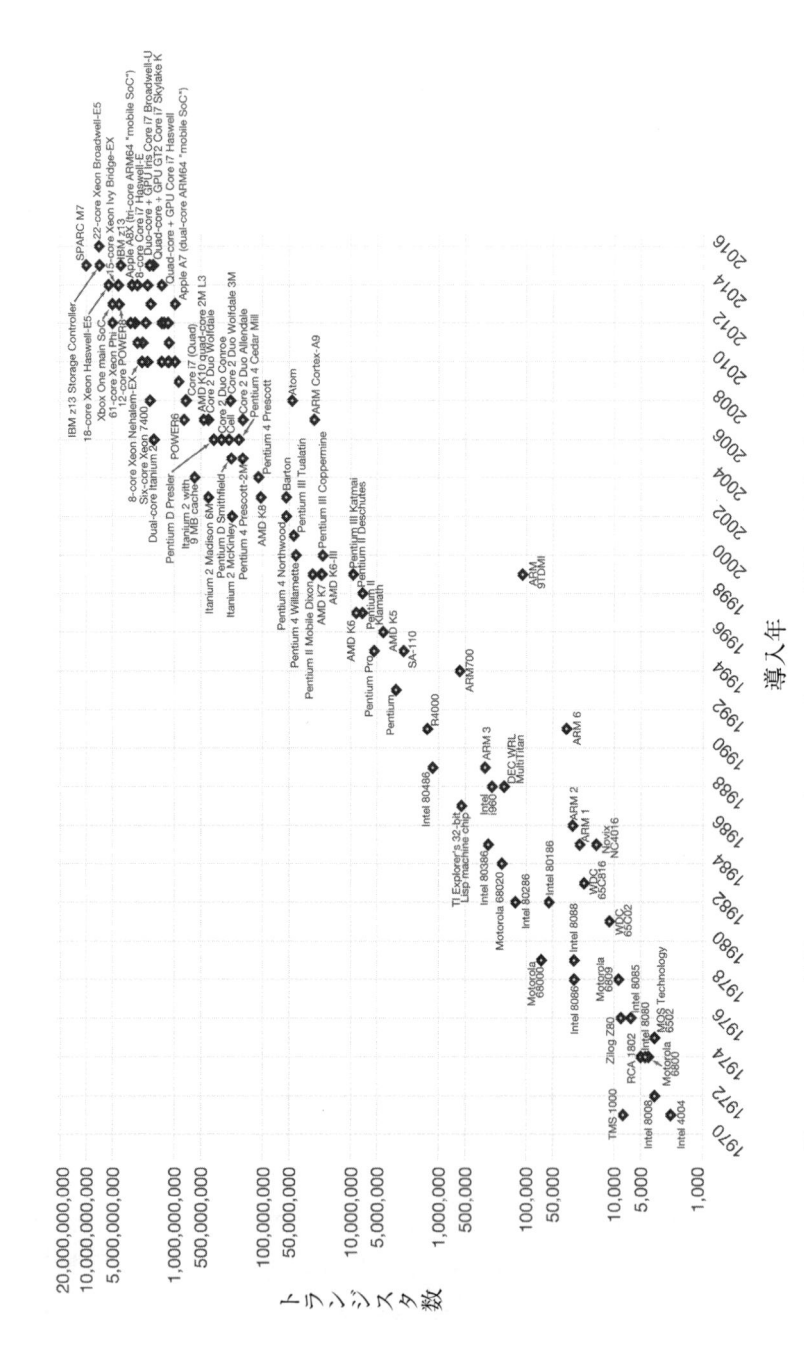

図 17.1　ムーアの法則：1970〜2016 年のコンピューターの情報処理能力の向上を対数で表したもの。

（出典：Max Roser *Our World in Data* を転載した、CC-BY-SA 下で公開されている Wikipedia より。）

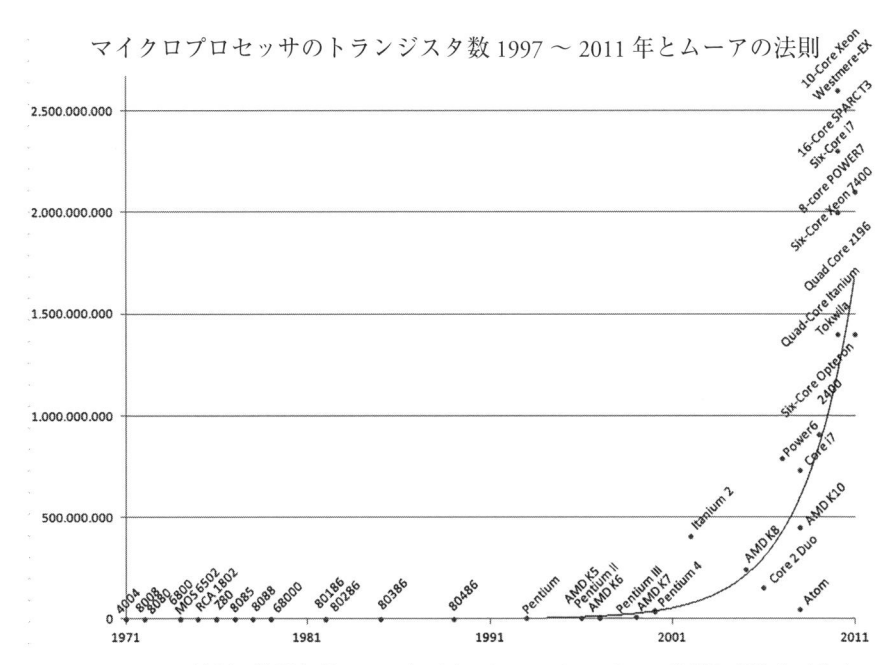

図 17.2　ムーアの法則の線形表現。2006 年ごろからコンピューターの情報処理能力が急速に向上している。
（出典：CC–BY–SA 下で公開されている Wikimedia より。）

と機械の間では、次元の組み合わせの数が爆発的に増加しており、その結果、発明空間（invention space）も爆発的に増加している。これに対応できるエリート層はますます少なくなっている。これは、定常的な法律や医療プロセスのようなデータセットの習得により、機械が専門家の知識を追い越すにつれて、エリート層は減少の一途をたどるだろう。そしてこの小さなコミュニティ（エリート層）に属さない人々は取り残される。エリート層は発明を加速させる機会が大幅に増えるが、社会全体がこうした発明に適応するには、とても時間がかかる。このような状況は、われわれの社会が変化 —— これまで観測されたことのないような変化 —— を吸収する能力に大きな影響を与えている。この加速がもたらす社会的な影響については、第 18 章で改めて論じる。ここでは、ICT 革命がわれわれの社会（内部）のダイナミクスと社会全体としてのダイナミクスについての基本的な前提を変えつつあると思われる事例をいくつか概説したい。

5 社会と空間の関係性の変化

　まず初めに、ICT 革命は、個人的であれ社会全体的であれ、空間と時間の関係性を急速かつ根本的に変えつつある。かなり以前から多くの文献において、世界が「小さくなっている」ことが指摘されてきたが、一体何が起きているのだろうか。一方、1800 年頃から交通手段（電車、車、飛行機）が加速度的に発達したため、他所へ行くための時間的投資が減り、移動の頻度が増えている。しかし、ICT 革命は、誰もがあらゆる情報を即座に世界中で共有することを可能にし、この発展を急速に加速させた。サイバー戦争は、それが顕在化したひとつの方法である。これまで不可能だったレベルで、他国の国家内部のダイナミクスに干渉することができるようになったのだ。

　しかし、人間と空間との関係性の変化がもたらす結果は、それ以上である。私が知る限り、現代世界における空間と場所の役割の重大な変化を研究の対象とした最初の人類学者は、マルク・オジェ（Marc Augé）であり、著作は *Non-lieux : Introduction à une anthropologie de la surmodernité* (1992)（タイトルは、自由に訳せば、「場所の不在：超近代の人類学入門」といった意味）である。特にオジェは、駅や空港など、あらゆる個別性が排除され、人々が匿名で移動する場所に着目している。アメリカによくあるショッピングモールなどもこういった場所の一つと言えるかもしれない。オジェは、地理学の長年にわたる議論の一部を引き合いにだしていて、そのなかでも最も分かりやすいのは、イーフー・トゥアン（Yi-Fu Tuan 1977）の研究である。トゥアンは、人間の知覚と行動がどのようにして「場所」 —— より広い、未経験の空間において人間の経験が作り出す場所 —— を作り出すのか、について掘り下げている。現在の世界では、移動、流れ、匿名性を可能にするために、人間の経験の次元が取り除かれた場所があることを強調したオジェは、ICT がわれわれの生活に与える影響の核心を突いていると私は思う。

　これとはまったく異なる次元で、この発展は、地方自治体、省、州、国家といった「領域」に対する現在の依存を最終的に弱めるのではないかと私は考えている。これらはすべて、事実上、局所的で多目的な情報処理に対処するために作られた行政組織である。これらは、政治的・経済的権力が、より小さな主体をより大きな主体に組み込むことによって空間的に拡張され、ボトムアップで成長した。こ

れは、フランス、ドイツ、イタリアの例が分かりやすく、第 14 章で述べた通り、統一がなされた。この動きは、フランスでは 17 世紀に、ドイツとイタリアでは 19 世紀に起こり、現在のヨーロッパの国民国家の誕生につながった。

　すべての権力が常に領土内に影響を及ぼし、領土内に制限されてきたわけではない。カロリング朝時代 (Carolingian era) のヨーロッパでは、紛争が起きた場合、人々は自分たちが居る場所のルールではなく、彼らが属する部族や民族の伝統的な法律や慣習によって裁かれた (Faulkner 2013)。(バイエルン人に関する) バイエルン部族法典 (Lex Baiuwariorum) や (フランク人に関する) フランク族部族法典 (Lex Francorum) など、これらの部族の規則や習慣は今日まで残っている。ルネサンス期までの長い間、イタリアの都市を訪れたり、あるいは居住したりする外国人は、商品を保管し、取引の拠点である倉庫「フォンダコ (Fondaco)」の責任者の監視下に置かれていた。ある国の国民は全員割り当てられたそのフォンダコに居住することが義務づけられた。ここでもやはり、自分がいる場所ではなく、国や部族の習慣によって裁かれたのである。アヘン戦争 (1830〜60 年) 後、中国・上海に設けられた租界も同様である。これは中国当局が西側宗主国に属する外国人グループに与えた治外法権の植民地であった。領土は、自然の状態ではなく、特定の状況によって作り出されるものである。この点で、アメリカがその法体系に治外法権の側面を残している数少ない先進国の一つであることは興味深い。特に、課税 (アメリカ国民は全世界の所得に対して税金を支払う)、金融取引 (US ドル建てであれば、世界のどこであっても、アメリカ国内法の適用を受ける)、汚職との闘い (それがどこで起ころうともアメリカの法律で禁じられている) が挙げられる。

　今、われわれが直面している問題は、ICT 革命によって距離が極限まで縮まり、人々がますます場所を持たなくなるにつれて、他の非領土的な組織形態が出現するのではないかということだ。興味深い例として、エストニアでは現在、世界中のどこからでも電子住民 (e-residency) の申請を受け入れている。電子住民 (e-residency) は、エストニアに情報技術的なアイデンティティを作ることである。その ID は、世界中のあらゆる取引に有効であるが、エストニアの規則によって管理され、当事者がエストニアに居住している必要はない。こうして、取引を目的としたグローバルな仮想実体と仮想コミュニティが誕生し、もはや場所は何の役割も果たさない。もし他の国々がエストニアの例に倣うなら、個人または企業の取引に適用される法律や法令は、もはや所在地によって規定されることはなく、そ

の代わりに、世界のどこに拠点を置いていようと取引を保証する組織によって規定されることになるだろう。多国籍企業が長い間その圧倒的な資金力と法的な力でグローバルに展開してきたように、力のある個人がグローバルに活躍することができるようになるのは想像に難くない。

6 ICT が時間と社会としての時間管理に与える影響

　時間の概念とその知覚については、心理学や哲学および関連分野において活況を呈している研究分野であり、国際時間学会（International Society for the Study of Time : ISST）（www.studyoftime.org/）の優れた出版物や、幅広いジャーナルに掲載された論文からも明らかである。ISST は 1966 年以来、3 年に一度、しばしば特別な場所で、大会を開催している。Wikipedia の時間知覚（Time perception）に関する記述が興味深い（https : //en.wikipedia.org/wiki/Time_perception 2019 年 6 月 3 日閲覧）。私は、時間知覚は主観的で個人的なものであることを受け入れているし、既出の多くの理論や説明を探求するつもりはない。ここで私が関心を持っているのは、主観的で相対的な個人の時間知覚と、その知覚を管理する社会全体との関係の変遷である。というのは、人々は、少なくとも互いに会うなどの特定の目的のために、時間と場所（ここでの「場所」は、上述の意味での場所ではない）の感覚をある程度共有する必要があるからだ。われわれの社会では、時計がその役割を担っている。時計は、時間を客観的に計測する外付けの機械的な装置であり、時間を計測することで、人間の行動をある程度コントロールしている。そのような装置の中で最も単純なものが日時計で、目盛り付きの表面に影を落とす棒が太陽の進路の関数として時刻を示す。日時計は比較的大まかな時間を示すもので、目盛りの間隔は一時間である。砂時計もこういった装置の一つである。ガラスの上半分と下半分の間の水や細かい砂の流れを（水や砂が通る穴の大きさによって）調節することで、決められた時間で、片方を空にする（そしてもう片方を満たす）ように設計されている。これは夜間でも使える利点があり、例えば船舶において重宝される。さらにこれは、計測時間の長さを変えることができるため、異なる時間単位を計測することができる。しかし、欠点は、流れが止まるたびにガラスを回転させなければならないことである。

　このような比較的単純な局地的な装置から、ミリ秒、あるいはそれより細かい単位で時間を計測する時計 —— 現在世界中で時を刻んでいる原子時計のような —— に至るまで、時計はどのように、われわれの社会において変化してきたのだろうか。14 世紀にヨーロッパで導入された機械式時計は、昼夜を問わず作動し、リセットする頻度が砂時計より少ないという利点があったが、当初は時間を刻む針が一本しかなかった。何世紀もかけて、時計職人たちは（分や秒といった）より細かい単位での時間計測を可能にし、時刻と太陽や月、特定の惑星の動きとを関連づけた。コミュニティが大きくなればなるほど、時間管理を精度の増した機械装置に委ねるようになり、取引がますます正確に管理できるようになったというのが核心的なプロセスのようである。そのような状況下では、個人は、社会全体として合意された外的な時間管理指標に対し、個人的で内的な時間の認識を自ら抑制する。

　ICT 革命はこの長期的傾向にどのような影響を与えるのだろうか。これについては、時間管理の精度の進化を、情報処理システムのより広範な進化、とりわけわれわれ人間が処理する情報量の増大、という文脈に置くことで想像できる。知識の急激な増大と、それに伴う相互作用的な人々のネットワークの大規模化は、社会として管理される全体的な情報の流れと同様に、社会における各個人の処理する情報量が非常に増大しているという事実を指し示している。ある個人が処理する情報の流れの大きさと、個人の時間知覚の間には動的な関係があるのではないだろうか。このことは日常的な経験からも明らかなように思われる。つまり、ある人が非常に忙しい（多くの情報を処理している）ときは、時間は速く過ぎるように感じるが、情報処理があるレベルを下回ると、時間は非常にゆっくりと流れていると感じられるという事実である。この関係を作業仮説として用いるならば、社会における各個人の処理する情報量の増大は、個人の時間知覚や社会全体としての時間管理における時間間隔の細分化と関連しているように思われる。ICT 革命によって個人的にも社会的にも処理される情報量はさらに増加するだろう。それにつれて、人間の時間管理の単位はさらに小さくなり、おそらくは人間とコンピューターのより緊密な連携でしか対応できなくなるだろう。

7 | 思考と行動のツール間の接続性の爆発的増加

　デジタル情報処理の加速化は、情報そのものに対するわれわれの関係をさまざまな意味で変化させた。まず、大量の情報を扱うことが非常に容易になった。これは「ビッグデータ」という言葉で表現されているが、センサーの増加と低価格化、処理能力の向上、クラウドメモリの普及によって、われわれがまとめて処理できる情報の総量が指数関数的に増大したことと密接に結びついている。しかし、この増加をよく見てみると、ICT 革命は処理される情報の異なる次元と異なる情報信号の間の接続性をさらに急速に増加させたこともわかる。

　例えば技術領域では、少なくとも 40 年前からリコンビナント・イノベーション（recombinant innovation：既存の新しい技術を異なる領域に結びつけることによるイノベーション）の数が増え続けている（Strumsky & Lobo 2015）。また、世界中の情報がどこからでも利用できるようになり、補完的な構成要素を検索し、特定する方法が改善されたことで、このプロセスはさらに加速している。その結果、われわれの社会のイノベーションの経済学において、まったく新しい技術を切り開くような（希少な）イノベーションを生み出すことへの依存から、そのようなリコンビナント・イノベーションへの依存へという重要な転換が可能になった（Brynjolfsson & McAfee 2011 を参照）。

　これは、検索エンジンやソーシャル・ネットワークなどの技術革新を通じて、われわれの個人生活や社会生活にも影響を及ぼしている。インターネットに接続できる人にとっては、バラバラの情報を結びつけることが非常に簡単になり、その結果、われわれの知的生活や社会生活に大きな影響を与えているのだ。われわれはソーシャルメディアを通じて、互いの生活の詳細を把握し、40 年以上も前に連絡を絶った人たちの所在や来歴をたどることができる。また、検索エンジンを使って、多様な知的アイデアを素早く探索し、結びつけることで、（リコンビナントな）知的新規性を生み出すことができる。さらにこれまで無視されたり、見過ごされたりしてきた既存の情報を再利用することも可能である。

8 ｜ 情報処理制御能力の低下

　われわれは現在、世界中の多くの人と瞬時にコミュニケーションをとることが
できる（ただし、約 30 億人はまだ対象外である）。しかも、これを達成するための
人的、金銭的、物質的資本への投資は非常に大きいにもかかわらず、エネルギー
の追加コストはごくわずかである。こうした投資は、これまでの社会全体のダイ
ナミクスの原動力であった人間同士の相互作用モデルを完全に変えてしまった。
一対一であれ、一対多数であれ、あるいは多数対多数であれ、誰もが瞬時に情報
を発信でき、そのような情報を関係者全員が個別に処理できるという事実は、社
会の情報処理に膨大な潜在的余剰性を生み出した。その余剰性は、自分自身を守
らない限り、誰もが地球上のあらゆる場所で起こっていることを即座に知ること
になるほどである。

　この発展は、少なくとも現時点では、中央制御のない情報処理（第 11 章を参照）
を、制御のない情報処理へと着実に変化させている。分散型でヘテラルキーな(het-
erarchical：異質で並列的な）情報処理システムでは、取り締まりによって、制度化
によって、優遇措置によって、あるいはその他のものによって、処理される情報
の一部を管理するノード（node）が常に存在していた。これらのノードは、現在
の国民国家が社会を構成する多くの人々を管理し、そうでない人々を排除する基
盤となっていた。これらのノードはそれぞれ限られた人数しか関与しておらず、
空間的な孤立、文化やアイデンティティの違い、行政組織やその他の手段といっ
た形で、ノード間の情報の流れを阻む障壁が存在した。これによりノードは組織
化され、（さまざまな）組織を長期にわたって維持し、特定の基本的価値観、手順、
制度について国民の足並みを揃えさせることが可能になったのである。

　現在（21 世紀初頭）、インターネットとその多くのアプリケーションに結実し
た情報処理の普及は、このような空隙と障壁を取り除きつつある。われわれは、
社会のあらゆるレベルにおいて、水平的な（horizontal）情報処理が爆発的に増加
していることを目の当たりにしている。このことは、さまざまな結果をもたらし
ている。例えば、先進国の価値観を世界の他の地域に押し付けることがさらに助
長されている。この過程は、1800 年頃に植民地行政や多国籍企業の普及によっ
て（緩やかに）始まったものである。情報処理に対する既存の非西洋的アプロー

チが西洋的アプローチと対立した場合、その結果は、物質文化、消費主義、さらに基本的には金銭といった、最低の共通の分母（the lowest common denominator）── 誰もが拒まないもの ── のレベルでの融合であった。その他の分野や価値観はそう簡単には融和されず、文化の相違が摩擦の原因になることが多い。このような最低の共通の分母への偏重によって、多くの場所で、他の価値観 ── その多くは人間の幸福［wellbeing］に関わる深い意味を含んでいるる ── が「ノイズ」に追いやられた。

9 ｜ 情報とノイズの境界の曖昧さ

　情報処理の制御不能が、より根本的なレベルにおいて、情報そのものの在り方を変えてしまった。それは当然ながら、シグナル（signal）とノイズ（noise）の差異によるものである。ニュースを提供すると公言している多くのインターネットサイトは、一般に知られている社会的、政治的、経済的、環境的な現実とはほとんど、あるいはまったく関係のない、ひどい情報を発信することができる、あるいは発信している。多くの人々にとって、そのような情報を、多かれ少なかれ一定の共通基準に則っている信頼できる機関が提供する情報と区別することは難しく、信頼できる機関から提供される正確な情報と切り離すことは難しい。これは、集団的なレベルでは、シグナルとノイズの区別をつけにくくしており、そして、あらゆるレベルの（下位）文化に内包されるような一連の価値観を共有する人々の足並みを乱している。

　やがてこれは、一方ではデータと観測、他方では知識と理解の関係に変化をもたらす。第8章で強調したように、情報処理はこれら二つの相互的、相互作用的、自己言及的な関係に依存している（Luhmann 1989）。その相互作用によって、シグナルとノイズが区別されるのである。われわれは、知識や理解によってパターン化されたデータや観測を解釈し、それをアイデアと関連付ける。しかし、データが現存のアイデアと完全に一致することはないという事実によって、それを解釈する人は知識や理解を深めることができるのである。個々の社会は観測と知識あるいは理解との間に経路依存的な、異なる関係を築くことを可能にし、その結果として、さまざまな文化が形成された。しかし、現象とアイデアの相互関係は、

その逆、つまり、推定されたデータや観測を精緻化するために個人の洞察や意見を利用することも可能にしている。

　われわれの社会（そして科学）においては、これまで一般的に、これらの相互作用のうち前者を採用してきた。現象のパターンを観測することによって、知識と理解を得てきたのである。しかし今、意図的であろうと明確な理由がなかろうと、その逆のことを行っている人々と場がインターネット上には存在する。彼らは、自分たちの世界観に基づいて構築されたデータや事実を提示する。これ自体は何も新しいことではなく、例えば風評被害はどの社会でも常にこのようなものであった。しかし、グローバルな情報社会では、情報がどのように生まれたのか、そしてそれが現象の領域とどのような関係にあるのかを明らかにすることがはるかに困難であり、不可能でさえある。やがてそのことは、あらゆる社会制度とそれを作り上げてきた社会そのものの存在を根本から揺るがしかねない。なぜなら、社会的相互作用を構造化する（そして社会的相互作用によって処理される情報に意味を与える）散逸的な流れと、周囲の確率カオス（stochastic chaos）との境界が不明瞭になるからだ。個々人は整合性や方向性を失い、優柔不断で迷い、身動きがとれなくなるか、あるいは自分の価値観に基づいた散逸的流動構造を自ら作り出そうとするだろう。このような構造の多くは利那的で、十分な数の個人を密接に結びつけることはできず、その結果、破滅する（第 11 章参照）。しかし、十分な数の聴衆を獲得して存続し、われわれの生活にとって重要な存在になるものもある（例えば、ブライトバート［Breitbart］のオルトライトのウェブサイトである）。

10 ｜ 社会の価値空間がシグナルとノイズを決める

　観測、情報、知識あるいは理解の関係において、価値観は、シグナルとノイズを区別する基礎として、重要な役割を果たす。価値観は、事実上、我々の情報処理構造の無形の実体であり、社会進化の軌跡の経路依存性を決定し、あるいは制約する上で重要な役割を果たす。その意味で、価値観は人工物や人工物を支える技術と同じような役割を担っている。

　ここでは、価値観の重要性についてもう少し掘り下げて考えてみたい。私の出発点は、社会の価値観は、社会の存在自体にとって根源的な重要性を持っている

ということにある。価値観は、社会を構成する人々を特定の情報や資源の流れに同調させ、シグナルとノイズを区別し、意思疎通を図り、協力し、異なる意見を表明することを可能にするものである。意思疎通、協働、そして意見の相違はすべて、一連の（通常は部分的に黙示的な）価値観に固定されている。社会を構成する人々はこの一連の価値観と彼らが一致する相対的な優先順位を共有している。われわれはこれを社会の価値空間と呼ぶことができる。私はこの新しい造語を、ある社会が考え方、行動、制度、物質的財などに価値を与える諸側面を含むものとして定義する。

　このような価値空間を共有するということは、社会を構成する人々がこれらの価値について完全に同じ概念を持っているということを意味するのではなく、単に彼らの概念が頻繁に建設的な相互作用を促進するのに十分なほど近いということを意味する。われわれは、（Binford 1965 と同様に）人々がその文化に参加していると言うことができる。その違いは、各人は、その生涯において、ある社会で共有されている価値観のある特定の次元を他の次元より重視する個人の認知システム（世界観）を獲得することに起因する。ラオビッヒラーとレン（Laubichler & Renn 2015）の拡張的進化論のアプローチに従えば、個人の価値観は、彼らが属する社会環境ネットワークによって実質的に決定され、このネットワークは、たとえ最小限のものであっても、すべての人によって異なる、と言えるかもしれない。その結果、長い間孤立して暮らしてきた小さな社会集団以外は、集団を構成する人々の間に価値観の相違が生じる。（第11章で用いた用語では、そのような社会は多かれ少なかれ異種情報を集積しておく仕組み［information pool］を持っている）。それらの価値観の違いは、社会で重要な役割を果たす。一つには、社会内の個人や集団が、社会の他の人々や集団と区別するアイデンティティを作り出せるようになることである。この差別化はまた、個人間の意思疎通や情報交換を継続させる原動力にもなる。（すべての個人が同一であるとしたら、純粋に理論的なケースでは、もちろん情報を交換する理由はなく、したがって交流する理由もない。）このような情報交換が社会の変化を促し、社会と環境との共進化をもたらすのである。例えば、個人、集団、社会の価値観の違いを観察することは、変化への欲求を生み出し、期待を抱かせる。一方、情報交換は、斬新なアイデアや価値観の創出を促し、発明やイノベーションを刺激する。ある社会の情報交換に参加するためには、その社会の言語、分類、表象体系をはじめ、組織、（ここでも最も広い意味での）制度、

思想体系を含む、その他思考や行動のためのツールの知識を身につけなければならない。個人や集団がこれらを身につけるということは、要するに、その個人や集団は彼らの考えを両者間で一致させることなのである。ある価値空間における、価値観の共有と価値観の相違の相互作用が、社会全体の中で個々人からなる集団の一貫性を担っているのである。

　価値観の違いはまた、物質交換の原動力でもある。特に、個人や集団の嗜好、地域の環境条件、特定の資源の入手可能性、あるいはそれらを入手したり、それらを一つまたは複数の特定の（望ましい）機能に適合させたり、輸送したりするための（エネルギー面での）コストによることが多い。このような違いが人々の交流を活発にし、情報と物質資源やモノの交換を促す。これが商取引の基本であり、経済の基本でもある。

11 ｜ 価値空間のダイナミクス

　どの社会においても、価値観は個人や集団が属するネットワークに依存しながら、さまざまな基準、さまざまな次元で存在する。人類学は、異なる集団、共同体、社会の異なる価値観を研究する学問であり、その多様性、ひいては世界観の多様性に注目し、社会が異なれば価値空間も大きく異なるという事実を明らかにしてきた。経済人類学は、このような異なる価値体系（あるいは価値空間）が、資源、原材料、モノ、制度、慣習をどのように分類し、どのように異なる価値を付与しているかを研究し、交換システムを価値空間の観点から説明するアプローチを発展させてきた。その結果、異なる世界観から生まれる交換システムの多様性を強調している。

　社会が成長する過程において、多くの物質とエネルギーを利用しようとすればするほど、情報処理能力をますます多くの人々や資源に拡大し、それらを調整して社会の価値空間にますます多くの知識を取り込むことで、必要な物質とエネルギーにアクセスできるようになる。したがって、成長する社会は、イノベーションによってその価値空間を拡大し、新しいアイデアややり方を生み出し、組織を変革していく。このようなイノベーションはいかなる社会においてもその存続と成長にとって基本的なものであり、発展を支える核となる価値観を経路依存的に

構築、発達させるものである。

　しかし、最終的には人間の認知システムの別の側面が大きな役割を果たすようになるため、組織の変革には限界がある。それは、われわれの理論（分類と知覚される現象間の関係を含む）が、実際には、観測で証明するには至っていないというのが事実である。このことはアトラン（Henri Atlan 1992）がうまく説明している。彼は、それぞれ三つの色（赤、黄、緑）を点灯することができる五つの信号機を例として挙げている。この状態の場合の数は 3^5、つまり 243 通りである。しかし、これらの状態間の接続 —— これがダイナミクスに相当する —— の可能性は 3^{25}、つまり 847,288,609,443 通りである。このように、どれが「正しい」ものかを決めるには、起こりうる可能性の数に近い数の観測が必要であるが、人間が現実には決して達成できないことなのである。この現象の帰結として、われわれの理論や行動は、一般的に、われわれが、関連性があると考える過去の経験によって過剰決定されることになる。その結果、われわれの社会環境システムがたどる軌道は、「変化は難しい」という意味で経路依存的である。一度、実質的な思考と物質的、制度的、財政的な手段や努力（感情はもちろん）を費やしてしまうと、特定の軌道から逸脱することは、非常に困難である。危機の時代には、このことが実施可能な変化のスピードと範囲の両方に影響する。

　第 9 章で論じたように、現代の社会文化的、経済的な構造は、問題解決、新たな（予期せぬ）問題の発生とその解決、新たな問題との遭遇といった相互作用的なプロセスの中で、長い時間をかけて練り上げられたものである。構造的には、課題に対処する必要が生じるたびに、それらの新しい要素が既存の情報処理構造に接ぎ木されてきたのである。

　このことは、官僚制の本質的な発展を見ればよくわかるが、このプロセスはそのような組織に限ったことではなく、われわれの精神構造を含め、人間として行うすべてのことに浸透している。この接ぎ木の過程で、われわれの社会の精神的・実際的な機能のある側面は平滑化され、より効率的になる。しかし、あらゆる介入は意図しない結果をもたらすため、そのような行為はまた、時間とともに現れる、意図しない（そしてしばしば知覚されない）非効率性をも引き起こし、システムが関与するダイナミクスへの対応の障壁となる。このような不適応が積み重なると、ますます構造の効率が悪くなり、運用コストがより高くなる。

　同時に、構造が進化するにつれて、最も頻繁に発生する情報処理に対応するた

めに、機能の統合や構造の簡素化を行うようになる。この二つの傾向が相まって、情報処理構造はますます強固になり、正確で明確に定義された一連の機能を満たすことに集中し、変化に強くなる。その過程で必然的に、精神的、組織的構造はますます統合され、狭い経路に依存するようになり、価値空間に新たな価値を加えることがますます難しくなる。価値空間の構造に適合する次元は、イノベーションによって、次々と発見され、利用されていくが、いずれそれが難しくなる瞬間がやってくる。

　別の言い方をすれば、核となる価値体系は必然的に一連の効用関数を構成する。当初は比較的緩やかで、グループ内の多様性を表しているかもしれない。それが時間の経過とともに、経験や複雑さが効用関数を拡大させると同時に硬化させ、効率を高める。硬化を続けると、少数の項が支配的になり、次元性が効果的に失われる。やがて関数は十分に適応できなくなり、もろくなる。これが価値空間の限界に達するという意味である。これまでの行動の意図しない結果（第15章参照）が大幅に増加することになり、新しい発明の導入を可能にする価値空間の可能性が低下する。

　そうすると、価値空間と、それが対処するために作られた環境との不適合がますます大きくなる。こうして、既存の価値空間が開放され、分類や理論、さらには制度や慣習の定義が、その次元の縮小によって弱体化するというティッピング・ポイントに至る。したがって、それらは最終的に破壊されるか、これまでにない新しい価値空間を構成する他の構造に取って代わられることになる[*1]。

12 | 主要なグローバル指標としての富

　私の人類学的な視点から見ると、西洋文化において、価値空間の次元が縮小され、生産性、国内総生産（GDP）、技術への注目が高まっていることに驚きを禁じ得ない。これは、第二次世界大戦後、世界的に自由市場経済が力を持ち、その影響力を増す中で生まれた現象である。

　このことはグローバリゼーションの必然的帰結として、ここで協調しておきたいと思う。このプロセスは植民地化の時代に始まり、段階的に強まっていった。はじまりは1800年頃、ヨーロッパの交易地が占領地となり、占領国のために原

材料を生産するようになったときである。過去 70 年間に、われわれがグローバリゼーションと呼ぶものは、異なる背景を持つ集団や人々の相互作用が世界的に増加するのに呼応するように、人間の幸福（wellbeing）の測定基準（および意識）の次元をさらに低下させた。それは、これらの異なる人々をまとめるために必要な情報処理能力の総量が減少したからである。そして異なる価値観や習慣を持つさまざまな文化や人々は、次第に一つの次元、最低の共通の分母(the lowest common denominator) である「富」に沿って整列するようになったのである。

　こうした次元の縮小がなければ、グローバリゼーションは実現しなかっただろう。もし、グローバリゼーションが定着する前に、異なる文化が重要視する多くの次元に基づくグローバルな情報処理を実現しなければならなかったら、と想像してみてほしい。そうであったならば、グローバルな情報処理システムは完全に機能不全に陥っていたにちがいない。われわれは、相互作用の基礎となるのに、あるいは連携を生み出すのに関連する次元を分離することもできなかっただろう。

　その代わりに、グローバリゼーションの一環として、さまざまな人々が、富という次元を中心に、自分たちにとって重要な次元を狭めて考えることに、ゆっくりと、しかし確実に慣れていった。富の次元によって、彼らは自分たちを比較し、交換が促された。この影響については、マルヤマが的確に述べている（Magoroh Maruyama 1963；1977；1980)。彼は私に以下のように言った。

　　　もしあるシステムの次元を一つに縮小すれば、人々が自らを差別化する必要
　　　性もその次元に縮小される。高速道路で、人々が運転するスピードで自分を
　　　区別しようとする傾向があるのは、そのためである。

　こうして富とその指標、とりわけ GDP は、世界中のさまざまな個人、集団、社会、文化において、相互作用的なの情報処理の主要な次元となっていったのである。宗教、コミュニティの連帯、芸術、文化など、他の次元も依然として重要ではあるが、価値観の次元を縮小する傾向が強まっている。富が世界中で最も重要な共通分母になりつつあるのだ。その過程で、社会的相互作用の全体的な基盤は縮小している。より小規模で限定的な社会を除いては、人間の幸福の他の次元について考える価値があるとされることは、ほとんどなくなってきている。その

結果、グローバル社会は生産性を重視するようになり、環境という自然資本だけ
でなく、多くの地域や集団の人的資本を過剰に搾取するようになった。ICT 革命
はこの傾向を加速させ、さらに悪化させた。情報処理の支配権をますますごく少
数の人間に委ねることで、彼らに富を蓄積する機会を与え、それ以外の人々を置
き去りにしている。こうした状況の影響をまざまざと思い知らされたのは、2013
年、アリゾナ州テンピ（Tempe）でビジネス関係者を対象に持続可能性に関する
講演を行ったときだった。私の後に続いた講演者のメッセージはただひとつ、「家
族単位の生活を共同生活に置き換える必要がある！」だったのだ。

　この傾向は、交渉における公正さの概念にも直接的な影響を与える。多くの社
会では、道徳的あるいは公平であるとみなされるためには、理由や原則、世界に
対する姿勢が、集団全体の（多次元の）幸福への関心、つまり、すべての人の幸
福への関心を伝統的に反映したものでなければならない（McMahon 2010）。しか
し、互恵的な取り決めにおける公平性は貨幣化され、互恵関係における公平性が
表現される媒体として貨幣と富が使われるようになっている。その結果、例えば
保険会社が人命の価値を計算するなど、互恵的な関心事の貨幣化がわれわれの世
界に及ぼす影響の大きさには驚かされる。

　第 16 章では、この傾向のもうひとつの否定的な帰結として、世界の価値観全
体が、持てる者と持たざる者との間の貧富の差を拡大する方向にゆがめられてい
ることを明らかにした。当初、これはあまり目立つものではなかった。なぜなら、
集団間の限定的なコミュニケーションは、人々がこのような観点から自分と他人
を比較する範囲が限られていたからである。貧富の差の拡大が（テレビ、観光、
そして今やインターネットによって）より明確に伝えられるようになった今、これ
は新たな課題と対立を生み出している。増加する貧富の差は、人口爆発（60 年間
で 20 億人からほぼ 70 億人に）、情報処理の加速とそれに伴う変化とともに、急速
に社会構造的な地球の限界となりつつある。

13 ｜ 限界を迎えつつあるように思われる欧米の価値空間

　社会の価値空間の次元の縮小は、第 16 章で見たイノベーションへの投資収益
率の低下をもたらしたのだろうか。それを判断するのは難しいが、もしそうだと

すれば、より多くの資金が生産的な分野から投機的な分野へと流用されている理由を説明することができる。マクロ経済的には、それが、サマーズ（Lawrence H. Summers 2016）が科学的検討課題（agenda）として復活させた欧米経済の成長鈍化をある程度説明しているのかもしれない。

　重要なことは、より根本的なレベルで、われわれの価値空間が徐々に閉ざされ、われわれの行動が予期せぬ結果をもたらすことが多くなったことが、長期的戦略思考から短期的戦術思考への顕著な転換に関係しているように見える。それは、われわれの集団的努力の焦点を目先のことに移し、そのため、われわれはある種の歴史的近視眼に陥ってしまっている。われわれをここまで追い込んだ二次的なダイナミクスに対する理解だけではなく現在のジレンマから抜け出すための潜在的な方法に対する視点を制限し、偏らせているのである。そのため、われわれは、現在の与えられた構造から抜け出し、枠にとらわれずに考えるのではなく、その構造の中で解決策を探している。

　これは特に経済学に関連しており、社会構造的ダイナミクスを変化させる最も重要な手段は政策である。この分野では、デジタル情報処理が社会のダイナミクスのあらゆる側面で変化を加速させている現在、変化を促進することよりも、むしろ継続することに重点が置かれている。特にマクロ経済学では多くの場合、内生的で不連続な変化を考えるための概念的な（そして数学的な）ツールを欠いている。金融危機の当初（2007 年）に不愉快なほど明らかになったように、需要と供給を結びつける動的均衡モデルは、伝統的に微分方程式で定式化されているため、集約的尺度の限界的変化に焦点を当てている。そのため、ティッピング・ポイントを予測したり、現在の社会経済システムの構造的変化を考えたりする役には立たないのである。

　これを克服するためには、需要と供給が釣り合わず、市場が常に最良の状態で機能するとは限らない、不連続な変化の数学を発展させることが一つの潜在的な解決策となるだろう。これによって、生産性や効率性を重視しない経済学の視点が生まれ、コストや価格以外の価値の次元を含むことができるようになり、それによって既存の価値空間の新たな拡大が可能になる。

原著注
＊1　われわれの社会における男女の役割分担の曖昧さなど、現在起きている多くの現象につい

て、このプロセスが西側諸国で現在起きているようだと指摘してくれたステファン・グル
ムバッハ（Stéphane Grumbach）に感謝する。

第18章　断片化するわれわれの世界

1 | はじめに

　本章では、情報通信技術(Information and Communication Technology : ICT) 革命と、現在の社会における情報処理と情報伝達のパターンの変化を、歴史的、社会経済的な文脈の中で位置づけてみたい。社会環境の変遷を考慮するいかなる試みにおいても、このような長期的な発展を考慮することは不可欠な部分であると私は考えており、それは、社会と環境の両面で地球の限界をはるかに超え、現代社会が崩壊する状況を緩和する、または（部分的かもしれないが）回避するために必要なことである。

　現在の社会の崩壊を回避する方法を編み出すことは、西暦 500 年にローマ帝国の崩壊を回避するのと同じくらい不可能だと思う人もいるかもしれない。われわれ自身の未来におけるこのような崩壊を回避するための論拠の構築は、特に複雑系の観点から非常に困難であることは間違いない。しかし、これこそ、科学者としても市民としても、われわれが求められていることである。ある種の持続可能性を獲得することが必要であろう。われわれは、現代社会を維持したいと思うほど愛しているのか、そして、もしそうならば、それを実現するための手段を持っているのか、さらに、どのような変化ならば受け入れる意思があるのか、という問いが極めて重要である。

　これらの問いに対して前向きな答えを見つけるには、既成概念にとらわれずに考えなければならない。本章、第 19 章、第 20 章においてこの試みに着手する。その際、私は情報技術や経済学の専門家ではないので、他の研究者、特にフリードマン (Friedman 2016)、ブリニョルフソン (Erik Brynjolfsson) とマカフィー (Andrew McAfee) (Brynjolfsson & McAfee 2011)、ハース (Richard Haass 2017)、伊藤穣一 (Joi Ito) とハウ (Jeff Howe) (Ito & Howe 2016) の成果に依るところが大きい。また、その他のさまざまな分野の研究者のアプローチを裏付ける、あるいは関連する研究成果も、それぞれの事例で必ずしも言及するわけではないが、大いに参考にする。他の研究者については、論を進めるなかで引用していきたい。

　デジタル革命が、われわれの社会において、長期的に継続している多くの動的傾向を加速させ、それがわれわれのコミュニティのさまざまな部分に正と負の両方の影響を及ぼしている、というのが私の主な議論である。したがって、持続可

能性という目の前にある難題を解決する道を見つけるには、これらの新しい力学を考慮する必要がある。

2 ｜ 赤の女王の競走

　まず、産業革命の影響、特に、比較的安価なエネルギーがほぼ無限に利用できるようになったことに注目する必要がある。第 14 章で述べたように、1800 年頃、化石エネルギーの採掘と利用の装置が発明されたことにより、(エネルギーの面で) イノベーションのコストがかつてなく低くなるという長期的な傾向が始まった。すなわち、イノベーションの大きな制約が取り除かれ、われわれの知識と社会を多かれ少なかれ一貫した形で維持する価値空間が拡大した。この結果、イノベーションによる人口、知識、認知の共進化を担うフィードバックループが生まれ、複数の重大なシステムの変化、例えば、制度や財政に関わる変化を生み出し、最終的に健康、富、知識、資源利用など全てを向上させた。ただ、それは地球上でも社会的条件の整った、ごく限られた場所でのことであった。

　第二の転換は、20 世紀初頭、大量生産が心理学という新たな分野と融合し、広告に応用されたその時に始まった。資本主義の発展に根本的な変化をもたらし、広告の可能性を利用して、価格、品質、目新しさをめぐる競争が激化していく。多くの産業が大量生産、大量販売へと移行し、企業はますます価格を下げ、生産性を高め、コストを下げ、市場のシェアをさらに拡大していった。そして、最終的には、現在世界各地で見られるような消費社会が生まれた。

　われわれの理論的な観点からすると、この発展は、ヨーロッパ (後には西洋) の社会経済システムに関わりたい人口が急速に増加し、そういった人々を維持するのに必要な価値空間の拡大の一環である。この競争は社会のあらゆる領域で無数の発明やイノベーションを促した。また、その過程で、特定のタスクに特化した非常に多くの技術、人工物、手順、制度を生み出すこと (これについては、情報技術の影響を受ける前からそうであったが) で、日常生活やその情報処理の大部分を機械化した。この発展により、現在われわれが経験している西洋社会におけるイノベーションの加速が始まった。

　この意味で、ICT 革命は決して新しいものではない。計算機による情報処理が

可能となり、イノベーションに残されていた大きな制約を取り除いたということである。それは、人間が人工物の創造に挑み始めて以降の過程における、（現時点では）集大成なのである。しかし、知識、イノベーション、人口増加、資源利用の間のフィードバックループは加速しており、私の仲間が「赤の女王の競走（The Race of the Red Queen）」と表現する状態に至るほどである（Carroll 1999, chapter 2）。現在の社会経済的な力学を、程度の差はあっても、この軌道に乗せ続けるためには、加速的にイノベーションを起こさなければならない。この過程の一環として、大手多国籍企業は、今やその売上高は中小の国民国家（nation-states）の収入に匹敵するほどに、その規模を拡大している。その結果、これらの企業は多くの国の国境を越えて、それらの国々の社会経済的な仕組みに入り込むことを可能にし、国家を超えた強力な経済・政治網を構築していく。この過程で生じる意図しない側面については第 15 章で述べたとおりである。

3 ｜ 崩壊が進むグローバル・ガバナンス・システム

　企業の規模と力の増大に伴う当然の結果の一つは、国民国家の権威の失墜である。これは、非常に異質でありながら、同等の影響力を持つこともある相手に国民国家が直面した場合にみられる。しかし、そこでもまた、この力学は、企業の多国籍化や ICT 革命とは関係のない、ある程度長期的なものである。

　ブル（Hedley Bull 1977）、キッシンジャー（Henry Kissinger 2014）、ハース（Haass 2017）など政治学者や外交官は、冷戦直後の 1991 年に転換点を超えた長期的な発展について言及している。この発展を理解するためには、さらに数世紀前のウェストファリア条約（Treaty of Westphalia；1648 年）とウィーン会議（Congress of Vienna；1815 年）に遡る必要がある。これらの条約は、現在のヨーロッパの国民国家の仕組みと、その仕組を形作るための大まかな理念の基礎を築いた。この二つの出来事、特にウェストファリア条約の影響は見過ごされがちである。例えば、紛争を仲裁する国家的な司法制度の基礎を築くことで、大規模な産業やビジネスを発展させる条件を整えたのである。

　冷戦（1945 年～1991 年）が終わるまでは、国民国家間の関係は、多かれ少なかれ広く受け入れられていた一連のルールによって統治されていたとハースは主張

する。その中で最も重要な理念は、政府は主権を有し、その領土（国家）内で自由に適切と考えるように行動することができ、他国の政府は干渉することなくこれを受け入れるという考えである。国際政治史とは、この原則と、この原則が認識の不一致、摩擦、武力行使に至った局面との相互作用についての歴史である。このような局面は、関係する国民国家の内部で引き起こされることが非常に多く、国民国家内と国民国家間の両方のプロセスの相互作用を念頭に置いて理解することが基本である。また、国家間の勢力均衡（balance of power）が一定程度なければこのようなシステムは機能しなかったという事実も等しく重要である。このルールと国家間の勢力均衡（状態）の両方が、18 世紀から 19 世紀のほとんどの期間にわたりヨーロッパを治めるある種の秩序を作った。しかし、20 世紀に入ると、個々の国家がこのシステムの均衡を崩し始め、二度の世界大戦や大帝国（第一次世界大戦後のロシア、オスマン帝国、オーストリア・ハンガリー帝国、第二次世界大戦後のイギリス、オランダ、フランス（植民地）帝国）の崩壊につながった。その過程で、国家間の相互作用を統治していた「ルール」は、おそらく何の心残りもなく、放棄された。

第二次世界大戦後、大西洋の両岸（すなわち「西側世界」）は安定の再構築に全力を注いだ。国連とその多くの関連機関、国際通貨基金、世界銀行、米州開発銀行とアジア開発銀行、さらには国際司法裁判所、後に欧州石炭鉄鋼共同体（これが欧州共同体、さらに欧州連合（EU）に発展）、関税および貿易に関する一般協定（GATT）と世界貿易機関（WTO）などがその目的のために設立された。奇跡的かどうかはともかく、この努力のおかげで、多かれ少なかれ安定した地政学的秩序がその後 40 年にわたり堅持された。その大きな要因は、ソビエト連邦とアメリカの冷戦（いわゆる相互確証破壊の脅威や、北大西洋条約機構とワルシャワ条約機構の相互作用を含む）であった。ソビエト連邦の崩壊とともに、この秩序は国家間でも国家内でも瓦解し始めた。その結果、1990 年頃から、国民国家の権力と一体性の弱体化が進んでいる。

ソビエト連邦崩壊後に何が起こったのか。この出来事はどのように世界秩序に不安定な変化を引き起こしたのか。その根底にはどのような力学があったのか。そして、この不安定化がすぐに顕在化しなかったのはなぜだろうか。

まず、ソビエト連邦の崩壊は、アメリカ、ロシア、中国の関係に再調整をもたらした。世界の権力情勢において、ロシアが一歩退き、中国が一歩あるいはそれ

以上前進することになった[*1]。これらの（国家間関係の）調整はもちろん多くの緊張をもたらしたが、ハース（Haass 2017）の説得力ある主張によれば、アメリカ軍が世界情勢を完全に掌握している状況下で、競争活動は経済分野に移行し、特に BRICS 諸国（ブラジル、ロシア、インド、中国、南アフリカ）で顕著であったが、他の国々においても同様に、自国内の経済発展に注力するようになった。そのためには、より緊密な貿易関係を築くなど、国家間の経済的な相互依存が必要となった。領土の獲得よりも、世界的な富の増大が主要な目標となり、双方に利益をもたらす（win-win）機会が生まれた。その結果、国家間の摩擦の多くは経済的な領域に移行し、GATT、その後継である WTO、そして多くの二国間、多国間の貿易協定の中で、多かれ少なかれ平和的に交渉できるようになった。

　国家間の相互作用と相互依存が高まるにつれ、国内外の力関係が前面に出てくるようになり、他の潜在的な摩擦を生むことになった。ウェストファリア体制やウィーン体制の基本である「いかなる国家も他国内の力学に干渉すべきではない」という原則が次第に損なわれていった。同時に、大規模な多国籍企業に加えて、主要な国際的な非政府組織（non-governmental organizations : NGOs）など、他の多くの影響力を持つ組織が国際関係に参画するようになった。彼らは、理念と、多くの国における国内ネットワークを持ち、それゆえ国境を越えて影響力を持つ組織となったのである。これにより外交システムは大きく複雑化した。より多くの関係者が、自らの役割を果たすための財力と自信を得るにつれて、外交ステムは二極から多極へと変化していった。

　この傾向は、中近東（北アフリカの一部を含む）、南アジア（インド、カシミール地方、パキスタン、アフガニスタン）、東アジア（中国、南北朝鮮、日本、そして最近では東シナ海や南シナ海に面した国々）、東アフリカ（エチオピア、ソマリア、スーダン）、そして東ヨーロッパ（バルカン半島諸国および現在のウクライナ）など、多くの地域紛争が起こるかもしれない場所（hotspot）が出現していることからもわかる。これらのそれぞれの地域において、地域の重要な組織間の競争が、経済的、国家主義的、宗教的、民族的、部族的な性質が入り混じった、一触即発の（可能性がある）緊張をもたらした。イラクのように、明らかに成功する見込みがないのに、西側的で、民主的な路線で社会を形成しようとしたため、こうした緊張が悪化した例もある。

　この変革において、ICT はどのような役割を果たしたのだろうか。インターネッ

トがなくても、新聞、ラジオ、テレビ、そして現在の携帯電話などの通信手段は容易に国境を越える。また、ある地域では観光業が爆発的に増加し、人々はそれまで夢にも思わなかったようなライフスタイルを知り、地理的、経済的、社会的な制約によって以前なら短期間ではとても得ることのできなかった将来展望や願望を抱くようになった。このことにより、当然多くの緊張が新たに生まれた。一方ではグローバル化を促進し、他方ではグローバル化に対する実質的な反作用を引き起こした。南ヨーロッパにおける私自身の研究によると、耕作放棄され荒廃した土地の増加は、環境要因よりも、その地域の伝統的な農家がそれまでと異なる都会的なライフスタイルを望んだことが要因であることが分かり、前述の傾向を説明づけることとなった（van der Leeuw 1998b）。近年の ICT 革命は、地域や国境、社会階級など、さまざまな隔たりを超えた水平方向のコミュニケーションを促進することで、この傾向をさらに加速させている。

4 ｜ 体験のスペクタクル化

　個々の国において、電子的な情報伝達による完全な情報技術の先駆けとなったのがラジオとテレビである。ラジオとテレビが情報伝達に与えた影響にはいくつかの次元があり、ここでの議論では重要であると考える。まず、一対多数の情報伝達を可能にすることによって、価値観や意見のコントロールを可能にし、以前には接点を持ちえなかった非常に多くの人々も同じように扱うことができる強力な手段になる。一つには、理解するのに文字が読める必要がなく、次に視覚的であるということが、その効果を高めた。それらの画像情報は写真や映画を起源とする伝統を引き継いでおり、直ちに実際的な物質の流れから切り離されるために、情報の効率は大きく向上した。

　またラジオやテレビの普及の別の一面として、フィクションを見聞きする機会が劇的に増えたことで、人々が日常生活から逃れ、ほんの一瞬ではあるが空想の世界で過ごすことを可能にする。

　このことがわれわれの社会にもたらす課題について早くから論じたのがフランスの作家ギー・ドゥボール（Guy Debord）である。1967 年時点で既に、「かつては直接生きていたものが、すべて単なる表象になってしまった」（Debord 1967, thesis 1)、「社会生活の歴史は、『存在』から『所有』へ、そして『所有』から『外観』への堕落であると解釈可能である」(Debord 1967, thesis 17) と主張した。その際、これらのメディアが、誠実さと真正さの混同や、感情的なイメージの感情そのものへの置き換えを助長しているという事実を指摘した。

　当初、映画やラジオ、テレビの主たる目的は、歌や踊りを見たり、必ずハッピーエンドを迎えるドラマのなかでより豊かな世界を疑似体験したりして、人々を笑わせたり、幸せに感じさせたり、少なくとも悲しみをしばし忘れさせることだった。しかし、テレビの娯楽産業が発展するにつれ、徐々にではあるが確実に、より複雑な状況や異なる世界、例えば、恐怖に満ちた、ディストピアのような、あるいは完全に現実離れした世界を扱うようになった。総じてこの傾向は、より多くの人々を、少なくとも部分的には空想の世界で生きることに慣れさせた。さらに言えば、その空想世界とは、単純に電源を切りさえすれば、誰かの意思決定や行動がもたらす結果を回避できる世界であった。

　この傾向は、経済的には、新製品の需要を生み出すために、より多くの広告を出す必要性に駆られたものであった。この半世紀ほどの間に、経済的な必要性と芸術的な可能性の組み合わせが、空想と現実の世界の間の境界を曖昧にしている。これは、二つの世界を関連付けることを意図したインフォマーシャル (infomercial) に表れている。元来、こういった広告は、親たちが1、2時間ほど休めるように、幼い子どもたちが早朝にテレビで見ることを想定していたが、徐々に日中の時間帯に大人たちも目にする機会が増えていった。最近では、この傾向が一巡して、テレビの「リアリティショー」など、従来はファンタジーの世界に特化していたメディアの中で、実生活を模倣しようとする試みが盛んになっている。コンピューターゲーム産業は、ある意味ではこの流れの延長線上にあるが、一つ大きな違いがある。それは、空想の世界に逃避する機会も、創り出された空想と個人の関わり方も、もはや中央制御されないことである。

　その意味で、この最近の動向は、ICT が可能にした個別化の傾向の一環であり、多くの人が自由を感じる。しかしながら、不測の事態が発生したときには、自分たちが互いに依存し、自分たちが属するコミュニティに依存していること、そして、必要なときにコミュニティの支援を求めることができるように、コミュニティの規範の中で活動しなければならないことに気がついていないだけなのである。

　この傾向のもう一つの側面は、24 時間ニュース・サイクル (twenty-four-hour news

cycle）の出現である。これは、主要な出来事を、省略し、単純化し、消化しやすい「一口サイズ（bite-size）」で提供するものである。1980 年代に CNN が始めたニュースの 24 時間放送は、今や世界中に、また電子媒体にも広まっている。ほとんどのウェブサイトは同じパターンで構成されており、メッセージを詳しく理解したいのか、それとも非常に簡略化された情報のみを求めているのかは、ユーザーや読者に委ねられており、潜在的にユーザーの空想に多くを委ねている。

　再びドゥボールの説をもとに要約すると、これまで人々が自然界と社会との関係において直接体験してきたことは、すべて分析され、咀嚼され、イメージに変換されてきたことになる。その過程で、現実の隠された面の多くが取り除かれ、消費者に提示されるのは、イメージの発案者の視点に基づいて作られた簡素化されたイメージである。こうして、「実生活」の体験と、ドゥボールの言う「スペクタクル化された」体験との間には、ますます大きな乖離が生まれている[*2]。

　しかし、メディアと、競争に基づく資本主義システムとの相互作用によって引き起こされる、もう一つ別の傾向も生じている。第二次世界大戦以来、マス・コミュニケーションにおいて、さまざまな発信源が急増するのを目にしてきた。1950 年代から 1960 年代には、各国のテレビのチャンネル数は数えるほどであった。多くの国では、テレビチャンネルは、政府によって管理され（例えば、フランス、イギリス）、他の国では宗教的観点の異なる民間団体によって管理され（オランダ）、さらに営利目的の民間団体によって管理されている場合（イタリア、アメリカ）もあった。1980 年代に入ると、ケーブルテレビや衛星放送により情報源の数が何倍にも増え、人々は何百ものチャンネルの中から、特定の情報（地理、歴史、ミステリー、SF など）に特化したチャンネルを選ぶことができるようになった。2000 年代に入ると、ウェブサイトの登場により情報源の増加がさらに進んだ。事実上、現在では誰もが、他の人の情報源となることが地球規模で可能である。

　この過程は、一見無害で、あらゆる人に情報の自由を提供しているように見えるが、近年では、あらゆる社会経済的、政治的問題について異なる見解を生み出し、強化することで、われわれの世界観と社会の断片化を助長している。この現象の社会的な意義については後述する。差し当たっては、この現象は、社会の価値観の整合性を失わせ、第 17 章で述べたシグナルとノイズの区別を目立たなくする過程の一要素であることを指摘するにとどめる。

5 ｜ 圧力にさらされる民主主義

　多くの先進国では、少なくとも第二次世界大戦以降、統治システムの基本は民主的であり、政府を構成する代表者を国民が定期的に選出している。その仕組みはさまざまであり、例えばスイスでは、政府はあらゆる重要な問題を、国民投票によって国民に諮らなければならない。他の多くの西側諸国では、選挙によって政党間で分配される政府の構成と権力を決定している。政党の数は、二つ（米国）から三つ（英国）、あるいはもっと多いが実際に影響力を持つのは上位二つのみ（フランス）、あるいは10から15の政党が連立を組み、連立協定に基づいて統治する（オランダ）などさまざまである。要するに、どのようなシステムであれ、またどのようなレベルで民主主義が実践されているのであれ、個人は、自らの政治の決定権を選挙で選ばれたエリートに委ね、そのエリートたちは期間限定で意思決定を行うのである。

　このシステムは、いったん制度化されると、社会の内部の緊張が、議論や討論、投票によって解決できるようなものである限り、うまく機能する。もしそうでない場合、このシステムは窮地に立っていることになる。この60年ほどの間に、ほとんどの西側諸国では、国民が快適さと豊かさの向上を経験したため、このシステムが機能してきたのだと私は考えている。この期間に民主主義体制が十分に機能していたことと、消費社会の台頭 ── 西側諸国だけでなく、これらの「先進」国にサービスを提供するために天然資源や人的資源が採取された世界の他の地域でも、原材料、エネルギー、人的資本の使用量が大幅に増加したことを含めて ── との間には、関連性があるように思われる。

　民主主義と地球の限界を超えることとの関連性は、持続可能性をめぐる諸問題への対応を模索する際に、調査、検討する必要があるのは明らかである。ランダース（Jørgen Randers 2012）や他の研究者は、民主主義国家にとって持続可能性の実現は困難であると述べている。なぜならば、民主主義国家においては、相反する利益に対処しなければならない場合、意思決定は非常に議論を呼ぶ、複雑なものになるからである。このことは、消費者主義の文脈を拡大せずに民主主義システムを果たして実践できるのだろうかという疑問を提起する。

　しかし、われわれの民主主義国家の機能には、情報を処理するという側面もあ

る。つまり、情報の流れがメディアを通じてある程度コントロールされていたために、国や、より小規模の民主的な単位の住民が多様な意見を持つのを制限していたのである。これについては、簡単に前述したとおりである。それを根本的に変えたのが ICT 革命であり、国家関連機関やメディアを介さない情報伝達を可能にした。その結果、インターネットは現在、われわれの民主主義制度を脅かしており、地域や国の内外の貧富の格差が拡大することにより、その脅威は増している。近年ではエドソール（Thomas B. Edsall 2017）がハインドマン（Matthew Hindman 2008）を引用しつつこの現象に注目し、アメリカは「一見自由な選挙を含む民主主義の装いを保ちつつ、リーダーたちが選挙の過程、メディア、電子的手段による議論の許容範囲を制御するハイブリッド民主主義体制に移行中」なのかもしれない述べている。

　中国、ロシア、トルコ、ハンガリーなどの国々でも同じことが起こっている。また、最近のイギリスの EU 離脱（Brexit：ブレグジット）をめぐる国民投票や欧米における選挙運動では、主要メディアや政党組織が力を失っていることを示している。イタリアの五つ星運動（Five Star movement）やアメリカのブライトバート（Breitbart）のウェブサイトを中心としたオルトライト（altright：オルタナ右翼）運動など、ソーシャルネットワークを基盤としたポピュリスト組織がその空白を埋めている。エドソール（Edsall 2017）が引用するとおり、この分野の権威であるサミュエル・イサチャロフ（Samuel Issacharoff）は、ICT 革命の影響を受ける前にすでに進行していた四つの過程を指摘している。

　　現在の民主主義の不確実性は、四つの中心的な制度的課題に起因しており、それぞれが過去数世紀にわたる民主主義を強化する過程で生じた妥協の産物である。第一に、政党やその他の関連組織の加速度的な衰退、第二に、立法府の弱体化、第三に、社会的一体感の喪失、第四に、民主国家の能力の低下である。（中略）かつて政党が必要とされた基本的な機能の一つである有権者とのコミュニケーションは、テクノロジーに取って代わられた（中略）。ソーシャルメディアはそのすべてを変えてしまい、立候補者は電子メール、ブログ、ツイッターに加え、フェイスブック、インスタグラム、スナップチャットなどのプラットフォームを通じて直接アクセスできるようになった。

しかし、政党や旧来メディアの役割の衰退は、一過程に過ぎない。これを書いている現在（2017年初め）、情報革命がもたらす最もあからさまなことの一つとして突如浮かび上がってきたのが、イギリスのEU離脱（Brexit）やトランプ（Donald Trump）の選挙運動で浮き彫りになった「代替的な真実（alternative truths）」の問題である。これは、ウェブサイト、テレビ局、ラジオのトークショーなど情報源の多様化と、シグナルとノイズの境界が曖昧になったことによる直接的な結果と言えよう。シグナルとノイズの区別は、社会や集団、文化の価値空間と直接的な関係があることをみてきた。社会や集団のメンバーの一部が、狭い範囲の情報源に集中するようになると、真実、シグナル、情報の異なる概念が生じるようになり、特定の価値空間における社会全体の整合性が崩れることになる。それゆえ、トランプ大統領のチームの一人（ケリー＝アン・コンウェイ［Kelly-Anne Conway］）が非常にエレガントに表現したように、「われわれ（トランプ氏のチーム）は、単に代替的な真実（alternative truths）を提供するだけです」（2017年1月22日、アメリカのNBCテレビ番組『Meet the Press』でのインタビュー）。したがって、トランプ氏のチームがメディアを自分たちの主要な敵とみなしていることは驚くべきことではない。彼らにとって、「事実（facts）」を記録し裏付けを取ることは、もはや事実を提示する前提条件ではなく、提示する人物の信念とカリスマ性、そして特定の情報源の一部分を参照することができれば十分であるということのようである。このような状況を放置しておくと、社会が、異なるカテゴリーや価値観をめぐって断片化し二極化する傾向を強める（この現象は、現在、「人々は異なる情報バブル（information bubble）の中に住んでいる」という考え方で表現される）。

　また、双方向型コンピューターゲームの普及などにより、前節で示した傾向が、若い世代の現実と空想を区別する能力に影響を及ぼしてきたのではないかという疑問も抱かせる。人々の意思決定および行動とその結果との相互作用が人為的に可能になり、また制約される人工的な世界で一日の何時間も過ごすことは、フィクションと現実を区別する能力を低下させるだろうか。そして最後に、グローバリゼーションがわれわれの民主主義に与える影響を考える必要がある。最近では、レノ（R. R. Reno 2017）が次のように表現している。

　　グローバリズムは、民主主義の未来に対する脅威となっている。大多数の人々の権利を奪い、テクノクラート（高度な専門的知識をもったエリート）に力を

与えるからである。「ボーダーレスな世界」を熱烈に支持する人々が門や塀に囲まれたゲーテッド・コミュニティ（gated community）に住み、事実上「国境管理」のような機能を果たす厳しい入学基準を設けている狭き門のエリート教育機関に自分の子どもを通わせるという矛盾が起こっている。空港のエグゼクティブ・ラウンジは、誰でも入れるわけではない。

　実際、われわれの社会のごくわずかな（しかも現在ではますます少数になっている）エリート層が（部分的には ICT に基づく）グローバル社会への移行をなし得たという事実が結果としてある。その一方で、世界の大多数の市民は取り残されてきた。彼らが意識しているのは、地元のコミュニティであるため、自分たちのアイデンティティの空間的範囲を他のコミュニティに広げることに抵抗がある。ここにもまた、ICT によって加速されるプロセスの本質の一つは、ずっと以前から、ここでのテーマで言うと、少数のブルジョアジーが社会全体を指導する民主主義制度という形で、存在していた。しかし、ICT 革命は、情報処理そのものの急速な加速によって、統治者と被統治者の間に内在する緊張関係を悪化させている。

6 ｜ コミュニティの脱構築

　次の分析対象としてコミュニティについて見てみよう。このテーマを始めるにあたり、人類学と経済学の一連の古典的な文献に立ち返ることにする。まず、経済人類学に対して初めて実体主義的なアプローチを展開した人類学者であるカール・ポランニー（Karl Polanyi）である。ポランニーによると、近代の市場主導型社会は、西洋社会の進化において必然的な段階ではなく、計画されたものであった。彼がこのような結論に至ったのは、経済学を他の研究分野から隔絶したものであるとは考えていなかったからである。彼は、経済と社会のダイナミクスは本質的につながっていると考え、産業革命の一環として両者の関係が大きく変化したことを指摘した。The Great Transformation（［1944］2001）（『大転換』）の中でポランニーは市場を二つに区別した。一つは、多くの小規模社会において財の交換── 一般的には交換は社会関係を維持するためのメカニズムである ── を容易に

するための補助的な道具としての「市場」である。もう一つは「市場社会」である。市場社会においては、市場は価格メカニズムによる財の交換のための最も重要な機関であり、社会の本質そのものが市場の法則に従うようになる。ポランニーによれば、市場が社会の本質そのものよりも市場の「見えざる手」の法則を優先し始めたのは、イギリスでは 1830 年代頃からである。それにより、社会は経済的領域と政治的領域に分離し、社会の力学と要求が貨幣や経済の力学と要求に従属するようになった。その結果、大規模な社会的混乱が生じ、社会は自らを守るために自発的な行動をするようになったと彼は主張する。すなわち、ポランニーの論によれば、「自由」市場がひとたび社会の構造から切り離されると、社会保護主義は社会の当然の反応であり、無制限な「自由」市場がもたらす社会的混乱に対する自発的な反応である。これを第 16 章で用いた言葉で言い換えると、自由市場の出現と進化において、金融の一次元的な論理が、より広範で多次元にわたる社会文化的論理から次第に切り離されていったということである。同様の議論がケインズ（John Maynard Keynes 1930）やフリーデン（Jeffry Frieden 2006）といった経済学者によっても示されている[3]。

　これらの考え（ほとんどのマクロ経済学者は忌み嫌っていたが、人類学、社会学や関連分野では広く支持されていた）に基づいて、経済人類学者であるデヴィッド・グレーバー（David Graeber）は、価値論の研究を行なっている（第 16 章を参照）。グレーバー（Graeber 2001）は、多くの小規模社会（パプア・ニューギニア南東部、ソロモン海の南部の諸島の住民であるトロブリアンド諸島人［Tobrianders］、マダガスカル島のマラガシー人［Malagasy］、北アメリカの北西海岸地域の中部に居住する先住民であるクワキウトル族［Kwakiutl］、北アメリカ北東部に居住する先住民であるイロコイ族［Iroquois］）における多次元的な価値観と、近代世界の経済学における一次元的価値観を対比させている。彼の意見では、「市場は政府の創造物であり、常にそうであり続けている」（Graeber 2001, 10；Mazzucato 2015）。近代経済学は、（近代の）個人の価値主導型の行動をモデル化することに重点を置いているため、「『社会』を匂わせるもの全てを消し去ることにこだわっている。しかし、たとえすべての社会的関係をモノに還元することができたとしても（中略）、なぜあるモノが他のモノよりもより多くの喜びを与えてくれると個人が感じるのかについては、依然として解明できないままである」（Graeber 2001, 9）。

　個人と人口を区別するだけの形式主義的な経済学者のアプローチでは価値の概

　念を把握できないことを、この議論は暗示している。なぜなら、価値というもの
は、人々が属する社会的ネットワークによって決まるからである。既に見てきた
とおり、「価値」は社会的な創造物であり、個人が社会的文脈 —— 個人が活動し
ているネットワークで共有される考え方 —— によって形作られるのである。その
ため、価値が決定されるのは、一般的には、人口全体ではなく、別の規模である。
われわれのアプローチに価値を含めたるには、個人を集団の中の統計的な単位と
して扱う集団の視点から、個人間の関係のさまざまな構成を考慮する組織の視点
に移行する必要がある（Lane et al. 2009）。この組織の視点は、社会に対する多層
的なネットワーク・アプローチによって得られる（White & Johansen 2005；White
2009）。

　この議論の第三段階に有用なのが、ロナルド・マンク（Ronaldo Munck 2004）の
推論 —— グローバリゼーションは、共同体を維持する多次元的な価値の連続帯を
崩すことにより、社会共同体の破壊の原因となっている —— である。これはポラ
ンニーの主張と重なる。すなわち、究極的に各国を競争、植民地化、ヨーロッパ
における軍拡競争、そして最終的には世界大戦へと駆り立てたのは、金本位制と
いう形での金融における一次元的な経済的思考の押し付けであったという考えで
ある。金本位制の導入を他の多くの経済領域に推し進めようとする金融的な世界
統一の試みが拡大したのがグローバリゼーションであるとマンクは考えている。
高速道路では車は速度でしか競えない、という丸山の言葉（第 16 章）がここで
思い起こされる。富が支配的な基準であるならば、個人、集団、国家間の競争は、
専ら富で測られがちとなる。

　しかし、重要なこととして、人々、集団、国家が自分たちの実績やアイデンティ
ティを測る基準として、富を用いる傾向がますます支配的になっているが、これ
は、他にも多くある傾向の中の一つに過ぎないということを強調しなければなら
ない。もちろん、その他の傾向も非常に長い間存在しており、社会や個人が包含
する他の多くの価値観を通じて、われわれの社会で重要な役割を果たし続けてい
る。しかしながら、これらは経済的価値観によって、ある意味、世間では影が薄
くなってきている。重要なのは、これが一時的なものなのか、それとも、もっと
長く続くものなのか、ということである。いずれにしても今後やるべき重要な作
業は、社会を動かしている力学のうち、非経済的なものをより詳細に見ていくこ
とであろう。

7 | グローバリゼーションの変容

リチャード・ボールドウィン（Richard Baldwin 2016）は、その興味深い著書において、グローバリゼーションの変容を、モノ、情報、人の移動の変化に結びつけている。彼によると、1880年代にグローバリゼーションが最初に出現したのは、原材料と工業製品の（ますます大量の）貿易という形であった。これは、画期的で、比較的安価であり、かつ信頼できる輸送手段（鉄道や蒸気船）が利用可能になったためである。その結果、貿易コストが下がり、生産と消費の地理的な分離が可能になり、市場が世界的に拡大する一方で、産業は局所的に成長した。これにより、貿易、工業化、成長のフィードバックループを促進し、世界の他の地域の経済とは対照的に、(機械化が進む)西側諸国の経済を押し上げることになった。これが西側諸国の莫大な富の源泉となり、南北の所得格差の原因にもなっている。

1970年代以降、世界の製造業における西側諸国のシェアは低下し、その傾向は1990年代に加速した。ボールドウィンは、ICT革命によって情報の移動のコストが急激に低下したことを指摘している。また、遠隔地から複雑な活動を調整できるようになったことで、生産がグローバルなサプライチェーンに広がっていったと論じている。その過程で、先進国から開発途上国への製造業のアウトソーシングが進んだ。これは重要なノウハウの移転を伴うものであり、ボールドウィン（Baldwin 2016, 5）が「グローバル・バリュー・チェーン革命」と呼ぶ、知識の国際的境界の再定義となった。特に、先進国のノウハウと途上国の労働力を商業競争の中核に密接に結びつけ、産業組織を地域型からネットワーク型組織へと移行させた。

ボールドウィンは、この移行が6つの開発途上国（中国、韓国、インド、ポーランド、インドネシア、タイ）にとどまったのは、人の移動にかかるコスト、特に比較的賃金の高い人材の移動にかかる時間的コストが依然として高いからであるとしている。人の移動にかかるコストは、低賃金国の数か国に生産を集中させることによって抑えることができ、新しい生産拠点となる国が既存の生産国に比較的近い場合はさらに効果的あった。この再編成は、産業の拡大をもたらした。原材料の需要が非常に大きくなり、新興生産国と原材料産出国の両方で、所得と富が

急速に増加した。

　将来的には、テレプレゼンスやテレロボティクスといった技術向上で、離れた場所にいる人の仮想的な存在が可能となり、人の移動が簡単になれば、第三の根幹的な変化が起こる可能性があるとボールドウィンは主張している。仮想移住や生産の遠隔操作が行われ、国家間の空間的な境界はさらに曖昧になるであろう。このような変化がもたらす潜在的な影響は未検証である。

8 ｜ 開発途上国の出現

　ここで、開発途上国の出現がグローバル化した現状に与えた影響についても触れる必要がある。途上国は、先進国のような制度的な枠組みを持たないまま、本章で述べたような多くの発展を遂げつつある。

　1980 年代まで、ほとんどの途上国では、政治的、経済的体制は依然として新植民地主義的であり、長らく依存してきた宗主国の利益を追求するためのものであった（Nederveen Pieterse 1989）。しかし、1990 年代に入ると、これらの国のいくつかは、先に述べたグローバリゼーションの新しい波の恩恵を受け、宗主国や第二次世界大戦後の国際機関の覇権に挑戦する形で、それぞれの国の経済を発展させることができた。これにより、各国の自然資本や社会資本に基づいた、さまざまなポスト植民地主義的な開発戦略が登場した。

　これが最初に起きたのが東アジア（日本、韓国、フィリピン、中国、現在は、ベトナムも）で、続いてラテンアメリカ（メキシコ、ブラジル、チリ、ベネズエラ）、南アジア（インド）、最後にアフリカ（特に、ナイジェリアと南アフリカ）であった。この推移は、第 14 章で紹介したウォーラーステイン（Wallerstein 1974−1989）の視点から見るのが有益であろう。政治的な理由でこうした動きが先行した国々（日本、韓国）は、先進国という排他的な「クラブ」に入ることができたが、他の国々はその途上にある（中国、ブラジル、トルコ、南アフリカ、インドネシア）。

　これらの経過については、ここでは範囲外のため詳述しないが、2000 年代以降に ICT が重要な役割を果たしており、その要因と、これらの国で ICT の発展が直面している困難について簡単にまとめてみたい。まず、先進国では無線通信やウェブ市場が飽和状態に近づいているのに対し、開発途上国ではそうでないこ

とが最初の相違点である。実際、2014 年のデータでは、途上国は ICT によって
もたらされる恩恵においては、先進国に後れをとっている。

この違いは、一部は投資能力や国の選択（無線か有線か）による問題であるが、
より重要なのは、ICT によってもたらされるチャンスを活かす能力がないという
点である。結果として、アフリカの大部分では、携帯電話はウェブへのアクセス
ではなく、主に電話やテキストメッセージの送受信の手段として使われている。
このような ICT 利用の違いは、言語や教育の違いから、都市部と地方で顕著に
見られる。欧州議会に提出された報告書（STOA 2015）によると、通信は機能不
全に陥った市場の悪影響を緩和することができるため、先進国、途上国を問わず、
ICT の経済的、社会的な利益は大きい。情報技術（IT）インフラが整備され、IT
に精通した労働力が豊富な国は、国内生産、輸出、国内外の投資、新たな雇用機
会の増加という形で、ICT 革命の恩恵を最も受ける。

しかし、このような富の創出が貧困削減に貢献しているという十分な証拠はな
さそうである。ここでは、技術的、政治的、教育的、文化的な要因が絡んでいる
ように見える。例えば、携帯電話の使用が通信に限定されている限り、必ずしも
人々を貧困から脱却させられるとは限らない（STOA 2015）。一方で、モバイル・
インターネットへのアクセスは確実に状況を変える。現代の ICT の高い普及率
が社会経済発展の効果的な推進力であることを示す証拠はあるが、これはごく限
られた国（例えば、チュニジア、南アフリカなど）でしか実際には起こっていない。
さらに、アフリカでは、ICT 規制の枠組みの確立という点において上手くいって
いない国の数が最も多く、それらの国の通信サービスは、速度が遅く、信頼性を
欠き、不十分で、しかも高額ということがよくある。

ほとんどの開発途上国では、基本的なコンピューター・リテラシーが初等教育
のカリキュラムに組み込まれていない。また、地域独自の発信内容や、貧困層の
ニーズに対応したアプリケーションの開発も比較的遅い。ICT の所有権の問題は、
ICT インフラを所有している途上国が自国民のニーズに合った技術の導入をより
積極的に行うことができるため、重要である。特に、インターネット・サービス・
プロバイダーが先進国のみに留まる限り、ICT が途上国にもたらす恩恵は限られ
たものとなる。これは、技術の制作者と利用者が分断され、前者が有利になる構
造だからである。このように、ICT の潜在力のほとんどは、特に最低所得者層の
利益のために十分に活用されていないままである。もちろん例外もあり、特に、

ICT を先進国企業に所有されてない途上国や、金融、保険、農業、保健衛生など
の分野では、実際に障壁が急速に取り除かれている。

　結論として、ICT の普及は、理論的には、多くの開発途上国の政治的、制度的
構造を再構築するかつてない機会であると見なされ、政府の施策の説明責任と透
明性の向上や、政治的意思決定への参加促進が期待される。しかし実際には、民
主的な参加にかかわるプロセスは非常に複雑で、それは社会全体の力学によって
動くものである。そして、コミュニケーションはこの力学のなかのごく一部（し
かもほとんど理解されていない）にすぎない。すなわち、再構築にはより多くの要
因が必要なのである。そして、一般的な政治体制を考慮すると、多くの国におい
て当面の間、「一見自由な選挙を含む民主主義の装いを保ちながら、指導者が選
挙の過程、メディア、電子的手段による議論の許容範囲を制御する」（Edsall 2017）
というハイブリッド民主主義体制のようなものがせいぜいあるということを認識
しなければならない。

9 ｜ ビッグデータと個別化

　ここで、情報処理における大きな技術的変革の一つである「ビッグデータ」を
収集・保管・処理するという革新的な能力に話を戻そう。第一に、ごく少数の企
業に情報と情報処理ツールが大量に集中するようになった。これらの企業、特に、
テンセント、ウェイボー、アップル、フェイスブック、グーグル、アマゾン、イー
ベイ、ヤフーは、情報アクセスを容易にして、膨大な量の顧客の行動情報を収集
することで、見込み客にとっても、企業自身にとっても、大きなメリットがある
ことにいち早く気づいた。数年間は、こうした情報を処理するツールが追いつい
ていなかったが、現在（2019 年）では、処理ツールは急成長している。例えば、
これまでは収集と分析ができる統計サンプルが少なすぎて観察できなかったパ
ターンの特定や分析を可能にしている。このような分析により、カスタマイズさ
れたウェブ媒体の広告、選挙における関連有権者の高効率な動員、求職応募書類
の自動精査、テロリスト捜索における何十億もの通信の監視など、ここでは挙げ
きれないほど多くの用途に活用されている。マニキャ（James Manyika）ら（Manikya
et al. 2011）は、2011 年の時点でこのプロセスをマッピングしたが、その解説書

は、細かい内容についてはすぐに古くなってしまったものの、情報処理の力学の概論としては、今でも有効である。より時代を先取りしたものとしては、BBVA 財団が 2013 年に出版した共同研究（BBVA Foundation. 2013）があり、*Wired* 誌などのでも最新の情報を把握することができる。全体的な傾向として、膨大な量の情報を詳細に処理できるようになったことで、これまで（限られた）統計サンプルの一般化によって計算されていた、われわれの生活のさまざまな場面に変化をもたらしている。個々の存在に直接、個別に対応する解像度を高めることができるようになったからである。これは、保険業界だけでなく、医療分野では個別診断・個別治療が進みつつあり、選挙ではビッグデータ分析によって個人の投票パターンを把握できるようになるなど、影響を与えている。最終的には、より詳細なデータをモデルに活用できるようになることで、経済学に影響を与える可能性があり、また、詳細な空間分析ができるようになることで、地域の状況に応じた開発技術を利用できるようになるため、農業にも影響を与える可能性もある。例を挙げればきりがないが、いずれも共通しているのは、個人、空間的、または時間的に可能な最小の存在、あるいは現象またはプロセスの個々の実体のレベルまで掘り下げることで、大幅に（指数関数的に？）高い処理能力を費やすことになるが、社会全体的、環境的な現象の理解を深めることが可能になるという点である。これは、コンピューター業界を高性能コンピューティング（コンピューターの処理能力を集約して、より高い性能を実現すること）へと向かわせる大きな流れの一つである。この傾向がどれほど急速に拡大しているかを読者に感じてもらうために、フランスの新聞 *Le Monde* 紙の記事（2017 年 6 月 7 日付）を引用する。

> （ヨーロッパの）データ経済（電子商取引から交通管理、個別化医療まで）は、2015 年には 2,720 億ユーロの価値があり、2020 年には 6,400 億ユーロ以上に増加する可能性がある。

　決して忘れてはならないのは、この傾向は、高度なソフトウェアとコンピューターによる大規模な情報処理能力によって、情報処理、ひいては政治的、財政的権力が、ごく少数のエリートの手に握られることを可能にしているということである。企業や団体がこうしたデータを完全に不透明な方法で利用しているという事実は、プライバシー保護の観点から反発を招いてきた。このことから 2018 年

に欧州委員会は、完全な透明性と信頼回復を目的とした全く新しい法的・制度的枠組みである「データ保護に関する一般規則（General Regulation of Data Protection）」を採択した。これが効果を示すかどうか分かるのはこれからである。

　大量のデータ処理は、多くの構造化された反復作業 ―― 銀行口座の管理のような非常に単純なものから、弁護士事務所のパラリーガルの仕事（定型文書の作成と処理）といった、より複雑なものまで ―― を自動化する機能の開発も促進している。当然のごとく、この革新的な能力は、情報の利用者がどのような解釈を与えたいか次第で、構築と脱構築の両方の目的に利用できる。フリードマン（Friedman 2016）は、リソースとしての「ビッグデータ」処理に関する構築と脱構築の両方の例を挙げている。オニール（Cathy O'Neil 2016）は、社会的な脱構築を目的とした使用例を数多く挙げており、そのうちの一つが、自動化されたアルゴリズムにもとづくデータ分析が、社会の一部を（例えば職業から）排除するような基準として用いられるというものである。

　最近、自動化された情報処理や製造過程において、特定の種類の労働力が必要なくなることから、これらの（およびその後の）イノベーションが雇用にもたらす影響に多くの注目が集まっている（Brynjolfsson & McAfee 2011；Purdy & Daugherty 2014；White House 2014；The Economist 2016）。

10 ｜ 自動化と人工知能

　アイザック・アシモフ（Issac Asimov 1950）などの作品に代表されるように、昔から SF のテーマとしてロボットは好まれてきた。しかし、この 60 年の間に情報処理が発達し、自動車製造などの産業界では人件費削減のために複雑な機械作業が自動化（オートメーション）されるようになっている。これらのロボットは、情報処理能力が限られている限り、比較的単純で単調な反復作業を行うことに特化して設計されていた。しかし、自動化に機械学習を導入したことによって、それも変わりつつある。

　人工知能（artificial intelligence：AI）は、少なくとも 50 年以上前から情報学を専門とする人々の夢であったが、そのほとんどの期間、人工知能を実用化するには、計算能力がまだ不十分であった。2010 年代初めのわずか数年の間に、先に述べ

たような発展の結果として、特に「クラウド」のおかげで、この状況は劇的に変化した。しかし、視点の根本的な知的変化が起こるまでは、その成果は限定的だった。言語やチェスなど初期の研究のほとんどは、専門家の意見に基づくルールをプログラム化し、それに従って意味や指し手を解釈するものであった。この方法は、チェスではそれなりに効果があった。しかし、言語はあまりにも柔軟で流動的であり、また複雑であるため、一定のルールに基づいて意味を割り当てることができない。現代の AI は、何らかの形式の機械学習に基づいており、膨大なテキストを分析することによって、コンピューターにその言語の使用方法を学習させる。これは、「ファジー集合」アプローチに似た方法であり、意味の初期近似は、正しい理解に近づくまで、何度でも修正される（Zadeh 1965 ; 1975）。この手法により、Google Translator は、その場限りの頼りない道具から、多かれ少なかれ効率的でスムーズな翻訳機に変わった（この経緯はフリードマン［Friedman 2016］がうまくまとめている）。このブレークスルー、すなわち、非常に大規模なデータセットの分析に基づく反復的学習によって、コンピューターは、非定型作業が可能な精巧な移動ロボットや、多くの比較的複雑な分析作業など、他の重要な情報処理領域を克服できるであろうという期待が当然生じる。AI の現状に至る発展の経緯と、将来的な影響についての考え方については、オバマ政権下で発表された（アメリカ）ホワイトハウス科学技術政策局の報告書（White House OST 2016a）に詳しい[*4]。

　AI の未来を考える上で、その基本原理の適用における様々な方法を区別することが重要である。特化型 AI（narrow AI）と汎用型 AI（general AI）の区別もその一つである。特化型 AI は、ストラテジーゲーム、言語翻訳、自動運転車、画像認識など、特定分野へ応用として現在ますます広く利用されている。また、特化型 AI は、旅行計画、買い物客に応じたレコメンダーシステム、広告のターゲット設定など、多くの商業サービスを支えており、医療診断、教育、科学研究などにも重要な用途が見出されている。特化型 AI は単一技術によるアプローチではなく、問題に応じたアルゴリズムにあわせた複数の特定の方法からなるツールキットによって個別の問題に対する一連の解である。

　ホワイトハウスの報告書（White House OST 2016a）では、汎用型 AI をあらゆる認知タスクにおいて、少なくとも人間と同程度の高度な知的行動を示すものと定義している。報告書では、これが達成されるまで少なくとも数十年かかると論じ

ている。特化型 AI が扱う問題と解決策は多様であり、個々の用途ごとに特定の
手法を開発する必要があることから、単一の特化型 AI の解を「一般化」して、
あらゆる問題に適用可能な知的行動を生み出すことは不可能であるとしている。
そのため、特化型 AI の解を拡張することで汎用型 AI に到達しようとする試みは、
何十年にもわたる研究の中でほとんど前進していない。

　AI の社会的影響を考える上では、AI が果たすことのできる（そして実際に果た
している）三つの異なる役割を区別することも重要である。それは、(1) 自動化、
(2) 自律性、(3) 人間と機械のチーム化であり、それぞれが社会に与える影響は
異なる。自動化とは、これまで人が行なっていた作業を機械が行うことである。
この用語は、AI に置き換えられる可能性のある肉体労働と、精神的または認知
的労働の両方に関連する。これは長年にわたる傾向であり、すでにわれわれの社
会の非常に多くの経済的・社会的活動に浸透している。自律性とは、人間の制御
をほとんど、あるいはまったく受けなくても、状況の変化に対応して動作するシ
ステムの能力のことを言う。例えば、自律走行車は、人間が細かく制御をしなく
ても目的地まで自走することができる。もちろん、自律性はごく最近のトレンド
であり、多くの点でまだ発展途上である。

　自動化や自律性と対照的に、人間の仕事を機械が補完する場合を人間と機械の
チーム化、ヒューマン・マシン・チーミング（human-machine teaming）と呼ぶ。多
くの場合、人間と機械のチームは、どちらか一方の強みを活かし、もう一方の弱
みを補うことで、どちらか一方だけの場合よりも効果的に働くことができる。こ
れは特に重要なことで、今後数年で消滅してしまうことのない雇用機会への道を
開くものである。しかし、この雇用枠を埋めるには、電子情報処理に対応できる
特定のスキルと、人間の幅広い情報処理能力を最大限に活用できる能力を持つ人
材の育成に力を入れる必要がある。

11 ｜ 生産から流通まで

　現在の経済システムでは、生産にかかるコストと、消費者の目から見た製品の
価値との差額から収益を得る生産経済が中心となっている。これが、ヨーロッパ
の植民地貿易システムと、それに続く、非常に低い賃金から利益を得る、植民地

での大規模な農業・工業生産を推進した。また、このシステムにより、過去 1 世紀ほどの間、世界中でより安価な生産方法を求め、人的、財政的、物流的、技術的、組織的など、生産のあらゆる面でより効率的な方法が採用されてきた。

しかし、重要な局面が迫っているかもしれない。それは、大規模な工業生産を可能にする安価な労働力の世界的な限界である。比較的人件費の低い地域（バングラデシュ、インド、インドネシア、アフリカ）は残っているものの、賃金の優位性は世界的に失われつつある。伝統的な生産経済は、その収益性、そして現在の市場本位体制の下でのその存在すら、ますます大きな圧力にさらされる可能性がある。主要産業は、労働コストを社会的不安定、汚職、投資などのリスクと天秤にかけなければならない場合は特に、このことが将来的に自分たちに影響を与えると考え始めている。

ロボットや AI が人間活動を代替するにつれ、自動化がこの問題の一部を軽減することは間違いない。これまでは人間の思考が機械の情報処理を行なっていたが、機械は情報のパターン化を進め、状況の変化に応じて適切に対応できるようになってきている。したがって、情報の利用は人間の内部ではなく外部に向かって行われるようになり、情報処理におけるさらなる飛躍になり、経済をはじめその他の活動がコンピューターによって管理されるようになると考えられる。

経済学者で技術者のアーサー（Arthur 2017）は、これが経済に何をもたらすかについての見解を次のようにまとめている。自動化された手段ですべての人に十分な商品やサービスを生産することが可能になれば（環境的に持続可能な方法でそれを行うことができれば）、生産が制約要因となる経済から、生産可能なものへの一般のアクセスの確保が次の課題となる経済への大きな変化を目の当たりにすることになるだろう。アーサーは、これによって次のような大きな変化がもたらされると述べている。

- 政策の立案と評価の基準が変わる。国内総生産や生産性は、現実の経済を測るのには比較的優れた尺度であるが、仮想的な経済を測るのには向いていない。
- 自由市場の考え方は、新しい状況には適さない。なぜなら、生産量が多ければ多いほどよいという考えから、多少なりとも価値の公平な分配に焦点が移るからである。

・新しい時代は、経済的なものではなく、政治的なものになる。1840〜1850
年代以降ますます支配的になっている、社会が経済に奉仕するという規範
は、少なくとも社会の大変動を避けるためには、経済が社会に奉仕すると
いう規範に（再び）反転させなければならない。

　流通経済への移行は大きな変革期を引き起こし、その際に多くの社会的な問題
への対応が求められるであろう。職業に意味を見いだせなくなった社会で、われ
われはどのように意味を見いだしていくのか。すべての人のあらゆる情報がデー
タベースに集約される社会で、プライバシーをどう扱うのか。個人の学習を放棄
して、コンピューターのデータやアルゴリズムに頼るようになるのではないか。
この変化と激動は、産業革命に伴うものと等しく重要で、等しく長い時間がかか
るだろうとアーサーは結論づけている。それは誰にもわからない。

12 ｜ 世界についてのわれわれの認識

　ICT 革命の興味深い側面の一つは、それが世界についてのわれわれの認識をど
のように変えるかということである。このテーマを扱うには、複雑化と単純化と
いう、ほとんど矛盾する二つの異なる動向を区別する必要がある。
　知識の追求においては、大量の新しいデータと AI 開発により、これまで比較
的一般的な用語でしか認識できなかった力学の多くを、より詳細に精査すること
が可能になる。その意味で、ICT 革命は、17 世紀後半にレンズが発見され、科
学者たちが非常に小さい世界や非常に遠い世界を研究することを可能にしたのと
同じような効果をもたらすだろう。
　今日の技術では、素粒子から遠くの銀河まで、より高精度の測定が可能になる
と同時に、個別要素より関係性を注視し、より広い次元の文脈を考慮することが
できる。近年のネットワーク・アプローチの登場はその結果の一つであり、環境
から社会、さらに地球外までの幅広い領域における力学を探る手法としてのモデ
リングの出現も同様である。これらの発展は、われわれを取り巻く世界の力学を
理解するための実用的な手法としての複雑系思考の創出を可能にする基盤となっ
た。しかしこれらの進展は同時に、例えば顕微鏡手術やゲノム科学を通じて、生

物学的現象に対する理解と介入にも大きく貢献してきた。このような発展は、科学的、学術的世界観を静的なものから体系的で動的なものへと変化させつつある。自然科学や生命科学の分野では、この視点は広く受け入れられているが、社会科学や人文学の分野の多くではまだそうではない。

ICT革命の第二の影響は、世界各地で行われている研究に対して、あらゆる分野の膨大なデータが世界規模で公開されたことであり、され続けることである。これにより、多くの分野においてこれまでになかった、科学における一種の透明性を生み出すだけでなく、例えばアーカイブや考古学データの公開などにより、研究対象となる時代を広げることも可能となる。

第三に、ICT革命は、われわれが科学や学問を実践する方法を根本的に変えた。空間的、時間的に遠く離れていても共同での研究が可能となり、個人が行なっていた科学や学問を、集団的、チーム型、対話型の発見や理解の取り組みへと変化させた。こうして、特定の課題に対する思考や行動のために、より多くの頭脳とより多くの手段を駆使することによって、また同時に、望ましい限り多くの学問分野にまたがる世界的な知識の蓄積をより簡単に掘り下げられるようにしたことにより、新しい知識の発展は大きく加速してきた。したがって、共同で研究が行われる科学、例えば気候変動とその社会との相互作用などの主要なテーマには、何百人、何千人もの科学者が動員されている。今日では、関連するデータに取り組んでいる複数の独立したチームによる裏付けがない限り、いかなる発見も認められない。

この傾向の逆、つまり情報の大量消費に直結する単純化の増加に目を向けると、新しい手法によって明らかになる非常に複雑な現象を科学的に理解することと、その現象が過度に単純化されて最終的に一般大衆に伝えられること、の乖離が大きく、そして急速に広がっていることに気づかされる。このことは、第17章で述べたドゥボールの「スペクタクル化」や「世界認識のメディア化」と明らかに関連しており、また、複雑な現象を理解するための訓練を受けた人々と、メディアで提示されたイメージや単純化された物語を消費するだけの人々との間の格差が大きくなっていることとも関連している。このことは、ますます「情報バブル」に分断されつつある世界において、科学的な試みもいつかは他の視点にかき消されてしまうのではないかという疑問を投げかける。その意味で、2017年12月にアメリカ政府が疾病予防管理センターに対し、予算の根拠を示す文書において「科

学に基づく」「エビデンスに基づく」という言葉の使用を禁じたことは不吉である。

13 ┃ この動向はどう展開していくのか

　これらの動向は、われわれの日常生活にどのような影響を与えるのだろうか。長期的にはわからないが、ICT に関連する大小の変化として、この問いに関連するニュースが毎日のように流れている。今、至るところで話題になっている大きな変化としては、もちろん「代替的な真実」や、外国や組織などがデータベースやウェブサイトをハッキングして情報を盗んだり、ソーシャルメディアを使って情報を仕込んだりすることが挙げられる。他にも、IBM のコンピューターと囲碁のトップ棋士との対局など、AI の能力の進化に関するニュースがある（Koch 2016）。しかし、このような最近の情報技術の発展の一端を示す、一見何でもないような変化はもっとたくさんある。私が最近（2017 年 1 月 11 日〜15 日）注目した記事をいくつか簡単に紹介したい。最初の記事（*Reuters*, January 15, 2017 by Suzanne Barleyn）によると、保険会社が個人の日々の習慣、例えば歯を磨く時間の長さや、食料品店で買う（そして恐らく食べるであろう）もの、日々の運動習慣、車の運転やその他、もっと多くの細かいデータを（今のところ任意で）集め始めており、それらすべてが保険料を減額するする好機として提示されている。しかし、このような取り組みの根底にあるのは、結局のところ、特定の個人が「適切に」行動しなければ、より多くの保険料を請求される機会になるということである。このように、情報革命は、「ある人の幸運が他の人の不幸を補償する」という本質的には集団的なアプローチとしての、統計に基づく保険の考え方を、破壊している。

　二つ目は、2017 年 1 月 14 日付の *the Japan Times* 紙に掲載されたデヴィッド・ハウエル（David Howell）の記事で提起された、あまり目立たないが、確かに重要な例である。1980 年代以降のデジタル経済の発展は、一方では何百万もの小規模企業の出現を招いたが、その結果、伝統的な経済の尺度がもはや適切でなくなっていること、他方では、巨大情報企業は本質的にグローバルな存在であるため、もはや制御することができず、どの政府もそれらを規制する能力を持っていないという事実を指摘している。その結果、経済の舵取りをする伝統的な手法は、ま

すます有効性を失っている。同じようなことが世論調査の結果にも言える。世論調査の対象となった回答は、双方向的なデジタル社会における意見を反映するには狭すぎるため、この調査結果を政治プロセスに活かすことができなくなり、今ではトップダウンの国家運営が妨げられている。ハウエルはこう結論づける。

　（前略）世界に関するデータや事実が、信頼できない、誤解を招く、あるいは確認できない、ということになると、その空白に新たな現象が入り込む。ニセの事実、でっち上げの統計、でたらめの予測の時代への突入である（後略）

　三つ目は、*Reuters*（January 15, 2017）に掲載されたノア・バーキン（Noah Barkin）の記事である。それは、2017 年初めにスイスのダボスに集まった先進国と途上国のトップリーダーたちが、イギリスの EU 離脱の国民投票、アメリカのドナルド・トランプ大統領の当選、サイバー戦争による選挙の信頼性の欠如など、2016 年の予期せぬ政治的展開によって混乱に陥ったことに関する内容である。バーキンは、カーネギー国際平和財団のモイセス・ナイム（Moises Naim）の言葉を引用する。

　地球規模で、多くの点で前例のない、とてつもなく大きい何かが起こっているという共通認識がある。しかし、その原因が何なのか、どう対処すればいいのかについてはわかっていない。

　これは、意図しない結果の積み重ねによる危機が、変化を求めるうねりを生み出す典型的な例に見える。
　この記事の数日前（2017 年 1 月 11 日）の *New York Times* 紙の論説ページで、フリードマンは以下のように現状をまとめている。

　そして 2016 年の冬、世界は転換点を迎えた。それを示したのは、最もありそうもない役者の顔ぶれだった。ウラジーミル・プーチン、ジェフ・ベゾス、ドナルド・トランプ、マーク・ザッカーバーグ、そしてメイシーズ百貨店である。そのようなことが起こると誰が想像しただろうか。そして、この転換

点とは何だったのだろうか。それは、われわれの生活や仕事の決定的な部分が、地上世界から「サイバースペース」と呼ばれる領域に移行してしまったことに気づいた瞬間であった。つまり、われわれの相互関係の決定的部分が、全員がつながっていながら誰も責任を負わない領域に移ってしまったのだ。

　転換点を説明するにあたり、フリードマンはサイバーセキュリティ企業イルミオ社（Illumio）の最高商務責任者であるアラン・コーエン（Alan S. Cohen）の言葉を引用して次のように述べている。

　（前略）この転換点がいま発動した理由は、非常に多くの企業、政府、大学、政党、個人が、企業のデータセンターやクラウド・コンピューティング環境に決定的な量（臨界量）のデータを集結させたからである。（中略）ビッグデータや人工知能のようなより創造的な手段が「武器化」されるにつれ、これはさらに大きな問題になるだろう。法的にも道徳的にも戦略的にも大きな問題であり、その解消には新たな社会的合意が必要となるだろう。

　現在そして未来の世界では、経済、政治、社会のいずれの政策も、クラウドに出現しつつある主要なデータベースの情報に基づいて決定されることが多くなるため、彼の結論は一層重要なのである。

14 ｜ 本章の結び

　本章では、ICT がわれわれの社会とその情報処理にどのような影響を与えているかについて、数ある例のうちのいくつかを紹介してきた。簡潔でありながらさらに詳しい概説をハンナ（Nagy K. Hanna 2010）がしている（もちろん、最新の内容ではないが）。私の目的は、持続可能性の課題を解決する方法を検討する際に、ICT の現在および未来への影響を考慮しなければならないという事実を喚起することである。今日 ICT 革命と呼ばれているものは、これらの課題の原因となったグローバル社会における多くの動向を引き継いでいるが、それは、われわれが直面している苦境に、新しい、重要な、意図しない結果をさらに加えているのである。

これらの結果はしばしば曖昧であり、持続可能性に貢献することもあれば、それを妨げることもある。これらの結果の多くは、持続可能性に関連した議論の中であまり考慮されておらず、また、詳細でもなく、必要な知見を伴った形でもない。これこそが、持続可能性を考える人たちにとって、今後の大きな課題の一つである！　というのが私の意見である。

　その課題に取り組む上で覚えておかねばならないのは、上述の ICT 革命の影響を示す事例は、一般的に知られてはいるもののごく一部に過ぎないということである。2017 年 10 月 6 日に私が見つけた次のような新しい事例が日々生まれているということである。AI は人々の自殺傾向を 80〜90% の精度で予測でき、訓練を受けた専門家よりもはるかに優れている（Walsh, Ribeiro & Franklin 2017）。われわれは、ICT 革命がわれわれの社会にもたらす変化のごく初期の段階にいるに過ぎない。

原著注

＊1　私の知る限りこれまで行われていない興味深い調査テーマとして、約 40 年間の安定の後に起こった 1986 年から 1989 年にかけてのソビエト連邦崩壊の加速が挙げられる。この過程におけるアメリカの役割には多くの注意が払われてきたが、この過程の一部であったに違いない内部の力学についてはまだあまり注目されていない。

＊2　ドゥボール（Debord）らが、COBRA の（ポスト）シュルレアリスムなどのさまざまな芸術的潮流によって表現されている芸術的創造の役割を位置づけているのは、このような緊張が起こる場である。しかし、この緊張の場から、ある種の社会的緊張の起こることもある。

＊3　アルミン・ハース（Armin Haas）のおかげで、これらの著者の議論に目を向けることができた。

＊4　出所：https://obamawhitehouse.archives.gov/sites/default/files/whitehouse_files/microsites/ostp/NSTC/preparing_for_the_f uture_of_ai.pdf

第 19 章　出口はあるか？

Ut desint vires, tamen est laudanda voluntas.
—— 力には欠けるが、意志は立派である。(ローマの格言)。

1 | はじめに

　現在の持続可能性の難問を解決する方法を考える上で、情報処理の力学 —— 思考や行動のための過去の手段が支配的であることや、(長期的で戦略的な解決策よりも)短期的で戦術的な解決策に注力が移行していることなど —— が、われわれを現状に至らせた意図せざる結果の影響下にあることを認識すべきである。なぜなら情報処理の変遷は人間の行動の根源的なものであり、無視することは難しいからである。これらのことは、個人、集団、社会のあらゆる文化や世界観の経路依存的な軌道の背後にある主な要因として、第5章と第16章において議論した。このような経路依存的な軌道や現在の状態を変えることは、われわれが活用できる外からの価値観や規範がない状況ではほとんど不可能である。西側世界の現在の社会自然システムを支えている価値観 —— 深く根を下ろし、長い間存在し続けている —— (そのもの)を変えようとするのではなく、価値観の方向性を変えようとする方がよいかもしれない。人々や集団のアイデンティティに密接に関わる考え方や世界観を正面から攻撃して変化を起こすのではなく、広い意味での行動を変えることに焦点を当てたほうがよいと思う。「飛行機に乗る回数を減らし、エネルギーを節約しよう」といった変化に限定せず、行動や制度、投資などのあらゆる面を現実的な観点から見直すということである。

　どうすれば問題となる行動様式を変えることができるだろうか。まず、われわれはみんなで大きな穴を掘ってしまったのだから、掘るのをやめなければならないように思える。これは文字通りの意味で、地球の資源と、人類が何千年もかけて築き上げてきた文化的多様性の少なくとも一部を保全するために、現在の採掘から廃棄までの社会経済システムの方向性を変える方法を見つけることを意味する。そのためには、世界中のエネルギーの豊富な可用性と密接に関連しているイノベーション革命、特に情報通信技術（ICT）の要素を減速させなければならない。ICT は、これまで見てきたように、関連する技術開発とそれに対処するための社会全体の力学との間に深刻な断絶を引き起こす危険があり、社会のあらゆる

側面に予期せぬ、意図しない結果を加速度的に生じさせることになってしまう。このように、私たちは広範囲の規模と分野で同時に行動を変えなければならない。次に、こうした行動の変化のいくつかを、個人から集団、社会、国家、そして最終的には地球全体へと、ボトムアップ（小さい単位から大きな単位の順）で見ていくこととする。

2　個人は社会の運営に再び参画しなければならない

　全体として、新しい国々が民主的な統治に門戸を開くにつれて、民主的な統治とそれへの参加は進んでいるように見える[*1]。しかし、多くの先進国や開発途上国では、広範な人々の統治への積極的な参加が減少する傾向にある。先進国社会では、最近（1980年頃から）、国政選挙に参加する人口の割合が減少し、地方（local）、地域（regional）、あるいは（ヨーロッパの場合は）欧州の各レベルでの選挙に参加する人口の割合がさらに減少しているという事実からこの傾向は明らかである[*2]。これは、人々が（統治に）参加することで自分たちの日常生活の何かが実際に変わるという確信を失った結果であると解釈できる。途上国において、また先進国の一部でも、（統治への）参加者が少ないことは、言論、報道、集会の自由の欠如 —— 既存の権力構造を維持するために、程度の差こそあれ強制され、一般的に構造化されている —— による意図的な結果かもしれない。政治的テーマについて個人が意思を表明する文化があまり根付いていない国もあり、投票は統治への参加の度合いを示す良いバロメーターではない。

　原因が何であれ、選挙に参加しないことは一つの大きな影響をもたらす。投票しない人々は、自分の運命をコントロールすることを放棄しているということである。彼らの多くは、比較的快適な生活を送っており、それ以外の生活を知らない。彼らは、この状態が多かれ少なかれこれからも続き、統治は比較的少数の人々の手中にあり、彼らがそれをしっかりと握っていると思っている。また、自分たちの生活が改善されることは決してないと考え、それゆえ選挙を無視する人たちもいる。

　社会における意思決定に対してより強い影響を行使しないことによって、多くの先進国では、ほとんど気づかないうちに、ごく少数の人々や組織 —— 大企業、

政府の官僚機構、そして村や町、国政に至るまでのあらゆるレベルの選出された代表者たち —— にその権限を委ねてきた。民主的な構造は、社会全体に関する意思決定の際に、多数の人々（理想的には全ての人々）に投票権を与えることで、社会が必要かつ重要な、しかも社会全体として受け入れられる目標を達成するための方法として始まった。しかしそれは、少数の人々が社会で起こることを制御して、自分たちに有利になるように歪曲できるような方法へと変化している。政策実現の権限が支配する権限に変わったのである。スイスやスウェーデンなどのごく一部の小さな先進国だけが、今のところ、このような傾向から逃れている。

　この文脈において、私は南アフリカのデズモンド・ツツ（Desmond Tutu）大主教の言葉をよく思い出す。

> 白人の宣教師がアフリカに来たとき、彼らは聖書を携え、私たちには土地があった。彼らは『祈りましょう』と言った。そこで私たちは目を閉じて祈った（中略）そして目を開けたとき、私たちは聖書を、彼らは土地を持っていた（後略）。
>
> （www.brainyquote.com/quotes/quotes/d/desmondtut107531.html より、2017 年 8 月 5 日閲覧）

　しかし、選挙は物語の一部にすぎない。社会における集団行動の方向性を変えようとするならば、われわれの出発点は、自分たちが直面している問題や選択肢に精通するために時間を費やし、自身の身近な環境における社会政治的、経済的力学に再投資することであり、投票権を行使するだけでなく、自分たちの地域社会や環境の管理に積極的に参加することである。自分たちがいる場所に穴を掘ることをやめるとしたら、別の未来を計画しなければならない。まず、私たちが実際に望んでいる未来について、既成概念にとらわれない挑戦として、問いかけ、そこに到達するためのロードマップを設計するのである。これは、地方、地域、国、そして世界的に行う必要がある。西條（Saijo 2017）ら高知工科大学のチームが、日本では矢巾町（岩手県）と松本市（長野県）、バングラデシュでは都市部（ダッカ）と農村部の両方の環境を対象にして、これを実際に行なった興味深い例がある。

3 ｜ 実現可能で望ましい未来をデザインする

　イノベーションを求めるだけでなく、そのイノベーションが私たちをどこに導くのかをまず考えなければ十分ではない。結局のところ、過去 250 年間にわたってあらゆる方向で野放図にイノベーションがなされ、供給主導の物質主義的、消費主義的なイノベーション文化を生み出し、現在の持続可能性をめぐる課題につながっていることを、私たちは折に触れて思い起こさなければならない。より良い結果を得たいのであれば、発明やイノベーションを私たちがより良く理解し、導くことを学ばなければならない。あえてここで繰り返しておきたいのは、われわれは、発明やイノベーションの過程を推進する力学について十分な知識を持っていない。というのも、これらの力学は新しいアイデア（モノ、習慣、制度）の創発に関係しているが、創発は従来の還元主義的、事後科学的アプローチ —— 現在観側されている現象を説明し、それを証明することに焦点を当てており、因果関係の言説（narrative）によって現在と過去を必然的に結びつける（過去から学ぶこと）—— によって研究することは容易ではないからである。その結果、われわれは、発明やイノベーションが盛んになる条件や、それらが経済に与える影響についてはかなり知っているが、発明やイノベーションに焦点を当てたり、効果的に誘導したりするのに役立つような、特に発明に関する科学的かつ手続き的な知識はほとんどもっていない。私たちは、特に、発明とイノベーションの力学がどのように機能し、それが結果にどのように影響するかを理解しなければならない。第 12 章と第 13 章では、そのような理解を促進するためのアイデアをいくつか紹介している。

　しかし、より一般的には、未来について建設的に考えることを促す方法を作り出さなければならない。そのためには、未来学（Future Studies）という学問分野を発展させることが一つの方法である。現在、大企業や政府、超政府的機関（supra governmental institutions）では、モデルやシナリオ、予測などの開発が盛んに行われている。しかし、そうした活動の結果を批判的に検討し、取り組みを発展させることができるような、一定規模の独立した学術コミュニティは存在しない。アラン・アトキソン（Alan AtKisson）の言葉を借りれば、「『未来学』は、持続可能性研究の主流から取り残された［そして、政治や経済の主流からは見向きもされ

ない］一種の学術的ゲットー」のようなものである」（2018 年 1 月 8 日の私信）。

　第 6 章の要点を繰り返すが、私たちが未来を計画するのであれば、過去から学ぶこと、現在について学ぶこと、そして未来のために学ぶことを結びつける事前の視点（ex ante perspective）を採用しなければならない。既存の現象を説明することではなく、新たな現象を生み出す過程、すなわち現象の出現に、直接的な焦点を当てるべきである。

　われわれが望む未来のありようを問う上での大きな障壁は、現在の苦境を、進歩に向かう必然のように見える進化の結果とみなすことが多いことにありそうである。これは、西洋文化における非常に深くて古い伝統だが、われわれの歴史の現実を必要以上に単純化し、歪めている。それどころか、これまでの歴史では、個人あるいは小集団の行動を伴う選択（システム的な選択という意味での）によって、社会の進む道が決定された瞬間が何度もあった。システムに関するものであれ、地域的、あるいは個人的なものであれ、選択は重要なのである。

　第 12 章で紹介した 1750 年から 1850 年頃のヨーロッパの状況はその一例である。革命（フランス）や革命寸前（ドイツ）、そして戦争（ヨーロッパと北アメリカ）など、当時のヨーロッパ社会の構造が転換点に近づいていたことを示している。これらの出来事の結果として大きな構造変化が起きたが、特に蒸気機関による化石エネルギーの利用と、ヨーロッパの植民地帝国が貿易帝国から生産・販売帝国へと再編されたことが、ヨーロッパ社会に新たな息吹を与えたのである。とはいえ、これとは別の道筋もあり得たのであり、ヨーロッパ社会が崩壊する可能性すらあったのである。体制に関するものであれ、地域的、あるいは個人的なものであれ、選択は重要である。もしわれわれが、歴史の中で同じような時期にいて、転換点に直面していると考えるならば、漸進的な（あるいはより悪いことに受動的な）視点に屈してはならないが、過去のシステムに関する決定による予期も意図もしない結果によって、未来に影響を与えることができる範囲が制限される可能性があることを十分に認識しながら、われわが望む未来について集団で考えることによって、積極的に選択を刺激しなければならないというのが教訓である。

　この時点での根本的な問題は、選択した（多かれ少なかれ遠い）理想を達成するためにわれわれが実際に悪戦苦闘するのか、それとも、未来は存在論的に不確実で、不確定であることを受け入れ、日常の行動、選択、および人間関係の中でわれわれがたどる道を最適化することに主な努力を払うべきなのか、ということ

である。このジレンマは、私たち西洋（ヨーロッパとアメリカ）のアプローチと、アジアの伝統的な生活へのアプローチの違いに反映されている（Puett & Gross-Loh 2016）。この著者たちが見事に行なっているように、この違いを調査することで、他にも考えなければならないさまざまな違いが浮き彫りになるが、その中でも最も重要なのは、実体（モノ、個人）に焦点を当てる西洋と、パターンや関係性、そして抽象的な意味でのシステムに焦点を当てる伝統的な東洋との違いだと私は考えている。われわれは、競争において、個人の成功を目指して努力するのか、それとも共同体の成功を目指して努力するのか。また、成功とは何か。ユダヤ・キリスト教やイスラム教の伝統に見られるように理想的な人間として振る舞うことなのか、それとも、あらゆる個性を持った「普通の」人間として振る舞うことなのか*3。われわれは個人の可能性を実現するために努力するのか、それとも集団の可能性を実現するために努力するのか。結局のところこれらの問いは、自由意志の存在と役割という不可解な問題に触れるものである。個人とその思考や行動は、文脈からどれくらい独立しているのだろうか。私たちの行動を決定する上で支配的なのは文脈であり、周囲の環境（社会的ネットワークを含む）との関係なのか、それとも個人なのか。複雑系の観点からすると、文脈や関係性が意思決定や行動を重要な範囲で形成しているように思われるが、その過程で個人や集団の願望がどのような役割を果たしているかは未解決の問題である。このような欲求は、文脈やネットワークによって完全に形成されるのか、それとも文脈やネットワークのなかで役割を果たす（遺伝的またはその他の方法で決定される）個人的な要因があるのだろうか。こうした質問は、今後の行動を決めていく取り組みの一環として、われわれが問いかけ、話し合い、意見をまとめていく必要がある。

　個人的、あるいは集団的な価値空間の多次元性を高めるために努力することが、大きな推進力の一つになるはずであると私は見ている。第 17 章と第 18 章で概説したが、私の考えでは、個人的、国家的、世界的に価値空間が相対的に縮小され、最小公倍数の富に支配されるようになったことが、以下の二つの現象の主な原因となっている。それらの現象とは、現在の世界で見られる貧富の格差の拡大と、多くの地方的、地域的、そして国家的な社会的ネットワークの破壊である。また、後者により、世界中のコミュニティの強さとレジリエンス（回復力）はむしばまれ、社会の都市化と個人化が進むことになったのである。これは、少数エリート層の一部がますます強い権力を社会に対して持つことを許すという結果になって

いる。以下、この過程をもう少し詳しく説明する。

　西洋における人間の経験の次元の低下は、個人的あるいは社会全体の感情的な欲望という、強力で、比較的調査されていないものによっても引き起こされている。精神医学のさまざまな分野におけるフロイト（Sigmund Freud）やその同僚たちの研究にルーツとする、広告に関する動機調査によれば、人間の意思決定において欲望が、過去 1 世紀にわたり、ゆっくりと、しかし確実に、より大きな位置を占めるようになった（パッカード［Vance Packard 1957］による名高い研究を参照されたい）。この 20 年ほどの間に、意思決定全般における人間の欲望の役割についての科学的研究が再び大きく進展し、欲望が科学的あるいはその他の合理的な理由よりも重要な役割を果たしているという立場の研究者もいる。これらの文献を要約すると本題から離れすぎてしまうが、次の節では、個人や社会としての決断を促す言説を生み出す際に、欲望がどのように作用するのかを説明する。

4 ｜ 言説の役割

　近年、言説やミーム（meme）は、変化をもたらす重要な潜在的媒体として認識されている。これらには複数の役割があり、その中には人々や集団のアイデンティティに結びつくものもある。言説やミームは、特定の基本的な考えや神話、あるいは歴史上の決定的な瞬間を中心に、文化や社会を定着させるのに役立つと考えられてきた。しかし、現在の文脈において、その根低にある力学を掘り下げるのも興味深いと考える。

　そのために、ヨーロッパ社会（後には他の西側社会）において未来への関心が高まる過程で（Girard 1990）、私たちの未来に対するビジョンが、ゆっくりと、しかし確実に、私たちの行動や意思決定の主要な構造化要因となっているという仮説を私は採用する。この過程は 18 世紀半ばから続いており、「大加速（Great Acceleration）」の始まりと一致している。

　ベッケルト（Beckert 2017）は、現在の西洋の未来観と 1750 年以前の未来観の根本的な違いは、中世やルネッサンス時代には未来は同じことの繰り返しだと考えられていたのに対し、それ以降は、不確実で予測不可能な変化の影響を受ける、未定のものだと考えられるようになったことであるとしている。このことが、頭

の中に「想像上の未来」を生み出し、それを実現するために人々をやる気にさせる「架空の期待」を育てる、(西洋特有) の認知的フィードフォワード・ループを引き起こしたと彼は主張する。彼の言葉を借りれば、「予測不可能な未来への期待は、予知としてではなく、偶発的な想像として心に宿る」(Beckert 2017, 9) のであり、「それらは、行為者が自らを投影できる（している）独自の世界を作り出す」(Beckert 2017, 10)。

　もちろん、これらの架空の期待は、時々の状況に合わせて絶えず調整される。この想像上の未来と現在の状況との間のやり取りが、私たちの意思決定を促しているとベッケルトは考えている。「虚構性とは、未来の根本的な不確実性における嘆かわしいものの取るに足らない瞬間などでは決してなく、経済危機を含む資本主義の力学を構成する要素である」(Beckert 2017, 12) と述べている。彼はそのことを、あらゆる経済の四本柱である「貨幣」「信用」「投資」「イノベーション」について詳細に説明している。

　このような想像上の言説としての未来の役割が示唆するのは、経済にとどまらずもっと広範囲に及ぶ。第一に、意思決定の文化的、制度的、社会的な定着は、想像上の未来に基づいていることを示唆する。意思決定は、関係する人々の価値観を反映し、彼らの相互作用のネットワーク内で形成される。例えば、今われわれが行なっている未来に関しての考察の多くは、本質的に西洋の価値観で想像した未来に基づいており、それが、グローバリゼーションの一環として、他の文化に投影されている。しかし、世界の他の地域では、その地球規模の投影の下に、全く異なる想像上の未来がある。われわれの課題の一つは、特に現在の西側主導の政治システムに取って代わる可能性のある世界の地域における、こういった未来像を見つけることである。

　第二に、想像上の未来像とは、現在と想像上の未来を比較することによって構築され、その未来への確信がある限り維持される。そのような確信がない場合、人々の状況が悪化したり、危機が訪れたりする。そうなると、近年の金融危機の場合のように、予測ループは急速に負の方向、つまり不確実性に向かうことになる。しかし、それは危機に限ったことではなく、将来に対する全体的な確信が徐々に損なわれ、迷いや矛盾した行動、そして自信の喪失につながりうる。

　第三に、私たちが持続可能性に関心を持つことは、われわれの世界の想像上の転換点の構築であるとも言える。つまり、現在のグローバルな社会経済・環境シ

ステムを動かしている想像上の未来は、現在多くの人々が思っているほど固定的でも安定的でもなく、世界の未来を予測する際には、このことを考慮に入れる必要がある。

　第四に、想像上の未来と現実の世界との関係を考える必要がある。この相互作用は、「存在論的不確実性（ontological uncertainty）」（Lane & Maxfield 2005）の影響を受けるため、その関係は完全に制御することはできない自由なものである。想像上の未来が物質的・社会的な「現実の」世界と相対するとき、私たちはその相克の結果（特により長期的に見た場合の結果）を予測することは不可能である。なぜなら、短期的な意思決定がどのような文脈でなされるかという副次的な力学の変化が作用するからである。このような相克は、発明やイノベーションの過程における主要な要素である（Lane & Maxfield 2005, 15）。

　性的、美的、知的、感情的などいかなるものであっても、多くの欲望の原動力は、経済や富に基づく現在の論理に対する強力かつ永続的な挑戦であることを再確認してこの節を締めくくりたい。現在のところ、この論理が支配的であり、グローバリゼーションの主な要因となっているが、異なる文化圏において表現されるような個人や社会の欲望が重要性を増し、将来的に世界の断片化の一因となることが予測される。

5 ｜ コミュニティの再構築

　情報処理の役割に話を戻そう。第 18 章では、情報処理の世界的で急速な変化が、世界中の水平方向のコミュニケーションを強化することで、既存の中央処理構造や制度をさらに弱体化させていることを論じた。このことは、現在の社会構造とその価値観に明らかに重要な影響を与えている。なぜならば、人々、制度、政府の間における既に脆弱な均衡のなかのトップダウンの要素が弱まり、また、集団や社会の価値空間に依存するシグナルとノイズの区別も弱まるからである。

　このような弱体化した権力構造から、トップダウンで新しい社会構造が生まれてくるとは私には思えない。気候変動の議論では、国民国家が一連の目標に向かって足並みをそろえることが非常に困難であり、そのように試みようとすると国家内、あるいは国家間で大きな摩擦を生じることを目にしてきた。理想主義者たち

は、さまざまな国際統治を提唱してきたが、それは非常に達成困難な目標であり
続けている。欧州連合（EU）がそのような統治機構を構築、維持するために難
題を抱えていること、また、国際連合（UN）が強い影響力を持つ組織になるた
めに大変な努力をし続けていることを見れば明らかである。第 18 章で見たよう
に、ICT のこれまでにない新たな影響は、この領域においてある種の包括的な目
標を達成することをより困難にしているにすぎない。

　根本的な再構築は、関係する複雑な適応システムの本質的な特性によって形成
されると私は結論づける。このような（再）構築には時間がかかり、ローマ帝国
の場合は八世紀以上もかかった。しかし、だからといってそのプロセスを考える
必要がないという理由にはならない。というのも、私たちには今のところ選択肢
がないからである。本書の観点からすると、当面われわれは混沌とした局面にま
すます移行していくと思われるが、最終的にはこの局面が新しい社会組織の形態、
新しい価値観、思考と行動のための新しい手段を生み出すだろう。しかも、ICT
革命は、ローマ時代よりもはるかに迅速にそのような再編成を実現するのに役立
つかもしれない（第 20 章参照）。

　ICT 革命がまだ始まったばかりで、今後急速な変化が起こるであろう状況下で、
このような再構築をどのように進めていくか述べるのは難しい。しかし、重要と
思われるいくつかの要素があり、その最初の兆候が現れつつある。

　考え得る一つの道筋は、多次元的な価値空間の（再）活性化に基づくコミュニ
ティの（再）創造である。その一例として、イギリスで始まったトランジション・
タウン運動（transition towns movement）が挙げられる。温室効果ガスの削減に焦点
を当て、国レベルでは十分な進展が見られない中、多くの町が、地方自治体、企
業、非政府組織、あるいは、それほど明確に組織化されていない市民グループな
ど、市民社会の一つまたは複数のセクター間の協力に基づいて、独自の草の根活
動を行なっている。2006 年にトットネスで始まり、2013 年 9 月現在、正式に登
録されているトランジション集落は、イギリス、アイルランド、カナダ、オース
トラリア、ニュージーランド、アメリカ、イタリア、チリで、462 か所にのぼる。
アメリカでは、多くのコミュニティで移行の取り組みが始まっている。その国家
規模の目標は、「アメリカ国内のすべてのコミュニティが創造性を発揮して、化
石燃料に頼らない未来、より活気にあふれ、より豊かで、より強靭な未来、そし
て最終的には現在よりも望ましい未来への並外れた歴史的移行を実現すること」

である*4。

　トランジション・タウン間に構築されたネットワークは、エネルギー、気候、経済などの深刻な危機に耐え、その過程でより良い生活の質を生み出しながら、回復力のあるコミュニティを構築するためのリソースおよび触媒となる。トランジション・タウンが個人とそのコミュニティを啓発、激励、支援、ネットワーク化、そして育成することによって使命を果たす。同時に、コミュニティの能力向上と変革のための移行アプローチを検討、採用、適応、実践しながら、エネルギー使用量の削減とクリーン化、交通輸送、食料、廃棄物とリサイクル、経済、そして心理にも焦点を当てている（Hopkins 2008；2011；2013）。

　このようなまちづくり活動は農村地域にも広がり始めている。先進国では有機農業や園芸活動にこの傾向が表れている。中国では湖北省の石州村での取り組みに私は注目している。日本においても、過疎化に苦しむ各地の地方コミュニティの多くは、都市で成功したキャリアを持ちながら、地方の環境での暮らしを望み、若い頃に過ごしたコミュニティに恩返しをしたいと考える人たちによって始められる。ヨーロッパでは、私はヴェネツィアのラグーンにある小さなコミュニティの活動を研究することに携わっている。そのコミュニティは、大部分がグローバル化した準都市社会の中にあって、非常に困難な状況をものともせず、同じような目的を達成しようとしている*5。

　社会全体のレジリエンスが損なわれているもう一つの側面は、そのようなレジリエンスは、大部分において、集団における個人の共依存関係に由来するということである。この50年の間に、社会保障、医療、教育、インフラなど地域社会として人々を結びつけていた多くのリスクが、都市、州、国家、そして場合によってはEUのレベルに移管された。これにより、多くの人々が社会的に高い地位につくことができるようになったが、一方で、地域社会における人々の共依存関係が損なわれることにもなった。したがって、本当の問題はどうやってバランスをとるかである。そのためには、個人やコミュニティが自らのリスクへの認識と、それに対処する方法を取り戻すことが必要だと考えている。

　コミュニティの再構築、そして大都市においては近隣地域の社会的再構築は、ICT革命と価値空間の閉鎖 —— コミュニティのレジリエンス、ひいては持続可能性全般に及ぼす —— の複合的な影響に対処するための取り組みに絶対的に必須である。ICT革命によっていかに簡単に誰とでも接触できるようになったとしても、

過去数十年にわたるグローバリゼーションと商品化の複合的な効果により、各コミュニティにおける特定の価値観に対する信頼と整合性があまりにも大きく損なわれてしまっているため、この信頼と整合性は再構築する必要がある。再構築は対面で行う必要があり、かなりの時間を要する（Friedman 2016, chapter 12、ミネソタ州の例を参照）。その再構築が生み出す個人や集団の価値空間を再び開かれたものにすることが、現在の持続可能性の課題から、うまく抜け出すための鍵となる。

　これらの例（他にもずっと多くの例を挙げることができるが）から導かれる結論として、われわれ科学者がもっと謙虚になり、未来の方向を決めることができるとか、あれこれ特定の方法で未来を方向づけるのを可能にするイノベーションを起こすことができるとか、虚勢を張るのはやめるべきである。マンハッタン計画（Manhattan Project）のように非常に稀な状況を除いて、いかなる科学者も世界を変えることはできないし、世界、あるいはその変革の軌道を変えることはできない。これは、科学という直線的なものの見方に由来する危険で時代遅れの幻想であり、社会の複雑系的な将来展望とは相容れない。社会は自ら変化する。科学者が貢献できることは二つある。第一に、主要な社会全体的な力学の周縁において実験的に小さな変更を加えることは可能である。第二に（こちらの方がより有用なこととであろうが）、これから起こる変化について社会に警告を発し、人々がこれらの変化に備え始めることができるようにすることである。

6 ｜ 都市の今後の役割と運営

　都市は特殊なケースであり、追加の議論が必要である。ここで関心を持つべき都市の特徴は、都市の中に存在するコミュニティと都市を内包するインフラとの関係である。多くの都市生活者が住む場所において、比較的長期利用のために整備されたインフラは、その社会的・情報処理的な構造の変更を複雑化し、そして停滞させてしまう。これが、都市化がこれまで人類が知る限り最も永続的な社会全体としての力学であった理由である。個々の都市は消滅したが、現象としての都市化は消滅していない。集約とイノベーションという基本的な原動力は、この六千〜七千年の間ずっと変わらずそのままである。

　しかし、近年の爆発的な都市化の根底にあるエネルギーと情報のバランスは変

化している。エネルギーは過去数世紀に比べてむしろ高価になっており、情報処理ははるかに安価で、場所に依存しないものになっている。従って、重要な問題の一つは、都市化を促す ── より多くの人がより近くに集まり、エネルギー需要が増す代わりに情報処理がより容易になる ── 力学が、今後も実際に続くのかどうかということである。ICT 革命は、貧困や犯罪など、限られたスペースに多くの人々が集まることによって引き起こされる望ましくない結果をもたらしてきた都市の力学を変える機会を実際に提供するだろうか。あるいは、長い目で見れば、代替的で再生可能なエネルギーの普及によって、エネルギーの価格が再び下がるだろうか。もしそうならば、現在利用可能な情報処理施設によって、都市中心部の再成長が促進されるだろうか。

都市はますます急速に成長しており、イノベーションや貧富の差も拡大している。コミュニティや社会のメンバーは、技術の変化に対応することがますます難しくなっている。これは、社会的なリスクが高まっていることを意味する。この現象は、人口が集中している都市において特に重要である。したがって、現在の状況では、都市は非常に脆弱なシステムであると私は考えている。都市は非常にコストがかかるインフラを持ち、非常に大きな環境負荷をもたらしている。上述した力学を考慮すると、都市はもはやわれわれが知っているような最も永続的な社会的原動力ではなくなっている。

都市化に関する予測、特に 2100 年までに約 80％ の人々が都市部に住むようになるという予測のほとんどは、政治的傾向の分析も含め、現在の力学の直線的な外挿に基づいている。しかし、都市化の場合、実際には多くの意図しない結果をもたらす複雑なシステムを扱っており、そのような直線的なシナリオは必ずしも現実化しないだろうと考えられる。ICT 革命はまだ始まったばかりで、かつてないほど劇的に世界を変えていくであろうが、イノベーションにおける空間的集中の必要性を下げ、したがって実際に都市を建設する必要性も小さくなるだろう。気候変動は輸送コストの上昇と大量輸送の削減を迫ることになり、より地域的、より局所的な経済を発展させなければならなくなるかもしれない。食料・水・エネルギーのネクサスは、気候変動の影響が最も深刻になるよりはるか前にわれわれを直撃する可能性があると私は考えている（Roberts 2009）。

これらの力学が一体的に作用すれば、通常通りの都市開発のシナリオが制約を受けるかもしれない。ICT により、情報交換における近接性が不要となるため、

分散型の居住へと進む可能性がある。これによりエネルギーが節約され、レジリエンスも向上する。レジリエンスについては、社会的集団の相互依存性が維持されるため、より向上するというわけである。その結果、メガシティはその優位性の一部を失うかもしれず、グローバル化の下で国家の順位・規模曲線は調整されるだろう。個々の都市は自律性を増すかもしれない。なぜなら非常に大きな国家の、あるいは超国家的な統治単位は、管理がますます難しくなるかもしれないからだ。しかし、都市は、集中的な変化と安定を管理する効果的な方法を見つけなければならず、そのため、社会的課題を解決するための全く新しい方法を見出すことを余儀なくされる。とはいえ、それがどのような方法で、どのように実行されるかは事例ごとに異なり、予測することはできない。

　現在行われているイノベーションは、その過程が加速しているため、私たちの社会を危険にさらしている。第 2 章で述べたように、政治家やその他の人々が、持続可能性という難問を解決するためにイノベーションについて語るとき、過去二世紀半にわたって私たちの生活のあらゆる領域でイノベーションが方向づけのないまま行われてきたことが、実は現在の苦境の大きな原因だと私は答える。この問題に対処するためには、イノベーションを促進したり抑制したりするメカニズムを見直す必要がある。その過程で、（メガ）シティは、必要だと思ったときに変化を設計するのではなく、都市におけるコミュニティの変化の加速に対応するために、恒久的な変化のための設計を始める必要があるだろう。

　そのためには、トップダウンとボトムアップを統合した協働的な設計に着手する必要がある。それは都市建築にとってどのような意味を持つのだろうか。オランダのアムステルダムの南に位置する小さな町ハーレムメア（Haarlemmermeer）では、デルタ開発グループ（Delta Development Group）が建物に循環型経済を導入している*6。すべての建物は、必要に応じていつでも解体、再構築できるように設計されている。建物の「所有者」（実際には、所有者ではなく使用者）は、建材を借用し、不要になったら所有者に返す。その時点までにこれらの建材は希少化し価格が上昇するので、建材の所有者は利益を得ることができる。すべてが堆肥化されるか再利用される。もちろん、これには建築家、建設業者、建物利用者の新たなビジネスモデルや、新しい法的、契約上の、場合によっては制度的な枠組みも必要になる。しかし、それでもこれは、われわれがより積極的に検討し始めなければならない進むべき道の一つだと私は考える。

都市計画についてはどうだろうか。一般的に、行動を起こすのが遅すぎるのは、遅々として進まない多層にわたる官僚の意思決定のためである。既存のよく知られた政治システムが標準であり、未来をどう計画するかを決めている。システムの内部にいる人々は、外部からのシグナルに免疫があることが多いため、これらのシステムは自己増殖し、外部からの脅威により強くなる傾向がある。その結果、都市計画は、着想を得るまでの時間よりも時間を要し、計画の実際の結果が出るまでにはさらに長い時間がかかる。新たに出現した課題に適応するためには、30年、40年、あるいは50年ほどの視野を持って計画を進める必要があり、都市を適応させるためのより迅速な方法を見つけなければならない。

　オーストラリアで活動するオランダ人の都市計画家、ロブ・ロヘマ（Rob Roggema）が開発した「スワーム・プランニング（Swarm Planning）」は、これを実現する手段になるかもしれない。ロヘマ（Roggema 2013）は、計画には、対象となるエリアや地域の空間的特性と、並外れた発想という二つの要素が不可欠であると述べている。人、建物、つながり、ネットワークにおける良質の関係性など個々の要素の大きな一つのまとまりと十分な多様性があれば、さらなる発展のために、いくつかの共存するパターンと共存する発想を設計することが可能となるかもしれない。そこでは、人々の小集団が創造的な飛躍を生み、新たな構造や情報が進化していく。しかし、一つの未来に焦点を当てるのではなく、複数のシナリオが用意され、複数の道筋が整備されることで、都市は、変化の必要性に直面したときに、そのような変化をより迅速に実行に移すことができ、実際それを成し遂げる。それは、鳥の群れが、ほとんど目に見えないシグナルによって突然方向転換できるのと同じようなものである。

7 ｜ 加速する情報処理への対応

　本節では、個人から国家まであらゆるレベルを横断して、国家レベルから人間社会一般へと話を進めたい。ICT が直接関係する社会の地球上の境界線は、社会内と社会間における情報処理速度の違いと一致する。第 16 章では、ICT の技術革命は五年おきぐらい起こるが、社会がそれに適応するには 10 年から 15 年かかるというフリードマンの考え方を紹介した。ここでは、これが実際に何を意味す

るのかということの理解を深めるため、もう少し詳細に検討してみたい。

　このフリードマンの概論を私たちは二つの側面に分けて考える必要があると思う。第一に、ICT の技術革命を生み出しているコミュニティはますます小さくなっており、学習と発明のスピードは非常に早いため、その結果、より多くの人々からますます遠ざかっているという事実である。現在の財政的・法的状況では、情報は力であり、富であるため、このことが貧富の差の原因となっている。また、他の（一般の）人々が情報処理能力に追いつけるようになるには、かなり時間がかかる。知識の移転と教育が必要となるが、どちらも組織的に行う必要あるからである。第二に、イノベーションの一環として、私たちの社会は広い意味での適応に迫られ、行動、習慣、政策、制度を変えなければならない。それには、人々が、自分たちが属する価値空間における変化に対して多くの人々の足並みをそろえる必要があるため、多くの時間を要する。

　この格差の拡大に対処する方法を述べる前に、ほとんどの人々とは言わないまでも、政治家であれ、企業人であれ、市民であれ、多くの人々が、ICT 革命は自ずと進むものだと思い込んでいることを指摘しておきたい。それは、繰り返しになるが、歴史は人間の手に負えない必然的なものであると思い込んでいるということである。本書では、それが必ずしも真実ではないこと、つまり、個人や集団の意思決定が、多くの形で、時には決定的な形で、出来事や歴史に実は影響を与えるということを私は指摘してきた。第 16 章では、ポランニーとその弟子たちの議論をもとに、市場の「見えざる手」は必然的なものではなく、当時の統治機関によって生み出されたものであり、それを放置しておくと、最終的には保護主義や貿易戦争（場合によってはその他の戦争）などを助長する社会的反応に至ることを指摘した。

　情報格差の拡大に対して私たちに何ができるだろうか。よくあることだが、これに対処する機会は、ICT 革命によっても提供されている。第 18 章では、人間が情報処理をマスターしたことにより、社会的、経済的、環境的組織に大きな変革をもたらしたことを述べた。このまたとない機会から利益を得て、われわれの社会を、深遠かつ加速度的な再構築を目指す社会へと変貌させるべきである。このことは、われわれが一丸となって、ICT 革命がもたらすであろう方向性を把握する必要があることを意味している。現時点ではそうなっておらず、民間の ICT 企業が開発を主導し、彼らにとって有益な方法で社会を導いている。このような

方向転換の一部は、関係する企業に課す制約を強化するという、民主的なプロセスを通じて達成することができるが、個人が自らの行動に責任を持ち、コミュニティを強化し、共通の価値観や目標に集中するように積極的に努力することで、より多くのことを達成できる[*7]。

　まず、現在の開発を減速させ、社会が対応できる速度に近づけることが可能であるし、そうすべきである。ここに政府の明確な役割がある。このような開発を加速させようとする現在の政策は、特に都市における、住民数の増加と、彼らをまとめるための新しい価値観の開発の必要性との間のフィードバック・ループに内在する「赤の女王の競走」の結果である。しかし、このフィードバック・ループは不可避のものではない。社会の一貫性を多極化した世界に委ねることで、住民の人口規模を縮小すれば、望ましい効果が表れるかもしれない。

　一方で、人間全般と電子情報処理との一体化を、一貫性をもって構造的に進めることが可能であろう。そうすれば、ほとんどの人間が情報処理システム全体の制御を取り戻す。伊藤とハウの著作、*Whiplash*（Ito & Howe 2016）（『9 プリンシプルズ』）の核心がそこにあるのだが、それは次章で詳しく述べたい[*8]。これは明らかに現在進行中のプロセスであり、ICT の能力を活用して世界中に情報処理の水平的なネットワークを構築することは、社会の情報処理能力全体を飛躍的に向上させるために大きな意味を持つ。しかし、そのためには、社会の情報処理能力の再構築を現在とは異なる方向に向けなければならない。

　このような再構築を加速させるための方策の一つは、社会のいたるところに計算機的思考を導入することであろう。コンピューター・サイエンスにおける一般化された情報社会的思考を取り入れるとともに、すべての（小・中・高等）学校と年齢層でこの領域の教育を大々的に行うのである。そうした取り組みの一環として、歴史科学を含め、私たちが必要だと考えている科学への生成的な（事前の）アプローチを発展させることができるだろう。

　もう一つの重要な貢献は、既存のトップダウンおよびボトムアップの情報アーキテクチャを、継続的なコミュニケーションの改善や、応答時間の短縮などを含む、より双方向的なアプローチに置き換えることである。

　第三に、ICT の発達は、人間の認知能力の限界やバイアスの克服を可能にする。何よりもまず、人間の短期作動記憶の限界を乗り越えられるだろう。そのためには、人間としてのコミュニケーションや共同作業のための優れた手段を発明し続

けるだけでなく、電子情報処理手段を広く活用することによっても、人間の精神
的能力をより集約的に共有する必要がある。その一環として、新しいオントロジー
とそれを応用したソフトウェアを開発しなければならないだろう。科学的領域に
おいては、学際的なデータベースの改良、「シンセシス 2.0（Synthesis 2.0）」（コン
テンツのマルチサイト・ミラーリングに基づいて、異なる場所にいる大規模な集団がリ
アルタイムで共同作業できる新しいソフトウェア）のための手段、暗黙知を理解す
るための本格的なシリアスゲーム、不確実性の下での意思決定を研究するための
改良された手段、クラウド・ソルビングによる学術的背景を持たない人々を巻き
込んだオープンサイエンス・プラットフォーム、さらには、特に社会的な現象を
研究する場合には、より多くの優れた仮想実験などが必要となるだろう。これら
は、ハイパフォーマンス・コンピューティングと「ビッグデータ」処理によって
可能になった、より多くのデータサンプルに基づいて行われるべきであり、これ
らのデータは非常に詳細に分析されなければならないものである。

　われわれの社会は、ICT の新たな発達の可能性を利用して、より広い意味での
思考習慣の限界を克服することも可能である。例えば、静的な知識よりも動的な
理解を重視する、問題解決型で変化に注目した手段をさらに発展させることであ
る。そうすれば、未来について考えるよりも、現在の文化的そして科学的重点
―― 現在を説明するために現在と過去を結びつけること ―― を打開することに大
きく貢献するだろう。これを達成するには、現在主流となっている事後的な視点
と並んで、事前的な視点を、教育においても行動においても強調することが不可
欠であり、未来のために学ぶことに重点を置きながら、過去から現在を学ぶ必要
がある。このような学びは幼稚園のレベルで開始し、教育課程全体を通して行う
ことができる。幼い子供たちに因果関係の言説という形で「真実」を提示するの
ではなく、常に選択肢はある（そしてそのような選択肢には有益な結果と潜在的に
否定的な結果の両方がある）という事実を強調するのである。いわゆるシリアス
ゲームは、そのような事前的な思考を刺激するものであり、この目標を達成する
ための大きな武器となるかもしれない。

　しかし、このようなアプローチを発展させるには、コンピューティングの役割
についての新たな考え方も必要となる。現在、ビッグデータ革命を利用した多く
のアプローチは統計学、つまり、データから情報を抽出し、過去の軌跡と現在の
状況を分析する還元主義的な手法、に基づいている。その中には、これまで観測

されていなかったパターンを発見し、それをもとに直近の未来を予測する手法も
ある。しかし、既成概念にとらわれずに未来を考えようとするならば、限られた
観測次元から可能な限り他の潜在的な次元を生成し、予測とバックキャスティン
グを組み合わせてそれらの実現可能性を検証するような ICT を開発することが
できるだろう。世界は複雑であり、したがってアイデアを単純化してしまうので
なく、その複雑さを受け入れる必要があるという前提に立てば、これは事実上、
オッカムの剃刀に矛盾することになる。この方向への最初の小さな一歩は、ベル
ナップ（Nuel Belnap 2003；2005；2007 など）やフォンタナ（Fontana 2012）などに
よって踏み出されている。このようなアプローチに向けたもう一つの興味深い動
きは、レミ・クーロン（Rémi Coulom 2006, Ito & Howe 2016 で引用されている）が
開発した AlphaGo というアプローチに示されている。このアプローチによって、
機械学習と統計的サンプリング技術（いわゆるモンテカルロ・ツリー・サーチ・ア
ルゴリズム）に基づいて、 非常に多くの次元の課題に対処することが可能となる。

　このような取り組みにより、観測によるアイデアの過小評価を軽減し、場合に
よっては克服することも可能になるであろう（第 16 章参照）。そのためには、ICT
を活用した大規模なデータ収集が不可欠であり、特にセンサーが急速に安価にな
り、より多くの領域に普及するにつれて、この分野はさらに発展していくのは間
違いないだろう。

　主に過去の成功体験に基づいた理論や発想、行動に関する人間の意思決定は専
門領域や分野ごとにバイアスがかかるが、これに対処するためのより良い方法を
特定することも、このような改善されたアプローチの主な要素となる。このよう
ないずれの取り組みにおいても、さまざまな種類のデータを必要な主要データ
ベースに統合するという大きな課題が生じる。

　しかし何よりも、もし、われわれが第 20 章でディルク・ヘルビング（Dirk Hel-
bing）の研究に基づいて描かれるような未来を避けたいのであれば、私たち科学
者は、社会的・政治的に関与する個人として組織化し、ICT 革命がわれわれを導
く方向に影響を与え、必要に応じて統制しなければならない。

8 ┃ コミュニティにおける科学者としての役割

　過去 1 世紀ほどの間に、西側社会の一部では、技術革新や統治あるいは両方の目的で産業界や政府が科学を無制限に利用したために、科学は最も貴重な贈り物である市民の信頼を、気づかないうちに一定程度失うこととなった。この過程で、科学は喜んで（産業界や政府の）パートナーとなり、資金面ではますます両者に依存するようになった。そのため、特定の地域や領域では、科学や科学者は、一般の人々の関心事とは異なる利益を擁護しているとして、市民社会の関心事からあまりにも遠い存在とみなされたり、政府や産業界のあまりにも強い影響下（支配下でないにせよ）に置かれているとみなされたりしている。科学に対する評価や信頼の喪失は、一部の国（アメリカや、程度の差こそあれ、イギリスや欧州諸国）では、基礎科学への資金提供または科学的アイデアの受容（あるいは両方）の減少として現れている。最近、アメリカのトランプ政権が連邦政府の研究費を大幅に削減しようとしていることは、これまで科学者の役割を利用し、推進してきた政府でさえ、科学、特に社会科学は疑わしいという一般的な見方に傾くほどの不信感に達していることを示している。

　そうした動向の結果、第 3 章で述べたように、われわれは科学と社会の関係を見直し、より開かれて透明性の高いものに変え、われわれが抱く期待をより現実的なものにし、われわれの行動が意図しない結果をもたらす可能性をよりはっきり認識しなければならない。われわれは、もっと耳を傾け、狭い因果関係の説明ではなく、代替案という観点からもっと広く考え、社会に残っている科学への信頼を政治的な議論に影響を与えるために利用し、損なわれてしまった信頼を回復しなければならない。

　このためには、第一に、複雑適応系アプローチとその背景にある考え方をより広く普及することである。そして第二に、社会が向かう方向を決める役割における科学者の謙虚さである。これらを順に説明していこう。

　第 7 章では、複雑適応系（complex adaptive systems : CAS）のアプローチと従来の直線的な科学的因果関係のアプローチとの違いを概説し、CAS を用いて考えることの科学的必要性を論じた。しかし、このアプローチには、現在の状況において重要でありながら、第 7 章では強調しなかった政治的・社会的側面がある。社

会環境や経済現象のほとんどが非線形力学であり、予測不可能であることを認めることで、世界における科学者としての立場をリセットすることができるという主要な点である。これは、自分たち（科学者）を「解決策」を持つ「専門家」として振る舞うこと（多くの場合でうまくいかなかったり、意図しない結果をもたらしたりして、科学への信頼を失う一因となっている）から、科学者も知らないことがたくさんあると認めることへとつながる。そうすれば、予測不可能な未来について、より的確に考えることができ、社会としての道筋を見つけるために必要な多くの実験に、私たちは貢献することができる。第三に、CAS アプローチが自然科学と社会科学の融合に貢献していると考えられることである。なぜなら、CAS が自然科学の概念構築に不可逆性と歴史を再導入するからである。この二つの概念ツールは、生命科学や社会科学の思考において常に不可欠なものだったが、科学的思考に広く浸透している（ニュートン的な）自然科学のツールキットの一部には、長きにわたり、なっていなかった。興味深い第四の側面は、CAS の思考が世界を理解するための西洋と東洋のアプローチの間の溝を埋めることができるという仮説であり、これはカプラ（Fritjof Capra 1975）らによって提唱された。シンガポールでは、シム（Jonathan Y. H. Sim）とヴァスビンダー（Jan W. Vasbinder）を中心としたチームがこの問題に取り組んでいる（Sim & Vasbinder, unpublished 2015）。

　科学者は、今後の方向性についての社会全体としての議論をどこまで控えるべきか、あるいは積極的に参加すべきか。ここでは、持続可能性が良い例となる。もし、科学者が列車事故のような災害を目の当たりにしたとき、（多くの場合そうであったように）科学的な結論を公平に示すだけにとどまるべきなのか、それとも社会に警告を発したり、災害を回避するために必要と思われる対策を推進したりするべきなのか。科学界はこの点について合意を得ることができておらず、この議論において、（1942 年にマートン［Robert King Merton］が表現したとおり）単に「科学的事実」の提示を超えて特定の立場を明確にすることは科学への信頼を損うという考え方と、列車同士が衝突するという確信があるのであれば行動を起こさなければならないという考え方に分断されている。

　この議論は、科学者が自分を何よりもまず科学者として見て、副次的に市民として見ているのか、あるいはその逆なのか、を意味している。科学者も他の人々と同様に複雑なシステムであり、より広いシステムの一部であることは明らかで

ある。しかし、行為主体として、自分自身をどのように捉え、その視点に基づいてどのように行動をするかは、個人として機能する環境に関係している。私の個人的な意見としては、社会が私たちの教育や専門的な活動の費用を負担している以上、私たちは何よりもまず（教育を受けた）市民であり、したがって、社会の進むべき道を選択し、私たちの考えの科学的な裏付けを十分に言及した上で展望を発信し、どこまでが科学で、どこからが私たちの個人的な選択なのかを明確に示すことが役割であると考えている。世界はあまりにも複雑でややこしくなっており、圧倒的多数の市民は現在進行中の力学を明確には認識できなくなっている。教育を受けた科学者として、私たちは知的な態度で自分の役割を受け入れなければならない。

　その中でも特に注目したいのが、教育に対する私たちの態度である。これまで述べてきたように、われわれの社会（あるいはその後継となるもの）が存続していくためには、子供たちやわれわれ自身の教育を充実させることが基本となる。科学者として、私たちはこの領域で大きな責任を負っている。しかし、私たちは教育を行なって社会から報酬を得ているにもかかわらず、科学者のキャリアの構造は主に研究によって決定されており、そのことは必ずしも常に十分に認識されているわけではない。この点における私たちの役割の再評価は、やるべきことの一つである。

原著注

*1　世界レベルで見ると、民主的な参加は増加傾向にあるようである（www.idea.int/gsod/files/IDEA-GSOD-2017CHAPTER-1-EN.pdf、2018 年 1 月 10 日閲覧）。

*2　多くの先進国の国政選挙（および欧州選挙）のデータは以下より入手した：www.idea.int/data-tools/data/voter-turnout（2018 年 1 月 10 日閲覧）。どの選挙でも争点に関連した大きな変動は常にあるが、これらのデータは減少を示している。

*3　この点で、古典的なギリシャのアプローチとユダヤ・キリスト教のアプローチを比較するのは興味深い。前者では神々が人間のように振る舞っているのに対し、後者では人間が神々のように振る舞おうと努力している（Lin Yutang 1998）。

*4　Wikipedia "transition towns"、2016 年 12 月 28 日閲覧。

*5　石洲における中国の研究事例は、中華人民共和国国務院センター発展研究センター（研究代表者：Yongsheng Zhang）が香港科技大学、アリゾナ州立大学（ASU）とともに試験的に行なっている。日本でのプロジェクトは京都にある総合地球環境学研究所の阿部健一教授が主導している。ヴェネツィアのプロジェクトは EU が資金提供する GREEN-WIN プロジェクトの一部で、代表はベルリンにあるグローバル気候フォーラムのヨッヘン・ヒンケ

ル（Jochen Hinkel）である。

* 6 www.deltadevelopment.eu/en/を参照。

* 7 例えば、企業がわれわれの個人情報を悪用する現在の脅威に対して、ソーシャルネットワークの参加者の大多数が退会を決断すれば、数少ない大手 IT 企業は深刻な苦境に陥り、IT に基づかない社会的関係が再び盛んになるであろう。

* 8 この刺激的な ICT 革命の近未来像に私の注意を向けさせてくれた ASU の学部長クリストファー・ブーン（Christopher Boone）に大いに感謝する。

第20章　「グリーン成長」？

1 | はじめに

　人類とその社会の未来についての長期的な展望が数多く登場しており、そのうちのいくつかの例を本章で紹介したい。SF と呼ばれるようなものには触れないし、まとまった文献の概説をするのが目的でもない。ここでは、科学的あるいは政治的な影響を与えそうな展望に限定する。たとえば、定常経済運動（Steady-State Economy movement）、国連が採択した持続可能な開発目標（Sustainable Development Goals）、定常経済論をより政治的にアレンジした脱成長（Farewell to Growth）、情報通信技術（information and communications technology：ICT）が社会に与える長期的な影響に関する二つの展望（一つは理論的、もうつは実践的なもの）などである。

　私の意見では、2100 年はおろか、2050 年に世界がどうなっているか、現実的な予測を示すことは誰にもできない。以下に示すのは、現時点での展望の要約であり、単に問題点を示す目的で紹介する。

　なぜこの章で「グリーン成長（green growth）」という言葉を選んだのか。この言葉を私はどう理解しているのか。Wikipedia（https：//en.wikipedia.org/wiki/Green_growth 2019 年 6 月 5 日閲覧）では、「天然資源を持続的に利用する経済成長の道筋」と定義されている。典型的な工業的経済成長に代わるものとして、この概念は世界的に使われている。多くの国家機関や国際機関が、このアプローチまたはそれに近いアプローチを採用している（例えば、国連アジア太平洋経済社会委員会、経済協力開発機構、世界銀行、Global Green Growth Institute など）。これらのほとんどは、持続可能性における現在の苦境に鑑みて、現在の社会経済的な自由市場の枠組みの中で進むべき道がグリーン成長であると考えている。

　私が「グリーン成長」およびそれに関連する展望を選んだ理由には、理論的な面と現実的な面がある。気候変動の議論は、当初から科学界によって、一般的な受け入れや合意を妨げるような形で、つまり変化の機会ではなく、社会に対する脅威として説明されてきた、と私は確信している。そのため、気候変動の議論は、負担の分配や成長の限界、つまり後退と結びつけられ、前向きでなく後ろ向き志向と見られてしまった（AtKisson 2010）。

　グリーン成長という概念は、現在の資本主義システムにおいて利益を得るためには成長が不可欠であることから、成長という概念を環境問題と両立させよう

する経済界からの圧力によってまず導入された。現在では、後退や危険性より変革を強調し、開発途上国の何十億もの人々の生活を向上させるためには成長が必要であることを受容する言葉として、広く採用されている。

　持続可能性やレジリエンス（回復力）といった先に注目された概念と同様に、「グリーン成長」という言葉も定義が曖昧である。私にとっては、それは事実上、グローバル社会の重大な再編成を意味する。遠い過去の社会構造の変化（定住化、都市化、産業革命）と同じように、長期的には、われわれ一人ひとりの個人としての役割とあり方、そして、習慣、制度、法律の設計と機能を変えることになるであろう。その一環として、人間による環境資源の利用や廃棄物量、南北間や各国間の富や幸福度の差を大幅に縮めることが期待されている。しかし、成功すれば、その成果は、それだけにとどまらず、世界中の社会のさまざまな側面や分野に影響を与えることになる。もちろん、これがどのように展開するかを想定することは不可能だが、われわれは、どのような種類の力学を作動させるべきか、その理由と方法を真剣に考える必要がある。本章では、最初に、持続可能性ビジネスに携わる人々が考えている（あるいは考えてきた）未来について考えてみたい。これらを紹介することで、成長とその同類である進歩が、持続可能性という難問に対処するために必要な根本的変化にふさわしいのかという疑問も提起する。

2 ｜ 定常経済論

　この話題に入るにあたり、かなり以前に出版された画期的な文献に立ち返りたい。ハーマン・デイリー（Herman Daly 1973）は、進歩と成長の道をこれ以上進むことのできない世界を想定した最初の人物の一人である。もちろん、人類の発展が最終的には限界に達する可能性があることに言及したのは彼が初めてではない。ごく一部の例にすぎないが、スミス（Adam Smith 1776）、マルサス（Thomas Robert Malthus 1798）、リカード（David Ricardo 1817）、ミル（John Stuart Mill 1848）、ケインズ（John Maynard Keynes 1930）などにもデイリーの考えの先例が見られる。さらに、デイリーの書籍は、ボールディング（Kenneth E. Boulding 1966）、ジョージェスク＝レーゲン（Nicholas Georgescu-Roegen 1971［2014］）、メドウズ（Donella Meadows）ら（Meadows et al. 1972）、シューマッハー（E. F. Schumacher 1974）など、ほぼ同時

期に出版された同じテーマの著作群の一冊である。しかし、デイリーほど説得力のある形で（そして平易な表現で）定常経済論を論じた人はいない。

　彼の非常に強く、時に感情的な訴えを評価する際に、読者はこれが、情報、情報処理、複雑系がまだ我々の知的手段になっていなかった時代に書かれたものであることを再認識する。そのため、彼の研究はエネルギーと物質に関する議論に一貫して基づいており、社会を複雑系として考えることは一切なかった。また、彼の定常状態という解決策は、依然として直線的な因果関係という性質を持つ。

　それでも、彼の分析には、われわれにとって興味深い学ぶべきことがある。それらをここでは、地球環境への負荷（footprint）（Wackernagel et al. 1998）が持続可能な範囲をはるかに超えている時代において、社会全体としての基本的な選択についての批判的考察を促すための一連の問いの形で示す。

　進歩という概念とその世界での役割に対するデイリーの批判は、本質的に価値観に基づくものである。本書の基礎となる考え方、すなわち、世界の（一部の）人々が、今までよりもより多くの人、より多くの技術、より多くの富、より多くの権力、より良い健康状態を持つ方へ、社会を押し進めるフィードバックループの一部としての情報処理に関する考え方は含まれない。従って、彼は西洋の価値観を根拠にして、次のように述べている。

> 「多ければ多いほどよい」という大前提を「足りるだけあればそれが最善」に置き換えれば[1]、定常状態に移行するための社会的、技術的な問題は解決可能であり、おそらく些細なことにさえなる。（Daly 1973, 2）

このようにして、彼は議論を経済学から政治哲学と社会哲学へと引き戻した。これは、マルサスやマルクス（Karl Marx）や他の多くの人たちが 19 世紀に始めたことである。

> 道徳的、生物物理学的な基盤に立ち返り、それを補強することによってのみ、経済学的思考は、見当違いの具体性や、狂気じみた厳密さとの永続的なこだわりを回避することができるだろう[2]。

　したがって、デイリーは、

　課題は、生態学的な希少性と実存的な希少性の両方を認識し、専門家でない平均的な市民が理解できるような低から中程度の抽象度で命題を説明する政治経済学を構築することである（後略）

と述べている。これこそが、持続可能性の実現に必要な考え方の変化を促すために育むべき言説であり、既に部分的には取り入れられている。

　このすべての背景にあるのは、社会における科学技術の役割についての批判的な見方であり、21 世紀初頭に起きていることを考えると検討に値する。彼は、1933 年に開催されたシカゴ万国博覧会の案内書（the 1933 Chicago World's Fair Guidebook）のフレーズを引用する。

　新しいモノを、科学が発見し、産業が応用し、人間はそれに適応し、あるいはそれによって形作られる。個人、集団、全人類が、科学と産業に歩調を合わせる。（Dubos 1974-1975, 8 より引用）

言い換えると、私たち科学者は、社会の環境との関係を制御不能なものに至らしめることに、どれほど貢献してきたのだろうか。技術が経済によって形成されていると見るか、その逆と見るかは別として（Arthur 2009）、これは確かに考えてみる価値がある。第 3 章と、第 18 章の最終節で私はこれに関連する問題を提起している。

　自由市場イデオロギーは、社会と経済の相対的な役割を逆転させる「見えざる手（invisible hand）」（Polanyi 1944；　第 18 章）と続いて起こったとしてイノベーションの体系的加速によって、科学技術をどの程度までその渦に取り込んだのだろうか。もしそうだとしたら、社会はこのようにして引き起こされ手に負えない力学を再び制御できるのだろうか。デイリーの言う定常経済論は、技術進歩を、小規模な分散化、製品の耐久性の向上、希少資源の使用における長期的な効率性の向上といった社会的に良い方向に導くだろう。これによって、第 12 章で提起された問題に（少なくとも部分的には）応えたことになる。すなわち、科学者は発明をよりよく理解し、（これまでのように）考え得るあらゆる方向で乱開発を続けるのではなく、社会の最も重要なニーズに発明を集中させなければならないのである。

また、これまで十分に注目されてこなかったもう一つの重要な問題として、人口動態が挙げられる。基本的にこれは、現在の苦境をもたらしている情報処理、知識の獲得、人口増加のフィードバックループの一部であり、われわれが個別に制御できる可能性がある部分である。しかし、持続可能性の議論において、この問題は、見て見ぬ振りをする事実（elephant in the room）となっており、二つの理由で議論が避けられている。それらの理由とは、生命は神聖なものであるという西洋の倫理観（これは他の文化では必ずしも同じ程度に当てはまらない）と、現在のシステムでは人口増加なしに経済成長を成し遂げすることは不可能であるという十分な証拠である。

　しかし、後者のほうは、自動化の結果、変わり始めるかもしれない。自動化や人工知能（artificial intelligence : AI）が、予測通りに、失業者を大量に生むとすれば、人口増加の問題は（本質的に西洋的な）倫理的な問題に還元される。すなわち、人間の生命の不可侵性と、より健康で長生きするという欲求である。このような一連の価値観が社会の持続可能性と両立するのか、もし両立するのであれば、その結果として生じる世界人口の増加 —— これまで（中国とインド以外の）多くの場所で、ほぼ自明のこととして受け入れられてきた —— にどのように対処するのかをわれわれは早急に問う必要がある。デイリーは次のように述べている。

　　限りある物理的環境の中で、人間の世帯数の増加は、いずれ食糧危機とエネルギー危機の両方をもたらし、資源の枯渇と汚染の問題がますます深刻になるだろう。（中略）これまでは技術によって適応するのが有力な反応だった。（中略）しかし、われわれは、生態学的な適応に重点を移す必要がある。つまり、人間の世帯の規模と支配力に対する自然の限界があることを受け入れることである。道徳的な成長と質の向上に集中するために（後略）。（Daly 1973, 12）

すなわち、現在を起点として未来予測のロードマップを作るのではなく、環境や資源の制限がある未来から、必要な変化を実現するためのロードマップを作成する「バックキャスティング（back-casting）」を行うべきである。

　この過程において、人間の心や社会の一貫性のためにより多くの情報処理や知識の獲得が必要となるにつれ、その必要性を満たすためには、物質やエネルギー

の領域ではなく、心や精神の領域に目を向けなければならない。われわれは、（一次元的な富を志向する）グローバリゼーションの一環として（少なくとも部分的には）捨て去られた精神的、規範的、倫理的な次元を発展させることによって、価値体系の次元を貧しくするのではなく、むしろ豊かにする必要がある（第 14 章、第 16 章参照）。

デイリーはこのようにして、無成長（定常）経済の実現に向けた運動を開始した。この運動がわれわれの苦境に対する現実的な解決策を提供しているか私には定かでないので、この運動の中核となる考え方を簡単に紹介したうえで議論したい。このテーマについては、歴史的な背景を踏まえた簡潔な紹介が Wikipedia に掲載されている（https://en.wikipedia.org/wiki/Steady-state_economy 2017 年 4 月 28 日閲覧）。まず、よくある誤解を避けるために、定常経済（または脱成長経済）は停滞経済とは違うことを指摘しておきたい。後者が成長経済における（望ましくない）後退局面であるのに対し、前者は、経済が成長しないように、意図的に、政治的な動機で実施される。定常経済を批判する人たちは、資源のデカップリング、技術開発、市場メカニズムの自由な運用が、これまでに遭遇したいかなる資源不足や汚染のまん延、過剰人口をも克服する能力を十分に備えていると主張して、定常経済に異議を唱える。読者には明らかであろうが、私は、主要な社会構造の変化を包含しない限り、この主張に同意しない。このうちのいくつかについては本章で後述する。定常経済に向けての中心的な推進力は、発明とイノベーションが、可能な限り、刺激によって、法的手段によって、そして発明とイノベーションの自体のプロセスのよりよい理解によって、そのような目標の達成に向かうことである。一方で、すべての努力は、われわれが現状の課題を悪化させないようにすること、すなわち、現在の情報処理の加速とその物質的、環境的な影響の原因となっているフィードバックループのスピードを落とすことに集中すべきである。そのためには、社会の原動力としての経済と技術の役割を見直し、社会による経済の制御を組み立て直すことで、その関係を再構築することが必要である。第 12 章で述べたように、われわれの現在の苦境は、250 年間の奔放で、方向性に欠けた発明とイノベーションによるものである。「問題を作ったときと同じ考え方では、問題を解決することはできない」というのは、アインシュタイン（Albert Einstein [n.d.]）の有名な言葉である。

一方、定常経済の支持者は、これらの反論にはまだ実態がなく、誤解に基づく

ものであり、新しい技術、特に ICT の力によって定常経済は日々促進されている、とする。私の意見では、世界の人口の大部分が絶望的な貧困状態にあり、先進国で利用できる基本的な資源さえも不足している限り、これは本当の意味でより良い解決策ではない。これは倫理的に受け入れられないだけでなく、現在、近東で起きているような、国内および国家間の大きな社会的混乱を引き起こすことになる。

3 持続可能な開発目標

　現在の世界的な不平等に対処するための最近の試みの一つに、限定的で方向性のある成長を採用することで、環境の観点から地球を安全に活動できる領域にとどめることを目的とした、国連による持続可能な開発目標(SDGs)の推進がある。これらの目標は、政治的な観点からは正しく、科学的な観点からは分野が細かく分かれすぎているかもしれないが、近い将来に解決すべき 17 の実際的な課題という形で策定されている（図 20.1）。この節では、これらの目標と、それを具体化しようとしている大規模なグローバルプロジェクト（The World in 2050）について簡単に紹介する[*3]。私がこれを紹介する理由は、SDGs の動きが、定常経済や脱成長経済の動きとは逆の方向に進もうとする最近の世界的な試みだからである。

　SDGs は、2015 年の国連決議で採択され、要約すると次のようなことを目指している（より詳細な記述は、Wikipedia https://en.wikipedia.org/wiki/Sustainable_Development_Goals（2019 年 6 月 6 日閲覧）にある）。

- ・あらゆる形態と次元の貧困と飢餓を終わらせ、すべての人間が尊厳と平等、そして健全な環境の中で自身の潜在能力を発揮できるようにする。
- ・持続可能な消費と生産、天然資源の持続可能な管理、気候変動への緊急対応などを通じて、地球を劣化から守り、現在および将来の世代のニーズを満たすことができるようにする。
- ・すべての人類が豊かで充実した生活を享受できるようにし、経済、社会、技術の進歩が自然と調和して行われるようにする。

図 20.1　国連の「持続可能な開発目標」（国連の許可を得たオープンソース）

・恐怖や暴力のない、平和で公正で包摂的な社会を育む。平和なくして持続可能な開発はなく、持続可能な開発なくして平和はない。
・世界的な連帯強化の精神に基づき、特に最も貧しく最も脆弱な人々のニーズに焦点を当て、すべての国、すべての関係者、すべての人々の参加を得て、「持続可能な開発のためのグローバル・パートナーシップ」の再活性化を通じて、この検討課題を実施するために必要な手段を動員する。

この方針は、（当時の事務総長である）潘基文（Ban Ki-moon）の「惑星 B がないので B 計画はない」という発言を反映したものである（https://news.un.org/en/story/2014/09/477962-feature-no-plan-b-climate-action-there-no-planet-b-says-unchief、2019 年 6 月 6 日閲覧）。「私たちの世界を変革する：持続可能な開発のための 2030 アジェンダ（Transforming Our World：The 2030 Agenda for Sustainable Development）」として、国連総会に出席したすべての国によって採択されたが、この方針は、地球とその社会の未来に対する非常に具体的な視点を表している。そして、その根本には、進歩という考え、つまり物事は全体として常に（それがどのような意味であれ）より良くなる傾向にある（または、良くさなるべきである）という考えがある（https://en.wikipedia.org/wiki/Idea_of_progress、2017 年 4 月 14 日に閲覧）。
　このアプローチは目標指向性が強く、17 の領域で 168 の具体的な改善点の定

義を試みている。「2030 年までに、すべての少女と少年が、適切で効果的な学習成果につながる、無償で公平かつ質の高い初等・中等教育を完了することを保証する」というのがその一例である。しかし、最も重要なことは、SDGs が世界レベルで採用しているのは、現在の傾向に基づいた、多かれ少なかれ直線的な未来予測のようであり、すべての人が適度な物質的快適さを手に入れることで、世界の全人口が「誰も取り残されない」状態を達成することに焦点を当てていることである[4]。このように、SDGs は、西洋的な進歩の概念を採用しつつ、伝統的な西洋の自由主義的な資本主義の流れに明らかに反するものである。

　予見可能な —— しかし明確に予測可能ではない —— 未来に向けた目標であるため、これらの達成は簡単に頓挫しうる。というのも、関連する多次元的な力学の長期的な予測に内在する根本的な不確実性や、新たに発生する科学的、経済的、政治的な問題が存在するからである。

　さらに、地球規模の変化というテーマで現在行われている社会科学や人文学の研究がいかに困難で限界があるかを誰もが知っている。地球のシステムの物理的力学に関する科学的な知識はかなりあるが、それに関わる社会全体の力学に関する知識ははるかに少なく、社会環境的な共進化に関わる二次的な力学に関する理解はほとんどない。特に、持続可能性の課題を環境問題でなく社会環境問題と捉えるならば、この分野での大規模な取り組みが必要である。

　もう一つの問題は、直線的な進歩という考えかたを、関係するすべてのコミュニティが受け入れることができるかどうか、できる場合はどの程度まで可能か、ということである。明らかに、SDGs は、主に各国のエリート層に属する代表者間で交渉されたものであり、彼らはある程度、欧米の考え方に触れて育ってきた。最終的にどの程度これらの考え方に世界中の人々が賛同するか、あるいはそれらを実施するために必要な努力を払おうとするか、まだはっきりしていない。ここで再びポランニー（Polanyi）やグレーバー（Graeber）、マンク（Munck）の警告（第 18 章）が重要になってくる。すなわち、文化的に異なる大規模な集団をより強制的に一まとめにしようとすればするほど、アイデンティティをめぐる挑戦や防御的な緊張を社会に引き起こす危険性が高くなる。現在のヨーロッパとアメリカの動向はその方向性を示しているように見えるし、言うまでもなく、イスラム世界の傾向もそうである。

　それゆえ私は、国連が開発したトップダウンのアプローチは、研究者や政治家

などにさまざまな道筋を模索させうるという意味で重要な前進であると同時に、リスクを伴うものであると考える。複雑系の視点に立てば、進歩に基づいたものだけでなく、未来やそれに向かう軌道についてより多様に模索するほうが賢明であろう。それには、異なる文脈での発展や、異なる世界観を考慮に入れることとなり[*5]、それは、異なる様々な場所において、異なる考え方、異なる文化、異なる価値観を持ち、異なる環境下で生活する様々な社会が経験するものである。

World in 2050 プロジェクトで行われているような[*6]、先進的なモデリング技術を用いて、SDGs が掲げる持続可能な未来を実現するような無数の軌道を示そうという現在進行中の非常に重要な取り組みと並行してなすべきことがある。それは、複雑系アプローチを採用し、さまざまな社会が、どのような環境や社会を目指したいかを議論することによって、さまざまな未来のための、より幅広い潜在的なシナリオを研究することである。これは、国連の直線的で歩み寄りを重視するアプローチでは正当化されない、今後の課題の本質をより現実的に表すものであろう。

このような取り組みは、世界のさまざまな地域で、さまざまな視点から地球の未来についての幅広い言説を集めることから始めることができるだろう。そうすることで、地球や地域の社会環境的な力学への理解が深まり、SDGs の達成に役立つものや、地球や社会に異なる未来をもたらすものなど、未来に向けたいくつかの代替的な道筋が見えてくるだろう。また、われわれの社会の未来についての議論に、地球上の人口の文化的多様性を表すような、より幅広いグローバルな参加が可能になるだろう[*7]。

要約すると、SDGs の目標と、定常運動や脱成長運動の主張を対比させることで、われわれは、一方では環境条件の範囲内で生活することを（トップダウンで）求められており、他方では世界のすべての人口が基本的な人間の快適さを共有できるように、世界全体で全く新しい種類の資源利用と経済発展を生み出す必要がある、という事実が浮き彫りになる。このようなイノベーションは、必然的に多くの部分において地域ごとであり、ボトムアップである。

それゆえ、持続不可能な資源利用と開発の継続的な不均衡の間で、また同時に、トップダウンによる世界の開発の舵取りと、ボトムアップによる複数の地域共同体ネットワークの促進と発展の間でにっちもさっちもいかない状態（between Scylla and Charybdis）で、どのように航海するかが問われているのである。第 19 章で、

それを目指したさまざまな運動や試みが近年生まれていることを紹介した。しかし、やるべきことはまだ多くある。

4 考え方の変革に向けて

　デイリーによる一般的な議論のより最近の脱成長版の例として、セルジュ・ラトゥーシュ（Serge Latouche）の議論を取り上げたい。彼の著書 *Farewell to Growth* (2007)（『経済成長なき社会発展は可能か？』）では、デイリーに劣らず感情的でありながら、より政治的な表現を用いて、現在の世界システムを動かしている一次元的な成長と進歩のイデオロギーを放棄するために必要なことを強調し、より詳細に扱っている。そして、そのために必要な考え方の変化に焦点を当てている。彼の目標は、

> より少ない労働やより少ない消費をしながら、より良い生活を送れる社会を作ることである。もしわれわれが想像力豊かな創意工夫に満ちたの空間を作ろうとするのであれば、これは不可欠な命題であるが、経済主義的で開発主義かつ進歩的な全体主義によって阻まれてきた。(2007, 9)

　この目標を達成するために、ラトゥーシュは現在の状況を引き起こしている政治経済を深く掘り下げている。従って、彼は持続可能性や持続可能な開発とは明らかに距離を置いている。

> 持続可能な開発は、今では「クリーン開発メカニズム（clean development mechanisms［原文ママ］)」という無駄な努力をする（to square the circle）完璧な方法を見つけている[*8]。この表現は、エネルギーや炭素を節約し、環境効率が良いとされる技術を意味する。これは外交辞令の性質を持つ。否定しがたく望ましい技術進歩は、自滅的な開発の論理に挑戦するものではない。これは、物事を変えずに済むように取り繕うための別の方法である。(2007, 11)

その代わりに、エミール・デュルケーム（Emile Durkheim）、マルセル・モース（Marcel Mauss）、カール・ポランニー（Karl Polanyi）、マーシャル・サーリンズ（Marshall Sahlins）、エーリヒ・フロム（Erich Fromm）、グレゴリー・ベイトソン（Gregory Bateson）など、経済は社会に奉仕するものであり、その逆ではないと主張する研究者に代表されるような社会科学の伝統に基づいて彼は議論を進めている（第 16 章）。ジョージェスク＝レーゲン（Georgescu-Roegen 1971［2014］）が指摘しているように、新古典派経済学は、熱力学の第二法則とエントロピーの必然性を無視したニュートン的なパラダイムを採用することで、形式的に優美な閉じたシステムのモデルを構築しているが、これは、開かれた物理的、化学的、生物学的、そして社会的な世界に組み込まれている現実世界の経済とはほとんど無関係である。したがって、現実世界の経済は、ここで適用されているような複雑な流動構造のアプローチを用いてのみ、本当の意味で論じられる。

　このように、ラトゥーシュの著書の主な目的は、現在の採掘から廃棄までの経済（extraction-to-waste economy）を、必要に応じてイノベーションが生じる機会創出の（新しい）経済に置き換えることである（第 13 章：　van der Leeuw & Zhang 2014）。

　先に述べた人口動態に関する議論の中で、ラトゥーシュが人口削減は現実的ではない怠惰な解決策であると述べているのは興味深い。人口削減は、それ自体では経済の動態を変えることができず、せいぜい一時的な減速を引き起こすに過ぎない。彼の見方では、超成長を重視する（hypergrowth-driven）先進国と途上国の社会を徹底的に非物質化（dematerialization）することでのみ、望ましい効果が得られるとされ、また、主要な問題は、減少した資源をどのように世界に分配するかということである。彼はここでアーサー（Authur）が提案したような分散型の経済を指向する（第 18 章）。

　社会の望ましい再構築は、八つの R（reevaluate［再評価］、reconceptualize［再概念化］、restructure［再構築］、redistribute［再配分］、relocalize［再地域化］、reduce［削減］、reuse［再利用］、recycle［再資源化］）の好循環に集約されるとラトゥーシュは主張する（2007, 33）。これら八つの相互依存的な目標は、穏やかで、快活で、持続可能な脱成長のプロセスを引き起こすことができると彼は述べている。それは必然的に地域固有かつボトムアップのプロセスであり、コミュニティ、公平性、節度、取るものを減らして与えるものを増やすこと、地域資源の利用という新たなことに焦点を当てることを目指すものとなる。

仕事に執着するのでなく、余暇の楽しみと遊びの倫理が必要である。社会生活の重要性は、際限ない消費主義よりも優先されるべきであり、グローバルなものよりもローカルなもの、異質なものよりも自律的なもの、生産主義的な効率性よりも優れた職人性への感謝、物質的なものよりも合理的なもの、がそれぞれ優先されるべきである。真理への関心、正義感、責任感、民主主義の尊重、差異の称賛、連帯の義務、精神の生などは、われわれが何としても取り戻さなければならない価値観であり、これらの価値観こそがわれわれを繁栄させ、未来を守ることにつながるからである。(Latouche 2007, 34)

　この方向に進む必要性を唱えることで、彼の考えは明らかに多くの道徳哲学者（ジョン・デューイ［John Dewey］など、Stanford Encyclopedia of Philosophy［https : //plato.stanford.edu/entries/dewey-political/ 2017 年 7 月 27 日閲覧］を参照）、ジル・クレモン（Gilles Clément）などの環境保護主義者（Clément, Rahm & Borasi 2007；Clément 2015）、そして 11 番目の戒律として「神の創造物である自然を敬うべき」と考える非常に多くのキリスト教徒である生態学者たちと重なる。

　ラトゥーシュが主張する八つの過程を詳述するには紙面が足りない。彼は、それらのうち、再評価、削減、再地域化は戦略的な役割を果たすと考えている。これらを達成するための過程はボトムアップ的なものであり、そこでは、アイデンティティと日常生活の管理というニーズを満たす、地域の生態学的な民主主義が生み出される。彼は引用こそしていないものの、この点で彼の考えはオストロム（Ostrom 1990）に非常に近いものがある。彼の研究で興味深いのは、この方向に効果的に進んでいる多くの進行中の地域的な取り組みに言及していることである。環境的、経済的な自律性（例えば、再生可能エネルギー、国の通貨の代わりに地域で有効な金券、小規模有機農業などを含むが、これらに限定されるわけではない）を追求し、地域や地方のコモンプール資源（common-pool resources）の管理 ── 統治過程に市民が積極的に参加していることは重要である ── に焦点を当てていることである。

　このアプローチが南半球でどのように展開されるかについての詳細な議論も含まれており、ここでラトゥーシュが強調するのは、地域共同体が北半球の考えを強制的に採用させられるのではなく、自分たちの未来を定義し、それを達成する方法を開発するための支援を受ける（あるいは放っておかれる）べきだということ

である。

　私にとって、ここでの重要な示唆は、それが地球規模の価値空間を拡大し、多次元的な共同体の間で調和のとれた思いやりに満ちた相互作用に向かう新たな道を開くことである。ASU が参加している中国・石州市における国務院開発研究センター（Development Research Centre : DRC）のプロジェクト（第 18 章）は、ある地方共同体が、前工業的な農業共同体から後工業的な共同体へと、産業発展の段階を経ることなく、共同体自身が定義する路線に沿って、発展するための支援を与えられた興味深い例である。このプロジェクトの一環として取り組みを進めた結果、共同体は復活し、以前は都会に出ていた住民が戻ってくるようになった。

　このアプローチと、前節で述べた SDGs の取り組みを比べると、その違いは、より良い生活や、地域または地方レベルでの、資源と消費の間のより良いバランスといった最終的な目標にあるのではなく、にっちもさっちもいかない状態でのわれわれの旅という別の次元、つまりトップダウン対ボトムアップの違いにある。ここで紹介するボトムアップの選択は、より多くの、そして非常に異なる前進方法を可能にする。それは、人間の経験の次元を高め、多様性をもたらす。人類がヒエラルキー（階層）を含むあらゆる永続的な社会組織を作り上げてきたのは、結局のところ、ボトムアップによるものではないだろうか。

5 ｜ 多極性

　この文脈で、エリノア・オストロム（Elinor Ostrom 1990）は、長期的な安定性を実現するために最も適切な統治形態を見つけるという問題に挑んでいる。オストロムは、米国と開発途上国（アジア、アフリカ）の多くの地域で、優れた研究者たちの広範なネットワークを活用して数多くの事例研究を行なってきたが、その結果、(1) 比較的小さなコミュニティは、その複雑な環境と、特に彼女が「コモンプール資源（common pool resources）」（1990, xiii）と呼ぶ、水、植生、動物の群れ、さらには知識など、社会を維持するための基本的な資源を管理するための効果的な長期的解決策を見出すことができるという結論に達した（1990）。そして、(2) コミュニティの規模が一定以上になると、統治の効果が低下し、様々な種類の内生的脆弱性の影響を受けやすくなり、一般的に安定しなくなるとしている。

そのため、比較的小規模な社会が相互に影響し合いながら、自らとその環境を統治する多極的な世界が必要であるとしている。

　本書で紹介されている視点から見ると、彼女の研究成果にはいくつかの注目すべき点がある。まず、本書の第 10 章で私が示した、制度と個人の間の相互作用である。個人が制度を弱体化させることもあれば、個人が問題に対処するために新しい制度を作り出すこともある。オストロムの研究と私の研究の違いは、私がより長い期間を視野に入れることができたということである。そのため、オストロムが言及している小規模な統治の成功と失敗の両方は、制度の連続性のなかのいくつかの段階であり、同時に、システムにおける変異や変動であることを説明する二次的な動態に起因すると解釈することができる。

　オストロムの考え方に私が共感を覚えるもう一つは、システムの大きさと統治の関係である。トップダウン型の地球規模の統治に力が注がれている今、私は、これは達成不可能な目標であり、統治の有効性を著しく脅かす可能性があると考えている。私の主張の一部の根拠は、資源利用の最適化のためには、環境の詳細な空間構造と資源構造を熟知している必要があるという事実である。機械化し、規模の経済に最大限に依存しようとする現代の傾向は、その利点が何であれ、環境に対する統計的手法に基づいているが、かなり重要な細部を無視しているため、決して最適な結果を得ることはできない。また、社会全体に対する統治の領域では、第 11 章で見たように、一定の潜在的に不調和な情報源を管理するために、統治システムは有効に機能すると私は考える。したがって、トップダウンの地球規模の統治ではなく、持続可能性に対する、グローバルなボトムアップの意識と文化的関与を強化することが、我々の目標を達成するためのより良い手段なのかもしれない。

6 ICT が未来に果たしうる役割

　本章を読んでお気づきのように、定常運動や脱成長運動、あるいは SDGs も、ICT 革命の急速な進展に関連した、潜在的に非常に重要な進行中の力学を明示的に考慮していない。果たして ICT は、にっちもさっちもいかない状態から抜け出す進路を設定するのに役立つだろうか。ここからの数ページで、ICT 革命がわ

れわれの社会に与える影響について、関連する問題のいくつかを示す二つの見方を紹介する。

　「ICT 社会」における多くの主唱者のうちの一人はヘルビング（Helbing）である。彼は著書で、ICT 革命によって、情報処理の大部分をコンピューターの分散型ネットワークに依存する社会が到来するという立場をとっている。ヘルビング（2015）は、まず、今後 20 年から 30 年の間に、「ビッグデータ」と高度な機械学習に基づく AI によって、人間の行動のほとんどが電子的な情報処理によって、制御はされないにせよ、影響を受けるようになることが技術的に可能になるという仮説を真実味をもって示している。そうすることで、ヘルビングは、カーツワイル（Ray Kurzweill 2005）やブリニョルフソンとマカフィー（Brynjolfsson & McAfee 2011）など多くの人の研究や、ホワイトハウスが発表した AI の進展に関する二つの報告書（Executive Office of the President of the United States 2016a, 2016b）の著者たちの研究と同じ考えをもつことを示した（第 19 章）。

　ヘルビングは、この進化が、トップダウンでコンピューターが社会を制御する方向（ホッブスモデル［the Hobbes model］）と、ボトムアップで自由市場が発達し、情報処理をコンピューターに依存する自己組織化社会（スミスモデル「the Smith model」）のどちらかに進む可能性を持つと提起する。ここで重要な問いは、技術力がどのように活用されるかである。この問いに答える際に中心となる課題は、われわれのシステム群における調整能力が、（ホッブスモデルに倣って）中央情報処理能力を高めて、リヴァイアサン（真の、巨大かつ管理不能なトップダウン組織）にすることにより、社会や生命維持システムが過度な一貫性（hypercoherent）を持ち、それゆえますます不安定になる可能性があることである。一方、（Smith モデルに倣って）情報処理の中央制御の程度を下げると、調整が不十分になり、気候変動やコモンズの悲劇（tragedies of the commons）などの機能不全が発生し、どちらにも頼れなくなる。

　このジレンマを念頭に、ヘルビングはまず、トップダウン手法について論じている。まず、グーグル、フェイスブック、米国中央情報局、国家安全保障局や、世界保健機関、さらにはこの領域に群がり始めている多数の新興企業（startups）などが、ビッグデータを集中的に収集して利用することで、すでに達成されている段階について、十分な裏付けを用いてかなり詳細にまとめている。これで私が確信したのは、原理的には、地球上のすべての人について非常に多くのこと（ア

メリカでは各個人の 5,000 以上の属性）を知ることが可能であり、十分なデータ保管場所と処理能力があれば、多くの個人の行動のある側面について、監視し、理解し、ある程度予測し、影響を与える色々な方法を作り出すことができるということである。この傾向が加速し、非常に大きなデータ群の研究に基づく機械学習によって、関連する行動モデルが改善されると、中央権力（賢明な王や慈悲深い独裁者）が社会生活、ひいては社会環境の力学を世界規模で、把握し、規制し、制御することが可能になるのだと、個人や組織に推察させることになる。これは、ヘルビングがリヴァイアサンアプローチ（the Leviathan approach）と呼ぶトップダウン規制を生み出すことを意味する。

　ヘルビングは、それが有益かもしれない理由を非常に効果的に論じている。例えば、金融危機のような大きな出来事を回避したり、さまざまな過程を効率化したりすることができるならばどうだろうか。しかし、このような管理の基礎となる社会全体の予測は、それが知られるとすぐに社会的な反応を引き起こすだろう。このような反射性は、思慮深く行動することを極めて困難にし、現在の犯罪対策に用いられている予測的な取り締まりを拡大した全体主義的なテクノクラシー（ビッグブラザー社会）を容易に実現してしまう。その過程で、有罪が証明されるまでは無罪であるという基本的な前提は放棄され、取り締まる側が有利になる。

　あるいは、現在行われているように、携帯電話やパソコンに適切な広告を挿入したり、サブリミナルメッセージを用いたりすることで、われわれの判断をある方向に誘導することが組織的に可能となる。現在、ヨーロッパやアメリカでは選挙への外国からの介入が問題になっているが、これはこのような考え方に基づくものである。第 19 章で述べたように、このような過程は、ICT 革命特有のこととしてノイズとシグナルの境界が曖昧になることで可能になり、その結果、明確な判断を下すことが非常に難しくなる。

　しかし、ヘルビングは、多くの理論的、実践的理由により、この手段では想定したような目的を達成できないと結論づけている。社会を「管理（managing）」する上での根本的な障害は、良い解決策と悪い解決策を区別することが難しいことである。第 10 章で見たように、すべての解決策は最終的に予期しない問題、つまり存在論的な不確実性につながる。もう一つの課題は、意思決定につながる統計的分析の誤差である[*9]。同様に、ポジティブな行動とネガティブな行動を分けるために不適切なモデルを使用すると、特定の意思決定に伴う実際のリスクが歪

められてしまう。

　最終的かつ説得力のある制限として、われわれが扱っているような複雑系は、ヘルビングが言うように、「バスのように運転することはできない」（Helbing & Lämmer 2008, 7）という事実だと私は思う。正しい判断を下すために必要な情報がすべて揃っていると期待することは不可能である。過去がある程度、現在と未来の両方を決定するので、正しい判断をするためには、過去を詳細に知る必要がある。これは不可能なことであり、社会の一部を予測不可能な方法で構造化するバタフライ効果（butterfly effect）やレイリー・ベナール効果（Rayleigh-Bénard effect）の影響を受けるシステムにおいては、われわれの意思決定を著しく制限する。

　しかし、それ以上に、社会システムの挙動に内在する変動性は非常に大きく、そのアルゴリズムの複雑さは膨大であるため、社会システムの挙動に対処するために必要な計算能力は常に不足している。

　その理由は、社会が生成するデータ量と、（システムへの人間の介入による、第15章参照）（複合的な）システムの複雑さの両方が、ムーアの法則（Moore's law）に従った処理能力の向上をはるかに超える速度で増加しているからである（図20.2参照）。そのため、ムーアの法則が予測するような情報処理の増加があったとしても、意図しない未知の結果がシステムを圧倒する。

　そこでヘルビングは、トップダウンの中央管理型社会ではなく、ボトムアップの自己組織化社会ならば、ビッグデータ、モノのインターネット（Internet of Things）、AIを組み合わせて発展させることができ、それが経済を、そしてそれを通じて社会を変革していく、と主張している[*10]。

　それはどのように作用するのだろうか。アプローチにおける根本的な変化がこの過程に必須であり、それは実体やシステムの構成要素から、関係性や相互作用に焦点を変えることである[*11]。もう一つの違いは、システムを先験的に決められた方向に強制したり誘導したりするのではなく、システム内の力が非常に効率的にシステムを構造化するという事実を利用することであろう（ただし、先験的には予測できない方法で）。その結果として得られる動的な構造は、外部から形成された構造よりも安定している傾向があると彼は主張する。したがって、われわれの研究は、システムの中で動的に作用する力を特定することと、変化がシステム自体によってどのように引き起こされるかに主眼を置く必要がある。そして、システムを望ましい結果に適応させるのではなく、内在する力学の結果に基づい

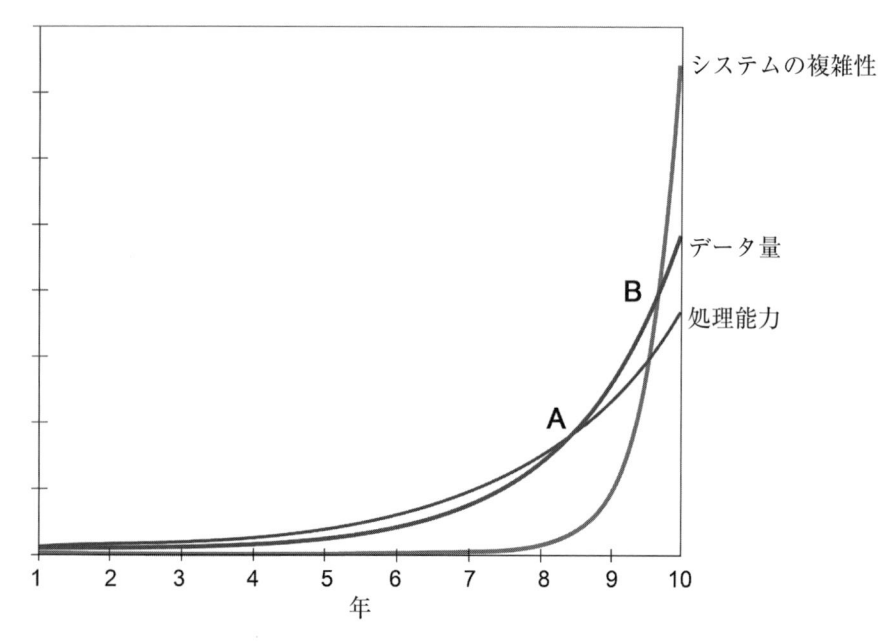

図 20.2　処理能力向上、データ量、システムの複雑性の間の関係性
(出典：Helbing et al. 2017, Springer の許可を得て掲載)

　て望ましい結果を形成しなければならない。しかし、この点に関するヘルビング
の議論の核心は、構成要素間の相互作用をわずかに変化させること（彼はこれを
「支援された自己組織化（assisted self-organization）」と呼んでいる）で、異なる結果を
生み出すことができるということである。ホッブスアプローチとは逆に、このよ
うな介入は局所的で最小限のものである（分散制御を伴う）。ヘルビングによると、
このような状況でこのようなシステムは完全に予測不可能なものではなく、限ら
れた数の動的なアトラクター（attractors）に向かう傾向があり、多くの場合、混
乱の後にそれらのアトラクターに戻るであろうとのことである。ICT 革命の影響
下にある未来の文脈で述べられているが、これらの特性は、当然ながら、未来の
社会をボトムアップで構造化する際に本来備わっているものである。
　この文脈における ICT の役割とは何であろうか。一般的に行われているよう
な個々の実体の状態を改善することに焦点を当てるのではなく、システム全体の
便益獲得に焦点を当てることで、基本的な実体の複合的な構成パターンを識別で

きる必要があるだろう。ヘルビングの世界では、それを可能にするのが「モノの
インターネット」である。それにより、人間の行動のかなり重要な部分を決定す
るモノ同士の直接的なコミュニケーションが可能になり、人間に邪魔されずにモ
ノ自らが判断し、人間が短期作動記憶の限界によっていかなる時でも相互作用的
に関連づけることができない多くの次元を考慮に入れることが可能となる（第8
章）。

　彼の動的な（交通の）モデリング研究の非常に興味深い結論は、システムの構
成要素間の相互作用が強い場合、局所的な集合的便益の最適化は大規模な調整に
はつながらないようだということである。これは、システムの構造化には強い結
びつきよりも弱い結びつきの方が重要であるというグラノヴェッター（Mark S.
Granovetter 1973）の説を改めて述べたものである。そして、この結論は、前節で
述べたオストロムとその教え子たちが提案した社会規制に対する多中心的アプ
ローチ（Ostrom 1990 ; Ostrom et al. 1994）を補強すると同時に、過度に一貫性（hyper-
coherent）を持つシステムの不安定性を指摘し、コミュニティの価値の次元を強く
下げすぎると強い社会的不安定性を生むというポランニーらの議論（第18章）
を補強するものとなっている。

　このような一般的なアプローチは、個人と集団の利益のバランスを、しばしば
後者に有利になるように集団的にとるという人間の傾向について、非常に興味深
く、また議論の分かれる問題を提起する。この議論に立ち入るつもりはないが、
興味深い点をいくつか指摘したい。

　まず、ヘルビングのシミュレーションによると、開かれた空間やネットワーク
では、(1) 協力を好む人、(2) 協力を避ける人（「フリーライダー」）、(3) 避ける
人に制裁を加える人、(4) 避ける人に制裁を加えない人、の間でランダムな相互
作用が起こる場合、コモンズの悲劇（個人の行動が集団の利益を損なうこと）が容
易に起こるが、社会的ネットワークの限られた空間やクラスター内では、逆にコ
モンズの利益が優先されることがわかった。

　もう一つの興味深い結果は、個人が異なるネットワーク間を移動することが可
能な場合、集団の空間的組織化の際に協力的なクラスターが出現することにつな
がるということである。なぜなら、個人の行動は周囲の行動によって決定される
ためである。このように、人が自由に動き回れるようになると、個人が集団の中
で効果的に統合され、協力関係が促進される。

もちろん、これらはいくつかのモデル化の結果であり、まだ精査されていないため、現時点では仮説として捉えておくべきである。しかし、これらの結果を、第 11 章で述べたパーコレーション理論(percolation theory)による社会的ネットワークの出現に関する結果と結びつけることは興味深い。これらの結果を合わせてみると、ネットワークの規模が大きくなるにつれ、協力の度合いには限界があることを示唆しているようである。

　これらの結果と、コモンプール資源の管理に関するエリノア・オストロムの研究結果(Ostrom et al. 1994)に基づき、ヘルビングは、自己組織化社会のボトムアップ的な調整は実際に可能であり、トップダウン的にそうした社会を管理するより(彼の目から見れば) 望ましいと結論づけている。しかし、集団が大きくなりすぎて、多すぎるランダムな参加者との相互作用が生じるとき、集団内の協力が減少に変わる転換点が訪れる。

　ヘルビングは著書の残りの部分で、このようなボトムアップの協調システムの安定性と範囲を向上させるための多くの特性や展開について説明している。本書の第 18 章では、ヘルビングでなく私自身の考えに基づいて、最も重要性が高いと思われることを紹介した。ここでは、トップダウン方式の制御システムよりも、ボトムアップ方式の自己組織化システムの方が、ICT に基づく手段をより現実的に統合できるという一般的な結論に私は関心を持つ。何度言っても言い足りないが、われわれの目的のためには、社会がある種のレジリエントな未来を実現するために、現在進行中の大規模な ICT 企業主導のトップダウンではなく、よりバランスの取れた発展を遂げるためのボトムアップのアプローチを積極的に推進しなければならないということを意味している。

7 新しい世界：ICT 革命は社会にどのような影響を与えるのか？

　2016 年、MIT メディアラボ所長 (伊藤) と彼の同僚の一人 (ハウ [Howe]) は、私の知る限り、初のインサイドストーリーを出版した。それは、私のような非技術者向けに書かれたものであり、内容は、ICT 革命が現在推進し、課している基本的な認知的、知的、社会的、実用的な変化についてである (Ito & Howe 2016)。明らかに、これは ICT 革命が止められないものであり、その進展が世界を変革

するという観点から論じられたものである。その仮定は、理論上、われわれの社会にとって真実である必要も、肯定的である必要もないということを、私は第 19 章で論じた。しかし、今のところ、彼らの仮定は確かに興味深いものであり、したがって、私は、彼らが明らかにした九つの異なる緊張分野に沿って、彼らの視点を批判的に検討することで、本章を締めくくることにした。

創発と権威

　第 6 章で私は、過去と現在の起源に関する事後的で直線的な視点を、多次元空間における現在の出現に焦点を当てた先験的な視点で補完する必要があることを論じた。伊藤とハウはこれを議論の出発点としている。しかし、そこに彼らは重要な要素を追加する。それは、直線的な視点が、ユダヤ・キリスト教の伝統に深く根ざしたヒエラルキーの（階層的な）世界観に支えられているという事実である。つまり、われわれは、宗教的権威によって設計され、規定された人生を送ることになっているし、現代においても、突き詰めるとその権威から派生した倫理に支えられている。彼らが書いている新しいアプローチは、ICT 革命に根ざした、あるいは ICT 革命を強く支持したものであり、これまで社会の発展方法を決めてきた少数者の意見を、多数者の意見が補完し、場合によっては覆すことを可能にするものである。これまでの少数者による情報処理主導の世界から、これまでの社会よりもはるかに大きな情報量に対応できる集団的な情報処理の世界へ、転換点を超えて足を踏み入れているのである。つまり、現在進行している移行は、この半世紀の間に急増した世界人口に対して、集合的な情報処理の手段が不十分であったことの結果であると考えられる。伊藤とハウは、このままでは人類は 1 つの（あるいは複数の）メタ生物に発展すると主張しているが、これは第 11 章で述べたパーコレーション・アプローチが進展した段階である。

　伊藤とハウ（Ito & Howe 2016, 37）は、このような新しい形の集団的情報処理を「創発的民主主義（emergent democracy）」と呼び、最終的には現在われわれが（代表）民主主義と呼んでいるものに取って代わるだろうと予想している。第 18 章で私はこのプロセスの始まりを示唆した。政治家が選挙民に直接働きかけるという文脈では、政党（と代表）の伝統的な役割はもはや必要ない。これは、社会の中で、他者が入手できる情報を制御することによって、特定の行動や意思決定を他者に完全に押し付けることのできた個人や小集団はこれまで一切存在しないと

いう事実に基づいている。現在の情報処理体制では、このような方法は以前にも増して非現実的である。むしろ、「創発的民主主義」（あるいは「創発による民主主義」と言った方がいいかもしれない）においては、集団の行動はその構成員全員の相互作用から生まれる。

　個人がもつ支配力（power over）は、社会全体の集団的支配力（power to）に取って代わられる（Foucault 1983 を参照）。このような創発システムは、集団内のすべての個人が、集団に便益をもたらす固有の知性を持っていることを前提とする。

　その集合知を束ねる過程で、はるかに広い価値空間とイノベーション空間が開かれる。伊藤とハウは、ブリタニカ百科事典（Encyclopedia Britannica）とウィキペディアの対比を、この種の移行の好例として紹介しており、これは多くの生物学的システムでも広く裏付けされている。ウィキペディアのような情報処理手段は、情報をそのエネルギー的、物質的な基盤から（ほぼ完全に）分離し、イノベーションの処理コストが大幅に削減されることによって可能になる。

プルとプッシュ

　ガバナンスや（より広く）発想の実体化に対するわれわれのヒエラルキー的（権威主義的）アプローチの一部は、発想がヒエラルキーの最上位から現実世界にぶつかるレベルまで「プッシュダウン（push down）」するという事実がある。*Whiplash*（2016, 第 2 章, 61-81）のなかで著者らは「プル（pull）」の重要性を主張している。つまり、発想が下から上に向かって出てくるようにすることを意味する。このテーマでその著者らはジョン・シーリー・ブラウン（John Seely Brown）ら（Brown et al. 2012）の研究をかなり参照しているが、福島の地震に対して、さまざまなスキルを持った人々の世界的なネットワークが、ビジネス界（災害の責任の多くの部分を負う東京電力）や日本政府よりもはるかに速く、効率的に対応したことを例に挙げている。

　この発想の本質は、この最後の事例から直接導かれるものである。すなわち、広い世界には、どんな単一の組織よりも多くの発想があり、これらの発想を動員することは、従来のヒエラルキー的なアプローチやその他の組織的なアプローチよりも、出来事に対応するためのより効果的な方法である。より柔軟性があり、投資も少なくて済み、はるかに幅広い事象に対応でき、何よりも予測された事象や対応に限定されることなく、その時々の真の必要性に適応することができる。

必要な時にだけ適時的に資源を動員し、必要なくなれば手放す。第 16 章では、産業革命とエネルギー費用削減の影響を受けて、現在の社会では、発明とイノベーションが大幅に加速され、その過程で、市場がイノベーションの需要を生み出し、それに応える速度も高まっていることを私は（第 16 章で）論じた。このような展開の原動力となっている複雑な動態が、現在の資源から廃棄物までという社会（re-source-to-waste societies）と持続可能性の難問を生み出している。伊藤とハウが主張するように、必要性に基づくイノベーションに回帰することは、地球の持続可能性に向けた大きな一歩になるというのが私の考えである。

　アプローチにおけるこの変化のもう一つの側面は動機に関わるものである。現在の西側のシステムでは、動機は金銭的な報酬と強く結びつけられているが、多くの人にとってそれだけが動機ではない。ウィキペディア、ツイッター、ビットコインなどのインターネット上のオープンソース運動（Open Source movement）や、NGO の活動などは、人々が行為の実績や広い意味での集団的な目標への貢献によって満たされる個人的なアイデンティティを求めているという事実に基づいている。その意味で、「プッシュよりプル（pull over push）」が示すように、多くの人の努力を束ねて一つの成果を生み出すことは、イノベーションの非常に強力な推進力となる。このことは、最近のクラウドファンディングやクラウドソーシングが、サイバー空間で起こっているイノベーションを強化する大きな動きとして登場していることからもわかる。*Whiplash* の著者はこう結論づけている。

　　イノベーションの費用が下がり続けると、これまで権力者から見放されていたコミュニティのすべてが自ら考えるようになり組織化され、社会や政府に積極的に参加するようになる。創発的イノベーションの文化によって、誰もがお互いに、そして世界の他の部分に対して所有感と責任感の両方を感じることができるようになり、政策や法律を決める権力者よりも持続的な変化を生み出す力を得ることができるようになる。(Ito & Howe 2016, 71)

　その過程で、グラノヴェッター（Granovetter 1973）が述べているように、友人よりも知人の方が重要な役割を果たすことが多くある。しかし、それを可能にするためには、そのような弱い絆を多く持つネットワークを作ることと、そのようなネットワークを有効に活用できるような場面に応答可能な展望をもつことの両

方を組み合わせる必要がある。

コンパスと地図

　イノベーションは基本的に制限なく（open ended）、存在論的に不確実なものである。新しいものごとの出現は、新規性のアトラクターと新しい次元の認識や行動との動的な関わり合いがあるため、結果がどうなるかわからない。したがって、伊藤とハウは、詳細なロードマップは、人が進むべき方向を示すコンパスほど価値はないと述べている。コンパスは、進むべき方向示してくれるが、革新的な軌道の経路や終点を固定しない。彼らの表現によると以下のとおりである。

> 地図は、地形の詳細な知識と、（既知の）最適な経路を示す。コンパスはそれよりはるかに柔軟な道具であり、使用者は自分の道を見つけるために創造性と自律性を発揮する必要がある。地図を捨ててコンパスを使うという決断は、予測不可能な世界がますます速く変化する中で、詳細な地図によって、不必要に高い代償を払って、森の奥深くに導かれてしまうかもしれないという認識の上になされる。（Ito & Howe 2016, 89）

ビジネス界では、学術界と同様に、この違いは展望と計画の違いとして語られることが多い。展望とは、自分の努力がどこにつながっていくのかという長期的な全体像であり、計画とは、特定の目標を達成するための固定的な方法である。どちらも有用だが、目標が新規性の創出であり、手段が不確実な未来に対処するために多くの人のアイデアを束ねることである場合、取り組みの指針として展望のほうが計画より役立つ。なぜなら、展望は価値観を直接反映しており、計画よりも優れた、より本質的な、より柔軟なコンパスとなるからである。
　これは、「探査（exploration）」と「抽出的利用（exploitation）」の違いとしても表現できる。システムや人々は、この両方の能力を持っていることが不可欠である。しかし、現在の社会では、基本的には抽出的利用が中心となっている（石油産業では、同じ資源を継続的に利用する可能性を生み出すための大規模な探査活動も含まれる）。学術界、政府、企業は、本質的に（そしてますます）、既知の資源、技術、価値、知識を利用する新しい方法を見つけることに集中している。これは、第16章で大きく触れた「価値空間の閉鎖」の意味するところの一つである。真の探査

は、MIT メディアラボや、グーグルなどの企業、さらには多くの小規模なスタートアップ企業など、社会の片隅でのみ行われている。その意味で、実験とイノベーションの主要な領域として芸術を見ることは的確である。

第 6 章では、未来を考えるためには、考える次元の数を増やす必要があると述べた。固定された終点（事後［ex post］）から推論を始めるのではなく、時間の矢を使って、新規性の創出に焦点を当てながら、事前に（ex ante）推論を始めるべきである。

複数の次元の間で同時に生じる相互作用を想像することは、口頭や文字という（線形の）方法では困難だが、画像や他の形態のアートを使えばはるかに容易である。それゆえ、科学者がこのような創発的な視点を身につけるためには、芸術が不可欠だと思う。

さらに、科学者として私たちは、自らの考えを、科学の外の世界に伝えることが苦手である。持続可能性科学は 30 年前から破滅を予言してきたが、連帯的な行動はほとんどまだ起こされていない。これは、私たちが一般の人々の関わりを生み出してこなかったことも一因だと思う。科学者として、私たちは人々に対して語っていたにすぎず、人々と相互交流していなかった。今や急務なのは、全般的な考え方の変化の推進であり、そうしないと惨状を回避できない。そのためには、理解しやすいメッセージが必要である。それは、価値観に訴えかける言説である場合もあれば、芸術である場合もある。

伊藤とハウが提案するように「アニマルスピリッツ（animal spirits：野心的な意欲）を解放する」（Keynes 1936, 161-162）ことの結果として、私たちの社会は価値空間の次元性を大幅に高め、それによって建設的で環境に配慮した方法で方向転換できるようになるだろう。このような次元の拡大がなければ、その方向転換は不可能に見える。なぜなら、現在のシステムの経路依存性が、過度に一貫性の高い（hypercoherence）状況を作り出しているからであり、現在の方向性を変える判断を非常に困難にしている。

そして、このことが、本書の中で私が何度も提起していることに再びつながる。すなわち、教育システムを抜本的に変え、教えることよりも学ぶことを重視する必要がある。教育の専門家には、話し方より聞き方を学び、自分の考えを押し付けるのではなく、生徒（そして広く一般の人々）の意見を尊重することが求められる。手始めとして、クラスの中で意見の多様性を認め、あるいはそれを創り出

し、希求したことを達成するためには常に代替案や異なる方法があるという考え
を促すということである。

　コンピューターを使えば、人間は、個人でも集団でも、人間の頭脳が扱うこと
ができるよりもはるかに複雑な発想やモデルを扱うことができる、というのが、
伊藤とハウが展開する核となる考え方の一つである。この能力は、社会の価値空
間の次元をさらに高め、社会が開発できる、思考と行動のための手段の範囲を広
げる。コンピューターは、人間の指示を地図通りに実行する道具として機能する
のではなく、コンパスを頼りに新しい道を切り開いていくための、人間と相互作
用するパートナーになることができる。そのように考えると、Scratch のような
プログラムの（大きな）影響力を見ることができる。Scratch は、「小さな子供た
ちにコードを教えるのではなく、学ぶためにコードに導く」(Siegel 2016, Ito & Howe
2016, 106 で引用)。

リスクと安全性

　第 12 章では、現在の社会は、安定を前提とし、そのうえで変化を学んだり起
こしたりする傾向があることを論じた。このアプローチを唯一の視点として採用
する（アリストテレスに倣って）のではなく、変化は自然界に遍在し、安定は人間
が（一時的に）強いているものであるというヘラクレス的なアプローチで補完す
べきであると私は考える。つまり、すべての社会環境的な相互作用に関与してい
る複雑な調節力学を理解するには、両方のアプローチが必要なのである。このよ
うな相互作用は、一般的に断続平衡的な動態をたどるからである。

　このような変化には、リスクとリスク認知が重要な役割を果たす。私はアトラ
ン（Atlan 1992）に倣い、社会に見られるリスク回避の傾向は、人間の認知システ
ムの限界によるものだと考えてきた。人間の情報処理は、静観することによる発
想の過小決定と、過去の経験による過大決定に偏っている。伊藤とハウは、ICT
革命がそれを変えつつあると主張している。彼らは、安定を前提とした認識を好
むか、変化を前提とした認識を好むかの根底には、異なるリスク計算があるとし、
ICT 革命がわれわれの社会のリスク計算を変えたと述べている（Ito & Howe 2016,
116)。彼らの主張は次のようなものである。例えば、新しい製品を市場に出すた
めには、大規模な総合企業がその製品を製造する必要があり、高い費用がかかる
ため、リスクよりも安全性を優先して、より慎重に行動するのが理にかなってい

る。しかし、ICT 革命によってイノベーションの費用が大幅に削減されると、そうするのではなく、効果的なサプライチェーンを迅速に構築して生産を外注（out-source）し、速度で競争に勝つ方が理にかなっている。したがって、ICT 革命は、急速な変化、リスクを取ること、そして非常に身軽でしばしば一時的な組織を活用・開発することを好む。

　どのようなリスクも、物質的、社会的な投資と、それに伴う不確実性に依存していることは明らかであり、投資が少なければリスクも小さくなる。認知的、社会的、および／または物質的な構造への投資が大きければ大きいほど、取るリスクは大きくなり、保守的な傾向が強くなる。一方、投資額が少なければ、リスクも小さくなり、リスクを取って変化することを好むようになる。重要な意味合いとして、われわれは変化を課題として捉えるのではなく、変化を規範として受け入れるという逆転の発想をしている。確かに、われわれは、利用可能な情報量が急速に増加し、奔放で加速的な変化を特徴とする時代に生きている。このような状況では、静観による過小評価と、過去に成功したルーティンによる過剰評価の双方の情報と知識の関係から生じる慣性を克服できるような知的で組織的な環境を作ることが好ましい。その風土こそが、MIT メディアラボの最も重要な資産である。

　伊藤とハウのリスク計算に関する議論を私は受け入れるが、少なくとも現時点では、ビッグデータ革命への対応が大きく前進するまでは、アトランの議論は人類社会全体に有効であり、したがって、既存の軌道を継続することへの長期的な偏向がかかっていると考えている。そこで問題になるのが、デイリーなどが主張するように、ある時点で社会は再び減速する必要があるのではないかということである。そうであれば、変化ではなく安定を課題とし、安定を志向し、ICT 主導の加速を遅らせる方法を見つけなければならない。今日の新自由主義的な資本主義システムでは、このようなことはあり得ないことのように思えるが、私の中の歴史家は「歴史上、もっと劇的な変化を見てきた」と言っている。

不服従と遵守

　伊藤とハウは、その著書（Ito & Howe 2016）の第 5 章の冒頭で、クーン（Thomas Samuel Kuhn）の *Structure of Scientific Revolutions* （1962）（『科学革命の構造』）を参照し、アプローチの根本的な変化（いわゆるパラダイムチェンジ）は、科学的、市民

的、文化的、法律的のいずれであるかを問わず、人々がそのコミュニティのルールに従わないことが原因であることをクーンに異議を唱える形で論じている。彼らはこのことを、ビジネス、産業、研究といったそれぞれの領域での例を用いて幅広く説明している。ICT革命は現在、確かにイノベーションと破壊に重点を置き、ルールに従わない環境を作り出している。しかし面白いことに、その15年後、クーンは *The Essential Tension* (1977)（『科学革命における本質的緊張』）を出版し、いくつかのエッセイの形で、不服従と遵守の相補性を強調している。どちらか一方だけでは存在し得ない。社会にとって不服従が基本である場合もあれば、遵守が基本である場合もある。レジリエンス・アライアンス（Resilience Alliance）のレムニスケート（lemniscate：連珠系）（第5章）は、情報やエネルギーの流れが社会環境構造の中でこれ以上拡大できないところまで到達すると、システムが分解し、はるかに小さな要素に分かれて、さまざまな組織形態を試し始める段階が発生するという事実を指摘することで、このことを象徴づけている。私は別のところで、レジリエンス・サイクルにおける拡大化と断片化の段階の移行を、システムの初期の決定に起因する意図しない結果の爆発と結びつけた（第15章）。しかし、どのような説明を好もうとも、社会環境システムは、時間の経過とともに、探査と断片化の段階を経て（再）構造化され、少なくともしばらくの間は、安定に向かう傾向がある（Monod 1971を参照）。第10章では、このような観点から西オランダの歴史を紹介した。このように、現在は「不服従」が特に評価される時代に移行しているという伊藤とハウの意見には賛成だが、考古学者であり歴史家でもある私の長期的な視点からすると、ICT革命がそのパターンを根本的に変えない限り、時間の経過とともに、現在遭遇している圧倒的な量の新しいデータや新しい情報処理方法に対処する方法を社会が再び見つけ出し、しばらくの間は安定した新しい情報処理構造を形成していくのではないかと私は考えている。それがどのようなものかは想像に難くなく、おそらく人間と電子の情報処理がより緊密に融合したものになるだろう。

　とはいえ、私たちの軌道上では、「アニマルスピリッツ」を解放することが基本であることに同意する。そうすることに対する、最も重要な制度的障害は、ドルトン（Dalton）やモンテッソーリ（Montessori）のように、教えることよりも学ぶことを重視する例外を除けば、おそらく先進国や多くの開発途上国における現在の教育システムではないだろうか。最初から最後まで、つまり幼稚園から成人

教育まで、教育の領域において、私たちは世界に多くある別の学習方法をより上手く利用する必要がある。人間の情報処理を電子的なものと同調させる大規模な取り組みが必要である。子供たちは幼い頃から、社会性と学習能力の発達という、互いに直角に交わる二つの目的のために集められる。教師たちは、子どもたちの思考の自然な多様性を減少させるような、外部から導き出された一連の価値観（「真理」）を中心に子どもたちを社会化することによって、この二つの目標を実現することがほとんどであり、創造性よりも適合性を優先させることになる。子どもたちが小学校に入学すると、テストや試験がその適合プロセスを継続する。これは、比較的安定した時代には適しているが、現代の ICT 革命には適応していない。人生の後半になると、先進国のほとんどの場所では、キャリア構造が適合への圧力を効果的に維持する。

　このような状況を変えるためには、どのような状況でも常に別の可能性があることを強調し、学習者が意思決定をする前にそれらを探り、比較するよう促すべきである。インフォーマル・ラーニング（非公式な学習）が世界の至る所で行われているが、それがこのことを達成するための重要な基盤となる。そして、そのことを公的教育機関は十分に認識していない[*12]。フォーマル・ラーニング（公式な学習）とインフォーマル・ラーニングをより密接に結びつけることで、現在主に正規の教育を受けている人も、そのような訓練を受けずに実生活の中で自分自身を教育してきた人も、世界中の何百万人もの経験を一気に豊かなものにすることができる。現在行われている KLASICA プロジェクト（https : //klasica.org/about-us/）は、その方向性を目指す重要な取り組みである。

実践と理論

　伊藤とハウ（Ito & Howe 2016）の第 6 章は、本質的には、読書やその他の方法によって理論を通じて学ぶより、実践しながら学ぶ方がよいとする議論である。

　　理論よりも実践を優先するということは、変化が新たな普遍となり高速化した未来においては、行動して即興的に対応するよりも、待機して計画する方が高いコストがかかることが多いということを認識することを意味する。(Ito & Howe 2016, 158)

もちろん、それは失敗の可能性を高めることになるが、最近では失敗をそのように考えるのではなく、失敗を学習の機会と見なす傾向がある。かつて失敗が持っていた負の印象を取り除き、それを学習や実験に置き換えることで、どちらも肯定的な意味合いを持つようになる。

　伊藤とハウ（Ito & Howe 2016）のこの章は、私が本書の他のところで概説した多くの前提と一致する。第 12 章において強調したかったのは、理論に関して縮小された次元性とは反する、現象や物事の高次元の多解釈可能性（polyinterpretability）である。

　理論的に学ぶことは、現実の次元の一部のみに関係するのがせいぜいなので、現実を構成する複雑な関係性のパターンを理解するには効果的でない。

　この章はまた、メディアやコンピューターゲームによって現実世界からますます遠ざかっているという問題を扱った本書の第 17 章の節とも関連しており、最終的には、現実と実践が知識に完全に投影されることはなく、実践との相互作用によって知識が強化されるという、社会環境的な共進化を推進する認知的な動態の核心とも関連している（第 9 章）。

　これまであまり強調してこなかった、実践しながら学ぶことの非常に重要な点は、学んでいる対象をより広い文脈の中で位置づける関係性のパターンを見抜く力を鍛えることである。科学的な理論を構築する際によく見られるように、観測された現象の次元のうち、少数ではなく、すべてを「ノイズ」として排除することによって明瞭にするのではなく、実践しながら学ぶことによって、まず、現実の世界に現れている現象間の多次元的な関係パターンを観測し、そして、西洋の科学的アプローチのように観測や思考の中で実体を分離するのではなく、それらの観測に基づいて理解を深めていくように導く。物事を複雑な関係性のパターンとして捉える能力を鍛えることは、ICT 革命に対応するのに必要な力学という観点からも貴重である。伊藤とハウが強調する多次元的な「プッシュよりもプル」の姿勢や、次の段落で取り上げる「能力よりも多様性」、「強さよりも回復力（レジリエンス）」、「モノよりもシステム」を重視する考え方を自然に身につけることができるのは、この関係性の視点からである。

多様性と能力

　現在、科学やビジネスなどにおける私たちの社会構造の多くは、人の能力を評

価することで成り立っている。イノベーションを起こした人にはノーベル賞など
の賞を与えるが、その賞には、その人が最も知的で、最も優れた業績を上げ、最
も難しいテーマにもうまく対処できる人であるというようなラベルを貼ってい
る。報酬は能力に基づくものであり、社会的評価も同様である。だからこそ、ビ
ジネスでも芸術でも学問でも、社会のさまざまな領域で個人の役割が強調されて
いる。

　伊藤とハウ（Ito & Howe 2016）は、その第 7 章において全く異なる考え方を提
案する。彼らの主張によれば、ある人が持つ発想や能力がどのようなものであっ
ても、その評価は大部分においてその人が機能するネットワークによって決定さ
れる。

　インターネット社会における秘密保持の難しさがもたらしている議論として、
個人やチームが長期にわたって他者と交流し、その成果に貢献したことを考慮せ
ずに、知的財産権を付与することの妥当性がある。伊藤とハウによれば、ひとた
び関係性の観点を採り入れ、チームワークを重視し、人々が機能しているネット
ワークにおける全員の行動やアイデアの貢献を重視し、また、個人的な利益のた
めに情報をため込むのではなく、集団的な利益のために情報を広めれば、個人の
能力よりも、この取り組みの参加者の多様性のほうが重要になる。これは、ネッ
トワーク・アプローチが、本質的に、コミュニティが機能するために必要な、思
考と行動に対する高度に多次元的なアプローチを重視していることの直接的な示
唆である。このアプローチの基本は、個人はそれぞれ独自の考え方を身につけて
おり、それぞれの多様な考えを（ボトムアップで）まとめるほうが、特殊な能力
を持っていると思われる少数の選ばれた人に頼るよりも、成功を保証するための、
より効果的な方法である、というものである。ICT 分野では、このアプローチが
クラウドソーシングやクラウドファンディングの導入の成功につながっている。
科学分野では、微生物学の例がある（FoldIt の実験では、科学者やコンピューターが
避けていた課題を解決するために、ゲーミング・コミュニティに参加を求めた）。また、
クラウドファンディングでは、多くのスタートアップ企業が、ベンチャーキャピ
タルに依存したり、一人またはごく少数の個人や企業からの支援を受けたりする
のではなく、多くの参加者からそれぞれ少額の寄付を募って最初の資金を集める
ことを好むようになっている。

　ICT 革命は、多くの個人がそれぞれの能力と希望に基づいて、集団的な努力に

貢献し、その結果を共有できる可能性を開いてきた。それは、アイデアを活用するための強力な手段であると同時に、一部の個人に富を蓄積させるのではなく、富を拡散させる手段でもあることを示してきた。それゆえこれは、私の考えでは、私たちの価値空間を単一の最小公分母（single lowest common denominator）（富）に縮小したこと —— これはグローバリゼーションの結果であるとおもわれる —— に対する、非常に興味深い解毒剤になり得るかもしれない。人々の自立性を維持しつつも、彼らのアイデンティティに報い、興味と創造性を刺激し、参加することに対して単なる富とは全く異なる報酬を加えるものである。また、グローバル社会を覆っている貧富の格差も解消される可能性がある。これは、グラノヴェッター（Granovetter 1973）の弱い絆の重要性に関する理論の好例である。その結果、

> 才能をタスクに適合させる最善の方法は（中略）最高の学位を持つ人たちに最も困難な仕事を割り当てることではなく、むしろ何千人もの人々の行動を観察し、そのタスクが必要とする認知スキルに対して最大の適性を示す人々を特定することである。（Ito & How 2016, 179）

回復力と強さ

伊藤とハウ（Ito & Howe 2016）の第 8 章では、コミュニティの価値空間を開くことこそが、コミュニティの一貫性と回復力（レジリエンス）に貢献すると論じている。価値空間の次元が高ければ高いほど、社会に対する負の影響を吸収して跳ね返す方法の可能性がより広がる。強力な組織を構築することは、比較的安定したシステムの中で生き残るためには非常に効果的な方法だったが、変化の激しい現在のシステムでは、柔軟性の方がより効果的な生存戦略となっている。それは、ICT 革命の結果、変化に必要な費用が大幅に削減されたことで促進されたと、伊藤とハウは主張している。急速な変化は、たとえそれが損失を伴うものであっても、企業を沈没させるのではなく、克服できるということである。

この議論は、彼らが第 4 章で提示している、安全よりリスク（risk over safety）という議論と密接に関連しているが、このことを通じて、ICT 革命をきっかけとした考え方の変化というもう一つの側面に注目することができる。それは、企業の将来を考える際に、事後的（a posteriori）な視点に基づいて継続性を追求するやり方から、将来のプロジェクトを複数（そのうちの相当数は確実に失敗するが、い

くつかは成功するかもしれない）生み出すことによって、いくつもの潜在的な事前的（a priori）な視点を形成するやり方への移行である。その過程では、フィードフォワード（予見）と既成概念にとらわれない発想が、偏在するフィードバックの考え方と並んで、重要な役割を果たすようになり、結果的に変化への道が開かれる。このような視点の変化の重要性を私は第 6 章で述べた。

システムとモノ

　この見出しの下、伊藤とハウ（Ito & Howe 2016, chapter 9, 214-231）は、彼らの初期の話題の一つであった、主題と実在物に向けて焦点の絞られた視点と、文脈と関係性に基づく視点との区別に、別の角度から戻り、（西洋の経験的伝統のように）その複雑さをより単純な個別要素に分解するのではなく、複雑な実生活のパターンを最初から高次元で把握することの重要性を強調し、こうして得られた理解が複雑な現象全体への洞察を提供することを期待している。

　ここで議論されるのは、視点そのものではなく、その結果である。彼らは、複雑なシステムのすべての構成要素を発見する必要があるような、難解な問題（困難あるいは厄介な［hairy or wicked problems］問題と呼ばれることもある）を解決しようとする際の問題点に注目している（第 2 章）。非常に重要なのは、

　　分野横断的な（inter-disciplinary）アプローチと、脱分野的な（anti-disciplinary）
　　アプローチの微妙だが信じられないほど重要な区別であり、（中略）それには、科学を完全に再構築したり、新しい分野を創造したり、学問分野を完全に排除したアプローチを開拓したりする必要がある—。（Ito & Howe 2016, 219）

このようなアプローチの基本的な特徴は、研究対象（objects of study）を設定しないこと、つまり現象を生きたままで研究すること、成果物でなく過程に焦点を当てること、西洋科学の還元主義的な傾向に反する高次元の概念化を用いること、研究対象のシステムをより大きなシステムの一部として重視することである。

　伊藤とハウは、デトロイトにおける適切な街路照明の設計を例にこのことを説明している。いかなるイノベーションも、それが組み込まれているシステムを変えることになると強調している（Ito & Howe 2016, 225）。したがって、あらゆる

イノベーションが、その一部となるべき社会環境システムと適合することを確実にするために、設計から共同設計へとシフトすべきなのである。

8 ｜ 本章の結び

　本章では、先行研究者の具体的な著作を選び出して、われわれの共通の未来に対して異なるアプローチが必要であることを述べ、それを実現する方法についてさまざまな著者の考えを概説することに努めた。本章の第 1 節の主な目的は、進むべき方向を決定する際に考慮しなければならない問いの種類を提起することだった。私の主な個人的な結論は以下の通りである。

a. 短期的にゼロ成長（zero-growth）や脱成長（degrowth）の方向性を達成できると期待するのは現実的ではない。その地点に到達する唯一の方法は、ゆっくりと、しかし確実に、われわれの現在（ひいては長期的な未来）をグリーン成長(green growth)へと方向転換させることである。 この成長は、全く異なる種類の成長で、非物質的でわれわれの価値空間の構造の根本的な変化に基づいている。

b. 経済規模や統治構造をさらにグローバル化しようとする努力(例えば、ICT活用により）は、アイデンティティやその他の問題にますます直面するようになると思われる。これらの問題は、繁栄し、高い回復力（レジリエンス）を持つコミュニティの創造と維持に必要な、高次元の価値体系とコミュニケーションの頻度の組み合わせを、大規模な集団が維持することの難しさに関連している。その結果、多中心主義の傾向が生じる。ガバナンスレベルの最上位者は、下位のレベルを尊重するあまり、多くの次元に対する制御を失う可能性が高い。欧州連合（EU）では、これが補完性（subsidiary）の名のもとに進行している。アメリカでも、連邦政府から州政府への権限移譲が進みそうである。一方、中国では、地方が強い自治権を持つ半分権的な構造が続くと思われる。このような権限委譲により、最終的には（大）都市が最もまとまりのある統治単位となるかもしれない。

c. ICT と社会の共進化がどのように進展し、その持続可能性に影響を与えるのか、誰も確実に予測することはできない。両者に大きな変革が起こることは確実である。一つだけ明らかなことは、ICT 革命が、われわれが関係するいくつかの大きな問題に対処するのに役立つ重要な可能性があるということである。しかし、そのために最低限必要なのは、(1) 関係する社会全体の力学をより深く理解すること、(2) ICT 開発を政治的、技術的に制御すること、(3) 人間と電子情報処理の統合を進めること、(4) 大学や研究機関を含む教育システムとそのカリキュラムを全面的に再構築し、個別学問分野に基づく構造からの脱却を推進すること、である。このような取り組みのいくつかは、そこから始めなければならないし、始めることができる。

d. 最後に、同じく重要なこととして、現在の持続可能性科学の研究者の責務として、持続可能性という難問が、環境問題ではなく、社会問題であることをいよいよ認めることである（Dyer 2009 を参照）。社会科学者がその先頭に立ち、温室効果ガスだけでなく、社会環境システムの力学とその共進化を考慮に入れながら、現在の持続可能性問題へのアプローチを再概念化すべきである。

原著注

＊1　アラン・アトキソン（Alan AtKisson）は、興味深いことに、工業時代のスウェーデン社会の価値観は、*lagom är bäst* —— 概訳すると「十分あればそれが最善」—— という概念を中心に構築された部分があるということに私の注意を向けてくれた。*Lagom* という概念はスウェーデン社会に比較的特有のもので、「最適な量」を意味する。すなわち、過剰と過少の間の均衡点である。

＊2　狂気じみた厳密さの例として、「牛を売る農民の行動を、変分法とラグランジュ乗数（Lagrangian multipliers）を用いて分析した」（Daly 1973, 3）を挙げている。

＊3　The World in 2050 は、GEC 研究に関わる科学モデリング学界の主要部門が現在取り組んでいるプロジェクトで、オーストリアのウィーン近郊にある国際応用システム分析研究所（International Institute for Applied Systems Analysis）、ストックホルム・レジリエンス・センター（Stockholm Resilience Center）、コロンビア大学の地球研究所（Earth Institute of Columbia University）が共同で研究を行なっている。その取り組みの最新の展望については、サックスら（Sachs et al. 2018）を参照。

＊4　そのため、アメリカの保守派からは、「持続可能性」は国連が地球上の生活を画一化しようとしているのではないかという怒りの声が上がっている。しかし、これは誤った解釈で

あり、SDGs に関する取り組みの実施には、さまざまな社会がそれぞれの方法で目標を実現するための十分な余地が残されている。

*5 政治的な観点から、一つの未来に焦点を当て、その実現のためにあらゆる力を結集するという論理は理解できる。しかし、私は、社会全体の力学による失敗のリスクが非常に重要であると考えている。そのため、社会的、文化的、歴史的、地域的な状況に応じて、類似する目標に向かって異なる軌道を見つけようとするほうが望ましく思える。

*6 www.iiasa.ac.at/web/home/research/twi/TWI2050_Report_web-071718.pdf を参照。透明性のために言うと、私も、より広い文脈で尽力するこのチームの一員として、報告書の第 2 章の調整執筆者を務めた。

*7 このような取り組みが、2012 年のリオ + 20（Rio + 20）に向けて、世界的に比較的大きな規模で行われた。私は人類学者として、このような取り組みが、実際のところ、対象となる人々の根本的な思考パターンにまで及んでいるのかどうか、疑問を感じずにはいられない。

*8 ラトゥーシュはここで、本来は京都議定書の下で国連が仲介するカーボンオフセットの購入に関連する厳密な専門用語を一般化している。

*9 ヘルビングはここで、「タイプ I とタイプ II」の判断について言及している。タイプ I は誤報のことで、タイプ II は必要な時に警報が出ないことである。0.0001% という非常に小さな誤差であっても、大勢の人が関わっていれば大きな影響を与える。ここにジレンマがある。現在の資源や技術では支えきれないほどの人口を抱えているにもかかわらず、イノベーションによって意図しない致命的な結果を招いている。私には、人口減少は免れないことのように思える。

*10 ヘルビングはここで、社会が経済を制御すべきであるという本書の立場とは逆に、経済による社会の制御という考え方を用いている。

*11 興味深いことに、彼本人は意識していないようだが、このことは、西洋で主流の実在物ではなく、認知パターンに焦点を当てた東洋的認識アプローチにより近づいている。

*12 オランダのライデン大学時代の恩師でプロの陶芸家であるヤン・カルスベーク（Jan Kalsbeek）は、正規の学校教育を、本質的には、子供たちが自然にそして直感的に知っていること、実践していることを一旦忘れさせようとするものだと考えていた。確かに一理あると私は思う。

第 21 章　結論

1 | 本書のメッセージは何か？

　本書の主要なメッセージは、複雑系アプローチ（Complex Systems approach）、情報理論と情報処理のダイナミクスへの焦点、そして、そして発明とイノベーションの長期的研究を、過去を引き合いに出して現在を説明するのではなく、過去から現在に至るシステムの軌跡を解明する、創発的で事前的な視点で、結びつける必要があるということである。この視点は、限られた数の次元で原因と結果について直線的な議論を提示する、現在の多くの科学が陥っている罠を回避する。われわれ人間もその一部である動的な社会環境システムは、言葉の真の意味で複雑系であり、そのような現象に適した理論的枠組みの中で研究されるべきである。したがって、私は本書全体を通して、幅広い科学分野で得られた情報を知的に融合する、より複雑で全体的な視点を養うことができる、そのようなアプローチを強調することに努めた。

　本書のもう一つの重要かつ包括的なメッセージは、われわれの持続可能性をめぐる難問は社会構造的な課題であり、環境的な課題ではないという事実である。われわれの社会が、CO_2 の排出から世界でまき散らされる廃棄物まで、現在の環境の悪化を生み出してきた。人間は、自分たちの環境であると考えるもの、自分たちが環境から何を取り出せて、何を環境に捨てられると思うもの、そして後には、環境問題と見なすものを定義してきた。人間は現在、その環境に与える影響を緩和することによって、これらの課題の解決策を見出そうとしているが、多くの場合（常にではないが）、対象となるダイナミクスのより根本的な分析がなされることがないため、多くの解決策は相対的に表面的なものにとどまっている。

　さらに、現在の科学の多くが専門分野に分化された還元主義的な性質であるため、さまざまな分野のアプローチを超越し、全体的な視角を発展させることができないまま、専門分野ごとに、課題と可能な解決策を検討しているのである。特に持続可能性は、かなり長い間、社会科学が全く貢献することなく、主に自然科学と生命科学によって調査、研究されてきた。近年になって社会科学は貢献を求められるようになったが、多くの場合、回答を求められた問いは、結局のところ自然科学と生命科学の観点から定義されたものであり、社会科学が独自の視点を発展させることを奨励するものではなかった。こうした状況は変わりつつあり、

特に持続可能性を、環境的な課題ではなく社会構造の課題として、したがって地球規模で起きている社会構造の、政治の、経済の、商業のダイナミクスの影響を受ける課題として定義することで、本書もこの変化に貢献したいと考えている。

　実際、資源の枯渇や汚染、あるいは（例えば世界の生物多様性の）破壊が大加速しているという社会構造的な視点を一旦採用すれば、もう一つの大加速がわれわれのレーダー画面に映し出される。それは、二世紀半を経て、物質とエネルギーの領域における、現在顕在化している技術革新の急速な増加であり、特に、情報処理の領域において目覚ましい。この大加速 —— 本書では情報通信技術（information and communications technology : ICT）革命と呼ぶ —— は、現在のわれわれの社会とその制度を急速かつ劇的に変化させるものであり、われわれが直面している環境問題とともにとらえ、調査する必要がある。なぜなら、環境問題に対処しなければならないのは、現在の社会とはまったく異なる未来の社会であるはずだからである。これが私の考えである。

　この ICT の加速を適切な観点から捉えるために、私はこのトピックに関する、さまざまな、あるいは少なくとも稀にしか用いられない視点を組み合わせることを論じてきた。これらには、現在の社会的、政治的状況における科学の役割の違いも含まれる。というのは、現状では科学は前世紀半ばに得た信頼の一部を失う危険性があるのである。この新しい科学に対する視点のもうひとつは、複雑適応系のアプローチ（Complex Adaptive Systems approach）を用いることである。このアプローチは、時間の矢に逆らって現在の起源を見る事後的な視点ではなく、われわれの社会と環境の歴史を先験的な視点から捉えるものであり、時間の経過とともに起こった、そして起きている変化の出現を探るものである。

　私はさらに、次の三つの理由から、社会環境システムの進化に対する長期的視点を適用しなければならないと論じてきた。第一に、自然と社会構造の両方に関するダイナミクスのいくつかは、非常に緩やかで認識するのに何千年もの時間が必要であるからである。第二に、そのような長期的な社会環境プロセスを短期的に見ることは、患者の健康だったときの様子を知らずに、重病の患者（われわれの地球システム）を診察するようなものである。第三に、そして重要なことであるが、長期的視点を取り入れなければ、「変化の変化」、つまり、時間とともに一次ダイナミクスを変化させる二次変化、を観測することができないからである。したがって、何世紀もの時間をかけなければ観測できない、重要な役割を果たす

一連の主な変革をもたらす原動力を見逃してしまうことになる。

　長期的でグローバルな超学際的な複雑系の視点を発展させることで、私は幅広い社会構造的現象の出現と衰退の、直接的な原因よりも、根本的な原因を探るようになった。過去と現在の小規模でローカルな狩猟採集民や部族社会から、今日の信じられないほどに複雑な地球的規模の社会に至るまで、非常に異なる社会環境システムにおける変化のダイナミクスを理解するのに実に役立つ理論モデルを定式化した。私は、地球上のすべての社会が常に情報社会であることに気づいたとき、それが究極の説明であること思い至った。というのは、情報は人類に知られている三つの基本的なモノ（basic commodities）のうち、社会の構成員の間で実際に共有できる唯一のものだからである。（他の二つである）エネルギーも物質もいずれも保存原理に従うので、共有することはできない。

　ゆえに、私は人間の社会構造としての進化を次に示すようなフィードバックループと考える。

> 問題解決によって知識が構造化する→知識が増えることで情報処理能力が高まる→その結果、新たな問題の認知が可能になる→新しい知識が生まれる→知識の創造はより多くの人々を対象とする→関係する集団の規模が大きくなり、その集約度が高まる→より多くの問題が生まれる→問題解決の必要性が高まる→問題解決によってより多くの知識が構造化する…など

　人類の進化の大部分にとって、このダイナミクスは、少なからぬ情報源を人間の脳の短期作動記憶（short-term working memory : STWM）の能力の限界よって物理的に制約されていた。しかし、大雑把に言えば、今から5万年前頃に人間の脳は、STWM が 7 ± 2 の情報源を処理できるまでに進化し、その結果、人間が対処できる課題の複雑さの度合いが比較的速く増していった。私はこれを思考と行動のためのツールの（比較的急速でかつ加速度的な）発達と表現した。これらのツールによって、人間社会は、思考、社会組織および環境をこれまで以上に複雑な方法で体系化できるようになった。

　このアプローチをさらに一歩進めるために、人間社会と環境との関係の発展に、私はプリゴジンの散逸流動構造（dissipative flow structures）の考え（Prigogine 1977）を適用して、その構造を集団や社会から外に向かう情報処理の（組織的な）能力

の流れが、社会の個人が身体的に発達することを可能にする物質とエネルギーの内に向かう流れに補完される動的な構造であると定義した。この過程において、そのような散逸的流動構造を駆動するフィードバックサイクルは、認識されていない環境（混沌）を認識された知識（情報処理能力）に変換する。

　このことを私は、二つの違う時間の尺度 —— まず、数百万年にわたる人間の認識と社会の共進化の長期の尺度、次に数万年、数千年、数百年の尺度 —— で人間の社会環境の進化をどのように理解できるかを示し、それから、特定の地域で数世紀にわたって起きている社会的、技術的、経済的変化の遷移に焦点を当てながら概説した。

　そこから再び理論に立ち返って、簡単なモデルを用いて、社会環境の進化は社会に内在する情報処理構造の変化によって引き起こされたものであり、主要な制度的変化につながるものであることを明らかにした。まず私は、組織科学者(organization scientist) によって開発されたさまざまな形態の情報処理制御構造についての考え方 ——（人類学では平等主義と呼ばれる）普遍的制御下における処理、（階層的とも呼ばれる）部分的な制御下における処理、および（ここでは市場主導と呼ばれる）中央制御によらない処理 —— を大いに参考にした。 長期的視点に立てば、これらの情報処理システム間の移行は特に興味深いものである。そこで私はこれら一般的な種類の構造間の移行を生じさせてきたかもしれない、そのシステムのアフォーダンスと制限のいくつかを検討した。初めに、私はパーコレーションという観点から検討し、人々の相互作用によって成長する情報伝達網（ネットワーク）に注目した。このようなネットワークは、接続性と双方向性（の活性化）の二つのパラメータによって決定される。これら双方のパラメータの比率の違いによって、システムはいくつかの状態になる。高度に局地的で一時的な相互作用から、局地的で永続的な相互作用へ、そして初期に局地化されていた地域を越える、より広域だが非常に可変的なネットワークの活性化へ、最終的には非常に広い地域で相互作用が影響しあうネットワークが突然出現するに至る。

　これが、さらに、移動する小規模社会、空間的に固定された小規模社会、非常に多様なより大きな社会、そして最終的には非常に大規模な （クラスター化した）社会の間の移行を分析する方法である可能性を議論した。もちろん、このモデルはかなり抽象的だが、人類の歴史を通じて起こってきた情報処理システムの状態移行のさらなる、より詳細な研究につながるという点で、注目に値する。このよ

うなさまざまな規模の社会の中で、情報処理組織のいくつかの特徴 —— 特に普遍的制御下、部分的制御下、あるいは無制御下における —— を観察することができる。そのようなシステムの特徴を、システム間のノードや結合部の性質とは関係なく、考察することで、階層的なシステムと市場主導のシステムの組み合わせ(すなわち、アクターが部分的な知識しか持たない、全体的な制御のないシステム)がどのように相互作用して、町のネットワークと解釈できるノードのクラスターを生成したかを概説することができる。したがって、考古学、歴史学、人類学によって判明している大きな社会構造の変化は、知識と理解の向上、したがって人間社会の情報処理のニーズと能力の拡大によるものであると考える一貫した議論を行うことができる。

　この情報処理の基本モデルから、発明とイノベーションが、認知、技術、制度、経済、および環境への影響において、われわれの社会の共進化を進めてきたものの核心であることがわかる。ゆえに、私は次に発明とイノベーションに対する私の見方を詳述し、特にわれわれの還元主義的科学が実のところ、発明とイノベーションの主たる特徴である、新しい現象の出現プロセスを扱うことができていないことを強調した。私は、発明はアイデアの領域（思考と行為のためのツール）と物理的な世界とその現象の領域との間の相互作用のプロセスであるとする議論を展開した。情報処理を重視する私の考え方に基づけば、現象と概念との関係についての伝統的な実証主義的概念を逆転させることになる。モノは多義的な解釈が可能であり、アイデアは時間的連続性と経路依存性を現象の認識に与える。思考と行為のためのツール、つまり物事を行う方法の基本的な概念構造は、たとえ細部が変更されたとしても、モノとテクノロジーよりも長く存続する。アイデアは、私たちが物事をどのように見るか、何を見るか、何を見ないかを決定する。発明はアイデアと現象が緊張関係にあるときに生じる。これは、獲得した知識とそれに共鳴する現実世界の観測との間の相互作用、現実の世界とそれに対する私たちの認識との間の相互作用に関する私たちの基本的な仮定に基づくからであり、ラオビヒラーとレンが論文 "Extended Evolution"（Laubichler & Renn 2015）で用いている、進化的制御機構とニッチとの相互作用の説明と同様である。以上のことを(伝統的な) 陶器製作の事例を挙げて、説明した。

　このアプローチが意味することの一つは文化的ダイナミクスの全体的な理解において、変化および変化の欠如に対する私たちの視点を変える必要もあるという

ことだ。現行の科学的実践において行われているように、安定を前提として変化を説明するのではなく、変化と安定（イノベーションとその欠如）の両方を同様の制御システムの二つの状態と捉え、技術的または文化的な伝統を、人々が抱いてきた思考や行為のためのツールによって定義されるものではなく、人々が考えたことのないことによって境界線が引かれた（区切られた）ものとして理解する必要がある。

　ここまでの要約してきた理論編の締めくくりに、私は、単純で、平等主義的で、農村的で、閉鎖的な村落社会を（原始の）都市ネットワークへ導いたと思われるさまざまな変遷の動的モデル（dynamical model）を、環境ダイナミクスの一時性（temporalities）がそれらと相互作用する社会のより速いダイナミクスによって、ゆっくりと、だが確実に、侵害され、圧倒されてきたことを強調しながら、精緻化した。かかる変遷はその時々において、これらの社会の構成員に、活性化ネットワークの拡散によってもたらされる新しいダイナミクスに参加するか否かという、明確な、事実上の選択を迫った。これは、二次ダイナミクスの重要性を強調することになった。二次ダイナミクスは、十分に長い期間の社会構造的変化を考慮すれば理解できるが、われわれのモデルが 1〜2 世紀間に限定されていることから考慮されないことが多いのである。一方で、これらの変遷の種類を、それ自体は内容中立的な数理モデルにおいて発生する分岐として実際にモデル化できることを示す役割も果たしている。

　本書の残りの部分はローマ帝国の時代から現在に至る西洋社会の共進化についてと、その共進化の現状が現在のグローバルな生活様式の存続にもたらす課題について、主に情報処理の観点から論じている。ヨーロッパの社会とその地球環境との長期的な共進化について、基本的に散逸流動構造の観点から捉えた、簡単で非常に概略的な要約から始める。この歴史が社会の継続的な漸進的進化ではなく、比較的途切れることのない、一見安定したダイナミクスの位相が、新規の資源、制度、アイデア、および社会構造に関するダイナミクスが出現する明確なティッピング・ポイント（tipping point）によって、入れ替わるプロセスであったことを強調している。これらのティッピング・ポイントそれぞれにおいて、われわれは、人口増加による環境利用の意図しない、予期せぬ結果によって、重大な程度にまで変化した環境に対処するために、既存の生活様式がその最適な有用性を失い、一つの時代が終わりを迎えたことを確認することができる。そのティッピング・

ポイントが環境あるいは社会構造のダイナミクスのどちらによって引き起こされたのかにかかわらず、社会は、既存の資源利用や従来の考え方ややり方から離れ、環境と相互作用し、社会自らを編成するための新しいアプローチを模索しなければならなかった。

　持続可能性と地球環境変化に関わる専門家の間では、しばらく前から、地球上でのわれわれの現在の生活様式の継続を脅かす重大な環境に関するティッピング・ポイントに近づいている、またはティッピング・ポイントに達していることを認識していたにもかかわらず、人口動態、保健、食料と水、経済、金融や他の分野において、われわれの社会をそのティッピング・ポイントに推し進める可能性のある、いくつかの付随する社会構造に関する傾向にはあまり注目してはこなかった。現在の窮状のいくつかの側面を、優劣をつけずにまとめて、分かりやすい方法で示したつもりである。これらの危機と表現されるものすべては、一つの、同じ二次ダイナミクス、すなわち、われわれの社会構造上の情報処理装置が、以前の（体系的であれ社会構造的であれ、無意識的であれ意識的であれなされた）決定の意図しない結果によって、対応できなくなってしまったという事実に起因すると私は考えている。

　われわれの身の周りで起きていることに対処するために必要な情報処理能力の欠如をより詳しく考察するために、私は現にわれわれが経験している加速の背後にある要因について議論を展開した。産業革命における化石エネルギーの発見と活用により、それまで社会に新たな発明の導入を制限していた主な制約、つまり、発明を実用化するために必要な高いエネルギーコストが取り除かれたように思われる。より多くの（化石）エネルギーが利用可能になるにつれて、西洋社会においてイノベーションが加速した。その過程で、それは社会、技術、経済と環境資源の開発の共進化の原因であると私が仮定した根本的な認知的フィードバックループに影響を及ぼした。その過程の初期にあたる 19 世紀半ばには、この加速はまた、社会と経済のバランスを逆転させた。経済（交換と商取引という形で）が社会に奉仕するものから、社会が経済に従属するものになり、現在の自由市場、資本主義的アプローチへと導いたのである。

　これまでのところ、社会における情報処理の速度は、社会が新規性に適応する必要によって制限されており、それには非常に多くの人々が関わっており、ネットワークの活性化が、19 世紀のほとんどの期間、対面と書面によるコミュニケー

ションに限定されていたために、そのような適応はまだ比較的緩やかだった。これが電気通信手段（電信、電話など）の導入によって変化し、最終的には情報の電子処理も含む幅広い発明が生み出された。それによってわれわれの社会の情報処理能力の速度と効率のさらなる飛躍的進歩を可能にし、そのコストを削減し、われわれが今、ICT 革命と呼ぶ発展への道を切り開き、社会における発明とイノベーションを大幅に加速させ、また同時に圧倒的な量の情報を生成している。この発展は、われわれ人間の空間と時間との関係を変えただけでなく、既存の社会構造的秩序を根本的に安定させてきた多くの社会構造的なプロセスにおける変化を加速させた。

　新たに生まれた重要なダイナミクスの一つは、情報処理に対する制御の完全な喪失である。20 世紀半ばまで主流だった情報伝達のヘテラルキーな様式における情報処理の制御が、どのような社会であれ、その構成員を一連の価値観や考え方、行動様式に、ある程度一致させていた。今日、世界中の誰もが誰とでもコミュニケーションを取ることができる。その結果、伝達されるさまざまな視点や価値が指数関数的に増加している。したがって、シグナルとノイズの境界は、国内的にも世界的にもある程度消えつつある。このことはかえって、ますます混乱が生じ、これまで、(1) 各国内で共有されてきた一連の価値観、(2) 異なる国民国家の間における内政不干渉、(3) 国家間または国家連合ブロック（blocks of nations）間の勢力の均衡に基づいていた先進国間の国家秩序や国際秩序が損なわれることになる。そして現在、こうした状況を、もう一つの真実（alternative truths）と国際的なサイバー戦争（cyber-warfare）の出現に見ることができる。

　このことの重要な側面は、グローバリゼーションの影響の下で、われわれの社会の「価値空間（value spaces）」（ある社会が価値を測る共有された次元の全体）の次元性が、単一の支配的な次元、すなわち、異なる文化や社会によって共有される最低の共通の分母（the lowest common denominator）である富に縮小されることである。この世界的な傾向は、社会内および社会間の富の格差を急速に加速させていると同時に、社会の構成員が自分のアイデンティティを確認できる方法の多様性を減らし、ポピュリストや過激派の運動が活発になり、今日多くの国で見られる社会内対立を引き起こしている。

　これらすべての結果としてわれわれが置かれている状況を示す興味深いモデルは、レジリエンス研究のアプローチを要約するレムニスケート（lemniscate）であ

る（第 5 章を参照）。エネルギーと情報の双方の流れが継続的に増加し、われわれの社会が程度の差はあれ軌道に乗った段階を経て、この二つの流れがもはや連動して成長しない段階に近づいているようである。その成長はもはや社会の構成員全体を巻き込まず、亀裂を生み、最終的には、最高位の世界的な組織が小さな組織に断片化するかもしれないところまで社会を追い込む可能性がある。

　この断片化を説明するために、私たちが観察できるいくつかのプロセスについて簡潔に（ここでも要約であるが）説明した。第一に、17 世紀半ば以降の、国民国家間の勢力の均衡と他国の内政不干渉を基本としてきたヨーロッパの政治秩序の崩壊である。次に、政党の最も重要な役割、つまり権力にある人々と権力基盤となる人々を結び付けることが社会的ネットワークによって奪われ、民主主義体制の機能に重要な影響をもたらしていることである。第三に、私が「体験のスペクタクル化（spectacularization of experience）」と呼んでいるものである。このプロセスは、当初はメディアの視聴の増加によって、そして最近ではコンピューターゲームに多くの時間を費やすことによって、多くの人々を徐々に、しかし確実に現実の体験から遠ざけている。「ビッグデータ」革命（"big data" revolution）の影響が四番目の事例である。一方で、それは非常に少数の組織に巨大な権力の集中をもたらし、そのほとんどは民間の手にあり、多かれ少なかれ集めた情報を望むように扱える。しかしその一方で、より詳細なデータの収集によって、保険、医療、農業など多くの領域で統計的アプローチから遠ざかり、きめ細かく適応した小規模な情報処理よりも「規模の経済」が優先される。ここでの問題は、これらのデータがすべての人の利益のために利用されることを保証する、政府による管理が存在しないことである。

　そして最後に、私は自動化、人工知能、そして特に機械学習の急速な出現に注目した。これらは明らかに —— もし、人間と機械の協働による問題解決を目指す方向性で一般教育のレベルを大幅に引き上げる解決策を適切な時期までに見つけられなければ —— 労働を基盤とするわれわれの社会に、将来のある時点で大混乱をもたらすだろう。深刻な失業者を生み出し、生産関連における労働者の交渉力を消滅させることになる。情報処理構造の根本的かつ加速度的な変化は、社会の適応速度を超える危険性を潜在的にはらんでおり、われわれは社会組織の根本的な変革に近づいている可能性が高い。その変化は、西洋社会の既存の価値空間やグローバリゼーションの軌道を辿っている各文化や国々との衝突のコース上にあ

るようだ。啓蒙主義の時代まで遡る世界の構造にしっかりと固定されたその価値空間は、2000 年以降に見られるような情報処理能力の増加に対処できるほどには実のところ進化していない。この傾向は最終的には、おそらく私たちの予想よりも早く、開発途上国に到達し、テクノロジーが急速に大きな影響を与えるだろう。しかし、その多くの地域、例えばサハラ以南のアフリカ、ラテンアメリカの農村部、アジアにおいて、人間の情報処理の局所的な様式は（幸いなことに？）依然としてこのような影響を食い止めている。

　未来を考える上で重要な問題は、技術的なイノベーションと社会構造上のイノベーションの現在の加速を減速する（あるいは停止する？）べきか、あるいはできるか、である。これには、私の意見では、エネルギーの利用可能性の低下やそのためのコストの大幅な上昇などの外部的な制約、または進歩がすべての社会構造的発展を支えるという考えからの脱却といった内部的な制約、のどちらかが必要である。前者は実際に未来のどこかで発生する可能性があるが、現時点でわれわれの軌道を変えるためにそれに頼ることはできない。このことは、人間の役割に関する西洋的概念と、技術の進歩は止められないという考え方の両方を変えるという選択肢をわれわれに残す。しかし、このアプローチはわれわれの文化にかなり深く根付いているため、比較的短期間で変更することは非常に難しいように思われる。したがって、私は、より実践的な意味において発展の方向を再設定することを提案する。これは、全く独創的な提案ではない。私はここで、この分野での自分の立場を主張し、この方向ですでに行われている取り組みの重要性を強調しているのである！

　このプロセスは、先進国の一人一人が、社会の意思決定権の非常に大きな割合をこれまでように本質的に手放し、代理人に社会の運営を任せるのではなく、社会の日常のダイナミクスに再び関わることから始まると私は考えている。そのプロセスの一部として、われわれの社会にとって説得力のある、望ましい未来を個人としてそして集団として考える必要がある。現在の社会変化の速度からすると、そのような未来の選択において、私たちは安定を前提に変化を説明することから、その逆へ、つまり変化を前提としてそのための設計と、（一時的な）安定を実現する方法の研究へ、われわれの関心を移す必要がある。

　次の達成すべき段階は、グローバリゼーションとそれに付随する社会の価値空間の次元性の縮小によって解体され、個人化されてきた局所的かつ地域的な共同

体の再構築である。その再構築の一環として、現在多くの社会を引き裂いている富の格差を是正する必要がある。都市の場合、社会の考え方と行動の間の整合性は物質的な構造によって制約されており、格差の是正は、変化のための設計が都市の統治と物質的な構造においてより大きな役割を果たすことを意味するかもしれない。

　そして最後に、全世界的には、情報処理能力の増加にわれわれの社会の未来を左右させるのではなく、活用させる方法を見つけなければならない。それは、人間と電子情報処理の間のより緊密な相互作用によって、また、現在の、コンピューター以前の手続きを単に加速することによってではなく、電子処理の力を新しい方法で使用することによってのみ達成されるものである。例えば、大量のデータを解釈する還元主義的な統計的アプローチから脱却して、コンピューターを、説明のためではなく、真の予測のためにコンピューターを利用することができる。

　これらのすべてのことから、科学者としての私たちの役割に疑問を残すことになる。第一に、われわれの社会の多くで、科学者側の過剰な約束や特定の発明の意図しない悪影響のために、そしてより一般的な意味で、産業（イノベーションのため）と政府（不評を買う決定を正当化するため）による科学の利用のために、科学への信頼が損なわれ、低下していることを受け入れなければならないと思う。これに対抗するために、科学について、その制度的背景と市民社会との関わり、中立であると思われている(しかしそれは偽りである)ことを再考する必要がある。結局のところ、私たちの方法は客観的かもしれないが、私たちの問いは主観的であり、文化的に決定されている。私たちは、（起源と現時点に至った事後的説明に焦点を当てた）事後的な科学（posteriori science）から、（過去、現在、そして未来における新しい現象の出現に焦点を当てた）先験的な科学（priori science）に焦点を移さなければならない。これには複雑なシステム科学（Complex Systems Science）への転換を意味し、それについては第7章で概説している。

　そして、この問題に関して最後に、科学者として、私たちは社会と関わる覚悟がなくてはならないということを指摘しておきたい。私たちは科学を修めた市民であるが、同時に一市民でもある。ゆえに、私たちは社会を導く役割を果たさなければならない。科学者は分析の結論を、賛成か反対かを、非常に均整のとれた内容で提示することが自らの限界とするのではなく、社会が直面する問題に対する可能な限りの挑戦と解決策について、私たちの考えを社会と共有することがで

きるし、しなければならない。しかし、何が何であるかを明瞭にするために、科学の提示と私たちの結論や意見の提示とは切り離されなければならない。第 20 章では、文献に見られる非常に幅広いわれわれの未来に関する展望をいくつか例示した。これらを提示した主たる目的は、次のことに読者の注意を向けるためである。

1. 最近の社会にみられる時計を戻そうとするあらゆる努力はもちろんのこと、発展した社会が経済に従属するようになって以来の、われわれの社会と環境破壊の熾烈な競争を止めるための挑戦と課題。

2. 国連の持続可能な開発目標（Sustainable Development Goals : SDGs）を実施するといったプロジェクトに働く強い西洋文化的な（「進歩」）バイアス。このバイアスは、プロジェクト自体を危険にさらす可能性がある。目標達成が想定されている時期（2030 年または 2050 年まで）には、世界の主要な社会の多くが、SDGs プロジェクトが基盤としている文化的価値観とはかなり異なる価値観を持っている可能性があるからである。SDGs の枠組みは、伝統的な経済成長の概念を中心に構成されたままであり、その概念は世界のほとんどの政府によって採用されている西洋的な経済進歩のビジョンに組み込まれている。しかし、根底にある価値観の対立がそれらの実施を妨げるのは確実であり、トップダウンによる実施はそれらの価値観の対立を悪化させ、保守的な文化的反発などを引き起こす可能性がある。

3. 世界の大部分をグローバル化し続けることは、たとえ情報処理の急速な発展が単一の世界政府を可能にするかのように思われるとしても、おそらくわれわれの社会環境システムが直面している課題に克服しようとする有効な手段ではないという見解。それどころか、ICT の発展は、世界の規制の断片化と統治システムの多極化を指し示しめしているように思われる。したがって、過度な一貫性（hypercoherence）が回避され、地域の状況と文化的価値を考慮した柔軟性が導入される。

4. 人間と電子情報処理手段との集中的な相互作用の結果としての、われわれの考え方とわれわれ自身の体系化におけるさまざまなイノベーション。興味深いことの一つは、これらの変革案は、伊藤とハウ（Ito & Howe 2016）

が出版した一冊にまとめられており、その前半部分に実質的に収斂している。これらの変革は、私が関心を持つよりも前に考案され、執筆されていたのである。

2 ｜ 成功の可能性はどのくらいあるか

　本書の核を成すトピックに関する講義の後で、私は人間社会が持続可能性の課題を乗り越える可能性について楽観主義者あるいは悲観主義者のいずれであるのかとよく尋ねられる。この問いに対しては様々な異なる答え方ができる。長い会議の後で私がよく用いる最も単純な答えの一つは、私が長期的には楽観主義者であると同時に短期的には悲観主義者だというものである。考古学者としての私の長期的視点は、これまで人類はそうせざるを得なくなった時は、常に考え方や行動を変えることができたことを示す。しかし、こうした変化を実行する過程において、（私のアメリカの同僚や友人が表現するように）短期的にはかなりの付随的損害（collateral damage）が生じることも少なくない。

　何が私をこの結論に導くのか。短期的な悲観論から始めると、それはグローバルな市場を基盤とするシステムが、そしてより重要なのは、そのイデオロギーや倫理、制度、態度が、世界の大部分を席捲し、非常に強力な社会的かつ経済的構造に組み込まれていることに根ざしている。大気中の CO_2 や他の温室効果ガスを削減するための取り組みは、われわれが直面している持続可能性の窮状の原因ではなく、多くの結果の一つに過ぎないが、現在の巨大な社会経済的（あるいは経済社会的と表現すべきだろうか）思考とその制度的構造の進路を変えることがいかに難しいかを示している。もしわれわれが成功したとしても、（そしてその方向を示す兆候がますます増えてはいるが）、世界は 60 年以上を費やしたことになるが、問題の根本的な原因にはまだまったく対処できていない。これらは、私たちが思いつくほぼすべての分野において、例えば、健康を脅かすパンデミック、資源の欠乏、食料や清浄な空気、水などの生命にとっての基本的な必需品の量と質の低下、経済的および財政的危機、政情の不安定など、手に余るほどの異なる危機の到来という形で現れる可能性がある。現在の世界規模の動的な流動構造は単純に持続不可能であるために、1750 年頃から目の当たりにしている、あらゆる領域

におけるイノベーションの急速な進展がもたらす予期せぬ結果は、これらの各領域、および他の多くの領域で、われわれを圧倒する可能性が高い。これに ICT 革命の全く予測不可能だが重大な結果を加えると、グローバルなシステムは混沌の淵におり、現在の軌道のまま放置すれば、限界を迎える可能性が高いことが容易にわかる。

　われわれは焦点を進歩、成長、競争、個人の満足から、共同体の構築、社会(集団)の一貫性の促進、多元的な幸福に効果的に移行する必要がある。クイン (Daniel Quinn 1995) が彼の壮大な小説『イシュマエル (*Ishmael*)』で表現したように、私たちは地球規模で「取る」思想から「残す」思想に移行しなければならない。第 20 章で取り上げたデイリーやラトゥーシュを含む多くの研究者は、マルサスが人口動態と食料生産の間の正のフィードバックサイクルを根本的な問題として提起して以来ずっと、この問題を提起してきた。しかし、われわれはこれまでのところ、個人や一部の小規模な共同体のレベルを除けば、その方向への一歩をほとんど踏み出せていない。

　この動きは、私が人間の共進化の推進力として提示してきた根本的なフィードバックループを断ち切って、情報、認知、イノベーション、エネルギー、人口規模を結びつけることを意味する。現在、このような切断が理論的に起こりうる方法はいくつかあるように思われるが、今世紀中に起こる現実的な可能性があるものはごくわずかである。これらの可能性をそれぞれ順に見ていく。

3 ｜ 共進化の根本的なフィードバックループを切断する

　ここで、長期的な楽観主義が可能である理由を考えてみよう。明らかに、全世界的な人口増加を自発的に削減するのは困難であり、現在の西洋的な（そして、優位さを増す）価値体系に反する多くの結果をもたらす。中国政府は強制的に、インド政府は優遇措置と強制措置によって人口増加率の低減を試みてきたが、結果はさまざまであった。どちらの事例においても、最大の課題は経済成長を重視することであるように思われる。一般的に成長し続ける経済を維持するためには人口増加が必要だからである。広く議論されてきた人口減少の他の唯一の道は、開発途上国における一人当たりの富の大幅な増加であり、人口統計学者によれば、

それによって途上国の出生率が下がるというものである。しかし、それが本当に長期的に望ましい効果をもたらすかどうかは、先進国で起こったことをよく見れば疑問が残るだろう。これらの国では、比較的短い停滞期や過疎期を挟みながら、何世紀、何千年にもわたって人口が大幅に増加してきたのである。さらに、人口削減は先進国においてある種の「神聖な牛 (sacred cow)」であり、不可侵な聖域としての公にあまり議論されることがない個人の基本的自由に対する侵害の一種である。子どもの数を自発的に減らすよう説得するには、人々が抱く価値観の多くを根本的に変えるよう説得する必要がある。この結果、非自発的な人口削減に頼ることになる。これは、パンデミック、飢饉、嘆かわしいことではあるが、今後も起こるであろう同様の悲惨な出来事といった、環境的または自然的要因によって生じる。しかし、それらは先進社会の理念と相いれないものであり、(保健衛生分野における努力によって) 抗われるか、(食料の移転によって) 緩和されるだろう。長期的に見れば、先進国によって蓄積された富が、こうした事態を首尾よく撃退し続けるのに十分かどうかという疑問を投げかけている。その富は開発途上の国々の資源を搾取することによって得られたものであるということを、私たちは忘れてはならない。

　現在の社会環境の共進化を推進する根本的な正のフィードバックループを断ち切るもう一つの方法は、これまで見てきたように、情報の流れと本質的に対をなす、社会を巡るエネルギーの流れを制限することである。化石エネルギーの発見と活用によって引き起こされたイノベーションと情報の流れの加速は、エネルギー不足によって減速、あるいは逆行することも考えられる。しかしながら、温室効果ガスをめぐる議論がもたらした結果の一つは、太陽エネルギーと風力エネルギーへのシフトであり、実現すれば、長期的に豊富なエネルギーの利用が可能になる。

　この結果、他の物質の流れが根本的なフィードバックループを切断する潜在的な因子となる。このトピックを議論するには、食料や水などの基本的な人間のニーズを満たす手段の利用可能性と、産業や住まい (shelter) で使用されるその他の原材料の入手可能性とを区別する必要がある。後者の一部、例えば、コルタン (coltan) などの希土類鉱物はある時点で底をつく可能性が高い。しかし、人間の創意工夫と研究への十分な投資によって、このような不足は何らかの代用や置き換えによって、解決するように思われる。

　世界的な食料と水の潜在的な不足に対処することはより困難である。食料安全
保障が世界的な課題として扱われるまでは、人間の創意工夫と意思でこれを解決
できるかどうかわからない。世界の食料の総量を増やす上で重要な制約の一つは、
人間が消化、利用する食料の種類が限られているという事実である。食料生産の
重点を肉や魚から菜食品目に移行することで、世界的な食料不足のリスクを、(相
当の) 一定期間、軽減できるが、人間の健康にはある程度のタンパク質がある。

　淡水は、人間が生きていくための基本的なものの一つである。特に気候変動に
より、世界における利用可能な凍った淡水量の減少した場合は、淡水の全体的な
利用可能量も制限されることになる。淡水は (十分に存在する) 塩水から製造す
ることが可能だが、エネルギーのコストがかかり、今のところ、私が知る限り、
水—食料—エネルギーネクサスに大きな進展はない。ゆえに、これら二つの必需
品は、とりわけ農業 (淡水を最も消費している) において一人当たりの水の使用量
を大幅に削減するか、または水の再利用が改良され、利用可能な水資源として頼
れる程度まで普及しない限りは、根本的なフィードバックループを制限すること
になるかもしれない。しかしながら、これもまた (再生可能) エネルギーのコス
トがかかる。

　根本的なフィードバックサイクルにおいて、人為的に切断できる可能性のある
ものとして残されているのは、情報の流れそのもののみである。われわれは社会
構造上の共進化を駆動している流動構造の核である、データ—情報—知識のサイ
クルに介入できるだろうか。ICT 革命に照らすと、これはより詳しく検討する必
要のある興味深い選択肢に映る。流動構造内の他の要素との大きな違いの一つは、
この要素が、増えてはいるものの、世界中で極めて少数の人間によって駆動され
ていることである。一つの問いは、そのコミュニティの取り組みを違った方角に
向け直す必要を説得できるかどうか、もう一つの問いは、他の人々がその後を継
ぐような方法で方角を変えることを説得するのにまだ手遅れではないかどうかで
ある。しかし、比較的小さな共同体を説得することは、世界人口のかなりの部分
を説得するよりも簡単に思える。私は第 19 章で、ICT の開発を世界のビジネス
界の非常に小さいが強力な構成部分から引き離すために、先進国の人々が自分た
ちの未来を決定し、情報技術の発展を制御するための個人および集団の力を再び
行使する必要があると論じた。それは実行可能だろうか。現在情報技術の制御を、
それを担っている人々から取り返すために何もしなければ、情報技術の発展がわ

れわれの社会生活に押し付けている変化を、十分な人々が理解し、受け入れるようになるのだろうか。

　同じような、比較的規模は小さいが大きな支配力を持つ集団で、少なくとも理論的には、社会を異なる方向に導くよう説得できるのは、金融の世界である。この集団に対しても同じ問いを立てて答える必要があるが、現時点では情報技術（IT）コミュニティに対してよりも、金融界の優位性に対する反発の方が大きい。

　次の問いは、IT および／または金融の現在の急速な発展をどの方角に向きを変えれば好ましい効果をもたらすことができるかである。その答えは部分的には同じである。公共管理（public governance）の強化によって、急速な発展を減速させ、そして世界中の多くの人々がそれらをこれまでとは違う形で利用できるように変容させる。「開発途上」または「後発開発途上」世界の価値観で西洋の価値空間を広げることは、われわれの経験を豊かにするだけでなく、新たな散逸的流動を生み出し、最終的には物質とエネルギーの既存の内向きの流れのバランスを取り、したがって、富を集中させるのではなく、拡散させることが可能になる。

　これはどうすれば機能するのだろうか。ICT 革命は、今はまだ垣間見ることとしかできないが、非常に多くの方法で私たちの社会に影響を与え続けるだろう。われわれはそれらの影響を、ICT そのものの観点からと、ICT が社会に与える影響という観点の両方から検討しなければならない。ICT の視点から見れば、技術は、今日まで社会構造上の情報処理を促すものとして先述した主な認知に関わる制約を、少なくともある程度は軽減する機会を提供している。ICT は、人間と電子情報処理の統合を改善する可能性がある。これは明らかに進行中のプロセスであり、そのプロセスにおいて、ICT の能力を有効に活用して世界中に情報処理の水平ネットワークを構築することが、社会の総合的な情報処理能力を飛躍的に向上させるには非常に重要である。それは間違いなく、われわれの過去、現在、そして未来の軌跡について異なる視点を導き、社会としての発展の長期的なアフォーダンスと制約をより現実的に評価することにつながるかもしれない。私の意見では、それはわれわれのグローバルな価値空間の拡大の推進力の一つでもあり、したがって、資源から廃棄への経済（resource-to-waste economy）から、「取る人」と「残す人」（Quinn 1995）のより良いバランスを見出す機会の経済への移行を促す重要な推進力になるだろう。

　ICT はまた、人間の意思決定が理論や考え、行動に対して偏っていることに対

処することを可能にするかもしれない。というのは、観測に基づいたわれわれの
考えが過小評価され、主に成功した過去の応答に基づいて意思決定がなされるか
らである。ビッグデータ革命は、意思決定における観測の役割を高め、ゆえに、
現在の社会としての進化の経路依存性を緩和し、非常に異なる形態の意思決定へ
の道を開く可能性がある。現在、そのビッグデータ革命に対処する技術と方法は
まだ十分に利用可能ではないが、機械学習の発達がそれを改善する可能性が大い
にある。

　未来についての思考を促すために、ICT は、ビッグデータの次元をより単純な
概念に還元するのではなく、その逆、限られた数の観測された次元から、できる
限り他の多くの次元を生成し、それらの実現可能性を検証する、という一種の情
報学の開発に役立つ可能性がある。事実上、オッカムの剃刀を逆転させ、世界は
複雑であることを前提として、アイデアは世界を単純化するのではなく、その複
雑さを受け入れる必要がある。

　社会全体としての変化の視点から、ICT の未来に与える影響の少なくとも四つ
の異なる側面が私には重要に思われる。ICT は、（1）取引の効率を大幅に向上す
る、（2）個人、集団、および組織が果たす機能と役割の一層の専門化を含む、分
業における構造的変化を引き起こす可能性がある。その過程の一部として、人口
の大部分が職を失い、それゆえに、変化を求めて落ち着かない状態になるかもし
れない。その結果、（3）企業や市場を含む組織の構成、およびそれらの役割と形
態を変える可能性がある。そして、重要なことだが、（4）現在の構造を維持する
ために費やす資源が減少することによって、イノベーションを実装する資源が確
保できる可能性がある。

　これらの重大な変化は、私の意見では、人類の発展の長期的なダイナミクスを
異なる方向に進める機会を与えるかもしれない。ICT 革命は既に、水平的なネッ
トワークの強化を可能にすることで、情報処理と富の格差を平準化する過程にあ
る。これは、何世紀にもわたって人間の情報処理を支配し、現在の富を中心とし
た世界と、人々の異なる階層間および地球上の異なる地域間の物質的不均衡を生
み出してきた垂直的なネットワークとは対照的なものである。

　蓄積ではなく、情報の拡散は、経済の主要な推進力となり、現在の先進国以外
の地域で富を生み出すツールになりつつあり、なるべきなのは、情報の蓄積では
なく、拡散である。この傾向こそが、ソーシャルネットワークが現在高い評価を

得ている理由である。ソーシャルネットワークは、既存の情報処理の差異から利益を得る、根本的に異なる、新規の方法を発見した。既存の情報処理格差を拡大するのではなく、むしろ縮小することで利益を得ているのである。これは、現在の主流である（原材料だけでなく人的資本の点においても）採掘から廃棄の経済（extraction-to-waste economy）から、機会の創出と富の拡散の経済への転換を促し、国際社会が共有する価値空間を実質的に拡大する。

　しかし、われわれは ICT 革命によってもたらされる好機をつかみ、無制御のまま逃さないようにしなければならないということはいくら強調しても足りない。情報の拡散が、現在の狭隘で、物質、国内総生産、消費に焦点を当てた西洋的価値体系をこの惑星全体に広めるために使用されるなら、価値空間の拡大は起こらない。われわれはこの好機を逆のこと、つまり、現在、西洋に属していない社会に存在する多くの異なる価値を発展させることによって、グローバルな価値空間を強化するために利用しなければならない。多くは小規模な社会の中に（小規模な社会だけではないが）、今は萌芽的な状態で存在している新しい次元の価値の出現を積極的に刺激するのである。確かに、生物多様性は持続可能性の重要な側面だが、文化的（価値の）多様性も重要である。われわれの価値体系を育む文化の多様性がなければ、われわれは地球上の何十億もの人々とともに永続的に平和に暮らす方法を見つけることができない。情報処理能力、教育、そして恵まれない人々の富を増やすことによってのみ、より安定した均衡状態に近づくように現在の流れを変えることができる。

　私たちは、現在、先進国と開発途上国を結ぶ情報処理には、大きく分けて二つの種類がある。一つは、先進国から途上国への直接的な情報伝達を目的とする。それは普及しているアイデアと在来知（local knowledge）との対立がイノベーションや新たな価値を生み出す可能性があるとしても、グローバルな価値空間の拡大に直接貢献するものではない。他方、第二のアプローチは、在来知の発展と地域の富の創出の拡大を可能にする。第一の例は、さまざまなソースから、情報への遠隔アクセスが容易になった。これは（Yahoo、Google などの）検索エンジンによって始められ、その後、情報を集めるだけでなく、情報を合成するウィキペディア（Wikipedia）などの専門的なオンライン百科事典の開発につながった。それが今や、異なる段階に突入し、多くの大学でオンライン学位や、MIT やスタンフォード大学などの主要な機関が主導する Massive Open Online Courses（MOOC）が出

現している。これによって、世界中のどこでも、誰でも、無料または従来よりも低コストで学ぶことができる。こうして教育を受けた人々によって最終的に生み出された収益のごく一部が教育機関に還元する方法が見つかるにつれて、このような仕組みは広がっている。これらの変化は「オンライン革命」の一部であり、今後 30 年で世界中の教育および社会の環境をあらゆるレベルで根本的に変革するだろう。加えて、あえて教育を目的としていないにもかかわらず、非常に重要な教育的要素を備えた多くの e ベースのツールが存在する。これらは、ブログからソーシャルネットワーク、特定の学習スキルを促進する「本格的な」ゲームまで多岐にわたっている。この分野においては、情報処理環境の変革に貢献するイノベーションがさらに増えると予想されるだろう。

　第二の形態の例はたくさんあり、貧しい国の地域住民に西洋の知識やインフラを提供することが彼らの幸福、富、または自律性を高めるのに必ずしも効果的ではなく、地域の人々が既存の才能を活用するのを支援するほど即時的で長期的な効果がないことを目にした非政府組織の影響下で、ここ 50 年間で、広まってきた。開発途上国で地域リサイクル経済を発展させることは良い例である。空のドラム缶や木箱、中古タイヤなどの素材を使って、パイプライン、家具、かごを作り出す。これらの活動は地域経済の基本的な部分であり、仕事を提供し、知識を広め蓄積し、廃棄物を減らす。電話線から装飾を施したかごを生産する南アフリカの事例のように、世界市場へのアクセスを提供することはこうした活動を促進する一つの方法である。このような地域振興の別の例は、（西側諸国では行われていないことを行う）地域企業の立ち上げに必要な初期投資を提供するマイクロクレジット（microcredit）の普及である。これが成功したために、最近ではマイクロクレジット融資がニューヨーク市の一部など、先進国の貧しい地域にも広がっている。

　この傾向は好ましいが、もし非西洋社会が、クインの言う西洋的な（「取る」）アプローチではなく、「残す」ことを指向した、彼らの伝統的な価値観を実践し、教育レベルとイノベーション能力を自立的で革新的な方法で高める方向に進もうとするならば、重要性は大いに増すだろう。多くの先住民族の「残す」社会の特徴の一つは、一貫性を維持するために、外部化された、物質に基づく価値体系ではなく、われわれが見る限り、非常に複雑で繊細な、高次元の、内部化された、精神的価値の体系を発展させてきたことである。西洋的な価値体系を非物質化す

ることは、興味深い進路かもしれない。

4 │ 分散化、混乱と混沌

　これまでに論じてきたようなトップダウンの再編成の結果であれ、グローバリ
ゼーションと社会的排除との緊張による社会不安によって生じるボトムアップの
社会構造変化の結果であれ（Munck 2004）、その変化はわれわれの社会に大きな
混乱を引き起こす可能性が高い。この点において私の短期的な悲観が再び頭をも
たげる。

　われわれが過去 60 年かそれ以上の間に見られた長期的な発展が、結局のとこ
ろ、衝撃に対する脆弱性の急速な増大につながるというのがレジリエンス研究の
教義（tenets）の一つである（Gunderson & Holling 2002）。ひとたびそのような衝撃
がシステムの動的構造に亀裂を発生させ始めると、これまでは表現できなかった
新しい価値やアイデアが出現する。われわれの世界があらゆるレベルにおいて二
極から多極的へと断片化するにつれて、それは、実際に世界中で目撃され始めて
いることであると私は主張したい。この断片化は、人々がもはや現在のシステム
に安心感を抱けなくなっているために、自分の行動に対する大きな責任を取り始
めている事実の別の現れに他ならない。この感覚が広がるにつれて、人々の行動
は異なる価値観の認識にますます基づいていくようになり、非常に限られた数の
価値観のみを考慮に入れる自由市場経済学が提案するような「合理的決定（rational
decisions）」から逸脱するようになる。これはまさに、私が主張してきたグローバ
ルな価値空間の成長に好都合な類いの発展である。しかし、その発展過程で、わ
れわれの社会を統治している現在の制度的構造の少なくとも上部は解体され、一
貫性のある安定的な社会的な組織（entities）の規模を限定するだろう。例えば、
欧州連合はそれを構成する国民国家に分裂する（disintegrate）かもしれず、アメリ
カ合衆国は連邦制の上部構造の多くを解体して（deconstruct）、各州に大きな責任
を委ねるかもしれない。同様のプロセスは中国 —— 本質的に社会的、経済的、文
化的に大きな違いのある地域組織の集合体である帝国 —— においても起こりう
る。そのような脱構築が私たちの現在の社会構造および統治システムのどこまで
及ぶのかは興味深い問いである。私の同僚の一人は、それが全てのより大きな社

会政治的単位を犠牲にして、主要な大都市圏に権限を与えるところまで行くだろうと考えている。

　多かれ少なかれ、次の一連の安定的な制度的解決策が特定され実施されるまで、こうしたこと全てが相当期間の混乱をもたらす可能性がある。われわれの社会が現在の軌道を長く進み続けるほど、そのような混乱期に多くの人々が実質的な害を被る可能性が高くなる。近東と隣接地域における現在の混乱はわかりやすい例であり、ヨーロッパで現在の移民危機を引き起こしているアフリカの状況も同様である。どちらの状況も根本的な社会構造の再構築なしには変わることはないであろうし、それには長い時間がかかるだろう。

　しかしながら、ここで私の楽観主義が再び登場する。たとえ、社会的であることが人間の基本的性質であり、個人は単独では生き残れないという理由だけでも、ある時点でこの再編は起こるだろう。それは考古学が持つ長期的視点、非常に小さなものから、中華、ペルシャ、ローマ帝国といった非常に大きなものまで、あらゆる種類の社会構造の出現と繁栄、崩壊の研究からの教訓である。以上が、私が人間性については楽観的であり、われわれの現在の生活様式については悲観的である理由である。

第22章　未来への思考

1 | はじめに

　これまでお読みいただいた全 21 章は、2016 年から 2017 年にかけて執筆したものである。三部構成になっており、第 1 部では、社会と環境の動的相互作用のダイナミクスについての理解を深めるために私が開発し、適用した方法論について概説している*1。

　その主な内容は、多次元複雑適応系（complex adaptive systems）アプローチを学際的に用いること、社会環境システムを実質的に社会全体が動かしているものとして捉える超長期的な視点、そして、現在の現象の起源を探求するのではなく、システムの軌跡における新規性の出現に重点を置くこと、この三点である。これらの内容を歴史的な観点からとらえるために、第 3 章ではその創発の一端を示す歴史の概略を紹介した。

　第 2 部では、情報処理の進化という観点から、社会全体としてのシステムの仕組みのさまざまな側面について論じている。旧石器時代の非常に小規模で移動可能な狩猟採集社会から、ローマ帝国のような非常に複雑で都市化された帝国に至るまで、人間社会における情報処理の構造がどのように進化してきたかについての私の視点を概説している。そのために、まず人類社会の進化に関する長期的展望を概説することから始まり、第 9 章では、この進化に関する理論的視点を展開している。それは進化を、情報（アイデアやイノベーション）を人間社会から外へと拡散させ、そのエネルギーと資源を取り込んで組織化し、社会の中核へと流入させることで、社会の個々人が生きていくことを可能にする、拡散する散逸的流動構造（dissipative flow structure）として捉えるという考えである。続く第 10 章では、オランダ西部の事例を取り上げ、社会の認知システムの進化を促す相互作用に注目しながら、技術的解決策とそれがもたらす問題との関係を扱っている。第 11 章では情報処理の進化の変遷と、それが社会全体のダイナミクスにどのような影響を与えるかを考察している。次の二つの章では、発明と革新のプロセスについて考察しており、第 12 章は理論、第 13 章は古代と現代の製陶技術に関する個人的な調査に基づく内容である。最後の第 14 章では、このような社会環境の変遷のダイナミクスについて、情報処理の観点からのモデル化を試みている。

　第 3 部では、現在に焦点を当てている。情報通信技術の革命が現代社会にどの

ような影響を及ぼしているのかについて概説し、その発展の一部を未来に投影しようとするものである。流動構造の観点から西ヨーロッパの歴史を要約した後、「われわれは世界史における『ティッピング・ポイント（tipping point）』に直面しているのだろうか？」という問いを投げかけた。もしそうだとすれば、この転換点は、科学的なあるいは社会全体としての特定のパラダイムが別のパラダイムに置き換わるような普通のティッピング・ポイントではないことを強調してもよさそうだからである。実際、われわれの未来にとってこの変化は非常に包括的なものであり、ICT 革命によって影響を受け、加速され、現在の文明のあらゆる側面において内的にも外的にも影響を及ぼしている。これは地球規模の人間社会、態度、行動の完全な再構築につながっているのだ。そして、次なる問いは、このティッピング・ポイントを回避あるいは緩和することができるかどうか、そしてその方法はどういったものか、ということである。私の結論は、短期的な視点では悲観的なもので、人類がその秩序を失った事実上のカオスの時代において、多くの人命が失われると予想している。しかし、何千年にもわたる人類の歴史を振り返ってみると、構造化原理がカオスに覆い隠されていた同様の時期は何度もあり、人類は常に間一髪のところで解決策を見出してきたことから、長期的な視点では私は少し楽観的である。第 20 章では、気候変動と持続可能性という特定の文脈の中で、われわれの未来について問いかけている。支配的なパラダイムは、変化を実行し始めるための明白な方法を見出すことができず、現在のダイナミクスを変えることに非常に懐疑的である。その上で、ICT 技術が社会の在り方や組織に大きな変化をもたらす可能性があり、それが出口となるきっかけになる可能性について論じている。しかし、それがうまくいくかどうかはまだわからない。

2 ｜ 2016〜2023 年の進化

　第 3 部では、現代の電子コミュニケーション、特にソーシャルネットワークの急速な普及が、われわれの社会のダイナミクスにどのような影響を与えるかに焦点を当てた。ICT 革命は、デジタル革命あるいは第四次産業革命とも呼ばれ、非常に速いスピードで進行し、私たちの価値観や社会のパワーバランス、ひいては日常生活や統治、法律や慣習、経済やその他多くのものに対する私たちの考え方

に数多くの変化をもたらした。本書で私が述べた内容の多くは、当時はまだ比較的新しいもので、情報通信技術革命が西洋（欧米）社会の行動、制度、環境に与える将来の影響を調べようとしたものだった。2023年の今、私たちの未来を垣間見ようとしたこの試みが、悲観的すぎたのか、楽観的すぎたのか、それとも比較的正確だったのかについて初めて見ることができるのだ。

　社会的、環境的な持続可能性の問題だけでなく、COVID-19によるパンデミックやロシアによるウクライナ侵攻など、本書が書かれた時点では予見できなかった出来事も含め、欧米世界にとって最もインパクトのあるものだけを挙げたとしても、出来事や動向に関する各著者の解釈を紹介した、圧倒的な数の新聞記事、学術誌、オンラインペーパー、書籍が出版されている。そこで本章では、これらの文献資料のいくつかを使って私が考える現在の状況をまとめてみたいと思う*²。

　当時、私はICT革命の最も根本的で重要な帰結として、ソーシャルネットワークの出現（例えば、Castells 2010）と情報伝達における多くの障害や境界の消失が、人間社会の相互作用に非常に大きな変化をもたらし続けるだろうと考えていた。物理的な距離、社会的な距離、ある程度の（機械による翻訳による）言語的な距離に関係なく、誰もが他の誰とでもコミュニケーションをとることができるようになった。さらに、メッセージを送ったり受け取ったりできる相手の数に制限がなくなった。言語的、イデオロギー的、距離的な障壁が取り除かれたことで、コミュニケーションは限られたグループに限定され、その結果、コミュニティ内の意見はある程度均質化された。現在、最もインパクトのあるイノベーションはこれだと私は考えているが、少なくとも社会全体としてのダイナミクス、また社会環境的ダイナミクスを破壊するようなイノベーションは他にも出現している。

　情報伝達経路が多様化し、世界中の誰とでもつながることが出来るようになったことで、社会形成に関心を持つ人々は、以前のどのニュース・メディアよりも、何百万人ものフォロワーに対して大きな影響力を持つようになり、社会の価値観や態度の形成に大きな役割を果たしている。これはビジネス、経済、政治を変えつつある。たとえば、ソーシャルネットワークでは、YouTubeに自称「プロ」のインフルエンサーが出現し、広告にまったく新しい次元が加わった。また、例えばツイッターなどを通じて、特定の人々が個人と直接コミュニケーションをとることで、政治の方向性に影響を与えることができるようになってきている。

　第 18 章では、ウェブ上で日々生成される膨大な情報の中で、「真実（truths）」と「代替的な真実（alternative truths）」を区別することがますます難しくなっていることを指摘した。トランプ政権発足の翌日から、代替的な真実を振りかざすことがアメリカ政治の特徴になったが、それ以来、Q アノン（Qanon）のような真実を否定する運動が爆発的に広がり、多くの選挙（アメリカ、フランス、ドイツ…）への外国からの干渉、ウクライナの軍事紛争に関する「代替的な」真実を提示するロシアの国家主導のフェイクニュースなど、誤報は量的に急増した。これは今やハイブリッド戦争に発展しており、（誤った）情報への取り組みは、現場で戦われる軍事的戦闘と同じくらい重要である。

　このような動きに対して、もう少し俯瞰するとすれば、「真理とは何か」「真理と非真理をどのように区別するのか」そしてさらに俯瞰すると、「真理は存在するのか、それとも多くの真理が存在するのか」「真理は発見されたものなのか、それとも発明されたものなのか」といった問いが生まれるだろう。これらの問題については、後ほど触れたい。当面は、ICT 革命がもたらす、より直接的に懸念される結果に焦点を当てたい。

　コミュニケーションと情報処理の手段の変化は、とりわけ、地域共同体や国といった領土的に定義された社会的実体を弱体化させ、地域からグローバルまで、さまざまなスケールの利害に基づくコミュニティに取って代わろうとしている。この現象については第 18 章でも指摘したが、ここ数年、それがより顕著になってきている。これには二つの傾向がある。ひとつは、他の場所でも同じような体験が起きているという人々の意識が高まり、それが空間や言語の境界を越えたコミュニケーションへの関心を引き起こしていることである。もう一つは、ソーシャルネットワークを意図的に利用して人々の価値観や文化的態度に影響を与えようとする、既存の特定の社会的主体の拡大努力である。

　新しいコミュニケーション手段は、政党や労働組合のような、一般の人々と統治機関の間にある中間的な組織の必要性をも弱めている。この中間的な組織は、ある集団に属するほとんどの人々があてはまる五千もの概念や価値観、コンパートメントの次元を含む商業的データベースに取って代わられようとしている。このデータベースによって、政治家などは、政党や労働組合のような民主的な機関を通さずに、多くの人々の態度や価値観、規範を知り、特定の問題で誰を取り上げるべきかを知ることができるようになった。

その結果、社会における議論はボトムアップの方向へと変化し、ポピュリズムへと向かうことになった。例えば、マーティン・グッリ（Martin Gurri 2014）は、ICT 革命は、多くの社会で統治階級と統治される民衆との間のパワーバランスの変化を引き起こし、政治システムの不安定性を高めたと論じている。彼はこれを、「アラブの春」や、EU におけるドイツのための選択肢（Alternative für Deutschland）、フランス・国民連合（Rassemblement National）、イタリアの同胞（Fratelli d'Italia）、スウェーデン民主党（Sverigedemokraterna）など、多くのポピュリスト運動の広がりと勢力の拡大の主な要因のひとつと見ている。明らかに、市民は従来の垂直的な統治経路ではなく、ウェブ上で自らの目標とアイデンティティを見出すようになった。そして、ウクライナのオレンジ革命時のユシチェンコ（Viktor Yushchenko）、ベラルーシの妥協選挙に対する反乱時のツィハノフスカヤ（Alexander Tsikhanovskaya）、エジプトのムバラク政権崩壊時のモハメド・モルシ（Mohamed Morsi）など、特定の政治家はこの動きに関与してきた。反対に、（多かれ少なかれ暴力的に）これを弾圧した者もいる。その例は枚挙にいとまがない。ベラルーシのルカシェンコ（Sviatlana Lukashenko）、エジプトのアル＝シシ（Abdel Fattah al-Sissi）、イランのアリ・ハメネイ（Ali Khamenei）、ロシアのプーチン（Vladimir Putin）、中国の習近平などだ。

　情報通信網におけるこのような変化は、副次的な事実を突きつけてもいる。それは、人と人との関係がますます、相関的なものではなく、取引のようなものとなり、長期的なものより目先のものが好まれるようになり、社会的コミュニティを犠牲にしつつ人々の個人化が促進されていることなどである。これは、ICT 革命によって加速している長期的な傾向であり、人々は、隣人や地域コミュニティの中から同じ志を持つ個人を見つけるのではなく、世界中どこであれ同じ志を持つ個人を見つけることができるようになった。COVID-19 の大流行で、人々は電子的なコミュニケーションしかとれなくなった。屋外のマーケットを訪れ、地元の店で食品を購入して、地域の社会的交流に参加することが、オンラインショッピングや宅配に取って代わられた。こうした孤立は、コミュニケーションや人的交流に対する物理的な障壁が大きな影響を及ぼす地方の高齢者に特に影響を与えた。現在、このような傾向に対する反動があり、「地元」の重要性が強調されているが、その一方で地元以外のアプローチも大きな重要性を持っている。

　ICT 革命がグローバル化する世界の根本的な傾向を加速させたことによって生

じた多くの進展は、多かれ少なかれ、本書の最後の部分で述べたような重要な結果をもたらしている。これについて、*New York Times* 紙（2023 年 1 月 5 日付）に掲載された素晴らしいエッセイを紹介する。

> 情報伝達と技術の革命は、誤報やヘイトスピーチといった身近な問題だけでなく、もっと深いところで民主主義を変容させた。この革命のおかげで、国会議員は個々に役割を果たすことが可能になり、フリーエージェントとして成功することさえ可能になった。政党やその指導者を含む、制度的権威を平坦化したのである。この革命は、個人や集団は、政府の措置に反対する人々を容易に動員し、維持することができるようになり、リーダーたちが以前よりも制御するのがより難しくなってきている党内の激しい派閥対立を煽るのに役立っている。ケーブルテレビやソーシャルメディアを通じて、就任一年目の政治家でも全国的な視聴者を獲得できるようになった。また、インターネットは小口献金の爆発的な増加をもたらし、政治家は政党の資金や大口献金者に頼ることなく多額の資金を集めることができるようになった。（中略）政治的分裂とは、政治権力が非常に多くの異なる勢力や権力中枢に分散し、効果的な統治が極めて困難になることである。経済的、文化的な対立がこの分裂を促進するが、それはこの通信革命がもたらしたものである。西ヨーロッパの比例代表制においては、伝統的に支配的だった大政党がいくつにも分裂し、目まぐるしく変わる小政党となった。アメリカでは、二大政党が内部分裂し、指導部はその分裂を克服する能力を失っている。(Richard H. Pildes, "Why the Fringiest Fringe of the G.O.P. Now Has So Much Power Over the Party.", *The New York Times*, Jan. 5, 2023.)

デジタル革命がもたらすさまざまな影響は、ますます懸念と議論の的となっている。その顕著なもののひとつが、巨大なオンライン・データベースへの個人情報の集積と、国家から民間への個人情報管理の移行である。その結果、ユーザーに情報収集を強制することで、無料で情報を「吸い上げる」GAFA（グーグル [Google]、アマゾン [Amazon]、フェイスブック [Facebook]、アップル [Apple]）企業の勢力が拡大しているのだ。企業はその情報を取引することで莫大な利益を得ることができるだけでなく、2023 年 8 月 1 日にロイターがツイッターから二億人のメー

ルアドレスが流出したと報じたように、情報を盗むためのハッキングも容易になる。2018年から2023年にかけて（ますます論争の的になり）大きなうねりとなったビッグデータの動きは、GAFAやその他の企業（アリババ、バイドゥ、テンセント）が、自社のソフトウェアを使用するあらゆる個人に対して出す広告を微調整できるようにしたと同時に、「代替的な真実」の拡散やQアノン思想の信奉、市民の政治的操作（例えば、ケンブリッジ・アナリティカ疑惑［Cambridge Analytica scandal］を参照）を押し進めた。それを取引、販売、利用することで利益を得ることができる、事実上「無料の」情報を収集することで、関係企業の発展のための新たな資源を生み出したのである。この新しい資源は、これらの企業の成長を促進する多くのフィードバックループに急速に組み込まれた。その後しばらくすると、欧米以外の社会で進められた人類学的研究によって、このアプローチは「個人化」された欧米社会には非常に有効であっても、共同体としての意識がはるかに強く、したがって社会全体としての構造がまったく異なる社会ではあまり役に立たないことが明らかになった（Tett 2021: 121）。

また、ソーシャルネットワークは暴力を助長する大きな原因ともなっている。それは、近東におけるカリフ国家の復興を目指すアル・カイダ（Al Quaida）や関連する運動がネットワークを利用したことで大きな政治問題となったが、それは今、より広範囲に広がっている。そこでは無差別に、あるいは反政府的な理由で殺人を犯すことが、さまざまなウェブサイトによって推奨されているのが常である。それに伴う社会的価値観や規範の緩みは一般大衆にまで広がり、攻撃性の増大を招いている。EUとアメリカでは、ウェブを利用して（時には非常に）暴力的な言葉で意見を表明する人々と、言論の自由を礼儀正しく、非暴力的な意見表明に制限したいと望む人々との間での攻防が繰り広げられている。

しかし同時に、ソーシャルネットワークは、「＃MeToo」や「＃BlackLivesMatter」運動のように、社会構造上の盲点を暴こうとする運動の結集点にもなっている。これらは、ウェブ上での個人の行動が、大規模なコミュニティで共感を得さえすれば、社会の在り方を急速に変えることができるという例である。ソーシャルネットワークについて、このようなソーシャルネットワークの対照的な使い方は、社会内においても社会間においても、「表現の自由（freedom of expression）」に難しい課題を突きつけている。フランスの風刺新聞 Charlie Hebdo やそれに相当するデンマークの日刊紙が制作した画像について、フランス（あるいはデンマーク）と

イランで対立していることなどがその例である。その挑戦は現在、多くの組織で、特にアメリカにおいて、広がっている。保守的な人々は彼らが「ウォークネス（wokeness）」と呼ぶものと戦おうとしている。ウォークネスとは、人種、性別、宗教、その他を問わずあらゆるマイノリティに対する抑圧的な偏見を非難し、ヨーロッパ・アメリカ史の批判的再考を支持する。

　西側の民主主義国家では、GAFA の役割が「表現の自由」の議論の中心的な焦点になっている。最近のマスク（Elon Musk）率いるツイッター（現在の X）の浮沈もこの課題に関連したものである。「一部の企業の利潤を追求するあまり、反目や対立を助長しているのだろうか」「GAFA は、望ましくない暴力的なメッセージに障壁を設けることを納得できるのか」。民主的な政府にはそのような余裕はほとんどないし、積極的ではなく消極的であるため不利である。しかし、世論の圧力の下で、GAFA 産業がほぼ独占状態にあることの最も有害な側面のいくつかを規制しようとする重要な取り組みが台頭してきている。この取り組みは EU で最も進んでおり、EU は最近、一般データ保護法（General Data Protection Act : GDPA）とデジタル市場法（Digital Markets Act : DMA）という二つの主要な規則を成立させ、独占的な立場が他企業や個人にもたらした技術的、社会的な行き過ぎを抑制している。そのため、EU における個人は、これらの業界がデータを収集し、広告を出すために我々のコンピューターに挿入しようとするクッキーに対してはっきりと同意しなければならなくなった。アメリカでは、司法がこの領域での独占禁止法の使用を実施し始めている。社会的圧力（世論）は、企業を制約するこの動きの重要な要因となっているのである。

　イスラエルのペガサス（Pegasus）ソフトウェアに代表されるスパイウェアの出現は、それをコントロールする者が、本人の承認なしに、誰の携帯電話でもすべての電子情報コンポーネントに登録することを可能にし、有名なアンゲラ・メルケル（Angela Merkel）やエマニュエル・マクロン（Emmanuel Macron）をはじめとする政治や業界のトップの違法な情報監視につながっている。一部の国では、このようなアルゴリズムによって、反対意見を持つ政治家や報道関係者、一般市民に対する中央国家による統制が進んでいる。この傾向は、中国、ハンガリー、トルコなど多くの国の政府に広がりを見せ、「監視民主主義（surveillance democracy）」が構築されつつある。このような国々は、メディアや NGO に対する統制を強化し、潜在的な野党候補を殺害、投獄、あるいは無力化するなどの強引な政治弾圧

を行うことで、選挙を空洞化させた上で「民主的な」選挙を維持しているのだ。

　ボールドウィン（Richard Baldwin 2016）が一貫して論じているように、デジタル革命はまた、経済のグローバリゼーションを最後の段階に到達させ、生産や研究施設の遠隔管理さえも容易にすることで、企業は賃金水準や輸送設備などの経済格差から利益を得ることができるようになった。こうしてグローバリゼーションは、北半球の大半をひとつの生産エンジンに結びつけるグローバルな供給ネットワークの出現に大きな役割を果たしたのである。同時に特定の国々は、グローバリゼーションによって政治的関係が難しい、あるいは壊れる危険性のある他国が管理する商品や製品に依存するようにもなった。ロシアの石油とガス輸出の依存によって生じた、昨今の欧州のエネルギー問題は、その好例である。電気自動車産業が、中国が支配するレアアース鉱物に世界的に依存していることも、近い将来、重要な争点になるだろう。コンゴ民主共和国北東部での戦闘や、アフリカにおけるワグネル（Wagner）の傭兵の横行は、アフリカの豊富な、金やダイヤモンドのような天然資源だけでなく、コバルトのような鉱物と直接関係している。ここ数年、COVID-19 によるパンデミックやウクライナでの戦争は、政治的、環境的混乱に脆弱な、非常に長いサプライチェーンを持つ、このグローバル化された生産形態の負の側面を示していて、例えば、医薬品製造のための基本的な部品など、あらゆる種類の材料の不足につながっている。そのため、現在では必需品の生産を現地で「オンショア（onshore）」する傾向にある。

　民主的な社会は、ICT 革命がもたらすあらゆる（そして他の多くの）結果に対して特に脆弱である。なぜなら、民主的な社会は開かれた社会であり、誰もが意見を表明することが長期的な成功に不可欠であるという信念をその中核に据えているからである。また、民主的な社会においては、より広範な価値観の表現が認められているため、「好ましくない」、あるいは「暴力的な言論」について、本質的に政治的な区別を行うのを難しくしている。そのため、意見を二分することで言論を弱体化させようとする人々や組織、国家にとって、民主的な社会は格好の餌食となる。カール・ポパー（Karl Popper）は何年も前に、*The Open Society and its Enemies*（1945）（『開かれた社会とその敵』）の中で、西側の民主主義国家をナチス国家と比較して、この脆弱性を指摘していたが、この脆弱性は冷戦時代も存続し、ここ 10 年間で再び頭をもたげつつある。

　ワールド・ワイド・ウェブの発展のもう一つの大きな側面は、いわゆる「ダー

クウェブ（dark web）」の急成長である。ダークウェブとは、匿名性によって、それを表明した個人を容易に突き止めることができない意見の表明を可能にする、サイバースペース上の仮想ネットワークのことである。ダークウェブを通じて誰でもメッセージを送ることができる、いわゆる「バーチャル・パーソナル・ネットワーク（VPN）」は簡単に（商業的に）利用できる。これを使うことで、表現の自由や情報収集の自由が制限されている国の人々は、政府に対する意見の相違を表明することができるようになった一方で、オンライン上にアドレスを持つ誰に対しても暴力的な嫌がらせキャンペーンを行うことができるようになった。それ以外にも、ダークウェブは小児性愛から違法薬物、人や武器などの取引に至るまで、多くの犯罪行為を助長している。私はそのような活動には関与していないし、ダークウェブに接続したこともないので、ここではその可能性と影響について述べるにとどめる。

　ここで少しスケールを変えて、私たちの社会を劇的に変えつつある個人レベルの影響についても指摘しておきたい。第 18 章で私は、多くのコンピューターゲームの次元が縮小されることで、プレイヤーはゲームのプラグを抜くことで制御できる単純化された世界にさらされているという事実を指摘した。このことは、現象領域（「現実世界」）に対する人間の認識に長期的な影響を及ぼすと私は主張した。そして、これまでの議論に対して寄せられたコメントによって、この単純化が、ソーシャルネットワーク上の多くのやりとりの下支えもしているということに私は気づかされた。

　近年には、また別の影響が現れ始めている。特に、ソーシャルネットワークにアクセスするために携帯電話を頻繁に（あるいは継続的に）使用することが、子どもたちを潜在的な危険な影響にさらしていることである。その第一は、子どもとウェブとの間に依存関係が生じる危険性である。ボイド（danah boyd 2014）—— 彼女は自分の名前を大文字なしで綴ることを好む ——によれば（Tett 2021, 142-146 にて引用）、このような依存関係を促す二つの収束的ダイナミクスがあるという。一つ目が、子どもたちが好きな場所に行き、好きな人と付き合うことを許すことの危険性が（想定内であろうとなかろうと）高まっている。これを回避するために、多くの親は、子どもに自由な時間がほとんどなくなってしまうほどスポーツや文化的活動をさせたり、家庭や他の場所で継続的に監視したりすることによって、子どもの社会的自由を制限しようとする。その結果、多くの子どもた

ちは、仲間意識や新しい社会経験を得るための選択肢を制限されることになる。そのうえ、その限られた選択肢がウェブやソーシャルネットワークにおけるものであるという点で、人間関係の次元をさらに限定してしまうのである。もう一つの要因はアルゴリズムそのものの性質であり、それはユーザーをできるだけ長く惹きつけておくように意図的に構築されている点である。これらの状況が相まって、社会全体としてのダイナミクスに対する子どもの認識を制限し、かつ単純化する傾向があり、これによって依存関係が生み出され、場合によっては心理的な問題を引き起こしてしまうのである。

ICT 革命には多くのプラス面もあるという事実を見失うべきではないが、ICT 革命が今後ますます生み出すと思われる困難のいくつかについては、この章だけでなく、本書の各所においても意図的に強調している。ICT 革命のプラス面は日常生活において誰の目にも明らかである。しかし、マイナス面は見極めが難しいのである。銀行口座の照会、医者の予約、遠隔地での商品やサービスの購入、ありとあらゆるテーマに関する情報の入手など、ICT を活用した多くの日常的な活動は、私たちの生活を便利なものにしてきた。多くの行政事務を電子的に処理することで、政府、企業、行政は人員を削減することが可能になり、それに伴う多くの行動の責任を利用者に転嫁し、より広い理解（comprehension）の文脈に能力（competency）を見出すような話題について会話をすることが難しくなっている。その結果、経済と雇用市場の重要な部分が変化した。また、重要な少数派の市民をさらに孤立させることにもなった。なぜなら、彼らは何らかの理由で、今日社会で機能するために必要なデジタル機器や知識にアクセスできないからである。

3 | 未来に向けて

本書における主要なテーマは、人口が急速に増加しているだけでなく、ますます複雑さが増している私たちの社会で、ある程度の秩序を維持するために処理されなければならない大量の情報（本書：424-425、図 20.2）は、その処理を人間に任せるにはあまりに重要すぎる、というものである。したがって、コンピューターのアルゴリズムは、人間の行動を制約し、制御する役割をますます担うようになり、そのために急速に変化していくだろう[*3]。そうなる可能性があることを、私

たちは理解できるだろうか。

　現在進んでいるのは、ズボフ（Shoshana Zuboff）が彼女の非常に興味深い著書
（Zuboff 2018）で取り上げているが、現在、広告のめたに売ることができる個人
のプロファイルを作成するための、世界的に利用可能な多くの次元を活用するア
ルゴリズムの急速な成長である。2010 年代初頭にグーグルによって始められた
この開発は、他の大手企業（例えば、フェイスブック、マイクロソフトなど）にも
引き継がれ、インターネット上で利用できる、可能な限りの広い範囲（個人の会
話から得られる公式およびプライベートな情報、ソーシャルウェブ情報、売買、旅行な
どの行為者行動、位置情報、そして最近では他のあらゆる種類のデータを含む）から、
個々の人間の行動を予測するモデルを抽出するアルゴリズムを考案することに
よって、人間の個人行動の予測に向けた重要な一歩を踏み出した。このことにつ
いて、私は先の章で、オバマ（Barack Obama）大統領が誕生した時の選挙を例に
挙げながら政治的文脈で述べたが、オニール（O'Neil 2017）は、この傾向が急速
に、偏った選択に基づいて多くの社会全体としてのプロセスに機械が影響を及ぼ
すようになっていると論じている。彼女は特に、企業の人事担当者にファイルを
提出する前に、人種的、社会的基準で求職者のファイルを事前に選別するソフト
ウェアの例を挙げている。そこで用いられる基準については、よくわかっていな
い。

　このトレンドを牽引してきたフィードバックループについては、グルムバッハ
（Stéphane Grumbach）と私（Grumbach & van der Leeuw 2021）が詳しく説明している。
これはベンチャーキャピタルの戦略に関連するものであり、あるセクターで選ば
れたアクターが他のアクターと比較して成長を促し、各サービスにおいて一つの
アプリが支配的であることを論じている。その他は、技術的構造に関連している。
これらの役割は、システムの成長を維持し、変化を起こさせないように強いるこ
とである。その過程において、他のあらゆる考慮事項よりも金融化を強化するた
め、人間社会のダイナミクスの他の側面について、多くを損なう結果となってい
る。

　このような社会経済的フィードバックループの影響は、通常の人間の分類プロ
セスには依存しない知識構造を生み出し、拡大することによって、とりわけ社会
における既存の権力構造を歪めるようなものである。その結果、人間社会にとっ
て重要でありながら、人間には理解できない新たな認知的次元が出現する。社会

はこうしたダイナミクスを制御することができず、ほとんどの場合は、その結果に対処する方法がわからないでいる。現在、アメリカでも EU でも、このような事態が起きている。立法者たちは最善を尽くしているが、政府で提案される対策はすでに起きている事象を緩和するだけで、新たに出現しつつある傾向を予測するためのものではない。もしそうなったとしても、効果的な規制が確立されるまでには相当な時間がかかるだろう。ML（機械学習：machine learning）／AI（人工知能：artificial intelligence）革命が我々の情報処理を変化させるスピードを考えると、大惨事が起こる前に、そのような規制が確立できないのではないかと心配になる。

　未来に対するこの動向の重要性は次の三点である。（1）可能な限り多くの個人情報を一元的に収集すること、（2）非常に多くの異なるフォーマット、情報源、認識論に基づく幅広い情報を組み合わせること、（3）これらの情報から個人の総合的な行動プロファイルを抽出し、ある程度の行動予測を可能にするアルゴリズムを開発することによって、過去と未来を結びつけること、である。グルムバッハと私（Grumbach & van der Leeuw 2021）が述べているように、これは、関係する企業が、財やエネルギーではなく、情報のみを取引する「仲介構造（intermediation structure）」の役割を担うことによって可能になる。このような進歩は、情報処理の組織的、財務的構造における非常に根本的な変化によって可能になった。その中で最も重要なのは、グルムバッハと私が（Grumbach & van der Leeuw 2021）「仲介プラットフォーム（intermediation platform）」と呼んだ、想像を絶する量の情報を「吸い上げる」グーグル、アマゾン、アップル、テンセント、アリババなどの巨大企業の出現であろう。仲介プラットフォームは、商品やサービスの生産者と消費者の関係（例えば、アマゾン、アリババ）や、運転手と乗客の関係（例えば、ウーバー［Uber］、リフト［Lyft］、ディディチューシン［Didi Chuxing］）など、二面市場、あるいは多面市場（Langley & Leyshon 2017；Rochet & Tirole 2003）において、当事者同士をつないで直接交換する。このようなプラットフォームはこれまで存在しなかった。情報処理は常に、非常に多くの小さな単位に分散されていたからだ。これらのプラットフォームでは、アルゴリズムによるデータ処理も比較的新しい発明である（ただし、Auerswald 2017 を参照）。

　このような仲介プラットフォームは、純粋にデジタルであり、商品やサービスを生みだすのではなく、接続と、必要であれば支払いだけを保証する。こうしてプラットフォームは、社会的、経済的、政治的分野におけるデータスフィア（da-

tasphere：データ圏）の全体的な浸透によって、情報を物質やエネルギーからさら
に切り離す。この発展の結果、データスフィアの全体的なアーキテクチャは、(1)
大規模なデータセンターが形成するコア、(2) 接続インフラと仲介企業、(3) PC、
スマートフォン、センサー、各種車載機器などの端末が形成する周辺、の三つの
レベルに構造化されている。後者は、最初のカテゴリーが処理する情報量を指数
関数的に増大させている。そのために、データセンターは、人間の監視下で、あ
るいは人間の介入なしに、それらを統計的に分類する。後者の場合、これはチン
（Hong Qin 2020）が夜空について示したように、当該現象に対する人間の理解と
はほとんど、あるいはまったく関係のない構成になる可能性がある。そうなると、
人間はもはや何がシグナルで何がノイズなのかを判断できなくなり、環境や社会
の課題に対処するために社会が自由に使える手段を根本的に変えてしまう。さら
に悪いことに、人間はもはや、入力を出力に変換する非常に複雑なアルゴリズム
のスタック（場合によっては 10 億行以上のコードで構成されている）によって自動
化された情報処理中にもたらされる変換を理解することも、それを制御すること
もできない。

　社会全体としての観点から見ると、このような監視資本主義は、広告業界にお
いて利用されることによって、社会の個人が検討したり採用したりする行動の選
択肢の幅を狭め、人間の行動を誘導するのである。それゆえ、ズボフ（Zuboff 2018）
は、このような傾向はやがて現在の生活様式に大きな結果をもたらすと指摘して
いる。結果がどうであれ、時間が経てばわかるだろう。この傾向は機械学習とそ
の合成にとっては最高の訓練の場となるため、最終的には AI の発展に大きく貢
献するかもしれない。

　また最近では、機械学習（ML）が急速に進化し、拡大している。少なくとも
この 30 年以上、プログラマーたちは、特定の分野の専門家のアイデアや考え方
をソフトウェアで再現することで、自律的に専門的な判断を下せるコンピュー
ターシステムを作ろうと試みてきた。しかし、これはほとんど成功していない。
2006 年、グーグルは、これまでにない方法で翻訳専用のソフトウェアを開発し
た。言語的なルール（文法と構文）に従うのではなく、言語の使用パターンから
生み出され、コンピューターと該当する言語で書かれた文書の膨大なデータベー
スを突き合わせることによって、記録および登録された情報を統合し、識別され
た相関関係を統計的に登録するようにプログラミングした。この成功は驚くべき

ものだった。このプロセスは「機械学習（ML）」の名で急速に普及し、あらゆる種類のテキストだけでなく、肖像画を含む画像、音楽、音声、その他あらゆる人間の表現形態の認識と識別にまで拡張した。この開発は、電子情報管理を大きく前進させ、チェス、囲碁、その他の複雑な知的ゲームに勝つアルゴリズムの開発だけでなく、医療診断、薬剤学、航空工学、経営学、その他多くの領域におけるイノベーションを向上させるなど、現在、人間活動のあらゆる領域に浸透しているICT開発の全く新しい分野を引き起こした。それは、MLに基づいた非常に大規模なデータベースを分析し、正負の相関関係を調べることで、当該テーマについて「学習（learning）」した後、コンピューターが人間とは無関係に意思決定を下す可能性をもっている。したがって、この種のMLの出現は、人間社会の情報処理における最も根本的な転換の一つ、真の革命になるかもしれない。

　ごく最近では、二つの大きな技術的進歩がニュースを賑わせた。コンピューターによって作成されたアート作品（画像、音楽、3Dプリントされた彫刻）は以前から存在したが、最近の進歩、特に画像の作成は、その領域を変えた。*Images.ai* や *NightCafé* のようなML/AIアルゴリズムは、（例えば「ゴッホのスタイルで特定の風景を描写せよ」というような）短い文章による指示の結果として、「オリジナル」アートを作成できるようになったのである。これは、ブロックチェーンでエンコードされたラベルによって、コンピューターが生成した特定のアート作品のオリジナリティと真正性を所有者に保証する、「非代替性トークン（non-fungible token：NFT）」のまったく新しい市場が生まれた。この市場はあっという間に非常に投機的なものとなり、高値で取引されている。

　さらに数ヶ月前には、とても簡単な指示（「心停止に関する論文を書け」など）だけで、一見すると人間が作成したものに非常に近い言語とスタイルで、提起された質問に答える首尾一貫した話題性のある文章を作成できるアルゴリズム（*ChatGPT* など）が市場に登場した。これは、パラリーガルやジャーナリストなど、多くの事務や関連する管理業務においては、人間に取って代わる大きな前進であることは明らかだ。競争という名のもとに、マイクロソフトやグーグルなどが同様のシステムを開発している（Rogers 2023）。

　いずれの場合も、MLの基礎となるのは、やはり、統計学である。このアルゴリズムは、メガデータベース（後者の場合、例えば、ウィキペディアや多数のウェブページなど、EUルール設定の全テキスト）につながり、ここから単語間かつ／あ

るいは画像間の関係の統計情報を抽出することで、クエリに応答して、特定の単語や画像間の最も可能性の高い関係を選択し、人間が質問や指示にどのように答えたかを模倣することができる。ソフトウェアの精巧さは、1750 億ものパラメーター（*ChatGPT* の基礎である GPT3 の場合）を自律的な意思決定において統合することに成功しているという事実に関連している。グーグルの報告書（Metzler et al. 2021）によれば、これらのアルゴリズムの新しさは、統計的に証拠を重み付けして分類し、クエリに応答するためにそれを合成するという事実にある：

> 古典的な情報検索システムは、情報ニーズに直接答えるのではなく、（できれば権威のある）回答への参照を提供する。成功した質問応答システムは、人間の専門家によってオンデマンドで作成された限られたコーパスを（資料体）提供し、適時性でも拡張性もない。これとは対照的に、（*ChatGPT* のような）事前に訓練された言語モデルは、情報の必要性に応えるような散文を直接生成することができるが、現時点では、領域専門家（*domain expert*）というよりは、むしろ心得があるふりをする素人（*dilettante*）である。つまり彼らは世界に対して真の理解をしているわけではなく、幻覚を見がちである。そして決定的に重要なのは、学習されたコーパスの裏付け文書を参照することで、自分の発言を正当化することができないことである。

　さらに、この種のアルゴリズムは、人間の創造性や自然言語の使用と比較すると、根本的な限界がある。というのも、閉じたカテゴリーの分析に基づいて構築されているため、過去の言語的または視覚的な関係が固定されてしまうからだ。ロジャース（Adam Rogers 2023）が述べているように、「もうひとつの検索、つまり『探索的検索（exploratory search）』は難しいものだ。それは、自分が何を知らないのかを知らないということだ。」現在のシステムはどれも、人間の認識と意思決定が過去と未来を明確にし、（閉じたカテゴリーにおける）既存の知識の活用と、開いたカテゴリーで定式化された新しい関係の探索と実験を組み合わせるという事実を、意思決定において統合していない(Dirks & van der Leeuw　近刊)[*4]。また、私が知っている現在のアルゴリズムでは、学習された信号間の、単語セットの直接的な並び以外の、より遠い関係を統合することはできない。そのため、今のところ、このようなソフトウェアは根本的な新規性を開発することも、より複雑な

関係を含めることもできない。これは非常に根本的な限界であり、情報学を含むわれわれの科学がこれまで未来への一貫したアプローチを開発してこなかったことに起因する。現在のアルゴリズムは、非常に複雑で多様な方法であるとはいえ、模倣することしかできない。なぜなら、彼らは非常に多くのパラメーターを処理するよう訓練されているからだ。人間の活動の相当数を引き継ぐことはできるが、それは（複雑な）模倣に基づいてのみ可能である。新しい関係を試すには、アルゴリズムが複数の認知レベルでより深い関係を特定し、統合できなければならない。

　現在の ML/AI は、確立された情報から学習し、予測はできないという事実は、人間が情報処理で使用する開放的で探索的なカテゴリーと、そのような閉じられたカテゴリーを明確に区別する方法がないため、倫理、価値観、規範、法律、ルールなど、社会全体としての意思決定に通常含まれる、人間との相互作用の他の多くの次元に大きな影響を与える。これらはカーネマン（Kahneman 2011）が「システム 2 思考（System 2 thinking：遅い思考）」と呼ぶ、意思決定における価値観や文脈などの考慮事項を含む、より緩慢で熟慮的な思考の一部である。

　ディルクスと私（van der Leeuw & Dirks　近刊）は、このような「システム 2 思考」は能力よりも理解を優先すると主張した。「システム 2 思考」は、意思決定者が外界との取引において、複雑な現象をできるだけ理解することを可能にし、開いたカテゴリーと現象に対する人々の視点を求めるものである。一方、カーネマンの「システム 1 思考（System 1 thinking：速い思考）」は、標準化された閉じたカテゴリー化に基づいて課題を解決するために、即座に、しばしば感情的にコントロールされた有能なルーチン思考を好むが、これはさらなる問題を引き起こす（van der Leeuw 2012）。

　このように、ML の倫理、価値観、社会における役割について、現在広く非常に興味深い議論がなされているのも不思議ではない。残念なことに、これらは文化に依存するものであり、人間社会の中で定まったものではないことを認識できないことが多い。その中には、教育に注目したもの（例えば、https://education.ec.europa.eu/news/ethical-guidelines-on-the-use-of-artificial-intelligence-and-data-in-teaching-and-learning-for-educators や https://education.msu.edu/news/2021/exploring-the-ethics-of-artificial-intelligence-in-k-12-education/など）では、「ML や AI の倫理について学生を教育する必要があるのか」「AI 製品の倫理的使用と非倫理的使用をどのように区別できるのか」

といった問いを投げかけている。しかし、これまでのところ、AI と既存の社会観との関係など、他のいくつかの重要な根本的問題を正面から扱った議論はされていない（例えば、https : //www.w3.org/TR/webmachinelearning-ethics/）。もちろん、科学者としての私たちの活動に対しても、多くの含蓄を得ることができた（Grumbach and van der Leeuw 2021）。「人間が創り出したカテゴリーに基づかない世界観に、人間はどのように対処するのか」「あるいは、ML システムのカテゴリー化に影響を与えることで、人間が ML を自分の視点に統合する方法はあるのか」。「それはどのように機能するのか」「そのような試みは、最終的にはアルゴリズムによるカテゴリー化の基準に追い越されることはないのだろうか」といったものだ。これについては、すでに、多くのアルゴリズムは他のアルゴリズムによって組み立てられており、その複雑さは人間にはその微積分ダイナミクスを理解するのが難しいほどである。

　一般化された ML/AI（AGI）は、多くの異なる主題、多くの認識論、多くのカテゴリー体系を扱うことができる人間の心の可鍛性を、コンピューターが完全に扱えるようにする方法を見出そうと努力しているという点で、これまで議論されてきたトピックとは異なっている。このような一般化された AI（AGI）アルゴリズムを実現することは、長い間、AI エンジニアリング界の大きな目標であったが、今のところ成功していない。この分野では非常に多くの研究がなされているが、そのほとんどは非常に専門的で、一般の読者には理解しにくいものである。何よりも、人間の思考をコンピューターのアルゴリズムの観点からマッピングすることには、多くの困難があるように思われる。人間の思考には、アルゴリズムでは許容できない程度のファジーさがあるからだ（https : //www.youtube.com/watch?v=bJLcIBixGj8）。この難しさを「領域は地図ではない（The territory is not the map）」という言葉で表現することができる。人間は何百年にもわたって、領域、つまり現象の分野のさまざまな側面と相互作用するように訓練されてきた。アルゴリズムは領域をマッピングすることはできるが、人間のテリトリー認識を正確に再現することは難しい（Hubinger et al. 2019）。

　人間の領域認識は、観念の分野における概念的ニッチ創造と、現象の分野における物質的ニッチ創造との間の連続的な往復から生まれる（Iriki 2019）。ジェンドリン（Gendlin 1997）は、その過程で彼らが「経験」と呼ぶもの、つまり観念ほど精密ではないが、現象の分野で観察されるものよりも精密な関係性の形式を発

達させたと論じている。私が別のところで使った用語では、これは開かれたカテゴリーにおける知覚に似ている（van der Leeuw & Dirks 近刊）。人間の思考にとって基本的な閉じたカテゴリーと開いたカテゴリーの関係は、今のところアルゴリズムでは再現されていない。

　当然のように、AGI の未来は、非常に多様なビジョン（とファンタジー）を生んできた（例えば、Kissinger 2018）。議論の現状を要約して紹介するには、あまりに多すぎる。その代わりに、私よりもずっと深くこのテーマを研究してきた ASU の同僚ディルクス（Dirks 私信）のビジョンを紹介して、ここで端的に締めくくりたい。ディルクスは、AGI の未来について、四つの課題を解決する必要があると考えている。

1. 意識と AGI を分離すべきである。現在、両者はしばしば融合されている。実際、AGI は機械的な道具であり、人間の「意識」とは何の関係もない。この二つがしばしば融合されたり混同されたりしてきたことが、この分野で前進するために必要な明確なビジョンを発展させる上で大きな障害となってきた。

2. AGI はおそらく、設計によってではなく、集積によって出現するだろう。AGI は一連の重なり合った層として進化する可能性が高く、最も低い（そして最初の）層は、監視経済のために開発されたような、より従来型の ML/AI で構成される。その後、人間の脳の場合と同じように、異なる組織化された他の層がこの層を覆うように現れるだろう。

3. その結果、AGI は単一の場所ではなく、非常に分散した形で存在するようになるかもしれない。例えば、家庭やその他の電子ツール間の接続性をさらに精巧にし、地球上のネットワークに広く接続されたアルゴリズムのネットワークを作ることが想像できる。

4. AGI は、われわれが現在数学や科学的探究に使っている閉じたカテゴリー体系から、ほぼ間違いなく移行しなければならない。現在の閉じたカテゴリーは AGI の進化にブレーキをかけるものであり、したがって AGI の進化とともに生き残ることはできないだろう。その代わりに、AGI が独自の科学と数学を発展させる可能性は高いと思われるが、それはわれわれには理解できないかもしれない。例えば、惑星運動の法則を発見しな

がらもニュートン重力を使わなかった AI システムはすでに存在するし（Qin 2020）、Alpha-Go Zero はすでにゲームのまったく新しい戦略を生み出している（https : //en.wikipedia.org/wiki/AlphaGo_Zero）。

　この不可解さは、科学や数学を含む現在のわれわれの世界観に対する挑戦そのものである。それは、発展する AGI に対する人間社会からの信頼の出現を前提としている。あらゆる AGI システムの基礎的要素は、異なる文化を持つ個人が、そのようなシステムの根底にある重要なアルゴリズムを書くことによって作成されるにつれて、異なる文化によって形成された異なる AGI が存在するかどうかという問題も提起する。

これらはすべて、現象の本質に関する根本的な問題を提起する。すなわち、現象は「発見」されたものなのか、それとも「発明」されたものなのか。言い換えれば現象は人間の認識とは無関係に存在するものなのか、しないのか。スティーブン・ウルフラム（Stephen Wolfram : https : //www.youtube.com/watch?v=RlMMeqO7wOI）は、数学は発見されたものなのか、それとも発明されたものなのかという問いに対して、潜在的に数多くの数学体系、特に公理的数学体系が存在し、我々が使っている数学体系は数ある中の一つに過ぎないと主張している。数学は、われわれの社会の道筋に依存した軌道の一部としてそれ自身を構成してきたものであり、その軌道を除けば、われわれはまったく別のものを扱っていたかもしれない。

　ディルクスと私の論文では、この結論を次のように定式化している。現象の領域を「客観的に」観察することは、たとえ大がかりな装置を必要とするものであっても、人間の物理的知覚[*5]と人間の認識という二重のフィルターを通過するため、主体と観察者を分離したまま維持することはできない。われわれの知覚を超えた現実が確かに存在するかもしれない、というのもわれわれはせいぜい、われわれの住む複雑な世界の限られた次元しか知覚できないからである。しかし、われわれにとって重要なのは、その現実を知覚することであり、それが私たちの意思決定や行動を形作る唯一の情報だからである（van der Leeuw & Dirks 近刊）。

　このことは、ヨーロッパ・アメリカの科学の本質について根本的な疑問を投げかけるものである。西洋科学は事実上、14 世紀のペスト流行以降に、経路に依存した進化を始めた文化的な分類システムである（Evernden 1992）。地球とそこに存在するもの、そしてその中にあるものすべてに関するわれわれの知識は、啓蒙

主義と産業革命における知的選択によって決定され、植民地化とグローバリゼーションによって世界中に広まった。その結果、地球上で遭遇するほとんどの文化とは異なる世界観が育まれた。ヘンリッチ（Joseph Henrich）は 2020 年の著書 *The WEIRDest People in the World : How the West Became Psychologically Peculiar and Particularly Prosperous*（タイトル訳：世界で最も奇妙な人々：西洋はいかにして心理学的に特異で特別に繁栄したのか）の中で、その違いを描いている。その結果、現在の「自然」と「文化」の対立が生まれ（van der Leeuw 1998a）、われわれの社会と環境との相互作用を支配するテクノスフィア（technosphere：技術圏）が成長した。自然科学と社会科学が人為的に分離されたことも、その結果のひとつである。もうひとつは、われわれの社会が一般的に、私たちの課題に対する解決策としてテクノロジーの重要性を強調する（「…イノベーションが持続可能性の課題を解決する…」）一方で、われわれの「技術的解決（technofix）」の負の側面とその予期せぬ結果に同等の注意を払わないという事実である（Hüsemann & Hüsemann 2011）。

　しかし、このような考えを持ち出さなくても、西洋科学がどのように実践されているかを見るとき、西洋科学の役割を批判的に再考する理由は他にもたくさんある。例えば、サレヴィッツ（Daniel Sarewitz 1996）は、アメリカにおいて政府の政策が科学にどのような影響を与えているかを概説し、オレスケス（Naomi Oreskes）らは、主要産業が科学を腐敗させる努力を惜しまないことを取り上げている（Oreskes et al. 2019）。オブライエン（O'Brien 2021）はさらに深く掘り下げ、われわれの認知的視点が、われわれが世界で何を見るか、どのように見るかを形成していると主張し、ウルフラムと同じ方向性を示している。人類学者が、他の文化（中国、インド…）において、自然現象の異なる解釈方法を見出しているという事実は、西洋的な科学的構成要素の経路依存性を確認し、それらを検証する必要性を指摘しているにほかならない。

4 ｜ 本章の結び

　結論として、ML/AI 革命が私たちの社会にもたらす潜在的な影響について考えてみたい。視野を広げるために、まずグルムバッハの近著 *L'Empire des algorithmes*（2022）（タイトル訳：アルゴリズムの帝国）を紹介しようと思う。著者は、デジタ

ル革命が世界の地政学にどのような影響を及ぼしているのかについて、広範なビジョンを概説している。この革命は、人間や環境、生物学的、技術的など、増え続けるアクターのダイナミクスをリアルタイムで制御するために、情報の処理と交換を根本的に変更することから、地球上のすべての社会の構造そのものを一度は破壊するだろうと論じている。

　権力関係が修正されると新たな力が前面に出てくることになり、公権力にとっては自らを再配置する必要がでてくるのである。社会の政治的組織や対外関係だけでなく、真実の確立も再構築される必要がある。アルゴリズムの力は、人間の活動の重要な部分を退行させる。それは、人新世（Anthropocene）という新たな環境状況への適応という、巨大な変化の幕開けにある社会に影響を与える。しかし、この二つのダイナミクスは通常、直接的に同時に考察されることはない、という議論がこの著作の特徴の一つである。

　デジタル革命とエコシステムの激変の同時代性は注目に値するものである。この二つの変革は、1950 年代以降、あらゆる人間現象と環境現象が経験してきた大加速（great acceleration）の一部である。デジタル技術の展開は意図的なものだが、自然生態系の改変はそうではない。しかし、社会的混乱は、どちらの場合も制御不能のように見える。私たちが地球環境について知っていることは、デジタル技術、データ収集、予測モデルによるところが大きい。そのため、適応を管理するためには、人間活動と自然生態系との相互作用の測定を向上させ、他方ではそれらを制御し、制限する必要がある。地球環境を守るためにデジタル技術の高い浸潤性を利用して、地球環境を守ろうとする社会の優先順位、パワーバランス、価値観について考えるためには、新しい政治哲学が必要になるだろう。そして、これらの複雑な相互作用を理解するためには、コンピューターサイエンスや地理学、経済学、社会全体のダイナミクス、安全保障など、技術的な側面を考慮する必要がある。この課題は、巨大であると同時に緊急の課題でもある。

　その範囲の一例がアーサー（Arthur 2017）によって提示されている。彼は、人間の介入なしに意思決定ができるアルゴリズムと、その意思決定を実行する方法を見つけることで、我々のテクノロジーは、人間の介入なしに社会のすべての必要なものを提供できるようになるかもしれないと主張している。もしそうだとすれば、それは社会としての非常に根本的な問題を提起することになると彼は考えている。

現在、地球上のほとんどの人々は、社会が必要とみなす商品の生産過程における自分の役割にアイデンティティを見出している。もしそうでなくなれば、それらは機械によって提供されることになり、社会の構造にどのような影響を与えるのだろうか。社会は、生産ベースの経済から、流通ベースの経済へと変貌を遂げるだろう。そうなると、個人だけでなく政府の役割も根本的に変えるだろう。すべての人の目が「誰が何を手に入れるか」にのみ集中するようになったとき、政府はどうやって一貫性を保てば良いのだろうか。そうなれば、現在の社会の権力構造全体を変革しなければならないだろう。さらに考えなければならないのは、このような変化は、各個人の社会の構成員としての一体感にどのような影響を与えるのだろうか。「仕事」という概念も根本的に変わり、ほとんどの現在の社会制度や価値観も変わるだろう。

　このような展開が目前に迫っているわけではないが、COVID-19 のパンデミック以降、多くのヨーロッパ・アメリカ社会で、市民の労働観が変化していることがわかる。たとえばフランスでは、ジャン・ジョレス財団（Fondation Jean-Jaurès）が 2022 年 7 月に発表した調査に基づく論文（Bendavid 2022）に、パンデミック後の大きな変化について報告している。2021 年には、活動（労働力）人口の 24% が仕事を「とても重要」、62% が「どちらかといえば重要」と回答しているのに対し、1990 年には 60% が仕事を「とても重要」、32% が「どちらかといえば重要」と回答していたのである。「家族」が 71% を占め、引き続き一位であることに変わりはないが、現在では「仕事」よりも「友人・知人」（46%）、「自由な時間」（41%）と続いている。この変化は、この国で長く働くこと（62 歳までではなく 64 歳まで）に抵抗がある理由を説明しているかもしれない。多くの人が、現在の職場環境には多くの点で不満があると感じている。アメリカにおいても、人生における仕事の役割についての同様の再評価が進行中であり、パンデミック直後の数年の間は転職が比較的しやすい時期であったこともあり、労働人口の異常な割合が転職することになった。強制的に隔離されている間に、多くの人々が自分の人生や（その一部に）不足しているものを見直すようになった。これは、新しい状況への移行が比較的スムーズに進むという「楽観主義者」のシナリオと見ることもできるが、それが非現実的だと主張する多くの理由もある。というのは、特に、権力を失うエリートにとっては受け入れがたい結果となるからだ。

　しかし、これはわれわれの社会が「否応なし（nolens-volens）」に経験する転換

の根本的な性質を示す一例に過ぎない。グルムバッハ（Grumbach 2022）は、この
ような変遷をより広い地政学的文脈に位置づけ、報道、ソーシャルネットワーク、
国家統制メディアといった情報産業を変革する根本的な混乱に触れている。これ
はまた、選挙に影響を与えるソーシャルネットワーク上でのプロパガンダ合戦
（propaganda wars）に見られるような、国家間に新しい力関係を生みだすだけでな
く、他国の政治情勢や国内の反対意見の統制を形成しようとする試みでもある。

　このすべてにおいて基本的な役割を果たすのがテクノスフィア（技術圏）（Haff
2013）である。これは社会が情報処理の大部分を委ねる技術的手段の総体である。
テクノスフィアの特徴は、テクノスフィアと人間の相互作用が（理解［comprehen-
sion］というよりむしろ）「能力（competence）」的なものであること、つまり閉じた
カテゴリーの観点から標準化されていることであり、それゆえテクノスフィアは
社会の柔軟性と適応性を著しく制限している。その特性によって、アルゴリズム
による社会制御をさらに推し進め、それ自体が社会全体のティッピング・ポイン
トにつながるのではないかと思わせるほどである。

　グルムバッハは結論として、このような発展が必然的にもたらす変化は、ヨー
ロッパ・アメリカ圏で起こるか、それとも東アジア圏で起こるか、と考えている。
世界におけるこの二つの大きな領域の間には、認識論的、認知論的な相違がある
ため、東洋的なアプローチの方が、必要な視点の変化を統合しやすいかもしれな
い。

謝辞

　ASU のゲーリー・ディルクス（Gary Dirks）との長年にわたる協力関係、そして
何度も繰り返された集中的な議論に感謝したい。彼は、これらすべてについて、
特に ML/AI と AGI を取り巻く複雑な問題について、私の見解を伝える上で重要
な役割を果たしてくれた。

原著注

＊1　van der Leeuw, S.E.（ed.）, 1998, The Archaeomedes Project : Understanding the natural and an-
thropogenic causes of land degradation and desertification in the Mediterranean. Luxemburg : Of-
fice for Official Publications of the European Union. 特に第 3 章と第 10 章を参照。
＊2　日本は 70 年以上の歳月を経て、多くの点で西洋（欧米）の価値観とその制度的組織を共

有する国へと発展したが、私は日本の社会や文化の専門家ではないため、私の焦点は、西洋社会の一般的な状態にある。

*3 この分野では数年（5年）ごとに大きな技術革新が起こるが、それを私たちの社会が、社会全体のダイナミクスに組み込むには、ずっと時間がかかる（しばしば 15 年）。このことは、ある時点で社会が情報処理の革新を見失うことを示しているようだ。

*4 未来とは本来、想像上のものである。そこで興味深い疑問が浮かぶ。アルゴリズムは想像の対象を「理解」できるのだろうか。アルゴリズムが想像上の物体を作り出すことができるのは明らかだが、それを既存の物体と区別することはできるのだろうか。試した人はいるのだろうか。

*5 人間の物理的知覚はすべて電磁気学に基づいているため、物理学者が認めている強い力や弱い力など、他の力にはまったく気づかない。重力でさえも直接体験することはなく、電磁気的な結果を通じて、ある物体を別の物体に引き寄せる。人間は、他の力に関する情報をわれわれが感覚で検出できる電磁信号に変換する装置を使うことで、この制限を回避している。

ノイズはどうなる？

　この分野で前進する可能性のある方法の一つは、人類学者テット（Gillian Tett）の提案に従うことだと思う。彼女は 2015 年に出版した *The Silo Effect*（『サイロ・エフェクト』）の中で、コミュニティは、時間の経過とともに、私がここで閉じたカテゴリーと呼んでいる一連の限られたものを使用する傾向にあり、理解力なき有能性（competency without comprehension）をもたらすと非常に説得力のある主張をしている。彼女はビジネスの世界での例を数多く挙げて、そのことを説明している。続編となる *Anthro-vision*（2021）（『アンソロ・ビジョン』）において、彼女は「もうひとつの AI」、すなわち「人類学的知能（Anthropology Intelligence）」の活用を主張している。「人類学的知能」とは、既存のカテゴリー体系の外に意図的に踏み出し、文化や特定の文脈で「普通（normal）」と考えられているものとは異なるカテゴリーや組織の側面を探求するものである。ビジネスの世界だけでなく、もっと広い範囲に目を向けると、彼女の主な論点は（本章で使われている言葉に置き換えると）、現在の主に閉じたカテゴリーに基づく理解だけに焦点を当てるならば、どのような領域においても、我々の知識は進歩しないということだ。そのため彼女は、既存のカテゴリーの「周り（around）」に目を向け、そこで観測される、現在の知識や洞察とは異なるシグナルの有無の意味に目を向ける必要があると主張する。これは、閉じたカテゴリーを開くことにほかならない。

　私はこれを、現象の領域との相互作用する際に登録されるノイズにも目を向けるよう促しているのだと解釈している。これまでのところ、カーネマンの *Noise*（Kahneman, Sibony & Sunstein 2021）（『Noise（ノイズ）』）のように、ノイズは現象の統計的知覚における（限界的な）変動を表すと主張されることがほとんどであった。しかし、ノイズを、解釈の枠組みが（まだ）発明も発見もされていないシグナルと解釈することもできる。このように定義すると、ノイズに注目することで、これまで見過ごされてきたシグナルに関する新たな解釈や理論の発見や発明につながる可能性がある。そしてそこには、ML が必要不可欠な役割を果たすことができるまとまった調査分野が存在すると私は考えている。例えば、日本の天文学者は、これまでノイズとみなされていたシグナルを情報に変換する新しい人工知能（AI）技術を開発した（Korot et al. 2021；https：//scitechdaily.com/astronomers-use-artificial-intelligence-to-reveal-the-actual-shape-of-the-universe/ 2021

年 7 月 14 日閲覧)。彼らは、科学の基本であるステップ、つまり観測者にとって意味のあるカテゴリーを構築することなく、これを実現している。

　もしノイズに対するこのようなアプローチを使うことができれば、異なるデータパターンを発見し、それを理にかなった方法 —— しかし、これまでとは異なる方法 —— で解釈する理論を生み出すことにつながるかもしれない。あるいは、新しい開いたカテゴリーを生み出し、広く受け入れられている既存の閉じたカテゴリーを打ち破り、結果として、われわれの認知について探求する役割を強化することになるかもしれない。このアプローチは、人間が知ることの本質について疑問を投げかけるであろう。この実験を指揮した科学者 (Qin 2020) はこう問いかける。「科学者は、単にデータを集めるのではなく、この世界を説明する物理学の理論を開発したいのではないだろうか」「理論は、物理学の基本であり、すべての現象を説明し理解するために必要ではないだろうか」「ナラティブ上の大量のシグナルについても同じことをしたらどうだろうか」「そうすれば、進行中のダイナミクスの理解にまだ取り入れられておらず、定期的にノイズと認定されている信号の一部の間の関係を特定することができるのではないだろうか」。

参考文献

Abel, G. J., B. Barakat, & W. Lutz. 2016. "Meeting the sustainable development goals leads to lower world population growth." *Proceedings of the National Academy of Sciences USA* 113 : 14294–14299. DOI : 10.1073/pnas.1611386113

Abel, W. 1966. *Agrarkrisen und Agrarkonjunktur.* Hamburg : Parey.

Adler, G., M. R. A. Duval, D. Furceri, K. Sinem, K. Koloskova & M. Poplawski-Ribeiro. 2017. *Gone with the headwinds : Global productivity.* Washington DC : International Monetary Fund, publication 1475589867. DOI : 10.5089/9781475589672.006

Allen, P. M. 1985. "Towards a new science of complexity." In : *The Science and Praxis of Complexity* (S. Aida, P. M. Allen & H. Atlan eds.), pp. 286–297. Tokyo : United Nations University.

Allen, P. M. & G. Engelen. 1985. "Modelling the spatial evolution of population and employment : The case of the USA." In : *Lotka-Volterra Approach to Cooperation and Competition Modelling in Dynamic Systems* (W. Ebeling & M. Peschel eds.), pp. 191–212. Berlin : Akademie-Verlag (Mathematical Research, vol. 23).

Allen, P. M. & J. M. McGlade. 1987a. "Modelling complex human systems : A fisheries example." *European Journal of Operational Research* 30 : 147–167.

—— 1987b. "Evolutionary drive : The effects of microscopic diversity, error making and noise." *Foundations of Physics* 17 (7) : 723–738. DOI : 10.1016/0377-2217 (87) 90092-0

Allen, P. M. & M. Sanglier. 1979. "Dynamic model of growth in a central place system." *Geographical Analysis* 11 (2) : 258–272. DOI : 10.1111/j.1538-4632.1979.tb00693.x

Allen, T. F. H. & T. W. Hoekstra. 1992. *Toward a Unified Ecology.* New York : Columbia University Press.

Allen, T. F. H. & T. B. Starr. 1982. *Hierarchy : Perspectives for Ecological Complexity.* Chicago : University of Chicago Press.

Alp, I. E. 1994. "Measuring the size of working memory in very young children : The imitation sorting task." *International Journal of Behavioral Development* 17 : 125–141. DOI : 10.1177/0165025494017 00108

Alpers, S. 1983. *The Art of Describing.* Chicago : University of Chicago Press.

Ammerman, A. & L. Cavalli-Sforza. 1973. "A population model for the diffusion of early farming in Europe." In : *The Explanation of Culture Change* (A. C. Renfrew ed.), pp. 343–357. London : Duckworth.

Anderson, J. R. 1982. "Acquisition of cognitive skill." *Psychological Review* 89 (4) : 369–406. DOI : 10.1037/0033-295X.89.4.369

Anderson, P. W., K. Arrow & D. Pines eds. 1988. *The Economy as an Evolving Complex System I.* Redwood City, CA : Addison-Wesley.

Andersson, A. E. 1986. "The four logistical revolutions." *Papers of the Regional Science Association* 59 : 1–12. DOI : 10.1111/j.1435-5597.1986.tb00978.x

Apostel, L. 1960. "Towards the formal study of models in the non-formal sciences." *Synthese* 12 (2–3) : 125–161. DOI : 10.1007/BF00485092

Arthur, W. B. 1988. "Self-reinforcing mechanisms in economics." In : *The Economy as an Evolving Com-*

plex System I (P. W. Anderson, K. Arrow & D. Pines eds.), pp. 9–32. Redwood City, CA : Addison-Wesley.

—— 1990. "Positive feedbacks in the economy." *Scientific American* 262 (2) : 92–99. DOI : 10.1038/scientificamerican0290-92

—— 2009. *The Nature of Technology : What It Is and How It Evolves.* London : Allen Lane.

—— 2017. "Where is technology taking the economy?" *McKinsey Quarterly*, October 2017. Available at : https : // www.mckinsey.com/capabilities/quantumblack/our-insights/where-is-technology-taking-the-economy (2024 年 8 月 15 日閲覧)

Arthur, W. B., S. Durlauf, & D. A. Lane. 1997. *The Economy as an Evolving Complex System II.* Redwood City, CA : Addison-Wesley.

Ashby, W. Ross. 1956 (2015 reprint). *An Introduction to Cybernetics.* Eastford, CT : Martino Fine Books.

Asimov, I. 1950. *I, Robot.* New York : Gnome Press.

AtKisson, A. 2010. *Believing Cassandra : How to Be an Optimist in a Pessimist's World.* London : Routledge.

Atlan, H. 1992. "Self-organizing networks : Weak, strong and intentional : The role of their under-determination." *La Nuova Critica N.S.* 19 (20) : 51–70.

Auerbach, B. M. & C. B. Ruff. 2004. "Human body mass estimation : A comparison of 'morphometric' and 'mechanical' methods." *American Journal of Physical Anthropology* 125 (4) : 331–342. DOI : 10.1002/ajpa.20032

Auerswald, P. 2017. *The Code Economy : A Forty-Thousand-Year History.* Oxford : Oxford University Press.

Augé, M. 1992. *Non-lieux : Introduction à une anthropologie de la surmodernité.* Paris : Seuil. [Engl. Transl. : *Non-Places : An Introduction to Supermodernity.* 1995. New York : Verso.]

Bachas, K. & B. A. Huberman. 1987. "Complexity and ultra-diffusion." *Journal of Physics A* 20 : 4995–5014. DOI : 10.1088/0305-4470/20/14/036

Bai, X., S. E. van der Leeuw, K. O'Brien, F. Berkhout, F. Biermann, W. Broadgate, E. Brondizio, C. Cudennec, J. Dearing, A. Duraiappah, M. Glaser, A. Revkin, W. Steffen & J. Syvitski. 2016. "Plausible and desirable futures in the anthropocene : A new research agenda?" *Global Environmental Change* 39 : 351–362. DOI : 10.1016/j.gloenvcha.2015.09.017

Bak, P. 1996. *How Nature Works : The Science of Self-Organised Criticality.* New York : Copernicus Press.

Bakels, C. 1978. *Four Linearbandkeramik Settlements and Their Environment : A Paleo-ecological Study of Sittard, Stein, Elsloo and Hienheim.* (*Analecta Praehistorica Leidensia* 11). Currently available : Leiden : Sidestone Press.

Baldwin, R. 2016. *The Great Convergence : Information Technology and the New Globalization.* Cambridge MA : Harvard University Press.

Balfet, H. 1984. "Methods of formation and the shape of pottery." In : *The Many Dimensions of Pottery : Ceramics in Archaeology and Anthropology* (S. E. van der Leeuw & A. C. Pritchard eds.), pp. 171–197. Amsterdam : Albert Egges van Giffen Instituut voor Preen Protohistorie.

Ban Ki-Moon. 2014. "We don't have [a] plan B because there is no planet B." Available at : https ://news.un.org/en/story/2014/09/477962 (2024 年 8 月 15 日閲覧)

Barton, E., et al. 2015. "Network analysis." Unpublished BSc paper submitted to the 2015 "Global Classroom" joint project of Arizona State University and Leuphana University.

Bateson, G. 1972. *Steps towards an Ecology of Mind.* New York : Ballantine Books.

—— 1979. *Mind and Nature : A Necessary Unity.* New York : Dutton/Penguin.

BBVA Foundation. 2013. *Ch@NGE, How Internet Is Changing Our Lives.* Madrid : BBVA Foundation.

Beckert, J. 2016. *Imagined Futures : Fictional Expectations and Capitalist Dynamics.* Cambridge, MA : Harvard University Press.

Behringer, W. 1999. "Climatic change and witch-hunting : The impact of the little ice age on mentalities." *Climatic Change* 43（1）: 335–351. DOI : 10.1023/A : 1005554519604

Belnap, N. 2003. "Agents in branching space-times." *Journal of Sun Yatsen University* 43 : 147–166.

—— 2005. "Branching histories approach to indeterminism and free will." In : *Truth and Probability Essays in Honour of Hugues Leblanc*（B. Brown & F. Lepage eds.）, pp. 197–211. London : College Publishing.

—— 2007. "From Newtonian determinism to branching-space-time indeterminism." In : *Logik, Begriffe, Prinzipien des Handelns*（*Logic, Concepts, Principles of Action*）（T. Müller & A. Newen eds.）, pp. 13–31. Münster : Mentis Verlag.

Bendavid, R. 2022. « Plus rien ne sera jamais comme avant » dans sa vie au travail »

Berger, J.-F, L. Nuninger & S. E. van der Leeuw. 2007. "Modeling the role of resilience in socioenvironmental co-evolution : The middle Rhône Valley between 1000 B.C. and A.D. 1000." In : *The Model-Based Archaeology of Socio-natural Systems*（T. Kohler & S. E. van der Leeuw eds.）, pp. 41–60. Santa Fe, NM : School of Advanced Research.

Berque, A. 1986. *Le Sauvage et l'artifice : Les Japonais devant la nature.* Paris : Gallimard.［Engl. Transl. : *Japan : Nature, Artifice and Japanese Culture.* 1997. Yelvertoft Manor : Pilkington.］

Bettencourt, L. M. A. 2013. "The origins of scaling in cities." *Science* 340（6139）: 1438–1441. DOI : 10.1126/science.1235823

Bettencourt, L. M. A., J. Lobo, D. Helbing, C. Kühnert & G. West. 2007. "Growth, innovation, scaling, and the pace of life in cities." *Proceedings of the National Academy of Sciences USA* 104（17）: 7301–7306. DOI : 10.1073/pnas.0610172104

Binford, L. R. 1965. "Archaeological systematics and the study of culture process." In : *Contemporary Archaeology*（M. Leone ed.）, pp. 125–132. Carbondale, IL : Southern Illinois University.

Birdsell, J. B. 1973. "A basic demographic unit." *Current Anthropology* 4 : 337–356.

Blanckaert, C. 1998. "La naturalisation de l'homme de Linné à Darwin. Arché ologie du débat nature/culture." In : *La Culture est-elle naturelle ? Histoire, épistémologie et applications récentes du concept de culture*（A. Ducros, J. Ducros & F. Joulian eds.）, pp. 15–24. Paris : Errance.

Blundell, J. 2018. Globalinc : Visualisation of the Global Income Distribution since 1980［Online］. Available at : https ://jackblun.github.io/Globalinc/（2024 年 8 月 15 日閲覧）

Boëda, E. 1994. *Le Concept Levallois : Variabilité des méthodes.* Paris : Éditions CNRS（Monographie du CRA 9）.

—— 2013. *Techno-logique et technologie : Une Paléo-histoire des objets tranchants.* Prigonrieux : archeo-editions.com.

Bonifati, G. 2008. *Dal libro manoscritto al libro stampato. Sistemi di mercato a Bologna e a Firenze agli albori del capitalismo*. Turin : Rosenberg & Sellier.

Borges, J. L. 1944. "Tlön, Uqbar, Orbis Tertius." In : *Ficciones*. Buenos Aires : Editorial Sur [Engl. Transl. : *Ficciones* [sic！]. 1962. New York : Grove Press, pp. 17–36.]

Bossel, H. 1986. *Ecological Systems Analysis : An Introduction to Modelling and Simulation*. Kassel : Department of Environmental Systems Research Group, University of Kassel.

Bossel, H., S. Klaczko & N. Müller. 1976. *Systems Theory in the Social Sciences : Stochastic and Control Systems, Pattern Recognition, Fuzzy Analysis, Simulation, Behavioral Models*. Basel and Stuttgart : Birkhäuser.

Bosworth, B., R. Bryant, & G. Burtless. 2004. "The impact of aging on financial markets and the economy : A survey" (July 1). Available at : https://crr.bc.edu/wp-content/uploads/2004/10/wp_2004-2 31.pdf (2024 年 8 月 15 日閲覧)

Boulding, K. E. 1966. "The economics of the coming spaceship Earth." In : *Environmental Quality in a Growing Economy* (H. Jarrett ed.), pp. 3–14. Baltimore, MD : Resources for the Future/Johns Hopkins University Press.

Bourdieu, P. 1977. *Outline of a Theory of Practice*. Cambridge : Cambridge University Press.

boyd, d. 2014. *It's complicated : the social life of networked teens*. New Haven CT : Yale University Press.

Bradbury, R. 1952. "A sound of thunder." *Collier's*June 28 (in : *The Golden Apples of the Sun*, 1953, pp. 203–215. New York : Doubleday.) [1997 ed. William Morrow/Harper Collins.]

Brandt, R. W., W. Groenman-van Waateringe & S. E. van der Leeuw. 1987. *Assendelver Polder Papers I*. Amsterdam : A. E. van Giffen Instituut voor Pre- en Protohistorie.

Brandt, R. W. & S. E. van der Leeuw. 1988. "Research design and Wet Site Archaeology in the Netherlands : An example." In : *Wet Site Archaeology* (B. Purdy ed.), pp. 153–176. Telford, PA : Telford Press.

Brandt, R. W., L. H. van Wijngaarden-Bakker & S. E. van der Leeuw. 1984. "Transformations in a Dutch estuary : Research in a wet landscape." *World Archaeology* 16 (1) : 1–17. DOI : 10.1080/00438243.1984.9979912

Braudel, F. 1949. [4th ed., 1979.] *La Méditerranée et le monde méditerranéen à l'époque de Philippe II*. Paris : Armand Colin.

Brown, J. S., L. Davidson, & J. Hagel. 2012. *The Power of Pull : How Small Moves, Smartly Made, Can Set Big Things in Motion*. New York : Basic Books.

Brundiers, K., A. Wiek & B. Kay. 2013. "The role of trans-academic interface managers in transformational sustainability research and education." *Sustainability* 5 (11) : 4614–4636. DOI : 10.3390/su 5114614

Brynjolfsson, E. & A. McAfee. 2011. *The Second Machine Age : Work, Progress and Prosperity in a Time of Brilliant Technologies*. New York : W. W. Norton.

Bull, H. 1977. [4th ed. 2012.] *The Anarchical Society : A Study of Order in World Politics*. New York : Columbia University Press.

Capra, F. 1975. *The Tao of Physics : An Exploration of the Parallels between Modern Physics and Eastern Mysticism*. London : Wildwood House.

Carlson, S. M., L. J. Moses & C. Breton. 2002. "How specific is the relation between executive function and theory of mind? Contributions of inhibitory control and working memory." *Infant and Child Development* 11 : 73–92. DOI : 10.1002/icd.298

Carpenter, S. R. 2002. "Ecological futures : Building an ecology of the long now." *Ecology* 83 : 2069–2083. DOI : 10.1890/0012-9658（2002）083 ［2069 : EFBAEO］2.0. CO ; 2

Carroll, L. 1999. *Through the Looking Glass.* London : Dover.

Carson, R. 1962. *Silent Spring.* Boston : Houghton Mifflin. ［Online reprint : Greenwich, CN : Crest Reprints（Fawcett Books）. Available at : https : //ia802801.us.archive.org/13/items/fp_Silent_Spring-Rachel_Carson-1962/Silent_Spring-Rachel_Carson-1962.pdf（2024 年 8 月 15 日閲覧）

Cassirer, E. 1972. *The Individual and the Cosmos in Renaissance Philosophy.* Philadelphia : University of Pennsylvania Press.

Castells, M. 2010 ［2nd ed.］ *The Rise of the Network Society.* Oxford : John Wiley & Sons.

Ceccato, H. A. & B. A. Huberman. 1988. "Persistence of non-optimal strategies." *Physica Scripta* 37 : 145–150. DOI : 10.1073/pnas.86.10.3443

Chapman, G. P. 1970. "The application of information theory to the analysis of population distribution in space." *Economic Geography* 2 : 317–333. DOI : 10.2307/143147

Chernikov, A. A., R. Z. Sagdeev, D. A. Usikov, M. Y. Zakharov, & G. M. Zaslavsky. 1987. "Minimal chaos and stochastic webs." *Nature* 326 : 559–563. DOI : 10.1038/326559a0

Chew, S. C. 2007. *The Recurring Dark Ages : Ecological Stress, Climate Changes and System Transformation.* Lanham, MD : Altamira Press.

Churchman, C. W. 1967. "Guest editorial : Wicked problems." *Management Sciences* 14（4）: 141–142. Available at : https : //pubsonline.informs.org/doi/epdf/10.1287/mnsc.14.4.B141（2024 年 8 月 15 日閲覧）

—— 1968. *The Systems Approach.* New York : Delacorte Press.

Claessen, H. & P. Skalnik. 1978. *The Early State.* The Hague : Mouton.

Clément, G. 2015. "*The Planetary Garden*" *and Other Writings.* Philadelphia : University of Pennsylvania Press（Penn Studies in Landscape Architecture）.

Clément, G., P. Rahm & G. Borasi. 2007. *Environ（ne）ment : Approaches for Tomorrow.* Paris : Skira（Bilingual Edition）.

Colander, D., H. Föllmer, A. Haas, M. Goldberg, K. Juselius, A. Kirman, T. Lux & B. Sloth. 2009. *The Financial Crisis and the Systemic Failure of Academic Economics.* Middlebury, VT : Middlebury College（Middlebury College Working Paper Series 0901）.

Corlett, J. A. 2003. *Equality and Liberty : Analyzing Rawls and Nozick.* Basingstoke : Palgrave Macmillan.

Cornell, S., F. Berkhout, W. Tuinstra, J. D. Tàbara, J. D., Jäger, I. Chabay, B. de Wit, R. Langlais, D. Mills, P. Moll, I. M. Otto, A. Petersen, C. Pohl & L. van Kerkhoff. 2013. "Opening up knowledge systems for better responses to global environmental change." *Environmental Science Policy* 28 : 60–70. DOI : 10.1016/j.envsci.2012.11.008

Costanza, R., R. Leemans, R. Boumans & E. Gaddis. 2007. "Integrated global models." In : *Sustainability or Collapse : An Integrated History and Future of People on Earth*（R. Costanza, L. J. Graumlich & W. Steffen eds.）, pp. 417–446. Cambridge, MA : MIT Press（Dahlem Workshop Report 96）.

Costanza, R., S. E. van der Leeuw, K. Hibbard, S. Aulenbach, S. Brewer, M. Burek, S. Cornell, C. Crumley, J. Dearing, C. Folke, L. Graumlich, M. Hegmon, S. Heckbert, S. T. Jackson, I. Kubiszewski, V. Scarborough, P. Sinclair, S. Sörlin & W. Steffen. 2012. "Developing an integrated history and future of people on Earth (IHOPE)." *Current Opinion in Environmental Sustainability* 4 : 106–114. DOI : 10.1016/j.cosust.2012.01.010

Coulom, R. 2006. "Efficient selectivity and backup operators in Monte-Carlo tree search." In *Computers and Games : 5th International Conference*, CG 2006, Turin, Italy, May 29–31. Revised papers (H. J. van den Herik ed.), pp. 72–83. Berlin : Springer. DOI : 10.1007/978-3-540-75538-8_7

Cowan, G. A. 2010. *Manhattan Project to the Santa Fe Institute : The memoirs of George A. Cowan*. Albuquerque, NM : University of New Mexico Press.

Cristelli, M., M. Batty & L. Pietronero. 2012. "There is more than a power law in Zipf." *Scientific Reports* 2 : 812. DOI : 10.1038/srep00812

Crow, M. M. 2010. "Organizing teaching and research to address the grand challenges of sustainable development." *BioScience* 60 (7) : 488–489. DOI : 10.1525/bio.2010.60.7.2

Crumley, C. L. 1995. "Heterarchy and the analysis of complex societies." *Archeological Papers of the American Anthropological Association* 6 (1). DOI : 10.1525/ap3a.1995.6.1.1

Cullen, H. 2010. *The Weather of the Future*. New York : Harper.

David D., P. Zhang, H. F. Brecke, Y.-Q. Lee, J. He, & J. Zhang. 2007. "Global climate change, war, and population decline in recent human history." *Proceedings of the National Academy of Sciences USA* 104 (49) : 19214–19219. DOI : 10.1073/pnas.0703073104

Daly, H. 1973 [2nd ed. 1991.] *Steady State Economics*. Washington, DC : Island Press.

Day J. W. & C. Hall. 2016. "Energy : The master resource." In : *America's Most Sustainable Cities and Regions*, pp. 167–216. New York : Copernicus.

Day, R. H. & J.-L. Walter. 1989. "Economic growth in the very long run : On the multiple-phase interaction of population, technology, and social infrastructure." In : *Economic Complexity : Chaos, Sunspots, Bubbles and Nonlinearity* (W. Barnett, J. Geweke, & K. Shell, eds.), pp. 253–290. Cambridge : Cambridge University Press.

Day, J. W., J. D. Gunn, W. J. Folan & A. Yáñez-Arancibia. 2012. "The Influence of Enhanced Post-Glacial Coastal Margin Productivity on the Emergence of Complex Societies." *Journal of Island and Coastal Archaeology* 7 : 23–52. DOI : 10.1080/15564894.2011.650346

de Haan, G. 2006. "The BLK '21' programme in Germany : A 'Gestaltungskompetenz'–based model for education for sustainable development." *Environmental Education Research* 1 : 19–32. DOI : 10.1080/13504620500526362

De Vecchi, N. 1993. *Schumpeter viennese, imprenditori, istituzioni e riproduzione del capitale*. Turin : Bollati Bollinghieri.

Dearing, J. A., R. W. Battarbee, R. R. Dikau, I. Larocque & F. Oldfield. 2006a. Human-environment interactions : learning from the past. *Regional Environ mental Change* 6 (1–2) : 1–16. DOI : 10.1007/s10113-005-0011-8

—— 2006b. Human-environment interactions : towards synthesis and simulation. *Regional Environmental Change* 6 (1–2) : 115–123. DOI : 10.1007/s10113-005-0012-7

Dearing, J. A., A. K. Braimoh, A. Reenberg, B. L. Turner II & S. E. van der Leeuw. 2010. "Complex land systems : The need for long time perspectives in order to assess their future." *Ecology and Society* 15 (4). DOI : 10.5751/ES-03645-150421 Available at : https : //www.ecologyandsociety.org/vol15/isss4/art21/ (2024 年 8 月 15 日閲覧)

Debord, G. 1967. *La société du spectacle*. Paris : Buchet Chastel [Engl. Transl. : *The Society of the Spectacle*. 1970/1977. Detroit, MI : Black & Red.]

Delbrück, M. 1986. *Mind from Matter*. Oxford : Blackwell.

Delponte, L., M. Grigolini, A. Moroni, S. Vignetti, M. Claps, & N. Giguashvili. 2015. *ICT in the Developing World*. Luxemburg : European Parliamentary Research Service.

Delta Development Group. Available at : www.deltadevelopment.eu/en/ (2024 年 8 月 15 日閲覧)

DeLuca, A. & S. Termini. 1972. "A definition of a non-probabilistic entropy in the setting of fuzzy sets." *Information and Control* 20 (4) : 301–312. DOI : 10.1016/S0019-9958 (72) 90199-4

—— 1974. "Entropy of L-fuzzy sets." *Information and Control* 24 (1) : 55–73. DOI : 10.1016/S0019-9958 (74) 80023-9

Descola, P. 1994. *In the Society of Nature : A Native Ecology in Amazonia*. Cambridge : Cambridge University Press (Cambridge Studies in Social and Cultural Anthropology 93. Transl. N. Scott).

—— 2005. *Par delà nature et culture*. Paris : Gallimard [Engl. transl. : *Beyond Nature and Culture*. 2013. Chicago : University of Chicago Press].

Diamond, A. & B. Doar. 1989. "The performance of human infants on a measure of frontal cortex function : The delayed-response task." *Development Psychobiology* 22 : 271–294. DOI : 10.1002/dev.420220307

Diamond, J. 2005. *Collapse*. London : Penguin.

Dilthey, W. 1883. *Introduction to the Human Sciences : An Attempt to Lay a Foundation for the Study of Society and History*. [Translation and reedition R. A. Makkreel and F. Rodi eds. 1985–2010.] Princeton, NJ : Princeton University Press, Vol I.

Dirks, G. & S. E. van der Leeuw. (in press). "*Society-Building as Collaborative Selection of Information-Processing Dimensions?*"

Dretske, F. 1981. *Knowledge and the Flow of Information*. Boston : MIT Press.

Dubos, R. 1974–1975. "The despairing optimist." *The American Scholar* 44 (1) : 8–13.

Duby, G. 1953. *La Société aux XIe et XIIe siècles dans la région mâconnaise*. Paris : Éditions de l'EHESS.

Dupuy, J. P. 1990. "Deconstruction and the liberal order." *SubStance* 62/63 : 110–124. DOI : 10.2307/3684672

Durden, T. 2017. "Global debt hits 325% of world GDP, rises to record $217 trillion." (April 1, 2017). Available at : https : //www.zerohedge.com/news/2017-01-04/global-debt-hits-325-world-gdp-rises-record-217-trillion

Dyer, C. L. 2009. "From the phoenix effect to punctuated entropy : The culture of response as a unifying paradigm of disaster mitigation and recovery." In : *The Political Economy of Hazards and Disasters* (E. C. Jones & A. D. Murphy, eds.), pp. 343–356. Lanham, MD : Altamira Press (Society for Economic Anthropology Monograph Series 27).

Earle, T. & R. Preucel 1987 "Chiefdoms in archaeological and ethnohistorical perspective." *Annual Review of Anthropology* 16 : 279–308. DOI : 10.1146/annurev.an.16.100187.001431

The Economist. 2016. "March of the machines : What history tells us about the future of artificial intelligence—and how society should respond." June 25. Available at : https : //www.economist.com/leaders /2016/06/25/march-of-the-machines

Edsall, T. B. 2017. "How the Internet threatens democracy." *New York Times*March 2. Available at : https : //www.nytimes.com/2017/03/02/opinion/how-the-internet-threatens-democracy.html

Einstein (n.d.). BrainyQuote.com. Available at : https : //www.brainyquote.com/quotes/albert_einstein_38 5842 (2024 年 8 月 15 日閲覧)

Elster, J. 2010. "Emotional choice and rational choice." In : *The Oxford Handbook of Philosophy of Emotion.* Oxford : Oxford University Press.

Engelbrecht, B. 1987. *Töpferinnen in Mexiko : Entwicklungsethnologische Untersuchungen zur Produktion und Vermarktung der Töpferei von Patamban und Tzintzuntzan, Michoacán, Westmexiko.* Basel : Kommissionsverlag Wepf (Basler Beiträge zur Ethnologie Bd. 26).

Epstein, H. T. 2002. "Evolution of the reasoning brain." *Behavioral Brain Science* 25 : 408–409. DOI : 10.1017/S0140525X02270077

Erokhin, V. 2017. "Self-sufficiency versus security : How trade protectionism challenges the sustainability of the food supply in Russia." *Sustainability* 9 : 19–39. DOI : 10.3390/su9111939

Evernden, N. 1992. *The Social Creation of Nature.* Baltimore : Johns Hopkins University Press.

Farmer, J. D., E. Ott & J. A. Yorke. 1983. "The dimension of chaotic attractors." *Physica* 7D : 153–180. DOI : 10.1016/0167-2789 (83) 90125-2

Faulkner, T. 2013. "Carolingian Kings and the leges barbarorum." *Historical Research* 86 : 443–464. DOI : 10.1111/1468-2281.12027

Feinman, G. & J. Neitzel. 1984. "Too many types : An overview of sedentary prestate societies in the Americas." *Advances in Archaeological Method and Theory* 7 : 39–102.

Flannery, K. V. 1972. "The cultural evolution of civilizations." *Annual Review of Ecology and Systematics* 2 (1971) : 399–426. DOI : 10.1146/annurev.es.03.110172.002151

Flannery, T. 2002. *The Future Eaters : An Ecological History of the Australasian Lands and People.* New York : Grove Press.

Florida, R. 2002 (2nd ed., 2014). *The Rise of the Creative Class : And How It's Transforming Work, Leisure, Community and Everyday Life.* New York : Basic Books.

Foley, R. 1987. *Just Another Unique Species.* Cambridge : Cambridge University Press.

Fontana, W. 2012. "Rethinking models to capture cancer as a dynamic, evolvable CAS." Presentation at the joint ASU/USC Workshop on "Complex Adaptive Systems (CAS) : Leveraging Advances in the CAS Sciences to Understand and Control Complex Diseases (Cancer as a Use Case)." Tempe, AZ, June 7–8.

Foucault, M. 1975. *Surveiller et Punir : Naissance de la Prison.* Paris : Gallimard [Engl. Transl. : *Discipline and Punish : The Birth of the Prison.* 1995. London : Vintage.]

—— 1983 [2nd ed.]. "The subject and power." In : *Michel Foucault : Beyond Structuralism and Hermeneutics* (H. Dreyfus & P. Rabinow eds.), pp. 208–226. Chicago : The University of Chicago Press [Original publication : "Le sujet et le pouvoir." In : *Dits et Écrits vol. IV*, 1982. Paris : Gallimard].

Foucault, M. 1977. Discipline and Punish : The Birth of the Prison, Vintage Books.

Frankenstein, S. & M. Rowlands. 1978. "The internal structure and regional context of early iron age society in South-Western Germany." *Bulletin of the Institute of Archaeology, University College London* 15 : 73–112.

Frieden, J. A. 2006. *Global Capitalism : Its Fall and Rise in the Twentieth Century*. New York : W. W. Norton.

Friedman, T. L. 2016. *Thank You for Being Late : An Optimist's Guide to Thriving in the Age of Accelerations*. New York : Farrar, Strauss & Giroux [Version 2.0 With a New Afterword. 2017. New York : Picador Books.]

Fukuyama, F. 2015. *Political Order and Political Decay : From the Industrial Revolution to the Globalization of Democracy*. New York : Farrar, Strauss & Giroux.

Funk, C. & B. Kennedy. 2017. "Public confidence in scientists has remained stable for decades." *Pew Research*, April 6, 2017. Available at : https : // www.pewresearch.org / short-reads / 2020 / 08 / 27 / public-conf idence-in-scientists-has-remained-stable-for-decades/（2024 年 8 月 15 日閲覧）

Gallopin, G. 1980. "Development and environment : An illustrative model." *Journal of Policy Modeling* 2 （2）: 239–254. DOI : 10.1016/0161-8938（80）90005-8

——1994. *Impoverishment and Sustainable Development : A Systems Approach*. Winnipeg, Canada : International Institute for Sustainable Development.

Gazenbeek, M. 1999. *Les Alpilles et la Montagnette*. Paris : Académie des Inscrip-tions et Belles Lettres.

Gell-Mann, M. 1995. *The Quark and the Jaguar : Adventures in the Simple and the Complex*. New York : St. Martin's Griffin/Macmillan.

Gendlin, E. T. 1997. *Experiencing and the Creation of Meaning*. Evanston IL : Northwestern University Press.

Georgescu-Roegen, N., 1971 [2nd ed. 2014] *The Entropy Law and the Economic Process*. Cambridge（MA） Harvard University Press.

Gibbon, E., 1776–1788. *The History of the Decline and Fall of the Roman Empire*, 6 Vols. London : Methuen, 1909–1914 [reprinted 1974. New York : AMS Press.

Giddens, A. 1979. *Central Problems in Social Theory : Action, Structure, and Contradiction in in Social Analysis*. Los Angeles : University of California Press.

——1984. *The Constitution of Society*. Cambridge : Polity Press.

Girard, R. 1990. "Innovation and repetition." *SubStance* 62/63 : 7–20. DOI : 10.2307/3684663

Glance, N. & B. A. Huberman 1997. "The control of chaos." In : *Archaeology : Time, Process and Structural Transformations*（S. E. van der Leeuw & J. McGlade eds.）, pp. 118–142. London : Routledge.

Gleick, J. 2011. *The Information : A History, a Theory, a Flood*. New York : Pantheon Books.

Godelier, M. 1982. *La production des Grands Hommes : Pouvoir et domination masculine chez les Baruya de Nouvelle Guinée*. Paris : Fayard [Engl. Transl. : *The Making of Great Men : Male Domination and Power among the New Guinea Baruya*. 1986. Cambridge : Cambridge University Press.]

Godelier, M. & M. Strathern. 1991. *Big Men and Great Men : Personifications of Power in Melanesia*. Cambridge : Cambridge University Press ; Paris : Maison des Sciences de l'Homme.

Gombrich, E. H. 1961. *Art and Illusion*. Washington, DC : Bollingen Foundation.

—— 1971. *Norm and Form*. London : Phaidon.

Gould, S. J. & N. Eldredge. 1977. "Punctuated equilibria : The tempo and mode of evolution reconsidered." *Paleobiology* 3 (2) : 115–151. DOI : 10.1017/S0094837300005224

Gowdy, J., M. Mazzucato, S. Page, J. C. J. M. van den Bergh, S. E. van der Leeuw & D. Sloan Wilson. 2016. "Shaping the evolution of complex societies." In : *Complexity and Evolution : Toward a New Synthesis for Economics* (D. S. Wilson & A. Kirman eds.), pp. 327–350. Cambridge, MA : MIT Press. (Strüngmann Forum Reports 19).

Graeber, D. 2001. *Toward an Anthropological Theory of Value*. London : Macmillan.

Granovetter, M. S. 1973. "The strength of weak ties." *American Journal of Sociology* 78 (6) : 1360–1380.

Gray, B. 2008. "Theoretical perspectives on team science : Enhancing transdisciplinary research through collaborative leadership." *American Journal of Preventive Medicine* 35 (supplement 2) : S124–132. DOI : 10.1016/j.amepre.2008.03.037

Guérin-Pace, F. 1990. *La dynamique d'un système de peuplement : Évolution de la population des villes françaises de 1831 à 1982*. PhD Thesis, Université de Paris 7.

—— 1993. *Deux siècles de croissance urbaine*. Paris : Anthropos, Economica (Collection Villes).

Grumbach, S. 2022. *L'Empire des algorithmes. Une Géopolitique du Contrôle à l'ère de l'Anthropocène*. Paris : Armand Colin.

Grumbach, S & S. E. van der Leeuw. 2021. "The evolution of knowledge processing and the sustainability conundrum." *Global Sustainability* 4, e29, 1–11. DOI : 10.1017/sus.2021.29

Gunderson L. H. & C. S. Holling. 2002. *Panarchy : Understanding Transformations in Human and Natural Systems*. Washington, DC : Island Press.

Gunn, G. 1992. *Thinking Across the American Grain : Ideology, Intellect, and the New Pragmatism*. Chicago : University of Chicago Press.

Gunn, J. D., W. J. Folan, C. Isendahl, M. del Rosario Domínguez Carrasco, B. B. Faust & B. Volta. 2014. "Calakmul : Agent Risk and Sustainability in the Western Maya Lowlands." *Archaeological Papers of the American Anthropological Association* 24 (1) : 101–123. (Special Issue : The Resilience and Vulnerability of Ancient Landscapes : Transforming Maya Archaeology through IHOPE.) DOI : 10.1111/apaa.12032

Gunn, J. D., J. W. Day Jr., W. J. Folan & M. Moerschbaecher. 2019. "Geo-cultural time : Advancing human societal complexity within worldwide constraint bottlenecks-A chronological/helical approach to understanding human-planetary interactions." *BioPhysical Economics and Resource Quality* 4 (3) : 10. DOI : 10.1007/s41247-019-0058-7

Gurri, M. 2014. *The Revolt of the Public and the Crisis of Authority in the New Millennium*. San Francisco : Stripe Press.

Haag, G. & W. Weidlich. 1984. "A stochastic theory of interregional migration." *Geographical Analysis* 16 (4) : 331–357. DOI : 10.1111/j.1538-4632.1984.tb00820.x

—— 1986. "A dynamic migration theory and its evaluation for concrete systems." *Regional Science and Urban Economics* 16 (1) : 57–80. DOI : 10.1016/0166-0462 (86) 90013-x

Haass, R. 2017. *A World in Disarray : American Foreign Policy and the Crisis of the Old Order*. New York : Penguin.

Haeckel, E. 1866. *Generelle Morphologie der Organismen : Allgemeine Grundzüge der organischen Formenwissenschaft, mechanisch begründet durch die von Charles Darwin reformierte Descendenz Theorie*, 2 Vols. Berlin : Reemer.

Haff, P. K. 2013. "Humans and technology in the Anthropocene : Six rules." The *Anthropocene Review* 1（2）: 126–136. DOI : 10.1177/2053019614530575

Hagel, J., J. Brown, S. Kulasooriya & D. Elbert. 2010. *Measuring the Forces of Long-Term Change : The 2010 Shift Index*. San Jose, CA : Deloitte Center for the Edge. Available at : https ://www.edgeperspectives.com/shiftindex2010.html（2024 年 8 月 15 日閲覧）

Hall, C. A. S., J. G. Lambert & S. B. Balogh. 2014. "EROI of different fuels and the implications for society." *Energy Policy* 64 : 141–152. DOI : 10.1016/j.enpol.2013.05.049

Hammond, A. 2000.［4th ed.］*Which World? Scenarios for the 21st Century*. Washington, DC : Island Press.

Hanna, N. K. 2010. "Implications of the ICT revolution." In : *Transforming Government and Building the Information Society*. New York : Springer.

Hartley, R. V. L. 1928. "Transmission of information." *Bell System Technical Journal* 7（3）: 535–563. DOI : 10.1002/j.1538-7305.1928.tb01236.x

Hartley, L. P. 1953. *The Go-Between*. London : Hamish Hamilton.

Hathaway, I & R. E. Litan. 2014 "Declining Business Dynamics in the United States : A look at states and metros." *Brookings Economic Studies*, May 5. Available at : https ://www.brookings.edu/wp-content/uploads/2016/06/declining_business_dynamism_hathaway_litan.pdf（2024 年 8 月 15 日閲覧）

Hawking, S. 1998. *A Brief History of Time*. New York : Bantam Books.

Hay, D. 1966. *The Italian Renaissance in Its Historical Background*. Cambridge : Cambridge University Press.

Henrich, J. 2020. *The WEIRDest People in the World : How the West Became Psychologically Peculiar and Particularly Prosperous*. New York : Farrar, Strauss & Giroux.

Helbing, D. 2013. "Globally networked risks and how to respond." *Nature* 497 : 51–59. DOI : 10.1038/nature12047

―― 2015. *Thinking Ahead-Essays on Big Data, Digital Revolution, and Participatory Market Society*. Berlin : Springer.

Helbing D., B. S. Frey, G. Gigerenzer, E. Hafen, M. Hagner, Y. Hofstetter, J. van den Hoven, R. V. Zicari & A. Zwitter. 2017. "Will democracy survive big data and artificial intelligence?" *Scientific American* February 25. Available at : https ://www.scientificamerican.com/article/will-democracy-survive-big-data-and-artificial-intelligence/?redirect=1

Helbing, D. & S. Lämmer. 2008. "Managing complexity : An introduction." In : *Managing Complexity : Insights, Concepts, Applications*（D. Helbing ed.）. Berlin : Springer.

Henshilwood, C. & C. Marean. 2003. "The origin of modern human behavior : A review and critique of the models and their test implications." *Current Anthropology* 44（5）: 627–651.

Hibbard, K., A. Janetos, D. P. van Vuuren, J. Pongratz, S. K. Rose, R. Betts, M. Herold & J. J. Feddema. 2010. "Research priorities in land use and land-cover change for the Earth system and integrated assessment modelling." *International Journal of Climatology* 30（13）: 2118–2128.（Special Issue : Impacts of land use change on climate.）DOI : 10.1002/joc.2150

Hill, K., M. Barton & A. M. Hurtado. 2009. "The origins of human uniqueness : the evolution of characters underlying behavioral Modernity." *Evolutionary Anthropology* 18 (5) : 187–200. DOI : 10.1002/evan.20224

Hindman, M. 2008. *The Myth of Digital Democracy*. New Haven : Princeton University Press.

Hirschman, A. O. 1958. *The Strategy of Economic Development*. New Haven, CT : Yale University Press.

Hogg, T. & B. A. Huberman. 1987. "Order, complexity and disorder." In : *Laws of Nature and Human Conduct* (I. Prigogine & M. Sanglier eds.), pp. 175–184. Brussels : Task Force of Research Information and Study of Science.

Hogg, T., B. A. Huberman & J. M. McGlade. 1989. "The stability of ecosystems." *Proceedings of the Royal Society of London B* 237 (1286) : 43–51. DOI : 10.1098/rspb.1989.0035

Holland, J. H. 1995. *Hidden Order : How Adaptation Builds Complexity*. New York : Helix/Perseus Books.

—— 1998. *Emergence : From Chaos to Order*. Redwood City, CA : Addison-Wesley.

—— 2014. *Complexity : A Very Short Introduction*. Oxford : Oxford University Press.

Holling, C. S. 1973. "Resilience and stability of ecological systems." *Annual Review of Ecology and Systematics* 4 : 1–23. DOI : 10.1146/annurev.es.04.110173.000245

—— 1976. "Resilience and stability of ecosystems." In : *Evolution and Consciousness : Human Systems in Transition* (E. Jantsch & C. H. Waddington, eds.). pp. 76–93. London : Addison Wesley.

—— 1986. "The resilience of terrestrial ecosystems : local surprise and global change." In *Sustainable Development of the Biosphere* (W. C. Clark & R. E. Munn eds.), pp. 293–317. Cambridge : Cambridge University Press.

—— 2001. "Understanding the Complexity of Economic, Ecological, and Social Systems." *Ecosystems* 4 : 390–405. DOI : 10.1007/s10021-001-0101-5

Hopkins, R. 2008. *The Transition Handbook : From Oil Dependency to Local Resilience*. Cambridge : UIT.

—— 2011. *The Transition Companion : Making Your Community More Resilient in Uncertain Times*. New York : Chelsea Green Publishing.

—— 2013. *The Power of Just Doing Stuff : How Local Action Can Change the World*. Cambridge : UIT.

Hu, X.-B., P.-J. Shi, W. Ming, Y. Tao, M. S. Leeson, S. E. van der Leeuw, O. Renn & C. Jaeger. 2017. "Towards quantitative understanding of the complexity of social-environmental systems : From connection to consilience." *International Journal of Disaster Risk Science* 8 (4) : 343–356. DOI : 10.1007/s13753-017-0146-5

Hubinger, E., C. van Merwijk, V. Mikulik, J. Skalse & S. Garrabrant. 2019. "Risks from Learned Optimization in Advanced Machine Learning Systems." arXiv : 1906.01820v3 [cs.AI]. DOI : 10.48550/arXiv.1906.01820

Huberman, B. A. ed. 1988. *The Ecology of Computation*. Amsterdam : North-Holland Publishing.

—— 2001. "The dynamics of organizational learning." *Computational & Mathematical Organization Theory* 7 (2) : 145–153. DOI : 10.2139/ssrn.49440

Huberman, B. A. & T. Hogg. 1986. "Complexity and adaptation." *Physica D* 2 (1–3) : 376–384. DOI : 10.1016/0167-2789 (86) 90308-1

—— 1988. "The behaviour of computational ecologies." In : *The Ecology of Computation* (Huberman, B. A. ed.), pp. 77–115. Amsterdam : North-Holland Publishing.

Huberman, B. A. & M. Kerzberg. 1985. "Ultradiffusion : The relaxation of hierarchical structures." *Journal of Physics A* 18 : L331–L335. DOI : 10.1088/0305-4470/18/6/013

Huesemann, M. & J. Huesemann. 2011. *Techno-Fix : Why Technology Won't Save Us or the Environment.* Gabriola Island, BC : New Society Publishers.

Hugman, M. & G. Magnus. 2015. "The challenges facing central banks." Institutional Investor, February 4. Available at : https : //www.institutionalinvestor.com/article/2bsvd7oxaijghel1v5ou8/portfolio/the-challenges-facing-central-banks（2024 年 8 月 15 日閲覧）

Hüsemann, M. & Hüsemann, J., 2011. *TECHNO-FIX Why Technology Won't Save Us or the Environment.* Gabriola Island : New Society Publishers.

Ingerson, A. 1994. "Tracking and testing the nature-culture dichotomy." In : *Historical Ecology : Cultural Knowledge and Changing Landscapes* (J. D. Gunn, F. A. Hassan, A. E. Ingerson, W. H. Marquardt, T. H. McGovern, T. C. Patterson & P. R. Schmidt eds.), pp. 43–66. Santa Fe : School of American Research Press.

Ingold, T. 1987. *The Appropriation of Nature : Essays on Human Ecology and Social Relations.* Manchester : Manchester University Press.

International Energy Agency. 2017. "World energy outlook 2017." Available at : https : //iea.blob.core.windows.net/assets/4a50d774-5e8c-457e-bcc9-513357f9b2fb/World_Energy_Outlook_2017.pdf（2024 年 8 月 15 日閲覧）

International Food Policy Research Institute（IFPRI）. 2018. *Global Food Policy Report.* Washington, DC : IFPRI. Available at : https : //ebrary.ifpri.org/utils/getfile/collection/p15738coll2/id/132273/filename/132488.pdf（2024 年 8 月 15 日閲覧）DOI : 10.2499/9780896292970

Iriki, A. 2019. "The Brain in the Ecosystem : Cognition, Culture, and the Environment.", *Fred Kavli Keynote Address at the International Convention of Psychological Science*, March 8, 2019. Available at : https : //www.youtube.com/watch?v=XdX0xkPxS0c（2024 年 8 月 15 日閲覧）

Issacharoff, S. 2015. *Fragile Democracies : Contested Power in the Era of Constitutional Courts.* Cambridge : Cambridge University Press.

Ito, J. & J. Howe. 2016. *Whiplash : How to Survive our Faster Future.* New York : Grand Central Publishing.

Jacobs, J. 1961. *The Death and Life of Great American Cities.* New York : Random House.

Jaeger, C., P. Jansson, S. E. van der Leeuw, M. Resch & J. D. Tabara. 2013. *GSS : Towards a Research Program for Global Systems Science.* Berlin : Global Climate Forum.

Johnson, G. A. 1975. "Locational analysis and the investigation of Uruk local exchange systems." In *Ancient Civilizations and Trade* (J. A. Sabloff & C. C. Lamberg-Karlovsky eds.), pp. 285–339. Albuquerque : University of New Mexico Press.

—— 1978. "Information sources and the development of decision making organizations." In : *Social Archaeology : Beyond Subsistence and Dating* (C. L. Redman et al. eds.), pp. 87–112. New York : Academic Press.

—— 1981. "Monitoring complex system integration and boundary phenomena with settlement size data." In : *Archaeological Approaches to the Study of Complexity* (S. E. van der Leeuw ed.), pp. 144–188. Amsterdam : University of Amsterdam.

——1982. "Organizational structure and scalar stress." In : *Theory and Explanation in Archaeology* (A. C. Renfrew, M. J. Rowlands & B. A. Segraves eds.), pp. 389–421. New York : Academic Press.

——1983. "Decision-making organizations and pastoral nomad camp size." *Human Ecology* 11 : 175–200. DOI : 10.1007/BF00891742

Johnson, J., V. Fabian & J. Pascual-Leone. 1989. "Quantitative hardware stages that constrain language development." *Human Development* 32 (5) : 245–271. DOI : 10.1159/000276477

Jonas, H. 1982. *The Phenomenon of Life : Toward a Philosophical Biology.* Chicago : University of Chicago Press.

Jones, J. & L. Saad. 2016. "Gallup news service." (June 1, 2016). Downloaded from : http : //news.gallup.com.

Kahneman, D., P. Slovic & A. Tverski eds.1982. *Judgment Under Uncertainty : Heuristics and Biases.* Cambridge : Cambridge University Press.

Kauffman, S. 1993. *The Origins of Order : Self-Organization and Selection in Evolution.* Oxford : Oxford University Press.

Kahneman, D., 2011, *Thinking Fast and Slow.* London : Penguin.

Kahneman, D., O. Sibony, C. R. Sunstein 2021. *Noise : A Flaw in Human Judgment*, New York : Little, Brown, Spark.

Kelly, R. A., A. J. Jakeman, O. Barreteau, M. E. Borsuk, S. ElSawah, S. H. Hamilton, H. J. Henriksen, S. Kuikka, H. R. Maier, A. E. Rizzoli, H. van Delden & A. A. Voinov. 2013. "Selecting among five common modelling approaches for integrated environmental assessment and management." *Environmental Modelling Software* 47 : 159–181. DOI : 10.1016/j.envsoft.2013.05.005

Kemps, E., S. De Rammelaere & T. Desmet. 2000. "The development of working memory : Exploring the complementarity of two models." *Journal of Experimental Child Psychology* 77(2) : 89–109. DOI : 10.1006/jecp.2000.2589

Keynes, J. M. 1930. *A Treatise on Money*, 2 Vols. New York : Harcourt Brace.

——1936. *The General Theory of Employment, Interest and Money.* London : Palgrave Macmillan.

Kidd, E. & E. L. Bavin. 2002. "English-speaking children's comprehension of relative clauses : Evidence for general-cognitive and language-specific constraints on development." *Journal of Psycholinguistic Research* 31 (6) : 599–617. DOI : 10.1023/a : 1021265021141

Kissinger, H. 2014. *World Order.* New York : Penguin.

Kissinger, H. A., 2018. "How the Enlightenment Ends : Philosophically, intellectually—in every way—human society is unprepared for the rise of artificial intelligence." *The Atlantic* June 2018. Available at : https : //www.theatlantic.com/magazine/archive/2018/06/henry-kissinger-ai-could-mean-the-end-of-human-history/559124/ (2024 年 8 月 15 日閲覧)

Klimek, A. & A. AtKisson. 2016. *Parachuting Cats into Borneo : And Other Lessons from the Change Café.* London : Chelsea Publishing.

Klir G. J. & T. A. Folger. 1988. *Fuzzy Sets, Uncertainty and Information.* London : Prentice.

Knappett, K., W. B. Arthur, A. Bevan, L. Coupaye, S. Küchler, L. Malafouris, P. Lemonnier, D. Panagiotopoulos, C. Severi, B. Stafford & S. E. van der Leeuw. (in press). "Cognitive, social and evolutionary perspectives on technological change."

Koch, C. 2016. "How the computer beat the Go master." *Scientific American Mind* 27（4）： 20–23. DOI： 10.1038/scientificamericanmind0716-20

Koestler, A. 1964 ［2014 reprint］. *The Act of Creation*, London： Hutchinson.

Korot, E., N. Pontikos, X. Liu, S. K. Wagner, L. Faes, J. Huemer, K. Balaskas, A. K. Denniston, A. Khawaja & P. A. Keane. 2021. "Predicting sex from retinal fundus photographs using automated deep learning." *Scientific Reports* 11： 10286. DOI： 10.1038/s41598-021-89743-x

Krause, R. A. 1984. "Modeling the making of pots： An ethno-archaeological approach." In： *The Many Dimensions of Pottery： Ceramics in Archaeology and Anthropology* （S. E. van der Leeuw & A. C. Pritchard, eds.）, pp. 615–706. Amsterdam： Albert Egges van Giffen Instituut voor Pre-en Protohistorie.

—— 1985. *The Clay Sleeps： An Ethno-archeological Study of Three African Potters*. Tuscaloosa, AL： University of Alabama Press.

Kretzmann, J. P. & J. L. McKnight. 1993. *Building Communities from the Inside Out： A Path toward Finding and Mobilizing a Community's Assets*. Chicago： ACTA.

Kuhn, T. S. 1962 ［3rd ed. 1996］. *The Structure of Scientific Revolutions*. Chicago： University of Chicago Press.

—— 1977. *The Essential Tension： Selected Studies in Scientific Tradition and Change*. Chicago： University of Chicago Press.

Kurzweill, R. 2005. *The Singularity Is Near： When Humans Transcend Biology*. New York： Viking/Penguin.

Lakner, C. & B. Milanovic. 2013. "Global income distribution： From the fall of the Berlin wall to the great recession." Washington, DC： World Bank ［Policy Research Working Paper No. 6719］

Lane, D. & R. Maxfield. 1997. "Foresight, complexity and strategy." In： *Economy as a Complex, Evolving System II* （W. B. Arthur, S. Durlauf & D. Lane, eds.）, pp. 169–198. New York： Westview Press.

—— 2005. "Ontological uncertainty and innovation." *Journal of Evolutionary Economics* 15 （1）： 3–50. DOI： 10.1007/s00191-004-0227-7

Lane, D., R. Maxfield, D. W. Read & S. E. van der Leeuw. 2009. "From population thinking to organization thinking." In： *Complexity Perspectives on Innovation and Social Change* （D. Lane, D. Pumain, S. E. van der Leeuw & G. West eds.）, pp. 11–42. Berlin： Springer （Methodos series）.

Lane, D., D. Pumain, S. E. van der Leeuw & G. West. 2009. *Complexity Perspectives on Innovation and Social Change*. Berlin： Springer （Methodos series）.

Langley, P. & A. Leyshon. 2017. "Platform capitalism： the intermediation and capitalization of digital economic circulation.", *Finance and society* 3 （1）： 11–31. DOI： 10.2218/finsoc.v3i1.1936

Latouche, S. 2007. *Petit traité de la décroissance sereine*. Paris： Fayard ［Engl. Transl.： *Farewell to Growth*. 2009. Cambridge： Polity Press.］

Laubichler, M. D. & J. Renn. 2015. "Extended evolution： A conceptual framework for integrating regulatory networks and niche construction." *Journal of Experimental Zoology Part B Molecular and Developmental Evolution* 324 （7）： 565–577. DOI： 10.1002/jez.b.22631

Le Roy Ladurie, E. 1966 ［1974］. *Les paysans du Languedoc*. Paris： Flammarion ［Engl. Transl.： *The Peasants of Languedoc*. 1974. Chicago： University of Illinois Press.］

—— 1967 ［1988］. *Histoire du climat depuis l'an mil*. Paris： Flammarion. ［Engl. Transl.： *Times of Feast,*

Times of Famine : A History of Climate Since the Year 1000. 1988. New York : Farrar Strauss.]

Leggett, J. 2014. *The Energy of Nations : Risk Blindness and the Road to Renaissance.* London : Routledge.

Lemonnier, P. 1992. *Elements for an Anthropology of Technology.* Ann Arbor : University of Michigan Press. (Anthropological Papers, Museum of Anthropology, University of Michigan # 88.)

—— 2012. *Mundane Objects : Materiality and Non-verbal Communication.* Walnut Creek, CA : Left Coast Press.

Leopold, A. 1949. *A Sand County Almanac : And Sketches Here and There.* Oxford : Oxford University Press.

Leroi-Gourhan, A. 1943. *L'Homme et la matière.* Paris : Albin Michel.

—— 1945. *Milieu et technique.* Paris : Albin Michel [Engl. Transl. : *Gesture and Speech*, includes both *L'Homme et la matière*and *Milieu et technique.* 1993. Boston : MIT Press.]

Lévèque, C. & S. E. van der Leeuw eds. 2003. *Quelles natures voulons nous? Pour une approche socio-écologique du champ de l'environnement.* Paris : Elsevier.

Levin, S. 1999. *Fragile Dominion : Complexity and the Commons.* New York NY : Basic Books.

Lewis, C. S. 1964. *The Discarded Image.* Cambridge : Cambridge University Press.

Li, T. Y. & J. A. Yorke. 1975. "Period three implies chaos." *American Mathematics Monthly* 82 (10) : 985–992.

Lopez, R. S. 1967. *The Birth of Europe.* London : M. Evans & Co.

Lorenz, E. N. 1963. "Deterministic non-periodic flow." *Journal of Atmospheric Science* 20 : 130–141.

Lowenthal, D. 1985. *The Past Is a Foreign Country.* Cambridge : Cambridge University Press.

Luciana, M. & C. A. Nelson, 1998. "The functional emergence of prefrontally-guided working memory systems in four-to eight-year-old children." *Neuropsychologia* 36 (3) : 273–293. DOI : 10.1016/s 0028-3932 (97) 00109-7

Luhmann, N. 1989. *Ecological Communication.* Chicago : University of Chicago Press.

Malthus, T. 1798. *An Essay on the Principle of Population, as It Affects the Future Improvement of Society with Remarks on the Speculations of Mr. Godwin, M. Condorcet, and Other Writers.* London : Printed for J. Johnson, in St. Paul's Church-Yard. Available at : https : //ia800308.us.archive.org/19/items/ess ayonprincipl00malt/essayonprincipl00malt.pdf (2024 年 8 月 15 日閲覧)

Mandelbrot, B. 1982. *The Fractal Geometry of Nature.* San Francisco : W. H. Freeman.

Manikya, J., M. Chui, B. Brown, J. Bughin, R. Dobbs, C. Roxburgh, & A. Hung Byers. 2011. "Big data : The next frontier for innovation, competition, and productivity." *McKinsey Global Institute*May 1, 2011. Available at : https : //www.mckinsey.com/capabilities/mckinsey-digital/our-insights/big-data-th e-next-frontier-for-innovation (2024 年 8 月 15 日閲覧)

Martin, R. D. 1981. "Relative brain size and basal metabolic rate in terrestrial vertebrates." *Nature* 293 : 57–60.

Maruyama, M. 1963. "The second cybernetics : Deviation-amplifying mutual causal processes." *American Scientist* 51 (2) : 164–179.

—— 1977. "Heterogenistics : An epistemological restructuring of biological and social sciences." *Acta Biotheoretica* 26 (2) : 120–136. DOI : 10.1007/BF00049152

—— 1980. "Mindscapes and science theories." *Current Anthropology* 21 (5) : 589–608.

Maturana, H. R. & F. J. Varela. 1979. *Autopoiesis and Cognition : The Realization of the Living*. New York : Springer.

May, R. M. & G. Oster. 1976. "Bifurcations and dynamic complexity in simple ecological models." *American Naturalist* 110（974）: 573–599. DOI : 10.1086/283092

Mayhew, B. H. & R. L. Levinger. 1976. "On the emergence of oligarchy in human interaction." *American Journal of Sociology* 81（5）: 1017–1049.

—— 1977. "Size and density of interaction in human aggregates." *American Journal of Sociology* 82（1）: 86–110.

Mazzucato, M. 2015. *The Entrepreneurial State : Debunking Public vs. Private Sector Myths*. New York : Public Affairs Publishing.

McGlade, J. 1990. "Emergence of structure : Modelling social transformation in later prehistoric Wessex." Unpublished Ph. D dissertation, University of Cambridge.

—— 1995. "Archaeology and the ecodynamics of human-modified landscapes." *Antiquity* 69（262）: 113–132. DOI : 10.1017/S0003598X00064346

McGlade, J. & J. M. McGlade. 1989. "Modelling the innovative component of social change." In : *What's New? A Closer Look at the Process of Innovation*（S. E. van der Leeuw & R. Torrence eds.）, pp. 281–299. London : Hyman & Unwin.

McLean, P. D. & J. F. Padgett. 1997. "Was Florence a perfectly competitive market? Transactional evidence from the Renaissance." *Theory and Society* 26（2–3）: 209–244. DOI : 10.1023/A : 1006813224951

McMahon, C. 2010. "Disagreement about fairness." *Philosophical Topics* 38（2）: 91–110. DOI : 10.5840/philtopics201038215

Meadows, D. H., D. L. Meadows, J. Randers & W. Behrens III. 1974. *The Limits to Growth : A Report for the Club of Rome's Project on the Predicament of Mankind*. New York : Universe Books.

Meadows, D. H., J. Randers & D. L. Meadows. 2005. *Limits to Growth : The 30-Year Update*. London : Earthscan.

Mees, A. I. 1975. "The revival of cities in Medieval Europe." *Regional Science and Urban Economics*（4）: 403–425. DOI : 10.1016/0166-0462（75）90018-6

Merton, R. K. 1942 [2nd ed. 1973]. "The normative structure of science." In : *Merton, R. K., The Sociology of Science : Theoretical and Empirical Investigations*. Chicago : University of Chicago Press.

Méry, S., A. Dupont-Delaleuf & S. E. van der Leeuw. 2010. "Analyse technologique et expérimentations : Les techniques de façonnage céramique mettant en jeu la rotation à Hili（Émirats arabes unis）à la fin du IIIe millénaire（Âge du Bronze Ancien）." *Nouvelles de l'Archéologie* 119（March）: 52–64.

Metzler, D., Y. Tay, D. Bahri & M. Najork. 2021. "Rethinking Search : Making Domain Experts out of Dilettantes." *ACM SIGIR Forum* 55（1）Article 13. DOI : 10.1145/3476415.3476428

Meyer, E. 1964. *Römischer Staat und Staatsgedanke*. Berlin : Artemis Verlag.

Meyer, W. B., K. W. Butzer, T. E. Downing, B. L. Turner II, G. W. Wenzel, & L. Westcoat. 1998. "Reasoning by analogy." In : *Human Choices and Climate Change : The Tools for Policy Analysis*, Vol. 3.（S. R. Raynor & E. L. Malone eds.）, pp 217–289. Columbus, OH : Battelle.

Mézard, M., G. Parisi, N. Sourlas, G. Toulouse & M. Virasoro. 1984. "Replica symmetry breaking and the nature of the spin glass phase." [Originally published *Journal de Physique* 45 (5) : 843–854.] Reprinted in : *Spin Glass Theory and Beyond* (M. Mézard, G. Parisi & M. Virasoro eds.), pp. 199–211. Singapore : World Scientific.

Mill, J. S. 1848. *Principles of Political Economy.* [Reprint 2012.] Scotts Valley, CA : CreateSpace Independent Publishing Platform.

Miller, J. G. 1978. *Living Systems : The Basic Concepts.* [2nd ed. 1995.] Boulder, CO : University Press of Colorado.

Mitchell, M. 2011. *Complexity : A Guided Tour.* Oxford : Oxford University Press.

Monod, J. 1971. *Chance and Necessity.* [2nd ed. 2014. Paris : Seuil.]

Montanari, A., G. Young, H. H. G. Savenije, D. Hughes, T. Wagener, L. L. Ren, D. Koutsoyiannis, C. Cudennec, E. Toth, S. Grimaldi, G. Bloschl, M. Sivapalan, K. Beven, H. Gupta, M. Hipsey, B. Schaefli, D. Arheimer, E. Boegh, S. J. Schymanski, G. Di Baldassarre, B. Yu, P. Hubert, Y. Huang, A. Schumann, D. Post, V. Srinivasan, C. Harman, S. Thompson, M. Rogger, A. Viglione, H. McMillan, G. Characklis, Z. Pang & V. Belyaev. 2013. "Panta Rhei—Everything flows : Change in hydrology and society—The IAHS Scientific Decade 2013–2022." *Hydrological Science Journal* 58 (6) : 1256–1275. DOI : 10.1080/02626667.2013.809088

Morin, E. 1977–2004. *La Méthode*, 6 vols. [paperback cassette ed. 2008. Paris : Seuil].

Motesharrei, S., J. Rivas & E. Kalnay. 2014. "Human and nature dynamics (HANDY) : Modeling inequality and use of resources in the collapse or sustainability of societies." *Ecological Economics* 101 : 90–102. DOI : 10.1016/j.ecolecon.2014.02.014

Munck, R. 2004. *Globalization and Social Exclusion : A Transformationalist Perspective.* Boulder, CO : Kumarian Press.

Nakagawa, Y., K. Kotani, M. Matsumoto & T. Saijo. 2019. "Intergenerational retrospective viewpoints and individual policy preferences for future : A deliberative experiment for forest management." *Futures* 105 : 40–53. DOI : 10.1016/j.futures.2018.06.013

Nakićenović, N., A. Grübler, L. Bodda & P. V. Gilli. 1990. *Technischer Fortschritt, Strukturwandel und Effizienz der Energieanwendung : Trends weltweitund in Österreich* (Technological Progress, Structural Change and Efficient Energy Use : Trends Worldwide and in Austria). Vienna : Verbundgesellschaft.

Nakićenović, N., A. Grübler, A. Inaba, S. Messner, S. Nilsson, Y. Nishimura, H.-H. Rogner, A. Schäfer, L. Schrattenholzer, M. Strubegger, J. Swisher, D. Victor & D. Wilson. 1993. "Long-term strategies for mitigating global warming." *Energy* 18 (5) : 401. DOI : 10.1016/0360-5442 (93) 90019-A

Nakićenović, N. & R. Swart, 2000. *IPCC Special Report on Emissions Scenarios.* Cambridge : Cambridge University Press.

Naveh, Z. & A. S. Lieberman. 1984. *Landscape Ecology : Theory and Application.* New York : Springer.

Nederveen Pieterse, J. 1989. *Empire and Emancipation : Power and Liberation on a World Scale.* New York : Praeger.

Nelson, M. C. & M. Hegmon. 2001. "Abandonment is not as it seems : An approach to the relationship between site and regional abandonment." *American Antiquity* 66 (2) : 213–235. DOI : 10.2307/

2694606

Nicholson, E., G. M. Mace, P. R. Armsworth, G. Atkinson, S. Buckle, T. Clements, R. M. Ewers, J. E. Fa, T. A. Gardner, J. S. Gibbons, R. Grenyer, R. Metcalfe, S. Mourato, M. Muûls, D. Osborn, D. C. Reuman, C. Watson & E. J. Milner-Gulland. 2009. "Priority research areas for ecosystem services in a changing world." *Journal of Applied Ecology* 46（6）: 1139–1144. DOI: 10.1111/j.1365-2664.2009.01716.x

Nicolis, G. & I. Prigogine. 1977. *Self-Organization in Non-Equilibrium Systems : From Dissipative Structures to Order through Fluctuations.* Hoboken, NJ : Wiley.

Nicolis, G & I. Prigogine. 1989. *Exploring Complexity : An introduction.* W. H. Freeman.

Nicolis, J. S. 2011.［Softcover reprint of the original 1st ed. 1986］*Dynamics of Hierarchical Systems : An Evolutionary Approach.* New York : Springer.

── （n.d.）"Sketch for a dynamic theory of language." Unpublished conference paper in author's possession.

Notestein, F. W. 1954. "Some demographic aspects of aging." *Proceedings of the American Philosophical Society* 98（1）: 38–45.

Nowotny, H. 2015. *The Cunning of Uncertainty.* Cambridge : Polity Press.

O'Brien, K. 2021. *You Matter More Than You Think : Quantum Social Change for a Thriving World.* cCHANGE Press.

O'Neil, C. 2016. *Weapons of Math Destruction : How Big Data Increases Inequality and Threatens Democracy.* New York : Random House.

O'Neil, C. 2017. Weapons of Math Destruction : How Big Data Increases Inequality and Threatens Democracy, New York : Penguin.

O'Neill, R. V., D. L. de Angelis, J. B. Waide & T. F. H. Allen. 1986. *A Hierarchical Concept of the Ecosystem.* Princeton, NJ : Princeton University Press.

Oreskes, N., S. Macedo, O. Edenhofer, J. Krosnick, M. S. Lindee, M. Lange & M. Kowarsch. 2019. *Why Trust Science?* New Haven CT : Princeton University Press.

O'Shea, J. 1978. *Mortuary Variability : An Archaeological Investigation with Case Studies from the Nineteenth Century Central Plains of North America and the Early Bronze Age of Southern Hungary.* Doctoral dissertation, University of Cambridge.

Odling-Smee, F. J., K. N. Laland & M. W. Feldman. 2003. *Niche Construction : The Neglected Process in Evolution.* Princeton, NJ : Princeton University Press.

Ostrom, E. 1990. *Governing the Commons.* Cambridge : Cambridge University Press. Available at : https : //wtf.tw/ref/ostrom_1990.pdf（2024 年 8 月 15 日閲覧）

Ostrom, E., R. Gardner & J. Walker. 1994. *Rules, Games, and Common-Pool Resources.* Ann Arbor : University of Michigan Press.

Packard, V. 1957. *The Hidden Persuaders.* London : Longmans, Green.

Padgett, J. F. 1997. "The emergence of simple ecologies of skill : A hypercycle approach to economic organization." In : *The Economy as an Evolving Complex System II*（W. B. Arthur, S. N. Durlauf, & D. A. Lane eds.）pp. 199–221. New York : Addison Wesley（Santa Fe Institute Studies in the Sciences of Complexity）.

—— 2000. "Organizational genesis, identity and control : The transformation of banking in Renaissance Florence." In : *Markets and Networks* (A. Casella & J. Rauch eds.), pp. 211–257. New York : Russell Sage.

Padgett, J. F. & C. K. Ansell. 1993. "Robust action and the rise of the Medici, 1400–1434." *American Journal of Sociology* 98 (6) : 1259–1319. DOI : 10.1086/230190

Padgett, J. F. & W. W. Powell. 2012. *The Emergence of Organizations and Markets.* Princeton, NJ : Princeton University Press.

Pauketat, T. R. 2007. *Chiefdoms and Other Archaeological Delusions.* New York : Altamira Press.

Pattee, H. H. 1973. *Hierarchy Theory : The Challenge of Complex Systems.* New York : George Braziller.

Piaget, J. 1967. "Le système et la classification des sciences." In : *Logique et connaissance scientifique* (J. Piaget ed.), pp. 1151–1224. Paris : Gallimard.

Pigeot, N. 1991. "Réflexions sur l'histoire technique de l'Homme : De l'évolution cognitive à l'évolution culturelle." *Paléo* 3 : 167–200.

Piketty, T. 2013. *Capital in the Twenty-First Century.* Boston : Harvard University Press.

Piketty, T., E. Saez, & C. Landais. 2011. *Pour une révolution fiscale. Un impôt sur le revenu pour le 21e siècle.* Paris : Seuil.

Piketty, T., E. Saez & S. Stantcheva. 2014. "Optimal taxation of top labor incomes : A tale of three elasticities." *American Economic Journal : Economic Policy* 6 (1) : 230–271. DOI : 10.1257/pol.6.1.230

Pildes, R. H. 2023. "Why the Fringiest Fringe of the G.O.P. Now Has So Much Power Over the Party." *New York Times* January 5.

Polanyi, K. 1944. *The Great Transformation.* New York : Farrar & Rinehart. [2nd ed. *The Great Transformation : The Political and Economic Origins of Our Time,* foreword by Joseph E. Stiglitz. 2001. Boston : Beacon Press.]

Popper K. 1945. *The Open Society and its Enemies.* London : Routledge.

Price, T. D. & G. Feinman eds. 1995. *The Emergence of Inequality : A Focus on Strategies and Processes.* New York : Springer US.

Prigogine, I. 1977. "Time, structure and fluctuations." *Science* 201 (4358) : 777–785. DOI : 10.1126/science.201.4358.777

Prigogine, I. 1980. *From Being to Becoming : Time and Complexity in the Physical Sciences.* San Francisco : W. H. Freeman.

Prigogine, I. & I. Stengers. 1984. *Order Out of Chaos : Man's New Dialogue with Nature.* New York : Bantam.

Pritchard, A. C. & S. E. van der Leeuw. 1984. "Introduction : The many dimensions of pottery." In : *The Many Dimensions of Pottery : Ceramics in Archaeology and Anthropology* (S. E. van der Leeuw & A. C. Pritchard eds.), pp. 1–23. Amsterdam : Instituut voor Pre-en Protohistorie (Cingula VII).

Puett, M. & C. Gross-Loh. 2016. *The Path : What Chinese Philosophers Can Teach Us About the Good Life.* New York : Simon & Schuster.

Pumain, D. 1982. *La dynamique des villes.* Paris : Economica.

Purdy, M. & P. Daugherty. 2014. "Why artificial intelligence is the future of growth." (downloaded 23 May 2019 from) : www.accenture.com/t20170927T080049Z__w__/us-en/_acnmedia/PDF-33/Accen

ture-Why-AIis-the-Future-of-Growth.PDFla=en.

Qin, H. 2020. "Machine learning and serving of discrete field theories." *Scientific Reports* 10 （1） Article 19329. DOI : 10.1038/s41598-020-76301-0

Quinn, D. 1995. *Ishmael : A Novel.* New York : Bantam Books.

Randers, J. 2012. *2052 : A Global Forecast for the Next Forty Years.* London : Chelsea Green Publishing.

Rappaport, R. 1977. "Adaptation and maladaptation in social systems." In : *The Ethical Basis of Economic Freedom* （I. Hill, ed.） pp. 39‒79. Chapel Hill, NC : American Viewpoint.

Rashevsky, N. 1940. "Advances and applications of mathematical biology." Advances and applications of mathematical biology. *Bulletin of Mathematical Biophysics* 1 : 15‒25.

Read, D. W. 2008. "Working memory : A cognitive limit to non-human primate recursive thinking prior to hominid evolution." *Evolutionary Psychology* 6 （4） : 676‒714. DOI : 10.1177/147470490800600 413

Read, D. W. & S. E. van der Leeuw. 2008. "Biology is only part of the story…" *Philosophical Transactions of the Royal Society, Series B* 363 : 1959‒1968. DOI : 10.1098/rstb.2008.0002

—— 2009. "Biology is only part of the story..." In : *Sapient Mind* : Archaeology Meets Neuroscience （A. C. Renfrew & L. Malafouris eds.）, pp. 33‒49. Oxford : Oxford University Press.

—— 2015. "The extension of social relations in time and space during the Paleolithic and beyond." In : *Landscapes in Mind : Settlement, Society and Cognition in Human Evolution* （F. Coward, R. Hosfield & F. Wenban-Smith eds.）, pp. 31‒53. Cambridge : Cambridge University Press.

Renfrew, A. C. 1982. *"Towards an Archaeology of Mind." Inaugural Lecture delivered before the University of Cambridge on 30 November 1982.* Cambridge : Cambridge University Press.

Renfrew, A. C. & J. Cherry. 1987. *Peer Polity Interaction and Socio-Political Change.* Cambridge : Cambridge University Press.

Reno, R. R. 2017. "Republicans are now the 'America First' party." *New York Times* April 28. Available at : https : //www.nytimes.com/2017/04/28/opinion/sunday/republicans-are-now-the-america-first-party.ht ml （2024 年 8 月 15 日閲覧）

Reynolds, R. 1984. "A computational model of hierarchical decision systems." *Journal of Anthropological Archaeology* 3 （3） : 159‒189. DOI : 10.1016/0278-4165 （84） 90001-1

Ricardo, D. 1817. *The Principles of Political Economy and Taxation.* London : Dent 1911. ［Reprint 2004. London : Dover.］

Rightmire, G. P. 2004. "Brain size and encephalization in early to mid-Pleistocene *Homo*." *American Journal of Physical Anthropology* 124 （2） : 109‒123. DOI : 10.1002/ajpa.10346

Rittel, H. & M. M. Webber. 1973. "Dilemmas in a general theory of planning." *Policy Sciences* 4 : 155‒169. DOI : 10.1007/BF01405730

Robbins, L. 1935. *An Essay on the Scope and Nature of Economic Science.* London : MacMillan.

Roberts, P. 2009. *The End of Food.* Boston : Mariner Press （Houghton, Mifflin, Harcourt）.

Rochet, J. C. & J. Tirole 2003. "Platform competition in two-sided markets." *Journal of the European Economic Association* 1 （4） : 990‒1029. DOI : 10.1162/154247603322493212

Rockström, J., W. Steffen, J. Schellnhuber, S. E. van der Leeuw, D. Liverman, J. E. Hansen, T. Lenton, S. Sörlin, V. Fabry, K. Noone, E. Lambin, R. W. Corell, R. Costanza, M. Scheffer, C. Folke, U. Svedin, T. Hughes, H. Rodthe & P. Crutzen. 2009a. "Planetary boundaries : Exploring the safe operating space in the Anthropocene." *Ecology and Society* 14（2）Article 32. Available at : https : //www.e cologyandsociety.org/vol14/iss2/art32/（2024 年 8 月 15 日閲覧）

Rockström, J., W. Steffen, K. Noone, Å. Persson, F. S. Chapin III, E. F. Lambin, T. M. Lenton, M. Scheffer, C. Folke, H. J. Schellnhuber, B. Nykvist, C. A. de Wit, T. Hughes, S. E. van der Leeuw, H. Rodhe, S. Sörlin, P. K. Snyder, R. Costanza, U. Svedin, M. Falkenmark, L. Karlberg, R. W. Corell, V. J. Fabry, J. Hansen, D. Liverman, K. Richardson, P. Crutzen & J. A. Foley. 2009b. "A safe operating space for humanity." *Nature* 461 : 472−475. DOI : 10.1038/461472a

Roggema, R. 2013. "Swarm planning theory." In : *Swarming Landscapes : The Art of Designing for Climate Adaptation*（R. Roggema, ed.）, pp. 117−139. New York : Springer（Advances in Global Change Research 48）.

Rogers, A., 2023. "Bard is going to destroy online search." *Business Insider*February 9. Available at : https : //www.businessinsider.com/ai-chatbots-chatgpt-google-bard-microsoft-bing-break-internet-search-2023-2（2024 年 8 月 15 日閲覧）

Rosenberg, N. 1963. "Technological change in the machine tool industry : 1840−1910." *Journal of Economic History* 23（4）: 414−443. DOI : 10.1017/S0022050700109155

―― 1969. "The direction of technological change : Inducement mechanisms and focusing devices." *Economic Development and Cultural Change* 18（1）: 1−24.

―― 1983. *Inside the Black Box : Technology and Economics*. Cambridge : Cambridge University Press.

―― 1994. *Exploring the Black Box : Technology, Economics, and History*. Cambridge : Cambridge University Press.

Rosenberg, P. H. 2016. "Why march for science? Because the value of social trust―Under attack by Trump―is worth fighting for." *Salon*April 22. Available at : https : //www.salon.com/2017/04/22/why-march-for-science-because-the-value-of-social-trust-under-attack-by-trump-is-worth-fighting-for /（2024 年 8 月 15 日閲覧）

Royal Society. 1985. *The Public Understanding of Science*. London : Royal Society.

Ruelle, D. 1979. "Sensitive dependence on initial conditions and turbulent behavior of dynamical systems." *Annals of the New York Academy of Sciences* 316 : 408−416. DOI : 10.1111/j.1749-6632.1979.tb29485.x

―― 1989. *Chaotic Evolution and Strange Attractors*. Cambridge : Cambridge University Press.

Ruff, C. B., E. Trinkhaus & T. W. Holliday 1997. "Body mass and encephalization in Pleistocene Homo." *Nature* 387 : 173−176. DOI : 10.1038/387173a0

Sachs, J., N. Nakicenovic, D. Messner, J. Rockström, G. Schmidt-Traub, S. Busch, G. Clarke, O. Gaffney, E. Kriegler, P. Kolp, J. Leininger, K. Riahi, S. van der Leeuw, D. van Vuuren & C. Zimm. 2018. "Transformations for Sustainable Development : A synthesis." In : *Transformations to Achieve the Sustainable Development Goals-Report prepared for the United Nations High Level Political Forum on Sustainable Development in 2018 by The World in 2050*. Laxenburg : IIASA.

Sahlins, M. & E. Service. 1960. *Evolution and Culture*. Ann Arbor : University of Michigan Press.

Saijo, T. 2017. "Future Design (in Japanese)." *Economic Review*（*Institute of Economic Research, Hitotsubashi University*）68（1）: 33−45.

Saijo, T. 2020. "Future Design : Bequeathing Environments and Sustainable Societies to Future Generations." *Sustainability* 12（16）. Available at : https : //www.mdpi.com/2071-1050/12/16/6467（2024年 8 月 15 日閲覧）DOI : 10.3390/su12166467

Salmon, M. H. & W. C. Salmon. 1979. "Alternative Models of Scientific Explanation." *American Anthropologist* 81（1）: 61–74. DOI : 10.1525/aa.1979.81.1.02a00050

Sanders, L. ed. 2017. *Peupler la terre-de la préhistoire à l'ère des métropoles*, Besançon : Presses Universitaires François Rabelais.

Sarewitz, D. 1996. *Frontiers of Illusion : Science, Technology, and the Politics of Progress*. Philadelphia : Temple University Press.

Schaffer, W. M. & M. Kot. 1985a. "Do strange attractors govern ecological systems?" *BioScience* 35（6）: 342–350. DOI : 10.2307/1309902

—— 1985b. "Nearly one-dimensional dynamics in an epidemic." *Journal of Theoretical Biology* 112（2）: 403–427. DOI : 10.1016/S0022-5193（85）80294-0

Scheffer, M. 2009. *Critical Transitions in Nature and Society*. Princeton, NJ : Princeton University Press

Scheidel, W. 2017. *The Great Leveler : Violence and the History of Inequality from the Stone Age to the Twenty-First century*. Princeton, NJ : Princeton University Press.

Schlanger, J. 1991. *L'invention intellectuelle*. Paris : Fayard.

Schlanger, J. & I. Stengers. 1991. *Les concepts scientifiques : invention et pouvoir*. Paris : Folio.

Schnapp, A. 1993. *La conquête du passé : Aux origines de l'archéologie*. Paris : Éditions Carré.

Schumacher, E. F. 1973. *Small Is Beautiful : Economics as if People Mattered*. London : Blond & Briggs.［2 nd ed. 1975. New York : Harper Collins.］

Schumpeter, J. A. 1934. *The Theory of Economic Development : An Inquiry into Profits, Capital, Credit, Interest, and the Business Cycle*. Cambridge, MA : Harvard University Press［2nd ed. 2012. London : Transaction Publishers.］

—— 1939. *Business Cycles : A Theoretical, Historical, and Statistical Analysis of the Capitalist Process*. New York : McGraw Hill.

—— 1943. *Capitalism, Socialism and Democracy*. New York : Harper and Row.［2003. London : Taylor & Francis.］

Science and Technology Options Assessment（STOA）. 2015. *Annual Report 2015*. European Parliamentary Research Service Publication PE 563–507. DOI : 10.2861/975575（2024 年 8 月 15 日閲覧）

Service, E. L. 1962. *Primitive Social Organization : An Evolutionary Perspective*. New York : Random House.

Service, E. L. 1975. *Origins of the State and Civilization*. New York : Norton Publishing Co.

Seto, K. C., B. Güneralp & L. R. Hutyra. 2012. "Global forecasts of urban expansion to 2030 and direct impacts on biodiversity and carbon pools." *Proceedings of the National Academy of Sciences USA* 109（40）: 16083–16088. DOI : 10.1073/pnas.1211658109

Seto, K. C., J. S. Golden, M. Alberti & B. L. Turner II. 2017. "Sustainability in an urbanizing planet." *Proceedings of the National Academy of Sciences USA*, 114（34）: 8935–8938. DOI : 10.1073/pnas.1606037114

Shafer, G. 1976. *A Mathematical Theory of Evidence*. Princeton, NJ : Princeton University Press.

Shannon, C. E. 1948. "A mathematical theory of communication." *The Bell System Technical Journal* 27 : 379–423. DOI : 10.1002/j.1538-7305.1948.tb01338.x

Shapin, S. & S. Shaffer. 1985. *Leviathan and the Air Pump : Hobbes, Boyle and the Experimental Life.* Princeton, NJ : Princeton University Press.

Shrager, J., T. Hogg & B. A. Huberman. 1988. "A dynamical theory of the power-law of learning in problem-solving." Unpublished paper, XEROXPARC.

Siegel, D. 2016. "About Us." *Scratch Foundation.* Available at : www.scratch foundation.org/about us/

Siegel, L. S. & E. B. Ryan. 1989. "The development of working memory in normally achieving and subtypes of learning disabled children." *Child Development* 60 (4) : 973–980. DOI : 10.1111/j.1467-8624.1989.tb03528.x.

Sim, J. Y. H., J. W. Vasbinder. 2020. "An Exploration of Complexity Science and Classical Chinese Thought : The Potential for Ancient Ideas to Enrich the Modern Study of Complex Systems." *Journal of Integrated Creative Studies*January 2021 : 1-13. DOI : 10.14989/245583

Simon, H. A. 1962. "The architecture of complexity." *Proceedings of the American Philosophical Society* 106 : 467–482.

—— 1969 [2nd ed. 1983 ; 3rd ed. 1996]. *The Sciences of the Artificial.* Cambridge, MA : MIT Press.

—— 1973. "The organization of complex systems." In : *Hierarchy Theory : The Challenge of Complex Systems* (H. H. Pattee ed.), pp. 3–27. New York : George Braziller.

Simondon, G. 1958. *Du mode d'existence des objets techniques.* Paris : Méot. [2nd ed.1989. Paris : Aubier.]

Sivapalan, M., M. Konar, V. Srinivasan, A. Chhatre, A. Wutich, C. A. Scott, J. Wescoat & I. Rodriguez Iturbe. 2014. "Socio-hydrology : Use-inspired water sustainability science for the Anthropocene." *Earth's Future* 2 (4) : 225–230. DOI : 10.1002/2013EF000164

Slicher van Bath, B. H. 1963. *The Agrarian History of Western Europe A.D. 500–1850.* London : Edward Arnold.

Smith, A. 1776. *An Inquiry into the Nature and Causes of the Wealth of Nations.* (*The Wealth of Nations.* 2016. London : Simon & Brown.)

Spengler, O. 1918–1923. *Der Untergang des Abendlandes : Umrisse einer Morphologie der Weltgeschichte* [German ed. 2003. Berlin : DTV ; Engl. abridged ed : *The Decline of the West.* 2006. New York : Vintage.]

Spufford, P. 2002. *Power and Profit : The Merchant in Medieval Europe.* London : Thames and Hudson.

Steffen, W., W. Broadgate, L. Deutsch, O. Gaffney & C. Ludwig. 2015. "The trajectory of the Anthropocene : The Great Acceleration." *The Anthropocene Review* 2 (1) : 81–98. DOI : 10.1177/20530196 14564785

Steffen, W., K. Richardson, J. Rockström, S. E. Cornell, I. Fetzer, E. M. Bennett, R. Biggs, S. R. Carpenter, W. de Vries, C. A. de Wit, C. Folke, D. Gerten, J. Heinke, G. M. Mace, L. M. Persson, V. Ramanathan, B. Reyers & S. Sörlin. 2014. "Planetary boundaries : Guiding human development on a changing planet." *Science* 347 (6223). DOI : 10.1126/science.1259855

Steffen, W., R. A. Sanderson & P. D. Tyson. 2005. *Global Change and the Earth System : A Planet under Pressure.* New York : Springer.

Steffen, W., R. A. Sanderson, P. D. Tyson, J. Jäger, P. A. Matson, B. Moore III, F. Oldfield, K. Richardson, H. J. Schellnhuber, B. L. Turner II & R. J. Wasson. 2004. *Global Change and the Earth System*. Berlin : Springer.

Stengers, I. & I. Prigogine. 1984. *Order Out of Chaos : Man's New Dialogue with Nature*. New York : Bantam Books.

Stewart, I. 1989. *Does God Play Dice?* Oxford : Basil Blackwell.

Stokols, D. A. 2006. "Toward a science of transdisciplinary action research." *American Journal of Community Psychology* 38（1–2）: 63–77. DOI : 10.1007/s10464-006-9060-5

Strumsky, D. & J. Lobo. 2015. "Identifying the sources of technological novelty in the process of invention." *Research Policy* 44（8）: 1445–1461. DOI : 10.1016/j.respol.2015.05.008

Summers, L. H. 2016. "The age of secular stagnation : What it is and what to do about it." *Foreign Affairs* February 15. Available at : https : //www.foreignaffairs.com/articles/united-states/2016-02-15/age-secular-stagnation

Sutcliffe, B. 2004. World inequality and globalization. *Oxford Review of Economic Policy* 20（1）: 15–37. DOI : 10.1093/oxrep/grh002

Syvitski, J. P. M., S. P. Peckham, O. David, J. L. Goodall, C. Delucca & G. Theurich. 2013. "Cyberinfrastructure and community environmental modeling." In : *Handbook in Environmental Fluid Dynamics*（H. J. S. Fernando ed.）, pp. 399–410. London : CRC Press/Taylor & Francis.

Tainter, J. 1988. *The Collapse of Complex Societies*. New York : Cambridge University Press.

── 2000. "Problem solving : Complexity, history, sustainability." *Population and Environment : A Journal of Interdisciplinary Studies* 22（1）: 3–41.

Tainter, J. & C. Crumley. 2007. "Climate, complexity, and problem solving in the Roman Empire." In : *Sustainability or Collapse? : An Integrated History and Future of People on Earth*（R. Costanza, L. J. Graumlich & W. Steffen eds.）pp. 61–76. Boston : MIT Press.

Taleb, N. N. 2017. "Fragility and precaution." In : *Environmental Reality : Rethinking the Options*（E. Kessler & A. Karlquist eds.）, pp. 21–28. Stockholm : The Royal Colloquium（Proceedings of HM King Carl Gustaf of Sweden's 12th Royal Colloquium, May 2016）.

Tett, G., 2015. *The Silo Effect : The Peril of Expertise and the Promise of Breaking Down Barriers*. New York : Simon & Schuster.

Tett, G. 2021. *Anthro-vision : A New Way to See in Business and Life*. New York : Avid Reader Books.

Thom, R. 1989. *Structural Stability and Morphogenesis : An Outline of a General Theory of Models*. Reading, MA : Addison-Wesley.

Thompson, M., R. J. Ellis & A. Wildavsky. 1990. *Cultural Theory*. Boulder, CO : Westview Press.

Thompson Klein, J., W. Grossenbacher-Mansuy, R. Häberli, A. Bill, R. W. Scholz & M. Welti. 2012. *Transdisciplinarity : Joint Problem Solving among Science, Technology, and Society : An Effective Way for Managing Complexity*. Basel : Birkhäuser.

Timmer, H., M. Dailami, J. Irving, R. Hauswald & P. Masson. 2011. *Global Development Horizons 2011 : Multipolarity-The New Global Economy*. Washington, DC : World Bank.

Tomita, K., T. Kai, 1978. "Stroboscopic phase portrait and strange attractors." *Physics Letters A* 66（2）: 91–93. DOI : 10.1016/0375-9601（78）90004-X

Tuan, Y.-F. 1977 [5th ed. 2001]. *Space and Place : The Perspective of Experience*. Minneapolis : University of Minnesota Press.

Turchin, P. 2010. "Political instability may be a contributor in the coming decade." *Nature* 463 (7281) : 608. DOI : 10.1038/463608a

—— 2017. *Ages of Discord : A Structural-Demographic Analysis of American History*. Beresta Books (private imprint of the author) : n.p.

Turing, A. 1952. "The chemical basis of morphogenesis." *Philosophical Transactions of the Royal Society of London* B 237 (641) : 37–72. DOI : 10.1098/rstb.1952.0012

Tverski, A. 1977. "Features of similarity." *Psychological Review* 84 (4) : 327–352. DOI : 10.1037/0033-295X.84.4.327

Tverski, A., & I. Gati. 1978. "Structures of similarity." In : *Cognition and Categorization* (E. Rosch & B. B. Lloyd eds.), pp. 79–98. Hillsdale, NJ : Lawrence Erlbaum.

UNDESA (United Nations Department of Economic and Social Affairs). 2017. "World Population Prospects 2017." Working Paper. New York : United Nations, UNDESA Population Division.

—— 2018. World Urbanization Prospects : The 2018 Revision. New York : United Nations, UNDESA, Population Division.

Usher A. P. 1929. *A History of Mechanical Invention*. New York McGraw Hill.

Ussher, L. J., A. Haas, K. Töpfer & C. C. Jaeger. 2017. "Keynes and the International Monetary System : Time for a Tabular Standard?" Unpublished paper, Global Climate Forum, Berlin.

van der Leeuw, S. E. 1975. "Medieval pottery from Haarlem : A model." In : *Rotterdam Papers* (J. G. N. Renaud ed.), pp. 67–87. Rotterdam.

—— 1976. *Studies in the Technology of Ancient Pottery*, 2 Vols. Amsterdam : University Printing Office.

—— 1977. "Towards a study of the economics of pottery making." In : Ex Horreo (B. L. van Beek, R. W. Brandt & W. Groenman-van Waateringe eds.), pp. 68–76. Amsterdam : University of Amsterdam.

—— 1981. "Information flows, flow structures and the explanation of change in human institutions." In : *Archaeological Approaches to the Study of Complexity* (S. E. van der Leeuw ed.), pp. 230–329. Amsterdam : A. E. van Giffen Instituut voor Pre-en Protohistorie.

—— 1982. "How objective can we become : Some reflections on the relationship between the archaeologist, his data and his interpretations." In : *Theory and Explanation in Archaeology* (A. C. Renfrew, M. J. Rowlands & B. A. Segraves eds.), pp. 431–457. New York.

—— 1983. "Pottery distribution systems in Roman Northwestern Europe and on Contemporary Negros, Philippines." *Archaeological Review from Cambridge* 2 (2) : 37–47.

—— 1984. "Manufacture, trade and use of pottery on Negros, Philippines." In : *Earthenware in Asia and Africa* (J. Picton ed.), pp. 326–364. London : Percival David Foundation of Chinese Art (Colloquies on Art and Archaeology in Asia 12).

—— 1986. "On settling down and becoming a 'big-man'." In : *Private Politics : A Multi-Disciplinary Approach to "Big-Man" Systems* (M. A. van Bakel, R. R. Hagesteijn & P. van de Velde eds.), pp. 33–47. Leiden : Brill.

—— 1987. "Revolutions revisited." In : *Studies in the Neolithic and Urban Revolutions* (L. Manzanilla ed.), pp. 217–243. Oxford : British Archaeological Reports (International Series 349).

—— 1989. "Risk, perception, innovation." In : *What's New? A Closer Look at the Process of Innovation* (S. E. van der Leeuw & R. Torrence eds.), pp. 300–329. London : Unwin Hyman.

—— 1990a. "Archaeology, material culture and innovation." *SubStance* 19 (2–3) : 92–109. DOI : 10.2307/3684671

—— 1990b. "Rythmes temporels, espaces naturels et espaces vécus." In : *Archèologie et espaces* (J. L. Fiches & S. E. van der Leeuw eds.), pp. 299–346. Antibes : APCDA.

—— 1991. "Variation, variability and explanation in pottery studies." In : *Ceramic Ethnoarchaeology* (W. A. Longacre ed.), pp. 3–39. Tucson : University of Arizona Press.

—— 1993. "Giving the potter a choice : Conceptual aspects of pottery techniques." In : *Technological Choices : Transformation in Material Culture from the Neolithic to Modern High Tech* (P. Lemonnier ed.), pp. 238–288. London : Routledge/Kegan Paul.

—— 1994a. "The pottery from a Middle-Uruk dump at Tepe Sharafabad, Iran : A technological study." In : *Terre cuite et société* (D. Binder ed.), pp. 269–301. Antibes : A.P.C.D.A.

—— 1994b. "Innovation et tradition chez les potiers mexicains ou comment les gestes techniques traduisent les dynamiques d'une société." In : *Intelligence sociale des techniques. Des Babouins aux missiles de croisière* (B. Latour & P. Lemonnier eds.), pp. 310–328. Paris : La Découverte.

—— 1995. "Conclusions : Dégradation de l'environnement et recherches multidisci- plinaires." In : *L'Homme et la dégradation de l'environnement* (S. E. van der Leeuw ed.), pp. 430–451. Antibes : AP-DCA (Actes du XVe Colloque international d'archéologie et d'histoire d'Antibes).

—— 1998a. "La nature serait-elle d'origine culturelle? Histoire, archéologie, sciences naturelles et environnement." In : *La culture, est-elle naturelle* ? (J. Ducros, A. Ducros & F. Joulian eds.), pp. 83–98. Paris : Errance.

—— 1998b. *The ARCHAEOMEDES Project : Understanding the natural and anthropogenic causes of land degradation and desertification in the Mediterranean.* Luxembourg : Office for Official Publications of the European Union, Publication EUR 18181. Available at : http : //cordis.europa.eu/publication/rcn/199810864_en.html

—— 2000a. "Land degradation as a socio-natural process." In : *The Way the Wind Blows : Climate, History and Human Perception*(R. McIntosh & J. Tainter eds.), pp. 364–393. New York : Columbia University Press.

—— 2000b. "Making tools from stone and clay." In : *Australian Archaeologist. Collected Papers in Honour of J. Allen* (T. Murray & A. Anderson eds.), pp. 69–88. Canberra : ANU Press.

—— 2007. "Information processing and its role in the rise of the European world system." In : *Sustainability or Collapse* ? (R. Costanza, L. J. Graumlich & W. Steffen eds.), pp. 213–241. Cambridge, MA : MIT Press (Dahlem Work-shop Reports).

—— 2012. "For every solution there are many problems : The role and study of technical systems in socio-environmental coevolution." *Danish Journal of Geography* 112 (2) : 105–116. DOI : 10.1080/00167223.2012.741887

—— 2014. "Transforming lessons from the past into lessons for the future." In : *The Resilience and Vulnerability of Ancient Landscapes : Transforming Maya Archaeology through IHOPE* (A. F. Chase & V. Scarborough eds.), pp. 215–231. Hoboken, NJ : Wiley (Archeological Papers of the American Anthropological Association 24).

—— 2016. "Adaptation and maladaptation in the past : A case study and some implications" In : *Complexity and Evolution : Toward a New Synthesis for Economics* (D. S. Wilson & A. Kirman eds.), pp. 240-269. Cambridge, MA : MIT Press (Strüngmann Forum Reports 19).

—— 2017. "Some considerations concerning sustainability." In : *Environmental Reality : Rethinking the Options* (E. Kessler & A. Karlquist eds.), pp. 15-20. Stockholm : The Royal Colloquium (Proceedings of HM King Carl Gustaf of Sweden's 12th Royal Colloquium, May 2016).

van der Leeuw, S. E. & C. Aschan-Leygonie. 2005. "A long-term perspective on resilience in socio-natural systems." In : *Micro-Meso-Macro : Addressing Complex Systems Couplings* (U. Svedin & H. Lilienstrom eds.), pp. 227-264. London : World Scientific.

van der Leeuw, S. E. & F. Audouze 2003. "Conclusion : Vers une pluridisciplinarité élargie." In : *Archéologie et systèmes socio-environnementaux : Études multi-scalaires sur la vallée du Rhône dans le programme ARCHAEOMEDES* (S. E. van der Leeuw, F. Favory & J.-L. Fiches eds.), pp. 323-328. Valbonne : CNRS (Monographies du CRA).

van der Leeuw, S. E. & R. W. Brandt. 1987. "Conclusions." In : *Assendelver Polder Papers*, vol. I (R. W. Brandt, W. Groenman-van Waateringe & S. E. van der Leeuw eds.), pp. 339-352. Amsterdam : A. E. van Giffen Instituut voor Pre-en Protohistorie.

van der Leeuw, S. E., R. Costanza, S. Aulenbach, S. Brewer, M. Burek, S. Cornell, C Crumley, J. Dearing, C. Downy, L. Graumlich, M. Hegmon, S. Heckbert, K. Hibbard, S. T. Jackson, I. Kubiszewski, P. Sinclair, S. Sörlin & W. Steffen. 2011. "Toward an integrated history to guide the future." *Ecology and Society* 16 (4) Article 2. Availabe at : https : //www.ecologyandsociety.org/vol16/iss4/art2/ (2024 年 8 月 15 日閲覧) DOI : 10.5751/ES-04341-160402

van der Leeuw, S. E. & B. L. de Vries. 2002. "Empire : The Romans in the Mediterranean." In : *Mappae Mundi : Humans and Their Habitats in a Long-Term Socio-Ecological Perspective* (B. L. de Vries & J. Goudsblom eds.), pp. 209-256. Amsterdam : Amsterdam University Press.

van der Leeuw, S. E. & G. Dirks. (in press). From Comprehension to Competency.

van der Leeuw, S. E. & S. F. Green. 2004. "Vegetation dynamics and land use in Epirus." In : *Recent Dynamics in Mediterranean Vegetation Landscapes* (S. Mazzoleni, G. Di Pasquale, P. Di Martino & F. Rego eds.), pp. 121-141. Chichester : Wiley.

van der Leeuw, S. E. & J. McGlade. 1997. "Structural change and bifurcation in urban evolution : A non-linear dynamical perspective." In : *Archaeology : Time, Process and Structural Transformations* (S. E. van der Leeuw & J. McGlade eds.), pp. 331-372. London : Routledge.

van der Leeuw, S. E. & D. A. Papousek. 1992. "Tradition and innovation." In : *Ethnoarchéologie : Justification, problèmes, limites* (F. Audouze, A. Gallay & V. Roux eds.), pp. 135-158. Antibes : APDCA.

van der Leeuw, S. E., D. A. Papousek & A. C. Coudart. 1992. "Technological traditions and unquestioned assumptions : The case of pottery in Michoacan." *Techniques et Culture* 17-18 : 145-173. DOI : 10.4000/tc.691

van der Leeuw, S. E. & A. C. Pritchard eds. 1984. *The Many Dimensions of Pottery : Ceramics in Archaeology and Anthropology*. Amsterdam : Albert Egges van Giffen Instituut voor Pre-en Protohistorie.

van der Leeuw, S. E. & R. Torrence. 1989. *What's New? A Closer Look at the Process of Innovation*. London : Hyman & Unwin.

van der Leeuw, S. E., A. Wiek, J. Harlow & J. Buizer. 2012. "How much time do we have to fail? The urgency of sustainability challenges *vis-à-vis*roadblocks and opportunities in sustainability science." *Sustainability Science 7*（supplement 1）: 115-120. DOI : 10.1007/s11625-011-0153-1

van der Leeuw, S. E. & Y. Zhang. 2014. *Are We Part of the Solution or Part of the Problem?*Santa Fe, NM : Santa Fe Institute（Working Paper 1411-044）.

van Tielhof, M. & P. J. E. M. van Dam. 2006. *Waterstaat in Stedenland*. Utrecht : Stichting Matrijs Publishers.

Verburg, P. H., J. Dearing, J. Dyke, S. E. van der Leeuw, S. Seitzinger, W. Steffen & J. Syvitski. 2016. "Methods and approaches to modelling the Anthropocene." *Global Environmental Change 39* : 328-340. DOI : 10.1016/j.gloenvcha.2015.08.007

Von Bertalanffy, L. 1949. *Das biologische Weltbild*, Bern : Europäische Rundschau. ［Engl. Transl. : *Problems of Life : An Evaluation of Modern Biological and Scientific Thought*. 1952. New York : Wiley.］

—— 1968. *General Systems Theory : Foundations, Development, Applications*. New York : George Braziller.

Von Neumann, J.（Burks, A. W. ed.）. 1966. *Theory of Self-Reproducing Automata*. Urbana : University of Illinois Press. ［2017 republished by ReInk Books.］

Wackernagel, M., W. E. Rees, & P. Testemale. 1998. *Our Ecological Footprint : Reducing Human Impact on the Earth*, Gabriola Island, Canada : New Society Publishers.

Walker, B. & D. Salt. 2006. *Resilience Thinking : Sustaining Ecosystems and People in a Changing World*. Washington, DC : Island Press.

Wallerstein, I. 1974-1989. *Rise of the Modern World System*, 3 Vols. San Diego, CA : Academic Press.

Walsh, C. G., J. D. Ribeiro & J. C. Franklin. 2017. "Predicting Risk of Suicide Attempts Over Time through Machine Learning." *Clinical Psychological Science 5*（3）: 457-469. DOI : 10.1177/2167702617691560

Watts, D. J. 2003. *Six Degrees : The Science of a Connected Age*. New York : W. W. Norton.

Weaver, W. 1969a. "The mathematics of communication." In : *Mathematical Thinking in Behavioral Sciences*（D. M. Messick ed.）, pp. 47-51. San Francisco : L. H. Freeman.

—— 1969b. *Science and Imagination*. New York : Basic Books.

Webber, M. J. 1977. "Pedagogy again : What is entropy?" *Annals of the Association of American Geographers 67*（2）: 254-266. DOI : 10.1111/j.1467-8306.1977.tb01138.x

Weinberger, V. P., C. Quiñinao & P. A. Marquet. 2017. "Innovation and the growth of human population." *Philosophical Transactions of the Royal Society B 372*（1735）. Availabe at : https : //royalsocietypublishing.org/doi/10.1098/rstb.2016.0415（2024 年 8 月 15 日閲覧）DOI : 10.1098/rstb.2016.0415

Wescoat, J. L. 1991. "Resource-management : The long-term global trend." *Progress in Human Geography 15*（1）: 81-93. DOI : 10.1177/030913259101500108

Wheeler, J. A. 1990a. *A Journey into Gravity and Space-time*. New York : W. H. Freeman.

—— 1990b. "Information, physics, quantum : The search for links." In : *Complexity, Entropy, and the Physics of Information*（W. H. Zurek ed.）Redwood City, CA : Addison-Wesley.

White, D. R. 2009. "Innovation in the context of networks, hierarchies, and cohesion." In : *Complexity*

Perspectives in Innovation and Social Change (D. A. Lane, D. Pumain, S. E. van der Leeuw & G. West eds.), pp. 153‒193. Berlin : Springer.

White, D. R. & U. C. Johansen. 2005. *Network Analysis and Ethnographic Problems : Process Models of a Turkish Nomad Clan.* Lanham, MD : Lexington Books.

White House Office for Science and Technology (OST). 2014. *Big Data : Seizing Opportunities, Preserving Values.* Available at : https : //obamawhitehouse.archives.gov/sites/default/files/docs/big_data_privacy_r eport_may_1_2014.pdf（2024 年 8 月 15 日閲覧）

── 2016a. *Preparing for the Future of Artificial Intelligence.* Available at : https : //obamawhitehouse.archiv es.gov/sites/default/files/whitehouse_files/microsites/ostp/NSTC/preparing_for_the_future_of_ai.pdf （2024 年 8 月 15 日閲覧）

── 2016b. *Artificial Intelligence, Automation, and the Economy.* Available at : https : //obamawhitehouse.ar chives.gov/blog/2016/12/20/artificial-intelligence-automation-and-economy（2024 年 8 月 15 日閲覧）

Wiek, A., L. Withycombe & C. L Redman. 2011. "Key competencies in sustainability : A reference framework for academic program development." *Sustainability Science* 6（2）: 203‒218. DOI : 10.1007/s11625-011-0132-6

Wiek, A., A. Xiong, K. Brundiers & S. E. van der Leeuw. 2014. "Integrating problem-and project-based learning into sustainability programs : A case study on the school of sustainability at Arizona State University." *International Journal of Sustainability in Higher Education* 15（4）: 431‒449. DOI : 10.1108/IJSHE-02-2013-0013

Wiener, N. 1948 [2nd ed. 2013]. *Cybernetics : Or the Control and Communication in the Animal and the Machine.* Eastford, CT : Martino Fine Books.

Wilkinson, R. & K. Pickett. 2011. *The Spirit Level : Why Greater Equality Makes Societies Stronger.* London : Bloomsbury.

Wilson, D. S. & A. Kirman eds. 2016. *Complexity and Evolution : Toward a New Synthesis for Economics.* Cambridge, MA : MIT Press（Strüngmann Forum Reports 19）.

The World in 2050（TWI2050）. 2018. *Transformations to Achieve the Sustainable Development Goals.* Laxenburg : International Institute for Applied Systems Analysis（IIASA）. Available at : https : //pure.iia sa.ac.at/id/eprint/15347/1/TWI2050_Report081118-web-new.pdf（2024 年 8 月 15 日 閲覧）DOI : 10.22022/TNT/07-2018.15347

Wright, H. T. 1969. *The Administration of Rural Production in an Early Mesopotamian Town.* Ann Arbor, MI : Museum of Anthropology University of Michigan（Anthropological Papers 38）.

── 1977. "Recent research on the origin of the state." *Annual Reviews in Anthropology* 6 : 379‒397. DOI : 10.1146/annurev.an.06.100177.002115

Wynne, B. 1993. "Public uptake of science : A case for institutional reflexivity." *Public Understanding of Science* 2（4）: 321‒337. DOI : 10.1088/0963-6625/2/4/003

Xiang, W.-M. 2015. "May the owl of Minerva fly over Ecopractice only when Sophia meets Phronesis." Unpublished presentation at Arizona State University on November 15, 2015.

Young, O. R., F. Berkhout, G. C. Gallopin, M. A. Janssen, E. Ostrom & S. E. van der Leeuw. 2006. "The Globalization of socio-ecological systems : An agenda for scientific research." *Global Environmental Change* 16（3）: 304‒316. DOI : 10.1016/j.gloenvcha.2006.03.004

Yutang, L. 1934. *The Importance of Living*. New York : William Morrow/Harper Collins. [Paperback ed. 1998.]

Zadeh, L. A. 1975. "Fuzzy logic and approximate reasoning." *Synthese* 30 (3-4) : 407-428. DOI : 10.1007/BF00485052

— 1965. "Fuzzy Sets." *Information and Control* 8 (3) : 338-353. DOI : 10.1016/S0019-9958 (65) 90241-X

Zeeman, E. C. 1979. "A geometrical model of ideologies." In : *Transformations : Mathematical Approaches to Culture Change* (A. C. Renfrew, R. Whallon & B. A. Segraves eds.), pp. 463-480. New York : Academic Press.

Zhang, Y. S. 2014. "Climate change and green growth : A perspective of the division of labor." *China and the World Economy* 22 (5) : 93-116. DOI : 10.1111/j.1749-124X.2014.12086.x

Zuboff, S. 2015. *The Age of Surveillance Capitalism : The Fight for a Human Future at the New Frontier of Power*. New York : Hachette.

Zuboff, S. 2018. *The Age of Surveillance Capitalism : The Fight for a Human Future at the New Frontier of Power*. Profile Books.

索引

■地名

執筆者紹介

【著者】
サンデル・ファン・デル・レーウ（Sander van der Leeuw）

考古学者であり歴史学者である著者は、複雑適応システム（Complex Adaptive Systems）アプローチを社会環境問題、テクノロジー、イノベーションに応用した先駆者である。

1991年から2000年まで、南ヨーロッパにおける持続可能性の課題に対してCASの視点を用いたARCHAEOMEDES研究プログラム（世界初）をコーディネートした。

アムステルダム、ライデン、ケンブリッジ、パリ（ソルボンヌ大学）で教鞭をとり、アリゾナ州立大学人類進化・社会変動学部の創設ディレクター、同大学サステイナビリティ学部の学部長を務めた。AAASフェロー、RIHN名誉フェロー（日本、京都）、サンタフェ研究所エクスターナル・ファカルティ・フェロー、オランダ王立芸術科学アカデミー通信会員。また、フランス国立大学でも教鞭を執る。2012年、国連環境計画（UNEP）より「科学とイノベーションにおける地球のチャンピオン」の称号を授与され、2023年には中国・上海考古学フォーラムより生涯研究賞を授与された。

【訳者】
王　智弘（おう　ともひろ）　→1章、2章、3章、4章、10章、13章、21章

関西外国語大学英語国際学部　准教授

専門は環境社会学、資源論。

北村　健二（きたむら　けんじ）　→18章、19章、20章

追手門学院大学国際学部　准教授

主な研究テーマは、自然環境保全と地域づくりの両立を可能にする仕組み。

持続可能な開発目標（SDGs）の学習や地域施策に関わりながら、自治体、組織、個人などあらゆる主体がSDGsを自分ごとにする過程を見てきた。社会にSDGsが浸透したいまこそ、改めて持続可能性の本質を考える好機かもしれない。特に自分が翻訳を担当した第20章を読んで、そう感じている。

熊澤　輝一（くまざわ　てるかず）　→5章、6章、9章、11章

大阪経済大学　国際共創学部　教授、博士（工学）

専門は、環境デザイン、ローカルな市民活動、知識情報学（オントロジー、アーカイブ）。

人間と自然との関係にかかわる知識を収集・蓄積、編集し、分野を横断して共有するための研究を進めてきた。サンデルさんと出会った総合地球環境学研究所では、情報システムの管理業務や地球環境学ビジュアルキーワードマップ（https://gesvkm.chikyu.ac.jp）の開発を担う。現在は、沖縄本島を主なフィールドに、湧き水のアーカイブづくりを進める市民の活動を支援しながら、水場から地域を知るための情報ツール開発に取り組んでいる。

嶋田　奈穂子（しまだ　なほこ） →8章、12章、15章、16章、17章、22章
総合地球環境学研究所　外来研究員、滋賀大学非常勤講師
専門は、人間文化学、イマジナリー生態学。
著者のサンデルさんとは日本各地、フランス各地を旅し、その中で彼から多くのことを学んだ。
自身の専門分野とは異なる分野の研究者、年代の異なる他者、地域の方々とコミュニケーション
をとるとき、彼は立場の上下や違いを全く感じさせず、驕らず、相手の話に注意深く耳を傾
け、大きな身体をゆらしてクスっと微笑む。そうして超学際を真に進める姿は、私が目指した
い人間像である。

三木　弘史（みき　ひろし） →7章、14章
久留米工業高等専門学校　一般科目（理科系）准教授
主な専門は統計物理学。文理融合というとき、理系学問の背景をもつ人が文系のことも取り入
れながらなしたものが多数派であるように感じる。日常的な感覚との文理の距離感からすれば
そういうものなのかもしれないが、本書は文系の背景をもつ著者が理系の知見も織り込みなが
らつづられたものであり、新鮮であった。

複雑系としての社会史
——社会・技術・環境の共進化と未来

© N. Shimada et al. 2025

2025 年 3 月 31 日　初版第一刷発行

著　者		サンデル・ファン・デル・レーウ
編訳者		嶋田奈穂子
発行人		黒　澤　隆　文
発行所		京都大学学術出版会

京 都 市 左 京 区 吉 田 近 衛 町 69 番 地
京都大学吉田南構内 (〒606-8315)
電　話 (0 7 5) 7 6 1 - 6 1 8 2
FAX (0 7 5) 7 6 1 - 6 1 9 0
U R L　http://www.kyoto-up.or.jp
振　替　0 1 0 0 0 - 8 - 6 4 6 7 7

ISBN 978-4-8140-0582-6
Printed in Japan

印刷・製本　亜細亜印刷株式会社
装幀　上野かおる
定価はカバーに表示してあります

※本書は地球研和文学術叢書として刊行された